国家出版基金项目
NATIONAL PUBLICATION FOUNDATION

现代农业高新技术成果丛书

中国蜂虻科志

Bombyliidae of China

杨 定 姚 刚 崔维娜 著

中国农业大学出版社
·北京·

内 容 简 介

蜂虻科隶属于双翅目短角亚目中的食虫虻总科。蜂虻的成虫具有访花习性,为有益的传粉昆虫;幼虫为寄生性,为农林害虫的天敌,对害虫起着一定的控制作用,特别是有些种类在防控蝗虫上有利用前景,为有益的天敌昆虫资源。

本书分为总论和各论两大部分,总论部分包括研究简史、形态特征、生物学及经济意义、系统发育、地理分布等内容。各论部分系统记述了我国蜂虻科 5 个亚科 28 个属 233 个种(其中包括 32 个新种),编制亚科、属、种检索表,提供插图 235 幅和图版 25 面。书末附参考文献、英文摘要及索引。

本书可供从事昆虫学教学和研究、植物保护以及生物防治的工作者参考。

图书在版编目(CIP)数据

中国蜂虻科志/杨定,姚刚,崔维娜著. —北京:中国农业大学出版社,2012.2
ISBN 978-7-5655-0455-6

Ⅰ.①中⋯　Ⅱ.①杨⋯②姚⋯③崔⋯　Ⅲ.①蜂虻科-昆虫志-中国　Ⅳ.①Q969.44

中国版本图书馆 CIP 数据核字(2011)第 251931 号

书　名	中国蜂虻科志
作　者	杨　定　姚　刚　崔维娜　著

策划编辑	潘晓丽	**责任编辑**	莫显红　冯雪梅
封面设计	郑　川	**责任校对**	陈　莹　王晓凤
出版发行	中国农业大学出版社		
社　址	北京市海淀区圆明园西路 2 号	**邮政编码**	100193
电　话	发行部 010-62818525,8625	**读者服务部**	010-62732336
	编辑部 010-62732617,2618	**出 版 部**	010-62733440
网　址	http://www.cau.edu.cn/caup	**e-mail**	cbsszs @ cau.edu.cn
经　销	新华书店		
印　刷	涿州市星河印刷有限公司		
版　次	2012 年 2 月第 1 版　2012 年 2 月第 1 次印刷		
规　格	787×1092　16 开本　32 印张　794 千字　插页 13		
定　价	128.00 元		

图书如有质量问题本社发行部负责调换

出版说明

瞄准世界农业科技前沿，围绕我国农业发展需求，努力突破关键核心技术，提升我国农业科研实力，加快现代农业发展，是胡锦涛总书记在 2009 年五四青年节视察中国农业大学时向广大农业科技工作者提出的要求。党和国家一贯高度重视农业领域科技创新和基础理论研究，特别是 863 计划和 973 计划实施以来，农业科技投入大幅增长。国家科技支撑计划、863 计划和 973 计划等主体科技计划向农业领域倾斜，极大地促进了农业科技创新发展和现代农业科技进步。

中国农业大学出版社以 973 计划、863 计划和科技支撑计划中农业领域重大研究项目成果为主体，以服务我国农业产业提升的重大需求为目标，在"国家重大出版工程"项目基础上，筛选确定了农业生物技术、良种培育、丰产栽培、疫病防治、防灾减灾、农业资源利用和农业信息化等领域 50 个重大科技创新成果，作为"现代农业高新技术成果丛书"项目申报了 2009 年度国家出版基金项目，经国家出版基金管理委员会审批立项。

国家出版基金是我国继自然科学基金、哲学社会科学基金之后设立的第三大基金项目。国家出版基金由国家设立、国家主导，资助体现国家意志、传承中华文明、促进文化繁荣、提高文化软实力的国家级重大项目；受助项目应能够发挥示范引导作用，为国家、为当代、为子孙后代创造先进文化；受助项目应能够成为站在时代前沿、弘扬民族文化、体现国家水准、传之久远的国家级精品力作。

为确保"现代农业高新技术成果丛书"编写出版质量，在教育部、农业部和中国农业大学的指导和支持下，成立了以石元春院士为主任的编审指导委员会；出版社成立了以社长为组长的项目协调组并专门设立了项目运行管理办公室。

"现代农业高新技术成果丛书"始于"十一五"，跨入"十二五"，是中国农业大学出版社"十二五"开局的献礼之作，她的立项和出版标志着我社学术出版进入了一个新的高度，各项工作迈上了新的台阶。出版社将以此为新的起点，为我国现代农业的发展，为出版文化事业的繁荣做出新的更大贡献。

中国农业大学出版社

2010 年 12 月

前　言

　　蜂虻科 Bombyliidae 隶属于双翅目 Diptera 短角亚目 Brachycera 食虫虻总科 Asiloidea，全世界已知 16 亚科 221 属 5 000 余种，是双翅目昆虫中种类最多的类群之一。蜂虻体形变化大，小至大型，体长 2～20 mm，少数种类可达 40 mm。其体色多样，通常被各种颜色的毛和鳞片，少数种类体光裸无毛，喙通常很长，翅通常有各种形状的斑。蜂虻成虫在外观上多类似膜翅目的蜂类，故取名为蜂虻，为著名的拟态昆虫。蜂虻科成虫访花，幼虫拟寄生或捕食。蜂虻科的昆虫比较喜欢访菊科和十字花科的花，常出现在较干的区域，在半沙漠地区也有分布，因此成为干旱荒漠地区中十分重要的传粉昆虫，而分布于其他地区的蜂虻科昆虫也是重要的传粉昆虫之一。蜂虻的大部分种类的幼虫拟寄生或重寄生其他昆虫，包括鞘翅目、鳞翅目和双翅目的种类，为重要的天敌昆虫；有关蜂虻取食蝗虫卵的报道较多，在欧洲和北美地区蜂虻幼虫是蝗卵最重要的取食者。因此，蜂虻可以作为传粉昆虫和天敌资源昆虫加以利用，具有十分重要的经济价值。

　　蜂虻科的分类研究最早始于 18 世纪的欧洲，Linneaus、Scopoli、Fabricius 和 Mikan 等开展了前期研究工作；19 世纪初期，Wiedemann、Meigen、Loew、Macquart、Walker、Rondani 和 Bigot 等对蜂虻科进行了较系统的研究，建立了一些重要的属。20 世纪以来，不少学者对蜂虻科开展了深入而系统的研究，如 Becker、François、Séguy、Paramonov 和 Zaitzev 等研究古北区系，取得了较大进展，尤其以 Paramonov 和 Zaitzev 对前苏联蜂虻的研究工作影响较大；Bezzi、Efflatoun、Bowden 和 Hesse 等研究非洲区系，Hesse 对非洲区的蜂虻科研究做出了巨大贡献，Greathead 在 20 世纪末对非洲蜂虻的属进行了系统修订。这一时期，北美蜂虻区系的研究比较活跃，不少专家如 Painter、Cole、Curran、Johnson 和 Evenhuis 等对北美蜂虻科昆虫进行了全面而系统的研究，使北美成为蜂虻科研究最深入的地区。总体来看，20 世纪是蜂虻科研究最深入的时期，以 Hull 在 1973 年发表的《世界的蜂虻》以及 Evenhuis 和 Greathead 在 1999 年发表《蜂虻世界名录》为标志，这两本专著成为了蜂虻研究必不可少的工具书。我国蜂虻科的研究基础较薄弱，最早由 Becker 和 Paramonov 等外国人开始，且标本多采于我国台湾、海南和北京等地。20 世纪末，国内最先由杨集昆先生开始对蜂虻科昆虫进行研究，杨集昆和杜进平研究了姬蜂虻属，也涉及蜂虻科一些其他属。1991 年以来，杨定对中国蜂虻科开展了一些研究工作；近六七年来，杨定与姚刚和崔维娜一起对中国蜂虻科的种类进行系统修订，还与美国 N. L. Evenhuis 开展了一些合作研究。

本书在前人研究工作的基础上，对我国蜂虻科昆虫的区系分类进行了系统性的总结，分为总论和各论两大部分。总论部分包括研究简史、形态特征、生物学及经济意义、系统发育、地理分布，力求介绍蜂虻科最新的研究进展。各论部分系统记述我国蜂虻科 5 个亚科 28 个属 233 个种，其中包括 32 个新种和 12 个中国新记录种，编制亚科、属、种检索表。本志编写所用标本主要来源于中国农业大学昆虫博物馆多年采集收藏的标本，以及国内兄弟单位送来鉴定或我们借阅的一些蜂虻科标本。

在研究过程中，俄罗斯的 V. F. Zaitzev 教授、日本的 A. Nagatomi 教授、丹麦的 L. Lyneborg 博士、美国的 N. L. Evenhuis 研究员、英国的 D. J. Greathead 博士、澳大利亚的 D. K. Yeates 研究员、伊朗的 B. Gharali 博士、澳大利亚的 C. Lambkin 博士、巴西的 C. Lamas 研究员、墨西哥的 O. Avalos 博士、埃及的 M. S. El-Hawagry 博士、加拿大的 J. Skevington 研究员、英国的 D. Gibbs 博士、日本的 F. Hayashi 副教授等提供及惠赠宝贵文献资料或交换标本。在野外考察过程中，河南省农业科学院申效诚研究员、浙江林学院吴鸿教授、云南农业大学李强教授、华南农业大学许再福教授、王敏教授和刘经贤博士、贵州大学李子忠教授、金道超教授和杨茂发教授、南京师范大学蒋国芳教授、广西师范大学周善义教授、湖南省林业厅徐永新研究员、国家林业局森林病虫害防治总站盛茂领教授、西北农林科技大学张雅林教授和冯纪年教授、河北大学任国栋教授和王新谱副教授、沈阳师范大学薛万琦教授、王明福教授和张春田教授、东北林业大学韩辉林副教授、内蒙古师范大学能乃扎布教授和白晓拴博士、台湾师范大学徐育峰教授、长江大学李传仁教授等提供大力支持和帮助。

在标本借阅过程中，得到中国科学院动物研究所汪兴鉴研究员、黄大卫研究员、杨星科研究员、乔格侠研究员和陈小琳副研究员、中国科学院上海昆虫博物馆章伟年研究员、刘宪伟研究员、吴杰副研究员和朱卫兵副研究员、浙江大学陈学新教授、南开大学郑乐怡教授、刘国卿教授和卜文俊教授、中山大学庞虹教授、西北农林科技大学王应伦教授、沈阳师范大学薛万琦教授和张春田教授、沈阳农业大学方红副教授、西南林学院欧晓红教授等的大力支持和帮助。浙江林学院吴鸿教授、华南农业大学许再福教授、国家林业局森林病虫害防治总站盛茂领教授、沈阳大学刘广纯教授、天津师范大学的刘强教授、重庆的张巍巍先生等曾赠送标本。

在本书的编写过程中，得到实验室研究生梁亮、王津京、张婷婷、刘晓艳、李彦、王俊潮、王鑫、李虎等协助。

作者对上述国内外同行的支持和帮助表示衷心的感谢。最后，特别感谢业师杨集昆教授和永富昭教授长期的指导和关怀鼓励。

本研究得到公益性行业（农业）科研专项（200903021，201003079）资助。

本书所涉及的内容范围广泛，由于作者的水平有限，书中可能存在缺点和不足之处，敬请读者给予批评指正。

杨　定

2011 年 10 月 6 日于北京

目　录

总　论

一、研究简史

1. 世界蜂虻科研究简史

世界蜂虻科研究简史可分为 3 个阶段：启蒙阶段、发展阶段、繁荣阶段。

启蒙阶段（18 世纪中叶到 19 世纪末）　本阶段蜂虻科的分类研究处于起步阶段，刚开始探索蜂虻科分类系统，主要的工作集中于对种类的发现和描述。代表人物为 Linneaus、Fabricius、Macquart、Loew 和 Walker。

在 1758 年 Linneaus 发表的第 10 版《自然系统》中，他建立蜂虻属 *Bombylius* 并描述了其中包括的 3 种：*B. major*、*B. medius* 和 *B. minor*，这 3 种至今仍然有效，同年在 *Musca* 属中 Linneaus 描述了 3 种蜂虻：*M. morio*、*M. maurus* 和 *M. hottentotus*。在 Linneaus 的第 12 版《自然系统》中增加了 *Bombylius capensis*，以及描述了后来被证实与 *Musca morio* 异名的 *Musca denigratus*。

在 1763 年 Scopoli 建立了单模属岩蜂虻属 *Anthrax*，定的模式种为 *Musca morio* Linneaus，把 Linneaus 发表在 *Musca* 属的 3 个种移入其中。Schrank 1781 年在 Scopoli 定为 *A. morio* 的标本中发现有不同种，并将发现的新种定名为 *Musca anthrax* Schrank。由于 Schrank 敏锐的观察发现了岩蜂虻属 *Anthrax* 重要的分属特征，触角端部有一簇毛。

Linneaus 发表的 *Musca* 属中的种类，加上 *Musca anthrax* Schrank 以及后来其他人发表在这个类群中的种类被分离出去成为一个科 Anthracides，到 Meigen 也还是沿用这个系统，直到 Macquart 将 *Musca* 属的种类并入蜂虻科中。在岩蜂虻属 *Anthrax* 成立时，确定其鉴别特征为触角端部有一簇毛,后来的双翅目学家增加补充了一些属的鉴别特征。

　　Linneaus 之后的 Fabricius(1775—1805)发表了一系列的文章,发现并描述了 63 种蜂虻。Mikan 在 1796 年发表了波西米亚的蜂虻专著,其中给出 4 个彩色图版。后来的 Wiedemann 在 1817—1830 年之间发表了 113 个种并建立了 4 个重要的属。同一时代的 Meigen 也发表了许多种并且建立了 4 个属,现如今有几个亚科是在这几个属上建立的。在 19 世纪中叶,许多双翅目学家对蜂虻科研究做出了重要的贡献,其中包括 Loew、Macquart、Walker、Rondani 和 Bigot。其中 Macquart 描述了 14 个属;Loew 建立了 18 个属至今仍有效,在《南非双翅目昆虫》中他全面介绍了这个大区的双翅目昆虫,Loew 的绝大部分工作是研究分布在古北界和新北界的双翅目昆虫。在 19 世纪对蜂虻科做出贡献的双翅目学家还有 Bigot、Costa、Schiner、Philippi、Jaennicke、Roeder、Williston、Coquillett 和 Osten Sacken。其中 Williston、Coquillett 和 Osten Sacken 对美国和墨西哥的蜂虻分类做出重要贡献,Williston 建立了 6 个属,Coquillett 建立了 8 个属,Osten Sacken 建立了 12 个属。

　　发展阶段(20 世纪初期至 20 世纪中期)　这一阶段的特点是除了对属、种描述的剧增外,开始对蜂虻科的分类系统和高级阶元之间的相互关系进行初步的探索,现在的分类系统是在此基础上建立起来的。这一阶段的代表人物为 Becker、Bezzi、Paramonov、Engel、Efflatoun 和 Painter。

　　从 1900 年开始 Becker 和 Bezzi 都发表大量的研究论文,他们的发表时间都集中在 1900—1926 年,Bezzi 的突然早逝对双翅目特别是蜂虻科的研究工作是一巨大的损失。Bezzi 一共发表了 45 篇关于古北界和非洲界蜂虻科的论著。Becker 发表了 30 余篇关于蜂虻科的研究论文,对欧洲东部和亚洲局部地区的蜂虻科研究工作做出了较大的贡献。自 1924 年开始 Paramonov 对蜂虻科做了大量系统性的研究,尤其是俄罗斯蜂虻科昆虫,Paramonov 发表的关于蜂虻科的研究论文有 60 余篇。有关古北界蜂虻科研究中有 2 个里程碑式的成果,一是 Engel 于 1932—1937 年发表在 Lindner 的《古北界双翅目》中对蜂虻科的描述和图谱,二是 Efflatoun 在 1945 年发表的 *A Monograph of Egyptian Diptera. Part 6. Family Bombyliidae* 为他对蜂虻科研究的前半部分工作的总结,后半部分研究成果因其突然去世而未发表。经 Efflatoun 和他的学生对埃及蜂虻科的研究之后,埃及的蜂虻科种类数量为 1919 年的 4 倍。Painter 在 1920 年开始对北美的蜂虻进行研究,自 1925 年开始 Painter 发表了 20 多篇关于蜂虻的论文,1968 年 Painter 在墨西哥突然去世。这一时期其他的蜂虻研究有:Cole、Curran 和 Johnson 对北美蜂虻进行研究各发表 10 多篇论文,Villeneuve 和 Austen 对古北界的蜂虻进行研究,其中 Austen 在 1937 年出版的《巴勒斯坦蜂虻》对古北界蜂虻科的研究有着重要的意义,Hardy 在 1921—1942 年间对澳洲界的蜂虻进行研究,Brunetti 对东洋界的蜂虻进行研究,他的成果对东洋界蜂虻的研究有着十分重要的意义。

　　繁荣阶段(20 世纪中期开始至现在)　这一阶段的特点是,在对各大地理区系的属、种的分类研究工作更加深入的同时,开始对部分区系一些属的综述性工作,以及对蜂虻科的系统发育和生物学开展了研究,形成了蜂虻科分类系统的基本框架。这一时期的代表人物有 François、Zaitzev、Hesse、Hull、Greathead、Evenhuis 和 Yeates。

　　François 和 Séguy 主要对古北界的蜂虻科昆虫进行研究。François 在 1954—1972 年间发表了 30 多篇研究论文,Séguy 在 1926—1963 年间发表了 20 多篇论文。这段时期古北界研究最活跃的专家应属 Zaitzev,自 1960 年以来发表蜂虻研究论文 60 余篇,对古北界,尤其俄罗斯的蜂虻进行了深入的研究。Bowden 和 Hesse 对非洲界的蜂虻进行了大量研究,其中值得一提的是 Hesse 对蜂虻科做了大量的工作,共发表了蜂虻科研究性论文 2 000 余页,其中他在 1956 年出版的专著 *A Revision of the Bombyliidae(Diptera)of Southern Africa* 对非洲界蜂虻研究有着重要的意义;Greathead 对非洲界蜂虻科系统做了全面的修订,并于 2001 年和 Evenhuis 发表了共同编写的非洲界蜂虻科的分属检索表,对非洲界和古北界的研究工作有着重要的参考价值。这一时期新北界的蜂虻科研究较为深入,其中 Curran、Hall 等对新北界的蜂虻科进行了大量研究。Evenhuis 自 1975 年以来对太平洋地区的蜂虻进行了大量研究,发表论文 60 余篇,值得一提的是 1999 年 Evenhuis 和 Greathead 出版蜂虻科世界目录,其中记录了 16 亚科 221 属 4 542 种,并且在 2003 年出版了更新名录,此著作在蜂虻科的分类研究工作中有着举足轻重的作用。另一个具有里程碑意义的成果为 Hull 在 1973 年出版《世界蜂虻》一书,系统地描述了蜂虻 14 个亚科的分类系统,其中包括了分属检索表以及详细的属征,书中的特征图超过 1 000 幅,此著作为后人系统地研究蜂虻科昆虫奠定了坚实的基础。

20 世纪末到现在,Yeates 对澳洲界蜂虻进行系统性研究,并对蜂虻科的高级阶元分类系统进行比较深入的探讨,特别是在 1994 年发表的专著中总结出来自成虫和幼虫的 150 多个特征对蜂虻科的亚科和属级阶元系统发育进行研究,有助于对蜂虻科系统发育认识。此外 Nagatomi 在 20 世纪末对日本的蜂虻科进行了一系列的研究。如今仍活跃于蜂虻领域研究的学者有 Zaitzev、Evenhuis 和 Yeates;目前,El - Hawagry 正研究埃及的蜂虻,Lambkin 对澳洲界蜂虻科进行分子分类学研究,Lamas 对南美洲的蜂虻科进行分类研究,Omar 对墨西哥的蜂虻科进行分类研究,Babak 对伊朗的蜂虻科进行分类研究,Gibbs 正在对古北界的乌蜂虻亚科 Usiinae 和坦蜂虻亚科 Phthiriinae 进行系统性的修订。

2. 中国蜂虻科研究简史

我国蜂虻科的种类最早由 Macquart(1840,1855)、Walker(1849,1857)、Bezzi(1905,1907)、Matsumura(1916)、Enderlein(1926)、Paramonov(1928,1930,1931,1933,1936,1957)、Austen(1936)、Seguy(1935,1963)等外国人零星报道,且标本多采于台湾、海南、北京、山东和西藏等地。Evenhuis(1979,1982)也报道我国南方陇蜂虻属 *Heteralonia* 和姬蜂虻属 *Systropus* 一些种类。

国内对蜂虻科的研究开始于 20 世纪末,由杨集昆先生最先开始研究;杨集昆和杜进平主要研究姬蜂虻属,也涉及蜂虻科其他一些属。从 1991 年以来,杨定对中国蜂虻科有一些研究。近六七年,姚刚和杨定对我国蜂虻科种类按属进行系统修订,发表系列文章,还与 Evenhuis 开展一些合作研究;崔维娜和杨定对我国姬蜂虻属种类重新进行修订。

二、材料与方法

1. 材料

所用研究标本主要来源于中国农业大学昆虫博物馆馆藏标本和本研究组成员近几年在各地采集所得标本,标本采集地点基本覆盖全国。另有部分标本来自广西大学、西北农林科技大学、内蒙古农业大学、内蒙古师范大学、中国科学院动物研究所标本馆、中国科学院昆明动物研究所、南开大学、中国科学院上海昆虫博物馆、山东大学、西南林学院、沈阳农业大学、中山大学和日本大阪自然博物馆。

2. 方法

(1)标本采集

蜂虻科昆虫一般晚上不活动,主要依靠白天用捕虫网采集。蜂虻科昆虫主要活跃于较开阔的灌木丛和花丛中,在白天阳光好的时候出现较多数量,半沙漠地区等干旱地区也常常能见到蜂虻科昆虫的身影。

(2)标本观察

蜂虻科的昆虫一般虫体较大,有些属的雌虫复眼离眼式,雄虫复眼接眼式,可通过肉眼直接观察区分雌雄并进行初步鉴定,有些属雌雄成虫外形上差异很小,只能在体视镜下观察区分。在确定需要进一步观察的标本后,采用 Olympus 光学解剖镜进行观察。

(3)标本测量和记述

根据已有的文献或照片与前一步的观察结果进行对比,确定研究对象是否为已知种,如果是已知种,需对标本采集信息及标本的保存情况进行详细的记述,并观察记述标本的外部分类特征;如果不是已知种,则需要对标本整体分类特征进行详细的描述,并对标本的体长和翅长进行测量。

(4)标本拍照

使用 Canon 450D 数码照相机采集整体形态特征信息,将拍摄的数码照片传输入计算机,利用 Adobe Photoshop CS3 软件进行图像的清晰度处理,以 TIFF 格式保存。

(5)标本解剖

干制标本在回软缸中放置 12~24 h,充分变软后,剪下雄虫腹部末端(一般为第 6 节之后部分)。将解剖后的雄虫腹部末端或雄性外生殖器浸泡于饱和的 NaOH 溶液中,待肌肉和脂肪大部分溶解,浸泡时间大部分约 12 h,少数小型个体约 6 h,待标本颜色变浅时取出,用清水漂洗后在光学解剖镜进行进一步观察和绘图。

(6) 特征图绘制

在光学解剖镜下用九宫格对各种形态和结构绘制特征图,并用硫酸纸覆墨。

(7) 标本保存

标本解剖观察绘图后,干制标本解剖下的部分需要放在特制的装有甘油的小管中,插在标本下方,然后贴上鉴定标签,新种还需要加上模式标签。本文所有观察标本的保存单位均以英文缩写在采集信息后注明,保存单位全称见表 1。

表 1　研究标本收藏单位

缩写	全　称
CAU	Entomological Museum,China Agricultural University,Beijing,China [中国农业大学昆虫博物馆,北京]
GXU	Guangxi University,Nanning,China [广西大学,南宁]
IMAU	Inner Mongolia Agricultural University,Hohhot,China [内蒙古农业大学,呼和浩特]
IMNU	Inner Mongolia Normal University,Hohhot,China [内蒙古师范大学,呼和浩特]
IZCAS	Institute of Zoology,Chinese Academy of Sciences,Beijing,China [中国科学院动物研究所标本馆,北京]
KIZCAS	Kunming Institute of Zoology,Chinese Academy of Sciences,Kunming,China [中国科学院昆明动物研究所,昆明]
NAFU	Northwest A & F University,Yangling,China [西北农林科技大学,杨凌]
NKU	Nankai University,Tianjin,China [南开大学,天津]
OMNH	Osaka Museum of Natural History,Osaka,Japan [大阪自然博物馆]
SEMCAS	Shanghai Entomological Museum,Chinese Academy of Sciences,Shanghai,China [中国科学院上海昆虫博物馆,上海]
SDU	Shandong University,Jinan,China [山东大学,济南]

续表1

缩写	全　称
SWFC	Southwest Forestry College, Kunming, China [西南林学院, 昆明]
SYAU	Shenyang Agricultural University, Shenyang, China [沈阳农业大学, 沈阳]
SYSU	Sun Yat-sen University, Guangzhou, China [中山大学, 广州]

三、形态特征

1. 成虫（图 1 至图 4;图版 Ⅰ 至图版 ⅩⅫ）

蜂虻体型变化很大,大型的如庸蜂虻属 *Exoprosopa* 体长可达约 40 mm,小型的如乌蜂虻属 *Usia* 体长不足 2 mm。大多数种类体为短宽型,被鳞片、长毛和鬃,有时被浓密成簇的长毛,有些蜂虻体形似姬蜂、食蚜蝇、剑虻或舞虻。

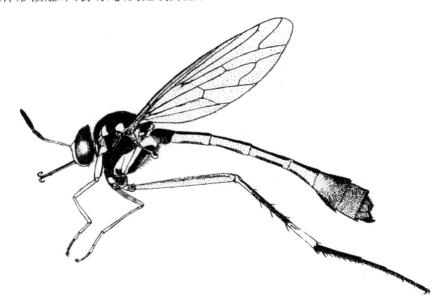

图 1　三峰姬蜂虻 *Systropus tricuspidatus* **Yang**

据 Yang,1995 重绘

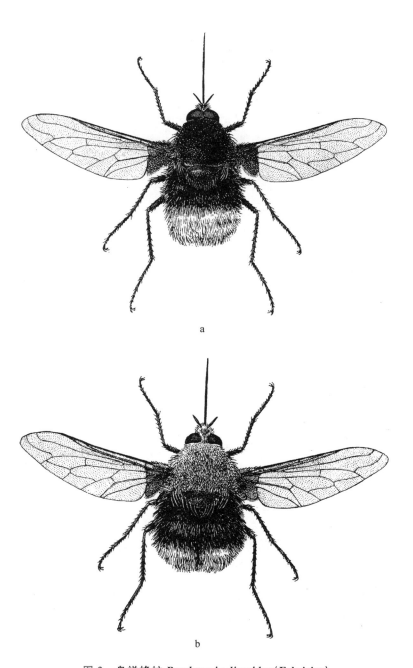

a

b

图 2 盘禅蜂虻 *Bombomyia discoidea*（Fabricius）
a. 雄性成虫（male adult）；b. 雌性成虫（female adult）。据 Zaitzev，1966 重绘

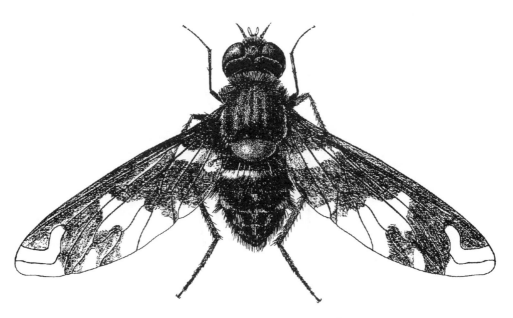

图 3 庸蜂虻 *Exoprosopa rhea* Osten Sacken

据 Hull,1973 重绘

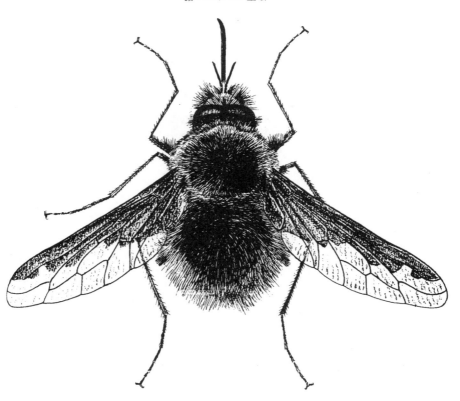

图 4 大蜂虻 *Bombylius major* Linnaeus

据 Hull,1973 重绘

（1）头部（head）（图 5 至图 6）

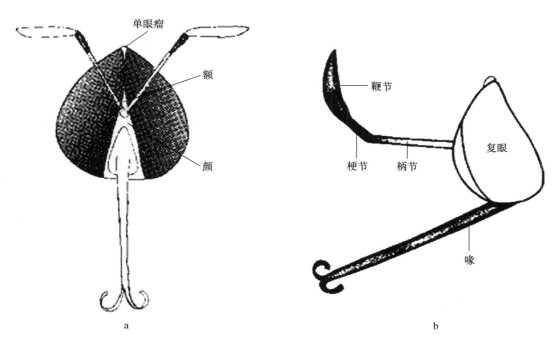

单眼瘤

额

颜

a

鞭节

复眼

梗节　柄节

喙

b

图 5　头部（head）（黄边姬蜂虻 *Systropus hoppo* Matsumura）
a. 前视（anterior view）；b. 侧视（lateral view）

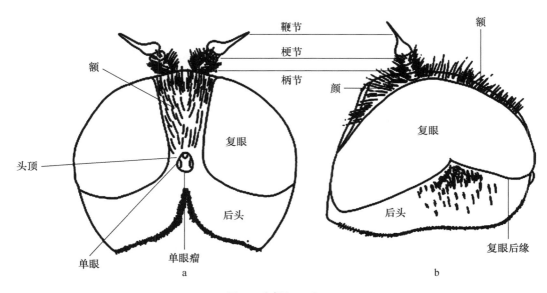

鞭节

梗节

柄节

额

额

颜

复眼

头顶

复眼

后头

后头

单眼

单眼瘤

复眼后缘

a

b

图 6　头部（head）
a. 背视（dorsal view）；b. 侧视（lateral view）

蜂虻的头部较小,通常呈半球形,通常比胸部窄或与胸部等宽。后头通常圆,但炭蜂虻亚科 Anthracinae 后头被单眼后方的一中部深凹所分割,后头孔被完全被分割成两部分,在被密毛的种类中这一特征不容易被观察到。大部分属、种的后头深凹,且复眼后缘为锯齿状,在复眼中部通常有短的分割线伸向复眼前部。

复眼(eye) 复眼一对通常很大,占了头部的绝大部分。雄性复眼上部圆凸状,其上表面增大,但在 Beckerellus 属中情况恰好相反,雌性复眼上部圆凸状,其上表面增大,在异脊蜂虻亚科 Heterotropinae 复眼上方上表面增大部分和下方上表面较小的部分被一显著的线分隔。部分属如雏蜂虻属 Anastoechus 雌雄异型,雄性复眼接眼式,雌性复眼离眼式。

单眼(ocellus) 3个,呈三角形分布于位于突起的单眼瘤(ocellar tubercle)上,单眼瘤通常位于头顶,有时也位于凸出额的上方,单眼瘤上常被数根长毛。

后头(occiput) 从平坦到隆突,呈多样。蜂虻科的大部分种类后头显著膨大,往后显著突出,背面有垂直两分的凹缺,中部有一深腔。后头的特征是高级阶元分类的最重要特征,像岩蜂虻属 Anthrax、庸蜂虻属 Exoprosopa 和绒蜂虻属 Villa 的后头孔由两部分组成。

额(frons) 通常比较宽,但在一些属如雏蜂虻属 Anastoechus 雄虫接眼式,额很小而在触角上方呈小三角形,雌虫为离眼式,额较大。通常额被直立的长毛,大多数呈黑色,但少数呈白色和黄色。

颜(face) 通常平滑,也有一些属如芝蜂虻属 Exhyalanthrax 侧视触角下方部分突出成鼻状,颜通常被鳞片和毛,触角附近的毛较浓密,毛的颜色有白色、淡黄色和黑色等。

触角(antenna)(图 7) 由柄节(scape)、梗节(pedicel)和鞭节(flagellum)组成,鞭节末端有 1~2 节端刺(style)。柄节为长形或短粗形,比梗节稍长;梗节几乎都为矩形。鞭节长,棒状、洋葱状或圆锥状,鞭节的附节通常很小,细长或者很短而有些退化。触角的鞭节及其附节的形状为分属的重要特征,如岩蜂虻属 Anthrax 触角端部有一簇毛;绒蜂虻属 Villa 鞭节呈洋葱状;麟蜂虻属 Pterobates 鞭节圆锥状,端部有一分 2 节的附节,端部尖;蜕蜂虻属 Apolysis

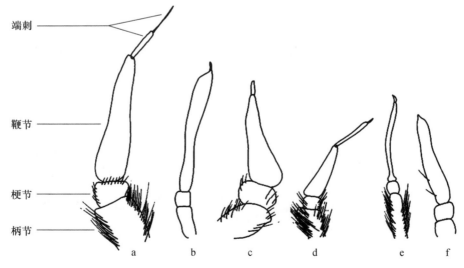

图 7 触角(antenna)

a. *Pterobates pennipes* Wiedemann;b. *Euchariomyia dives* Bigot;c. *Exhyalanthrax afer* Fabricius;d. *Ligyra incondita* sp. nov. ;e. *Anastoechus asiaticus* Becker;f. *Phthiria rhomphaea* Séguy

鞭节宽棒状,端部有 2 个端刺突,其中一个长在端部的凹缺内。

　　口器(mouthparts)(图 8)　口腔通常较大,但样式和大小呈现多元化,其着生位置的基部在头部的中纵轴上。喙(proboscis)由颜的下方伸出,蜂虻亚科 Bombyliinae 的喙通常为细长的虹吸式,如雏蜂虻属 Anastoechus 和蜂虻属 Bombylius;炭蜂虻亚科 Anthracinae 的喙通常为粗短的舐吸式,如绒蜂虻属 Villa。

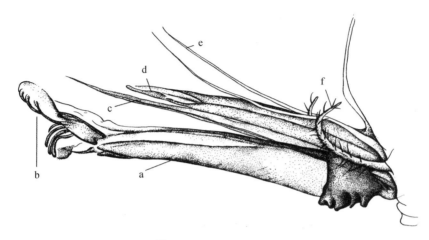

图 8　口器(mouthparts)

　　a. 下唇(labium);b. 唇瓣(labellum);c. 上颚(mandible);d. 上内唇(labrum - epipharynx);e. 下颚(maxilla);f. 下颚须(maxillary palpus)。据 Hull,1973 重绘

　　唇瓣(labellum)　雏蜂虻属 Anastoechus、禅蜂虻属 Bombomyia 和隆蜂虻属 Toxophora 等的唇瓣细长,而岩蜂虻属 Anthrax、绒蜂虻属 Villa 和庸蜂虻属 Exoprosopa 等的唇瓣厚实。

(2)胸部(thorax)(图 9 至图 10)

　　胸部一般近矩形,通常靠近腹部的部分最宽,弧蜂虻亚科 Toxophorinae 例外,为显著的衣领状。

　　前胸(prothorax)　前胸背板(pronotum)与后头上部靠近,比中胸背部低,有些退化而比较小,背视不明显可见,特别是胸部被浓密长毛的种类更难发现。唯一例外的是弧蜂虻属 Toxophora 前胸较大。

　　中胸(mesothorax)　中胸背板(mesonotum)通常弱凸起,但驼蜂虻属 Geron 中胸背板呈驼背状,侧板平坦,呈垂直状。中胸背板表面通常被浓密的细长毛,翅基部前方、肩胛和翅后胛通常被鬃,弧蜂虻亚科 Toxophorinae 鬃很长且呈弧形,背中部和前缘通常被游离的鬃。

　　中胸侧板(mesopleura)　中胸侧板大,通常被浓密向上翘的硬毛,有时其中混杂着一些鬃,但蜕蜂虻属 Apolysis 种类中胸侧板光裸无毛。中胸侧板分为上前侧片(anepisternum)、下前侧片(katepisternum)、上后侧片(anepimeron)和下后侧片(katepimeron)。下后侧片光裸,上后侧片通常也光裸。小盾片(scutellum)大,呈半圆形或近三角形,背面平坦或者略隆凸,通常为一整块,很少有两分或者端部凹陷的情况。

　　后胸(metathorax)　后背背板(metanotum)通常发达,与小盾片相接。后胸腹板显著发达,与前胸腹板以及足基节相接;后胸侧板(metapleuron)与前侧片相似,分成两部分。

11

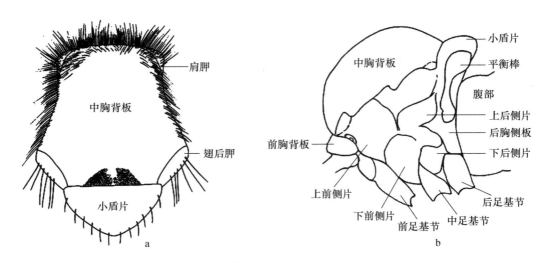

图 9　胸部（thorax）

a. 背视（dorsal view）（斑翅绒蜂虻 *Villa aquila* Yao，Yang *et* Evenhuis）；b. 侧视（lateral view）（黄缘蜕蜂虻 *Apolysis galba* Yao，Yang *et* Evenhuis）

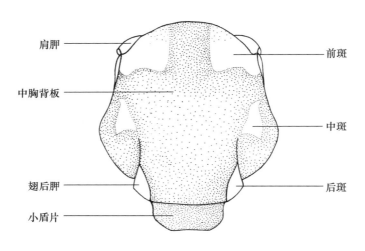

图 10　胸部，背视（throax，dorsal view）

（中凹姬蜂虻 *Systropus concavus* Yang *et* Evenhuis）

（3）翅（wing）（图 11 至图 12）

　　翅是蜂虻科分种的重要特征之一，翅表面通常有各种形式的斑，一些属的种类（如斑翅属 *Hemipenthes*）可以从翅斑的形状来大致判断、鉴别。翅膜上通常无毛，但 *Palintonus* 属翅膜上被毛或鳞片。翅前缘通常平，端部平滑向下弯曲，但隆蜂虻属 *Tovlinius* 翅前缘近端部有一隆凸。翅脉是分类中重要的鉴别特征，例如径间横脉的有无在种类之间存在差异。翅基缘通常发达且形成钩状，翅瓣通常较窄，腋瓣通常存在且为圆形，边缘被毛或鳞片。

　　前缘脉（costa，C）　位于翅前缘，通常完整，但也有退化的类群，例如异脊蜂虻亚科 Heterotropinae 仅伸达翅脉 R_5 的基部。

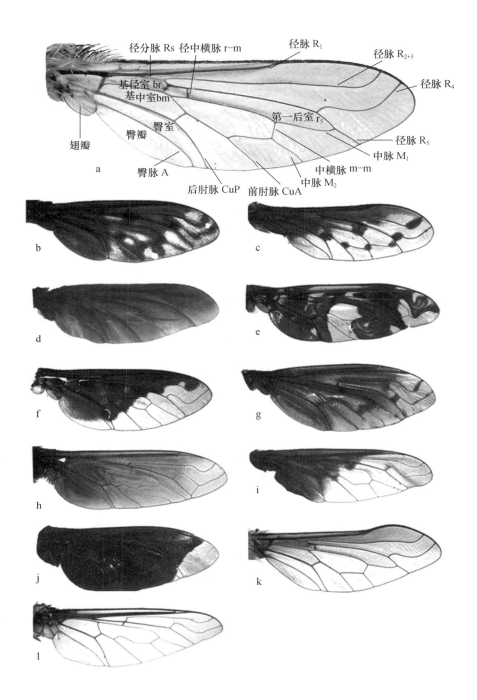

图 11　翅（wing）

a. 白缘雏蜂虻 *Anastoechus candidus* Yao，Yang *et* Evenhuis；b. 幽暗岩蜂虻 *Anthrax anthrax* Schrank；c. 玷蜂虻 *Bombylius discolor* Mikan；d. 富饶方蜂虻 *Euchariomyia dives* Bigot；e. 土耳其庸蜂虻 *Exoprosopa turkestanica* Paramonov；f. 浅斑翅蜂虻 *Hemipenthes velutina* Wiedemann；g. 柱桓陇蜂虻 *Heteralonia sytshuana* Paramonov；h. 尖明丽蜂虻 *Ligyra dammermani* Evenhuis *et* Yukawa；i. 锐越蜂虻 *Petrorossia salqamum* sp. nov.；j. 幽麟蜂虻 *Pterobates pennipes* Wiedemann；k. 壮隆蜂虻 *Tovlinius pyramidatus* sp. nov.；l. 蜂鸟绒蜂虻 *Villa lepidopyga* Evenhuis *et* Araskaki

13

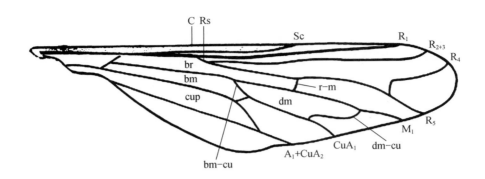

图 12　翅(wing)(姬蜂虻 *Systropus* sp.)

亚前缘脉(subcosta,Sc)　位于翅基部,通常伸达翅的前缘。

径脉(radial vein,R)　径脉在前面分出的一条为第 1 径脉 R_1,通常较长过翅的一半,但不达翅端;后面分出径分脉(Rs),Rs 脉通常分为 R_{2+3}、R_4 和 R_5 三支,有些类群如斑翅蜂虻属 *Hemipenthes* 中存在交叉脉 R_{2+3}-R_4 形成 3 个亚缘室,在有些属如陇蜂虻属 *Heteralonia* 中存在附脉,在丽蜂虻属 *Ligyra* 中 r_4 室中有一横脉将其分为两部分。

中脉(medial vein,M)　中脉 M 发达,呈管状,通常分两支达翅缘,但在庸蜂虻 *Exoprosopa* 和陇蜂虻 *Heteralonia* 等属中有部分种类 M_1 脉不达翅缘,而结束于 R_5 脉,在驼蜂虻 *Geron* 和弧蜂虻 *Toxophora* 等属中 M_2 脉缺如。

径中横脉(r-m)　径中横脉 r-m 存在,位于翅基部径分脉 Rs 分叉点,非常短,径中横脉 r-m 靠近盘室的位置也是重要的分类特征,例如,雏蜂虻 *Anastoechus* 等属 r-m 脉靠近盘室的近端部的位置,蜂虻 *Bombylius*、绒蜂虻 *Villa* 等属 r-m 脉靠近盘室中部偏基部的位置,*Dischistus* 等属 r-m 脉靠近盘室中部偏端部的位置。

第一后室(r_5 cell)　在一些属、种(如斑翅蜂虻 *Hemipenthes* 和绒蜂虻 *Villa* 等属的种类)中第一后室 r_5 在翅缘处开放,另一些属、种(如雏蜂虻 *Anastoechus* 和蜂虻 *Bombylius* 等属的种类)中第一后室 r_5 在未达翅缘之前关闭的。

臀室(anal cell)　臀室通常在翅缘处开,例如斑翅蜂虻 *Hemipenthes*、雏蜂虻 *Anastoechus* 和绒蜂虻 *Villa* 等属的一些种类,但也有少数种类在达翅缘之前关闭。

(4)足(leg)（图 13 至图 15）

蜂虻的足通常比较细弱,与其有时停留在花、树叶、泥土、岩石和木块等上相适应。后足通常要比前足和中足长,有些蜂虻科的属、种如姬蜂虻属 *Systropus* 的前足显著退化。中足和后足的基节通常很短,但中胸显著隆起的类型中例外,如在弧蜂虻亚科 Toxophorinae 中前、中、后足的基节长度几乎相等,异脊蜂虻亚科 Heterotropinae 的中、后足基节中部有一刺。中、后足腿节通常被鬃,特别是后足腿节。

胫节通常被浓密成列的鬃,端部的鬃显著较强,前足胫节有时无鬃,前足胫节鬃的有或无是分类的辅助特征。在庸蜂虻 *Exoprosopa* 和麟蜂虻 *Pterobates* 等属的种类中后足胫节被鳞片,其中麟蜂虻属 *Pterobates* 后足胫节的被浓密的羽状鳞片。爪的形状多样,有的几乎呈直线状,也有略弯曲甚至弯曲呈镰刀状的。爪垫有些种类中存在,但大小上退化,但有些种类中不

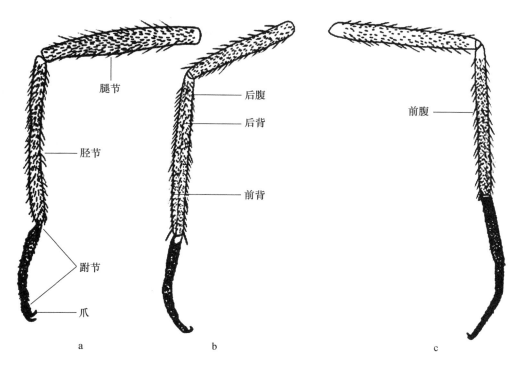

图 13　斑翅绒蜂虻 *Villa aquila* Yao, Yang *et* Evenhuis

a. 前足（fore leg）；b. 中足（mid leg）；c. 后足（hind leg）

存在，在庸蜂虻族 Exoprosopini 中爪垫呈刺状。

图 14　黄边姬蜂虻 *Systropus hoppo* Matsumura

a. 爪和爪垫，侧视（claw and pulvilli, lateral view）；b. 爪和爪垫，背视（claw and pulvilli, dorsal view）

（5）腹部（abdomen）（图 16 至图 17）

　　蜂虻的腹部短宽或长圆柱状，由 6～8 节可见节组成。腹部通常无鬃，被浓密的毛或鳞片或者毛和鳞片。腹部的毛或鳞片为深色，但在丽蜂虻属 *Ligyra* 中通常有浅色的毛或鳞片形成的斑，腹部的斑所在的节以及斑的形状为丽蜂虻属 *Ligyra* 中分种的重要特征。雄性腹部的最后一节形成下生殖板，有时较小，但在乌蜂虻属 *Usia* 和坦蜂虻属 *Phthiria* 中较大。在庸蜂虻 *Exoprosopa* 等属中下生殖板往腹面弯曲，背视向右旋转并位于其他腹节下方。

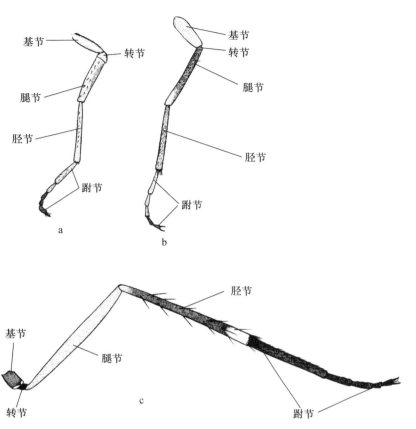

图 15　黄边姬蜂虻 *Systropus hoppo* Matsumura

a. 前足（fore leg）；b. 中足（mid leg）；c. 后足（hind leg）

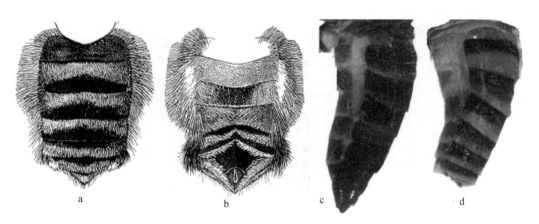

图 16　腹部（abdomen）

a. 绒蜂虻 *Villa atricauda* Austen 背视（dorsal view）（仿 Austen，1937）；b. 绒蜂虻 *Villa atricauda* Austen 腹视（ventral view）（仿 Austen，1937）；c. 黄缘蜕蜂虻 *Apolysis galba* Yao，Yang *et* Evenhuis 雄性，侧视（male，lateral view）；d. 黄缘蜕蜂虻 *Apolysis galba* Yao，Yang *et* Evenhuis 雌性，侧视（female，lateral view）

16

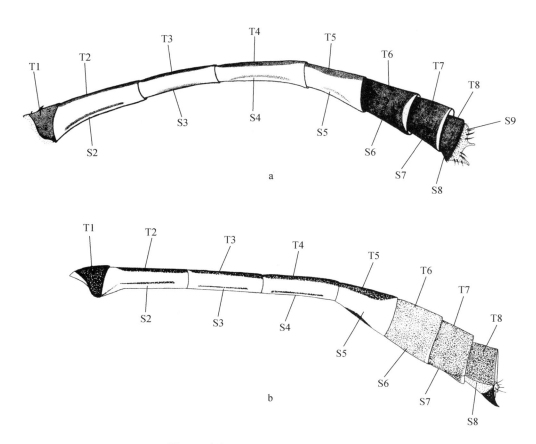

图 17　腹部，侧视（abdomen，lateral view）

a. 雄虫（male）；b. 雌虫（female）（黄边姬蜂虻 *Systropus hoppo* Matsumura）

雄性外生殖器（male genitalia）（图 18 至图 19）

雄性外生殖器作为蜂虻科分种最终的决定性特征是由 Hesse 在 1938 年首次提出。这里所提的雄性外生殖器主要包括以下 3 大结构：生殖背板（epandrium），生殖基节（gonocoxite）和阳茎复合体（aedeagal complex）。

生殖背板（epandrium）　生殖背板包括尾须位于整个雄性外生殖器的最上方，侧视时尾须通常显著外露，且形状通常为矩形，背视通常左右成轴对称，生殖基节端部通常被浓密的鬃状长毛。

生殖基节（gonocoxite）　生殖基节腹视由两块对称似壳的胶囊状部分组成，中部往端部通常被鬃状短毛。生殖刺突（gonostylus），或称为生殖突，位于生殖基节的端部，生殖刺突形状多样，生殖刺突通常基部厚，端部尖或者钝，形状多样，生殖刺突的形状是分类特征之一。通常生殖基节较大，将阳茎复合体包在其中，但在 *Ligyra* 属中生殖基节较阳茎复合体小。

阳茎复合体（aedeagal complex）　阳茎复合体包括阳茎（phallus）、阳茎基背片（epiphallus）、阳茎基突（basal ejaculatory apodeme）和 1 对或者 2 对侧叶（lateral apodemes）。阳茎端部为端阳茎，阳茎通常短于阳茎基背片，端阳茎藏于阳茎基背片的下方，阳茎通常呈三角形。

17

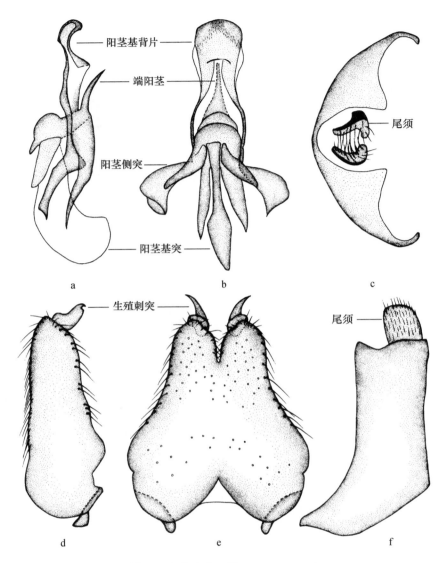

图 18　雄性外生殖器（male genitalia）

a. 阳茎复合体，侧视（aedeagal complex，lateral view）；b. 阳茎复合体，背视（aedeagal complex，dorsal view）；c. 生殖背板，后视（epandrium，posterior view）；d. 生殖基节和生殖刺突，侧视（gonocoxite and gonostylus，lateral view）；e. 生殖基节和生殖刺突，腹视（gonocoxite and gonostyli，ventral view）；f. 生殖背板，侧视（epandrium，lateral view）

阳茎基背片背视时，端部形状多样，这是一重要的分类特征，如在雏蜂虻属 *Anastoechus* 中大部分种阳茎基背片背视端部尖，有些呈塔形；中华柱蜂虻 *Conophorus chinensis* 阳茎基背片背视时，中部膨大呈球形，端部为指凸状；幽麟蜂虻 *Pterobates pennipes* 阳茎基背片背视时，端部近球形；幽暗岩蜂虻 *Anthrax anthrax* 阳茎基背片背视时，端部三叉形。侧叶通常为椭圆形。阳茎基突通常比较大，形状多样，侧视通常近斧形，或者半圆形，阳茎基突侧视的形状是分属或者分种的重要特征。

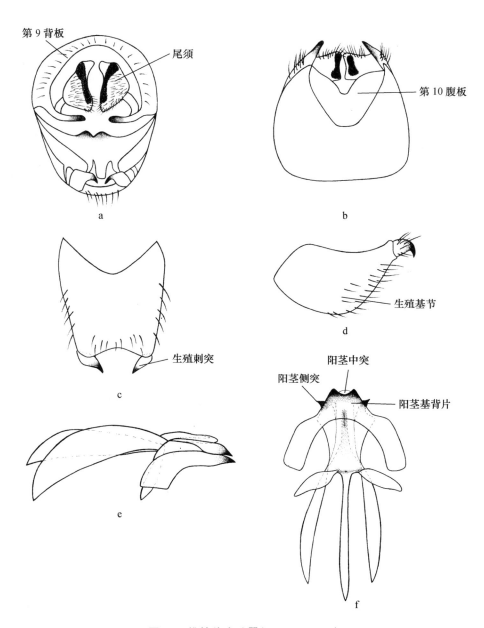

图 19　雄性外生殖器（male genitalia）

黄角姬蜂虻 *Systropus flavicornis*（Enderlein）

a. 雄性外生殖器，后视（male genitalia，posterior view）；b. 第 9 背板，尾须，第 10 腹板，腹视（epandrium，cercus and sternite 10，ventral view）；c. 生殖基节和生殖刺突，腹视（gonocoxite and gonostylus，ventral view）；d. 生殖基节和生殖刺突，侧视（gonocoxite and gonostylus，lateral view）；e. 阳茎复合体，侧视（aedeagal complex，lateral view）；f. 阳茎复合体，背视（aedeagal complex，dorsal view）

雌性外生殖器（female genitalia）（图 20 至图 21）

蜂虻雌性外生殖器的尾须（cercus）发达通常侧视显著可见，腹部第 8 节背板发达，第 9＋10 节背板退化，尾刺板（acanthophorite）上具刺状突（acanthophorite spines），在第 9＋10 节腹部背板下方有一对通常为弯曲的弹器（furca），喷射器（ejection apparatus）通过输精管（sperm pump）与储精囊（spermathecae）相连接。储精囊通常有 3 个，形状为球状或者葫芦形。

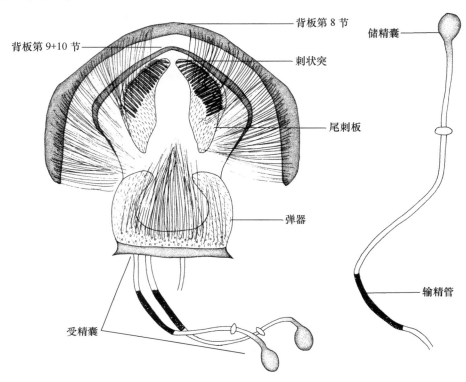

图 20　雌性外生殖器（female genitalia）

2. 幼期

（1）卵（egg）（图 22）

已知种类中蜂虻科的卵较小的如 *Anthrax analis* Say 的卵长 0.28 mm、宽 0.12 mm，卵较大的如 *Heterostylum robustum* Osten Sacken 的卵长 1.20 mm、宽 0.7 mm，表面覆盖一层浓密的黏性物质，且全部黏着各种小颗粒，因此颜色也有白色到黄褐色等不同颜色。

（2）幼虫（larva）（图 23 至图 24）

一龄幼虫（first-instar larva）　一龄幼虫又称闰蚴。Sartor 发现 *Anthrax limatulus* Say 的一龄幼虫长度在 1.0～1.2 mm，细长呈圆柱形，颜色为白色，通常可以通过透明的外表皮看到内部组织。通过仔细观察他发现此幼虫有 3 个胸节和 9 个腹节，每节的长度都大致相同，仅

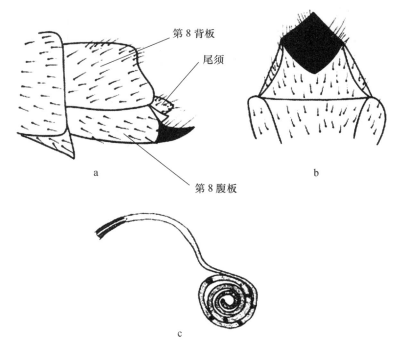

图 21　雌性外生殖器 (female genitalia)

（黄边姬蜂虻 *Systropus hoppo* Matsumura）

a. 亚生殖板末端,侧视 (apex of abdomen, lateral view)；b. 亚生殖板末端,腹视 (apical portion of sternum 8, ventral view)；c. 雌虫受精囊 (female spermatheca)（据 Evenhuis, 1982 重绘）

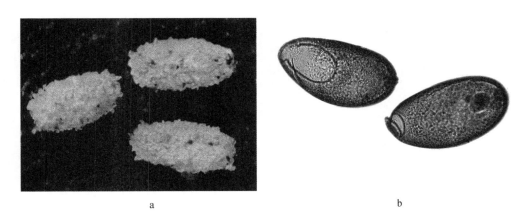

图 22　卵 (egg)

a. *Anthrax limatulus* Say 的卵（引自 Hull, 1973）；

b. *Apolysis galba* Yao, Yang *et* Evenhuis 雌虫中解剖出的卵

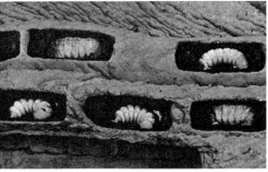

图 23　幼虫(larvae)

a. *Anthrax limatulus* Say(仿 Hull,1973);

b. *Anthrax limatulus* Say 在蜂巢中的幼虫(仿 Hull,1973)

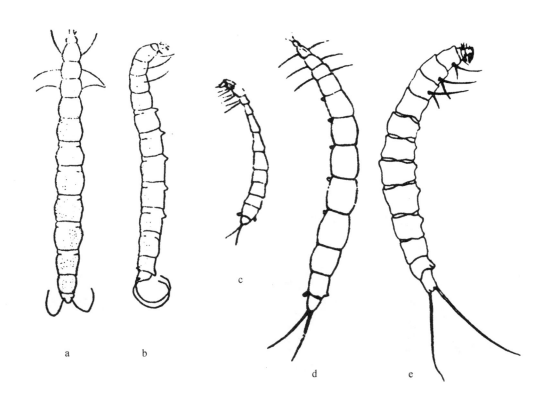

图 24　一龄幼虫(first - stage larvae)

a. *Systoechus* sp. 背视(仿 Brooks,1952);b. *Systoechus* sp. 侧视(仿 Brooks,1952);c. *Bombylius pumilus* Meigen(仿 Hull,1973);d. *Bombylius vulpinus* Wiedemann(仿 Hull,1973);e. *Heterostylum robustum* Osten Sacken(仿 Hull,1973)

圆锥状的末节长度较小。每个胸节都有一对硬鬃,末节有一对向外伸出的尾鬃。Bohart 在 1960 年发现 *Heterostylum robustum* Osten Sacken 的一龄幼虫具有大型口器,中部有一对钳状钩,侧面为细长的棒状上颌须,其上被长鬃。Sartor 发现在腹部第 2~6 节和第 8 节的前部有一对伪足。Bohart 报道在第 8 腹节上的伪足为 2 对,并且他认为其呼吸系统为侧气门式。由前到倒数第 2 个腹侧的气门不发达,有可能退化了。Sartor 发现一龄幼虫非常的活跃且前行时胸部会隆起。

　　二龄幼虫(second‑instar larva)　Sartor 在饲养蜂虻 *Anthrax limatulus* Say 的幼虫时发现其二龄幼虫长度在 3 mm 左右。这个数据较 Marston 在 1964 年报道的二龄幼虫长度在 1.5~2.0 mm 的要大。Sartor 发现这个龄期的体内乳白色的组织更加明显,且虫体各节之间的界限明显,体分 12 节非常清晰。在第 3 胸节和第 1~5 腹节的背板宽且有瘤凸。他发现幼虫头部略凹陷,仅口器的钩可见。第 8 节的气孔部分被第 7 节延伸出的背板遮盖,但也有部分延长到第 9 节。据 Sartor 的报道前胸上的气孔为新月形,后部有 11 个横条状的巩膜孔,尾部气门有 8 个横条状的巩膜孔。Sartor 报道蜂虻 *Anthrax limatulus* Say 的二龄幼虫经历 20 h 后进入三龄幼虫期,Bohart 报道蜂虻 *Heterostylum robustum* Osten Sacken 的二龄幼虫经历 12 h 后进入三龄幼虫期。

　　三龄幼虫(third‑instar larva)　这时期的蜂虻幼虫长度和体积急剧增加,且体形呈显著的新月形或者 C 形。在前行时无隆起,这个时期活动很少,头部口器部分有一些明显的吸器用于控制其拟寄生的寄主。弓形的体形或许是对控制寄主的适应,因为弓形可以同时两端接触到寄主的表皮。三龄幼虫的外表透明及内组织白色使体呈乳白色。据 Sartor 报道幼虫体上分节线在第 2~5 节显著可见形成凹缘,第 1~7 腹节有瘤凸,第 8 腹节背部有突出部分延伸至第 7 和 9 腹节,第 8 腹节的气孔就是着生在这部分。气孔通常为圆形,分为 8~9 节,仅前气孔为新月形分 11 节。

　　并不是所有的蜂虻科末龄幼虫都为 C 形,Hull 观察到在寄生鳞翅目毛虫的蜂虻科幼虫为直线型。

　　四龄幼虫(fourth‑instar larva)　所有的文献中,仅 Bohart 在 1960 年描述四龄幼虫,Sartor 在观察蜂虻 *Anthrax limatulus* Say 时未报道四龄幼虫。其他的研究者如 Berg 在 1940 年和 Marston 在 1964 年的文章中均未提及四龄幼虫。

(3)蛹(pupa)(图 25)

　　当四龄幼虫进入预蛹期或蛹期,其颜色从乳白色逐渐变深成淡黄色,之后成为褐色,在化蛹前成为黑色,蛹的后期变得非常活跃,腹节频繁地蠕动伸缩。

　　蜂虻的蛹与食虫虻的蛹在很多方面很相似,食虫虻蛹的腹节背面有刺状背突,通常较尖,垂直直立于背面,或者往后平卧。蜂虻的蛹少数情况如坦蜂虻属 *Phthiria* 的蛹被与食虫虻相似的直立尖锐的背刺,但背刺位于前缘部分,而在食虫虻中则位于后缘部分。蜂虻蛹的很多腹节上有非常显著的横带,其上密布壳质的棒状突,横带位于腹节的前部或者后部,也有位于腹节中部的情况,这些棒状突形似直立的刺突。这一特征在 8 个亚科 18 个属 26 种蜂虻的蛹都有报道。

　　蜂虻蛹最重要的分类特征为头壳和胸,腹部背板被强壮的角质化的刺。所有蜂虻的蛹都呈现一定的弯曲,头部被 4 组角质化的刺,每组 2 根共 8 根刺。在蜂虻 *Thevenemyia auripila*

Osten Sacken 中的最后一对退化。在蜂虻 *Neodiplocampta* Curran 中侧缘的外伸刺退化,但在其下方有一对较小的刺,使其一共有 10 根刺。在斑翅蜂虻属 *Hemipenthes* Loew 中除了最前端的刺外,其余的刺都退化,前端的 2 根刺为铲状。在 *Triodites* Osten Sacken 中有 2 根不成对的刺,1 根在前面,另一根靠近下方的刺。异脊蜂虻 *Heterostylum* Macquart 在翅鞘基部有 2 根刺。蛹腹部的刺是蜂虻蛹分属的重要特征,在斑翅蜂虻 *Hemipenthes* Loew 中仅有壳质化的突,无特化的背刺,在庸蜂虻 *Exoprosopa* Macquart 中通常每节的后缘有显著的铲状刺突。

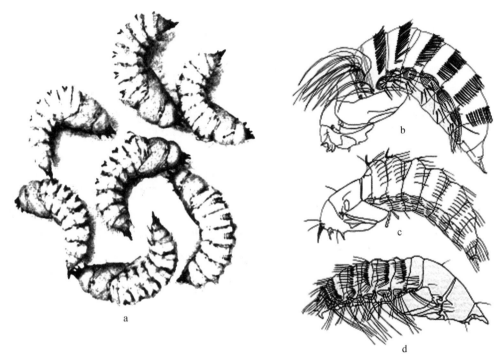

图 25　蛹(pupae)

a. *Anthrax limatulus* Say 的蛹(仿 Hull,1973);b. *Anthrax tigrinus* Ge Geer 的蛹(仿 Hull,1973);

c. *Phthiria sulphurea* Loew 的蛹(仿 Hull,1973);d. *Toxophora amphitea* Walker 的蛹(仿 Hull,1973)

四、生物学及经济意义

1. 生物学

(1)生活史(life cycle)(图 26)

蜂虻属于完全变态中的复变态(hypermetaboly,hypermetamorphosis)昆虫,其发育经历卵、幼虫、蛹和成虫四个阶段。其中幼虫分为 3～4 个龄期。在昆虫的完全变态中,前期和后期的幼虫的基本体型(原足型、多足型等)都发生变化,称为复变态。复变态的昆虫,其营寄生生活的幼虫各龄间的形态、生活方式等明显的不同,比一般完全变态昆虫的变态复杂得多。

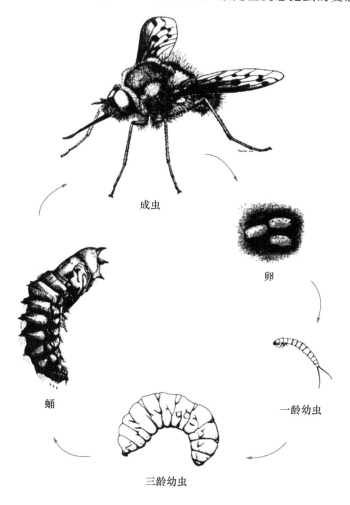

成虫

卵

蛹

一龄幼虫

三龄幼虫

图 26 蜂虻的生活史(life cycle of bee fly)
据 Hull,1973 重绘

　　卵　蜂虻科的卵长度为 0.28～1.20 mm,宽为 0.12～0.7 mm。颜色较浅,从白色到黄褐色,蜂虻一次产卵数量巨大,据 Bohart 在 1960 年以及 Marston 在 1964 年报道,在蜂虻 *Heterostylum robustum* 和蜂虻 *Anthrax limulatus* Say 中一头雌虫一天能产卵约 1 000 个,但是极少能从产卵后的土中找到卵。蜂虻雌虫产卵在寄主或取食对象(蝗虫卵块)附近,产卵时卷蜂虻属 *Systoechus* 的雌蜂虻盘旋于蝗虫产卵的沙土凹槽上方的 1～3 cm 的高度,将卵轻轻产于蝗虫卵块之中;Yerbury 在 1902 年观察到多个蜂虻 *Bombylius canescens* 的个体在膜翅目隧蜂科 *Halictus* Latreille 一些种的巢附近产卵,产卵时通常突然俯冲,腹部猛伸缩,很明显看到卵产到寄主身上,但很难从寄主身上找到其产的卵;第二作者在 2007 年河北涿鹿杨家坪观察到多头黄领蜂虻 *Bombylius vitellinus* 的雌虫盘旋于牛粪上方(目测距离约为 20 cm),但未观察到产卵行为和寄主。

幼虫　蜂虻幼虫为小型,通常弯曲呈 C 形,长为 0.12～0.28 mm,宽为 0.7～1.20 mm。颜色为白色到黄褐色。幼虫通常分为 4 个龄期,一龄幼虫为寻找寄主或者取食对象而较活跃。对于龄期时间的长短研究较少,仅 Sartor 报道蜂虻 *Anthrax limatulus* Say 的二龄幼虫需要经历 20 h 进入三龄幼虫,以及 Bohart 报道蜂虻 *Heterostylum robustum* Osten Sacken 的二龄幼虫需要经历 12 h 进入三龄幼虫。很多蜂虻特别是分布于降雨量少的干旱地区的种类,为了度过干旱的不利环境可以滞育很长一段时间,Davidson 在 1900 年报道蜂虻 *Thyridanthrax edititia* Say 历经 4 年滞育后孵化,Hull 在 1973 年报道蜂虻 *Anthrax limatulus* Say 历经 3 年滞育后孵化。土壤中的蜂虻幼虫最大的威胁来自霉菌,特别在又热又潮湿的土壤中,数量巨大的蜂虻科幼虫死于霉菌。蜂虻幼虫绝大多数寄生其他昆虫或取食蝗虫卵,寄主主要有鞘翅目、鳞翅目、膜翅目和其他的双翅目昆虫。关于幼虫的寄生习性将在后面的寄生习性中详细论述。

蛹　蜂虻的预蛹期或蛹期,其颜色由乳白色逐渐变深成淡黄色,之后呈褐色,在化蛹前成为黑色,蛹在后期变得非常活跃,腹节频繁地蠕动伸缩。

蜂虻的蛹期很容易受到天敌的攻击取食。Frick 在 1962 年观察到鸟类是蜂虻 *Heterostylum robustum* Osten Sacken 蛹的最大的天敌,云雀、麻雀和喜鹊均有被发现在巢中取食蜂虻 *Heterostylum robustum* Osten Sacken 的蛹。地鼠、老鼠和臭鼬等取食蜂虻的蛹,尤其像绒蜂虻属 *Villa* 的蛹在落叶之下很容易受到攻击。Frick 在 1962 年发现老鼠取食一些蜂虻的蛹,他还发现在臭鼬的洞中取食大量蜂虻的蛹。

Hynes 在 1947 年通过在实验室的实验结果指出,雨水为蜂虻孵化的重要因素。将 1 400 头滞育的蜂虻 *S. somali* 幼虫埋在能排水的浅金属盘中的干燥土壤中,在其中一个盘中即刻浇灌充分的水,一些天之后开始有成虫孵化出来;在另一个盘中浇灌少量的水分;还有一个盘中保持干燥。经过一年的观察发现第一个盘子中的蜂虻全部孵化,而浇灌少量水的第二个盘子中仅 41 头蜂虻孵化出来,15 个月之后在干的盘中还有 40％的幼虫仍然存活,但无从中孵化出蜂虻成虫。因此,Hynes 得出结论,在自然情况下雨水为蜂虻蛹孵化的重要条件,并且小雨不足以打破滞育。Hynes 针对蜂虻 *S. somali* Oldroyd,Potgieter 针对蜂虻 *S. acridophage* Hesse,De Lepiney 和 Mimeur 针对蜂虻 *Cytherea infuscata* Meigen 观察到即使环境条件非常适合孵化,但其中还会有部分幼虫会处于滞育状态。幼虫在干燥的土壤中滞育时,如果将它浇灌湿,它将膨胀至原始大小,如果不化蛹它们将会长时间保持这种状态,积极的转移、建立新的洞穴。并且他们发现蜂虻很显然都在白天从蛹中孵化出来。蛹期很短,但在装土的管子中的幼虫不化蛹。在实验室条件下蛹期为 9～15 天之间,Potgieter 发现蜂虻 *S. acridophage* Hesse 的蛹期实验室条件下为 7～9 天,夏天室外的条件下为 14～23 天。De Lepiney 和 Mimeur 记录蜂虻 *Cytherea infuscata* Meigen 的蛹期为 10 天。

成虫　蜂虻科的成虫为典型的喜光昆虫,在气温较高的上午 10 点到下午 2 点之间比较活跃,目前为止还无有关蜂虻科昆虫在夜间活动的报道。对蜂虻科成虫的生物学研究的成果大多来自国外专家的报道,作者总结出以下几个方面来介绍蜂虻成虫的生物学习性。

飞行　蜂虻科成虫善于飞行,大多数种类的翅相对体的比例较大,能在空中盘旋或悬空,适应于寻找寄主或者从花中取食花蜜。蜂虻科昆虫体通常为长形,足细长,尤其是跗节很长,这与成虫常停留于地面、石块、花顶或树叶上的生活习性相适应。作者采集的时候观察到斑翅属 *Hemipenthes* 的蜂虻成虫在受到干扰后,迅速向上弹起飞开,一会儿后又停在原先或者很近的位置;而庸蜂虻属 *Exoprosopa* 的种类在受干扰飞开后,在至少距离原先停留地 30 m 之外停下,*Geron* 和 *Thevenemyia* 属的种类在停落到花上之前,先在其的上方上下来回地飞行。据 Hull 报道,*Bombylius* 属的雄性蜂虻在白天可以整天飞行于树林中,悬停于树边,但在稍有干扰的情况下就会飞远。第二作者在 2007 年河北杨家坪采集时观察到黄领蜂虻 *Bombylius vitellinus* 的雄虫也是同样的情况,而且受干扰后飞走的速度极快,以至于无法跟踪观察。Hardy 在 1920 年报道蜂虻 *Systoechus crassus* 极快地从其盘旋的位置飞开。

Holmes 在 1913 年通过在加利福尼亚大学伯克利分校东部的山上观察到蜂虻属 *Bombylius* 的一个种的大量个体,发现所有的个体都盘旋于阳光之下,但是头都背向太阳,且当个体上的阳光被遮住时,它马上飞到其他地方。此外,他还观察到此蜂虻经常冲向从其身边经过的昆虫,例如几次蜜蜂经过和 2 次黄蜂经过时看到此现象。第二作者 2008 年在北京门头沟灵山古道采集时观察到中华蜂虻 *Bombylius chinensis* 也有飞向经过的其他昆虫的现象,中华蜂虻 *Bombylius chinensis* 个体盘旋于空旷的地方边上,经过一头食蚜蝇时,此蜂虻迅速向其飞去。第二作者 2008 年和 2009 年在北京周边采集时观察到斑翅蜂虻属 *Hemipenthes* 的昆虫停在地面,当有昆虫从其附近经过时,它也会飞去追逐,发现为其他虫子时又返回原地,如果为同种异性的个体则两头蜂虻一起往远处飞走,因此可以推断这行为与其交配相关。

交配 有关蜂虻交配行为的研究很少报道。Hull 在 1964 年报道一对蜂虻 *Exoprosopa fascipennis* Say 正追逐着准备交配,这对交配的蜂虻在距地面 12.7~15.2 cm(5~6 英寸)的高度飞行,飞行路线为小圈形,经过几分钟的观察,始终未成功交配,且这对蜂虻受干扰飞走。Hull 在 1964 年在密西西比观察到在堆心菊属的花上蜂虻 *Toxophora amphitea* 尾对尾地进行交配。

寿命 蜂虻成虫的寿命长短不一。一些成虫很少甚至不取食的种类,如岩蜂虻属 *Anthrax* 中的蜂虻成虫期比较短,但 Hull 在 1973 年报道其曾利用蜂蜜和水的混合液体饲养蜂虻 *Anthrax limatulus* 的雌雄个体,它们都存活了 6 天。

拟态 蜂虻科的成虫还存在着拟态的现象,姬蜂虻属 *Systropus* 的个体拟态姬蜂,*Antonia* 属的个体拟态黄蜂、食蚜蝇。还有与环境相适应的,例如 *Paravilla* 属的个体都比较白,与其生活在白色沙漠的环境相适应。

声音 蜂虻飞行时发出的声音有所不同,但是它们发声原理是一样的。在庸蜂虻属 *Exoprosopa* 的大型个体飞行时发出响亮的嗡嗡声,Hull 报道蜂虻 *Heterostylum robustum* Osten Sacken 的个体飞行时在一定的距离外就可听见尖锐的嗡嗡声,在另一地采集蜂虻 *Heterostylum robustum* 时几乎没有听到其声音,因两个体雌雄不同,故此他推测这可能为雌雄异型的现象。在驼蜂虻属 *Geron* 中只有将个体放入管中才能听到其飞行时很低的嗡嗡声。

天敌 蜂虻成虫的天敌以鸟类为主。Frick 在 1956 年发现 24 头鸟的胃中有 29 头蜂和 48 头蜂虻,在 1959 年他在 35 头鸟的胃中发现 119 头蜂和 44 头蜂虻。Hardy 在 1920 年观察到一头鸟捕食一头卷蜂虻属 *Systoechus* 的个体。Krombein 在 1967 年发现姬小蜂科(Eulophidae)寄生一种蜂虻。Fattig 在 1945 年和 Linsley 在 1960 年报道食虫虻取食蜂虻。第二作者 2008 年在北京门头沟龙门涧观察到斑翅蜂虻属 *Hemipenthes* 的个体被食虫虻捕食。

访花 蜂虻的成虫具有访花的习性。关于这方面将在下面的访花习性中详细论述。

(2)寄生习性

蜂虻科的幼虫为寄生性天敌昆虫,其最终将导致寄主死亡,所以确切地说蜂虻科幼虫是拟寄生性天敌昆虫,其寄主主要为鞘翅目、鳞翅目、膜翅目和其他的双翅目的昆虫。另外蜂虻幼虫还是蝗虫卵的重要捕食者。

拟寄生生物按取食位置不同简单分为内寄生（endoparasitoid）和外寄生（ectoparasitoid）两类。

内寄生（endoparasitoid）　蜂虻科内寄生的情况如 Marson 在 1964 年报道了蜂虻 *Anthrax fur*（Osten Sacken）拟寄生泥蜂科（Sphecidae）。在进入寄主之后闯蚴吃得很少，且保持一龄幼虫状态 20 天，到之后的 9 天后寄主开始转移到其茧，这才开始蜕皮进入二龄幼虫，二龄幼虫发育很快，持续了 7 天，然后进入三龄幼虫，三龄幼虫持续了 4 天，三龄幼虫发育很快，每天体长增加 2.5 mm。蜂虻 *A. fur* 的幼虫在其寄主的茧中化蛹。

还有报道蜂虻 *Villa brunnea* 寄生松毛虫 *Thaumetopoea pityocampa*。蜂虻 *V. brunnea* 的雌虫在落叶层产卵之后，闯蚴必须在进入落叶层后自己寻找寄主为化蛹做准备。闯蚴在未能找到寄主的情况下能存活 1 个月，并且最大转移距离为距其产卵地 1 m 以外处。幼虫一旦进入寄主，要到蛹期才能从寄主体中出来。当闯蚴遇到末龄幼虫时，它将黏附在寄主的表皮上，被带到化蛹的地点，然后钻过寄主的表皮进入寄主的蛹中，通常钻入点位于基部折叠处的表皮。进入寄主体内后，闯蚴待在表皮附近的位置，但不取食而等寄主化蛹将幼虫装入其中，而幼虫此时的寄生行为是迫使寄主形成一呼吸管。

外寄生（ectoparasitoid）　蜂虻科外寄生的情况如 Yeates 在 1997 年引用 Bohart 等在 1960 年报道的蜂虻 *Heterostylum robusturn* 寄生碱蜂 *Nomia melanderi* 的过程中，蜂虻的一龄幼虫在寄主体中长达 36 h，体长由 1.8 mm 增长至 2.3 mm，直径增长为原来的 2 倍多。一龄幼虫的位置不固定，经常转移位置。二龄幼虫由 2.3 mm 增长到 8.3 mm，直径增长 3 倍，此龄期的幼虫通常不动，弯曲于寄主体边，在受到干扰之后其细刀状的上颚很轻易地插入寄主之中，这时期寄主依然存活，但是在蜂虻二龄幼虫的取食下显著变得干瘪。三龄幼虫取食 3 或 4 天，长度增加 1 倍。此蜂虻的幼虫可在单个寄主中完成发育，但其依然有能力去寻找并攻击新的寄主。当蜂虻 *H. robusturn* 的幼虫去攻击新的寄主时它仅消耗寄主一半的体积。此蜂虻发育过程中幼虫体重增加了 458 倍，非常高效地转移了寄主所包含的营养物质，最终的体重与寄主被寄生前的体重近似。蜂虻 *H. robusturn* 的幼虫完成发育后从蜂的巢中出来在地表挖一 5～8 cm 深的洞越冬，此幼虫在蛹期前越冬。

按寄主的生活的方式不同可将蜂虻寄生习性分为 3 种类型。

第一种类型：为蜂虻中的绝大多数种类，寄主生活在土壤之中。这一类型的雌虫大部分有尾刺。例如：蜂虻 *Sparnopolius* Loew 寄生土壤中的白色蛴螬，蜂虻 *Villa* Lioy 寄生拟步甲科的 *Meracantha* Kirby，蜂虻 *Poeilanthrax* Osten Sacken 寄生土壤中的夜蛾科幼虫，并有很多蜂虻科的属被报道幼虫取食蝗虫的卵。

第二种类型：寄主为潜叶虫。例如：蜂虻 *Heterostylum* Macquart 寄生潜叶蜂 *Nomia* Latreille，岩蜂虻 *Anthrax analis* Say 寄生潜叶甲 *Cicindela* Linnaeus，以上两种都是将卵产在潜道的里面或附近。这一类型还包括岩蜂虻属 *Anthrax* Scopoli 和弧蜂虻属 *Toxophora* Meigen 种类寄生土巢中的泥蜂科昆虫、岩壁中条蜂 *Anthophora* Latreille 以及茎干中竹蜂 *Xylocopa* Latreille。

第三种类型：寄主外露，如鳞翅目昆虫幼虫。例如：姬蜂虻属 *Systropus* Wiedemann 的种类寄生刺蛾科 Eucleidae 幼虫或蛹，驼蜂虻属 *Geron* Meigen 的种类寄生蓑蛾科 Psychidae 和螟蛾科 Pyralididae。

蜂虻科的拟寄生其他昆虫以及取食蝗虫卵习性的报道很多,在此将蜂虻幼虫取食蝗虫卵的生物学习性和报道做较为详细的综述。

取食蝗虫卵的蜂虻中以卷蜂虻属 Systoechus 的种类为最重要。卷蜂虻属 Systoechus 所有已知幼期的种类全部取食蝗科 Acrididae 的卵。Hynes 1947 年和 Greathead 1958 年在非洲的东部发现卷蜂虻 Systoechus somali 取食沙漠蝗 Schktocerca gtegaria 的卵,下面关于此蜂虻的寄生生物学习性资料来源于 Hynes 在 1947 年和 Greathead 在 1958 年的报道。

即将产卵的成虫盘旋于蝗虫产卵的沙土凹槽上方的 1~3 cm 的高度,雌虫在盘旋时轻轻将卵产下,每个蝗虫卵块中,蜂虻产的卵数量在 10~40 粒之间,卵和一龄幼虫很难从土中找回,蜂虻卵散布于蝗虫卵之中,寄生率在 10%~100%。卷蜂虻属 Systoechus 种类每一头幼虫需要 8~10 颗蝗虫卵粒来完成其发育。这样大约可以消耗一个卵块中 15% 的卵粒。每一个卵块中发现不同龄期蜂虻幼虫的数量在 1~60 头,但通常每个卵块中蜂虻幼虫的数量在 10 头以下。

卷蜂虻属 Systoechus 的种类幼虫在取食蝗虫卵的时候,通常卧于取食蝗虫卵在卵块上形成的凹陷中,幼虫取食蝗虫卵的时候,口器通常位于蝗虫卵粒的中部,被取食的卵粒及周边的卵粒由于蜂虻幼虫的取食变得干瘪。蜂虻 S. somali 幼虫在蝗虫卵块中经历 4~11 天便可完成发育。蜂虻幼虫取食蝗虫卵的过程中并未对其余未取食的卵粒造成破坏,在大部分的卵粒中有一定比例的蝗虫卵正常发育。在取食完成后,幼虫在距蝗虫卵块 1~2 cm,距地面 5~10 cm 的位置挖一个椭圆形的洞,用于其化蛹。幼虫滞育时间可达 1 年以上。每一次雨期能使一定比例的幼虫停止滞育,这样成虫出来的时候,植物已经生长出,是寄主和食物都比较充分的时期。幼虫在实验室条件下可以滞育 3 年以上不化蛹,在幼虫滞育期间,还是能运动,且能在土中挖一新的洞进行转移。在实验室观察下蛹期非常短,为 9~15 天。在将要羽化的时候,其依靠头部和胸部强壮的刺和鬃爬到地表。在实验室观察下,蜂虻都是在白天从蛹壳中羽化出来。

蜂虻取食蝗虫的卵是 Riley 第一个发现,在 1877 年和 1878 年他报道了卷蜂虻属 Systoechus Loew 的昆虫取食蝗虫卵。一开始他以为是姬蜂,后来证实取食蝗虫卵块的是卷蜂虻属 Systoechus 的种类。

Stepanov 在 1881 年报道在俄罗斯从斑翅蝗 Dociostaurus (Stauronotus) maroccanus Thunberg 的卵块中孵化出蜂虻 Systoechus autumnalis Pallas。Ingenitsky 在 1898 年报道在西伯利亚东部发现从一些蝗虫的卵块中孵化出蜂虻 S. autumnalis。Troitsky 在 1914 年报道在西伯利亚从网翅蝗科 Stauroderus scalaris (Fischer - Waldheim) 和槌角蝗 Gomphocerus sibiricus (Linnaeus) 的卵块中孵化出蜂虻 S. autumnalis。Vorontsovsky 在 1926 年在西伯利亚西部从剑角蝗 Paracyptera microptera (Fischer-Waldheim)、斑翅蝗 Dociostaurus kraussi (Ingen) 和 D. albicornis (Eversmann) 的卵块中孵化出蜂虻 S. autumnalis。

Stepanov 在 1882 年把蜂虻 Systoechus gradatus Wiedemann 误定为 Systoechus leucophaeus Wiedemann,报道其寄主为蝗虫 Stauronotas vastator Stepanov 的卵块。在 1881 年报道在克里米亚半岛从斑翅蝗 Dociostaurus maroccanus Thunberg 卵块中孵化出蜂虻 S. gradatus。Lindeman 在 1902 年报道在俄罗斯从斑腿蝗 Calliptamus italicus Linne 的卵块中孵化出蜂虻 S. gradatus。

Potgieter 在 1929 年报道从蝗虫 Locustana pardalina Walker 的卵块中孵化出 2 种卷蜂

虻属 *Systoechus* 的昆虫,且其中一种为 *S. xerophilus* Hesse。

Paramonov 在 1931 年报道从斑翅蝗 *Acrotylus deustus* Thunberg 的卵块中孵化出蜂虻 *S. marshalli* Paramonov。

Hynes 在 1945 年在索马里兰报道蜂虻 *Systoechus somali* Oldroyd 取食剑角蝗 *Schistocerca gregaria* Forskål 蝗虫的卵。此蝗虫的一个卵块大约有 70 粒卵,每个卵块中的蜂虻幼虫数量在 0～30 头之间,平均每个卵块有 10 头蜂虻幼虫。Hynes 报道其中的幼虫全部为三龄幼虫,未发现其中有第一、第二龄期的幼虫,采集到的幼虫长度在 2～14 mm,据此他推测不是所有的幼虫都是同一年的。整个发育历期很短,在 10～11 天后便完成发育,幼虫的颜色由半透明的白色转变为浑浊的黄色。他估计此蜂虻的 5～6 头幼虫能消耗整个蝗虫卵块。完成发育的幼虫在距离蝗虫卵块很近的地方挖洞,位于地表下 5～10 cm,并在形成的很小的椭圆形洞中化蛹,这与 Potgieter 在 1929 年报道的蜂虻 *Systoechus acridophaga* Hesse 的情况相似。在蝗虫卵孵化的 1 周后,土壤变得干燥、结块并连续几个月维持这种状态,当地雨季间隔时间通常为 4～5 个月。实验证明在干燥的土壤中 2 个月后幼虫略微干瘪,处于滞育期,在受干扰后才活动。他们监测的地区中发现蝗虫的卵块在 480～640 km(300 或 400 英里)之内呈不规则分布,而卷蜂虻属 *Systoechus* 的种类仅在 192～256 km(120～160 英里)之内的区域中大量存在,连续 2 个季节都维持此状况。Hynes 的一名员工发现在软土壤中有 40％的蝗虫卵被蜂虻幼虫取食,在干硬的土中几乎 100％的蝗虫卵块被蜂虻幼虫取食。Hynes 发现在非常软的沙土中几乎找不到蜂虻的幼虫。当地在 5 月底,蝗虫大发生,他发现在干硬的土壤中 96％的蝗虫卵块有蜂虻幼虫,平均一个卵块有 4 条幼虫,但在沙土中只有 32％的蝗虫卵块有蜂虻的幼虫,并且平均一个卵块中只有 1.6 头幼虫。有一个地区报道 100％的蝗虫卵块有蜂虻的幼虫,且平均一个卵块中蜂虻幼虫数量为 18 头。

Canizo 在 1944 年报道从斑翅蝗 *Dociostaurus maroccanus* Thunberg、槌角蝗 *Homphocerus sibiricus*(Linnaeus)和网翅蝗 *Stauroderus scalaris*(Fischer‐Waldheim)的卵块中找到蜂虻 *Systoechus sulphureus* Mikan 的老熟幼虫和蛹。

Parker 和 Wakeland 在 1957 年收集整理了在 1938 年、1939 年和 1940 年对蝗虫卵的调查数据,这些数据来自 16 个实验区分布于美国的亚利桑那州、加利福尼亚州、堪萨斯州、明尼苏达州、蒙大拿州、北达科他州、南达科他州。这个实验对每年蜂虻、芫菁和步甲等昆虫消耗蝗虫卵平均数做评估。调查的蜂虻种类包括 *Systoechus oreas* Osten Sacken、*Systoechus vulgaris* Loew、*Aphoebantus hirsutus* Coquillett 和 *Aphoebantus barbatus* Osten Sacken。其中蜂虻 *S. vulgaris* 不仅是调查中最常见的天敌,而且广泛分布于密歇根州、明尼苏达州、蒙大拿州、内布拉斯加州、北达科他州、南达科他州;仅次于它的是蜂虻 *A. hirsutus* Coquillett,但分布仅限于加利福尼亚州和俄勒冈州。通过调查他们发现这些地区蝗虫卵一年平均被天敌取食率约为 17.87％,其中被蜂虻取食率约为 6.18％。单年被取食率最高为 77.52％发生在北达科他州。在很多的县区蝗虫卵被取食率高达甚至超过 50％,其中蜂虻的取食率也成比例增加。Criddle 在 1933 年报道在马尼托巴(加拿大)*Systoechus vulgaris* Loew 和其他天敌取食蝗虫卵在 20％以上。Shotwell 在 1939 年在 11 个州的 6 277 个实验田中调查蝗虫卵被取食的状况时,统计出每平方千米土地中蜂虻幼虫的数量比其他天敌芫菁、步甲都要高。Gilbertson 和 Horsfall 在 1940 年在南达科他州研究发现蝗虫 *Melanoplus mexicanus* Saussure 昆虫的卵被取食率为 59.3％,其中蜂虻占 35.6％,比例显著高于其他如芫菁科的昆虫。

Greathead 在 1958 年厄立特里亚国发现蜂虻 *Systoechus aurifacies* Greathead 取食剑角蝗 *Schistocerca gregaria* Forskål 的卵块,蜂虻 *S. aurifacies* 在距剑角蝗 *S. gregaria* 卵块的 160～240 m² 之内发现。80 个蝗虫卵块中发现 22 个中有少量的蜂虻幼虫,其中有 25 头幼虫最终被证实为这种蜂虻。Greathead 认为蜂虻 *S. aurifacies* 的生物学与蜂虻 *S. somali* Oldroyd 近似。Greathead 发现一个蝗虫卵块中的蜂虻幼虫不足以消耗所有的卵,通常一个蝗虫卵块中可以找到 20～40 粒卵,最多的卵块中有 66 粒卵。蜂虻幼虫通过刺入蝗虫的卵中取其中的营养物质,最后留下干缩的壳。

雏蜂虻属 *Anastoechus* 和卷蜂虻属 *Systoechus* 的蜂虻在形态和习性上十分相似,并且雏蜂虻属 *Anastoechus* 在中国特别是北方数量多、分布广。记录发表的关于雏蜂虻属 *Anastoechus* 的幼虫取食蝗虫卵的情况综述如下。

Zakhvathin 在 1931 年报道了在几年之前从蝗虫 *Locusta migratoria* Linnaeus 中孵化出蜂虻 *Anastoechus baigakumensis* Paramonov。

Parker 和 Wakeland 在 1957 年报道历经 3 年时间在 11 个州研究取食蝗虫卵的天敌时发现,在蒙大拿州蜂虻 *Anastoechus barbatus* 的幼虫取食蒙大拿州最主要的蝗虫 *Melanophus mexicanus* Saussure 的卵,Hull 在亚利桑那州的北部和新墨西哥州发现大量蜂虻 *A. barbatus* 的成虫。Painter 在 1962 年报道蜂虻 *A. barbatus* 在怀俄明州非常常见。他们总结出由于这些天敌大量取食蝗虫卵,从而有效地抑制了这些区域的蝗虫危害。

Painter 在 1962 年报道从蝗虫 *Dissosteria longipennis* Thomas 的卵块中孵化出蜂虻 *Anastoechus melanohalteralis* Tucker。

Roerich 在 1951 年在一篇关于加斯科涅(法国)蝗虫 *Locusta migratoria* Linnaeus 的寄主和天敌的文章中提到,蜂虻 *Anastoechus nitidulus* Fabricius 为其中一取食此蝗虫卵的天敌,一头蜂虻的幼虫大约取食该蝗虫 6 粒卵。Stepanov 在 1882 年和 Chinkewitsch 在 1884 年都报道在外高加索(俄罗斯)地区蜂虻 *A. nitidulus* 取食斑翅蝗 *Dociostaurus maroccanus* Thunberg 的卵块。Sacharvo 在 1913 年报道从蝗虫 *Locusta migratoria* Linnaeus 中孵化出蜂虻 *A. nitidulus*,Seabra 在 1901 年报道在葡萄牙也发现蜂虻 *A. nitidulus* 取食蝗虫 *L. migratoria* 的卵。Troitsky 在 1914 年报道在西伯利亚从槌角蝗 *Gomphocerus sibiricus*(Linnaeus)和网翅蝗科 *Stauroderus scalaris*(Fischer - Waldheim)中孵化出蜂虻 *A. nitidulus*。Moritz 在 1915 年报道在西伯利亚发现蜂虻 *A. nitidulus* 取食蝗虫 *Pararcyptera microptera*(Fischer-Waldheim)的卵。Bezrukov 在 1922 年报道在西伯利亚从斑腿蝗 *Calliptamus italicus* Linnaeus 中孵化出蜂虻 *A. nitidulus*。De Lepiney 和 Mimeur 1930 年报道发现从斑翅蝗 *Dociostaurus maroccanus* Thunberg 中孵化出蜂虻 *A. nitidulus*。从上述的报道可以看出蜂虻 *A. nitidulus* 是一种广布的种类,并且其取食的蝗虫卵至少 6 种。

在国内仅田方文等在 2003 年发表的《蜜源植物与中国雏蜂虻发生关系的研究》中报道中华雏蜂虻 *Anastoechus chinensis* Paramonov 为环渤海湾蝗区东亚飞蝗 *Locusta migratoria manilensis* Meyen 卵期的主要天敌,以幼虫取食蝗虫卵。

有关其他属的蜂虻取食蝗虫卵的报道,还有 Portschinsky 在 1894 年报道蜂虻 *Callostoma desertorum* 幼虫取食斑翅蝗 *Dociostaurus maroccanus* Thunberg 的卵。De Lepiney 和 Mimeur 在 1930 年报道蜂虻 *Cytherea infuscate* 的幼虫取食斑翅蝗 *Dociostaurus maroccanus* Thunberg 的卵。Stepanov 在 1881 年,Stefani - Perez 在 1913 年和 Paoli 在 1937 年报道蜂虻

Cytherea obscura 的幼虫取食斑翅蝗 *Dociostaurus maroccanus* Thunberg 的卵。Zakhvatkin 在 1931 年报道蜂虻 *Callostoma desertorum* 幼虫取食斑腿蝗 *Calliptamus turanicus* Tarbinsky、斑翅蝗 *Dociostaurus kraussi*（Ingen）、斑翅蝗 *Dociostaurus crucigerus tartarus* Stschelk、斑翅蝗 *Dociostaurus albicornis turkemenus* Eversmann、斑翅蝗 *D. maroccanus* Thunberg、剑角蝗 *Schistocerca gregaria* Forskål 和网翅蝗 *Ramburiella turcmana* Fischer-Waldheim 这 7 种蝗虫的卵。Zakhvatkin 在 1931 年报道蜂虻 *Cytherea transcaspia* 的幼虫取食斑腿蝗 *Calliptamus italicus* Linné 和 *Calliptamus turanicus* Tarbinsky 的卵。Fuller 在 1938 年报道蜂虻 *Cyrtomorpha flaviscutellaris* 的幼虫取食蝗虫 *Austroicetes cruciata*（Saussure）的卵等。

综上所述，蜂虻科中众多种类的幼虫具有取食蝗虫卵的习性，并且其中有些蜂虻种类的取食对控制蝗虫具有明显的效果。

蜂虻科幼虫拟寄生鳞翅目、膜翅目和鞘翅目的幼虫的报道也不少，在此不一一列举。但其中值得一提的是 Hull 在 1973 年将蜂虻种群数量与鳞翅目中 6 个科种群数量相联系，发现蜂虻种群数量与鳞翅目以下 6 个科种群数量有关，且成正比，按顺序排依次为夜蛾科 Noctuidae、蓑蛾科 Psychidae、刺蛾科 Eucleidae、木蠹蛾科 Cossidae、螟蛾科 Pyralidae 和卷蛾科 Tortricidae。据 Walkden（1950），夜蛾科 Noctuidae 幼虫中为切叶虫（cutworm）的除了钻孔（boring）的类型均能被蜂虻寄生。对于蓑蛾科 Psychidae 的幼虫（caseworms 和 bagworms），Mik 在 1896 年报道驼蜂虻属 *Geron* 寄生古北界分布的 *Fumea* Stephens 属的种类。对于卷蛾科 Tortricidae，Maxwell-Lefroy 在 1909 年报道驼蜂虻 *Geron argentifrons* Brunetti 拟寄生 *Laspeyresia* Hübner。对于螟蛾科 Pyralidae，Mik 在 1896 年报道驼蜂虻属 *Geron* Meigen 拟寄生欧洲螟蛾 *Nephopteryx* Hübner。对于木蠹蛾科 Cossidae，Oldroyd 在 1951 年报道他用木蠹蛾幼虫饲养——来自马来西亚的大型蜂虻 *Oestranthrax goliath* Oldroyd。对于刺蛾科 Eucleidae，Schaffner 在 1959 年报道从刺蛾科幼虫中孵化出姬蜂虻属 *Systropus* Wiedemann 的种类。

（3）访花习性（图版 XIX 至图版 XXII）

大部分的蜂虻成虫具有访花的习性，取食花粉或花蜜。蜂虻访花习性按其目的来分可分为两类：取食与交配。蜂虻雌虫访花主要是为了取食花粉或花蜜，以补充营养；蜂虻雄虫访花主要是为交配，但雄虫也有少量取食花粉或花蜜的情况。Oldroyd 在 1964 年对双翅目习性简要概述中提及蜂虻科获取营养不同于其他相近的科，蜂虻科获取营养的时段转移到幼虫阶段。之后随着报道越来越多，证实花粉或花蜜为蜂虻成虫尤其是雌虫的主要营养。关于蜂虻访花主要报道如下。

Graenicher 在 1910 年报道蜂虻属 *Bombylius* 的某种访花时只取食花粉。Painter 在 1965 年报道蜂虻取食花粉和花蜜。Cole（1969）、Curran（1934）、Hall（1981）对蜂虻生物学简单讨论时只提及花蜜为蜂虻成虫的主要营养。Evenhuis 在 1982 年观察到 *Pantarbes*、*Geminaria*、*Oligodranes*、*Mythicomyia*、*Apolysis*、*Villa*、*Lepidanthrax* 和 *Aphoebantus* 等属的蜂虻常在飞蓬属植物 *Erigeron neomexicanus* 上访花。Evenhuis 在 1994 年报道蜂虻科种类浑身密布细毛，雌性成虫以花粉和花蜜为食，是生长在沙漠和干旱地区显花植物的主要传粉者，雄性成虫同样具有访花习性。Johnson 在 1997 年观察到小型的蜂虻 *Megapalpus nitidus* 为菊科的 *Gorteria diffusa* 传粉。Johnson 在 1998 年在以色列的地中海区观察到蜂虻 *Usia bicolor* 访

一年生菊科植物 *Linum pubescens* 的花。Marconi 在 2001 年报道蜂虻 *Ligyra morio* 喜欢访梧桐科的 *Waltheria americana* 的花,坦蜂虻属 *Phthiria* 的种类喜欢访马鞭草科 *Stachytarpheta cajenensis* 的花,绒蜂虻属 *Villa* 的种类喜欢访菊科的 *Baccharis trinervis* 和 *Mikania salviaefolia* 的花。Roberto Boesi 在 2009 年报道蜂虻属 *Bombylius* 的种类访以下植物的花:菊科的 *Chrysanthemum clausonis*、*Matricaria inodora* 和 *Hieracium* 的一种,亚麻科的 *Linum bienne*,大戟科的 *Tuberaria guttata*,以及石竹科的 *Petrorhagia prolifera* 和 *Silene neglecta*,其中最受欢迎的为石竹科膜萼花属 *Petrorhagia prolifera* 的花。

有关蜂虻科访花的生物学习性研究较少,仅少数专家有过研究报道。Evenhuis 在 1983 年的观察报道中,他观察到蜂虻 *Oligodranes mitis* 的雄虫访花时被干扰后会从 *E. neomexicanus* 的花上飞走,在几秒钟之后又飞回来,从飞开到飞回来的时间间隔决定于受干扰的程度,且雄虫通常回到原先的花上,这一习性和蜂虻属 *Bombylius* 的雄虫类似,蜂虻属 *Bombylius* 的雄虫盘旋在其占领的领域上,受干扰飞开后,通常会回到原先的领域盘旋。而蜂虻 *O. mitis* 的雌虫并无此习性,受干扰后往往飞到其他的花上。*Oligodranes* 属的雌虫取食时,身体略往前伸,使喙伸入花冠取食花蜜,不取食时返回原来的位置,*Oligodranes* 雄虫大部分时间只停留在花上不取食。通常一朵花上只有一头 *Oligodranes*,但在观察的 58 例中的 12 例,在一朵花上的虫子为 2～4 头,这种情况下它们将位于以花冠为中心距离均等的位置:2 头蜂虻将相隔 180°,3 头蜂虻相隔 120°,4 头蜂虻相隔 90°。当 2 头蜂虻之间相隔小于 20°时,其中一头将被赶走。Deyrup 在 1988 年报道在美国佛罗里达州的阿克博生物站,坦蜂虻亚科 Phthiriinae 中 *Poecilognathus punctipennis* Walker 是一小型的蜂虻(翅长 4～7 mm),访鸭跖草科 *Tradescantia roseolens*、*Cuthbertia rosea* 和 *Commelina erecta* 的花。据 Deyrup 的报道,蜂虻 *P. punctipennis* 的取食行为很容易观察,因其取食时间比较固定。在早上 7 点左右它们就聚集于鸭跖草科的 *Tradescantia roseolens*、*Cuthbertia rosea* 和 *Commelina erecta* 刚开的花上,且开始非常积极地取食花粉。蜂虻 *P. punctipennis* 最喜欢访 *T. roseolens* 的花,*C. erecta* 其次,*C. rosea* 相对较少见蜂虻访花。这些鸭跖草科的花无花蜜,因此花粉是此蜂虻唯一可取食的营养物质。蜂虻 *P. punctipennis* 受花的颜色和气味的吸引而至,*T. roseolens* 在雄蕊中具有能产生气味的毛,其他两种花上未检测到气味。用纸做的紫色花也能吸引蜂虻前来,但它们在花上只停留 1 s 或 2 s。当 *P. punctipennis* 蜂虻开始取食,它们不容易被干扰,照相机的闪光灯都不足以干扰它们取食,因此可以通过手持放大镜观察。到早上 9 点花粉囊开始枯萎,蜂虻 *P. punctipennis* 就在花上找不到了。访花时存在几头蜂虻同时在一朵花上取食的情况,特别是在 *T. roseolens* 中,此花具有 6 个含丰富花粉的花粉囊。*C. erecta* 具有 1 个黄色的含丰富花粉的大花粉囊,3 个无花粉的花粉囊和 2 个不显著的花粉囊。*C. erecta* 上可供 3 头以内蜂虻同时取食,通常 1 或 2 头同时访花。蜂虻 *P. punctipennis* 与 Evenhuis 在 1983 年报道的蜂虻 *Oligodranes mitis* 和 *P. punctipennis* 无明显的占领领地的行为。当发现无位置可取食时,后来的蜂虻 *P. punctipennis* 个体通常会离开。取食花粉时在花冠两边的跗节快速的运动,这也是无法供 2 头蜂虻同时在一花粉囊上有效地取食的原因,花粉是通过蜂虻的前足跗节刷花粉囊的表面来收集的。在 *T. roseolens* 中花粉从花粉囊的两边溢出,花粉囊在易弯曲的花梗上,蜂虻 *P. punctipennis* 在收集花粉时,快速地来回拍打花粉囊,*C. erecta* 中的黄色含丰富花粉的大花粉囊与 *T. roseolens* 中的花粉囊相似,因此取食花粉的方式也相同。蜂虻 *P. punctipennis* 前足的端部 4 跗节两边和底部有发达的毛有利于收集花粉。Johnson 在

1997 年在报道小型蜂虻 *Megapalpus nitidus* 为菊科 *Gorteria diffusa* 传粉时,发现菊科 *Gorteria diffusa* 花上有一与蜂虻个体大小近似的黑斑,用于吸引蜂虻。Johnson 在 1998 年通过对蜂虻 *Usia bicolor* 访菊科植物 *Linum pubescens* 的实验,得出蜂虻 *U. bicolor* 用前足收集花粉,然后通过长喙取食,而且他还发现蜂虻访花的时间间隔和路线是固定的。通过在花上放置死蜂虻和点上黑色墨水,发现蜂虻 *U. bicolor* 在早上访花通常为取食,而下午访花更多的是为了交配。并且通过制作模型花实验,发现相对于边缘平滑的花型蜂虻 *U. bicolor* 更喜欢多瓣的花型。

国内关于蜂虻访花的研究相当的匮乏,仅在 2003 年田方文等报道中华雏蜂虻在阿尔泰紫苑和双色补血草上访花。刘林德等在 2004 年《华北蓝盆花的开花特征及传粉生态学研究》报道内蒙古雏蜂虻 *A. neimongolanus* 和金毛雏蜂虻 *A. aurecrinitus* 在华北蓝盆花上访花,内蒙古雏蜂虻和金毛雏蜂虻在中午前后每个花序上有 2～4 头,用口器伸入花冠内的方式取食花蜜和花中的蚜虫,且能一朵花接一朵花地慢慢访问,一头蜂虻在一个花序上的停留时间可长达十几分钟甚至几十分钟,其足的跗节附着在花冠、花药或柱头上,腹部浓密的毛利于花粉在不同花序上传播,十分有助于华北蓝盆花的授粉。

第二作者 2009 年在北京松山观察到斑翅绒蜂虻 *Villa aquila* 在菊科的植物上访花,多头黛白斑蜂虻 *Bombylella nubilosa* 和滕坦蜂虻 *Phthiria rhomphaea* 在蔷薇科的植物上访花;同年还在河北杨家坪观察到北京斑翅蜂虻 *Hemipenthes beijingensis* 在蔷薇科的植物上访花。发现这些蜂虻在访花时较易受干扰,可能与时间有关,观察的时间都比资料中(早上 7 至 9 点)的晚,大部分在上午 10 点到下午 3 点之间,且发现黛白斑蜂虻 *Bombylella nubilosa* 在下午 4 点还在访花。

姬蜂虻属 *Systropus* 的种类为典型的喜光昆虫,多见于阳光明媚的上午 10 点至下午 2 点。Painter 1964 年发现,姬蜂虻成虫活动时间为上午 10 点至下午 4 点。据我们在采集中观察,有一些种类在上午 9 点至下午 5 点依然活动。姬蜂虻成虫善于飞行,翅细长,能在空中盘旋或悬空,适应于寻找寄主或者从花中取食花蜜,后足细长,尤其是跗节很长,这与成虫常停留于地面、石块、花顶或树叶上的生活习性相适应。

姬蜂虻属昆虫访花并吸食花蜜,并经常在取食过程中发生交配现象。第二作者 2009 年在北京怀柔百泉山山腰高大灌木丛观察到姬蜂虻的交配,时间在下午 2:00—4:00。

2. 经济意义

(1)生物防治价值

蜂虻科很多种类的幼虫具有取食蝗虫卵的习性,其中部分蜂虻种类分布广、数量大,对有效控制一些地区蝗虫数量和危害具有十分重要的作用。因此可以在一些适合蜂虻繁殖生长的区域,通过建立有利于蜂虻繁殖的条件,来扩大蜂虻科的种群数量,从而通过蜂虻幼虫取食大量的蝗虫卵,来有效地控制蝗虫的危害。此外蜂虻科的一些种类还是多种鳞翅目的天敌,如夜蛾科、蓑蛾科、刺蛾科、木蠹蛾科、螟蛾科和卷蛾科。还有些种类是膜翅目和双翅目昆虫的天敌。因此蜂虻科昆虫是生物防治领域非常重要的资源昆虫。

(2)虫媒传粉

蜂虻科成虫具有访花习性,并且蜂虻科较喜欢干旱或半沙漠地区,因此是半沙漠地区重要的传粉昆虫。由于其对干旱地区的植物传粉具有重要的作用,因此蜂虻科在虫媒传粉领域,特别是干旱地区植物的虫媒传粉具有十分重要的经济价值。

(3)观赏价值

蜂虻科成虫色彩鲜艳,有些种类具有很长的喙,一些种类外形上模仿膜翅目昆虫。在博物馆的标本展示和昆虫照片的展示中经常可见其身影。

(4)饲料

Frick 在 1962 年发现鸟类(云雀、麻雀和喜鹊)取食蜂虻,另外还报道地鼠、老鼠和臭鼬取食蜂虻的蛹。因此蜂虻科的昆虫在作为鸟类和宠物的饲料中是一种潜在的资源。

综上所述,蜂虻科的昆虫在生防、传粉和宠物饲料领域具有一定的价值,特别是生物防治和虫媒传粉领域,生防上可作为蝗虫的重要天敌,虫媒传粉上在干旱或半沙漠地区作为虫媒资源昆虫,在这些方面具有重要的经济价值。但是由于蜂虻科在国内的研究起步晚,研究少,都未能加以利用,因此建议加强对蜂虻科昆虫生物学及其保护利用研究,以便更好地发挥其利用价值。

五、系统发育

1. 蜂虻科的分类地位

(1)研究概况

蜂虻科隶属于双翅目短角亚目的低等虻类。几十年来许多双翅目专家对该类群的系统发育做了大量的研究,但是到目前都未能有十分确切的结论。因此,蜂虻科的系统地位也未能十分明确。关于蜂虻科的系统地位大致有以下几种观点。

Hennig 根据幼虫寄生和变态类型为复变态的特征,将蜂虻科(Bombyliidae)与网翅虻科(Nemestrinidae)和小头虻科(Acroceridae)组成一个网翅虻总科(Nemestrinoidea)。

Hennig 在 1973 年根据尾刺板(acanthophorite)上具刺状突这一特征,将蜂虻科放在与食虫虻科(Asilidae)近缘的位置。

Rohdendorf 在 1974 年将蜂虻科分为 4 个科:Bombyliidae、Cyrtosiidae(= Mythicomyiidae)、Usiidae 和 Systropodidae,且将这 4 个科组成蜂虻总科(Bombyloidea),但他并未提出划分的依据。

Griffiths 在 1986 年根据以下 3 个特征:a. 阳茎鞘由阳茎复合体上的几个骨片组成;b. 存在阳茎侧突;c. 雌性腹部第 10 节分开成一对尾刺板,将 Asilidae、Apioceridae、Mydidae、Bombyliidae、Therevidae 和 Scenopinidae 组成一个群体。

  Woodly 在 1989 年通过用 Hennig 86 分析得到短角亚目科间的系统发育树结果如图 27 所示,根据幼虫头部组成骨片的数量这一特征,将蜂虻科放在与食虫虻总科(Asiloidea)形成姊妹群的位置。

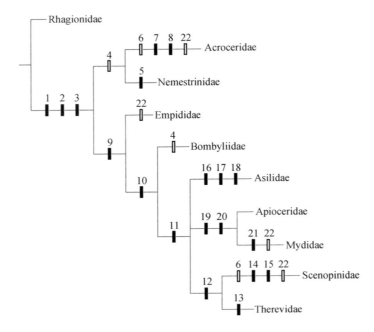

图 27   Woodly(1989)系统树

  Krivosheina 在 1991 年将蜂虻科(Bombyliidae)与网翅虻科(Nemestrinidae)和小头虻科 (Acroceridae)组成蜂虻总科(Bombyloidea),并且她还沿用了 Rohdendorf 在 1974 年提出的将蜂虻科分为 4 个科:Bombyliidae、Cyrtosiidae(= Mythicomyiidae)、Usiidae 和 Systropodidae。

  Ovchinnikova 在 1989 年通过对雄性外生殖器的解剖分析发现,蜂虻科(Bombyliidae)、网翅虻科(Nemestrinidae)和小头虻科(Acroceridae)之间的差别很大,因此她不赞同将这 3 个科组成一总科的提法,并且通过对鹬虻科(Rhagionidae)、网翅虻科(Nemestrinidae)、小头虻科 (Acroceridae)、棘虻科(Apioceridae)、剑虻科(Therevidae)、蜂虻科(Bombyliidae)、拟食虫虻科(Mydidae)和食虫虻科(Asilidae)的解剖研究,根据 16 个雄性外生殖器上的肌肉特征,使用 Hennig 86 分析得到以上各科间的系统发育树结果如图 28 所示,蜂虻科(Bombyliidae)和小头虻科(Acroceridae)具有共有特征,网翅虻科(Nemestrinidae)和剑虻科(Therevidae)具有共有特征。

  最近一些年 Yeastes 在双翅目短角亚目高级阶元的系统发育领域做了大量工作,他对这些科做的系统发育研究结果如图 29 所示,在他的结果中,蜂虻科位于食虫虻总科中,但与其他食虫虻总科下的科系统关系较远。

  综上所述,蜂虻科的分类系统地位较不明确,现在比较受大家认可的是蜂虻科处于食虫虻总科中,但具体与什么科发育关系近缘,尚未有明确的定论。

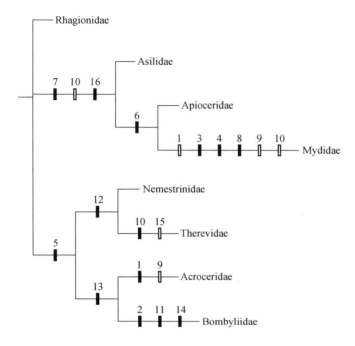

图 28 Ovchinnikova(1989)系统树

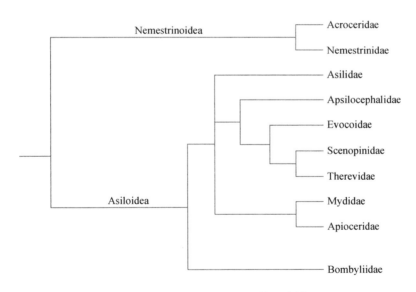

图 29 Yeates(1994)的系统树

(2)蜂虻科在低等短角亚目中的系统地位

本文部分参考 Woodly(1989)、Hennig(1972)和 Griffiths(1986)的工作,对双翅目短角亚目中的 8 个科:鹬虻科(Rhagionidae)、网翅虻科(Nemestrinidae)、小头虻科(Acroceridae)、棘

37

虻科(Apioceridae)、剑虻科(Therevidae)、蜂虻科(Bombyliidae)、拟食虫虻科(Mydidae)和食虫虻科(Asilidae)进行科间的亲缘关系问题的探讨,目的在于探讨蜂虻科在短角亚目的系统地位中存在分歧的蜂虻科与网翅虻科和小头虻科的关系较近缘,或是蜂虻科与食虫虻科等的关系较近缘。依据最大简约法(Maximum parsimony),利用 PAUP 4.0 和 Nona/WinClada 软件进行支序分析,采用启发式搜索(heuristic search)来取得简约树。选取其中较原始的鹬虻科(Rhagionidae)为外群。共选取 19 个特征(4 个幼虫特征和 15 个成虫特征)进行编码,特征矩阵见表 2;另外作者选取特征时认为幼虫生活习性是否捕食或寄生特征(Hennig,1972 年提出)不稳定不足以作为分科的特征,故选另取 18 个特征(除去第 1 个特征,后面特征依次往前)进行编码,特征矩阵见表 3,形态特征状态如下。

表 2　双翅目短角亚目中 8 科 19 个特征的形态特征矩阵

科名	01	02	03	04	05	06	07	08	09	10	11	12	13	14	15	16	17	18	19
Rhagionidae	0	0	0	0	0	0	0	0	0	0	0	0	0	0	0	0	0	0	0
Nemestrinidae	1	0	1	0	1	1	1	1	0	0	0	0	0	0	0	1	0	0	0
Acroceridae	1	1	1	0	1	1	1	0	1	0	0	0	0	0	0	0	0	0	1
Apioceridae	0	0	0	0	1	0	0	0	0	0	1	1	0	0	0	2	1	0	0
Therevidae	0	0	0	2	1	1	0	0	0	0	0	0	0	0	0	0	0	0	0
Bombyliidae	1	0	1	1	1	1	1	1	0	0	0	0	0	0	0	0	0	0	0
Mydidae	0	0	0	1	1	1	0	0	0	2	1	0	0	0	2	1	0	1	1
Asilidae	0	0	0	1	1	1	0	0	0	0	0	1	1	1	0	0	0	0	0

表 3　双翅目短角亚目中 8 科 18 个特征的形态特征矩阵

科名	01	02	03	04	05	06	07	08	09	10	11	12	13	14	15	16	17	18
Rhagionidae	0	0	0	0	0	0	0	0	0	0	0	0	0	0	0	0	0	0
Nemestrinidae	0	1	0	1	1	1	1	0	0	0	0	0	0	0	1	0	0	0
Acroceridae	1	1	0	1	1	1	0	1	0	0	0	0	0	0	0	0	0	1
Apioceridae	0	0	0	1	0	0	0	0	0	1	1	0	0	0	2	1	0	0
Therevidae	0	0	2	1	1	0	0	0	0	0	0	0	0	0	0	0	0	0
Bombyliidae	0	1	1	1	1	1	1	0	0	0	0	0	0	0	0	0	0	0
Mydidae	0	0	1	1	1	0	0	0	2	1	0	0	0	2	1	0	1	1
Asilidae	0	0	1	1	1	0	0	0	0	0	1	1	1	0	0	0	0	0

幼虫特征:

①生活习性:捕食(0);寄生或寄生和捕食(1)。网翅虻科(Nemestrinidae)幼虫为寄生,小头虻科(Acroceridae)和蜂虻科(Bombyliidae)幼虫为捕食和寄生,其余科的幼虫为捕食。

②寄生对象:不寄生或寄生昆虫(0);寄生蜘蛛(1)。小头虻科(Acroceridae)幼虫寄生蜘蛛,其余寄生性的科幼虫寄生昆虫。

③变态类型:完全变态(0);复变态(1)。蜂虻科(Bombyliidae)、小头虻科(Acroceridae)和网翅虻科(Nemestrinidae)幼虫为复变态类型,Hennig 在 1972 年用这一特征将它们组成网翅

虻总科(Nemestrinoidea)。其余的科幼虫为完全变态类型。

④幼虫后部的气门：无(0)；在腹部倒数第 2 节上(1)；在腹部倒数第 3 节上(2)。鹬虻科(Rhagionidae)、小头虻科(Acroceridae)和网翅虻科(Nemestrinidae)后部无气门，剑虻科(Therevidae)后部气门在腹部倒数第 3 节上，其余的科后部气门在腹部倒数第 2 节上。

成虫特征：

⑤触角鞭节的节数：4 节以上(0)；4 节以内(1)。鹬虻科(Rhagionidae)触角鞭节较长，节数较多，其余的科触角鞭节都在 4 节以内。

⑥足胫节上的距：无(0)；存在(1)。鹬虻科(Rhagionidae)足胫节上的距缺如，其余的科足胫节上的距存在。

⑦雌性尾须：1 节(0)；2 节(1)。鹬虻科(Rhagionidae)雌性尾须为 1 节，其余的科雌性尾须为 2 节。

⑧翅上斜脉：不存在(0)；存在(1)。网翅虻科(Nemestrinidae)翅存在斜脉，其余的科的翅不存在斜脉。

⑨触角鞭节：分节或有附节(0)；仅一节而无附节(1)。小头虻科(Acroceridae)触角鞭节仅一节无附节，其余的科触角鞭节分节或有附节。

⑩翅的下腋瓣：正常(0)；非常大(1)。小头虻科(Acroceridae)翅的下腋瓣非常大，其余的科翅的下腋瓣正常。

⑪爪间突：有(0)；有或无(1)；无(2)。拟食虫虻科(Mydidae)无爪间突，蜂虻科(Bombyliidae)和棘虻科(Apioceridae)爪间突有时有时无，其余的科有爪间突。

⑫爪间突形状：垫状(0)；非垫状，刚毛状等(1)。鹬虻科(Rhagionidae)、网翅虻科(Nemestrinidae)、小头虻科(Acroceridae)和蜂虻科(Bombyliidae)爪间突垫状，其余的科爪间突非垫状，剑虻科(Therevidae)、食虫虻科(Asilidae)和棘虻科(Apioceridae)为刚毛状。

⑬成虫口器的下唇：正常(0)；退化与前颏融合在一起(1)。食虫虻科(Asilidae)成虫的下唇退化与前颏融合在一起，其余的科正常。

⑭成虫口器的下咽：正常(0)；高度骨化(1)。食虫虻科(Asilidae)成虫的下咽高度骨化，其余的科成虫口器的下咽正常。

⑮成虫颜：无强壮的鬃(0)；被强壮的鬃(1)。食虫虻科(Asilidae)成虫的颜被强壮的鬃，其余的科成虫颜无强壮的鬃。

⑯翅脉 R_5 和 M_1：端部不弯曲(0)；端部略弯曲，不靠近翅端(1)；端部强烈弯曲，在翅端部达翅缘(2)。网翅虻科(Nemestrinidae)的翅脉 R_5 和 M_1 前部略弯曲，不靠近翅端；拟食虫虻科(Mydidae)和棘虻科(Apioceridae)的翅脉 R_5 和 M_1 前部强烈弯曲，在翅端部达翅缘；其余的科翅脉 R_5 和 M_1 端部不弯曲。

⑰成虫直肠乳突数量：4 个以下(0)；很多超过 10 个(1)。拟食虫虻科(Mydidae)和棘虻科(Apioceridae)成虫直肠乳突数量很多超过 10 个，其余的科成虫直肠乳突数量在 4 个以下。

⑱成虫后足腿节：正常(0)；被大量的刺状鬃(1)。拟食虫虻科(Mydidae)成虫后足腿节被大量的刺状鬃，其余的科成虫后足腿节正常。

⑲成虫须：2 节(0)；1 节(1)。拟食虫虻科(Mydidae)和小头虻科(Acroceridae)成虫须 1 节，其余的科成虫须 2 节。

将 8 个科的 19 个特征，利用 PAUP 4.0 和 Nona/WinClada 软件进行支序分析，采用启发式搜索(heuristic search)得到 1 简约树(图 30),其步长(L)＝24,一致性指数(Ci)＝0.87,保留指数(Ri)＝0.76。

　　根据研究结果(图 30),除外群以外的其余 7 个科形成 2 分支,其中 1 支为:蜂虻科(Bombyliidae)、网翅虻科(Nemestrinidae)和小头虻科(Acroceridae),其共有衍征为幼虫寄生和幼虫为复变态类型,其中蜂虻科(Bombyliidae)因爪间突不稳定存在或缺如而形成单独的一支,这个结果与 Hennig 等提出的将蜂虻科(Bombyliidae)、网翅虻科(Nemestrinidae)和小头虻科(Acroceridae)组成一个总科的提法吻合,但作者并不赞同这观点,因为支持网翅虻科(Nemestrinidae)、小头虻科(Acroceridae)和蜂虻科(Bombyliidae)形成一支的特征仅为幼虫寄生和变态类型,而这几个科成虫的形态特征上相差很大,而且作者觉得关于幼虫寄生与捕食的区分不是很容易,在一个科中很难保证所有的寄生的种类,特别是拟寄生的种类在营养不足以完成发育的情况下侵入其他对象。而作者得到以上结果的原因,很有可能在选取特征时考虑使用了Hennig 提出将 3 科组成总科的幼虫寄生或捕食的特征。故此,将特征 1 除去,使用 18 个特征重新进行系统发育研究,如表 3 所示。

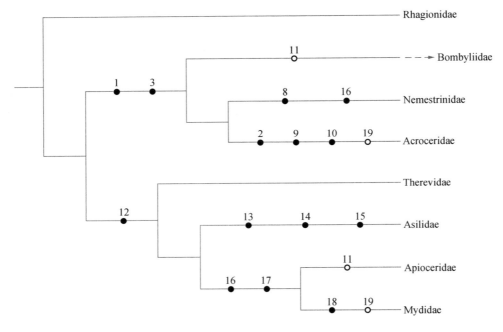

图 30　双翅目短角亚目中 8 科 19 个特征的系统树
●:特征同源;○:特征逆转或平行

　　将 8 个科的 18 个特征,利用 PAUP 4.0 和 Nona/WinClada 软件进行支序分析,采用启发式搜索(heuristic search)得到 1 简约树(图 31),其步长(L)＝23,一致性指数(Ci)＝0.86,保留指数(Ri)＝0.72。

　　根据研究结果(图 31),除外群以外的其余 7 个科形成 2 分支,其中 1 支为网翅虻科(Nemestrinidae)和小头虻科(Acroceridae)。另一支为:蜂虻科(Bombyliidae)、剑虻科(Therevidae)、食虫虻科(Asilidae)、棘虻科(Apioceridae)和拟食虫虻科(Mydidae),其共有衍征为幼虫后部存在气门。除蜂虻科外,其余 4 个科形成一单系群,其共有衍征是爪间突为刚毛状,其中棘虻科(Apioceridae)和拟食虫虻科(Mydidae)形成一姊妹群,其共有衍征为翅脉 R_5 和 M_1 前部强烈弯曲,在翅端部达翅缘和直肠乳突数量很多超过 10 个;而剑虻科(Therevidae)和食虫虻科(Asilidae)形成一支。蜂虻科(Bombyliidae)形成单独的一支,与其余 4 个科关系近缘。据此我们得出蜂虻科(Bombyliidae)与食虫虻科(Asilidae)的关系较为近缘,而与网翅虻科(Nemestrinidae)和小头虻科(Acroceridae)较远。这一结果与 Woodley(1989)的研究结果近似。

　　综上所述,作者认为蜂虻科与食虫虻科较为近缘(处于食虫虻总科)的提法较能被接受,但是双翅目短角亚目各科的系统地位几十年来一直都是双翅目专家们未能清楚解决的难点,要弄清楚蜂虻科的系统地位,需要更加有力和稳定的证据(形态、分子和生物学等)。

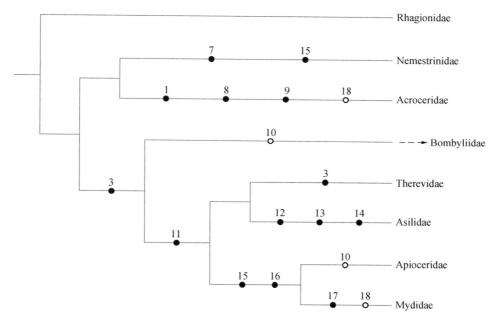

图 31　双翅目短角亚目中 8 科 18 个特征的系统树

●:特征同源;○:特征逆转或平行

2. 蜂虻科高级阶元的分类

(1)研究概况

　　蜂虻科分类系统一开始被分为 2 不同的类群,代表现在最大的 2 个亚科:Anthracinae 和 Bombyliinae。Meigen(1820)将它们放到一起建立今天使用的科级阶元。Schiner(1868)提出 2 个新亚科:Lomatiinae 和 Toxophorinae。他利用头、喙和腹部的形状将 Lomatiinae 亚科与其他亚科区别,用翅、触角,驼背的胸及细长的腹部将 Toxophorinae 亚科与其他亚科区分,Anthracinae 和 Bombyliinae 通过翅脉 R_{2+3} 基部的形状来区分。Brauer(1880)建立 Systropodinae(同 Systropinae)亚科,鉴别特征为体细,足细,且比 Toxophorinae 的足长,小刀状的触角鞭节,以及长喙。Melander(1902)在舞虻科 Empididae 中建立 Mythicomyiinae 亚科,用臀室达翅缘以及体缺少大的鬃,与舞虻科的其他昆虫区分,而后来 Melander(1928)发觉 *Mythicomyia* Melander 应属于蜂虻科。Platypyginae 开始是由 Verall(1909)以蜂虻科的属级阶元提出来的,其鉴别特征为体缺少毛或鳞片,以及胸部驼背。

Becker(1913)最先给出了对蜂虻科详细的、综合的分类系统。他将亚科的数量增加到了15个,并且其中的 11 个为他自己描述的,Becker 在定义传统亚科之间的幅度或者范围时尺度掌握得很好,使得在如今的亚科系统中也在使用他定义的特征,并且至少有 13 个亚科被认可。现如今的分类系统绝大部分基于 Becker(1913)和 Bezzi(1924)的工作。

Becker 和 Bezzi 以及后来 Hesse 都关注于找出单个的特征将蜂虻科分为两部分。在这点上 Becker 和 Bezzi 存在着很大的分歧。Becker(1913)否定了 Bezzi 在 1908 年提出的用复眼后缘的形状来将蜂虻科分为两部分的分类方法,他提出使用早期用于区分 Bombyliinae 亚科和 Anthracinae 亚科的翅脉 R_{2+3} 基部的形状,他推测蜂虻科可以分为 2 部分,一部分包括 Anthracinae 和 Exoprosopinae,它们的 R_{2+3} 脉起源处呈直角,且在交叉脉 R - M 对面或者附近;另一部分的 R_{2+3} 脉起源于 R_{4+5} 脉处呈锐角,这类群包括 Bombyliinae 和 Conophorinae 等,但在其中他也发现了一些中间类型,因此他将蜂虻科的系统进化关系绘制了示意图(图 32),并且他认为 Anthracinae 是蜂虻科中最原始的,Bombyliinae 是蜂虻科中最进化的。

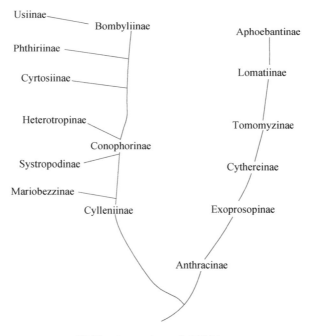

图 32 **Becker(1913)系统树**

Bezzi 是继 Becker 后,对蜂虻科分类系统做出巨大贡献的人。他不赞同 Becker(1913)提出的将蜂虻科分为 2 部分的特征。并且在 1924 年提出用复眼边缘的形状和后头骨(postcranium)的形状来将蜂虻科分为 2 部分,且取名 Homeophthalmae 为复眼边缘和后头骨简单的类群;Tomophthalmae 为复眼后缘锯齿形及后头骨凹陷的类群。

Hesse(1938,1956a,b)做了蜂虻科史上工作量最大的成果是对非洲南部蜂虻科的修订,其分为 3 部分共 2 000 余页。在将蜂虻科分为两部分的特征选取上他基本认同 Bezzi(1924)提出的,但在此的基础上做了略微调整,他认为后头骨的形状比复眼边缘的形状更重要,而这点恰与 Bezzi(1924)相反。

Mühlenberg(1968,1970,1971a,1971b)发表了一系列文章,其中包括对雌性外生殖器形态特征的比较研究(1971b),这一研究使我们对蜂虻科各类群之间关系的研究有了新的认识,对蜂虻科系统关系研究的提高具有重要意义。他列举了 48 个肌肉组织和雌性外生殖器骨骼的特征,并且分析得到一合意树(图 33)。他的系统发育分析结果将 Cyllenines、lomatiines、Anthracines 和 Bombyliines 等组成一个大的类群,他的分类系统的类群组合有别于将蜂虻分为 Homeophthalmae 和 Tomophthalmae 的提法,但是他将雌性外生殖器的形态特征列入分类系统中,这对后人系统研究具有很大的帮助。

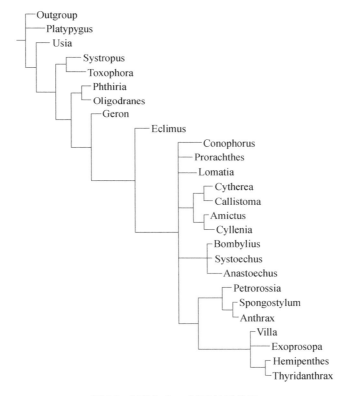

图 33　Mühlenberg(1971)系统树

Hull 在 1973 年出版的《世界蜂虻》一书是当时最综合的分类论述。他给出了蜂虻科各亚科的系统发育树(图 34),与 Becker(1913)很近似,不同的主要有两点:①Hull 的结果中 Cylleniinae 在 Homeophthalmae 中的最原始的部位;而 Becker 认为 Cylleniinae 在 Tomophthalmae 中最原始的位置。②Hull 认为 Exoprosopinae 是 Tomophthalmae 中最近化的类群,而 Becker 认为 Exoprosopinae 是 Tomophthalmae 中较原始的类群。

Zaitzev(1992)将蜂虻科分为 5 个科,他利用以下特征来区别:触角鞭节、喙、后头、翅脉和雌性外生殖器的形状。他将这 5 个科分析得到系统发育树(图 35)。其中 Phthiriidae 和

Usiidae以及蜂虻科 Bombyliidae(除去前面的亚科)最为接近,而 Mythicomyiidae 与 Bombyliidae 关系最远。

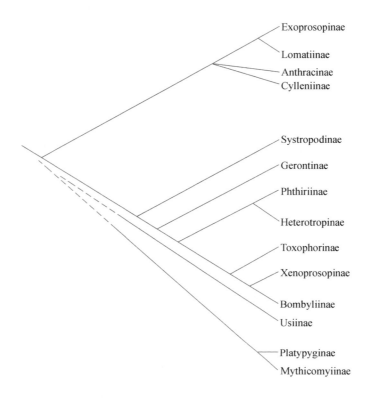

图 34　**Hull(1973)系统树**

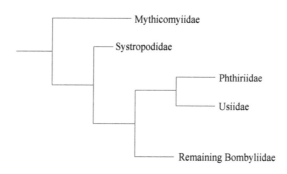

图 35　**Zaitzev(1992)系统树**

Yeates(1994)选取了包括幼虫和成虫的头、胸、腹、雄外和雌外的 154 个形态特征。对蜂虻科各亚科以及属之间的系统发育关系做了研究。他研究得到的亚科间的系统发育树(图 36),他建议将 Lordotinae 提升为科级,而 *Sericosoma* 属提升为亚科级。

Evenhuis 和 Greathead 在 1999 年出版的《蜂虻世界名录》一书中将蜂虻科系统分为 16 个亚科 221 个属,其中将 Mythicomyiinae 提为科级阶元,这是目前使用最多的分类系统。

这一时期对蜂虻科分类系统有贡献的还有:Greathead(1972)、Bowden(1980)、Theodor

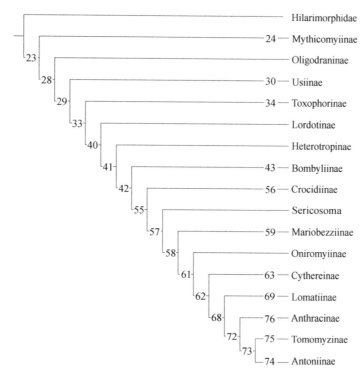

图 36　**Yeates(1994)系统树**

(1983)、Hall、Evenhuis(1987)和 Evenhuis(1990,1991)等。

综上所述,蜂虻科高级阶元的系统关系基本被认为分为两部分,且大致的系统发育关系也被认可,但是其中某些类群的阶元的地位还是备受争议,像外形差异上比较大的 *Systropus* 属有些人认为它应该属于亚科级,甚至是科级阶元;而 Mythicomyiidae 有的认为其应归属于亚科级阶元等,目前并未能有被所有人都认可的特征证据来明确解决这一问题,而现在使用最为广泛和频繁的是 Evenhuis 和 Greathead 所著的《蜂虻世界名录》的提法。

(2)蜂虻科各亚科的系统发育

本文部分参考了 Bezzi(1924)和 Yeates(1994)的研究。利用外部形态特征,以鹬虻科(Rhagionidae)为外群对中国分布的蜂虻科的 5 个亚科的 10 个属:Toxophorinae 亚科(*Geron*、*Toxophora* 和 *Systropus*)、Phthiriinae 亚科(*Phthiria*)、Usiinae 亚科(*Apolysis*)、Bombyliinae 亚科(*Anastoechus* 和 *Bombylius*)和 Anthracinae 亚科(*Anthrax*、*Exoprosopa* 和 *Villa*)以及麦蜂虻科 Mythicomyiidae(*Mythicomyia*)做了分析,运用支序系统学方法探讨中国分布的蜂虻科高级阶元类群之间的系统发育关系,旨在解决蜂虻科中备受争议的两个问题:①*Systropus* 是属级阶元或是亚科级阶元;②Mythicomyiidae(*Mythicomyia*)是作为科级阶元或是蜂虻科中的亚科的问题。本文共选取 38 个特征进行编码(特征 1～15 为头部特征,16～33 为胸部特征,34～35 为腹部特征,36～37 为雄性外生殖器特征,38 为雌性外生殖器特征),特征矩阵见表 4,形态特征状态如下:

表 4　蜂虻科高级阶元的形态特征矩阵

科属名	01	02	03	04	05	06	07	08	09	10	11	12	13	14	15	16	17	18	19
Rhagionidae	0	0	0	0	0	0	0	0	0	0	0	0	0	0	0	0	0	0	0
Mythicomyia	0	0	2	0	2	0	0	1	0	1	1	2	0	0	0	0	1	1	0
Geron	0	0	3	0	0	0	0	0	0	0	1	0	0	0	0	0	0	0	0
Toxophora	1	1	3	0	0	0	0	0	0	0	0	1	0	0	1	0	0	0	0
Systropus	1	1	3	0	0	0	0	0	0	0	0	1	0	0	0	0	0	0	0
Phthiria	0	0	3	1	1	0	0	0	2	0	0	0	0	0	0	0	0	0	0
Apolysis	0	0	2	2	2	0	0	0	2	0	0	0	0	0	0	0	0	0	0
Anastoechus	0	0	1	0	0	0	1	0	1	0	0	0	0	0	0	0	0	0	0
Bombylius	0	0	1	0	0	0	0	0	0	0	0	0	0	0	0	0	0	0	0
Anthrax	0	0	2	0	1	1	1	0	0	0	0	1	1	1	0	1	0	0	1
Exoprosopa	0	0	2	0	0	0	1	0	0	0	0	0	0	0	0	2	0	0	1
Villa	0	0	3	0	1	0	1	0	0	0	0	1	1	1	0	2	0	0	1

科属名	20	21	22	23	24	25	26	27	28	29	30	31	32	33	34	35	36	37	38
Rhagionidae	0	0	0	0	0	0	0	0	0	0	0	0	0	0	0	0	0	0	0
Mythicomyia	1	1	0	0	0	0	2	0	1	0	1	1	0	0	1	1	1	1	1
Geron	0	1	1	0	0	0	0	0	0	0	0	0	0	0	0	0	0	0	1
Toxophora	0	1	1	0	0	0	0	0	0	0	1	0	0	0	0	0	0	0	1
Systropus	0	1	1	0	0	1	0	0	0	0	1	1	0	1	0	0	0	0	1
Phthiria	0	1	0	0	0	0	0	0	0	0	0	0	0	0	0	0	0	0	1
Apolysis	0	1	1	0	0	0	0	0	0	0	0	0	0	0	0	0	0	0	1
Anastoechus	0	1	0	1	0	0	0	0	0	0	0	0	0	0	0	0	0	1	1
Bombylius	0	1	0	1	0	0	1	0	0	0	0	0	0	0	0	0	0	1	1
Anthrax	0	1	0	0	0	0	0	0	0	0	0	0	0	0	0	0	0	1	1
Exoprosopa	0	1	0	0	0	0	0	0	1	1	0	0	1	0	0	0	1	1	1
Villa	0	1	0	0	0	0	1	0	0	0	1	0	0	0	1	0	0	1	1

头部特征：

①触角柄节的大小：长约为宽的 2 倍（0）；长为宽的 6 倍以上（1）。*Toxophora* 和 *Systropus* 触角柄节的长为宽的 6 倍以上；其余类群的触角柄节的长约为宽的 2 倍。

②触角梗节的大小：长为宽的 1～2 倍（0）；长为宽的 5 倍以上（1）。*Toxophora* 和 *Systropus* 触角梗节的长为宽的 5 倍以上；其余类群的触角梗节的长为宽的 1～2 倍。

③触角鞭节的节数：4 节以上（0）；3 节（1）；2 节（2）；1 节（3）。Rhagionidae 触角鞭节为 4 节以上；*Anastoechus* 和 *Bombylius* 触角鞭节为 3 节；*Mythicomyia*、*Apolysis*、*Anthrax* 和 *Exoprosopa* 触角鞭节为 2 节；其余类群的触角鞭节为 1 节。

④触角鞭节：端部无沟（0）；端部有沟（1）；近端部有沟（2）。*Phthiria* 触角鞭节端部有沟；

Apolysis 触角鞭节近端部有沟;其余类群的触角鞭节端部无沟。

⑤鞭节的针突附节:仅 1 个且位于触角的末端(0);仅 1 个,不位于触角末端(1);鞭节有 2 个针突的附节(2)。*Phthiria*、*Anthrax*、*Exoprosopa* 和 *Villa* 鞭节的针突附节仅 1 个,不位于触角末端;*Mythicomyia* 和 *Apolysis* 鞭节的针突的附节有 2 个针突的附节;其余类群的鞭节的针突附节仅 1 个且位于触角的末端。

⑥触角鞭节端部:无毛(0);被一簇毛(1)。*Anthrax* 触角鞭节端部被一簇毛;其余类群的触角鞭节端部无毛。

⑦雄性复眼:接眼式(0);离眼式(1)。*Anastoechus*、*Anthrax*、*Exoprosopa* 和 *Villa* 雄性复眼为离眼式;其余类群的雄性复眼为接眼式。

⑧复眼内缘的形状:平滑弯曲(0);呈尖锐的锯齿状(1)。*Mythicomyia* 复眼内缘呈尖锐的锯齿状;其余类群的复眼内缘为平滑弯曲。

⑨额和颜:侧视时平(0);侧视时仅颜凸(1);侧视时额和颜都凸(2)。*Anastoechus*、*Bombylius* 和 *Exoprosopa* 侧视时仅颜凸;*Apolysis* 和 *Phthiria* 侧视时额和颜都凸;其余类群侧视时额和颜均平。

⑩上唇基部:骨化(0);有一半圆形的凸面为膜质(1)。*Mythicomyia* 上唇基部有一半圆形的凸面为膜质;其余类群上唇基部骨化。

⑪上唇端部:光滑(0);侧面被微刺毛(1)。*Mythicomyia* 上唇端部侧面被微刺毛;其余类群上唇端部光滑。

⑫须的节数:2 节(0);1 节(1);退化成一小块(2)。*Mythicomyia* 须退化成一小块;Rhagionidae 须为 2 节;其余类群须为 1 节。

⑬后头孔的形状:单个的(0);由两部分组成(1)。*Anthrax*、*Exoprosopa* 和 *Villa* 的后头孔由两部分组成;其余类群后头孔为单个的。

⑭复眼后缘的形状:直线(0);被一复眼上的横线分割成两部分(1)。*Anthrax*、*Exoprosopa* 和 *Villa* 复眼后缘被一复眼上的横线分割成两部分;其余类群复眼后缘呈直线状。

⑮单眼瘤:被毛或者鳞片(0);被 2 根鬃(1)。*Toxophora* 单眼瘤上被 2 根鬃;其余类群单眼瘤被毛或鳞片。

胸部特征:

⑯翅基缘:小,圆形(0);长形(1);长且末端显著弯曲(2)。*Anthrax* 的翅基缘长形;*Exoprosopa* 和 *Villa* 的翅基缘长且末端显著弯曲;其余类群翅基缘小呈圆形。

⑰翅脉 M:发达,呈管状(0);退化,呈平的细线状(1)。*Mythicomyia* 的翅脉 M 退化,呈平的细线状;其余类群翅脉 M 发达,呈管状。

⑱翅脉 Rs 的分支:为发达的 3 支脉:R_{2+3},R_4 和 R_5(0);退化为 2 支脉:R_{2+3} 和 R_{4+5}(1)。*Mythicomyia* 翅脉 Rs 的分为 2 支脉:R_{2+3} 和 R_{4+5};其余类群翅脉 Rs 的分支有 3 支发达的脉。

⑲翅脉 R_{2+3} 的基部:起始处靠近 Rs 脉,且呈锐角(0);起始处靠近 r - m 横脉,且呈直角(1)。*Anthrax*、*Exoprosopa* 和 *Villa* 翅脉 R_{2+3} 的起始处靠近 r - m 模脉,且呈直角;其余类群翅脉 R_{2+3} 的起始处靠近 Rs 脉,且呈锐角。

⑳翅脉 R_{2+3} 的端部:与前缘脉汇合(0);止于翅脉 R_1(1)。*Mythicomyia* 翅脉 R_{2+3} 止于翅脉 R_1;其余类群翅脉 R_{2+3} 的端部与前缘脉汇合。

㉑翅脉 M_3:存在(0);缺如(1)。Rhagionidae 翅脉 M_3 存在;其余类群翅脉 M_3 缺如。

㉒翅脉 M_2：存在(0)；缺如(1)。*Apolysis*、*Systropus*、*Toxophora* 和 *Geron* 翅脉 M_2 缺如；其余类群翅脉 M_2 存在。

㉓翅室 r_5：在翅缘处开放(0)；达翅缘前关闭(1)。*Anastoechus* 和 *Bombylius* 翅室 r_5 达翅缘前关闭；其余类群翅室 r_5 在翅缘处开放。

㉔臀脉：存在(0)；缺如(1)。*Mythicomyia* 臀脉缺如；其余类群臀脉存在。

㉕腋瓣：发达(0)；退化(1)。*Systropus* 腋瓣退化；其余类群腋瓣发达。

㉖前缘脉：完整(0)；止于翅脉 A_1 附近(1)；止于翅脉 R_{4+5} 附近(2)。*Geron* 和 *Phthiria* 前缘脉止于翅脉 A_1 附近；*Mythicomyia* 前缘脉止于翅脉 R_{4+5} 附近；其余类群前缘脉完整。

㉗前胸的尺寸：退化很小(0)；大(1)。*Toxophora* 前胸大；其余类群前胸退化很小。

㉘中背片：无毛(0)；有一簇毛(1)。*Exoprosopa* 和 *Villa* 中背片有一簇毛；其余类群中背片无毛。

㉙翅前的鬃：缺如(0)；存在(1)。*Toxophora*、*Anastoechus*、*Bombylius*、*Anthrax*、*Exoprosopa* 和 *Villa* 翅前的鬃存在；其余类群翅前的鬃缺如。

㉚前足和中足的距：在胫节与第一跗节交界处的膜上(0)；位于胫节端部(1)。Rhagionidae 前足和中足的距在胫节与第一跗节交界处的膜上；其余类群位于胫节端部。

㉛腿节：被鬃(0)；无鬃(1)。*Mythicomyia*、*Geron*、*Toxophora*、*Systropus*、*Phthiria* 和 *Apolysis* 腿节无鬃；其余类群腿节被鬃。

㉜前足腿节：正常(0)；有一椭圆形的感觉区域(1)。*Systropus* 前足腿节上有一圆形的感觉区域；其余类群前足腿节正常。

㉝爪垫：与跗爪长度相近(0)；仅有跗爪长度的一半(1)。*Exoprosopa* 和 *Villa* 的爪垫与跗爪长度几乎相等；其余类群的爪垫仅有跗爪长度的一半。

腹部特征：

㉞腹部的形状：往端部渐细(0)；细长但端部略宽(1)。*Systropus* 腹部细长，但端部略宽；其余类群腹部往端部渐细。

㉟腹部气门的位置：位于腹部第 1～7 节(0)；位于腹部第 2～7 节(1)。*Mythicomyia* 腹部气门位于腹部第 2～7 节；其余类群腹部气门位于腹部第 1～7 节上。

雄性外生殖器特征：

㊱第 8 节背板和腹板：正常(0)；退化为细板(1)。*Mythicomyia* 第 8 节背板和腹板退化为细板；其余类群第 8 节背板和腹板正常。

㊲雄性下生殖板：存在(0)；缺如(1)。Rhagionidae、*Apolysis*、*Anastoechus* 和 *Bombylius* 存在雄性下生殖板；其余类群雄性下生殖板缺如。

雌性外生殖器特征：

㊳雌性尾须：分为 2 节(0)；为 1 节(1)。Rhagionidae 雌性尾须分为 2 节；其余类群雌性尾须为 1 节。

利用 PAUP 4.0 和 Nona/WinClada 软件进行支序分析，采用启发式搜索(heuristic search)得到 1 简约树(图 37)，其步长(L) ＝ 56，一致性指数(Ci) ＝ 0.82，保留指数(Ri)＝0.76。

根据研究结果，除外群以外其余各属分为 2 支，其中一支分为蜂虻亚科 Bombyliinae 的雏蜂虻属 *Anastoechus* 和蜂虻属 *Bombylius* 以及炭蜂虻亚科 Anthracinae 的岩蜂虻属 *Anthrax*、

庸蜂虻属 *Exoprosopa* 和绒蜂虻属 *Villa*。其中雏蜂虻属 *Anastoechus* 和蜂虻属 *Bombylius* 形成姊妹属,其共有衍征为触角鞭节为 3 节和翅室 r₅ 达翅缘前关闭。岩蜂虻属 *Anthrax*、庸蜂虻属 *Exoprosopa* 和绒蜂虻属 *Villa* 这 3 个属构成单系群,其共有衍征为后头孔由两部分组成,复眼后缘被一复眼上的横线分割成两部分以及翅脉 R₂₊₃ 的起始处靠近 R - M 脉,且呈直角;其中庸蜂虻属 *Exoprosopa* 和绒蜂虻属 *Villa* 构成姊妹属,其共有衍征为中背片上有一簇毛和爪垫与跗爪长度几乎相等。另一支包括了姬蜂虻属 *Systropus* 和麦蜂虻属 *Mythicomyia* 在内一共 6 个属,其共有衍征为腿节无鬃。2 个存在问题的类群姬蜂虻属 *Systropus* 和麦蜂虻属 *Mythicomyia*,首先看 *Systropus* 属,系统发育树中我们可以非常明显地看到姬蜂虻属 *Systropus* 和弧蜂虻属 *Toxophora* 构成姊妹属,其共有衍征为触角柄节的长为宽的 6 倍以上和触角梗节的长为宽的 5 倍以上,因此我们认为应将姬蜂虻属 *Systropus* 以属级阶元位于弧蜂虻亚科 Toxophorinae 中,这结果与《蜂虻世界名录》的提法吻合。再看麦蜂虻属 *Mythicomyia*(代表麦蜂虻科 Mythicomyiidae)与蜕蜂虻属 *Apolysis*(代表乌蜂虻亚科 Usiinae)和坦蜂虻属 *Phthiria*(代表坦蜂虻亚科 Phthiriinae)非常近缘,因此我们可以认为麦蜂虻属 *Mythicomyia* 应该列为蜂虻科中,应该属于亚科级阶元,这个结果与《蜂虻世界名录》中认为其应该是一个独立的科的提法有悖。

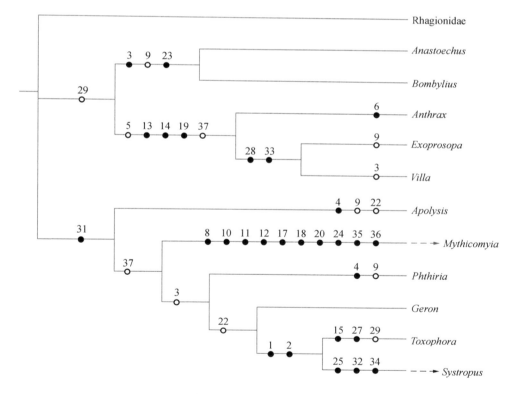

图 37　蜂虻科高级阶元的系统树

●:特征同源;○:特征逆转或平行

通过研究,我们认为姬蜂虻属 *Systropus* 应位于蜂虻科的弧蜂虻亚科 *Toxophorinae* 中;而麦蜂虻属 *Mythicomyia* 应该是蜂虻科的亚科下的属,然而从特种图上得到支持此分支的腿节上是否被鬃和雄性下生殖板是否存在的特征证据不是非常有力的证据,因此希望以后可以找出更加有力的证据来支持这一提法。

蜂虻科全世界已知 16 亚科 221 属 5 000 余种。目前,我国已知有 5 亚科 28 属 233 种。

亚科检索表

1.	后头孔边缘有无凹陷 ··	2
	后头孔边缘有一深或浅的凹陷 ··	炭蜂虻亚科 Anthracinae
2.	翅 M_2 翅脉存在,4 个后缘室 ···	3
	翅 M_2 翅脉缺如,3 个后缘室 ···	4
3.	触角鞭节近端部有一沟,沟内有一刺突 ·····························	乌蜂虻亚科 Usiinae
	触角鞭节近端部无沟,体长体型像膜翅目昆虫 ·················	弧蜂虻亚科 Toxophorinae
4.	触角鞭节端部有一沟,沟内有一刺突,体细,光裸无毛 ······	坦蜂虻亚科 Phthiriinae
	触角鞭节端部无沟,刺突长于鞭节的附节上 ·····················	蜂虻亚科 Bombyliinae

六、地理分布

蜂虻科昆虫世界上已知 16 亚科 221 属 5 000 余种,中国已知 5 亚科 28 属 233 种。中国分布的 5 个亚科为:炭蜂虻亚科 Anthracinae、蜂虻亚科 Bombyliinae、坦蜂虻亚科 Phthiriinae、弧蜂虻亚科 Toxophorinae 和乌蜂虻亚科 Usiinae。在此根据现有的资料和标本对该类群的地理分布进行了分析和讨论。

1. 世界蜂虻科分布格局

(1)亚科阶元

中国蜂虻科所属的 5 亚科中有 4 亚科(炭蜂虻亚科 Anthracinae、蜂虻亚科 Bombyliinae、坦蜂虻亚科 Phthiriinae 和弧蜂虻亚科 Toxophorinae)为世界性分布,仅 1 亚科(乌蜂虻亚科 Usiinae)为亚世界性分布,仅澳洲界无分布。

(2)属级阶元

蜂虻科各属均有其分布特点,分布类型可归纳为以下几种:

世界性分布 分布于世界各大动物地理区系,包括炭蜂虻亚科 Anthracinae 中的 *Anthrax*、*Exoprosopa*、*Ligyra* 和 *Villa*;弧蜂虻亚科 Toxophorinae 中的 *Geron*、*Systropus* 和 *Toxophora*。

亚世界性分布 分布于世界五大动物地理区系,包括炭蜂虻亚科 Anthracinae 中的 *Hemipenthes* 和 *Thyridanthrax*;蜂虻亚科 Bombyliinae 中的 *Bombylius*;坦蜂虻亚科 Phthiriinae 中的 *Phthiria*;乌蜂虻亚科 Usiinae 中的 *Apolysis*。

多区分布 分布于世界 3～4 个动物地理区系,包括炭蜂虻亚科 Anthracinae 中的 *Apho-*

ebantus、*Brachyanax*、*Caecanthrax*、*Cononedys*、*Desmatoneura*、*Exhyalanthrax*、*Heteralonia*、*Lepidanthrax*、*Litorhina*、*Micomitra*、*Oestranthrax*、*Pachyanthrax*、*Petrorossia*、*Pterobates*、*Spogostylum*、*Veribubo* 和 *Xeramoeba*；蜂虻亚科 Bombyliinae 中的 *Anastoechus*、*Bombomyia*、*Bombylella*、*Bombylisoma*、*Parisus*、*Prorachthes* 和 *Systoechus*；乌蜂虻亚科 Usiinae 中的 *Parageron* 和 *Usia*。

双区分布　分布于世界两个动物地理区系：

古北界＋东洋界分布型：炭蜂虻亚科 Anthracinae 中的 *Satyramoeba*；蜂虻亚科 Bombyliinae 中的 *Euchariomyia*。

古北界＋新北界分布型：蜂虻亚科 Bombyliinae 中的 *Conophorus*。

古北界＋非洲界分布型：炭蜂虻亚科 Anthracinae 中的 *Laminanthrax*、*Plesiocera*、*Pteraulax* 和 *Villoestrus*；蜂虻亚科 Bombyliinae 中的 *Beckerellus*、*Dischistus*、*Eremyia*、*Legnotomyia*、*Triplasius* 和 *Xerachistus*。

非洲界＋新北界分布型：炭蜂虻亚科 Anthracinae 中的 *Dicranoclista*。

东洋界＋非洲界分布型：炭蜂虻亚科 Anthracinae 中的 *Marleyimyia*；蜂虻亚科 Bombyliinae 中的 *Eurycarenus*。

新北界＋新热带界分布型：炭蜂虻亚科 Anthracinae 中的 *Astrophanes*、*Chrysanthrax*、*Cyananthrax*、*Dipalta*、*Neodiplocampta*、*Paravilla*、*Poecilanthrax*、*Stonyx* 和 *Xenox*；蜂虻亚科 Bombyliinae 中的 *Heterostylum*、*Sparnopolius* 和 *Triploechus*；坦蜂虻亚科 Phthiriinae 中的 *Neacreotrichus*、*Poecilognathus* 和 *Tmemophlebia*；弧蜂虻亚科 Toxophorinae 中的 *Dolichomyia*。

澳洲界＋新热带界分布型：炭蜂虻亚科 Anthracinae 中的 *Exechohypopion*。

单区分布　仅分布于世界一个动物地理区系，炭蜂虻亚科 Anthracinae 有 29 属属于这种分布类型：*Prothaplocnemis*、*Stomylomyia* 和 *Turkmeniella* 仅分布于古北界；*Colossoptera* 仅分布于东洋界；*Atrichochira*、*Conomyza*、*Coryprosopa*、*Diatropomma*、*Epacmoides*、*Pipunculopsis*、*Prorostoma*、*Pteraulacodes* 和 *Synthesia* 仅分布于非洲界；*Pseudopenthes* 和 *Thraxan* 仅分布于澳洲界；*Diochanthrax*、*Epacmus*、*Eucessia*、*Exepacmus*、*Mancia*、*Paradiplocampta*、*Rhynchanthrax* 和 *Verrallites* 仅分布于新北界；*Deusopora*、*Diplocampta*、*Hyperalonia*、*Oestrimyza*、*Paranthrax* 和 *Walkeromyia* 仅分布于新热带界。蜂虻亚科 Bombyliinae 有 43 属属于这种分布类型：*Efflatouni*、*Karakumia*、*Neobombylodes*、*Parachistus* 和 *Tovlinius* 仅分布于古北界；*Adelidea*、*Australoechus*、*Conophorina*、*Doliogethes*、*Gonarthrus*、*Isocnemus*、*Lepidochlanus*、*Othniomyia*、*Sisyrophanus*、*Sosiomyia* 和 *Zinnomyia* 仅分布于非洲界；*Bromoglycis*、*Brychosoma*、*Choristus*、*Cryomyia*、*Eristalopsis*、*Eusurbus*、*Laurella*、*Mandella*、*Meomyia*、*Pilosia*、*Sisyromyia* 和 *Staurostichus* 仅分布于澳洲界；*Aldrichia*、*Geminaria* 和 *Lordotus* 仅分布于新北界；*Acrophthalmyda*、*Cacoplox*、*Euprepina*、*Hallidia*、*Muscatheres*、*Nectaropota*、*Neodischistus*、*Nothoschistus*、*Parasystoechus*、*Platamomyia*、*Semistoechus* 和 *Sericusia* 仅分布于新热带界。坦蜂虻亚科 Phthiriinae 有 6 属属于此种分布：*Acreotrichus*、*Australiphthiria* 和 *Pygocona* 仅分布于澳洲界；*Acreophthiria*、*Euryphthiria* 和 *Relictiphthiria* 仅分布于新北界。弧蜂虻亚科 Toxophorinae 有 2 属属于此种分布：*Zaclava* 仅分布于澳洲界；*Melanderella* 仅分布于新北界。

炭蜂虻亚科 Anthracinae 世界性分布，全球共 69 属，其中仅 4 属为世界性分布（占 5.8%），2 属为亚世界分布（占 2.9%），17 属为多区分布（占 24.6%），17 属为双区分布（占 24.6%），29 属为单界特有属，占炭蜂虻亚科总属的 42.0%，区域性分布的属所占的比例较大。

就地理区系来说，古北界分布 30 属（*Anthrax*、*Aphoebantus*、*Brachyanax*、*Caecanthrax*、*Cononedys*、*Desmatoneura*、*Exhyalanthrax*、*Exoprosopa*、*Hemipenthes*、*Heteralonia*、*Laminanthrax*、*Ligyra*、*Litorhina*、*Micomitra*、*Oestranthrax*、*Pachyanthrax*、*Petrorossia*、*Plesiocera*、*Prothaplocnemis*、*Pteraulax*、*Pterobates*、*Satyramoeba*、*Spogostylum*、*Stomylomyia*、*Thyridanthrax*、*Turkmeniella*、*Veribubo*、*Villa*、*Villoestrus* 和 *Xeramoeba*）占炭蜂虻亚科总属的 43.5%，其中 *Prothaplocnemis*、*Stomylomyia* 和 *Turkmeniella* 为特有属，占该界所有属的 10.0%；东洋界分布 22 属（*Anthrax*、*Brachyanax*、*Caecanthrax*、*Colossoptera*、*Cononedys*、*Desmatoneura*、*Exhyalanthrax*、*Exoprosopa*、*Hemipenthes*、*Heteralonia*、*Ligyra*、*Litorhina*、*Marleyimyia*、*Micomitra*、*Pachyanthrax*、*Petrorossia*、*Pterobates*、*Satyramoeba*、*Spogostylum*、*Veribubo*、*Villa* 和 *Xeramoeba*）占炭蜂虻亚科总属的 31.9%，其中 *Colossoptera* 为特有属，占该界所有属的 4.5%；非洲界分布 35 属（*Anthrax*、*Atrichochira*、*Caecanthrax*、*Conomyza*、*Cononedys*、*Coryprosopa*、*Desmatoneura*、*Diatropomma*、*Dicranoclista*、*Epacmoides*、*Exhyalanthrax*、*Exoprosopa*、*Hemipenthes*、*Heteralonia*、*Laminanthrax*、*Ligyra*、*Litorhina*、*Marleyimyia*、*Micomitra*、*Oestranthrax*、*Pachyanthrax*、*Petrorossia*、*Pipunculopsis*、*Plesiocera*、*Prorostoma*、*Pteraulacodes*、*Pteraulax*、*Pterobates*、*Spogostylum*、*Synthesia*、*Thyridanthrax*、*Veribubo*、*Villa*、*Villoestrus* 和 *Xeramoeba*）占炭蜂虻亚科总属的 50.7%，其中 *Atrichochira*、*Conomyza*、*Coryprosopa*、*Diatropomma*、*Epacmoides*、*Pipunculopsis*、*Prorostoma*、*Pteraulacodes* 和 *Synthesia* 为特有属，占该界所有属的 25.7%；澳洲界分布 15 属（*Anthrax*、*Brachyanax*、*Exechohypopion*、*Exhyalanthrax*、*Exoprosopa*、*Heteralonia*、*Lepidanthrax*、*Ligyra*、*Litorhina*、*Petrorossia*、*Pseudopenthes*、*Pterobates*、*Thraxan*、*Thyridanthrax* 和 *Villa*）占炭蜂虻亚科总属的 21.7%，其中 *Pseudopenthes* 和 *Thraxan* 为特有属，占该界所有属的 13.3%；新北界分布 28 属（*Anthrax*、*Aphoebantus*、*Astrophanes*、*Chrysanthrax*、*Cyananthrax*、*Desmatoneura*、*Dicranoclista*、*Diochanthrax*、*Dipalta*、*Epacmus*、*Eucessia*、*Exepacmus*、*Exoprosopa*、*Hemipenthes*、*Lepidanthrax*、*Ligyra*、*Mancia*、*Neodiplocampta*、*Oestranthrax*、*Paradiplocampta*、*Paravilla*、*Poecilanthrax*、*Rhynchanthrax*、*Stonyx*、*Thyridanthrax*、*Verrallites*、*Villa* 和 *Xenox*）占炭蜂虻亚科总属的 40.6%，其中 *Diochanthrax*、*Epacmus*、*Eucessia*、*Exepacmus*、*Mancia*、*Paradiplocampta*、*Rhynchanthrax* 和 *Verrallites* 为特有属，占该界所有属的 28.6%；新热带界分布 24 属（*Anthrax*、*Aphoebantus*、*Astrophanes*、*Chrysanthrax*、*Cyananthrax*、*Deusopora*、*Dipalta*、*Diplocampta*、*Exechohypopion*、*Exoprosopa*、*Hemipenthes*、*Hyperalonia*、*Lepidanthrax*、*Ligyra*、*Neodiplocampta*、*Oestrimyza*、*Paranthrax*、*Paravilla*、*Poecilanthrax*、*Stonyx*、*Thyridanthrax*、*Villa*、*Walkeromyia* 和 *Xenox*）占炭蜂虻亚科总属的 34.8%，其中 *Deusopora*、*Diplocampta*、*Hyperalonia*、*Oestrimyza*、*Paranthrax* 和 *Walkeromyia* 为特有属，占该界所有属的 25.0%。由上可见，就属级阶元水平上，非洲界分布最多为 35 属，其次古北界 30 属，接着为新北界 28 属，新热带界 24 属，东洋界 22 属，澳洲界最少为 15 属；特有属最多的也是非洲界为 9 属，其次为新北界 8 属，接着为新热带界 6 属，古北界 3 属，澳洲界

2 属,东洋界最少为 1 属。

炭蜂虻亚科的地理区系分布比较值得探讨,因其为蜂虻科中属、种最丰富的亚科,其地理区系分布很能反映蜂虻科的地理区系分布特点。从属级阶元组成上看古北界、东洋界和非洲界的属级成分比较相似,新北界和新热带界的属级成分比较接近,澳洲界属级分布无显著的特点,从多区分布的属来看,往往将古北界,东洋界,非洲界和新北界,新热带界包括在内。从特有属上看,非洲界在数量上占有,而新北界在比例上最大,总体来说较均匀无法从炭蜂虻亚科中看出哪个区系比较特化。

蜂虻亚科 Bombyliinae 世界性分布,全球共 63 属,其中仅 1 属为亚世界分布(占 1.6%),7 属为多区分布(占 11.1%),12 属为双区分布(占 19.0%),43 属为单界特有属,占蜂虻亚科总属的 68.3%,区域性分布的属所占的比例很大。

就地理区系来说,古北界分布 21 属(*Anastoechus*、*Beckerellus*、*Bombomyia*、*Bombylella*、*Bombylisoma*、*Bombylius*、*Conophorus*、*Dischistus*、*Efflatounia*、*Eremyia*、*Euchariomyia*、*Karakumia*、*Legnotomyia*、*Neobombylodes*、*Parachistus*、*Parisus*、*Prorachthes*、*Systoechus*、*Tovlinius*、*Triplasius* 和 *Xerachistus*)占蜂虻亚科总属的 33.3%,其中 *Efflatounia*、*Karakumia*、*Neobombylodes*、*Parachistus* 和 *Tovlinius* 为特有属,占该界所有属的 23.8%;东洋界分布 10 属(*Anastoechus*、*Bombomyia*、*Bombylella*、*Bombylisoma*、*Bombylius*、*Euchariomyia*、*Eurycarenus*、*Parisus*、*Prorachthes* 和 *Systoechus*)占蜂虻亚科总属的 15.9%,无特有属;非洲界分布 26 属(*Adelidea*、*Anastoechus*、*Australoechus*、*Beckerellus*、*Bombomyia*、*Bombylella*、*Bombylisoma*、*Bombylius*、*Conophorina*、*Dischistus*、*Doliogethes*、*Eremyia*、*Eurycarenus*、*Gonarthrus*、*Isocnemus*、*Legnotomyia*、*Lepidochlanus*、*Othniomyia*、*Parisus*、*Prorachthes*、*Sisyrophanus*、*Sosiomyia*、*Systoechus*、*Triplasius*、*Xerachistus* 和 *Zinnomyia*)占蜂虻亚科总属的 41.3%,其中 *Adelidea*、*Australoechus*、*Conophorina*、*Doliogethes*、*Gonarthrus*、*Isocnemus*、*Lepidochlanus*、*Othniomyia*、*Sisyrophanus*、*Sosiomyia* 和 *Zinnomyia* 为特有属,占该界所有属的 42.3%;澳洲界分布 12 属(*Bromoglycis*、*Brychosoma*、*Choristus*、*Cryomyia*、*Eristalopsis*、*Eusurbus*、*Laurella*、*Mandella*、*Meomyia*、*Pilosia*、*Sisyromyia* 和 *Staurostichus*)占蜂虻亚科总属的 19.0%,且全为特有属,占该界所有属的 100%;新北界分布 10 属(*Aldrichia*、*Anastoechus*、*Bombylius*、*Conophorus*、*Geminaria*、*Heterostylum*、*Lordotus*、*Sparnopolius*、*Systoechus* 和 *Triploechus*)占蜂虻亚科总属的 15.9%,其中 *Aldrichia*、*Geminaria* 和 *Lordotus* 为特有属,占该界所有属的 30.0%;新热带界分布 16 属(*Acrophthalmyda*、*Bombylius*、*Cacoplox*、*Euprepina*、*Hallidia*、*Heterostylum*、*Muscatheres*、*Nectaropota*、*Neodischistus*、*Nothoschistus*、*Parasystoechus*、*Platamomyia*、*Semistoechus*、*Sericusia*、*Sparnopolius* 和 *Triploechus*)占蜂虻亚科总属的 25.4%,其中 *Acrophthalmyda*、*Cacoplox*、*Euprepina*、*Hallidia*、*Muscatheres*、*Nectaropota*、*Neodischistus*、*Nothoschistus Parasystoechus*、*Platamomyia*、*Semistoechus* 和 *Sericusia* 为特有属,占该界所有属的 75.0%。由上可知,就属级阶元水平上,各地理分布区系属的数量从多到少排列为:非洲界 26 属,古北界 21 属,新热带界 16 属,澳洲界 12 属,东洋界和新北界各 10 属,特有属的数量上来说澳洲界和新热带界最多各为 12 属,其次为非洲界的 11 属,接着为古北界 5 属,新北界 3 属,其中东洋界无特有属。

蜂虻亚科的地理区系分布比较值得探讨,蜂虻亚科属、种数量也非常丰富,而且分布很有特点,特有属的数量和比重很大,显著呈现区域性分布。各区域的属级相关性来看,还是古北界,东洋界和非洲界呈现一点的相似性,新北界和新热带界有些相似,澳洲界非常特化,完全不同于其他区系。

坦蜂虻亚科 Phthiriinae 世界性分布,全球共 10 属,其中仅 1 属为亚世界分布(占10.0%),3 属为双区分布(占 30.0%),6 属为单界特有属,占坦蜂虻亚科总属的 60.0%,区域性分布的属比例很大。

就地理区系来说,古北界分布 1 属(*Phthiria*)占坦蜂虻亚科总属的 10.0%,无特有属;东洋界分布 1 属(*Phthiria*)占坦蜂虻亚科总属的 10.0%,无特有属;非洲界分布 1 属(*Phthiria*)占坦蜂虻亚科总属的 10.0%,无特有属;澳洲界分布 3 属(*Acreotrichus*、*Australiphthiria* 和*Pygocona*)占坦蜂虻亚科总属的 30.0%,且全为特有属,占该界所有属的 100%;新北界分布 7属(*Acreophthiria*、*Euryphthiria*、*Neacreotrichus*、*Phthiria*、*Poecilognathus*、*Relictiphthiria* 和 *Tmemophlebia*)占坦蜂虻亚科总属的 70.0%,其中 *Acreophthiria*、*Euryphthiria* 和 *Relictiphthiria* 为特有属,占该界所有属的 42.9%;新热带界分布 4 属(*Neacreotrichus*、*Phthiria*、*Poecilognathus* 和 *Tmemophlebia*)占坦蜂虻亚科总属的 40.0%,无特有属。从上述信息可知,就属级阶元水平上,新北界最多为 7 属,其次为新热带界 4 属,接着是澳洲界为 3 属,古北界、东洋界和非洲界相同为 1 属。特有属上看,古北界和澳洲界各有 3 属,其余区域无特有属。

从坦蜂虻亚科的属级水平的地理区系分布特点来看,古北界、东洋界和非洲界分布完全相同为 1 属 *Phthiria*,而澳洲界分布最特有,分布的 3 属 *Acreotrichus*、*Australiphthiria* 和 *Pygocona* 全部为特有属,新北界和新热带界分布的属有些相似。

弧蜂虻亚科 Toxophorinae 世界性分布,全球共 6 属,其中仅 3 属为世界性分布(占50.0%),1 属为双区分布(占 16.7%),2 属为单界特有属,占弧蜂虻亚科总属的 33.3%,广布属和区域性分布的属接近。

就地理区系来说,古北界分布 3 属(*Geron*、*Systropus* 和 *Toxophora*)占弧蜂虻亚科总属的50.0%,无特有属;东洋界分布 3 属(*Geron*、*Systropus* 和 *Toxophora*)占弧蜂虻亚科总属的50.0%,无特有属;非洲界分布 3 属(*Geron*、*Systropus* 和 *Toxophora*)占弧蜂虻亚科总属的50.0%,无特有属;澳洲界分布 4 属(*Geron*、*Systropus*、*Toxophora* 和 *Zaclava*)占弧蜂虻亚科总属的 66.7%,其中 *Zaclava* 为特有属,占该界所有属的 25%;新北界分布 5 属(*Dolichomyia*、*Geron*、*Melanderella*、*Systropus* 和 *Toxophora*)占弧蜂虻亚科总属的 83.3%,其中 *Melanderella* 为特有属,占该界所有属的 25.0%;新热带界分布 4 属(*Dolichomyia*、*Geron*、*Systropus* 和 *Toxophora*)占弧蜂虻亚科总属的 66.7%,无特有属。从以上资料可见,就属级阶元水平上,新北界分布属最多为 5 属,其次为澳洲界和新热带界为 4 属,古北界、东洋界和非洲界相同为 3 属,特有属分布来看,仅澳洲界和新北界各有 1 特有属。

从弧蜂虻亚科的属级水平的地理区系分布特点来看,古北界、东洋界和非洲界分布完全相同为 3 属 *Geron*、*Systropus* 和 *Toxophora*,新北界和新热带界分布的属呈现一点的相似性,澳洲界较特化。

乌蜂虻亚科 Usiinae 亚世界性分布,全球共 3 属,其中仅 1 属为亚世界分布(占 33.3%),2 属为多区分布,占乌蜂虻亚科总属的 66.7%,乌蜂虻亚科是中国分布的五个亚科中唯一无区域性分布的属的一个亚科。

就地理区系来说,古北界分布 3 属(*Apolysis*、*Parageron* 和 *Usia*)占乌蜂虻亚科总属的100%,无特有属;东洋界分布 3 属(*Apolysis*、*Parageron* 和 *Usia*)占乌蜂虻亚科总属的 100%,

无特有属;非洲界分布 3 属(*Apolysis*、*Parageron* 和 *Usia*)占乌蜂虻亚科总属的 100％,无特有属;澳洲界无分布;新北界分布 1 属(*Apolysis*)占乌蜂虻亚科总属的 33.3％,无特有属;新热带界分布 1 属(*Apolysis*)占乌蜂虻亚科总属的 33.3％,无特有属。由上可知,就属级阶元水平上,乌蜂虻亚科中古北界、东洋界和非洲界完全相同,分布乌蜂虻亚科的全部 3 属,而新北界和新热带界相同仅分布 1 属 *Apolysis*,澳洲区无分布。

综合上述蜂虻 5 亚科的属级分布的特点,特别是蜂虻科中属种数量最多的炭蜂虻亚科和蜂虻亚科的分布情况来看,非洲界、古北界和东洋界分布的属较为接近,新北界和新热带界分布的属较为接近,澳洲界分布的属较独特。属分布情况来看非洲界有向古北界和东洋界扩张的趋势;新北界有向新热带界扩张的趋势,澳洲界为一比较特化的区域。

(3)种级阶元水平

世界炭蜂虻亚科(表 5)　已知 2 115 种,就种类而言古北界最丰富分布 614 种,占该亚科所有种的 29.0％,非洲界位列第 2,种类数量与古北界也相当接近分布 596 种,占该亚科所有种的 28.2％,其次为新北界分布 505 种,占该亚科所有种的 23.9％,接着的为新热带界分布 260 种,东洋界分布 187 种,澳洲界分布 166 种,分别占该亚科所有种的 12.3％,8.8％ 和 7.8％。不论是从炭蜂虻亚科总体来看,还是从各属内种类的分布情况来看,古北界和非洲界分布的种类丰富,占所有种类的 57.2％,为炭蜂虻亚科的分化中心。

表 5　世界炭蜂虻亚科 Anthracinae 各属在地理区系的分布

属名	世界种数	动物地理区系											
		古北界		东洋界		非洲界		澳洲界		新北界		新热带界	
		种数	比率/％	种数	比率/％	种数	比率/％	种数	比率/％	种数	比率/％	种数	比率/％
Anthrax	250	87	34.8	21	8.4	56	22.4	22	8.8	42	16.8	44	17.6
Aphoebantus	79	12	15.2	—	—	—	—	—	—	64	81.0	3	3.8
Astrophanes	2	—	—	—	—	—	—	—	—	1	50.0	1	50.0
Atrichochira	2	—	—	—	—	2	100	—	—	—	—	—	—
Brachyanax	13	1	7.7	7	53.8	—	—	8	61.5	—	—	—	—
Caecanthrax	3	2	66.7	1	33.3	2	66.7	—	—	—	—	—	—
Chrysanthrax	55	—	—	—	—	—	—	—	—	37	67.3	23	41.8
Colossoptera	1	—	—	1	100	—	—	—	—	—	—	—	—
Conomyza	2	—	—	—	—	2	100	—	—	—	—	—	—
Cononedys	12	10	83.3	2	16.7	1	8.3	—	—	—	—	—	—
Coryprosopa	1	—	—	—	—	1	100	—	—	—	—	—	—
Cyananthrax	1	—	—	—	—	—	—	—	—	1	100	1	100
Desmatoneura	15	9	60.0	2	13.3	6	40.0	—	—	1	6.7	—	—
Deusopora	1	—	—	—	—	—	—	—	—	—	—	1	100
Diatropomma	2	—	—	—	—	2	100	—	—	—	—	—	—

续表5

属名	世界种数	动物地理区系											
		古北界		东洋界		非洲界		澳洲界		新北界		新热带界	
		种数	比率/%	种数	比率/%	种数	比率/%	种数	比率/%	种数	比率/%	种数	比率/%
Dicranoclista	4	—	—	—	—	2	50.0	—	—	2	50.0	—	—
Diochanthrax	1	—	—	—	—	—	—	—	—	1	100	—	—
Dipalta	2	—	—	—	—	—	—	—	—	2	100	1	50.0
Diplocampta	6	—	—	—	—	—	—	—	—	—	—	6	100
Epacmoides	5	—	—	—	—	5	100	—	—	—	—	—	—
Epacmus	13	—	—	—	—	—	—	—	—	13	100	—	—
Eucessia	1	—	—	—	—	—	—	—	—	1	100	—	—
Exechohypopion	13	—	—	—	—	—	—	7	53.8	—	—	6	46.2
Exepacmus	1	—	—	—	—	—	—	—	—	1	100	—	—
Exhyalanthrax	78	33	42.3	6	7.7	46	59.0	1	1.3	—	—	—	—
Exoprosopa	343	73	21.3	19	5.5	180	52.5	8	2.3	66	19.2	29	8.5
Hemipenthes	87	39	44.8	9	10.3	1	1.1	—	—	29	33.3	26	29.9
Heteralonia	142	47	33.1	5	3.5	72	50.7	32	22.5	—	—	—	—
Hyperalonia	6	—	—	—	—	—	—	—	—	—	—	6	100
Laminanthrax	2	2	100	—	—	1	50.0	—	—	—	—	—	—
Lepidanthrax	52	—	—	—	—	—	—	2	3.8	47	90.4	6	11.5
Ligyra	117	16	13.7	45	38.5	23	19.7	34	29.1	9	7.7	21	17.9
Litorhina	36	2	5.6	2	5.6	35	97.2	1	2.8	—	—	—	—
Mancia	1	—	—	—	—	—	—	—	—	1	100	—	—
Marleyimyia	1	—	—	1	100	1	100	—	—	—	—	—	—
Micomitra	17	7	41.2	3	17.6	8	47.1	—	—	—	—	—	—
Neodiplocampta	16	—	—	—	—	—	—	—	—	8	50.0	12	75.0
Oestranthrax	15	9	60.0	—	—	5	33.3	—	—	1	6.7	—	—
Oestrimyza	1	—	—	—	—	—	—	—	—	—	—	1	100
Pachyanthrax	13	9	69.2	2	15.4	5	38.5	—	—	—	—	—	—
Paradiplocampta	1	—	—	—	—	—	—	—	—	1	100	—	—
Paranthrax	2	—	—	—	—	—	—	—	—	—	—	2	100
Paravilla	58	—	—	—	—	—	—	—	—	55	94.8	11	19.0
Petrorossia	68	29	42.6	19	27.9	26	38.2	3	4.4	—	—	—	—
Pipunculopsis	1	—	—	—	—	1	100	—	—	—	—	—	—
Plesiocera	9	1	11.1	—	—	9	100	—	—	—	—	—	—
Poecilanthrax	40	—	—	—	—	—	—	—	—	39	97.5	4	10.0
Prorostoma	1	—	—	—	—	1	100	—	—	—	—	—	—
Prothaplocnemis	2	2	100	—	—	—	—	—	—	—	—	—	—
Pseudopenthes	1	—	—	—	—	—	—	1	100	—	—	—	—
Pteraulacodes	2	—	—	—	—	2	100	—	—	—	—	—	—
Pteraulax	9	1	11.1	—	—	8	88.9	—	—	—	—	—	—

续表5

属名	世界种数	动物地理区系											
		古北界		东洋界		非洲界		澳洲界		新北界		新热带界	
		种数	比率/%	种数	比率/%	种数	比率/%	种数	比率/%	种数	比率/%	种数	比率/%
Pterobates	6	4	66.7	2	33.3	1	16.7	1	16.7	—	—	—	—
Rhynchanthrax	7	—	—	—	—	—	—	—	—	7	100	—	—
Satyramoeba	2	1	50.0	1	50.0	—	—	—	—	—	—	—	—
Spogostylum	79	60	75.9	4	5.1	23	29.1	—	—	—	—	—	—
Stomylomyia	7	7	100	—	—	—	—	—	—	—	—	—	—
Stonyx	5	—	—	—	—	—	—	—	—	5	100	2	40.0
Synthesia	1	—	—	—	—	1	100	—	—	—	—	—	—
Thraxan	20	—	—	—	—	—	—	20	100	—	—	—	—
Thyridanthrax	52	30	57.7	—	—	10	19.2	2	3.8	12	23.1	3	5.8
Turkmeniella	2	2	100	—	—	—	—	—	—	—	—	—	—
Veribubo	30	26	86.7	1	3.3	5	16.7	—	—	—	—	—	—
Verrallites	1	—	—	—	—	—	—	—	—	1	100	—	—
Villa	274	82	29.9	33	12.0	44	16.1	24	8.8	53	19.3	47	17.2
Villoestrus	3	2	66.7	—	—	1	33.3	—	—	—	—	—	—
Walkeromyia	2	—	—	—	—	—	—	—	—	—	—	2	100
Xenox	5	—	—	—	—	—	—	—	—	5	100	2	40.0
Xeramoeba	13	9	69.2	1	7.7	8	61.5	—	—	—	—	—	—
总计	2 115	614	29.0	187	8.8	596	28.2	166	7.8	505	23.9	260	12.3

蜂虻亚科(表6) 世界已知1 038种,就种类而言非洲界最丰富分布389种,占该亚科所有种的37.5%,古北界紧随其后分布367种,占该亚科所有种的35.4%,接着为新北界分布181种,占该亚科所有种的17.4%,新热带界,澳洲界和东洋界分布较少,分别为61种,57种和34种,分别占该亚科所有种的5.9%、5.5%和3.3%。由此可见非洲界分布种类和属最为丰富,因此推测其可能为分化中心。

表6 世界蜂虻亚科 Bombyliinae 各属在地理区系的分布

属名	世界种数	动物地理区系											
		古北界		东洋界		非洲界		澳洲界		新北界		新热带界	
		种数	比率/%	种数	比率/%	种数	比率/%	种数	比率/%	种数	比率/%	种数	比率/%
Acrophthalmyda	2	—	—	—	—	—	—	—	—	—	—	2	100
Adelidea	8	—	—	—	—	8	100	—	—	—	—	—	—
Aldrichia	2	—	—	—	—	—	—	—	—	2	100	—	—
Anastoechus	93	61	65.6	5	5.4	32	34.4	—	—	4	4.3	—	—
Australoechus	29	—	—	—	—	29	100	—	—	—	—	—	—

续表6

属名	世界种数	动物地理区系											
		古北界		东洋界		非洲界		澳洲界		新北界		新热带界	
		种数	比率/%	种数	比率/%	种数	比率/%	种数	比率/%	种数	比率/%	种数	比率/%
Beckerellus	4	1	25.0	—	—	3	75.0	—	—	—	—	—	—
Bombomyia	22	3	13.6	2	9.1	18	81.8	—	—	—	—	—	—
Bombylella	23	7	30.4	2	8.7	16	69.6	—	—	—	—	—	—
Bombylisoma	37	15	40.5	2	5.4	22	59.5	—	—	—	—	—	—
Bombylius	282	153	54.3	13	4.6	23	8.2	—	—	109	38.7	12	4.3
Bromoglycis	1	—	—	—	—	—	—	1	100	—	—	—	—
Brychosoma	3	—	—	—	—	—	—	3	100	—	—	—	—
Cacoplox	1	—	—	—	—	—	—	—	—	—	—	1	100
Choristus	2	—	—	—	—	—	—	2	100	—	—	—	—
Conophorina	1	—	—	—	—	1	100	—	—	—	—	—	—
Conophorus	67	51	76.1	—	—	—	—	—	—	16	23.9	—	—
Cryomyia	2	—	—	—	—	—	—	2	100	—	—	—	—
Dischistus	25	18	72.0	—	—	7	28.0	—	—	—	—	—	—
Doliogethes	17	—	—	—	—	17	100	—	—	—	—	—	—
Efflatounia	2	2	100	—	—	—	—	—	—	—	—	—	—
Eremyia	3	2	66.7	—	—	1	33.3	—	—	—	—	—	—
Eristalopsis	3	—	—	—	—	—	—	3	100	—	—	—	—
Euchariomyia	3	1	33.3	3	100	—	—	—	—	—	—	—	—
Euprepina	10	—	—	—	—	—	—	—	—	—	—	10	100
Eurycarenus	15	—	—	1	6.7	14	93.3	—	—	—	—	—	—
Eusurbus	2	—	—	—	—	—	—	2	100	—	—	—	—
Geminaria	2	—	—	—	—	—	—	—	—	2	100	—	—
Gonarthrus	31	—	—	—	—	31	100	—	—	—	—	—	—
Hallidia	1	—	—	—	—	—	—	—	—	—	—	1	100
Heterostylum	12	—	—	—	—	—	—	—	—	5	41.7	7	58.3
Isocnemus	1	—	—	—	—	1	100	—	—	—	—	—	—
Karakumia	1	1	100	—	—	—	—	—	—	—	—	—	—
Laurella	2	—	—	—	—	—	—	2	100	—	—	—	—
Legnotomyia	10	9	90.0	—	—	1	10.0	—	—	—	—	—	—
Lepidochlanus	1	—	—	—	—	1	100	—	—	—	—	—	—
Lordotus	29	—	—	—	—	—	—	—	—	29	100	—	—
Mandella	5	—	—	—	—	—	—	5	100	—	—	—	—
Meomyia	10	—	—	—	—	—	—	10	100	—	—	—	—

续表6

属名	世界种数	动物地理区系											
		古北界		东洋界		非洲界		澳洲界		新北界		新热带界	
		种数	比率/%	种数	比率/%	种数	比率/%	种数	比率/%	种数	比率/%	种数	比率/%
Muscatheres	1	—	—	—	—	—	—	—	—	—	—	1	100
Nectaropota	1	—	—	—	—	—	—	—	—	—	—	1	100
Neobombylodes	4	4	100	—	—	—	—	—	—	—	—	—	—
Neodischistus	2	—	—	—	—	—	—	—	—	—	—	2	100
Nothoschistus	4	—	—	—	—	—	—	—	—	—	—	4	100
Othniomyia	1	—	—	—	—	1	100	—	—	—	—	—	—
Parachistus	1	1	100	—	—	—	—	—	—	—	—	—	—
Parasystoechus	10	—	—	—	—	—	—	—	—	—	—	10	100
Parisus	50	3	6.0	1	2.0	47	94.0	—	—	—	—	—	—
Pilosia	2	—	—	—	—	—	—	2	100	—	—	—	—
Platamomyia	1	—	—	—	—	—	—	—	—	—	—	1	100
Prorachthes	10	8	80.0	1	10.0	2	20.0	—	—	—	—	—	—
Semistoechus	1	—	—	—	—	—	—	—	—	—	—	1	100
Sericusia	1	—	—	—	—	—	—	—	—	—	—	1	100
Sisyromyia	12	—	—	—	—	—	—	12	100	—	—	—	—
Sisyrophanus	8	—	—	—	—	8	100	—	—	—	—	—	—
Sosiomyia	1	—	—	—	—	1	100	—	—	—	—	—	—
Sparnopolius	5	—	—	—	—	—	—	—	—	5	100	3	60.0
Staurostichus	13	—	—	—	—	—	—	13	100	—	—	—	—
Systoechus	120	20	16.7	4	3.3	93	77.5	—	—	5	4.2	—	—
Tovlinius	3	3	100	—	—	—	—	—	—	—	—	—	—
Triplasius	7	3	42.9	—	—	4	57.1	—	—	—	—	—	—
Triploechus	8	—	—	—	—	—	—	—	—	4	50.0	4	50.0
Xerachistus	5	1	20.0	—	—	5	100	—	—	—	—	—	—
Zinnomyia	3	—	—	—	—	3	100	—	—	—	—	—	—
总计	1 038	367	35.4	34	3.3	389	37.5	57	5.5	181	17.4	61	5.9

　　坦蜂虻亚科(表7)　世界已知114种,就种类来说新北界最丰富分布37种,占该亚科所有种的32.5%,古北界与其相近分布35种,占该亚科所有种的30.7%,其次为非洲界分布20种,占该亚科所有种的17.5%,新热带界分布16种,该亚科所有种的14.0%,澳洲界分布8种,该亚科所有种的7.0%,东洋界分布1种,该亚科所有种的0.9%。就坦蜂虻亚科而言新北界分布的种类和属的数量都是最丰富的,推测其为坦蜂虻亚科的分化中心。

表 7　世界坦蜂虻亚科 Phthiriinae 各属在地理区系的分布

属名	世界种数	动物地理区系											
		古北界		东洋界		非洲界		澳洲界		新北界		新热带界	
		种数	比率/%	种数	比率/%	种数	比率/%	种数	比率/%	种数	比率/%	种数	比率/%
Acreophthiria	3	—	—	—	—	—	—	—	—	3	100	—	—
Acreotrichus	3	—	—	—	—	—	—	3	100	—	—	—	—
Australiphthiria	3	—	—	—	—	—	—	3	100	—	—	—	—
Euryphthiria	2	—	—	—	—	—	—	—	—	2	100	—	—
Neacreotrichus	13	—	—	—	—	—	—	—	—	13	100	1	7.7
Phthiria	64	35	54.7	1	1.6	20	31.2	—	—	1	1.6	6	9.4
Poecilognathus	14	—	—	—	—	—	—	—	—	11	78.6	6	42.9
Pygocona	2	—	—	—	—	—	—	2	100	—	—	—	—
Relictiphthiria	4	—	—	—	—	—	—	—	—	4	100	—	—
Tmemophlebia	6	—	—	—	—	—	—	—	—	3	50.0	3	50.0
总计	114	35	30.7	1	0.9	20	17.5	8	7.0	37	32.5	16	14.0

弧蜂虻亚科（表 8）　世界已知 220 种,就种类而言非洲界最丰富为 83 种,占该亚科所有种的 37.7%,其次的古北界为 43 种,占该亚科所有种的 19.5%,接着为澳洲界分布 39 种,占该亚科所有种的 17.7%,新北界分布 32 种,占该亚科所有种的 14.5%,新热带界分布 28 种,占该亚科所有种的 12.7%,东洋界分布最少为 4 种,占该亚科所有种的 1.8%。就属级阶元来看新北界分布最多,但是该亚科属的数量较少,相互之间的区别也甚小,故无法从属级阶元来推测,所以单从种的数量来看,推测非洲界为弧蜂虻亚科的分化中心。

表 8　世界弧蜂虻亚科 Toxophorinae 各属在地理区系的分布

属名	世界种数	动物地理区系											
		古北界		东洋界		非洲界		澳洲界		新北界		新热带界	
		种数	比率/%	种数	比率/%	种数	比率/%	种数	比率/%	种数	比率/%	种数	比率/%
Dolichomyia	8	—	—	—	—	—	—	—	—	3	37.5	5	62.5
Geron	160	29	18.1	3	1.9	65	40.6	34	21.2	19	11.9	13	8.1
Melanderella	1	—	—	—	—	—	—	—	—	1	100	—	—
Systropus	182	42	23.1	68	37.4	43	23.6	3	1.6	17	9	23	12.6
Toxophora	47	14	29.8	1	2.1	18	38.3	1	2.1	9	19.1	10	21.3
Zaclava	4	—	—	—	—	—	—	4	100	—	—	—	—
总计	220	43	19.5	4	1.8	83	37.7	39	17.7	32	14.5	28	12.7

乌蜂虻亚科（表 9）　世界已知 181 种,就种类来说古北界最丰富分布 76 种,占该亚科所有种的 42.0%,其次为新北界分布 70 种,占该亚科所有种的 38.7%,接着为非洲界分布 36 种,占该亚科所有种的 19.9%,东洋界分布 4 种,占该亚科所有种的 2.2%,新热带界分布 2

种,占该亚科所有种的 1.1%。乌蜂虻亚科在种类数量和属级阶元的数量上都是古北界最多,新北界虽然在种类数量上与古北界很接近,但其种类全部属于 *Apolysis*,故由此推测乌蜂虻亚科的分化中心为古北界。

表 9　世界乌蜂虻亚科 Usiinae 各属在地理区系的分布

属名	世界种数	动物地理区系											
		古北界		东洋界		非洲界		澳洲界		新北界		新热带界	
		种数	比率/%	种数	比率/%	种数	比率/%	种数	比率/%	种数	比率/%	种数	比率/%
Apolysis	118	15	12.7	2	1.7	29	24.6	—	—	70	59.3	2	1.7
Parageron	18	17	94.4	1	5.6	1	5.6	—	—	—	—	—	—
Usia	45	44	97.8	1	2.2	6	13.3	—	—	—	—	—	—
总计	181	76	42.0	4	2.2	36	19.9	—	—	70	38.7	2	1.1

2. 中国蜂虻科分布格局

(1)亚科阶元(表 10)

蜂虻各亚科在我国各区域分布呈现不同的特点,炭蜂虻亚科和蜂虻亚科在我国分布十分广泛,在我国所有的区域均有分布;弧蜂虻亚科在我国分布较为广泛,仅东北区,青藏区和西南区无分布;坦蜂虻亚科和乌蜂虻亚科在我国仅 2 区分布,坦蜂虻亚科分布于我国的东北区和青藏区,乌蜂虻亚科分布于我国的华北区和青藏区。从大区来说古北界分布最丰富,5 亚科均在古北界有分布,东洋界分布较丰富,仅坦蜂虻亚科在东洋界无分布,而古北界和东洋界均有分布的亚科有 2 个为炭蜂虻亚科和蜂虻亚科。从各地理区系的分布来看,无 5 亚科全部分布的区系;分布 4 亚科的区系有:华北区和青藏区;分布 3 亚科的区系较多有 4 个为:东北区,蒙新区,华中区和华南区;分布 2 亚科的区系仅 1 个为西南区;无单区分布的亚科。

表 10　中国蜂虻 5 亚科在中国动物地理区系的分布

亚科名	东北区	华北区	蒙新区	青藏区	西南区	华中区	华南区	古北界	东洋界	古北与东洋界
Anthracinae	+	+	+	+	+	+	+	+	+	+
Bombyliinae	+	+	+	+	+	+	+	+	+	+
Phthiriinae	+							+		
Toxophorinae	+	+	+		+			+	+	+
Usiinae		+		+				+	+	
总计(亚科)	4	4	3	4	3	3	3	5	4	3

(2)属级阶元(表 11)

我国各属在世界范围内的分布型有:

世界型：炭蜂虻亚科有 6 属：岩蜂虻属 *Anthrax*、庸蜂虻属 *Exoprosopa*、丽蜂虻属 *Ligyra* 和绒蜂虻属 *Villa* 为世界性分布，斑翅蜂虻属 *Hemipenthes* 和陶岩蜂虻属 *Thyridanthrax* 为亚世界性分布；蜂虻亚科有 1 属：蜂虻属 *Bombylius* 为亚世界性分布；坦蜂虻亚科有 1 属：坦蜂虻属 *Phthiria* 为亚世界性分布；弧蜂虻亚科有 3 属：驼蜂虻属 *Geron*、姬蜂虻属 *Systropus* 和弧蜂虻属 *Toxophora* 为世界性分布；乌蜂虻亚科有 1 属：蜕蜂虻属 *Apolysis* 为亚世界性分布。

欧亚 - 非洲型：炭蜂虻亚科有 2 属：秀蜂虻属 *Cononedys* 和楔鳞蜂虻属 *Spogostylum*；蜂虻亚科有 2 属：禅蜂虻属 *Bombomyia* 和白斑蜂虻属 *Bombylella*；乌蜂虻亚科有 1 属：拟驼蜂虻属 *Parageron*。

欧亚 - 澳洲型：炭蜂虻亚科有 1 属：扁蜂虻属 *Brachyanax*。

欧亚非 - 澳洲型：炭蜂虻亚科有 4 属：芷蜂虻属 *Exhyalanthrax*、陇蜂虻属 *Heteralonia*、越蜂虻属 *Petrorossia* 和麟蜂虻属 *Pterobates*。

欧亚非 - 北美型：蜂虻亚科有 2 属：雏蜂虻属 *Anastoechus* 和卷蜂虻属 *Systoechus*。

全北 - 非洲型：炭蜂虻亚科有 1 属：青岩蜂虻属 *Oestranthrax*。

全北型：蜂虻亚科有 1 属：柱蜂虻属 *Conophorus*。

中亚型：蜂虻亚科有 2 属：东方蜂虻属 *Euchariomyia* 和隆蜂虻属 *Tovlinius*。

表 11　中国蜂虻 5 亚科各属在世界地理区系的分布

分类阶元	古北界	东洋界	非洲界	澳洲界	新北界	新热带界	中国特有
Anthracinae							
Anthrax	+	+	+	+	+	+	
Brachyanax	+	+		+			
Cononedys	+	+	+				
Exhyalanthrax	+	+		+			
Exoprosopa	+	+	+	+	+	+	
Hemipenthes	+	+	+		+	+	
Heteralonia	+	+	+	+			
Ligyra	+	+	+	+	+	+	
Oestranthrax	+		+		+		
Petrorossia	+	+	+	+			
Pterobates	+		+				
Spongostylum	+	+	+				
Thyridanthrax	+	+	+	+	+	+	
Villa	+	+	+	+	+	+	
Bombyliinae							
Anastoechus	+	+	+		+		
Bombomyia	+	+	+				
Bombylella	+	+	+				
Bombylius	+	+			+	+	
Conophorus	+				+		

续表 11

分类阶元	古北界	东洋界	非洲界	澳洲界	新北界	新热带界	中国特有
Euchariomyia	+	+					
Systoechus	+	+	+		+		
Tovlinius	+						
Phthiriinae							
Phthiria	+	+	+		+	+	
Toxophorinae							
Geron	+	+	+	+	+	+	
Systropus	+	+	+	+	+	+	
Toxophora	+	+	+	+	+	+	
Usiinae							
Apolysis	+	+	+		+	+	
Parageron	+	+	+				
总计（属）	28	24	24	13	16	12	0

炭蜂虻亚科（表 12） 我国分布 14 属,其中斑翅蜂虻属 *Hemipenthes* 分布最广,在我国各动物地理区均有分布;而岩蜂虻属 *Anthrax* 和庸蜂虻属 *Exoprosopa* 分布也十分广泛,仅 1 区无分布,岩蜂虻属 *Anthrax* 仅西南无分布,庸蜂虻属 *Exoprosopa* 仅东北无分布;越蜂虻属 *Petrorossia* 仅 2 区（东北和西南）无分布;绒蜂虻属 *Villa* 分布于 4 个区为:华北、蒙新、西南和华南;芷蜂虻属 *Exhyalanthrax*、陇蜂虻属 *Heteralonia* 和丽蜂虻属 *Ligyra* 分布于 3 个区,芷蜂虻属 *Exhyalanthrax* 分布于华北、蒙新和青藏,陇蜂虻属 *Heteralonia* 分布于蒙新、西南和华南,丽蜂虻属 *Ligyra* 分布于华北、华中和华南;麟蜂虻属 *Pterobates* 仅分布于华中和华南 2 区,陶岩蜂虻属 *Thyridanthrax* 仅分布于华北和蒙新 2 区;秀蜂虻属 *Cononedys* 仅分布于华北区,青岩蜂虻属 *Oestranthrax* 和楔鳞蜂虻属 *Spongostylum* 仅分布于蒙新区。

就地理区划来说,蒙新区分布最多为 10 属（除扁蜂虻属 *Brachyanax*、秀蜂虻属 *Cononedys*、丽蜂虻属 *Ligyra* 和麟蜂虻属 *Pterobates*）;其次为华北区分布 9 属（除扁蜂虻属 *Brachyanax*、陇蜂虻属 *Heteralonia*、青岩蜂虻属 *Oestranthrax*、麟蜂虻属 *Pterobates* 和楔鳞蜂虻属 *Spongostylum*）;往下依次为华南区（分布 8 属,除扁蜂虻属 *Brachyanax*、秀蜂虻属 *Cononedys*、芷蜂虻属 *Exhyalanthrax*、青岩蜂虻属 *Oestranthrax*、楔鳞蜂虻属 *Spongostylum* 和陶岩蜂虻属 *Thyridanthrax*）、华中区（分布 6 属,为岩蜂虻属 *Anthrax*、庸蜂虻属 *Exoprosopa*、斑翅蜂虻属 *Hemipenthes*、丽蜂虻属 *Ligyra*、越蜂虻属 *Petrorossia* 和麟蜂虻属 *Pterobates*）、青藏区（分布 5 属,为岩蜂虻属 *Anthrax*、芷蜂虻属 *Exhyalanthrax*、庸蜂虻属 *Exoprosopa*、斑翅蜂虻属 *Hemipenthes* 和越蜂虻属 *Petrorossia*）、西南区（分布 4 属,为庸蜂虻属 *Exoprosopa*、斑翅蜂虻属 *Hemipenthes*、陇蜂虻属 *Heteralonia* 和绒蜂虻属 *Villa*）、东北区（分布 2 属,为岩蜂虻属 *Anthrax* 和斑翅蜂虻属 *Hemipenthes*）。总体来看,我国炭蜂虻亚科的属古北界分布略多于东洋界。

表 12　中国岩蜂虻亚科各属在中国动物地理区的分布

分类阶元	东北区	华北区	蒙新区	青藏区	西南区	华中区	华南区	古北界	东洋界	古北与东洋界	中国特有
Anthrax	+	+	+	+		+	+	+	+	+	
Brachyanax											
Cononedys		+							+		
Exhyalanthrax		+	+					+			
Exoprosopa		+	+	+	+	+	+	+	+	+	
Hemipenthes	+	+	+			+	+	+	+		
Heteralonia			+	+	+		+	+	+	+	
Ligyra		+	+			+	+	+	+	+	
Oestranthrax				+				+			
Petrorossia		+	+	+	+	+	+	+	+	+	
Pterobates						+	+			+	
Spongostylum			+					+			
Thyridanthrax		+	+					+			
Villa		+	+		+		+	+	+	+	
总计（属）	2	9	10	5	4	6	8	11	8	7	0

蜂虻亚科（表 13）　我国分布 8 属，其中蜂虻属 *Bombylius* 分布最广，在我国各动物地理区均有分布；雏蜂虻属 *Anastoechus* 分布较广，分布于 4 区为：华北、蒙新、青藏和华中；白斑蜂虻属 *Bombylella* 分布于 3 区为东北、华北和青藏；东方蜂虻属 *Euchariomyia* 分布于 2 区为：华北和华中；禅蜂虻属 *Bombomyia*、柱蜂虻属 Conophorus、卷蜂虻属 *Systoechus* 和隆蜂虻属 *Tovlinius* 仅分布 1 区，其中禅蜂虻属 *Bombomyia*、柱蜂虻属 *Conophorus* 和卷蜂虻属 *Systoechus* 仅分布于蒙新区，隆蜂虻属 *Tovlinius* 仅分布于青藏区。

表 13　中国蜂虻亚科各属在中国动物地理区的分布

分类阶元	东北区	华北区	蒙新区	青藏区	西南区	华中区	华南区	古北界	东洋界	古北与东洋界	中国特有
Anastoechus		+	+	+		+		+		+	
Bombomyia			+					+			
Bombylella	+	+		+				+			
Bombylius	+	+	+	+	+	+	+	+	+	+	
Conophorus			+					+			
Euchariomyia		+				+				+	
Systoechus			+					+			
Tovlinius				+				+			
总计（属）	2	4	5	4	1	3	1	7	1	3	0

就地理区划来说,蒙新区分布最多为5属(除白斑蜂虻属 *Bombylella*、东方蜂虻属 *Euchariomyia* 和隆蜂虻属 *Tovlinius*);其次为华北区和青藏区各分布 4 属,(华北区分布 4 属为:雏蜂虻属 *Anastoechus*、白斑蜂虻属 *Bombylella*、蜂虻属 *Bombylius* 和东方蜂虻属 *Euchariomyia*;青藏区分布 4 属为:雏蜂虻属 *Anastoechus*、白斑蜂虻属 *Bombylella*、蜂虻属 *Bombylius* 和隆蜂虻属 *Tovlinius*);往下依次为华中区(分布 3 属:雏蜂虻属 *Anastoechus*、蜂虻属 *Bombylius* 和东方蜂虻属 *Euchariomyia*)、东北区(分布 2 属为白斑蜂虻属 *Bombylella* 和蜂虻属 *Bombylius*)、西南和华南(分布 1 属为蜂虻属 *Bombylius*)。总体看来我国蜂虻亚科的属古北界分布显著多于东洋界,而且所有东洋界的属古北界均有分布,可推测蜂虻亚科在我国的分化中心在古北区。

坦蜂虻亚科(表 14)　我国分布仅 1 属,坦蜂虻属 *Phthiria* 分布于东北区和青藏区。全部分布于古北界。

表 14　中国坦蜂虻亚科各属在中国动物地理区的分布

分类阶元	东北区	华北区	蒙新区	青藏区	西南区	华中区	华南区	古北界	东洋界	古北与东洋界	中国特有
Phthiria	+			+				+			
总计(属)	1	0	0	1	0	0	0	1	0	0	0

弧蜂虻亚科(表 15)　我国分布仅 3 属,姬蜂虻属 *Systropus* 除青藏区外皆有分布,其余两属都分布于 2 个区,其中驼蜂虻属 *Geron* 分布于华北区和蒙新区,弧蜂虻属 *Toxophora* 分布于华中区和华南区。总的来看 1 属姬蜂虻属 *Systropus* 分布于古北界和东洋界,1 属驼蜂虻属 *Geron* 分布于古北界,1 属弧蜂虻属 *Toxophora* 分布于东洋界。

表 15　中国弧蜂虻亚科各属在中国动物地理区的分布

分类阶元	东北区	华北区	蒙新区	青藏区	西南区	华中区	华南区	古北界	东洋界	古北与东洋界	中国特有
Geron		+	+					+			
Systropus	+	+	+		+	+	+	+	+	+	
Toxophora						+	+		+		
总计(属)	1	2	2	0	1	2	2	2	2	1	0

乌蜂虻亚科(表 16)　我国分布仅 2 属,蜕蜂虻属 *Apolysis* 和拟驼蜂虻属 *Parageron*,蜕蜂虻属 *Apolysis* 分布于 2 个区:华北区和青藏区,拟驼蜂虻属 *Parageron* 分布于 1 个区为青藏区。

就地理区划来说,青藏区最多分布 2 属蜕蜂虻属 *Apolysis* 和拟驼蜂虻属 *Parageron*,华北区仅分布蜕蜂虻属 *Apolysis*。总的来看古北界分布 1 属,东洋界分布 1 属。

表 16　中国乌蜂虻亚科各属在中国动物地理区的分布

分类阶元	东北区	华北区	蒙新区	青藏区	西南区	华中区	华南区	古北界	东洋界	古北与东洋界	中国特有
Apolysis		+		+				+			
Parageron				+					+		
总计(属)	0	1	0	2	0	0	0	1	1	0	0

(3)种级阶元

炭蜂虻亚科(表 17)　在中国分布有 108 种,占该亚科世界种类的 5.1%,其中包括 57 个中国特有种。各动物地理区按分布种类的多少依次为:蒙新区分布 37 种,占 34.3%;华北区分布 32 种,占 29.6%;华南区分布 24 种,占 20.4%;西南区分布 21 种,占 19.4%;青藏区分布 16 种,占 14.8%;华中区分布 15 种,占 13.9%;东北区分布 4 种,占 3.7%。总体来看,炭蜂虻亚科的种类在古北界的分布主要集中在蒙新区和华北区,青藏区分布较少,东北区分布很少,炭蜂虻亚科的种类在东洋界的分布较为均匀但略有区别,由多到少依次为:华南区、华中区和西南区;就特有种而言,华北区的最多,蒙新区、西南区和华南区次之,往下依次为青藏区、华中区和东北区。

表 17　炭蜂虻亚科种类在中国动物地理亚区的分布

界	亚界	种数	比率/%	区	种数	比率/%	亚区	种数	比率/%	特有种数	比率/%
古北界	东北亚界	33	30.6	Ⅰ东北区	4	3.7	ⅠA 大兴安岭亚区	1	1	—	—
							ⅠB 长白山地亚区	1	1	—	—
							ⅠC 松辽平原亚区	2	1.9	2	1.9
				Ⅱ华北区	32	29.6	ⅡA 黄淮海平原亚区	25	23.1	10	9.3
							ⅡB 黄土高原亚区	17	15.7	10	9.3
	中亚亚界	46	42.6	Ⅲ蒙新区	37	34.3	ⅢA 东部草原亚区	14	13	4	3.7
							ⅢB 西部荒漠亚区	14	13	8	7.4
							ⅢC 天山山地亚区	15	13.9	5	4.6
				Ⅳ青藏区	16	14.8	ⅣA 羌塘高原亚区	6	5.6	4	3.7
							ⅣB 青海藏南亚	13	12	4	3.7
东洋界	中印亚界	46	42.6	Ⅴ西南区	21	19.4	ⅤA 西南山地亚区	13	12	12	11.1
							ⅤB 喜马拉雅亚区	6	5.6	5	4.6
				Ⅵ华中区	15	13.9	ⅥA 东部丘陵平原亚区	12	11.1	3	2.8
							ⅥB 西部山地高原亚区	7	6.5	2	1.9
				Ⅶ华南区	22	20.4	ⅦA 闽广沿海亚区	13	12	8	7.4
							ⅦB 滇南山地亚区	7	6.5	6	5.6
							ⅦC 海南岛亚区	6	5.6	2	1.9
							ⅦD 台湾亚区	6	5.6	1	1
							ⅦE 南海诸岛亚区				

注:比率=各亚界、区、亚区的种数/该亚科中国的总种数,下同。

蜂虻亚科(表 18)　在中国分布有 46 种,占该亚科世界种类的 4.4%,其中包括 21 个中国特有种。各动物地理区按分布种类的多少依次为:华北区分布 18 种,占 39.1%;蒙新区分布 18 种,占 39.1%;青藏区分布 12 种,占 26.1%;华中区分布 8 种,占 17.4%;东北区分布 5 种,占 10.9%；西南区分布 4 种，占 8.7%；华南区分布 2 种，占 4.3%。总体来看，蜂虻亚科的种类在古北界的华北区、蒙新区和青藏区分布较多，其他区域的分布由多到少依次为：华中区、东北区、西南区和华南区。从特有种的分布来看，主要分布于华北区、蒙新区和青藏区，华北区分布 11 种，蒙新区分布 9 种，青藏区分布 9 种；其他的区域由多到少依次为：东北区 4 种、西南区 2 种和华中区 1 种，华南区无特有种分布。古北界从种类的数量和特有种的数量上都远远高于东洋区，由此推断蜂虻亚科在我国的分化中心在古北区。

表 18　蜂虻亚科种类在中国动物地理亚区的分布

界	亚界	种数	比率/%	区	种数	比率/%	亚区	种数	比率/%	特有种数	比率/%
古北界	东北亚界	19	41.3	Ⅰ 东北区	5	10.9	ⅠA 大兴安岭亚区	—	—	—	—
							ⅠB 长白山地亚区	1	2.2	1	2.2
							ⅠC 松辽平原亚区	4	8.7	3	6.5
				Ⅱ 华北区	18	39.1	ⅡA 黄淮海平原亚区	17	37	8	17.4
							ⅡB 黄土高原亚区	6	13	3	6.5
	中亚亚界	27	58.7	Ⅲ 蒙新区	18	39.1	ⅢA 东部草原亚区	12	26.1	6	13
							ⅢB 西部荒漠亚区	2	4.3	1	2.2
							ⅢC 天山山地亚区	6	13	2	4.3
				Ⅳ 青藏区	12	26.1	ⅣA 羌塘高原亚区	1	2.2	1	2.2
							ⅣB 青海藏南亚	12	26.1	8	17.4
东洋界	中印亚界	12	26.1	Ⅴ 西南区	4	8.7	ⅤA 西南山地亚区	4	8.7	2	4.3
							ⅤB 喜马拉雅亚区	—	—	—	—
				Ⅵ 华中区	8	17.4	ⅥA 东部丘陵平原亚区	6	13	1	2.2
							ⅥB 西部山地高原亚区	2	4.3	—	—
				Ⅶ 华南区	2	4.3	ⅦA 闽广沿海亚区	—	—	—	—
							ⅦB 滇南山地亚区	1	2.2	—	—
							ⅦC 海南岛亚区	—	—	—	—
							ⅦD 台湾亚区	1	2.2	—	—
							ⅦE 南海诸岛亚区	—	—	—	—

坦蜂虻亚科（表 19）　在中国分布仅 1 种，且为中国特有种，占该亚科世界种类的 0.9%。分布于东北区和青藏区。

弧蜂虻亚科（表 20）　在中国分布 75 种，占该亚科世界种类的 34%，其中包括 61 中国特有种。各动物地理区按分布种类的多少依次为：蒙新区分布 5 种，占 57.1%；华北区 23 种，占 14.3%，华中区 51 种，占 14.3%，华南区 25 种，占 14.3%。

乌蜂虻亚科（表 21）　在中国分布 3 种，占该亚科世界种类的 1.7%，其中 3 个都为中国特有种。各动物地理区种类分布情况如下：青藏区分布 2 种，占 66.7%；华北区分布 1 种，占 33.3%；东北区、蒙新区、西南区、华中区和华南区无分布。

表 19　坦蜂虻亚科种类在中国动物地理亚区的分布

界	亚界	种数	比率/%	区	种数	比率/%	亚区	种数	比率/%	特有种数	比率/%
古北界	东北亚界	1	100	Ⅰ东北区	1	100	ⅠA 大兴安岭亚区	—	—	—	—
							ⅠB 长白山地亚区	—	—	—	—
							ⅠC 松辽平原亚区	1	100	1	100
				Ⅱ华北区	—	—	ⅡA 黄淮海平原亚区	—	—	—	—
							ⅡB 黄土高原亚区	—	—	—	—
	中亚亚界	1	100	Ⅲ蒙新区	—	—	ⅢA 东部草原亚区	—	—	—	—
							ⅢB 西部荒漠亚区	—	—	—	—
							ⅢC 天山山地亚区	—	—	—	—
				Ⅳ青藏区	1	100	ⅣA 羌塘高原亚区	—	—	—	—
							ⅣB 青海藏南亚	1	100	1	100
东洋界	中印亚界	—	—	Ⅴ西南区	—	—	ⅤA 西南山地亚区	—	—	—	—
							ⅤB 喜马拉雅亚区	—	—	—	—
				Ⅵ华中区	—	—	ⅥA 东部丘陵平原亚区	—	—	—	—
							ⅥB 西部山地高原亚区	—	—	—	—
				Ⅶ华南区	—	—	ⅦA 闽广沿海亚区	—	—	—	—
							ⅦB 滇南山地亚区	—	—	—	—
							ⅦC 海南岛亚区	—	—	—	—
							ⅦD 台湾亚区	—	—	—	—
							ⅦE 南海诸岛亚区	—	—	—	—

表 20　弧蜂虻亚科种类在中国动物地理亚区的分布

界	亚界	种数	比率/%	区	种数	比率/%	亚区	种数	比率/%	特有种数	比率/%
古北界	东北亚界	28	37.3	Ⅰ东北区	5	6.7	ⅠA 大兴安岭亚区	—	—	—	—
							ⅠB 长白山地亚区	5	6.7	3	60
							ⅠC 松辽平原亚区	—	—	—	—
				Ⅱ华北区	23	30.7	ⅡA 黄淮海平原亚区	14	18.7	13	92.8
							ⅡB 黄土高原亚区	9	12	8	88.9
	中亚亚界	5	6.7	Ⅲ蒙新区	5	6.7	ⅢA 东部草原亚区	4	5.3	1	25
							ⅢB 西部荒漠亚区	1	1.3	1	100
							ⅢC 天山山地亚区	—	—	—	—
				Ⅳ青藏区	—	—	ⅣA 羌塘高原亚区	—	—	—	—
							ⅣB 青海藏南亚	—	—	—	—
东洋界	中印亚界	—	—	Ⅴ西南区	4	5.3	ⅤA 西南山地亚区	4	5.3	4	100
							ⅤB 喜马拉雅亚区	—	—	—	—
				Ⅵ华中区	51	68	ⅥA 东部丘陵平原亚区	28	37.3	27	96.4
							ⅥB 西部山地高原亚区	43	57.3	35	81.4
				Ⅶ华南区	25	33.3	ⅦA 闽广沿海亚区	16	21.3	13	81.25
							ⅦB 滇南山地亚区	9	12	7	77.8
							ⅦC 海南岛亚区	—	—	—	—
							ⅦD 台湾亚区	5	66.7	4	80
							ⅦE 南海诸岛亚区	—	—	—	—

表 21　乌蜂虻亚科种类在中国动物地理亚区的分布

界	亚界	种数	比率/%	区	种数	比率/%	亚区	种数	比率/%	特有种数	比率/%
古北界	东北亚界	1	33.3	Ⅰ东北区	—	—	ⅠA大兴安岭亚区	—	—	—	—
							ⅠB长白山地亚区	—	—	—	—
							ⅠC松辽平原亚区	—	—	—	—
				Ⅱ华北区	1	33.3	ⅡA黄淮海平原亚区	1	33.3	1	33.3
							ⅡB黄土高原亚区	—	—	—	—
	中亚亚界	2	66.7	Ⅲ蒙新区	—	—	ⅢA东部草原亚区	—	—	—	—
							ⅢB西部荒漠亚区	—	—	—	—
							ⅢC天山山地亚区	—	—	—	—
				Ⅳ青藏区	2	66.7	ⅣA羌塘高原亚区	—	—	—	—
							ⅣB青海藏南亚	2	66.7	2	66.7
东洋界	中印亚界	—	—	Ⅴ西南区	—	—	ⅤA西南山地亚区	—	—	—	—
							ⅤB喜马拉雅亚区	—	—	—	—
				Ⅵ华中区	—	—	ⅥA东部丘陵平原亚区	—	—	—	—
							ⅥB西部山地高原亚区	—	—	—	—
				Ⅶ华南区	—	—	ⅦA闽广沿海亚区	—	—	—	—
							ⅦB滇南山地亚区	—	—	—	—
							ⅦC海南岛亚区	—	—	—	—
							ⅦD台湾亚区	—	—	—	—
							ⅦE南海诸岛亚区	—	—	—	—

各　论

一、炭蜂虻亚科 Anthracinae Latreille, 1804

Anthracinae Latreille, 1804. Nouveau dictionnaire d'histoire naturelle, appliqué aux arts, principalement à l'agriculture et à l'économie rurale et domestique. p. 189. Type genus: *Anthrax* Scopoli, 1763.

Spogostylinae Sack, 1909. Verh. Zool. -Bot. Ges. Wien. 56:505. Type genus: *Spogostylum* Macquart, 1840.

Exoprosopinae Becker, 1913. Ezheg. Zool. Muz. 17:449. Type genus: *Exoprosopa* Macquart, 1840.

Aphoebantinae Becker, 1913. Ezheg. Zool. Muz. 17:467. Type genus: *Aphoebantus* Loew, 1872.

颜肿胀或平,上唇基部背面 1/3 膜质,食腔长。喙基骨侧视直,中部有脊突。后幕骨略长形,后头骨深凹,后头缝伸达至单眼瘤,后头孔 2 个。头部触角鞭节的附节 1 节、2 节或 3 节。胸部的毛颜色多样,翅前鬃存在。翅 Rs 脉有 3 条支脉,翅脉 R_{2+3} 起始处呈直角,翅脉 M_2 存在。雄性外生殖器扭转;生殖背板后缘凸状或者凹陷,阳茎复合体的阳茎基背片有一不透明的突。

讨论　炭蜂虻亚科的昆虫为世界性分布。该亚科目前全世界已知 69 属 2 115 种。本文系统记述我国 14 属 108 种,其中包括 1 中国新记录属、25 新种、4 中国新记录种。

属 检 索 表

1. 翅脉 R_{2+3} 起于翅脉 Rs 基部附近,且呈锐角;颜不膨突,或者仅喙边缘略凸;腹部圆锥形或长卵形 ……………………………………………………………………………………秀蜂虻属 *Cononedys*
   翅脉 R_{2+3} 在翅脉 Rs 和径中横脉 r-m 中间起始,且呈直角;颜膨突或略圆;腹部圆锥形,长卵形或宽平状 …………………………………………………………………………………………………… 2

2. 翅脉 R_{2+3} 起于径中横脉 r-m 之前;体长形 ………………………………越蜂虻属 *Petrorossia*
   翅脉 R_{2+3} 起于径中横脉 r-m 正对面或接近处;体宽状 …………………………………………… 3

3. 触角显著收缩,鞭节洋葱状;Rs 脉通常有附脉;体宽,腹卵形 …………………………………… 4
   触角柄节和梗节方形,宽度相近,鞭节长;Rs 脉通常无附脉;腹部通常被贴体表的鳞片和各种颜色的毛,毛通常稀疏 …………………………………………………………………………………………… 6

4. 触角梗节平,紧靠着柄节和鞭节,有时紧靠鞭节处略凹;翅不全黑色,透明或有斑;腹部不以侧卧的黑色鳞片为主 ………………………………………………………………楔鳞蜂虻 *Spogostylum*
   触角梗节球状或盘状,但不像鞭节;翅通常有一或大或小的不透明区域,极少完全透明;体被浓密侧卧的鳞片,腹部鳞片以黑色为主,也有白色或银白色的鳞片 ……………………………………… 5

5. 触角鞭节洋葱状,两触角基部远离;头部和胸部宽度几乎相等;腹部较胸部宽;通常在翅脉 R_{2+3} 和 R_4 基部有附脉 ………………………………………………………………………岩蜂虻属 *Anthrax*
   触角鞭节基部极度膨大,两触角基部非常靠近;胸部较头部和腹部都宽;翅脉 R_{2+3} 和 R_4 基部无附脉 ………………………………………………………………………………扁蜂虻属 *Brachyanax*

6. 翅脉 R_1-R_{2+3} 缺如(2 个亚缘室);爪基部无齿状突,爪垫有时存在 …………………………… 7
   翅脉 R_1-R_{2+3} 存在(3 个亚缘室)或翅脉 R_1-R_{2+3} 和翅脉 R_4-R_5 存在(4 个亚缘室);爪基部有齿状突,爪垫存在 ……………………………………………………………………………………………… 11

7. 口器退化,须存在;翅臀室在翅缘开口很窄 ………………………………青岩蜂虻属 *Oestranthrax*
   口器正常 ……………………………………………………………………………………………… 8

8. 触角鞭节洋葱状,通常无附节;颜圆形,至多略肿胀 ……………………………………………… 9
   触角鞭节圆锥形,常有一附节;颜通常显著伸长,圆锥形 …………………………………………… 10

9. 前足胫节被短鬃,针状,爪垫缺如;翅通常仅基部不透明,雄虫基部通常有一簇银色鳞片;体通常被淡黄色的毛,尤其是胸部,腹部被条纹状斑的鳞片 …………………………………绒蜂虻属 *Villa*
   前足胫节光或被少量毛,爪垫有时存在;翅有黑斑,从基前缘往外,至少翅表面有一半区域着色,在基部无银色的鳞片;腹部被两条以内的白色鳞片带,其余黑色 …………斑翅蜂虻属 *Hemipenthes*

10. 鞭节长圆锥状,端部有一鬃状附节;颜不发达;径中横脉 r-m 位于盘室中部,r_5 室在翅缘处变窄,翅基部不透明,交叉脉上有透明的斑;体上的毛和鳞片通常由黑色、褐色、黄色和白色组成,胸部背侧板上有显著的灰色条纹,腹部各节只在基部侧面被浓密的毛 …………陶岩蜂虻 *Thyridanthrax*
    鞭节长圆锥状,附节发达,侧视端部尖;颜发达;径中横脉 r-m 略靠近盘室的基部,r_5 室变窄或正常;翅斑通常较少 ………………………………………………………………芷蜂虻属 *Exhyalanthrax*

11. 翅脉 R_1-R_{2+3} 存在,R_4-R_5 缺如(3 个亚缘室) …………………………………………… 12
    翅脉 R_1-R_{2+3} 和 R_4-R_5 存在(4 个亚缘室) …………………………………丽蜂虻属 *Ligyra*

12. 翅脉异常,常有附脉和被分离的翅室,r_5 室有时关闭,腋瓣和翅瓣退化,翅斑在翅脉附近处,且与翅室中部的颜色不同,翅室有游离的斑;体上的毛和鳞片为黑色、褐色、黄色和白色,形成不规则的带;雄性的阳茎内突退化,收缩于生殖基节中 …………………………………陇蜂虻属 *Heteralonia*
    翅脉正常,无附脉或被分离的翅室;r_5 室在翅缘处开放,腋瓣和翅瓣发达,翅斑多样,但翅脉附近的斑与翅室中部的颜色相同,通常交叉脉附近无游离的斑;体上的毛和鳞片的颜色多样,通常为条形斑纹或均一的颜;雄性的阳茎内突大,延伸出生殖基节 ……………………………………………………… 13

13. 后足胫节被一圈大鳞片,形如羽状;体以黑色为主,毛和鳞片也以黑色为主;翅除了末端一小区域,其余全为黑色 …………………………………………………………………麟蜂虻属 *Pterobates*
    后足胫节被侧卧的小鳞片;体色以及毛和鳞片的颜色多样;翅上斑多种多样或几乎完全透明 ………………………………………………………………………………………………庸蜂虻属 *Exoprosopa*

1. 岩蜂虻属 *Anthrax* Scopoli, 1763

Anthrax Scopoli, 1763. Entomologia carniolica exhibens insecta carnioliae, indigena et distributa in ordines, genera, species, varietates, methodo Linnaeana. p. 358. Type species: *Musca morio* Linnaeus, 1758 [misidentification, = *Musca anthrax* Schrank, 1781], by monotypy.

Leucamoeba Sack, 1909. Abh. Senckenb. Naturforsch. Ges. 30: 520. Type species: *Bibio aethiops* Fabricius, 1781, by original designation.

Chalcamoeba Sack, 1909. Abh. Senckenb. Naturforsch. Ges. 30: 522. Type species: *Anthrax virgo* Egger, 1859, by original designation.

属征 体小至中型,体长 4～20 mm。体宽,腹部卵形;体暗黑色,有时淡亮色。头部短且圆。触角鞭节洋葱状。喙通常短。翅通常被显著的翅斑,翅斑的形状和分布多样,也有一些种类的翅完全透明或者完全一致褐色,翅脉 Rs 通常有附脉,腋瓣边缘被毛,鳞片缺如。

讨论 岩蜂虻属 *Anthrax* 为世界性分布,但古北界分布最多,并显著多于其他区域。该属全世界已知 250 种,我国已知 11 种,其中包括 2 新种。

种 检 索 表

1.	腹部第 3～4 背板几乎全被浓密的白色鳞片覆盖 ┄┄┄┄┄┄	宽带岩蜂虻 *A. latifascia*
	腹部第 3～4 背板不完全被白色鳞片覆盖 ┄┄┄┄┄┄┄┄┄┄┄┄┄	2
2.	翅几乎完全透明,或者几乎完全褐色 ┄┄┄┄┄┄┄┄┄┄┄┄┄┄┄	3
	翅大约一半透明 ┄┄┄┄┄┄┄┄┄┄┄┄┄┄┄┄┄┄┄┄┄┄┄┄┄┄	4
3.	翅几乎完全透明,仅横脉附近有褐色斑 ┄┄┄┄	透翅岩蜂虻 *A. hyalinos*
	翅几乎完全褐色,翅后缘的翅室颜色较淡 ┄┄┄	幽暗岩蜂虻 *A. anthrax*
4.	翅脉 R₄ 中部折成直角 ┄┄┄┄┄┄┄┄┄┄┄┄┄┄┄┄┄┄┄┄┄┄┄	5
	翅脉 R₄ 中部圆滑地过渡 ┄┄┄┄┄┄┄┄┄┄┄┄┄┄┄┄┄┄┄┄┄┄	6
5.	翅脉 R₄ 中部在折成直角处无附脉 ┄┄┄┄┄	直角岩蜂虻 *A. appendiculata*
	翅脉 R₄ 中部在折成直角处有一附脉 ┄┄┄┄┄┄	开室岩蜂虻 *A. pervius*
6.	翅在翅脉 R₄ 基部、翅脉 dm-cu 和 cu-a 交汇处各有一游离的斑 ┄┄┄	7
	翅几乎无游离的斑 ┄┄┄┄┄┄┄┄┄┄┄┄┄┄┄	高雄岩蜂虻 *A. koshunensis*
7.	翅室 br 全部褐色,无透明的斑 ┄┄┄┄┄┄┄┄	多型岩蜂虻 *A. distigma*
	翅室 br 中部靠近盘室处有一透明的小斑 ┄┄┄	安逸岩蜂虻 *A. aygulus*

(1)幽暗岩蜂虻 *Anthrax anthrax* (Schrank, 1781)(图 38,图版 Ⅷa)

Musca anthrax Schrank, 1781. Envmeratio insectorvm Avstriae indigenorum. p. 439. Type locality: Austria.

Anthrax sinuata Meigen, 1804. Klassifikazion und Beschreibung der europäischen zweiflügligen Insekten. p. 203.

雄 体长 11 mm,翅长 12 mm。

头部黑色,被白色粉。头部的毛以黑色为主。单眼瘤红褐色,额向顶部变窄,被黑色的毛,颜被直立的黑色毛,后头被稀疏的黑色毛,边缘被褐色毛。触角黑色;柄节密被黑色长毛;梗节宽显著大于长,被黑色短毛;鞭节洋葱状,光裸无毛,顶部有一附节。触角各节长的比例为2：1：3。喙黑色,被黄色毛。

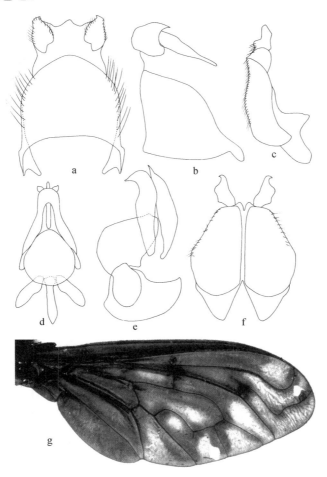

图38 幽暗岩蜂虻 *Anthrax anthrax* Schrank, 1781

a. 生殖背板,背视（epandrium, dorsal view）；b. 生殖背板,侧视（epandrium, lateral view）；c. 生殖基节和生殖刺突,侧视（gonocoxite and gonostylus, lateral view）；d. 阳茎复合体,背视（aedeagal complex, dorsal view）；e. 阳茎复合体,侧视（aedeagal complex, lateral view）；f. 生殖基节和生殖刺突,腹视（gonocoxite and gonostyli, ventral view）；g. 翅（wing）

胸部黑色。胸部的毛为黑色和黄色;肩胛被浓密的黑色长毛,中胸背板被黑色毛。胸部背面被稀疏黑色的毛和鳞片,上前侧片和下前侧片被黑色毛。小盾片黑色,被黑色和黄色的鳞片,后缘两侧各被6根黑色鬃。足淡黄色;毛以黑色为主,鬃和鳞片黑色。腿节被黑色长毛和黑色鳞片,胫节和跗节被稀疏的黑色短毛和鳞片。中足腿节被4根av端鬃,后足腿节被7根av端鬃;中足胫节的鬃（8 ad, 9 pd, 8 av和9 pv）,后足胫节被10 av鬃和浓密的黑色鬃。翅深褐色,仅翅端部的翅室和翅后缘淡褐色,翅脉 R_4 和dm-cu有附脉,翅脉C基部被刷状黑色长鬃,径中横脉r-m近盘室的中部。平衡棒褐色。

腹部黑色,被黑色鳞片。腹部背板被稀疏直立的黑色毛和侧卧的黑色鳞片。腹部腹板黑色,仅每节的后缘褐色,被直立的黑色毛。

雄性外生殖器:生殖背板侧视近三角形,基部有一显著的侧突;尾须明显外露,高略大于长;生殖背板背视高显著大于宽,顶部略变窄。生殖基节腹视端部被黑色毛,向端部显著变窄;生殖刺突侧视厚,顶部钝。阳茎基背片背视顶端三叉形,端阳茎侧视端部尖。

雌 未知。

观察标本 1♂,青海都兰,1956,马世骏、黄克仁、方三阳、王书永(SEMCAS);1♂,青海互助北山,1974.Ⅵ.16,范、马、吴、樊(SEMCAS)。

分布 辽宁、新疆、青海(都兰、互助)、西藏;阿尔巴尼亚,阿尔及利亚,阿富汗,阿塞拜疆,爱沙尼亚,奥地利,白俄罗斯,保加利亚,比利时,波兰,丹麦,德国,俄罗斯,法国,芬兰,格鲁吉亚,哈萨克斯坦,荷兰,吉尔吉斯斯坦,加那利群岛,捷克共和国,拉脱维亚,利比亚,立陶宛,卢森堡,罗马尼亚,马其顿,蒙古,摩尔多瓦,摩洛哥,南斯拉夫,挪威,葡萄牙,瑞典,瑞士,斯洛伐克,斯洛文尼亚,塔吉克斯坦,突尼斯,土耳其,土库曼斯坦,乌克兰,乌兹别克斯坦,西班牙,希腊,匈牙利,叙利亚,亚美尼亚,伊朗,意大利。

讨论 该种可以从翅斑识别,翅绝大部分深褐色,仅翅端部分的翅室中部淡褐色。本文补充了雄外的结构图。

(2)直角岩蜂虻 *Anthrax appendiculata* Macquart,1855

Anthrax appendiculata Macquart,1855. Mém. Soc. Sci. Agric. Lille. (2)1:p. 94(74). Type locality:China.

鉴别特征 翅半透明,基前半部褐色,端后半部褐色;翅脉 R_4 中部折成直角且有附脉,翅脉 R_{2+3} 和 R_4 基部有伸向基部的附脉。腹部第3～4节背板不被白色鳞片。

分布 中国。

(3)安逸岩蜂虻 *Anthrax aygulus* Fabricius,1805(图39至图40)

Anthrax aygulus Fabricius,1805. Systema antliatorum secundum ordines, genera, species adiecta synonymis,locis,observationibus,descriptionibus. 121. Type locality:Ghana.

Anthrax biflexa Loew,1852. Ber. Akad. Wiss. Berl. 1852:659. Type locality:Mozambique.

Anthrax aygulus senegalensis François,1972. Bull. Inst. R. Sci. Nat. Belg. 48(3):8. Type locality:Senegal.

鉴别特征 翅半透明,基前半部褐色,端后半部褐色;翅在翅脉 R_4 基部,翅脉 dm-cu 和 cu-a 交汇处各有一游离的斑,翅室 br 中部靠近盘室处有一透明的小斑。

分布 西藏、四川、云南、湖南、浙江、江西、广西、海南;埃及,埃塞俄比亚,博茨瓦纳,厄立特里亚国,刚果,加纳,津巴布韦,肯尼亚,马拉维,毛里塔尼亚,莫桑比克,纳米比亚,南非,尼日利亚,日本,塞内加尔,沙特阿拉伯,苏丹,坦桑尼亚,乌干达,也门,赞比亚,乍得。

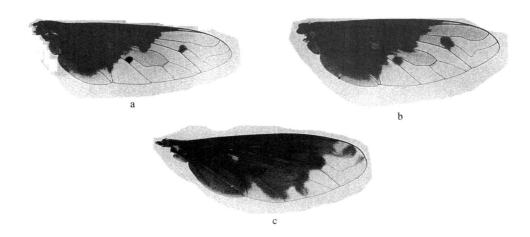

图 39

a-b. 安逸岩蜂虻 *Anthrax aygulus* Fabricius, 1805 翅, 雄和雌 (wing, male and female); c. 日本斑翅蜂虻 *Hemipenthes jezoensis* (Matsumura, 1916) 翅 (wing)。引自 Liu 等, 1995

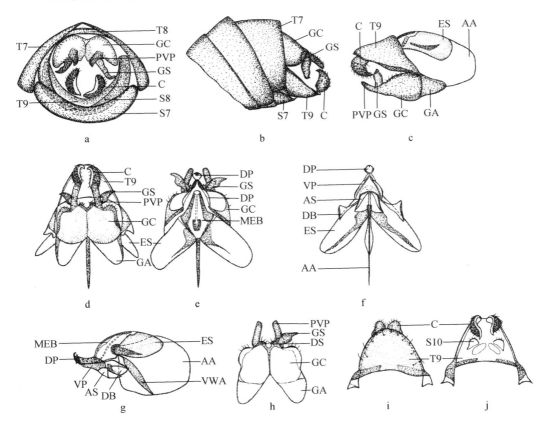

图 40 安逸岩蜂虻 *Anthrax aygulus* Fabricius, 1805

a—b. 雄性腹部端部, 后视和侧视 (apex of male abdomen, posterior and lateral views); c—e. 生殖体, 侧视、腹视和背视 (genital capsule, lateral, ventral and dorsal views); f—g. 阳茎, 腹视和侧视; h. 生殖基节和生殖刺突, 背视 (gonocoxites and gonostylus, dorsal view); i—j. 生殖背板和尾须, 背视和腹视 (epandrium and cerci, dorsal and ventral views)。据 Liu 等, 1995 重绘

（4）双斑岩蜂虻 *Anthrax bimacula* Walker，1849

Anthrax bimacula Walker，1849. List of the specimens of dipterous insects in the collection of the British Museum. p. 254. Type locality："China"

鉴别特征 体黑色。头部有黑毛。胸部和腹部有黑毛和白毛；腹部基部和端部每侧各有一个白色的毛斑。触角和喙黑色。足黑色，有黑色的毛和鬃。翅中部到基部暗褐色，暗色和浅色部分的分界线不规则且倾斜；翅有 2 个褐色斑，一个位于暗的部分，一个位于近端部的横脉上，另外一条横脉上有窄的褐色线。平衡棒端部黄色。

分布 中国。

（5）多型岩蜂虻 *Anthrax distigma* Wiedemann，1828（图 41，图版 Ⅷ b）

Anthrax distigma Wiedemann，1828. Aussereuropäische zweiflügelige Insekten. Als Fortsetzung des Meigenschen Werkes p. 309. Type locality：Indonesia(Java).

Anthrax consobrina Bigot *in* Brunetti，1909. Rec. Ind. Mus. 3：449. *Nomen nudum*.

雄 体长 13 mm，翅长 16 mm。

头部黑色，被灰色粉。头部的毛以黑色为主。单眼瘤红褐色。额向顶部变窄，被黑色的毛和鳞片；颜被直立的黑色毛；后头被稀疏的黑色毛和白色鳞片。触角黑色，被白色粉；柄节长，被黑色长毛；鞭节洋葱状，光裸无毛，顶部有一附节。触角各节长度比为 2：1：3。喙褐色，被黄色毛。

胸部黑色，被黑色鳞片。胸部的毛为黑色和黄色；肩胛被浓密的黑色长毛，中胸背板被黄色长毛。胸部背面被稀疏黑色毛和鳞片，上前侧片和下前侧片被黑色长毛和白色粉。小盾片黑色，被黑色鳞片，后缘两侧各被 6 根黑色鬃。足淡黄色，毛以黑色为主，鬃和鳞片黑色。腿节被黑色长毛，胫节和跗节被稀疏的黄色短毛。中足胫节的鬃（11 ad，10 pd，8 av 和 12 pv），后足胫节被浓密的黑色鬃。翅半褐色半透明，翅脉 R_4 和 R_5 交界处以及 dm-cu 和 Cua 交界处有褐色的点，翅室 cup 在翅缘处关闭，绝大部分褐色，仅端部一小部分透明，翅脉 C 基部被刷状黑色长鬃，径中横脉 r-m 近盘室的中部。平衡棒基部褐色，端部淡黄色。

腹部黑色，仅第 5 背板后缘黄色。腹部被直立黑色毛和侧卧的黑色鳞片，第 5～8 节背板被浓密的白色鳞片。

雄性外生殖器：生殖背板侧视近梯形，基部有一显著的侧突；尾须明显外露，高显著大于长。生殖背板背视近钟状，基部有小侧突。生殖基节端部被黑色毛，腹视向端部变窄；生殖刺突侧视长，顶部钝。阳茎基背片近三角形，背视顶端三叉形，端阳茎侧视端部尖。

雌 体长 14 mm，翅长 15 mm。

与雄性近似，但腹部第 2～3 节背板侧缘被稀疏白色鳞片，第 5～8 节背板无白色鳞片。

观察标本 1♀，山东青岛崂山，1986.Ⅶ.25，李强（CAU）；1♀，云南孟仑，1983.Ⅵ.24，吴赵毅（SEMCAS）；1♀，云南勐腊勐仑，1987.Ⅳ.10，陈振秋（SYSU）；1♂，湖南张家界索溪峪，

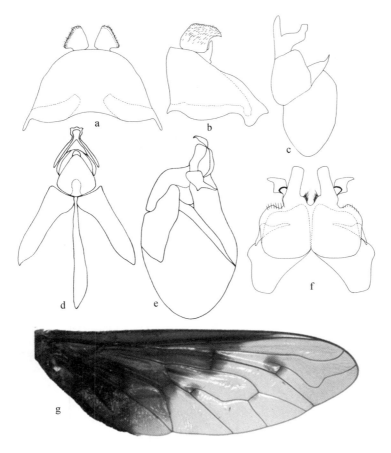

图 41 多型岩蜂虻 *Anthrax distigma* Wiedemann, 1828

a. 生殖背板, 背视(epandrium, dorsal view); b. 生殖背板, 侧视(epandrium, lateral view); c. 生殖基节和生殖刺突, 侧视(gonocoxite and gonostylus, lateral view); d. 阳茎复合体, 背视(aedeagal complex, dorsal view); e. 阳茎复合体, 侧视(aedeagal complex, lateral view); f. 生殖基节和生殖刺突, 腹视(gonocoxite and gonostyli, ventral view); g. 翅(wing)

1986. Ⅶ. 21, 杜进平(CAU); 1♂, 浙江临安天目山, 1962. Ⅷ. 5, 陈云梓(SEMCAS); 1♂, 浙江临安天目山, 1987. Ⅷ. 14, 陈振秋(SYSU); 2♂♂, 浙江临安天目山, 1987. Ⅷ. 16, 陈振秋(SYSU); 1♀, 浙江庆元, 1963. Ⅶ. 18, 金根桃(SEMCAS); 1♀, 浙江泰顺乌岩岭, 1987. Ⅷ. 27, 金根桃(SEMCAS); 1♂, 福建南平武夷山, 1986. Ⅷ. 5, 谢明(CAU); 1♂, 福建厦门, 1957. Ⅶ. 7, 陈云梓(SEMCAS); 1♀, 福建漳州和溪, 1957. Ⅲ. 22, 范、陈、王(SEMCAS); 1♂, 广西龙州弄岗, 1982. Ⅴ. 19, 杨集昆(CAU); 1♂, 广西凭祥夏石, 1963. Ⅴ. 7, 杨集昆(CAU); 1♀, 广东封开黑石顶, 1999. Ⅶ. 12, 陈振秋(SYSU); 1♂, 广东封开黑石顶, 2000. Ⅶ. 10, 林传勇(SYSU); 1♂, 广东连县大东山, 1993. Ⅸ. 10, 钟旭胜(SYSU); 1♂, 广东连县大东山, 1994. Ⅸ. 4, 何梅(SYSU); 1♀, 广东连县大东山, 1994. Ⅸ. 7, 邓宇雄(SYSU); 1♂, 广东连县大东山, 1996. Ⅶ. 11, 陈翠萍(SYSU); 1♂, 广东连县大东山, 1996. Ⅷ. 26, 黄晓坤(SYSU); 1♀, 广东连县大东山, 1996. Ⅷ. 27, 冯波(SYSU); 1♂, 1♀, 广东深圳内伶仃岛, 1998. Ⅴ. 11, 陈振秋(SYSU); 1♂, 广东深圳内伶仃岛, 1998. Ⅴ. 7, 彭启升(SYSU); 1♂, 广东深圳内伶仃岛, 1998. Ⅴ. 8, 彭啟升

(SYSU);1♀,广东深圳内伶仃岛,1998.Ⅴ.8,陈海东(SYSU);1♀,广东深圳内伶仃岛,1998.Ⅹ.14,陈海东(SYSU);1♀,广东深圳内伶仃岛,1998.Ⅹ.16,陈海东(SYSU);1♀,广东深圳内伶仃岛,1998.Ⅹ.27,陈海东(SYSU);1♂,1♀,广东深圳内伶仃岛,1998.Ⅴ.7,谢委才(SYSU);1♀,广东深圳内伶仃岛,1998.Ⅹ.19,杨广球(SYSU);1♂,广东深圳内伶仃岛,2001.Ⅺ.9,张碧胜(SYSU);1♀,广东新丰,1991.Ⅶ.8,叶巧真(SYSU);1♂,1♀,广东新丰,1991.Ⅶ.9,翁仲彦(SYSU);1♀,广东信宜大雾,2003.Ⅷ.8,张春田(SYSU);1♀,广东郁南同乐林场,2000.Ⅵ.1,谢委才(SYSU);1♂,海南白沙,1959.Ⅲ.13,金根桃(SEMCAS);1♂,海南乐东尖峰,1963.Ⅳ.25,陈云梓(SEMCAS)。

分布 山东(青岛)、云南(孟仑)、湖南(张家界)、浙江(临安、庆元、泰顺)、福建(南平、厦门、漳州)、广西(龙州、凭祥)、广东(封开、连县、深圳、新丰、信宜、郁南)、海南(白沙、乐东);菲律宾,马来西亚,塞舌尔,泰国,新加坡,印度,印度尼西亚(马鲁古群岛,爪哇岛)。

讨论 该种可从翅的颜色和斑来鉴定,翅半透明,基前半部褐色,端后半部透明,翅脉 R_4 和 R_5 交界处以及 dm-cu 和 Cua 交界处有褐色斑,翅室 cup 在翅缘处关闭,绝大部分褐色,仅端部小部分透明。本文提供了详细的雄外结构图。

(6)透翅岩蜂虻,新种 *Anthrax hyalinos* sp. nov.(图 42,图版Ⅷc)

雄 体长 9 mm,翅长 10 mm。

头部黑色。头部的毛以黑色为主,单眼瘤淡红色;额向顶部变窄,被黑色的毛和鳞片;颜被直立的黑色毛,后头被稀疏的黑色毛。触角红褐色;柄节厚被黑色长毛;梗节宽显著大于长,被黑色短毛;鞭节洋葱状,光裸无毛,顶部有一附节。触角各节长度比为 3∶1∶5。喙黑色,被黄色毛。

胸部黑色,被灰色粉。胸部的毛为黑色和白色,鳞片和鬃为黑色;肩胛被浓密的黑色长毛,中胸背板被白色长毛。胸部背面被稀疏黑色和白色的毛和黑色鳞片,上前侧片和下前侧片被白色长毛和白色粉。小盾片黑色,被黑色鳞片,后缘两侧各被黑色鬃。足[中足和后足缺如]褐色,仅腿节黑色,足的毛以黑色为主。前足腿节被黑色长毛,前足胫节和跗节被黑色短毛。翅几乎全透明,仅横脉附近有褐色斑,翅脉 C 基部被刷状黑色长鬃和白色鳞片,翅脉 r-m 近盘室的中部。平衡棒基部褐色,顶部淡黄色。

腹部黑色,被黑色鳞片。腹部背板被稀疏直立的黑色毛和侧卧的黑色鳞片,仅第 1 节被白色毛和鳞片。腹部腹板黑色,仅第 1~4 腹板的侧缘褐色,第 1~4 腹板被直立的白色毛,其余腹板几乎光裸。

雄性外生殖器:生殖背板侧视梯形;尾须明显外露,长显著大于高。生殖背板背视长与高几乎相等,顶部显著变窄。生殖基节腹视向端部显著变窄;生殖刺突侧视厚,顶部钝且略微弯曲。阳茎基背片背视近三角形,顶端钝;端阳茎侧视端部极长且尖。

雌 未知。

观察标本 正模♂,西藏芒康盐井,1972.Ⅸ.11,吴赵毅(SEMCAS)。

分布 西藏(芒康)。

讨论 该种与 *Anthrax aygulus* Fabricius,1805 相似,但该种翅几乎全透明,仅横脉附近有褐色斑;*A. aygulus* 的翅基部褐色,翅脉 R_4 端部和 dm-cu 交界处有褐色斑。

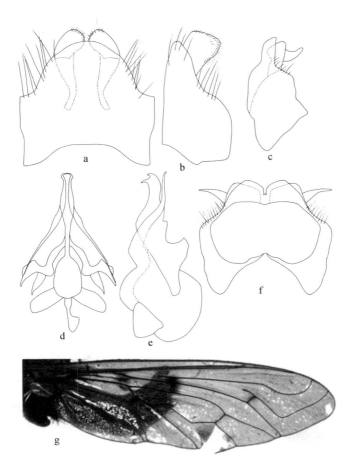

图 42　透翅岩蜂虻,新种 *Anthrax hyalinos* sp. nov.

a. 生殖背板,背视(epandrium,dorsal view);b. 生殖背板,侧视(epandrium, lateral view);c. 生殖基节和生殖刺突,侧视(gonocoxite and gonostylus, lateral view);d. 阳茎复合体,背视(aedeagal complex,dorsal view);e. 阳茎复合体,侧视(aedeagal complex,lateral view);f. 生殖基节和生殖刺突,腹视(gonocoxite and gonostyli,ventral view);g. 翅(wing)

(7)高雄岩蜂虻 *Anthrax koshunensis* Matsumura,1916

Anthrax koshunensis Matsumura,1916. Thousand insects of Japan. Additamenta Ⅱ. p. 282. Type locality:China(Taiwan).

鉴别特征　翅半透明,基前半部黑色,端后半部透明,翅上几乎无游离的斑,翅脉 R_4 中部圆滑地弯曲。腹黑色,被浓密的黑色长毛,仅第1节背板侧缘被浓密的白色长毛。

分布　台湾;博宁群岛,美国(关岛、夏威夷),日本。

(8)宽带岩蜂虻 *Anthrax latifascia* Walker,1857

Anthrax latifascia Walker,1857. Trans. Entomol. Soc. Lond. 4:142. Type locality:China.

鉴别特征 翅前半部褐色,后半部透明,翅室 r_{2+3} 和 r_4 都被一横脉分割为 2 部分。腹部第 3 和 4 背板被浓密的白色鳞片覆盖,第 1 背板侧缘被浓密的淡黄色长毛,其余被黑色毛。

分布 中国。

讨论 从大英博物馆提供的模式标本的照片来看,这个种有可能属于丽蜂虻属 *Ligyra*,翅脉的特征与丽蜂虻属很接近,但是由于照片头部缺如,且未检视标本,故未完全确定。

(9)蒙古岩蜂虻 *Anthrax mongolicus* Paramonov,1935

Anthrax mongolicus Paramonov,1935. Zbirn. Prats. Zool. Muz. 16:8,22. Type locality: Mongolia.

鉴别特征 胸部背面两侧位于翅基部前的鬃黑色。翅基部约 1/3 黑褐色;第三条纵脉分叉处无暗斑,也无附脉;盘室端部斑退化或不明显;臀室宽的端部白色透明;径中横脉 r-m 近盘室的中部。足腿节黑色;后足腿节腹鬃明显。

分布 内蒙古;蒙古。

(10)开室岩蜂虻,新种 *Anthrax pervius* sp. nov.(图 43,图版Ⅷd)

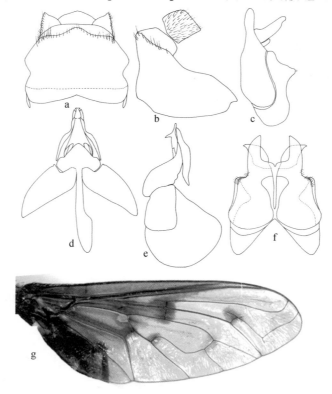

图 43 开室岩蜂虻,新种 *Anthrax pervius* sp. nov.

a. 生殖背板,背视(epandrium,dorsal view);b. 生殖背板,侧视(epandrium,lateral view);c. 生殖基节和生殖刺突,侧视(gonocoxite and gonostylus,lateral view);d. 阳茎复合体,背视(aedeagal complex,dorsal view);e. 阳茎复合体,侧视(aedeagal complex,lateral view);f. 生殖基节和生殖刺突,腹视(gonocoxite and gonostyli,ventral view);g. 翅(wing)

雄 体长 13～14 mm,翅长 15～16 mm。

头部黑色,被白色粉。头部的毛以黑色为主,单眼瘤红褐色,额向顶部变窄,被黑色的毛,颜被直立的黑色毛,后头被稀疏的黑色毛和白色鳞片。触角黑色,被白色粉,柄节厚被黑色长毛,梗节宽略大于长,被黑色短毛,鞭节洋葱状,光裸无毛,顶部有一附节。触角各节长度比为 2：1：2。喙黑色,被黄色毛。

胸部黑色,被黑色鳞片。胸部的毛以黑色和白色为主;肩胛被浓密的黑色长毛,中胸背板被黑色长毛。胸部背面被稀疏黑色的毛和鳞片。上前侧片和下前侧片被黑色和白色的长毛。小盾片黑色,被白色毛,后缘两侧各被 6 根黑色鬃。足黑色,仅跗节褐色,足的毛以黑色为主,鬃和鳞片黑色。腿节被黑色长毛,胫节和跗节被稀疏的黑色短毛;中足腿节被 6 根 av 端鬃,后足腿节被 14 av 端鬃,中足胫节的鬃(11 ad,9 pd,8 av 和 10 pv),后足胫节被 7 av 鬃和浓密的黑色鬃。翅半褐色半透明,翅脉 R₄ 和 R₅ 交接处以及 dm-cu 和 CuA 交接处有褐色的点,翅室 cup 在翅缘处开,半透明,翅脉 R₄ 弯曲处有一附脉,翅脉 C 基部被刷状黑色长鬃,径中横脉 r-m 近在盘室的中部。平衡棒褐色。

腹部黑色,被白色粉。腹部的毛为黑色和白色,被直立黑色毛和侧卧的黑色鳞片,仅第 2、3 和 5 背板侧面被白色鳞片;腹板褐色,被直立的黑色毛和侧卧的白色鳞片。

雄性外生殖器:生殖背板侧视近梯形,基部有一显著的侧突;尾须明显外露,高显著大于长;生殖背板背视中部窄,基部有小侧突;生殖基节腹视向端部变窄;生殖刺突侧视长,顶部钝且略弯曲;阳茎基背片背视塔形,端部三叉形,端阳茎侧视端部尖。

雌 未知。

观察标本 正模♂,浙江临安天目山,1954.Ⅸ.11,黄克仁(SEMCAS)。副模 1♂,浙江庆元后广,1963.Ⅶ.21,金根桃(SEMCAS)。

分布 浙江(临安、庆元)。

讨论 该种与 *Anthrax distigma* Wiedemann,1828 近似,但该种翅室 cup 在翅缘处开,且有一半透明;腹部黑色,被白色粉,第 2、3 和 5 腹节背板侧面被白色鳞片。*A. distigma* 的翅室 cup 在翅缘处关闭,绝大部分褐色,仅端部小部分透明;腹部黑色,仅第 5 背板后缘黄色,第 5～8 腹节背板被白色鳞片。

(11) 墨庸蜂虻 *Anthrax stepensis* Paramonov,1935

Anthrax stepensis Paramonov,1935. Zbirn. Prats. Zool. Muz. 16:14,16,29,31. Type locality:Turkmenistan.

鉴别特征 头部额和颜的毛白色或淡黄色。触角柄节长。胸部背面两侧位于翅基部前仅有黄色的鬃。翅几乎完全白色透明。足腿节黑色;后足腿节腹鬃明显。腹部黑色。

分布 内蒙古;塔吉克斯坦,土库曼斯坦,乌兹别克斯坦。

2. 扁蜂虻属 *Brachyanax* Evenhuis,1981

Brachyanax Evenhuis,1981. Pac. Ins. 23:190. Type species:*Brachyanax thelestrephones* Evenhuis,1981[＝*Anthrax satellitia* Walker,1856],by original designation.

属征 体小型,体长 3.5～11.0 mm。头部较胸部窄,或与胸部等宽。复眼之间的距离为单眼瘤的 2.5～3.0 倍,额顶部最窄,在触角附近最宽。颜被黑色毛,口器边缘有时被白色毛,后头光裸,或者侧面被稀疏的短绒毛。触角黑色,位于头的中下部,鞭节基部显著膨大,两触角基部非常靠近。中胸背板和小盾片淡褐色至黑色。翅基部 1/3～4/5 区域深褐色,其余透明,翅脉 R_{2+3} 和 R_4 基部无附脉,交叉脉 r-m 在盘室中部略偏基部,臀室在达翅缘前关闭。腹部圆柱形,略较胸部窄,腹节黑色。

讨论 扁蜂虻属 *Brachyanax* 主要分布于澳洲界和东洋界,古北界分布 1 种,其余区域无分布。该属全世界已知 13 种,我国已知 1 种。

(12)端透扁蜂虻 *Brachyanax acroleuca* (Bigot, 1892)

Argyromoeba acroleuca Bigot, 1892. Ann. Soc. Entomol. Fr. 61：349. Type locality："China".

鉴别特征 翅绝大部分黑色,仅翅脉 R_1、R_{2+3} 和 R_4 的端部分透明。腹部第 1 节侧面被淡黄色的毛。

分布 中国。

3. 秀蜂虻属 *Cononedys* Hermann, 1907

Cononedys Hermann, 1907. Z. Syst. Hymen. Dipt. 7：197. Type species：*Anthrax stenura* Loew, 1871, by original designation.

Conogaster Hermann, 1907. Z. Syst. Hymen. Dipt. 7：199. Type species：*Conogaster erythraspis* Hermann, 1907, by monotypy.

属征 体被浓密的毛和鳞片。头部喙不伸出。翅无显著的斑,翅脉 R_{2+3}-R_4 不完整(2 个亚缘室),翅脉 R_{2+3} 起始处靠近 Rs 脉的基部,且呈锐角,径中横脉 r-m 在盘室中间或略靠基部。腹部圆锥形或长卵形。阳茎复合体细长。

讨论 秀蜂虻属 *Cononedys* 主要分布于古北界,但非洲界和东洋界各有 1 种分布。该属全世界已知 12 种,我国为新记录属,分布 1 新种。

(13)三叉秀蜂虻,新种 *Cononedys trischidis* sp. nov. (图 44,图版 Ⅷe)

雄 体长 11 mm,翅长 12 mm。

头部黑色,被褐色粉,但口器部分被白色粉,单眼瘤褐色,被褐色的粉。头部的毛黑色和黄色,额被浓密直立的黑色毛和稀疏的黄色鳞片,颜被黑色直立的毛;后头被稀疏黑色的毛,边缘处被浓密的褐色毛。触角黑色,柄节厚被白色粉和黑色长毛,梗节长宽几乎相等,被黑色短毛,鞭节洋葱状,光裸,顶部有一附节。触角各节长度比为 2：1：3。喙红褐色,被黄色毛。

胸部黑色,被金黄色鳞片。胸部的毛以黄色为主,鬃黄色或黑色;肩胛被浓密的黄色长毛,中胸背板前端有成排的黄色长毛,翅基部侧面有 3 根黄色鬃,胸部背面被稀疏的黑毛和浓密的金黄色鳞片。小盾片黑色,被黑色和黄色的鳞片,后缘两侧各被 4 根黑色鬃。足[后足缺如]淡黄色,跗节黑色,足的毛为黑色和黄色,鬃黑色,鳞片黄色。腿节被黄色长毛、黑色短毛和黄色鳞片;胫节和跗节被稀疏的黄色短毛和鳞片,中足胫节的鬃(9 ad,9 pd,7 av 和 8 pv)。翅几乎完全透明,仅前缘褐色,有金属光泽;翅脉 C 基部被浓密的黑色鬃,径中横脉 r‑m 近盘室的中部且略靠近 dm 室。平衡棒基部褐色,端部淡黄色。

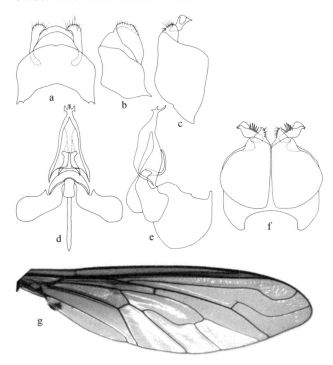

图 44　三叉秀蜂虻,新种 *Cononedys trischidis* sp. nov.

a. 生殖背板,背视(epandrium,dorsal view);b. 生殖背板,侧视(epandrium, lateral view);c. 生殖基节和生殖刺突,侧视(gonocoxite and gonostylus, lateral view);d. 阳茎复合体,背视(aedeagal complex,dorsal view);e. 阳茎复合体,侧视(aedeagal complex,lateral view);f. 生殖基节和生殖刺突,腹视 (gonocoxite and gonostyli,ventral view);g. 翅(wing)

腹部黑色,第 1～3 背板侧面黄色。腹部被稀疏直立的黑色毛和浓密侧卧的黄色毛。腹板黄色除第 1～3 腹节腹板侧面黑色,被黄色毛。

雄性外生殖器:生殖背板侧视近矩形,尾须明显外露,长与高几乎相等,生殖背板背视宽显著大于长,端部两侧几乎平行;生殖基节几乎圆形,基部有明显的侧突,腹视顶部显著变窄;生殖刺突基部厚,顶部尖;阳茎基背片顶部背视三叉状,端阳茎侧视顶部三叉状。

雌　未知。

观察标本　正模♂,上海,1933.Ⅶ.5,A. Savio(SEMCAS)。

分布　上海。

讨论　该种与 *Cononedys armeniaca* Paramonov,1925 相似。从雄外很容易区分,该种生殖基节长和宽几乎相等,端部急剧变窄,阳茎基背片腹视顶部叉状,侧视三叉状;*C. armeniaca* 生殖基节长约为宽的 2 倍,阳茎基背片腹视顶部指凸状,侧视钝,靠近端部上方有一凹陷。

4. 芷蜂虻属 *Exhyalanthrax* Becker,1916

Exhyalanthrax Becker,1916. Ann. Hist.-Nat. Mus. Natl. Hung. 14:44(as subgenus of *Villa* Lioy). Type species:*Anthrax vagans* Loew,1862[＝*Anthrax muscaria* Pallas,1818], by subsequent designation.

Oriellus Hull,1973. Bull. U. S. Natl. Mus. 286:403(as subgenus of *Thyridanthrax* Osten Sacken). Type species:*Anthrax stigmula* Klug,1832,by original designation.

Tauropsis Hull,1973. Bull. U. S. Natl. Mus. 286:365,368(as subgenus of *Thyridanthrax* Osten Sacken). Type species:*Anthrax irrorella* Klug,1832,by original designation.

属征 体卵圆形或略长。头部颜膨大或略圆。触角鞭节长,圆锥状;鞭节侧视端部尖。翅斑通常较少。翅脉 R$_{2+3}$ 在 Rs 脉和径中横脉 r-m 中间起始,且呈直角,径中横脉 r-m 略靠近盘室的基部,翅室 r$_5$ 变窄或正常。腹部边缘被浓密的淡色或黄色的毛,背板通常被浅色的鳞片。

讨论 芷蜂虻属 *Exhyalanthrax* 主要分布于非洲界和古北界,但东洋界分布 6 种,澳洲界分布 1 种。该属全世界已知 78 种,我国已知分布 1 种。

(14)凡芷蜂虻 *Exhyalanthrax afer*(Fabricius,1794)(图 45,图版 Ⅷf)

Anthrax afer Fabricius,1794. Entomologia systematica emendata et aucta. Secundum classes,ordines,genera,species adjectis synonimis,locis,observationibus,descriptionibus. p. 258. Type locality:Germany.

Anthrax fimbriata Meigen,1804. Klassifikazion und Beschreibung der europäischen zweiflügligen Insekten. p. 205. Type locality:Italy.

Anthrax sirius Hoffmansegg *in* Wiedemann,1818. Zool. Mag. 1(2):12.

Anthrax hemipterus Pallas *in* Wiedemann,1818. Zool. Mag. 1(2):12.

Anthrax marginalis Wiedemann *in* Meigen,1820. Systematische Beschreibung der bekannten europäischen zweiflügligen Insekten. p. 149. Type locality:Portugal.

Anthrax sirius Meigen,1820. Systematische Beschreibung der bekannten europäischen zweiflügligen Insekten. p. 154.

Anthrax tangerinus Bigot,1892. Ann. Soc. Entomol. Fr. 61:353. Type locality:Morocco.

Thyridanthrax burtti Hesse,1956. Ann. S. Afr. Mus. 35:619. Type locality:"Kenya".

Thyridanthrax aequisexus Bowden,1964. Mem. Entomol. Soc. South. Afr. 8:112. Type locality:Ghana.

Thyridanthrax decipiens Bowden,1964. Mem. Entomol. Soc. South. Afr. 8:114. Type locality:Ghana.

雄 体长 9 mm,翅长 9 mm。

头部黑色,被褐色粉。头部的毛以黑色为主,鳞片为黄色或白色;额向顶部变窄,被直立的黑色毛和侧卧的黄色鳞片,颜被直立的黑色毛和侧卧的黄色鳞片,后头被稀疏直立的淡黄色毛,复眼边缘被侧卧的白色鳞片,边缘被成列的直立褐色毛。触角黑色;柄节长,被浓密的黑色长毛;梗节圆,被稀疏的黑色短毛;鞭节圆锥形,无毛,顶部有一附节。触角各节长度比为2∶1∶4。喙黑色,长度约为头部的3倍。

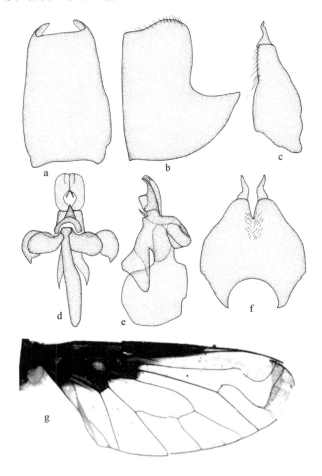

图 45 凡芷蜂虻 *Exhyalanthrax afer* (Fabricius, 1794)
a. 生殖背板,背视(epandrium, dorsal view);b. 生殖背板,侧视(epandrium, lateral view);c. 生殖基节和生殖刺突,侧视(gonocoxite and gonostylus, lateral view);d. 阳茎复合体,背视(aedeagal complex, dorsal view);e. 阳茎复合体,侧视(aedeagal complex, lateral view);f. 生殖基节和生殖刺突,腹视(gonocoxite and gonostyli, ventral view);g. 翅(wing)

胸部黑色,被褐色粉。胸部的毛以白色为主,鬃黑色。胸部背面被稀疏黑色短毛,仅前缘被黄色毛。肩胛被浓密的白色长毛,中胸背板前缘被稀疏的黄色长毛,翅基边缘有3根黑色鬃。翅后胛被3根黑色鬃。小盾片黑色,几乎光裸,后缘两侧各被5根黑色鬃。足褐色,被黑色鳞片,足的毛以褐色为主,鬃黑色。腿节被浓密的黑色鳞片,前足胫节被浓密的褐色鳞片,中、后足胫节被浓密的黑色鳞片,跗节被褐色短毛。中足腿节有3根 av 端鬃,后足腿节有5根 av 端鬃,中足胫节的鬃(4 ad,5 pd,4 av 和 5 pv),后足胫节的鬃(5 ad,6 pd,5 av 和 6 pv)。翅大部分透明,仅翅基部有一小的黑色区域约占翅的1/5。翅脉 C 基缘正常,翅脉 r - m 在靠近盘室基部的1/4处。平衡棒基部褐色,端部淡黄色。

腹部黑色。腹部背板几乎光裸,仅第7～8节背板后缘被黑色和白色的毛。腹板黑色,仅后缘褐色;腹板被浓密的黄色鳞片,仅第1～2节腹板被白色毛和鳞片。

雄性外生殖器:生殖背板侧视近矩形,基部有一显著的侧突;尾须不外露,长显著大于高;生殖背板背视近矩形,长约为宽的2倍;生殖基节端部被黑色短毛,腹视中部膨大,向端部显著变窄;生殖刺突基部厚,顶部尖且显著弯曲;阳茎基背片近矩形,中部微凹,端阳茎侧视端部尖。

雌 体长7～9 mm,翅长7～9 mm。

与雄性近似,但腹部仅第3节背板被白色鳞片。

观察标本 1♀,北京昌平黑山寨,2006.Ⅸ.5,赵珮(CAU);1♂,北京海淀卧佛寺,1962.Ⅶ.26,杨集昆(CAU);2♂♂,1♀,山东济南千佛山,1985.Ⅶ.31(CAU);1♂,内蒙古呼和浩特小井沟,2005.Ⅷ.22,刘娜(IMAU)。

分布 北京(昌平、海淀)、山东(济南)、内蒙古(呼和浩特)、新疆、西藏、四川、阿富汗、阿联酋、阿曼、阿塞拜疆、埃及、奥地利、巴基斯坦、保加利亚、比利时、波兰、丹麦、德国、俄罗斯、厄立特里亚国、法国、格鲁吉亚、哈萨克斯坦、荷兰、吉尔吉斯斯坦、加纳、捷克共和国、克罗地亚、肯尼亚、利比亚、罗马尼亚、马耳他、马其顿、蒙古、摩洛哥、南斯拉夫、葡萄牙、瑞士、塞浦路斯、沙特阿拉伯、斯洛伐克、斯洛文尼亚、塔吉克斯坦、土耳其、土库曼斯坦、乌克兰、乌兹别克斯坦、西班牙、希腊、匈牙利、亚美尼亚、也门、伊朗、以色列、意大利、乍得。

讨论 该种翅仅基前缘褐色,占翅的1/5,腹部第7～8节背板后缘被黑色和白色的毛。

5. 庸蜂虻属 *Exoprosopa* Macquart,1840

Exoprosopa Macquart,1840. Diptères exotiques nouveaux ou peu connus. p. 35. Type species:*Anthrax pandora* Fabricius,1805,by subsequent designation.

Litorhynchus Macquart,1840. Diptères exotiques nouveaux ou peu connus. p. 78. Type species:*Litorhynchus hamatus* Macquart,1840,by subsequent designation.

Trinaria Mulsant,1852. Mém. Acad. Sci. Belles-Lett. 2:20. Type species:*Anthrax interrupta* Mulsant,1852,by subsequent designation.

Argyrospila Rondani,1856. Dipterologiae Italicae prodromus. Vol. I. Genera Italica ordinis Dipterorum ordinatim disposita et distincta et in familias et stirpes aggregata. p. 162,202. Type species:*Anthrax jacchus* Fabricius,1805,by original designation.

Defilippia Lioy,1864. Atti R. Ist. Veneto Sci. Lett. Art. (3)9:733. Type species:*Anthrax minos* Meigen,1804,by subsequent designation.

Litorhynchus Verrall *in* Scudder,1882. Bull. U. S. Natl. Mus. 19:192. Type species:*Litorhynchus hamatus* Macquart,1840,automatic.

Exoptata Coquillett,1887. Can. Entomol. 19:13(as subgenus of *Exoprosopa* Macquart). Type species:*Exoprosopa divisa* Coquillett,1887,by monotypy.

Cladodisca Bezzi,1922. Ann. Mus. Civ. Stor. Nat. Giacomo Doria 50:105(as subgenus of *Exoprosopa* Macquart). Type species:*Exoprosopa munda* Loew,1869,by monotypy.

Litomyza Hull,1973. Bull. U. S. Natl. Mus. 286:426. Type species:*Litorhynchus hamatus* Macquart,1840,by subsequent designation. *Nomen nudum.*

属征 体通常宽,卵形。体被各种颜色的毛、鬃和鳞片,很少只有一种颜色的毛、鬃和鳞片。头部的毛大部分为黑色,但也有一些淡黄色或红褐色的毛。翅斑多种多样或几乎完全透明,交叉脉附近通常无游离的斑;翅脉正常,无附脉或被分割的翅室,r_5 室在翅缘处开放。翅腋瓣上鳞片发达。雄性生殖刺突节有粗的表皮内突。

讨论 庸蜂虻属 *Exoprosopa* 世界性分布,但非洲界分布最多为 180 种。该属全世界已知 343 种,我国已知分布 12 种,其中包括 6 个新种。

种 检 索 表

1.	翅大部分黑色,分布不规则的透明斑 ··············	2
	翅完全透明或不透明,或翅后缘全透明,翅前缘不透明 ······	7
2.	翅室 r_4 被分割的端部完全透明 ··················	3
	翅室 r_4 被分割的端部至少有黑斑 ················	4
3.	翅室 r_5 在翅缘处开放 ············ 墨庸蜂虻 *E. melaena*	
	翅室 r_5 在翅缘处关闭 ············ 幽暗庸蜂虻 *E. jacchus*	
4.	翅室 r_{2+3} 透明部分延伸至 r_1 室 ·· 土耳其庸蜂虻 *E. turkestanica*	
	翅室 r_{2+3} 透明部分不延伸至 r_1 室 ············	5
5.	翅臀室透明区域较大,伸至翅室的边缘占臀室的1/4 ·· 脉庸蜂虻 *E. vassiljevi*	
	翅臀室透明区域很小,不显著 ··················	6
6.	胸部背板中后部被两簇白色毛,其余部分被黄色鳞片;腹部第3~7节背板两侧各有一簇白色鳞片	
	·········· 蒙古庸蜂虻 *E. mongolica*	
	胸部背板前缘被成排的黄色的长毛,其余被黑色毛;腹部第 2 和 5 节背板中部各有两个白色鳞片的斑,第1~2节背板前缘被黄色鳞片 ·········· 黄尾庸蜂虻 *E. citreum*	
7.	翅几乎完全透明 ··························	8
	翅半透明或者完全不透明 ····················	9
8.	胸部的鬃为黑色;腹部背面被白色和黑色鳞片,仅整个第 4 节背板以及第 3、5 和 6 节背板右侧无白色鳞片 ·········· 羞庸蜂虻 *E. dedecor*	
	胸部的鬃为黄色;腹部第 6~8 节背板后缘被黄色毛,第1~2节背板中部被白色鳞片 ······	
	·········· 瓶茎庸蜂虻 *E. gutta*	
9.	翅一半透明,一半不透明 ·········· 球茎庸蜂虻 *E. globosa*	
	翅完全不透明 ··························	10
10.	翅颜色不均匀,翅后缘翅室中部的颜色较淡 ·········· 棒茎庸蜂虻 *E. clavula*	
	翅颜色均匀,均一褐色,或者均匀过渡 ··············	11
11.	腹部黑色,被灰色粉;腹部第1~4节背板两边被浓密的黄色鳞片 ·········· 褐翅庸蜂虻 *E. castaneus*	
	腹部黄色,但第1~5节背中部颜色略深;腹部背面被黄色鳞片 ·········· 黄腹庸蜂虻 *E. sandaraca*	

(15)褐翅庸蜂虻,新种 *Exoprosopa castaneus* **sp. nov.**(图 46,图版Ⅸa)

雄 体长 14 mm,翅长 16 mm。

头部黑色,被褐色粉,仅颜靠近触角部分黄色,单眼瘤红褐色。头部的毛黑色和黄色,额被直立的黑色毛和稀疏侧卧的黄色鳞片,向触角方向逐渐浓密,颜被黑色毛和黄色鳞片,后头被稀疏直立的黑色短毛和侧卧的黄色鳞片。触角黑色,仅鞭节黄色;柄节长为宽的 3 倍,被浓密的黑色长毛;梗节长宽几乎相等,被浓密的黑色短毛;鞭节圆锥状,光裸无毛,顶部有一相当长的附节。触角各节长度比为 3∶1∶2。喙黑色,被淡黄色短毛;须黑色,被黑色长毛。

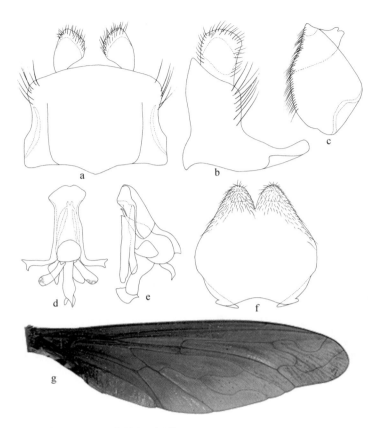

图46　褐翅庸蜂虻,新种 *Exoprosopa castaneus* sp. nov.

a. 生殖背板,背视(epandrium,dorsal view);b. 生殖背板,侧视(epandrium,lateral view);c. 生殖基节和生殖刺突,侧视(gonocoxite and gonostylus,lateral view);d. 阳茎复合体,背视(aedeagal complex,dorsal view);e. 阳茎复合体,侧视(aedeagal complex,lateral view);f. 生殖基节和生殖刺突,腹视(gonocoxite and gonostyli,ventral view);g. 翅(wing)

胸部黑色,被灰色粉。胸部的毛为黄色,鬃黑色和黄色;肩胛被黄色长毛,中胸背板前端有成排的黄色长毛,翅基部附近有3根黑色侧鬃,翅后胛有4根黄色鬃。小盾片黑色,前缘被黑色鳞片,后缘被黄色鳞片,后缘两侧各被5根黑鬃。足黑色,被黑色鳞片,足的毛以黑色为主,鬃黑色。腿节被稀疏的黑色长毛和浓密的黑色鳞片;跗节被黑色短毛。中足腿节有3 av和3 ad鬃,后足腿节的鬃(4 ad,3 pd,6 av和8 pv);中足胫节的鬃(9 ad,10 pd,8 av和8 pv),后足胫节的鬃(11 ad,10 pd,7 av和11 pv)。翅几乎全部均一褐色,仅基部略深;翅脉C基部被刷状黑色长毛,翅基缘大,翅脉r-m在盘室靠基部的1/3处。平衡棒淡黄色。

腹部黑色,被灰色粉。腹部的毛大部分为黄色,鳞片黑色和黄色。腹部侧面被黄色长毛,仅第6~8节背板侧面被黑色长毛;腹部背面被浓密侧卧的黑色鳞片,仅第1~4节背板两边被浓密的黄色鳞片。腹板红褐色,被浓密直立的黑色毛和浓密侧卧的黑色鳞片。

雄性外生殖器:生殖背板侧视近三角形,端部被黑色长鬃;尾须明显外露,长和高几乎相等;生殖背板背视近矩形,宽略大于长;生殖基节端部被黑色毛,腹视中部隆起,顶部显著变窄;生殖刺突侧视基部厚,顶部钝中部有一小凹陷;阳茎基背片长,背视顶端近扇形,端阳茎侧视短,极细。

雌　体长 14 mm,翅长 15 mm。

与雄性近似,但腹部末端较尖。

观察标本　正模♂,云南广南果者,1958.Ⅹ.6,任、毕(SEMCAS)。副模 1♀,云南保山背面水库,1981.Ⅸ.20,何秀松(SEMCAS);1♂,4♀♀,云南广南果者,1958.Ⅹ.6,任 & 毕(SEMCAS)。1♂,1♀,云南盈江铜壁关诗别寨,2003.Ⅹ.26,欧晓红(SWFC);1♂,云南昆明西山,2004.Ⅸ.25,吉黑吉(SWFC)。

分布　云南(保山、广南、盈江、昆明)。

讨论　该种与 *Exoprosopa rutila* Wiedemann,1818 近似,但翅由基部往端部逐渐由深褐色变成淡褐色;而 *E. rutila* 翅基部黑色,端部淡褐色,分界线十分明显。

(16)黄尾庸蜂虻,新种 *Exoprosopa citreum* sp. nov.(图 47)

雄　体长 12 mm,翅长 13 mm。

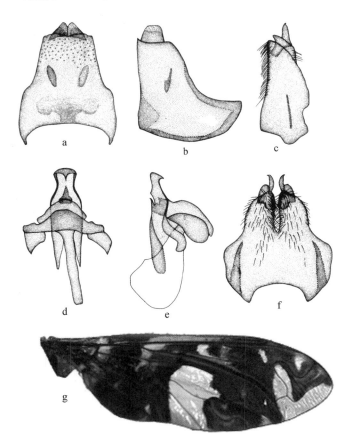

图 47　黄尾庸蜂虻,新种 *Exoprosopa citreum* sp. nov.

a.生殖背板,背视(epandrium,dorsal view);b.生殖背板,侧视(epandrium,lateral view);c.生殖基节和生殖刺突,侧视(gonocoxite and gonostylus,lateral view);d.阳茎复合体,背视(aedeagal complex,dorsal view);e.阳茎复合体,侧视(aedeagal complex,lateral view);f.生殖基节和生殖刺突,腹视(gonocoxite and gonostyli,ventral view);g.翅(wing)

头部黑色,被褐色粉,仅颜靠近触角部分黄色,被苍白色粉;单眼瘤红褐色,被苍白色粉。头部的毛黑色,额被直立的黑色毛和稀疏侧卧的黄色鳞片,颜被黑色毛和橘黄色鳞片,后头被稀疏的黑色短毛和浓密直立的褐色毛。触角淡黄色,仅鞭节黑色;柄节长为宽的 2 倍,被浓密的黑色长毛;梗节宽略大于长,被浓密的黑色短毛;鞭节圆锥状,光裸无毛,顶部有一很短的附节。触角各节长度比为 3∶1∶2。喙黑色,被极短的淡黄色毛;须黑色,被黑色长毛。

胸部黑色,被黄色鳞片,仅小盾片橘黄色。胸部的毛为黑色和黄色,鬃黑色;肩胛被黑色长毛和侧卧的白色长鳞片,中胸背板前端有成排的黄色的长毛,翅基部附近有 3 根黑色侧鬃,翅后胛有 4 根黄色鬃。小盾片黄色,前缘被黄色鳞片,后缘两侧各被 5 根黑鬃。足〔中足缺如〕淡黄色。足的毛以黑色为主,鬃黑色。前足腿节被稀疏的黑色长毛,跗节被黑色短毛。后足腿节的鬃(2 ad 和 6 av);后足胫节的鬃(9 ad,8 pd,8 av 和 8 pv)。翅几乎全部褐色,仅翅室 dm、m_2、r_{2+3} 和 r_4 有透明斑;翅脉 C 基部被刷状黑色长毛,翅基缘大,翅脉 r - m 在盘室靠基部的 1/4 处。平衡棒黑色。

腹部黑色,仅腹节侧缘橘黄色。腹部的毛为黑色和白色,鳞片黑色、白色和黄色。腹部侧面被黑色长毛,仅第 1 节背板侧面被白色长毛;腹部背面被稀疏的侧卧黑色鳞片,仅第 1 节后缘被白色鳞片,第 2 和第 5 节中部各有两个白色鳞片的斑,第 1～2 节前缘被黄色鳞片。腹板被稀疏直立的黑色毛和浓密侧卧的黑色鳞片,仅第 1～3 节腹板被浓密侧卧的白色鳞片。

雄性外生殖器:生殖背板侧视近三角形,被黑色长鬃;尾须显著外露,长略大于高;生殖背板背视长显著大于宽,向端部显著变窄;生殖基节端部被浓密的黑色毛,腹视基部大,向顶部显著变窄;生殖刺突侧视基部厚,顶部尖且中部略微弯曲;阳茎基背片长,背视顶端近矩形,端阳茎侧视短且顶部尖。

雌　体长 12 mm,翅长 13 mm。

与雄性近似,但腹部第 2 节中部两侧各有一白色鳞片的横带,第 5～7 节有白色鳞片的斑。

观察标本　正模♂,陕西甘泉清泉沟,1971.Ⅸ.12,杨集昆(CAU)。副模 1♀,陕西甘泉清泉沟,1971.Ⅷ.9,杨集昆(CAU)。

分布　陕西(甘泉)。

讨论　该种与 *Exoprosopa vassiljevi* Paramonov,1928 近似,但翅室 cua 和 a 几乎全部黑色;*E. vassiljevi* 在翅室 cua 和 a 有明显的透明斑。

(17)棒茎庸蜂虻,新种 *Exoprosopa clavula* sp. nov.（图 48）

雄　体长 13 mm,翅长 14 mm。

头部黄色,仅额顶部和后头黑色,被灰色粉,单眼瘤深褐色。头部的毛黑色和黄色,额被稀疏直立的黄色毛和侧卧的白色鳞片,颜被直立的黄色毛和白色鳞片,后头被白色鳞片,边缘处被直立的黄色毛。触角黑色,仅柄节褐色;柄节长为宽的 2 倍,被黑色长毛;梗节长与宽几乎相等,被黑色短毛;鞭节圆锥状,光裸无毛,顶部有一附节长度约为鞭节的 1/3。触角各节长度比为 2∶1∶4。喙黑色,被极短的黄色毛;须深褐色,被黄色长毛。

胸部黑色,被白色粉。胸部的毛为黄色,鬃黄色;肩胛被黄色长毛,中胸背板前端有浓密成排的黄色的长毛,翅基部附近有 3 根黄色侧鬃;胸部背面被稀疏黑色短毛和浓密的黄色鳞片,仅中部光裸;翅后胛有 6 根黄色鬃。小盾片红褐色,前缘被白色鳞片,后缘两侧各有 10 根黄色鬃。足〔中足缺如〕黑色,被白色鳞片,仅后足腿节和胫节黑色。足的毛黑色,鬃黑色。腿节被

稀疏的黑色毛和白色鳞片,胫节和跗节被黑色短毛。后足腿节有 8 av 鬃,后足胫节的鬃
(13 ad,8 pd,10 av 和 10 pv)。翅褐色,仅后缘的翅室淡褐色;翅脉 C 基部黄色,被刷状黑色长
毛和浓密的白色鳞片,翅基缘褐色大,翅脉 r - m 在盘室靠基部的 1/3 处。平衡棒基部黄色,端
部白色。

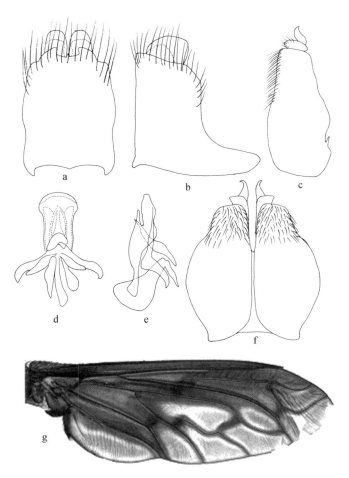

图 48　棒茎庸蜂虻,新种 *Exoprosopa clavula* sp. nov.

a. 生殖背板,背视(epandrium,dorsal view);b. 生殖背板,侧视(epandrium,lateral view);c. 生
殖基节和生殖刺突,侧视(gonocoxite and gonostylus,lateral view);d. 阳茎复合体,背视(ae-
deagal complex,dorsal view);e. 阳茎复合体,侧视(aedeagal complex,lateral view);f. 生殖基
节和生殖刺突,腹视(gonocoxite and gonostyli,ventral view);g. 翅(wing)

　　腹部黑色,被白色粉,仅腹节侧缘和后缘黄色。腹部的毛大部分为白色。腹部侧面被浓密
的白色长毛;腹部背面被侧卧的黑色和白色鳞片,每节向两边及后缘白色鳞片变得浓密。腹板
黄色,被稀疏直立的黄色毛和浓密侧卧的白色鳞片。

　　雄性外生殖器:生殖背板侧视近矩形,端部被黑色长鬃;尾须明显外露,长显著大于高,基
部有一显著的侧突;生殖背板背视近矩形,长显著大于宽;生殖基节端部被黑色毛,腹视中部隆
起,顶部显著变窄;生殖刺突侧视基部厚,顶部尖且略微弯曲;阳茎基背片背视棒状,顶端半圆
形,端阳茎侧视短且端部钝。

雌　未知。

观察标本　正模♂,新疆玛纳斯石河子,1957.Ⅵ.20,路治帮(IZCAS)。

分布　新疆(玛纳斯)。

讨论　该种与 *Exoprosopa aberrans* Paramonov,1928 近似,但翅室 r₁ 褐色,翅室 r₂₊₃ 褐色,仅端部略浅;*E. aberrans* 翅室 r₁ 端部约 1/4 的区域透明,r₂₊₃ 超过一半的区域透明。

(18)羞庸蜂虻 *Exoprosopa dedecor* Loew,1871(图 49,图版Ⅸ b)

Exoprosopa dedecor Loew,1871. Systematische Beschreibung der bekannten europäischen zweiflügeligen Insecten. Von Johann Wilhelm Meigen. Neunter Theil oder dritter Supplementband. Beschreibungen europäischer Dipteren. p. 204. Type locality: Tajikistan.

雄　体长 14 mm,翅长 12 mm。

头部黑色,被浓密的黄色鳞片,单眼瘤红褐色,被白色粉。头部的毛以黑色为主,额被浓密侧卧的黄色鳞片和浓密直立的黑色毛,颜被浓密侧卧的黄色鳞片和稀疏直立的黑色毛,后头被浓密的黄色鳞片。触角褐色;柄节长为宽的 2 倍,被黑色毛;梗节长与宽几乎相等,被稀疏的褐色短毛;鞭节圆锥状,光裸无毛,顶部有一附节长度约为鞭节的 1/3。触角各节长度比为 2∶1∶3。喙黑色,须黄色,被黄色长毛。

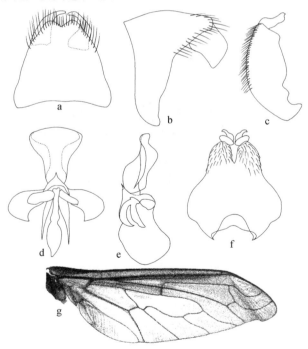

图 49　羞庸蜂虻 *Exoprosopa dedecor* Loew,1871

a. 生殖背板,背视(epandrium,dorsal view);b. 生殖背板,侧视(epandrium,lateral view);
c. 生殖基节和生殖刺突,侧视(gonocoxite and gonostylus,lateral view);d. 阳茎复合体,背视(aedeagal complex,dorsal view);e. 阳茎复合体,侧视(aedeagal complex,lateral view);
f. 生殖基节和生殖刺突,腹视(gonocoxite and gonostyli,ventral view);g. 翅(wing)

胸部黑色,被白色粉,仅翅后胛黄色。胸部的毛以黄色为主,鬃黑色;肩胛被黄色长毛,中胸背板前端有成排浓密的黄色长毛,翅基部附近有 3 根黑色侧鬃;胸部背部被浓密的黄色鳞片,中部光裸;翅后胛有 5 根黑色鬃。小盾片黄色,被浓密的黄色鳞片,中部光裸,后缘被稀疏黄色毛,后缘两侧各被 6 根黑色鬃。足黑色,被黄色鳞片。足的毛黑色,鬃黑色。腿节被浓密的黄色鳞片,后足腿节被浓密的黑色鬃状毛,胫节被浓密黄色鳞片,跗节被黑色鬃状短毛和黄色鳞片。中足腿节有 5 av 鬃,后足腿节有 7 av 鬃;中足胫节的鬃(6 ad,7 pd,7 av 和 8 pv),后足胫节的鬃(10 ad,8 pd,10 av 和 7 pv)。翅几乎全部透明,仅基前缘一小部分淡褐色;翅脉 C 基部被刷状黑色长毛和浓密的黄色鳞片,翅基缘大且黑色,翅脉 r-m 在盘室靠基部的 1/3 处。平衡棒基部黄色,端部苍白色。

腹部黄色,被灰色粉,仅第 1~5 节中部深褐色。腹部的毛大部分为白色。第 1~3 节背板侧面被浓密的白色毛;腹部背板被浓密白色和稀疏侧卧的黑色鳞片,仅第 4 节背板的全部以及第 3、5 和 6 节背板的右侧无白色鳞片。腹板黄色,被稀疏直立的黄色毛和浓密侧卧的白色鳞片。

雄性外生殖器:生殖背板侧视近三角形,端部被黑色毛;尾须明显外露,高显著大于长,基部有明显侧突;生殖背板背视近三角形,长与宽几乎相等;生殖基节端部被浓密的黑色毛,腹视中部隆起,顶部显著变窄;生殖刺突侧视基部厚,顶部钝且略微弯曲;阳茎基背片背视梨形,顶端中部略凸,端阳茎侧视极短顶部尖。

雌　未知。

观察标本　1♂,新疆乌苏,1955.Ⅶ.4,马世骏,夏凯琳,陈永林(IZCAS)。

分布　新疆(乌苏);阿富汗,亚美尼亚,阿塞拜疆,格鲁吉亚,伊朗,哈萨克斯坦,吉尔吉斯斯坦,蒙古,塔吉克斯坦,土耳其,土库曼斯坦,乌兹别克斯坦。

讨论　该种翅几乎完全透明,仅前缘褐色,腹部黄色,被白色鳞片。在此进行了详细描述,对雄外结构也进行详细描绘。

(19)球茎庸蜂虻,新种 *Exoprosopa globosa* sp. nov.(图 50,图版Ⅸ c)

雄　体长 11 mm,翅长 12 mm。

头部黑色,被褐色粉,单眼瘤黑色。头部的毛以黑色为主,额被直立的黑色毛,颜被浓密直立的黑色毛,后头被稀疏黑色毛,复眼边缘被白色鳞片。触角黑色,仅鞭节褐色;柄节长圆柱形,柄节长为宽的 2 倍,被浓密的黑色长毛;梗节长宽几乎相等,被稀疏的黑色毛;鞭节洋葱状,光裸无毛,顶部有一极短的附节。触角各节长度比为 2:1:5。喙深褐色,被黑色毛;须褐色,被黑色毛。

胸部黑色,被褐色粉。胸部的毛为淡黄色和黑色,鬃黑色;肩胛被浓密淡黄色长毛和稀疏的黑色毛,中胸背板前端有成排的淡黄色长毛,翅基部附近有 3 根黑色侧鬃,翅后胛有 4 根黑色鬃。小盾片被稀疏的淡黄色毛。足褐色,被黑色鳞片,仅腿节被黄色鳞片。足的毛以黑色为主,鬃黑色。腿节被黑色长毛;胫节和跗节被黑色短毛。中、后足腿节有 3 根 av 鬃;中足胫节的鬃(4 ad,8 pd,5 av 和 9 pv),后足胫节的鬃(10 ad,9 pd,7 av 和 10 pv)。翅半透明,透明部分包括翅室 r_4、m_1、和 m_2 的全部,翅室 r_{2+3}、r_5、dm 和 cu-a_1 的一半,翅室 r_1、cup 和 a 的部分,翅室 r_5 的黑色部分靠近翅室 m_1,翅室 r_1 中的透明部分新月形。平衡棒基部褐色,端部淡黄色。

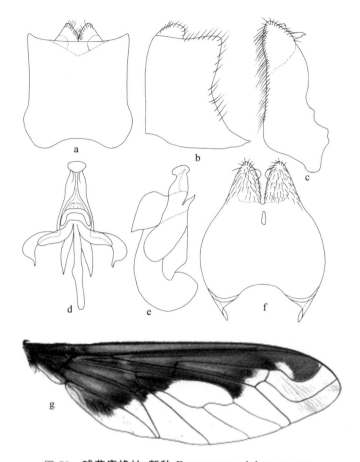

图 50　球茎庸蜂虻,新种 *Exoprosopa globosa* sp. nov.

a. 生殖背板,背视(epandrium,dorsal view);b. 生殖背板,侧视(epandrium,lateral view);c. 生殖基节和生殖刺突,侧视(gonocoxite and gonostylus,lateral view);d. 阳茎复合体,背视(aedeagal complex,dorsal view);e. 阳茎复合体,侧视(aedeagal complex,lateral view);f. 生殖基节和生殖刺突,腹视(gonocoxite and gonostyli,ventral view);g. 翅(wing)

　　腹部黑色,被黑色鳞片。腹部的毛大部分为淡黄色和黑色。腹部侧面被浓密的黑色长毛,仅第1、2、4和7节背板侧面被淡黄色长毛;腹部背面被黑色毛和鳞片,仅第1和7节背板后缘被侧卧的淡黄色鳞片,第4节背板全部被侧卧的淡黄色毛,第9～10节被黑色毛。腹板被侧卧的黄色毛和直立的黑色毛。

　　雄性外生殖器:生殖背板侧视近矩形;尾须明显外露,长显著大于高;生殖背板背视长与宽几乎相等,两侧缘几乎平行;生殖基节端部被浓密的黑色毛,腹视基部隆起,顶部显著变窄;生殖刺突侧视不显著;阳茎基背片长,背视顶端近球形,端阳茎短且端部尖。

　　雌　体长 11 mm,翅长 13 mm。

　　与雄性近似,但腹节后缘被黄色短毛。

　　观察标本　正模♂,西藏日喀则,1981,李(SEMCAS)。副模 2♀♀,西藏日喀则,1984,石(SEMCAS)。

　　分布　西藏(日喀则)。

　　讨论　该种翅斑极像斑翅蜂虻 *Hemipenthes* 的种类,但翅脉 R_4 基部有一横脉与 R_{2+3} 相连,故确定它属于 *Exoprosopa* 属。

(20) 瓶茎庸蜂虻,新种 *Exoprosopa gutta* sp. nov.(图 51,图版 IX d)

　　雄　体长 8 mm,翅长 7 mm。

　　头部黑色,被浓密的白色鳞片,仅颜淡黄色,单眼瘤褐色,被稀疏的黑色毛和白色鳞片。头部的毛以白色为主,额被稀释直立的白色毛和浓密侧卧的白色鳞片,颜被浓密白色鳞片,后头被浓密的白色鳞片,边缘处被成列的褐色毛。触角黑色,仅柄节褐色;柄节长为宽的 2 倍,被浓密的白色鳞片;梗节长与宽几乎相等,被白色鳞片;鞭节圆锥状,光裸无毛,顶部有一黄色附节,长度约为鞭节的 1/6。触角各节长度比为 2:1:5。喙黑色,被极短的黄色毛;须黑色,被黑色毛。

　　胸部黑色,被稀疏的淡黄色鳞片,仅肩胛黄色。胸部的毛以白色为主,鬃黄色;肩胛被淡黄色长毛,中胸背板被稀疏的黄色长毛,前端被成排的浓密直立的黄色长毛,翅基部附近有 3 根黄色侧鬃,胸部背部被黄色鳞片,翅后胛有 4 根黄色鬃。小盾片黑色,仅后缘黄色,后缘两侧各被 6 根

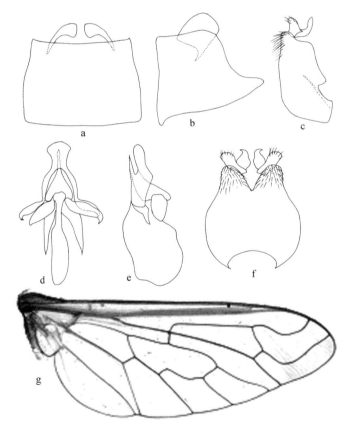

图 51　瓶茎庸蜂虻,新种 *Exoprosopa gutta* sp. nov.

a. 生殖背板,背视(epandrium,dorsal view);b. 生殖背板,侧视(epandrium,lateral view);c. 生殖基节和生殖刺突,侧视(gonocoxite and gonostylus,lateral view);d. 阳茎复合体,背视(aedeagal complex,dorsal view);e. 阳茎复合体,侧视(aedeagal complex,lateral view);f. 生殖基节和生殖刺突,腹视(gonocoxite and gonostyli,ventral view);g. 翅(wing)

黄色鬃。足黄色。足的毛黑色和黄色,鬃黑色。腿节被稀疏的黄色短毛,胫节被稀疏的白色鳞片,跗节被黑色鬃状短毛,中足腿节有 2 av 端鬃,后足腿节有 2 av 端鬃;中足胫节的鬃(4 ad, 5 pd,5 av 和 7 pv),后足胫节的鬃(10 ad,7 pd,6 av 和 6 pv)。翅几乎全部透明;翅脉 C 基部黄色,被黑色短毛,翅基缘黄色大,翅脉 r-m 靠近盘室的中部。平衡棒基部黄色,端部苍白色。

腹部黄色,仅第 1~5 节中部黑色,由第 1 节到第 5 节黑色部分逐渐变小,呈倒三角形。腹部的毛以白色为主。第 1~3 节背板侧面被浓密的白色毛;腹部背面被稀疏的黑色毛,仅第 6~8 节背板后缘被黄色毛,第 1~2 节背板中部被白色鳞片。腹板黄色,仅第 1~3 节腹板中部黑色,腹板被黄色毛和侧卧的白色鳞片。

雄性外生殖器:生殖背板侧视近矩形,端部被黑色长鬃;尾须明显外露,长与高几乎相等,基部有明显侧突;生殖背板背视近矩形,宽略大于长;生殖基节端部被黑色毛,腹视基部大,顶部显著变窄;生殖刺突侧视基部厚,顶部显著弯曲;阳茎基背片背视瓶形,顶端半圆形,端阳茎侧视长且端部尖。

雌　未知。

观察标本　正模♂,内蒙古锡林郭勒盟二连浩特,1972. Ⅶ. 18(IZCAS)。

分布　内蒙古(锡林郭勒盟)。

讨论　该种与 *Exoprosopa dedecor* Loew,1871 近似,但翅完全透明,腹部黄色,仅第 1~5 节中部黑色,由第 1~5 节黑色部分逐渐变小,呈倒三角形;*E. dedecor* 翅几乎完全透明,仅基前缘一小部分淡褐色,腹部黄色,仅第 1~5 节中部深褐色。

(21)幽暗庸蜂虻 *Exoprosopa jacchus* Fabricius,1805(中国新记录种)(图 52)

Anthrax jacchus Fabricius,1805. Systema antliatorum secundum ordines,genera,species adiecta synonymis,locis,observationibus,descriptionibus. p. 123,373. Type locality:"Italia".

Anthrax picta Wiedemann *in* Meigen,1820. Systematische Beschreibung der bekannten europäischen zweiflügeligen Insekten. p. 171. Type locality:"Spalatro in Dalmatien".

Exoprosopa jacchus var. *quadripunctata* Paramonov,1928. Trudy Fiz. -Mat. Vidd. Ukr. Akad. Nauk 6(2):237(59). Type locality:Not given.

雄　体长 9~12 mm,翅长 9~12 mm。

头部黑色,被白色粉,仅触角边缘黄色,单眼瘤黑色,被白色粉。头部的毛黑色,鳞片橘黄色;额被稀释直立的黑色毛,基部被侧卧的橘黄色鳞片,颜被黑色毛和橘黄色鳞片,后头被浓密的黑色短毛,边缘处被浓密直立的褐色毛。触角黑色,仅鞭节淡黄色;柄节长为宽的 2 倍,被浓密的黑色长毛;梗节宽略大于长,被浓密的黑色短毛;鞭节圆锥状,光裸无毛,顶部有一分两节的附节,长度显著大于鞭节。触角各节长度比为 5:2:4。喙黑色,被极短的淡黄色毛,须褐色,被黑色长毛。

胸部黑色,被褐色粉。胸部的毛黑色,鬃黑色;肩胛被黑色长毛,中胸背板前端被成排的黑色长毛,翅基部附近有 3 根黑色侧鬃,翅后胛的鬃缺如。小盾片黑色,被褐色粉,后缘两侧各有 5 根黑色鬃。足淡黄色,仅跗节黑色。足的毛黑色,鬃黑色。前足腿节被稀疏的黑色长毛,跗节被黑色短毛。中足腿节有 3 av 端鬃,后足腿节有 3 av 和 6 ad 端鬃;中足胫节的鬃(6 ad, 6 pd,7 av 和 6 pv),后足胫节的鬃(12 ad,14 pd,10 av 和 10 pv)。翅大部分黑色,翅后缘部分

透明,横脉附近有透明斑;翅脉 C 基部被刷状黑色毛,翅基缘大,翅脉 r‐m 在盘室靠基部的
1/3 处。平衡棒褐色。

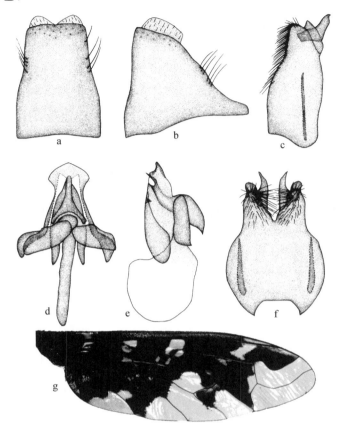

图 52   幽暗庸蜂虻,新记录 *Exoprosopa jacchus* Fabricius,1805

a.生殖背板,背视(epandrium,dorsal view);b.生殖背板,侧视(epandrium,lateral view);c.生殖基节和生殖刺突,侧
视(gonocoxite and gonostylus,lateral view);d.阳茎复合体,背视(aedeagal complex,dorsal view);e.阳茎复合体,侧
视(aedeagal complex,lateral view);f.生殖基节和生殖刺突,腹视(gonocoxite and gonostyli,ventral view);g.翅
(wing)

腹部黑色,被褐色粉。腹部的毛大部分为黑色。腹部背板侧面被黑色长毛;腹部背板被稀
疏侧卧的黑色鳞片,仅第 1 节背板被浓密的黑色鳞片和稀疏的白色鳞片。腹板被稀疏直立的
黑色毛和浓密侧卧的黑色鳞片。

雄性外生殖器:生殖背板侧视近三角形,端部被黑色长鬃;尾须明显外露,长与高几乎相
等;生殖背板背视近矩形,长显著大于宽;生殖基节端部被浓密的黑色毛,腹视基部大,顶部显
著变窄;生殖刺突侧视基部厚,顶部尖且中部略弯曲;阳茎基背片背视长,顶端近三角形,端阳
茎侧视短且顶部尖。

雌   未知。

观察标本   1♂,宁夏隆德峰台,2008.Ⅵ.28,姚刚(CAU);1♂,宁夏隆德苏台,2008.Ⅵ.
23,张婷婷(CAU)。

分布   宁夏(隆德);阿尔巴尼亚,阿塞拜疆,奥地利,保加利亚,波斯尼亚,法国,格鲁吉亚,

克罗地亚,罗马尼亚,南斯拉夫,葡萄牙,西班牙,匈牙利,亚美尼亚,伊朗,意大利。

讨论 该种翅室 r_{2+3} 中透明斑大,翅室 r_5 在近翅缘处关闭且全部黑色,翅室 cup 中部靠翅室 a 有一透明斑与翅室 a 中的透明斑相连。

(22)墨庸蜂虻 *Exoprosopa melaena* Loew,1874(图 53)

Exoprosopa melaena Loew,1874. Z. Ges. Naturwiss. 43:416. Type locality:Iran.

Exoprosopa melaena var. *abbreviata* Paramonov,1928. Trudy Fiz.-Mat. Vidd. Ukr. Akad. Nauk. 6(2):245(67). Type locality:Iran.

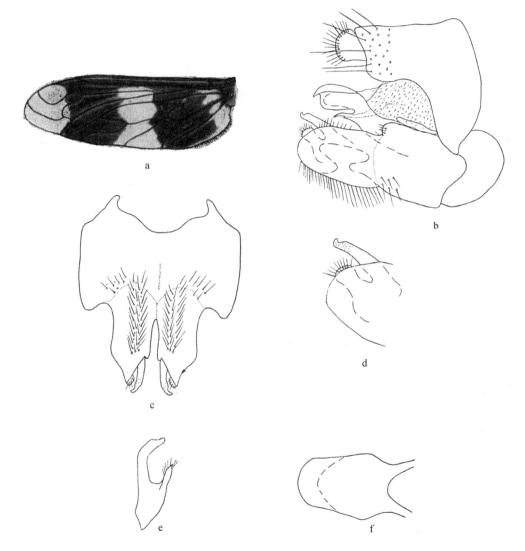

图 53 墨庸蜂虻 *Exoprosopa melaena* Loew,1874

a. 翅(wing);b. 雄性外生殖器,侧视(male genitalia,lateral view);c. 生殖基节和生殖刺突,腹视(gonocoxite and gonostylus,ventral view);d. 生殖刺突,侧视(gonostylus,lateral view);e. 生殖刺突,后视(gonostylus,posterior view);f. 阳茎复合体端部,背视(apex of aedeagal complex,dorsal view)。据 Zaitzev,1966 重绘

鉴别特征 翅部分透明,部分黑色,黑色部分成两个横带状,一个近翅基部,另一个稍靠近翅端部,两部分窄的前缘相连,前缘部分的黑色达翅缘;翅室 r_5 开放,翅脉 R_4 和 R_5 之间有一横脉相连。

分布 中国;阿富汗,阿塞拜疆,俄罗斯,吉尔吉斯斯坦,塔吉克斯坦,土耳其,土库曼斯坦,乌兹别克斯坦,希腊(科孚),亚美尼亚,伊朗。

(23) 蒙古庸蜂虻 *Exoprosopa mongolica* Paramonov,1928(图 54)

Exoprosopa mongolica Paramonov,1928. Trudy Fiz.-Mat. Vidd. Ukr. Akad. Nauk. 6 (2):250(72). Type locality:China(Nei Monggol).

雄 体长 13 mm,翅长 14 mm。

头部黑色,被白色粉,仅触角边缘黄色,单眼瘤褐色,被白色粉。头部的毛黑色或橘黄色,额被直立的黑色毛和浓密侧卧的橘黄色鳞片,颜被黑色毛和橘黄色鳞片,后头被浓密的淡黄色

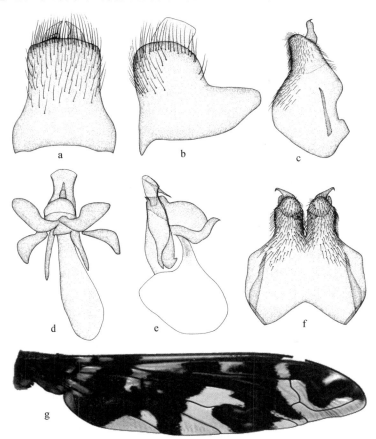

图 54 蒙古庸蜂虻 *Exoprosopa mongolica* Paramonov,1928

a. 生殖背板,背视(epandrium,dorsal view);b. 生殖背板,侧视(epandrium,lateral view);c. 生殖基节和生殖刺突,侧视(gonocoxite and gonostylus,lateral view);d. 阳茎复合体,背视(aedeagal complex,dorsal view);e. 阳茎复合体,侧视(aedeagal complex,lateral view);f. 生殖基节和生殖刺突,腹视(gonocoxite and gonostyli,ventral view);g. 翅(wing)

短毛和鳞片,边缘处被浓密直立的淡黄色毛。触角黄色,仅鞭节黑色;柄节长为宽的 2 倍,被浓密的黑色长毛;梗节长与宽几乎相等,被黑色短毛;鞭节圆锥状,光裸无毛,顶部有一分两节的附节,长度几乎与鞭节相等。触角各节长度比为 3∶2∶4。喙黑色,被极短的淡黄色毛;须褐色,被黑色长毛。

胸部黑色,被褐色粉。胸部的毛黄色,白色和黑色,鬃黑色;肩胛被黑色和淡黄色长毛,中胸背板前端被成排的黄色长毛,翅基部附近有 3 根黑色侧鬃,翅后胛被 5 根黑色鬃,胸部背面中后部被两簇白色毛,其余部分被黄色鳞片。小盾片红褐色,前缘被黄色鳞片,侧后部被白色和黑色的毛,后缘两侧各被 5 根黑色鬃。足黄色,被黄色鳞片。足的毛黑色,鬃黑色。前足腿节被稀疏的黑色长毛,跗节被黑色短毛。中足腿节有 6 av 端鬃,后足腿节有 3 av 和 10 ad 端鬃;中足胫节的鬃(7 ad,11 pd,9 av 和 10 pv),后足胫节的鬃(8 ad,6 pd,9 av 和 11 pv)。翅大部分黑色,仅翅室 r_1、r_{2+3}、r_4、r_5、dm、m_1、m_2、a 和 cua 的部分有透明斑;翅脉 C 基部被刷状黑色和黄色毛,翅基缘大,翅脉 r - m 靠近盘室中部。平衡棒基部淡黄色,端部褐色。

腹部黑色,仅侧面橘黄色。腹部的毛为黑色或白色。腹部背板侧面被浓密的黑色长毛,仅第 1 节背板侧面被白色毛;腹部背板被浓密侧卧的黑色和黄色鳞片,仅第 1 节背板后缘被白色鳞片,第 3~7 节背板两侧各有一簇白色鳞片。腹板被稀疏直立的黑色毛和侧卧的白色鳞片。

雄性外生殖器:生殖背板侧视近矩形,端部被黑色长鬃;尾须明显,长显著大于高;生殖背板背视近矩形,长显著大于宽;生殖基节端部被浓密的黑色毛,腹视基部大,顶部显著变窄;生殖刺突侧视基部厚,顶部尖且中部略弯曲;阳茎基背片背视长,顶端半圆形,端阳茎侧视长且顶部尖。

雌　体长 15 mm,翅长 15 mm。

与雄性近似,但腹部第 2 节前部两侧被黄色鳞片。

观察标本　1♂,北京海淀青龙桥,1981.Ⅸ.9,袁德成(IZCAS);1♀,北京海淀青龙桥,1987.Ⅸ.9,袁德成(IZCAS);1♀,北京门头沟百花山,1963.Ⅷ.24,王书永(IZCAS);1♂,北京延庆八达岭,1981.Ⅷ.13(IZCAS);1♂,北京延庆八达岭,1961.Ⅷ.2,张学忠(IZCAS);1♀,北京延庆八达岭,1975.Ⅷ.23,史永善(IZCAS);1♀,北京延庆八达岭,1987.Ⅸ.26,周士秀(IZCAS);1♀,北京延庆八达岭,1981.Ⅷ.13(IZCAS);1♀,北京延庆八达岭,1963.Ⅸ.5,史永善(IZCAS);1♂,山西太原,1953.Ⅷ.12(IZCAS);1♂,宁夏隆德峰台,2008.Ⅵ.28,姚刚(CAU);1♀,青海都兰希里沟,1950.Ⅶ.31,陆宝麟、杨集昆(CAU);1♂,西藏拉萨,1978.Ⅴ.18,李法圣(CAU)。

分布　北京(海淀、门头沟、延庆)、山西(太原)、内蒙古、宁夏(隆德)、青海(都兰)、西藏(拉萨);蒙古。

讨论　该种可以从翅斑鉴定,翅大部分黑色,仅翅室 r_1、r_{2+3}、r_4、r_5、dm、m_1、m_2、a 和 cua 的部分有透明斑。在此详细描绘了雄外的各部分结构图。

(24) 黄腹庸蜂虻,新种 *Exoprosopa sandaraca* sp. nov.(图 55,图版Ⅸ e)

雄　体长 18 mm,翅长 16 mm。

头部黑色,被白色粉和黄色鳞片,单眼瘤黑色。头部的毛以黄色为主,额被直立的黄色毛和侧卧的黄色鳞片,颜被直立的黄色毛和鳞片,后头被浓密的黄色鳞片,边缘处被成列的褐色毛。触角黄色,仅鞭节褐色;柄节长为宽的 3 倍,被黄色长毛;梗节长与宽几乎相等,被黑色短毛;鞭节圆锥状,光裸无毛,顶部有一黄色附节,长度约为鞭节的 1/4。触角各节长度比为 3∶1∶4。喙黑色,被极短的黄色毛,须黑色,被黑色毛。

　　胸部黑色,被白色粉,仅肩胛和胸侧缘黄色。胸部的毛以淡黄色为主,鬃黄色;肩胛被淡黄色长毛,中胸背板被稀疏的黄色长毛,前端被成排浓密的黄色鳞片,翅基部附近有 3 根黄色侧鬃,翅后胛有 5 根黄色鬃。小盾片黄色,前缘被黄色鳞片,后侧部被黄色鬃和鳞片。足褐色,被黄色鳞片,仅前足和中足的腿节黑色。足的毛黑色或黄色,鬃黑色。腿节被稀疏的黄色毛和浓密的黑色短毛,胫节被黄色鳞片,跗节被黑色鬃状短毛。中足腿节有 4 av 端鬃,后足腿节有 8 av 端鬃;中足胫节的鬃(10 ad,10 pd,8 av 和 11 pv),后足胫节的鬃(16 ad,11 pd,10 av 和 12 pv)。翅均匀的淡褐色;翅脉 C 基部被刷状黑色毛和浓密的黄色鳞片,翅基缘黄色区域较大,翅脉 r - m 在盘室靠基部的 1/3 处。平衡棒基部黄色,端部苍白色。

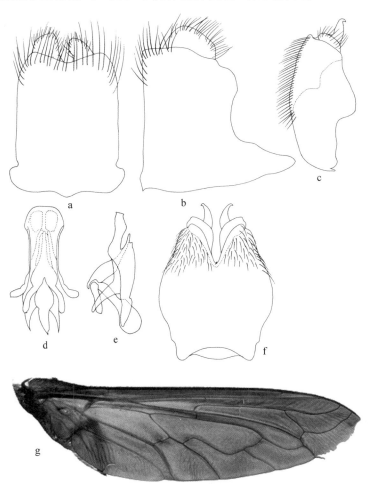

图 55　黄腹庸蜂虻,新种 *Exoprosopa sandaraca* **sp. nov.**

a. 生殖背板,背视(epandrium, dorsal view);b. 生殖背板,侧视(epandrium, lateral view);c. 生殖基节和生殖刺突,侧视(gonocoxite and gonostylus, lateral view);d. 阳茎复合体,背视(aedeagal complex, dorsal view);e. 阳茎复合体,侧视(aedeagal complex, lateral view);f. 生殖基节和生殖刺突,腹视(gonocoxite and gonostyli, ventral view);g. 翅(wing)

腹部黄色,被苍白色粉,仅第1～5节背板中部略深黄色。腹部的毛大部分为白色。腹部背板侧面被浓密的白色毛;腹部背面被侧卧的黄色鳞片,向后缘逐渐变浓密。腹板黄色,被浓密侧卧的黄色鳞片。

雄性外生殖器:生殖背板侧视近矩形,端部被黑色长鬃;尾须明显外露,长显著大于高,基部有明显侧突;生殖背板背视近矩形,长约为宽的2倍;生殖基节端部被浓密的黑色毛,腹视中部大,顶部显著变窄;生殖刺突侧视基部厚,顶部尖且显著弯曲;阳茎基背片背视矩形,顶端椭圆形,端阳茎侧视短且顶部尖。

雌　未知。

观察标本　正模♂,新疆吐鲁番,1985.Ⅵ.1,李常庆(IZCAS)。

分布　新疆(吐鲁番)。

讨论　该种与 *Exoprosopa dedecor* Loew,1871 近似,但翅为均匀的淡褐色,腹部第1～5节中部略深黄色,其余为黄色;*E. dedecor* 翅几乎完全透明,仅基前缘一小部分淡褐色,腹部第1～5节中部深褐色,其余黄色。

(25)土耳其庸蜂虻 *Exoprosopa turkestanica* Paramonov,1925(图56,图版Ⅸf)

Exoprosopa turkestanica Paramonov,1925. Konowia 4:43. Type locality:Kyrgyz Republic.

雄　体长 11～13 mm,翅长 12～13 mm。

头部黑色,被褐色粉,仅触角边缘黄色,单眼瘤褐色。头部的毛以黑色为主,额被直立的黑色毛,向触角方向变浓密,在单眼瘤和触角之间有一黄色鳞片的横带,颜被黑色长毛,后头被淡黄色短毛和鳞片,边缘处被浓密直立的淡褐色毛。触角黄色,仅鞭节黑色;柄节长为宽的2倍,被浓密的黑色长毛;梗节宽约为长的2倍,被黑色短毛;鞭节圆锥状,光裸无毛,顶部有一分两节的附节,长度略大于鞭节。触角各节长度比为 3:1:3。喙黑色,被极短的淡黄色毛;须黑色,被黑色长毛。

胸部黑色,被褐色粉。胸部的毛为黑色或黄色,鬃黑色;肩胛被黑色长毛和白色长鳞片,中胸背板前端被成排的黄色长毛,翅基部附近有3根黑色侧鬃,翅后胛被4根黑色鬃,胸部背面被黄色鳞片。小盾片红褐色,中前部被黑色鳞片,后缘两侧各有4根黑色鬃。足黄色,被黄色鳞片。足的毛黑色,鬃黑色。前足腿节被稀疏的黑色长毛,跗节被黑色短毛。中足腿节有 6 av 端鬃,后足腿节有 6 av 和 5 ad 端鬃;中足胫节的鬃(6 ad,8 pd,9 av 和 8 pv),后足胫节的鬃(9 ad,8 pd,7 av 和 11 pv)。翅大部分褐色,仅翅室 dm、m_2、cua、r_{2+3} 和 r_4 部分有透明斑;翅脉 C 基部被刷状黑色长毛,翅基缘大,翅脉 r-m 靠近盘室近基部 1/4 处。平衡棒黄褐色。

腹部黑色,仅第7节背板黄色,被黑色和黄色鳞片。腹部的毛以黑色为主。腹部背板侧面被浓密的黑色长毛,仅第1节背板侧面被白色毛;腹部背面被浓密侧卧的黑色和黄色鳞片,仅第1节背板后缘被白色鳞片,第3节背板两侧的白色鳞片成横带状,第5～7节背板两侧各有一白色鳞片形成的斑。第1～4节腹板淡黄色,第5～7节腹板被侧卧和直立的黑色毛。

雄性外生殖器:生殖背板侧视三角形,端部被黑色长鬃;尾须明显外露,长略大于高;生殖背板背视近矩形,长显著大于宽;生殖基节端部被黑色毛,腹视基部大,顶部略变窄;生殖刺突侧视基部厚,顶部尖且中部略弯曲;阳茎基背片背视长,顶端圆形,端阳茎侧视极短且顶部尖。

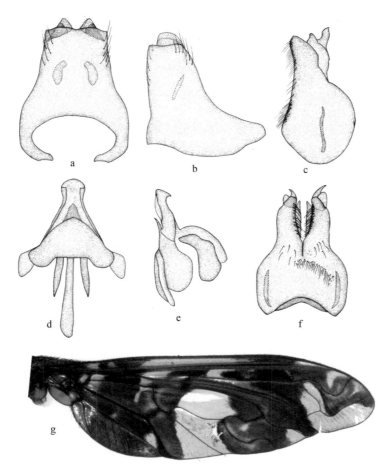

图 56 土耳其庸蜂虻 *Exoprosopa turkestanica* Paramonov,1925

a. 生殖背板,背视(epandrium,dorsal view);b. 生殖背板,侧视(epandrium,lateral view);c. 生殖基节和生殖刺突,侧视(gonocoxite and gonostylus,lateral view);d. 阳茎复合体,背视(aedeagal complex,dorsal view);e. 阳茎复合体,侧视(aedeagal complex,lateral view);f. 生殖基节和生殖刺突,腹视(gonocoxite and gonostyli,ventral view);g. 翅(wing)

雌 体长 13～16 mm,翅长 13～16 mm。

与雄性近似,但腹部第 1～2 节背板前部被黄色鳞片,第 3～4 节背板中前部被黄色鳞片。

观察标本 1♀,河北兴隆雾灵山,1973.Ⅷ.28,杨集昆(CAU);1♂,北京,1960.Ⅸ.9,杨集昆(CAU);1♂,北京,1960.Ⅸ.7,杨集昆(CAU);1♀,北京门头沟百花山,1960.Ⅸ.8,李法圣(CAU);1♀,陕西甘泉清泉沟,1971.Ⅸ.12,杨集昆(CAU);1♀,陕西甘泉清泉沟,1971.Ⅷ.15,杨集昆(CAU);1♂,1♀,西藏拉萨,1960.Ⅴ.9,王春光(IZCAS);1♀,西藏普兰巴嘎康沙,1976.Ⅶ.17,黄复生(IZCAS);1♂,西藏普兰巴嘎康沙,1976.Ⅶ.18,黄复生(IZCAS);1♀,西藏日喀则,1961.Ⅴ.20,王林瑶(IZCAS);3♂♂,2♀♀,四川巴塘义敦,1998.Ⅷ.16,张学忠(IZCAS)。

分布 河北(兴隆)、北京(门头沟)、陕西(甘泉)、西藏(拉萨、普兰、日喀则)、四川(巴塘)，阿富汗,吉尔吉斯斯坦,蒙古,塔吉克斯坦,伊朗。

讨论 该种翅大部分褐色,仅翅室 dm、m_2、cua、r_{2+3} 和 r_4 的部分有透明斑,翅室 cua 的透明斑靠近翅缘,但不达翅缘。

(26)脉庸蜂虻 *Exoprosopa vassiljevi* Paramonov,1928(图 57)

Exoprosopa vassiljevi Paramonov,1928. Trudy Fiz.-Mat. Vidd. Ukr. Akad. Nauk 6(2)：281(103). Type locality：China(Xinjiang).

鉴别特征 翅大部分黑色,部分有不规则的透明斑,翅室 r_{2+3} 透明部分不延伸至 r_1 室,臀室透明区域较大,延伸至臀室的边缘,占臀室的 1/4,翅室 r_4 被分割成两部分,端部近翅缘部分有黑斑。

分布 新疆、江西。

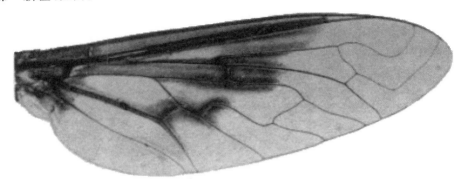

图 57 脉庸蜂虻 *Exoprosopa vassiljevi* Paramonov,1928

翅(wing)。据 Paramonov,1928

6. 斑翅蜂虻属 *Hemipenthes* Loew,1869

Hemipenthes Loew,1869. Berl. Entomol. Z. 13：28. Type species：*Musca morio* Linnaeus, 1758,by subsequent designation.

Isopenthes Osten Sacken,1886. Diptera [part]. *In*：Godman,F. D. & O. Salvin,eds.,Biologia Centrali-Americana. p. 80,96. Type species：*Isopenthes jaennickeana* Osten Sacken, 1886,by subsequent designation.

属征 体侧通常被浓密的黑色毛。口器正常。触角鞭节洋葱状,端部有一附节。颜圆形,最多有弱的凸出。翅有一大块的黑斑伸达边缘覆盖了至少它的一半的表面,在基部无银色的鳞片,翅脉 R_1-R_{2+3} 通常缺如(两个亚缘室)。前足胫节光滑或有少量微小的鬃。爪垫有时有。

讨论 斑翅蜂虻属 *Hemipenthes* 主要分布于古北界,新北界,新热带界和东洋界,非洲界分布 1 种。该属全世界已知 87 种,我国已知分布 24 种,其中有 1 个新种和 1 个新记录种。

种 检 索 表

1. 翅室 m_1 完全透明 ······ 2
   翅室 m_1 部分透明 ······ 14
2. 翅室 cu-a_1 完全黑色或者有一极小部分透明 ······ 3
   翅室 cu-a_1 部分透明 ······ 7
3. 翅室 cu-a_1 完全黑色 ······ 庸斑翅蜂虻 *H. exoprosopoides*
   翅室 cu-a_1 几乎完全黑色,仅端部有一小部分透明 ······ 4
4. 翅室 r_1 端部全部透明 ······ 5
   翅室 r_1 端部有一黑色斑 ······ 6
5. 翅室 r_5 的黑色部分长,明显延伸至靠近翅脉 m-m ······ 罗布斯塔斑翅蜂虻 *H. robusta*
   翅室 r_5 的黑色部分不靠近翅脉 m-m ······ 桑斑翅蜂虻 *H. morio*
6. 翅室 a_2 完全黑色;端阳茎背视端部尖 ······ 宁夏斑翅蜂虻 *H. ningxiaensis*
   翅室 a_2 端部有一透明的小斑;端阳茎背视端部钝 ······ 内蒙古斑翅蜂虻 *H. neimengguensis*
7. 翅室 m_2 几乎完全透明 ······ 8
   翅室 m_2 部分透明 ······ 9
8. 翅室 r_{2+3} 端部透明,翅盘室上方黑色部分不达翅脉 m-m ······ 诺斑翅蜂虻 *H. noscibilis*
   翅室 r_{2+3} 端部有一黑斑,翅盘室上方黑色部分至翅脉 m-m ······ 帕米尔斑翅蜂虻 *H. pamirensis*
9. 翅盘室上方黑色部分长,明显靠近翅脉 m-m 处 ······ 10
   翅盘室上方黑色部分短,不靠近翅脉 m-m ······ 11
10. 臀室端部有一明显的透明区域 ······ 岭斑翅蜂虻 *H. montanorum*
    臀室几乎完全透明,端部透明区域极小,不显著 ······ 四川斑翅蜂虻 *H. sichuanensis*
11. 翅室 dm 的大半部透明 ······ 先斑翅蜂虻 *H. praecisa*
    翅室 dm 的小部分透明 ······ 12
12. 翅室 r_{2+3} 端部透明 ······ 亚浅斑翅蜂虻 *H. subvelutina*
    翅室 r_{2+3} 端部有黑色斑 ······ 13
13. 翅室 cu-a_1 靠翅缘完全透明 ······ 浅斑翅蜂虻 *H. velutina*
    翅室 cu-a_1 靠翅缘半透明半黑色 ······ 云南斑翅蜂虻 *H. yunnanensis*
14. 翅室 r_4 部分透明 ······ 胆斑翅蜂虻 *H. gaudanica*
    翅室 r_4 完全透明 ······ 15
15. 翅室 r_{2+3} 端部有黑色斑 ······ 16
    翅室 r_{2+3} 端部透明 ······ 18
16. 翅室 cu-a_1 的透明部分少于其的 1/5;生殖背板近矩形,后视宽为高的 3 倍,端阳茎背视极长 ······
    ······ 端尖斑翅蜂虻 *H. apiculata*
    翅室 cu-a_1 的近一半部分透明 ······ 17
17. 翅脉 R_4 附近完全透明 ······ 西藏斑翅蜂虻 *H. xizangensis*
    翅室 r_{2+3} 黑斑伸达翅脉 R_4,并在翅脉 R_4 端部形成三角形的透明斑 ······ 具钩斑翅蜂虻 *H. hamifera*
18. 腹部第 1 节腹板被白色长毛 ······ 陈氏斑翅蜂虻 *H. cheni*
    腹部所有的腹板被侧卧的黄色毛和直立的黑色毛 ······ 19
19. 翅室 m_1 黑色部分不伸达翅脉 M_2 ······ 北京斑翅蜂虻 *H. beijingensis*
    翅室 m_1 黑色部分伸至翅脉 M_2 ······ 20
20. 翅室 r_1 端部透明 ······ 21
    翅室 r_1 端部有一黑斑 ······ 亮带斑翅蜂虻 *H. nitidofasciata*
21. 翅室 m_1 的黑色部分伸达翅缘;阳茎基背片背视中部略窄 ······ 暗斑翅蜂虻 *H. maura*
    翅室 m_1 的黑色部分不伸达翅缘;阳茎基背片背视近基部部略窄,端部有一清晰的 W 形横线 ········
    ······ 河北斑翅蜂虻 *H. hebeiensis*

（27）端尖斑翅蜂虻 *Hemipenthes apiculata* Yao，Yang *et* Evenhuis，2008（图 58）

Hemipenthes apiculata Yao，Yang *et* Evenhuis，2008. Zootaxa 1870：4. Type locality：Inner Mongolia（Azuoqi），Ningxia（Tongxin）.

雄　体长 7～10 mm，翅长 6～12 mm。

头部黑色，被灰色粉，单眼瘤黑色。毛黑色，额被直立的长黑毛，颜被浓密的黑毛，稀疏夹杂着黄色毛，后头被稀疏的黑毛，边缘处有一列黑色毛，单眼瘤长有 6 根黑色长毛。触角黑色，

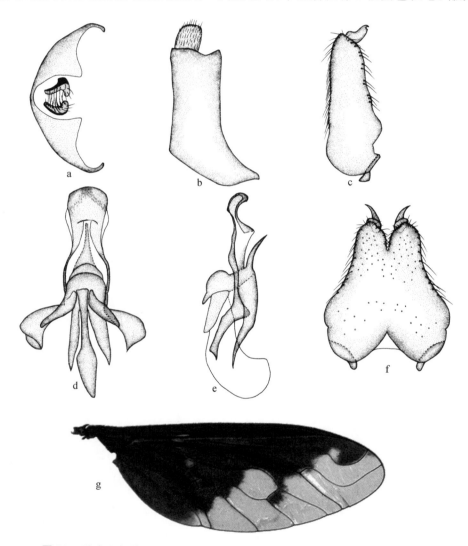

图 58　端尖斑翅蜂虻 *Hemipenthes apiculata* Yao，Yang *et* Evenhuis，2008

a. 生殖背板，后视（epandrium，posterior view）；b. 生殖背板，侧视（epandrium，lateral view）；c. 生殖基节和生殖刺突，侧视（gonocoxite and gonostylus，lateral view）；d. 阳茎复合体，背视（aedeagal complex，dorsal view）；e. 阳茎复合体，侧视（aedeagal complex，lateral view）；f. 生殖基节和生殖刺突，腹视（gonocoxite and gonostyli，ventral view）；g. 翅（wing）

仅鞭节褐色；柄节长圆柱形，长约为宽的 2 倍，两边被有成列的黑色长毛；梗节长与宽几乎相等，被稀疏的黑色毛；鞭节洋葱状，光裸无毛。触角各节长度比为 3：2：9。喙黑褐色，被黑色毛；须褐色，被黑色毛。

胸部黑色，被褐色粉。胸部的毛为白色、黑色和黄色，鬃为黑色；肩胛被黑色和黄色的长毛，中胸背板前端被成排的黄色长毛，翅基部附近有 3 根黑色侧鬃；翅后胛有 2 根黑鬃。小盾片被有稀疏的黄色和黑色长毛。足褐色，被黄色鳞片和灰色粉。足的毛以黑色为主，鬃黑色。腿节被黑色长毛；胫节被黄色短毛；跗节被黑色短毛。中足腿节和后足腿节有 3 根 av 端鬃；中足胫节的鬃（4 ad，7 pd，5 av 和 6 pv），后足胫节的鬃（8 ad，6 pd，7 av 和 6 pv）。除了前足胫节以外，腿节和胫节被黄色鳞片。翅大部分黑色，部分透明；透明部分包括整个的 r_4 室；m_1 和 m_2 室的大部分；r_{2+3}、r_5、dm 和 cu-a 室的部分，以及 r_1、a_1 和 a_2 室的小部分。r_4 室端部有极小的灰点，r_5 室中黑色部分延伸至 m_1 室附近，r_1 室透明部分近方形。平衡棒基部褐色，端部苍白色。

腹部黑色，被褐色粉。腹部的毛白色、黑色和黄色。腹部侧面被浓密的黑色长毛，仅第 1、4、7 腹节侧面被浓密的白色长毛，腹部背面被侧卧的黑色绒毛，仅第 1、4、7 节腹部背板被侧卧的白色绒毛，第 5～8 节背板前端中间有一光裸的区域；第 9～10 节背板有黑色绒毛。腹板被侧卧的黄色绒毛和直立的黑色绒毛。

雄性外生殖器：生殖背板侧视近方形，基部有明显的侧突，长约为高的 3 倍，生殖背板后视宽为高的 3 倍；生殖基节腹视近端部部分宽度均一，较基部有些变窄，顶部有一极窄的深凹，端侧叶腹视端部尖；生殖刺突侧视端部隆起，端部尖且急剧弯曲，阳茎基背片中部略窄，阳茎基背片中前部有一模糊的横线，端阳茎背视大且长，端阳茎侧视窄且长。

雌　体长 6～7 mm，翅长 7～9 mm。

与雄性近似，但翅 m_1 室黑色部分比较大且延伸至 m_2 室；腹部腹节被有稀疏的绒毛。

观察标本　正模♂，内蒙古阿拉善左旗贺兰山，2007.Ⅶ.7，姚刚（CAU）。副模 1♂，2♀♀，宁夏同心罗山，2007.Ⅶ.13，姚刚（CAU）。1♂，北京门头沟灵山古道，2008.Ⅵ.9，姚刚（CAU）；1♂，天津蓟县黑水河，1986.Ⅵ.1，迫（CAU）；34♂♂，1♀，内蒙古阿鲁科尔沁罕山，2008.Ⅶ.20，姚刚（CAU）；1♂，内蒙古呼和浩特劈柴沟，1994.Ⅶ，彭勇政（IMAU）；1♂，宁夏泾源和尚铺，2008.Ⅵ.25，姚刚（CAU）；1♂，宁夏隆德峰台，2008.Ⅵ.27，姚刚（CAU）。

分布　北京（门头沟）、天津（蓟县）、内蒙古（阿拉善左旗、阿鲁科尔沁、呼和浩特）、宁夏（泾源、隆德、同心）。

讨论　该种与 *Hemipenthes hamiferus*（Loew，1854）近似，但翅室 cu-a_1、a_1 和 a_2 中透明部分略小，翅室 a_2 极小且近三角形，翅脉 R_4 端部有一极小的灰点，端阳茎侧视长且窄。而 *H. hamiferus* 翅室 cu-a_1、a_1 和 a_2 中透明部分很大，翅室 a_2 的透明部分与黑色部分几乎等长，端阳茎较短、宽。

(28)北京斑翅蜂虻 *Hemipenthes beijingensis* Yao，Yang *et* Evenhuis，2008（图 59）

Hemipenthes beijingensis Yao，Yang *et* Evenhuis，2008. Zootaxa 1870：6. Type locality：Beijing（Mentougou），Hebei（Xinglong，Zhulu）.

雄　体长 6～13 mm，翅长 7～14 mm。

　　头部黑色，单眼瘤深褐色。毛黑色或黄色，额被直立的黑色长毛和稀疏侧卧的黄色毛，颜被浓密的黑毛和黄色绒毛，后头被稀疏的黑色和黄色绒毛，边缘处有一列直立的暗黑色绒毛，单眼瘤有6根黑色长毛。触角褐色，仅鞭节淡褐色；柄节长圆柱形，长约为宽的2倍，两边被成列的黑色长毛；梗节长与宽几乎相等，被稀疏的黑色毛；鞭节洋葱状，光裸无毛。触角各节长度比为5∶2∶10。喙褐色，被黄色和黑色的毛；须黄褐色，被黑色和黄色的毛。

　　胸部黑色，被褐色粉。胸部的毛以黄色为主，鬃黑色或黄色；肩胛被黄色毛，中胸背板前端被成排的黄色长毛，翅基部附近有3根黄色的侧鬃；侧背片被一簇淡黄色的毛，翅后胛有3根黄色鬃。小盾片被稀疏的黄色或黑色长毛。足黑色，胫节黄色。足的毛以黑色为主，鬃黑色。腿节被黑色长毛；胫节被黑色短毛；跗节被黑色短毛。中足腿节和后足腿节有3根av端鬃；中

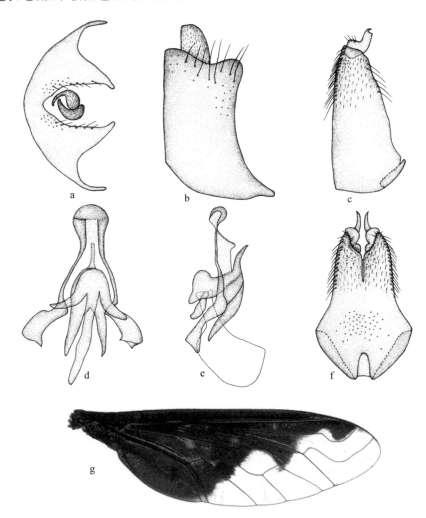

图59　北京斑翅蜂虻 Hemipenthes beijingensis Yao, Yang et Evenhuis, 2008
a. 生殖背板，后视（epandrium, posterior view）；b. 生殖背板，侧视（epandrium, lateral view）；c. 生殖基节和生殖刺突，侧视（gonocoxite and gonostylus, lateral view）；d. 阳茎复合体，背视（aedeagal complex, dorsal view）；e. 阳茎复合体，侧视（aedeagal complex, lateral view）；f. 生殖基节和生殖刺突，腹视（gonocoxite and gonostyli, ventral view）；g. 翅（wing）

足胫节的鬃(9 ad,9 pd,6 av 和 6 pv),后足胫节的鬃(12 ad,12 pd,9 av 和 9 pv)。腿节和胫节被黄色鳞片。翅半透明,透明部分包括整个的 r_4 室;r_{2+3}、r_5、m_1、m_2、dm 和 cu-a_1 室的大部分;cup,a 和 r_1 室的小部分。r_1 室透明部分呈新月形,翅室 a 透明部分极小,近三角形。平衡棒基部黑色,端部苍白色。

腹部黑色,被褐色粉。腹部的毛为淡黄色和黑色。腹部背板侧面被浓密的黄色长毛,仅第1、4 和 7 节侧面被浓密的黑色长毛,腹部背面大部分被侧卧的黑色毛,仅第 4 节的中前部有一光裸的区域,第 9~10 节背板被淡黄色的毛。腹板被侧卧的黄色毛和直立的黑色毛。

雄性外生殖器:生殖背板侧视近正方形,基部有一小的侧突,长约为高的 3 倍,生殖背板后视宽约为高的 2 倍;生殖基节腹视向后略微变窄,顶部有一极窄的深凹,端侧叶腹视端部尖;生殖刺突侧视端部隆起,端部尖且急剧弯曲;阳茎基背片中部略窄,阳茎基背片背视端部近半圆形,中部明显变窄,端部有一半模糊的横线,端阳茎背视弯曲,端阳茎侧视长,略窄。

雌 体长 6~15 mm,翅长 6~15 mm。

与雄性近似,但翅上黑斑由 m_1 室伸直翅缘,腹部第 1 和 4 节背板被黄色毛,且形成一横带贯穿整节。

观察标本 正模♂,北京门头沟小龙门,2007.Ⅷ.14,姚刚(CAU)。副模 1♂,河北兴隆雾灵山,2007.Ⅷ.24,张魁艳(CAU);2♂♂,河北涿鹿杨家坪,2007.Ⅷ.12,姚刚(CAU);4♂♂,北京门头沟小龙门,2007.Ⅷ.14,姚刚(CAU)。1♂,河北兴隆雾灵山,1973.Ⅷ.28,杨集昆(CAU);1♀,河北兴隆雾灵山,2006.Ⅹ.4,姚刚(CAU);9♂♂,河北兴隆雾灵山,2007.Ⅷ.23,张魁艳(CAU);1♀,河北兴隆雾灵山,2007.Ⅷ.20,霍姗(CAU);1♀,河北涿鹿杨家坪,2005.Ⅶ.2,董慧(CAU);1♂,河北涿鹿杨家坪,2005.Ⅶ.3,刘星月(CAU);1♀,河北涿鹿杨家坪,2005.Ⅶ.3,董慧(CAU);2♀♀,河北涿鹿杨家坪,2005.Ⅶ.5,董慧(CAU);1♀,河北涿鹿杨家坪,2005.Ⅵ.29,董慧(CAU);1♀,河北涿鹿杨家坪,2005.Ⅵ.29,刘星月(CAU);31♂♂,12♀♀,河北涿鹿杨家坪,2007.Ⅷ.11,姚刚(CAU);12♂♂,16♀♀,河北涿鹿杨家坪,2007.Ⅷ.12,姚刚(CAU);1♂,河北涿鹿杨家坪,2007.Ⅷ.13,姚刚(CAU);1♀,北京昌平黑山寨,2005.Ⅷ.30,李冠林(CAU);1♀,北京昌平黑山寨,2006.Ⅸ.5,王蕾(CAU);1♀,北京昌平黑山寨,2006.Ⅸ.5,王嵩(CAU);1♀,北京昌平黑山寨,2006.Ⅸ.5,王晓贝(CAU);1♀,北京昌平黑山寨,2006.Ⅸ.6,季剑峰(CAU);1♀,北京昌平黑山寨,2006.Ⅸ.6,陈保桦(CAU);1♀,北京昌平黑山寨,2006.Ⅸ.6,徐建美(CAU);1♀,北京昌平黑山寨,2006.Ⅸ.6,娄巧哲(CAU);2♀♀,北京昌平黑山寨,2006.Ⅸ.7,李冠林(CAU);1♀,北京昌平黑山寨,2006.Ⅸ.7,李锦钰(CAU);1♀,北京昌平黑山寨,2006.Ⅸ.7,刘鑫(CAU);1♀,北京昌平黑山寨,2006.Ⅸ.8,牛茜(CAU);1♀,北京昌平黑山寨,2006.Ⅸ.8,周美娇(CAU);1♀,北京海淀百望山,2005.Ⅸ.4,陈倩(CAU);1♀,北京海淀香山,1957.Ⅸ.9,李法圣(CAU);1♀,北京海淀香山,1986.Ⅵ.2,李法圣(CAU);1♀,北京海淀香山,2001.Ⅸ.5,刘大鹏(CAU);2♀♀,北京海淀植物园,2001.Ⅸ.4,彭婷(CAU);1♀,北京海淀植物园,2001.Ⅸ.5(CAU);1♀,北京金山,1986.Ⅵ.3,王象贤(CAU);1♀,北京门头沟百花山,1986.Ⅶ.8,舟(CAU);1♀,北京门头沟百花山,1986.Ⅶ.8,王(CAU);1♀,北京门头沟百花山,2005.Ⅶ.16,徐艳玲(CAU);74♂♂,13♀♀,北京门头沟灵山古道,2008.Ⅵ.9,姚刚(CAU);76♀♀,北京门头沟龙门涧,2007.Ⅷ.15,姚刚(CAU);1♂,北京门头沟龙门涧,2008.Ⅵ.7,姚刚(CAU);63♂♂,18♀♀,北京门头沟龙门涧,2008.Ⅵ.8,姚刚(CAU);6♀♀,北京门头沟小龙门,2002.Ⅸ.8,Akira Nagatomi(CAU);1♂,

1♀,北京门头沟小龙门,2005.Ⅶ.4,董慧(CAU);1♂,北京门头沟小龙门,2005.Ⅶ.14,张俊华(CAU);86♂♂,15♀♀,北京门头沟小龙门,2007.Ⅷ.14,姚刚(CAU);1♂,山西垣曲,1986.Ⅶ.11,常育军(CAU);1♂,陕西凤县大散关,1999.Ⅸ.3,李传仁(CAU);1♀,陕西甘泉清泉沟,1971.Ⅶ.2,杨集昆(CAU);1♀,陕西甘泉清泉沟,1971.Ⅸ.4,杨集昆(CAU);1♀,陕西甘泉清泉沟,1971.Ⅶ.26,杨集昆(CAU);1♀,陕西甘泉清泉沟,1971.Ⅶ.28,杨集昆(CAU);1♂,陕西周至,1951.Ⅸ.19(CAU);1♂,2♀♀,陕西周至秦岭植物园,2006.Ⅶ.16,朱雅君(CAU);1♀,山东泰安,2000.Ⅵ.20,雷忠明(CAU);1♀,山东潍坊,2006.Ⅷ.6,孙艳(CAU);2♀♀,内蒙古乌拉特前旗,1978.Ⅶ.14,杨集昆(CAU);3♀♀,内蒙古乌拉特前旗,1978.Ⅶ.14,陈合明(CAU);1♀,西藏察隅吉公,1978.Ⅶ.2,李法圣(CAU);1♀,湖北宜昌三斗坪,2005.Ⅶ,庄丽琴(CAU)。

分布 河北(兴隆、涿鹿)、北京(昌平、海淀、门头沟)、山西(垣曲)、陕西(凤县、甘泉、周至)、山东(泰安、潍坊)、内蒙古(乌拉特前旗)、西藏(察隅)、湖北(宜昌)。

讨论 该种与 *Hemipenthes mesasiatica*(Zaitzev,1962)近似,但翅室 cu-a$_1$ 中透明部分较小,阳茎基背片在中部明显变窄,端阳茎背视近矩形;而 *H. mesasiatica* 的翅室 cu-a$_1$ 中透明部分很大,阳茎基背片在中部略窄,端阳茎背视近三角形。

(29)陈氏斑翅蜂虻 *Hemipenthes cheni* Yao,Yang *et* Evenhuis,2008(图 60)

Hemipenthes cheni Yao,Yang *et* Evenhuis,2008. Zootaxa 1870:8. Type locality:Inner Mongolia(Bayannaoer).

雄 体长 11 mm,翅长 12 mm。

头部黑色,被灰色粉,后头被褐色粉,单眼瘤红褐色。头部的毛为黑色或黄色,额被直立的黑色长毛,颜被浓密的黑色毛,且夹杂着稀疏的黄色毛,后头被稀疏的黑色毛,边缘处被一列褐色毛,单眼瘤被 4 根黑色长毛。触角褐色,仅鞭节淡褐色;柄节长圆柱形,长约为宽的 3 倍,两边被成列的黑色长毛;梗节长与宽几乎相等,被稀疏的黑色毛;鞭节洋葱状,光裸无毛。触角各节长度比为 3:1:5。喙黑褐色,被黄色毛;须淡黄色,被浅黑色毛。

胸部黑色,被灰色粉,小盾片被褐色粉。胸部的毛以黄色和白色为主,鬃为黑色或黄色;肩胛被白色长毛,中胸背板前端被成排的黄色长毛,翅基部附近有 3 根黑色侧鬃;侧背片被一簇黄色毛。小盾片被稀疏的黑色长毛。足褐色,跗节黑色。足的毛为黄色和黑色,鬃黑色。腿节被黑色长毛;胫节被鬃状黑毛和黄色短毛;跗节被黄色短毛。中足腿节和后足腿节有 2 根 av 端鬃;中足胫节的鬃(7 ad,7 pd,6 av 和 8 pv),后足胫节的鬃(10 ad,9 pd,7 av 和 8 pv)。后足腿节被黄色鳞片,中足和后足的胫节被黄色鳞片。翅部分黑色,部分透明;透明部分包括整个的 r$_4$ 室;r$_{2+3}$、r$_5$、dm、cu-a$_1$、m$_1$ 和 m$_2$ 室的大部分;cup、a 和 r$_1$ 室的小部分。翅室 r$_1$ 透明部分近半圆形,翅室 a 的透明部分很小,近三角形。平衡棒基部褐色,端部苍白色。

腹部黑色,被褐色粉。腹部的毛为白色和黑色。腹部侧面被浓密的黑色长毛,仅第 1 和 4 腹节侧面被浓密的白色长毛,腹部背板被侧卧的黑色毛,第 2～6 节背板中前部有一光裸的区域,第 9～10 背板被黑色绒毛。腹板被侧卧的黄色绒毛和直立的黑色绒毛,仅第 1 腹节被白色长毛。

雄性外生殖器:生殖背板侧视近正方形,基部有明显的侧突,长和高几乎相等,生殖背板后

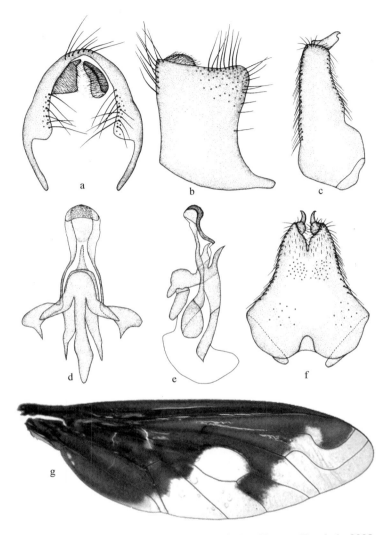

图 60　陈氏斑翅蜂虻 *Hemipenthes cheni* Yao，Yang *et* Evenhuis，2008

a. 生殖背板，后视（epandrium，posterior view）；b. 生殖背板，侧视（epandrium，lateral view）；c. 生殖基节和生殖刺突，侧视（gonocoxite and gonostylus，lateral view）；d. 阳茎复合体，背视（aedeagal complex，dorsal view）；e. 阳茎复合体，侧视（aedeagal complex，lateral view）；f. 生殖基节和生殖刺突，腹视（gonocoxite and gonostyli，ventral view）；g. 翅（wing）

视高略大于宽；生殖基节腹视近端部部分略变窄，顶部有 V 形的深凹，端侧叶腹视端部尖；生殖刺突侧视端部隆起，端部尖且急剧弯曲，阳茎基背片近基部窄，阳茎基背片中前部有一条清晰的横线，端阳茎背视近三角形，端阳茎侧视端部尖。

雌　体长 9 mm，翅长 9～11 mm。

与雄性近似，但翅 r_{2+3} 室的端部有一黑斑。

观察标本　正模♂，内蒙古巴彦淖尔，1978．Ⅶ．14，陈合明（CAU）。副模 2♀♀，内蒙古巴彦淖尔，1978．Ⅶ．14，陈合明（CAU）。1♂，宁夏隆德峰台，2008．Ⅵ．25，毕文烜（SEMCAS）；1♂，宁夏隆德绿源，2008．Ⅶ．1，毕文烜（SEMCAS）。

分布 内蒙古(巴彦淖尔)、宁夏(隆德)。

讨论 该种与 *Hemipenthes tushetica*(Zaitzev,1966)近似,但翅室 r_4 全部透明,翅室 r_{2+3} 端部无黑斑(雄性),阳茎基背片近基部变窄,端阳茎背视近三角形;而 *H. tushetica* 翅室 r_{2+3} 端部有一黑斑,翅室 r_4 基部有一透明斑,阳茎基背片近基部正常,端阳茎背视近矩形。

(30)庸斑翅蜂虻 *Hemipenthes exoprosopoides* Paramonov,1928(图 61)

Hemipenthes exoprosopoides Paramonov,1928. Trudy Fiz. -Mat. Vidd. Ukr. Akad. Nauk 6(2):285(107). Type locality:Iran.

鉴别特征 翅大部分黑色,仅端部后缘约 1/4 为透明,翅室 $cu-a_1$ 完全黑色,盘室近几乎完全黑色,仅端部一小部分透明,翅室 r_{2+3} 端部有一黑色斑,翅室中仅 r_4 和 m_1 完全透明。

分布 四川;阿塞拜疆,吉尔吉斯斯坦,塔吉克斯坦,土库曼斯坦,乌兹别克斯坦,亚美尼亚,伊朗,以色列。

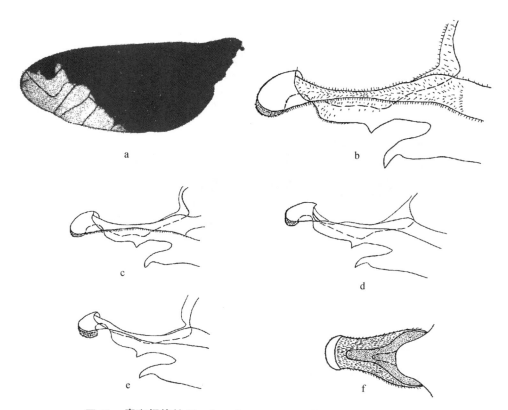

图 61 庸斑翅蜂虻 *Hemipenthes exoprosopoides* Paramonov,1928

a. 翅(wing);b—e,阳茎端部,侧视(apex of aedeagal complex,lateral view);f. 阳茎端部,背视(apex of aedeagal complex,dorsal view)。据 Zaitzev,1966 重绘

(31)胆斑翅蜂虻 *Hemipenthes gaudanica* Paramonov,1927(图 62)

Hemipenthes gaudanica Paramonov,1927. Encycl. Entomol. B(II)3:166. Type locality: Turkmenistan.

鉴别特征 翅大部分黑色,仅端部后缘约 1/5 透明,黑色部分中仅横脉附近有透明的斑,翅室 r_1 近端部有一新月形的透明斑,盘室完全黑色,翅室 m_1 基部约 1/3 黑色,翅室 r_4 仅基部小部分黑色。

分布 新疆;吉尔吉斯斯坦,蒙古,塔吉克斯坦,土库曼斯坦,乌兹别克斯坦,伊朗。

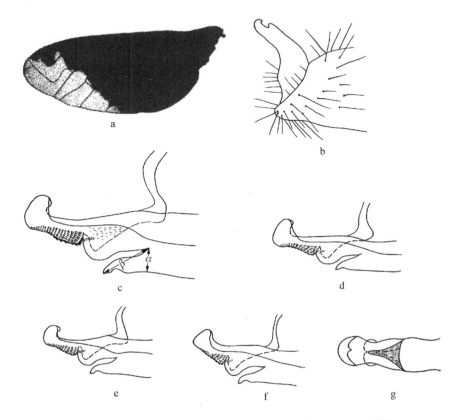

图 62　胆斑翅蜂虻 *Hemipenthes gaudanicus* **Paramonov,1927**

a. 翅(wing);b. 生殖刺突,侧视(gonostylus,lateral view);c—f,阳茎端部,侧视(apex of aedeagal complex,
lateral view);g. 阳茎端部,背视(apex of aedeagal complex,dorsal view)。据 Zaitzev,1966 重绘

(32)具钩斑翅蜂虻 *Hemipenthes hamifera* **Loew,1854**(图 63)

Anthrax hamifera Loew,1854. Progr. K. Realschule Meseritz 1854:2. Type locality:
Russia(ES or WS).

雄　体长 8～11 mm,翅长 9～12 mm。

头部黑色,被灰色粉,单眼瘤红褐色。头部的毛黑色或黄色,额被侧卧的黄色长毛和直立的黑色长毛,颜被浓密的黑色和黄色的毛,后头被稀疏的黄色毛,边缘处被一列直立的黄色毛,单眼瘤被 4 根黑色长毛。触角黑色,仅鞭节淡褐色;柄节长圆柱形,长约为宽的 2 倍,两侧被成列的鬃状黑色长毛;梗节长与宽几乎相等,被稀疏的黑色毛;鞭节洋葱状,光裸无毛。触角各节长度比为 2:1:3。喙黑褐色,被黑色毛;须深褐色,被黑色毛。

胸部黑色,被褐色粉。胸部的毛以白色为主,鬃黑色或黄色;肩胛被白色和黄色的长毛,中

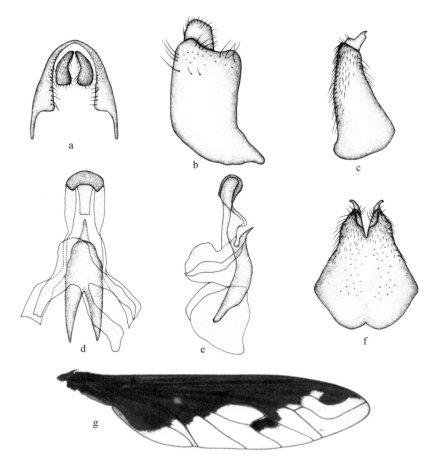

图 63　具钩斑翅蜂虻 *Hemipenthes hamifera* Loew, 1854

a. 生殖背板,后视(epandrium, posterior view);b. 生殖背板,侧视(epandrium, lateral view);c. 生殖基节和生殖刺突,侧视(gonocoxite and gonostylus, lateral view);d. 阳茎复合体,背视(aedeagal complex, dorsal view);e. 阳茎复合体,侧视(aedeagal complex, lateral view);f. 生殖基节和生殖刺突,腹视(gonoco xite and gonostyli, ventral view);g. 翅(wing)

胸背板前端被成排的黄色长毛,翅基部附近有 3 根黑色侧鬃,翅后胛有 3 根黄色鬃。小盾片被稀疏的黑色和黄色长毛。足褐色,被黄色鳞片和灰色粉。足的毛以黑色为主,鬃黑色。腿节被黑色长毛;前足胫节被黄色短毛,前足跗节被黄色短毛,中足和后足跗节被黑色短毛。中足和后足腿节有 3 根 av 端鬃;中足胫节的鬃(6～8 ad,7～8 pd,6～8 av 和 6～8 pv),后足胫节的鬃(9～12 ad,7～10 pd,7～10 av 和 6～9 pv)。除前足胫节外,腿节和胫节被黄色鳞片。翅部分黑色,部分透明;透明部分包括整个 r_4 室;m_1、m_2 和 cu-a1 室的大部分;r_{2+3}、r_5、dm、cup 和 a 室的部分;r_1 室的小部分。翅室 bm 端部有一灰色斑,翅室 r_{2+3} 的黑色部分延伸至 r_4 室,翅黑色部分由 m_1 室延伸至 m_2 室。平衡棒基部褐色,端部苍白色。

腹部黑色,被褐色粉。腹部的毛为白色、黑色和黄色。腹部背板侧面被浓密的黑色长毛,仅第 1 和 4 节背板侧面被浓密的白色长毛,腹部背板被侧卧的黑色和黄色毛,仅第 1 节光裸无毛,第 4 和 6 节背板被白色和黄色侧卧的毛,第 5～7 节背板中后部有一小的光裸区域,第 9 和 10 节背板被白色和黑色的毛。腹板被侧卧的黄色毛和直立的黑色毛。

雄性外生殖器:生殖背板侧视近矩形,基部有明显的侧突,长显著大于高,生殖背板后视高约为宽的 2 倍;生殖基节腹视近端部部分变窄,顶部有 V 形的深凹,端侧叶腹视端部尖;生殖刺突侧视端部隆起,端部尖且急剧弯曲;阳茎基背片背视近方形,仅近基部略变窄,端部有一W 形的横线,端阳茎背视近三角形,端阳茎侧视端部变窄。

雌 体长 10～12 mm,翅长 10～12 mm。

与雄性近似,但翅 r_{2+3} 室中黑斑延伸至 r_4 室,翅室 m_2 中黑色部分比较大,小盾片被黄色毛,腹部第 2 和 3 节被黄色毛。

观察标本 4♂♂,10 ♀♀,内蒙古阿拉善左旗贺兰山,2007.Ⅶ.7,姚刚(CAU);5♂♂,3 ♀♀,内蒙古阿拉善左旗贺兰山,2007.Ⅶ.8,姚刚(CAU);1♂,1 ♀,内蒙古阿拉善左旗贺兰山,2007.Ⅶ.9,姚刚(CAU);1♂,内蒙古正镶白旗,1978.Ⅷ.14,杨集昆(CAU);1♂,宁夏同心罗山,2007.Ⅶ.12,姚刚(CAU);1♂,宁夏同心罗山,2007.Ⅶ.13,姚刚(CAU);1♂,青海都兰塞什克,1950.Ⅷ.1,陆宝麟、杨集昆(CAU);4♂♂,青海都兰塞什克,1950.Ⅷ.4,陆宝麟、杨集昆(CAU)。

分布 内蒙古(阿拉善左旗、正镶白旗)、宁夏(同心)、新疆、青海(都兰)、江苏、阿塞拜疆、保加利亚、俄罗斯、法国、格鲁吉亚、哈萨克斯坦、吉尔吉斯斯坦、蒙古、南斯拉夫、塔吉克斯坦、土耳其、土库曼斯坦、乌兹别克斯坦、西班牙、希腊、亚美尼亚、伊朗、意大利。

讨论 该种可从翅斑鉴定出,翅室 bm 端部有一灰斑,翅室 r_{2+3} 黑色部分延伸至 r_4,翅上黑色部分由 m_1 室延伸至 m_2 室。

(33)河北斑翅蜂虻 *Hemipenthes hebeiensis* Yao,Yang *et* Evenhuis,2008(图 64)

Hemipenthes hebeiensis Yao,Yang *et* Evenhuis,2008. Zootaxa 1870:11. Type locality: Hebei (Zhulu).

雄 体长 12～13 mm,翅长 13～17 mm。

头部黑色,单眼瘤黑色。头部的毛黑色或黄色,额被黑色毛,颜被浓密的黑色和黄色的毛,后头被稀疏的黑色和黄色的毛,边缘处被一列直立的黄褐色毛,单眼瘤被 5 根黑色长毛。触角黑色,仅鞭节褐色;柄节长圆柱形,长约为宽的 3 倍,两边被成列的黑色长毛;梗节长与宽几乎相等,被黑毛;鞭节洋葱状,光裸无毛。触角各节长度比为 3:1:5。喙褐色,被黄色和黑色的毛;须深褐色,被黑色的毛。

胸部黑色,被褐色粉。胸部的毛以淡黄色为主,鬃为黑色或黄色;肩胛被黑色和黄色的长毛,中胸背板前端被成排的暗黄色长毛,翅基部附近有 4 根黑色侧鬃,侧背片被一簇黄毛,翅后胛有 4 根黄色鬃。小盾片被稀疏的黑色长毛。足黑色。足的毛以黑色为主,鬃黑色。腿节被黑色长毛;胫节被鬃状黑色和一些黄色短毛,跗节被鬃状的黄色短毛。中足腿节有 3 根 av 端鬃,后足腿节有 5 根 av 端鬃;中足胫节的鬃(9 ad,10 pd,7 av 和 8 pv),后足胫节的鬃(23 ad,13 pd,12 av 和 15 pv)。中足和后足的腿节和胫节被黄色鳞片。翅一半黑色,一半透明;透明部分包括整个 r_4 室;r_5、r_{2+3}、m_1、m_2、dm 和 $cu-a_1$ 室的大部分;cup、a 和 r_1 室的小部分。翅室 r_1 中透明部分近矩形,翅室 a 端部的透明部分极小,近三角形。平衡棒基部棕黄色,端部苍白色。

腹部黑色。腹部的毛为淡黄色和黑色。腹部背板侧面被浓密的黑色长毛,第 1、4 和 7 节侧面被淡黄色长毛,腹部背面被黑色毛,第 1 和 4 节背板被淡黄色毛,第 9 和 10 节背板被黑色毛。腹板被侧卧的黄色毛和直立的黑色毛。

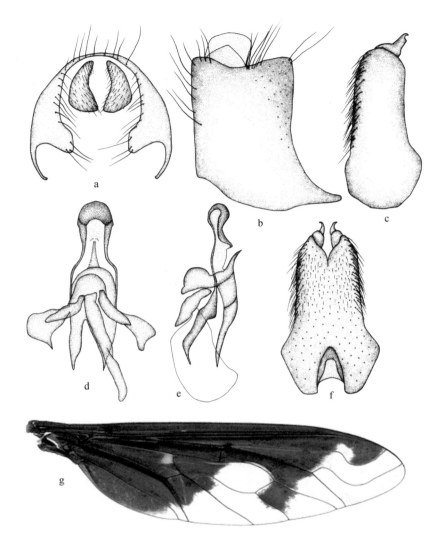

图 64　河北斑翅蜂虻 *Hemipenthes hebeiensis* Yao, Yang et Evenhuis, 2008

a. 生殖背板, 后视 (epandrium, posterior view); b. 生殖背板, 侧视 (epandrium, lateral view); c. 生殖基节和生殖刺突, 侧视 (gonocoxite and gonostylus, lateral view); d. 阳茎复合体, 背视 (aedeagal complex, dorsal view); e. 阳茎复合体, 侧视 (aedeagal complex, lateral view); f. 生殖基节和生殖刺突, 腹视 (gonocoxite and gonostyli, ventral view); g. 翅 (wing)

雄性外生殖器: 生殖背板侧视近矩形, 基部有明显的侧突, 长略大于高, 生殖背板后视高与宽几乎相等; 生殖基节腹视近端部部分变窄, 顶部有一深凹, 端侧叶腹视端部尖; 生殖刺突侧视端部隆起, 端部尖且急剧弯曲; 阳茎基背片背视近基部急剧收缩, 端部有一明显的 W 形横线, 端阳茎背视近三角形, 端阳茎侧视端部变窄, 顶部尖。

雌　体长 13 mm, 翅长 13 mm。

与雄性近似, 但翅 m_1 和 m_2 室中黑色部分较大, 腹部第 6 背板被黄色毛。

观察标本　正模♂, 河北涿鹿杨家坪, 2007. Ⅷ. 13, 姚刚 (CAU)。副模 6 ♂♂, 1 ♀, 河北涿鹿杨家坪, 2007. Ⅷ. 13, 姚刚 (CAU)。2 ♂♂, 2 ♀♀, 内蒙古阿鲁科尔沁罕山, 2008. Ⅶ. 20, 姚刚

（CAU）；1♂，宁夏泾源红峡，2008.Ⅶ.1，姚刚（CAU）；3♂♂，宁夏泾源龙潭，2008.Ⅶ.6，姚刚（CAU）；1♂，宁夏隆德苏台，2008.Ⅵ.24，姚刚（CAU）；2♂♂，宁夏隆德峰台，2008.Ⅵ.28，姚刚（CAU）。

分布 河北（涿鹿）、内蒙古（阿鲁科尔沁）、宁夏（泾源、隆德）。

讨论 该种与 *Hemipenthes tushetica*（Zaitzev，1966）近似，但翅室 cu-a$_1$ 中透明部分较小，近三角形，长为黑色部分的 1/5，阳茎基背片近基部急剧收缩，端阳茎背视近三角形；而 *H. tushetica* 翅室 cu-a$_1$ 中透明部分很大，长为黑色部分的 1/3，阳茎基背片在中部略微隆起，端阳茎背视近矩形。

(34) 日本斑翅蜂虻 *Hemipenthes jezoensis*（Matsumura，1916）（图 65）

Anthrax jezonensis Matsumura，1916. Thous. Ins. Jap. Addit. 2:239. Type locality:Japan:Hokkaido.

图 65　日本斑翅蜂虻 *Hemipenthes jezoensis*（Matsumura，1916）

a. 雌性外生殖器，腹视（female genitalia，ventral view）；b.第 8 背板（tergum 8）；c.外生殖器，侧视（genitalia，lateral view）；d-e.第 9 背板（tergum 9）；f.第 10 背板和尾须，侧视（tergum 10 and cerci，lateral view）；g.外生殖器，后视（genitalia，posterior view）；h.第 8 腹板，生殖叉和精囊，背视（sternum 8，genital furca and spermatheca，dorsal view）；i.第 8 背板和附腺，背视（sternum 8 and accessoary gland，dorsal view）。据 Liu 等，1995 重绘

鉴别特征 翅基部 4/5 黑色,后缘局部透明,端部约 1/5 透明,翅脉 R_{2+3} 和 R_4 端部各有一浅黑斑。

分布 台湾;日本。

(35)暗斑翅蜂虻 *Hemipenthes maura* (Linnaeus,1758)(图 66)

Musca maura Linnaeus,1758. Systema naturae per regna tria naturae,secundum classes,ordines,genera,species,cum caracteribus,differentiis,synonymis,locis,p. 590. Type locality:"Europa".

Musca denigrata Linnaeus,1767. Systema naturae per regna tria naturae,secundum classes,ordines,genera,species,cum caracteribus,differentiis,synonymis,locis,p. 981. Type locality:"Europa".

Nemotelvs nonvs Schaeffer,1768. Icones insectorvm circa Ratisbonam indigenorvm coloribvs natvram referentibvs expressae. Natürlich ausgemahlte Abbildungen regensburgischer Insecten. p. 76.

Musca hirsuta Villers,1789. Caroli Linnaei entomologia,faunae Suecicae descriptionibus aucta;DD. Scopoli,Geoffroy,de Geer,Fabricii,Schrank,&c. speciebus vel in systemate non enumeratis,vel nuperrime detectis,vel speciebus Galliae australis locupletata,generum specierumque rariorum iconibus ornata;curante & augente Carolo de Villers,Acad. Lugd. Massil. Villa-Fr. Rhotom. necnon Geometriae Regio Professore. p. 427. Type locality:France.

Anthrax daemon Panzer,1797. Favnae insectorvm germanicae initia oder Devtschlands Insecten. p. 17. Type locality:Germany.

Anthrax bifasciata Meigen,1804. Klassifikazion und Beschreibung der europäischen zweiflügligen Insekten(Diptera Linn.). p. 209. Type locality:"Südrussland?".

Anthrax relata Walker,1852. Insecta Saundersiana:or characters of undescribed insects in the collection of William Wilson Saunders p. 191. Type locality:Not given [= Palaearctic].

Anthrax uncinus Loew,1869. Beschreibungen europäischer Dipteren. Von Johann Wilhelm Meigen. p. 171. Type locality:Russia(ES).

Hemipenthes maurus var. *flavotomentosa* Paramonov,1927. Encycl. Entomol. B(II)3:160,168. Type locality:Ukraine.

雄 体长 9 mm,翅长 9 mm。

头部黑色,被灰色粉,单眼瘤微红色。头部的毛以黑色为主,额被直立的黑色长毛,颜被浓密的黑色长毛,后头被稀疏的黑色毛,边缘处被一列直立的褐色毛,单眼瘤长有 2 根黑色长毛。触角黑色;柄节长圆柱形,长约为宽的 2 倍,两边被成列的黑色长毛;梗节长与宽几乎相等,被稀疏的黑色毛;鞭节洋葱状,光裸无毛。触角各节长度比为 2:1:3。喙褐色,被黄色的毛;须黄褐色,被黑色长毛。

胸部黑色,被褐色粉。胸部的毛以黄色为主,鬃为黑色或黄色;肩胛被黄色和黑色的长毛,中胸背板前端被成排的黄色和黑色长毛,翅基部附近有 3 根黑色侧鬃,侧背片被一簇淡黄色毛,翅后胛有 3 根黑色鬃。小盾片被稀疏黑色长毛。足褐色,跗节黑色。足的毛以黑色为主,

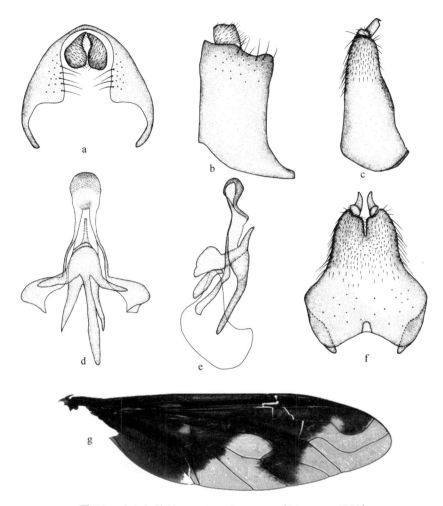

图 66　暗斑翅蜂虻 *Hemipenthes maura*（Linnaeus, 1758）

a. 生殖背板，后视（epandrium, posterior view）；b. 生殖背板，侧视（epandrium, lateral view）；c. 生殖基节和生殖刺突，侧视（gonocoxite and gonostylus, lateral view）；d. 阳茎复合体，背视（aedeagal complex, dorsal view）；e. 阳茎复合体，侧视（aedeagal complex, lateral view）；f. 生殖基节和生殖刺突，腹视（gonocoxite and gonostyli, ventral view）；g. 翅（wing）

鬃黑色。腿节被黑色长毛；胫节被黑色短毛，跗节被黑色短毛。中足腿节有 2 根 av 端鬃，后足腿节有 3 根 av 端鬃；中足胫节的鬃（6 ad，8 pd，6 av 和 8 pv），后足胫节的鬃（9 ad，8 pd，8 av 和 12 pv）。翅半黑色，半透明，透明部分包括整个的 r_4 室；r_{2+3}、r_5、m_1、m_2、dm 和 cu-a_1 室的大部分；r_1、cup 和 a 室的小部分。翅室 r_1 中透明部分近半圆形，翅室 a 顶部透明部分很小，近三角形。平衡棒基部褐色，端部苍白色。

腹部黑色，被褐色粉。腹部的毛为淡黄色和黑色。腹部背板侧面被浓密的黑色长毛，仅第 1 和 4 节背板侧面被淡黄色毛，腹部背面被侧卧的黑色毛，仅第 5 节中后部有一小的区域光裸，第 8 节背板被淡黄色毛，第 9 和 10 腹节被黑色毛。腹板被侧卧的黄色绒毛和直立的黑色绒毛。

雄性外生殖器：生殖背板侧视近矩形，基部有明显的侧突，长约为高的 2 倍，生殖背板后视宽与高几乎相等；生殖基节腹视近端部部分变窄，顶部有极细的深凹，端侧叶腹视端部尖；生殖刺突侧视端部隆起,端部尖且弯曲;阳茎基背片背视近三角形,仅中部略变窄,端阳茎背视较细长,近三角形,端阳茎侧视端部略变窄。

雌 未知。

观察标本 1♂,北京密云雾灵山,2006.Ⅹ.4,姚刚(CAU);1♂,北京密云雾灵山,2007.Ⅶ.24,张魁艳(CAU)。

分布 北京(密云)、内蒙古、新疆;阿富汗,阿塞拜疆,爱沙尼亚,奥地利,白俄罗斯,保加利亚,比利时,波兰,波斯尼亚,丹麦,德国,俄罗斯,法国,芬兰,格鲁吉亚,哈萨克斯坦,荷兰,吉尔吉斯斯坦,捷克共和国,克罗地亚,拉脱维亚,立陶宛,卢森堡,罗马尼亚,蒙古,摩尔多瓦,南斯拉夫,挪威,葡萄牙,瑞典,瑞士,斯洛伐克,斯洛文尼亚,塔吉克斯坦,土耳其,土库曼斯坦,乌克兰,乌兹别克斯坦,西班牙,希腊,匈牙利,亚美尼亚,伊朗,意大利。

讨论 该种可从翅斑鉴定出,黑色部分由 r_5 延伸至 m_1 且达到翅缘,翅室 r_1 中透明部分近半圆形,翅室 r_{2+3} 端部全部透明而无黑色斑。

(36)岭斑翅蜂虻 *Hemipenthes montanorum*(Austen,1936)(图 67)

Thyridanthrax montanorum Austen,1936. Ann. Mag. Nat. Hist. (10)18:188. Type locality:China(Xizang).

鉴别特征 翅半黑色,半透明,翅室 r_1 中有一近矩形的透明斑,翅室 m_1 完全透明,翅室 m_2 部分透明,翅室 $cu-a_1$ 端部约 1/3 区域透明,臀室端部有一明显的透明区域,翅室 r_{2+3} 端部有一黑色斑,盘室上方黑色部分长,明显靠近翅脉 m-m 处。

分布 青海、西藏、四川、云南。

图 67 岭斑翅蜂虻 *Hemipenthes montanorum*(Austen,1936)

翅(wing)。引自 Austen,1936

(37)桑斑翅蜂虻 *Hemipenthes morio*(Linnaeus,1758)(图 68)

Musca morio Linnaeus,1758. Systema naturae per regna tria naturae,secundum classes,ordines,genera,species,cum caracteribus,differentiis,synonymis,locis. p. 590. Type locality:"Europa".

Nemotelvs septimvs Schaeffer,1768. Icones insectorvm circa Ratisbonam indigenorvm coloribvs natvram referentibvs expressae. Natürlich ausgemahlte Abbildungen regensburgischer Insecten. pl. 76,fig. 7.

Musca bicolora Sulzer,1776. Abgekürzte Geschichte der Insecten nach dem Linnaeischen System. xxv. *Nomen nudum.*

Anthrax semiatra Hoffmansegg *in* Wiedemann, 1818. Zool. Mag. 1(2): 11. *Nomen nudum.*

Anthrax semiatra Meigen, 1820. Systematische Beschreibung der bekannten europäischen zweiflügeligen Insekten. p. 157. Type locality: Germany & "Russland".

Anthrax morioides Say, 1823. American entomology, or descriptions of the insects of North America; illustrated by coloured figures from original drawings executed from nature. p. 42. Type locality: USA(Missouri).

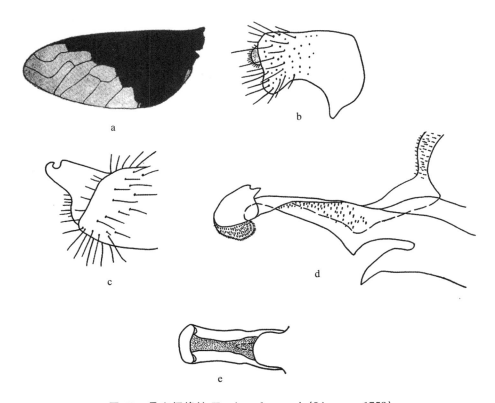

图 68 桑斑翅蜂虻 *Hemipenthes morio*(Linnaeus, 1758)

a. 翅(wing);b. 生殖背板和尾须,侧视(epandrium and cercus, lateral view);c. 生殖刺突,侧视(gonostylus, lateral view);d. 阳茎端部,侧视(apex of aedeagal complex, lateral view);e. 阳茎端部,背视(apex of aedeagal complex, dorsal view)。据 Zaitzev, 1966 重绘

鉴别特征 翅半透明,基半部黑色部分在横脉处有透明斑,翅室 r_1 端部无黑斑,翅室 r_5 中的黑色部分不伸出,距翅脉 m-m 较远,翅室 r_4 和 m_1 完全透明,翅室 $cu-a_1$ 完全黑色且有一小部分透明。

分布 新疆;阿尔巴尼亚,阿富汗,阿塞拜疆,爱沙尼亚,安道尔,奥地利,白俄罗斯,保加利亚,比利时,波兰,丹麦,俄罗斯,法国,芬兰,格鲁吉亚,哈萨克斯坦,荷兰,吉尔吉斯斯坦,加拿大,捷克共和国,克罗地亚,拉脱维亚,立陶宛,罗马尼亚,马其顿,美国,摩尔多瓦,摩洛哥,南斯拉夫,瑞典,瑞士,塞浦路斯,斯洛伐克,斯洛文尼亚,塔吉克斯坦,泰国,土耳其,土库曼斯坦,乌克兰,乌兹别克斯坦,西班牙,希腊,匈牙利,亚美尼亚,伊朗,意大利。

(38) 内蒙古斑翅蜂虻 *Hemipenthes neimengguensis* Yao，Yang *et* Evenhuis，2008（图 69）

Hemipenthes neimengguensis Yao，Yang *et* Evenhuis，2008. Zootaxa 1870：15. Type locality：Inner Mongolia（Azuoqi）.

雄　体长 7～10 mm，翅长 7～11 mm。

头部黑色，被灰色粉，单眼瘤红褐色。头部的毛黑色或黄色，额被侧卧的黄色毛和直立的

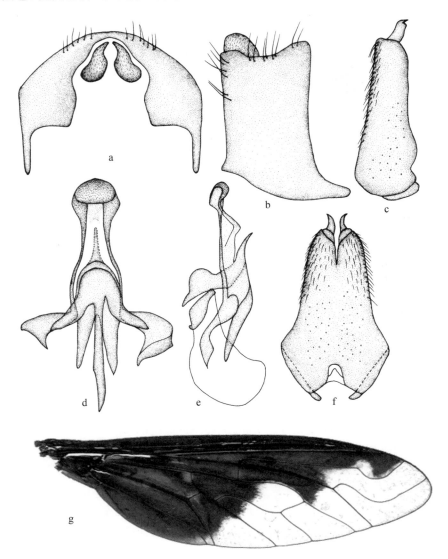

图 69　内蒙古斑翅蜂虻 *Hemipenthes neimengguensis* Yao，Yang *et* Evenhuis，2008

a. 生殖背板，后视（epandrium，posterior view）；b. 生殖背板，侧视（epandrium，lateral view）；c. 生殖基节和生殖刺突，侧视（gonocoxite and gonostylus，lateral view）；d. 阳茎复合体，背视（aedeagal complex，dorsal view）；e. 阳茎复合体，侧视（aedeagal complex，lateral view）；f. 生殖基节和生殖刺突，腹视（gonocoxite and gonostyli，ventral view）；g. 翅（wing）

黑色毛,颜被浓密的黑色和黄色的毛,后头被稀疏的黑色和黄色的毛,边缘处被一列直立的浅黑色毛,单眼瘤被 7 根黑色长毛。触角黄褐色,仅鞭节淡褐色;柄节长圆柱形,长约为宽的 3 倍,两边被成列的黑色长毛;梗节长与宽几乎相等,被黑毛;鞭节洋葱状,光裸无毛。触角各节长度比为 7:2:11。喙深褐色,被黄色和黑色的毛;须黄褐色,被黑色毛。

胸部黑色,被褐色粉。胸部的毛为淡黄色和黑色,鬃为黑色和黄色;肩胛被淡黄色的长毛,中胸背板前端被成排的黄色长毛,翅基部附近有 2 根黑色侧鬃,侧背片被一簇淡黄色毛,翅后胛有 3 根黄色鬃。小盾片被稀疏的黄色和黑色的长毛。足黑色,仅胫节黄色。足的毛以黑色为主,鬃黑色。腿节被黑色长毛;胫节被黑色短毛,跗节被黑色短毛。中足和后足腿节有 3 根 av 端鬃;中足胫节的鬃(7 ad,8 pd,7 av 和 12 pv),后足胫节的鬃(15 ad,12 pd,8 av 和 10 pv)。中足和后足的胫节被黄色鳞片。翅半黑色,半透明;透明部分包括整个的 r_4 和 m_1 室;r_{2+3}、r_5、m_2、dm 和 cu-a_1 室的大部分;cup、a 和 r_1 室的小部分。翅室 r_1 中透明部分近半圆形,翅室 a 端部的透明部分极小,近三角形。平衡棒基部黑色,端部苍白色。

腹部黑色,被褐色粉。腹部的毛为淡黄色和黑色。腹部背板侧面被浓密的淡黄色长毛,仅第 1、4 和 7 节侧面被黑色长毛,腹部背面被侧卧的黑色毛,第 4 和 6 节背板中后部有一光裸区域,第 9 和 10 节背板被淡黄色毛。腹板被侧卧的黄色毛和直立的黑色毛。

雄性外生殖器:生殖背板侧视近矩形,基部有明显的侧突,长约为高的 2 倍,生殖背板后视宽略大于高;生殖基节腹视近端部部分略变窄,顶部有一极细的凹,端侧叶腹视端部微尖;生殖刺突侧视端部无隆起,端部尖且有一 V 形凹陷;阳茎基背片背视近中部明显收缩,端部有一明显弯曲的横线,端阳茎背视细长,近三角形,端阳茎侧视顶部显著变窄。

雌 体长 5~14 mm,翅长 5~14 mm。

与雄性近似,但翅上黑斑由 m_1 室伸直翅缘,腹部第 1 和 4 节背板被白色毛形成横带,仅中部被黑色毛。

观察标本 正模♂,内蒙古阿拉善左旗贺兰山,2007.Ⅶ.7,姚刚(CAU)。副模 4♂♂,同正模(CAU);2♂♂,内蒙古阿拉善左旗贺兰山,2007.Ⅶ.8,姚刚(CAU)。35♂♂,57♀♀,内蒙古阿拉善左旗贺兰山,2007.Ⅶ.7,姚刚(CAU);3♂♂,16♀♀,内蒙古阿拉善左旗贺兰山,2007.Ⅶ.8,姚刚(CAU);1♀,内蒙古阿鲁科尔沁罕山,2008.Ⅶ.20,姚刚(CAU);3♀♀,内蒙古阿鲁科尔沁罕山,2008.Ⅶ.20,张婷婷(CAU);1♂,内蒙古锡林郭勒额左旗,1987.Ⅷ.13,王利娜(IMNU);1♀,内蒙古呼和浩特黑牛沟,2004.Ⅶ.15,张翠青(IMAU);3♀♀,内蒙古呼和浩特黑牛沟,2005.Ⅷ.23,段小永(IMAU);2♂,内蒙古呼和浩特内蒙古农业大学,1987.Ⅶ.8,赵建兴(IMAU);1♂,内蒙古呼和浩特内蒙古农业大学,2003.Ⅶ.27,王利娜(IMAU);1♀,内蒙古呼和浩特苗圃,2004.Ⅶ.14,王娟(IMAU);1♀,内蒙古呼和浩特苗圃,2005.Ⅷ.10,斯琴(IMAU);1♀,内蒙古呼和浩特小井沟,2004.Ⅶ.20,乔艳萍(IMAU);1♀,内蒙古呼和浩特小井沟,2005.Ⅷ.22,马远超(IMAU);1♀,内蒙古呼和浩特小井沟,2005.Ⅷ.22,夏天赐(IMAU);1♀,内蒙古和林南天门,2007.Ⅶ.10,杨高鹏(IMAU);1♀,内蒙古和林南天门,2003.Ⅶ.28,王晓庆(IMAU);2♀,内蒙古和林南天门,2004.Ⅶ.18,王娟(IMAU);1♀,内蒙古武川井尔沟,2007.Ⅷ.1,殷帅(IMAU);1♀,内蒙古武川井尔沟,2007.Ⅷ.1,郑楠(IMAU);2♀♀,宁夏泾源六盘山龙潭,2008.Ⅶ.6,张婷婷(CAU);1♀,宁夏泾源六盘山东山坡,2008.Ⅵ.21,姚刚(CAU)。

分布 内蒙古(阿拉善左旗、阿鲁科尔沁、额左旗、和林、呼和浩特、武川)、宁夏(泾源)。

讨论 该种与 *Hemipenthes mesasiatica* Zaitzev，1962 近似，但翅室 cu-a$_1$ 中透明部分较小，阳茎基背片中部急剧收缩，阳茎基背片背视时端部有一明显的弯曲横线；而 *H. mesasiatica* 翅室 cu-a$_1$ 中透明部分很大，占翅室的 1/3 以上，阳茎基背片在中部略隆起，阳茎基背片背视时端部有一明显的直横线。

(39) 宁夏斑翅蜂虻 *Hemipenthes ningxiaensis* Yao，Yang *et* Evenhuis，2008（图70）

Hemipenthes ningxiaensis Yao，Yang *et* Evenhuis，2008. Zootaxa 1870：17. Type locality：Ningxia (Jingyuan，Tongxin).

雄 体长 11～12 mm，翅长 12～14 mm。

头部黑色，单眼瘤红褐色。头部的毛黑色或黄色，额被侧卧的黄色毛和直立的黑色毛，颜

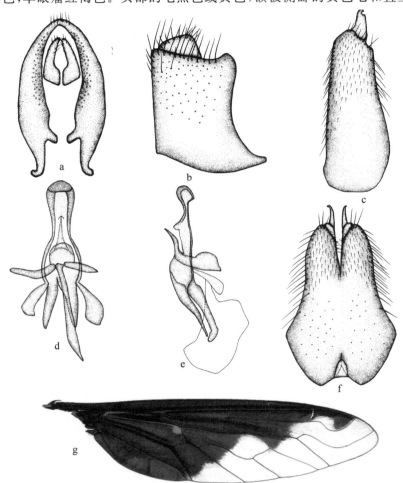

图70 宁夏斑翅蜂虻 *Hemipenthes ningxiaensis* Yao，Yang *et* Evenhuis，2008

a. 生殖背板，后视（epandrium，posterior view）；b. 生殖背板，侧视（epandrium，lateral view）；c. 生殖基节和生殖刺突，侧视（gonocoxite and gonostylus，lateral view）；d. 阳茎复合体，背视（aedeagal complex，dorsal view）；e. 阳茎复合体，侧视（aedeagal complex，lateral view）；f. 生殖基节和生殖刺突，腹视（gonocoxite and gonostyli，ventral view）；g. 翅（wing）

被浓密的黑色毛,后头被黑色和黄色的毛,边缘处被一列直立的褐色毛,单眼瘤被 5 根黑色长毛。触角黑色,仅鞭节褐色;柄节长圆柱形,长约为宽的 3 倍,两侧被成列的黑色长毛;梗节长与宽几乎相等,被黑色毛;鞭节洋葱状,光裸无毛。触角各节长度比为 3∶1∶4。喙深褐色,被黑色毛;须深褐色,被黑色毛。

胸部黑色,被灰色粉。胸部的毛以黄色为主,鬃黑色或黄色;肩胛被黄色和黑色长毛,中胸背板前缘被成排的黄色长毛,胸部侧面被黄色和黑色的长毛,翅基部附近有 3 根黑色侧鬃,翅后胛有 3 根黄色鬃。小盾片被稀疏的黄色和黑色的毛。足褐色,被黄色鳞片。足的毛以黑色为主,鬃黑色。腿节被黑色和黄色的长毛;前足胫节被鬃状的黑色毛,跗节被黑色短毛。中足腿节有 3 根 av 端鬃,后足腿节有 5 根 av 端鬃;中足胫节的鬃(6 ad,8 pd,7 av 和 8 pv),后足胫节的鬃(12～15 ad,12～16 pd,10～13 av 和 8～10 pv)。胫节被黄色鳞片。翅半黑色,半透明;翅缘处的透明部分达 r_{2+3} 室顶部,透明部分包括整个 r_4 室;m_1 室的绝大部分;r_{2+3}、r_5、m_2、dm 和 cu_{-1} 室的大部分;cup 和 r_1 室的小部分。翅室 r_1 中透明部分近半圆形。平衡棒基部浅黑色,端部淡黄色。

腹部黑色,被褐色粉。腹部的毛为黄色和黑色。腹部背板侧面被浓密的黑色长毛,仅第 1、4、6 和 7 节侧面被黄色长毛,腹部背面被侧卧的黑色毛,第 1 和 6 节背板侧卧的黄色毛,第 9 和 10 节背板被黄色毛。腹板被侧卧的黄色毛和直立的黑色毛。

雄性外生殖器:生殖背板侧视近矩形,基部有明显的侧突,长明显大于高,生殖背板后视高约宽的 2 倍;生殖基节腹视中部略隆起,顶部弯曲;生殖基节腹视端部略变窄,端部有一细的凹陷;生殖刺突侧视基部隆起,顶部尖且略弯曲,阳茎基背片背视近中部收缩,端部有一明显的直横线,端阳茎背视长,近三角形,顶部尖,端阳茎侧视长,顶部略变窄。

雌　未知。

观察标本　正模♂,宁夏泾源六盘山,2007.Ⅵ.29,姚刚(CAU)。副模 2♂♂,宁夏同心罗山,2007.Ⅶ.13,姚刚(CAU)。

分布　宁夏(泾源、同心)。

讨论　该种与 *Hemipenthes mesasiatica* Zaitzev,1962 近似,但翅室 cu_{-1} 中透明部分较小,阳茎基背片中部收缩,阳茎基背片背视时端部有一明显的直的横线,端阳茎顶部尖;而 *H. mesasiatica* 翅室 cu_{-1} 中透明部分很大,超过了黑色部分的一半,阳茎基背片在中部略微隆起,阳茎基背片背视时端部有一明显的直横线,端阳茎顶部钝。

(40)亮带斑翅蜂虻 *Hemipenthes nitidofasciata*(**Portschinsky,1892**)(图 71)

Anthrax nitidofasciata Portschinsky,1892. Horae Soc. Entomol. Ross. 26:208. Type locality:"Asia media"[probably Russia].

雄　体长 9 mm,翅长 10 mm。

头部黑色,被褐色和灰色粉,单眼瘤红褐色。头部的毛黑色和黄色,额被直立的黑色长毛,颜被浓密的黑色和黄色长毛,后头被稀疏的黑色和黄色的毛,边缘处被一列直立的褐色毛,单眼瘤被 7 根黑色长毛。触角黑色,被灰色粉;柄节长圆柱形,长约为宽的 2 倍,两边被成列的黑色长毛;梗节长与宽几乎相等,被黑色毛;鞭节洋葱状,光裸无毛。触角各节长度比为 2∶1∶3。喙褐色,被黄色毛;须灰色,被黑色长毛。

胸部黑色，被灰色粉，仅中胸背板和小盾片被褐色粉。胸部的毛以黑色为主，鬃为黑色；肩胛被黄色长毛，中胸背板前缘被成排的黄色长毛，翅基部附近有 4 根黑色侧鬃，侧背片被一簇黑色毛，翅后胛有 3 根黑色鬃。小盾片被黑色长毛。足黑色，跗节深黄色。足被黑色和黄色的毛，鬃黑色。腿节被黑色长毛；胫节被鬃状的黑色毛和黄色短毛，前足跗节被黄色短毛，中足和后足跗节被黑色短毛。中足腿节有 2 根 av 端鬃，后足腿节有 3 根 av 端鬃；中足胫节的鬃（6 ad，7 pd，7 av 和 6 pv），后足胫节的鬃（8 ad，6 pd，6～8 av 和 6～7 pv）；胫节被黄色鳞片。翅半黑色，半透明，透明部分包括整个 r_4 室；m_2 室的绝大部分；r_{2+3}、r_5、m_1、cu-a_1 和 dm 室的部分；r_1、cup 和 a 室的小部分。翅室 r_1 中透明部分近半圆形，翅室 r_4 中透明部分很小，三角形；黑色部分由 m_1 室延伸入 m_2 室至近翅缘。平衡棒基部褐色，端部苍白色。

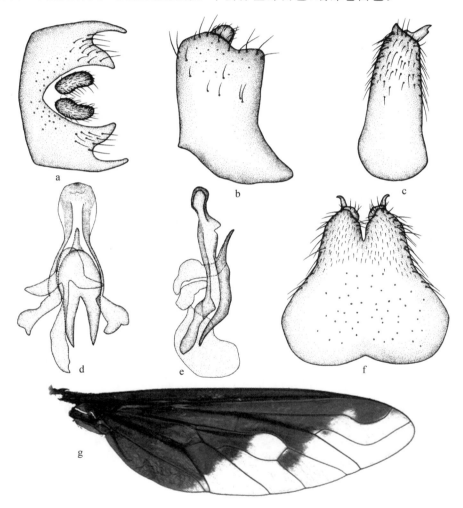

图 71　亮带斑翅蜂虻 Hemipenthes nitidofasciata (Portschinsky, 1892)

a. 生殖背板，后视 (epandrium, posterior view)；b. 生殖背板，侧视 (epandrium, lateral view)；c. 生殖基节和生殖刺突，侧视 (gonocoxite and gonostylus, lateral view)；d. 阳茎复合体，背视 (aedeagal complex, dorsal view)；e. 阳茎复合体，侧视 (aedeagal complex, lateral view)；f. 生殖基节和生殖刺突，腹视 (gonocoxite and gonostyli, ventral view)；g. 翅 (wing)

腹部黑色,被褐色粉。腹部的毛为白色和黑色。腹部背板侧面被浓密的黑色长毛,仅第1、4和6节背板被白色毛,背板各节后缘被一列白色毛,背板被稀疏的黑色毛,仅第4节被白色毛,第9和10节被黄色短毛。腹板被侧卧的黄色绒毛和直立的黑色绒毛。

雄性外生殖器:生殖背板侧视近矩形,基部有明显的侧突,长明显大于高,生殖背板后视宽显著大于高;生殖基节腹视近端部部分变窄,顶部有细的深凹,端侧叶腹视端部尖;生殖刺突侧视端部隆起,端部尖且急剧弯曲;阳茎基背片背视中部隆起,基部略变窄,端阳茎背视短,近三角形,顶部钝,端阳茎侧视长,端部稍变窄。

雌 未知。

观察标本 1♂,黑龙江新林,1979.Ⅷ.15,崔昌之(SEMCAS);1♂,黑龙江新林,1979.Ⅷ.17,崔昌之(SEMCAS);1♂,北京门头沟灵山古道,2008.Ⅵ.9,姚刚(CAU);1♂,内蒙古阿拉善左旗贺兰山北寺,2007.Ⅶ.7,姚刚(CAU);1♂,内蒙古乌拉特前旗,1978.Ⅶ.14,杨集昆(CAU);1♂,内蒙古海拉尔,1987.Ⅷ.4,泊(NKU);3♂♂,宁夏银川贺兰山苏峪口,2007.Ⅶ.3,姚刚(CAU);1♂,宁夏银川贺兰山苏峪口,2007.Ⅶ.4,姚刚(CAU);1♂,宁夏同心罗山,2007.Ⅶ.13,姚刚(CAU)。

分布 黑龙江(新林)、北京(门头沟)、内蒙古(阿拉善左旗、海拉尔、乌拉特前旗)、宁夏(同心、银川);吉尔吉斯斯坦,俄罗斯,塔吉克斯坦。

讨论 该种可从翅斑形状鉴定,翅室 r_1 中透明部分近半圆形,翅室 r_4 中透明部分很小,三角形。

(41)诺斑翅蜂虻 *Hemipenthes noscibilis*(Austen,1936)(图 72)

Thyridanthrax noscibilis Austen,1936. Ann. Mag. Nat. Hist. (10)18:191. Type locality:China(Xizang).

鉴别特征 翅半透明,翅室 r_1 端部靠翅脉 R_{2+3} 附近透明,翅室 r_{2+3} 端部透明无黑斑,翅室 r_5 中黑色部分不靠近翅脉 m-m,翅室 r_4 和 m_1 完全透明,翅室 m_2 几乎完全透明,翅室 cu-a$_1$ 约一半透明。

分布 西藏(Gyantse)。

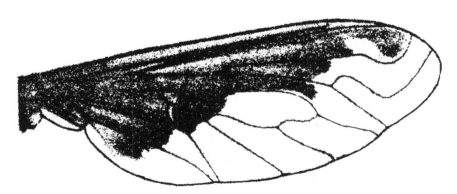

图 72 **诺斑翅蜂虻** *Hemipenthes noscibilis*(**Austen,1936**)

翅(wing)。引自 Austen,1936

（42）帕米尔斑翅蜂虻 *Hemipenthes pamirensis* Zaitzev，1962（中国新记录种）（图 73）

Hemipenthes pamirensis Zaitzev，1962. Izv. Otdel. Biol. Nauk Akad. Nauk Tadzhikskoi SSR 1(8)：p. 71. Type locality：Tajikistan.

雄 翅长 11 mm。

头部［缺如］。

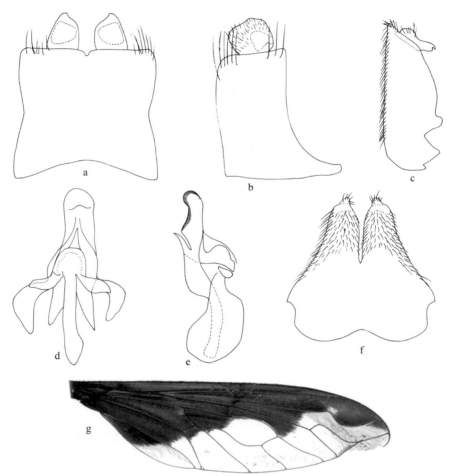

图 73 帕米尔斑翅蜂虻，新记录 *Hemipenthes pamirensis* Zaitzev，1962
a. 生殖背板，背视（epandrium，dorsal view）；b. 生殖背板，侧视（epandrium，lateral view）；c. 生殖基节和生殖刺突，侧视（gonocoxite and gonostylus，lateral view）；d. 阳茎复合体，背视（aedeagal complex，dorsal view）；e. 阳茎复合体，侧视（aedeagal complex，lateral view）；f. 生殖基节和生殖刺突，腹视（gonocoxite and gonostyli，ventral view）；g. 翅（wing）

腹部黑色。腹部背板几乎整个光裸无毛。腹板主要为黑色，后缘褐色，被侧卧的白色毛。
雄性外生殖器：生殖背板侧视近矩形，长显著大于高，尾须显著外露，生殖背板后视长与宽几乎相等，中部略凹陷；生殖基节腹视近端部被浓密的黑色毛，基部宽，向顶部逐渐变窄，生殖刺突侧视不明显；阳茎基背片背视长，端部圆，端阳茎侧短，顶部尖。

胸部黑色,被褐色粉。胸部的毛为淡黄色和黑色,鬃为黑色;肩胛被浓密的淡黄色长毛,中胸背板前缘几乎光裸,翅基部附近有 3 根黑色侧鬃。小盾片被稀疏黑色毛。足褐色,前足腿节黑色。足的毛以黑色为主,鬃黑色。腿节被黑色长毛;胫节和跗节被黑色短毛。中足腿节有 3 ad 和 4 av 端鬃,后足腿节有 3 根 av 端鬃;中足胫节的鬃(8 ad,8 pd,9 av 和 7 pv),后足胫节的鬃(8 ad,8 pd,9 av 和 7 pv)。翅半透明;透明部分包括整个的 r_4 和 m_1 室;r_{2+3}、r_5、m_2、dm 和 cu-a_1 室的部分;cup 和 a 室的小部分。翅室 r_5 的黑色部分达到靠近翅室 m_1 的附近,翅室 r_1 透明部分近矩形。平衡棒基部褐色,端部淡黄色。

雌 未知。

观察标本 1♂,青海,1975.Ⅶ.5,吴赳毅(SEMCAS)。

分布 青海;蒙古,塔吉克斯坦,土库曼斯坦,乌兹别克斯坦。

讨论 该种可从翅斑鉴定,翅半透明;透明部分包括整个的 r_4 和 m_1 室;r_{2+3}、r_5、m_2、dm 和 cu-a_1 室的部分;cup 和 a 室的小部分。翅室 r_5 的黑色部分达到靠近翅室 m_1 的附近,翅室 r_1 透明部分近矩形。

(43)先斑翅蜂虻 *Hemipenthes praecisa*(Loew,1869)(图 74)

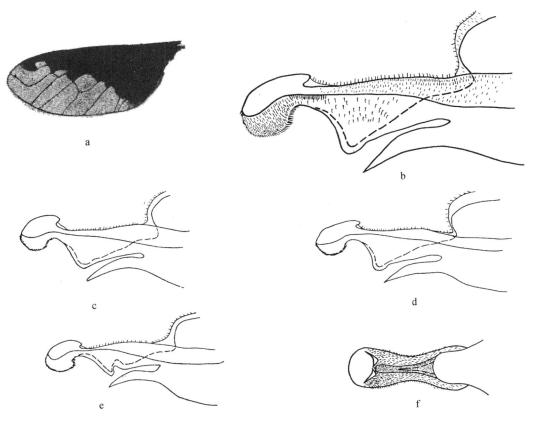

图 74 先斑翅蜂虻 *Hemipenthes praecisa*(Loew,1869)

a. 翅(wing);b—e. 阳茎端部,侧视(apex of aedeagal complex,lateral view);f. 阳茎端部,背视(apex of aedeagal complex,dorsal view)。据 Zaitzev,1966 重绘

Anthrax praecisus Loew, 1869. Beschreibungen europäischer Dipteren. Von Johann Wilhelm Meigen. Erster Band. Systematische Beschreibung der bekannten europaischen zweifliigeligen Insecten. Achter Theil oder zweiter Supplementband. p. 174. Type locality: Russia(Far East).

鉴别特征 翅室 r_4 和 m_1 完全透明,翅脉 R_4 和 R_5 在翅室 r_{2+3} 中与黑色部分形成三角形的透明斑,翅室 r_5 中黑色部分短,不靠近翅脉 m-m,翅室 m_2 部分透明,翅室 dm 的大半部透明,翅室 cu-a_1 部分透明。

分布 河北、北京、内蒙古;以色列,吉尔吉斯斯坦,蒙古,俄罗斯,塔吉克斯坦,土库曼斯坦,乌兹别克斯坦。

(44) 罗布斯塔斑翅蜂虻 *Hemipenthes robusta* Zaitzev, 1966 (图 75)

Hemipenthes robustus Zaitzev, 1966. Trudy Vses. Entomol. Obshch. 51: 175. Type locality: Armenia.

鉴别特征 翅室 r_5 中的黑色部分长,延伸至翅脉 m-m 附近,翅室 r_1 端部近 R_{2+3} 脉部分透明,翅室 r_4 和 m_1 完全透明,盘室端部透明,翅室 cu-a_1 几乎完全黑色,仅端部有一小部分透明。

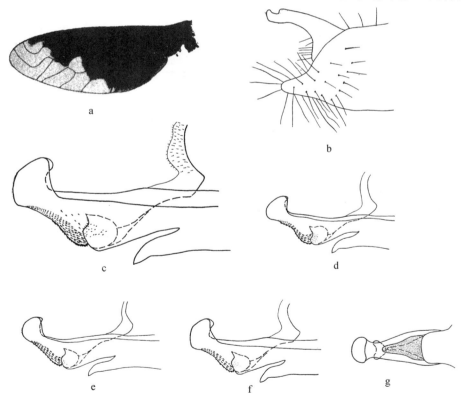

图 75　罗布斯塔斑翅蜂虻 *Hemipenthes robusta* Zaitzev, 1966

a. 翅(wing);b. 生殖刺突,侧视(gonostylus, lateral view);c—f. 阳茎端部,侧视(apex of aedeagal complex, lateral view);g. 阳茎端部,背视(apex of aedeagal complex, dorsal view)。据 Zaitzev, 1966 重绘

分布 北京、陕西;阿塞拜疆,格鲁吉亚,哈萨克斯坦,吉尔吉斯斯坦,塔吉克斯坦,土库曼斯坦,乌兹别克斯坦,亚美尼亚。

(45)四川斑翅蜂虻 *Hemipenthes sichuanensis* **Yao** *et* **Yang,2008**(图 76)

Hemipenthes sichuanensis Yao *et* Yang,2008. Zootaxa 1689:66. Type locality:Sichuan(Luding).

雄 体长 11 mm,翅长 13 mm。

头部黑色,被灰色粉,单眼瘤红褐色。头部的毛黑色或黄色,额被黑色和黄色长毛,颜被浓

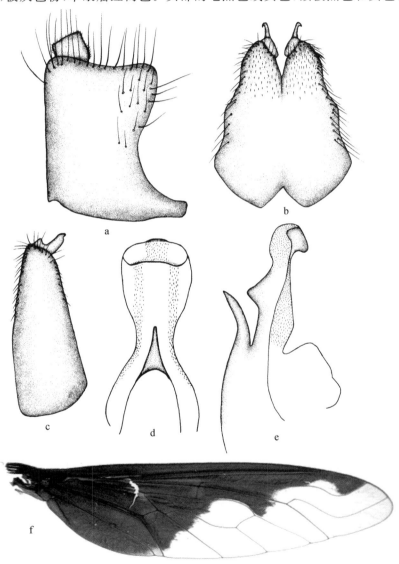

图 76 四川斑翅蜂虻 *Hemipenthes sichuanensis* Yao *et* Yang,2008

a. 生殖背板,侧视(epandrium,lateral view);b. 生殖基节和生殖刺突,腹视(gonocoxite and gonostyli,ventral view);c. 生殖基节和生殖刺突,侧视(gonocoxite and gonostylus,lateral view);d. 阳茎复合体,背视(aedeagal complex,dorsal view);e. 阳茎复合体,侧视(aedeagal complex,lateral view);f. 翅(wing)

密的黑色和黄色的毛,后头被稀疏的黑色和黄色的毛,边缘处被一列直立的黑色毛,单眼瘤长有 6 根黑色长毛。触角黑色,鞭节淡褐色;柄节长圆柱形,长约为宽的 3 倍,两侧被成列的黑色长毛;梗节长与宽几乎相等,被稀疏的黑色毛;鞭节洋葱状,光裸无毛。触角各节的长度比为 2：1：3。喙黄褐色,被黑色毛;须深褐色,被黑色毛。

胸部黑色,被灰色粉。胸部的毛以黄色为主,鬃黑色;肩胛被黄色和黑色的长毛,中胸背板前端被成排的黄色和黑色的长毛,翅基部附近有 2 根黑色侧鬃。小盾片被稀疏的黑色毛。足[后足缺如]淡黄色,仅前足和中足跗节黑色。足的毛以黑色为主,鬃黑色。腿节被黑色长毛;胫节被鬃状的黑色毛,跗节被黑色短毛。中足腿节有 2 根 av 端鬃;中足胫节的鬃(7 ad,9 pd, 7 av 和 8 pv)。中足腿节和胫节被有黄色鳞片。翅大部分黑色,翅缘处的黑色部分伸达翅脉 R_{2+3} 的顶端弯曲部分;透明部分包括整个的 r_4 和 m_1 室;r_{2+3} 和 m_2 室的大部分;r_5、cu-a_1 和 dm 室的部分;r_1 室的小部分。翅室 r_1 中透明部分近半圆形。平衡棒基部淡黑色,端部淡黄色。

腹部黑色,被灰色粉。腹部的毛为黄色和黑色。腹部背板侧面被浓密的黑色长毛,仅第 1 节侧面被直立的黄色长毛,第 4 节侧面被侧卧的黄色毛。腹板被侧卧的黄色毛和直立的黑色毛。

雄性外生殖器:生殖背板侧视近矩形,基部有明显的侧突,长显著大于高;生殖基节腹视端部略变窄,端部中间有大 V 形的凹陷;端侧叶腹视顶部尖,生殖刺突侧视基部隆起,顶部尖且明显弯曲;阳茎背视近基部显著收缩。

雌 未知。

观察标本 正模♂,四川泸定,2006.Ⅶ.24,刘星月(CAU)。

分布 四川(泸定)。

讨论 该种与 *Hemipenthes panfilovi* Zaitzev,1981 近似,但翅室 dm 中透明部分很大,近矩形,阳茎背视长且宽,基部略收缩;而 *H. panfilovi* 翅室 dm 中透明部分很小,近三角形,阳茎背视短,端部宽,基部急剧收缩。

(46)亚浅斑翅蜂虻 *Hemipenthes subvelutina* Zaitzev,1966(图 77)

Hemipenthes subvelutinus Zaitzev,1966. Trudy Vses. Entomol. Obshch. 51：187. Type locality：Gruzia.

鉴别特征 翅半透明,基部黑色部分横脉附近有透明斑,翅室 r_{2+3} 端部透明无黑斑,翅室 r_4 和 m_1 完全透明,翅室 m_2 部分透明,翅室 r_5 中黑色部分短,不靠近翅脉 m-m,翅室 dm 的小部分透明,翅室 cu-a_1 部分透明。阳茎端部仅两侧平行。

分布 山东;阿塞拜疆,格鲁吉亚,哈萨克斯坦,吉尔吉斯斯坦,蒙古,塔吉克斯坦,土耳其,土库曼斯坦,乌兹别克斯坦,亚美尼亚,伊朗。

(47)途枭斑翅蜂虻 *Hemipenthes tushetica* Zaitzev,1966(图 78)

Hemipenthes tusheticus Zaitzev,1966. Trudy Vses. Entomol. Obshch. 51：195. Type locality：Gruzia.

鉴别特征 翅大部暗褐色,仅末端及外缘区白色透明;翅室 r_1 端部有一小的透明斑,盘室

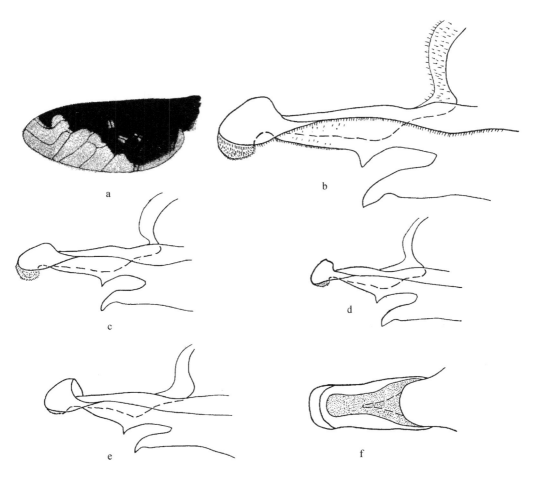

图 77　亚浅斑翅蜂虻 *Hemipenthes subvelutina* Zaitzev, 1966

a. 翅(wing); b—e, 阳茎端部, 侧视(apex of aedeagal complex, lateral view); f. 阳茎端部, 背视(apex of aedeagal complex, dorsal view)。据 Zaitzev, 1966 重绘

除基部和端部外白色透明。阳茎末端膨大, 两侧不平行。

分布　内蒙古, 青海, 新疆; 亚美尼亚, 阿塞拜疆, 格鲁吉亚, 伊朗。

(48) 浅斑翅蜂虻 *Hemipenthes velutina* (Wiedemann, 1818)(图 79)

Anthrax bicincta Wiedemann, 1818. Zool. Mag. 1(2): 12. *Nomen nudum*.

Nemotelus melanio Pallas *in* Wiedemann, 1818. Zool. Mag. 1(2): 12. *Nomen nudum*.

Anthrax bicincta Wiedemann *in* Meigen, 1820. Systematische Beschreibung der bekannten europäischen zweiflügeligen Insekten. p. 155. Type locality: Croatia & Russia.

Anthrax velutina Meigen, 1820. Systematische Beschreibung der bekannten europäischen zweiflügeligen Insekten. p. 160. Type locality: "Italien" & France.

Anthrax nycthemera Wiedemann *in* Meigen, 1820. Systematische Beschreibung der bekannten europäischen zweiflügeligen Insekten. p. 160. Type locality: Germany.

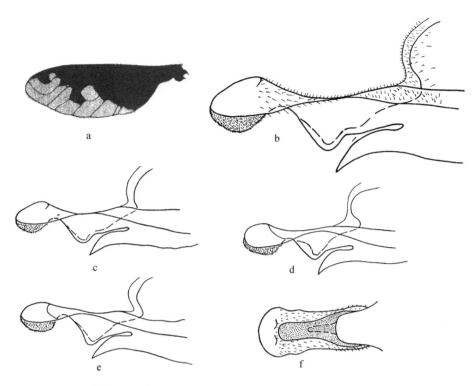

图 78　途枭斑翅蜂虻 *Hemipenthes tushetica* Zaitzev, 1966

a. 翅（wing）；b—e，阳茎端部，侧视（apex of aedeagal complex, lateral view）；f. 阳茎端部，背视（apex of aedeagal complex, dorsal view）。据 Zaitzev, 1966 重绘

雄　体长 9 mm，翅长 9 mm。

头部黑色，被灰色粉，单眼瘤红褐色。头部的毛以黑色为主，额被浓密的黑色长毛，颜被浓密的黑色毛，后头被稀疏的黑色毛，边缘处被一列直立的褐色毛，单眼瘤被 7 根黑色长毛。触角黄褐色；柄节长圆柱形，长约为宽的 2 倍，两侧被成列的黑色长毛；梗节长与宽几乎相等，被稀疏黑色毛；鞭节洋葱状，光裸无毛。触角各节长度比为 5∶2∶8。喙黄褐色，被黄色短毛；须褐色，被黑色毛。

胸部黑色，被褐色粉。胸部的毛为黑色和黄色，鬃为黑色；肩胛被黑色长毛，中胸背板前缘被成排的黄色长毛，翅基部附近有 3 根黑色侧鬃，翅后胛有 3 根黑色鬃。小盾片被黑色长毛和稀疏的黄色短毛。足褐色，跗节和后足胫节黑色。足的毛黑色，鬃黑色。腿节被黑色毛；胫节被鬃状的黑色毛，跗节被黑色短毛。中足腿节有 3 根 av 端鬃，后足腿节有 4 根 av 端鬃；中足胫节的鬃（5 ad, 7 pd, 6 av 和 6 pv），后足胫节的鬃（12 ad, 11 pd, 9 av 和 7 pv）。翅半黑色，半透明，透明部分包括整个的 r_4 和 m_1 室；m_2 室的绝大部分；r_{2+3}、r_5、m_2、cu-a_1 和 dm 室的大部分；r_1、cup 和 a 室的小部分。翅室 r_1 中透明部分近半圆形。平衡棒基部褐色，端部苍白色。

腹部黑色，被灰色粉。腹部的毛为白色和黑色。腹部背板被黑色毛，腹部侧面被浓密的黑色长毛，仅第 4 和 7 节背板被白色毛，第 9 和 10 节被黑色毛。腹板被侧卧的褐色绒毛和直立的黑色绒毛。

雄性外生殖器：生殖背板侧视近矩形，基部有明显的侧突，长显著大于高，生殖背板后视高

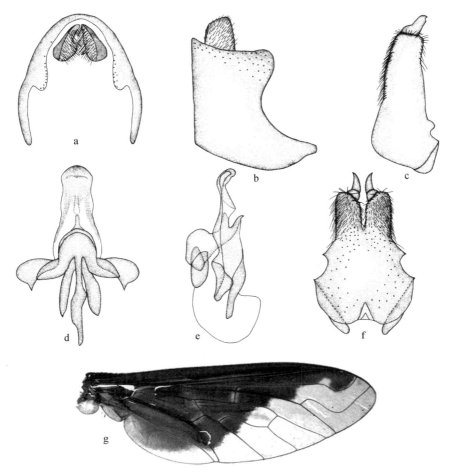

图 79　浅斑翅蜂虻 *Hemipenthes velutina*（Wiedemann，1818）

a. 生殖背板，后视（epandrium，posterior view）；b. 生殖背板，侧视（epandrium，lateral view）；c. 生殖基节和生殖刺突，侧视（gonocoxite and gonostylus，lateral view）；d. 阳茎复合体，背视（aedeagal complex，dorsal view）；e. 阳茎复合体，侧视（aedeagal complex，lateral view）；f. 生殖基节和生殖刺突，腹视（gonocoxite and gonostyli，ventral view）；g. 翅（wing）

略大于宽；生殖基节腹视近端部部分略变窄，顶部有细的深凹，端侧叶腹视端部尖；生殖刺突侧视端部隆起，端部尖且急剧弯曲；阳茎基背片背视近矩形，中部略隆起，端阳茎背视极短，顶部钝，端阳茎侧视端部尖。

　　雌　体长 8 mm，翅长 9 mm。

　　与雄性近似，但腹部第 1 腹节被白色的毛，第 2～7 腹节被黑色的毛。

　　观察标本　1♂，北京昌平黑山寨，2006.Ⅸ.7，刘鑫（CAU）；29♂♂，5♀♀，北京海淀百望山，2008.Ⅴ.28，姚刚（CAU）；1♂，北京公主坟，1954.Ⅵ.5，杨集昆（CAU）；1♂，北京农大，1976.Ⅴ.6，杨集昆（CAU）；2♂♂，北京香山，1980.Ⅵ.20，杨春华（CAU）；4♂♂，北京香山，1979.Ⅴ.23，陈合明（CAU）；1♂，北京卧佛寺，1987.Ⅴ.10，杜进平（CAU）；1♀，北京海淀卧佛寺，1986.Ⅴ.15，王音（CAU）；3♂♂，北京圆明园，1986.Ⅴ.20，王象贤（CAU）；3♂♂，4♀♀，北京门头沟灵山古道，2008.Ⅵ.9，姚刚（CAU）；1♂，17♀♀，北京门头沟龙门涧，2007.Ⅷ.15，姚刚（CAU）；23♀♀，北京门头沟龙门涧，2008.Ⅵ.8，姚刚（CAU）；2♂♂，北京妙峰山，1983.Ⅴ.

31,李法圣(CAU);2♂♂,陕西华山,1956.Ⅵ.18,杨集昆(CAU);1♂,山东泰安,1974.Ⅸ.21,杨集昆(CAU);1♂,山东泰安,2000.Ⅵ.20,张莉莉(CAU);1♂,山东泰山普照寺,2000.Ⅵ,马振刚(CAU);1♂,山东泰山,2000.Ⅵ.22,牟少飞(CAU);2♂♂,山东泰山普照寺,2000.Ⅶ.22,于艳雪、鞠敦生(CAU);1♂,内蒙古乌海,2006.Ⅵ.30(CAU)。

分布 北京(昌平、海淀、门头沟)、陕西(华山)、山东(泰安)、内蒙古(乌海);阿尔巴尼亚,阿尔及利亚,阿塞拜疆,埃及,奥地利,巴基斯坦,保加利亚,比利时,波兰,波斯尼亚,德国,俄罗斯,法国,格鲁吉亚,捷克共和国,克罗地亚,黎巴嫩,罗马尼亚,马其顿,蒙古,摩尔多瓦,摩洛哥,南斯拉夫,葡萄牙,瑞士,塞浦路斯,斯洛伐克,斯洛文尼亚,突尼斯,土耳其,土库曼斯坦,乌克兰,西班牙,希腊,匈牙利,叙利亚,亚美尼亚,伊朗,以色列,意大利。

讨论 该种可从翅的斑纹鉴定,翅半黑色,半透明,透明部分包括整个的 r_4 和 m_1 室;m_2 室的绝大部分;r_{2+3}、r_5、m_2、$cu-a_1$ 和 dm 室的大部分;r_1、cup 和 a 室的小部分,翅室 r_1 中透明部分近半圆形。

(49)西藏斑翅蜂虻,新种 *Hemipenthes xizangensis* **sp. nov.**(图80,图版 Ⅹ a)

雄 体长 8 mm,翅长 9 mm。

头部黑色,被褐色粉,单眼瘤褐色。头部的毛黑色,鳞片褐色,额被稀疏的黑色毛,颜被浓密直立的黑色毛,后头被稀疏的黑色毛,靠近复眼中部边缘被白色鳞片。触角黑色,鞭节端部褐色;柄节长形,长略大于宽,被黑色长毛;梗节宽约为长的 2 倍,被稀疏的黑色毛;鞭节洋葱状,光裸无毛。触角各节长度比为 2:1:5。喙黑色,被黑色毛;须褐色,被黑色毛。

胸部黑色,被褐色粉。胸部的毛为淡黄色和黑色,鬃黑色;肩胛被浓密的淡黄色毛,中胸背板前端被成排的黑色长毛,翅基部附近有 3 根黑色侧鬃。小盾片被稀疏的淡黄色毛。足[中足缺如]褐色,被,黄色鳞片。足的毛以黑色为主,鬃黑色。腿节被黑色长毛;胫节被黑色短毛,跗节被黑色短毛。后足腿节有 4 根 av 端鬃;后足胫节的鬃(10 ad,11 pd,9 av 和 8 pv)。翅大部分黑色,透明部分包括整个 r_4 室;m_1、m_2、r_{2+3}、r_5、dm、$cu-a_1$、a 和 cup 室的部分;r_1 室的小部分。翅室 r_1 中透明部分近半圆形。平衡棒基部褐色,端部淡黄色。

腹部黑色,被褐色粉。腹部背板侧面被黑色长毛,仅第 1 和 4 节侧面被白色毛,腹节背板被稀疏的黑色鳞片,第 1 和 4 节背板被白色鳞片。腹节腹板黑色,连接处为淡红色,腹节腹板被侧卧的黄色毛和稀疏直立的黑色毛。

雄性外生殖器:生殖背板侧视近矩形,长约为高的 2 倍,尾须明显外露;生殖背板背视中部略收缩,长与宽几乎相等;生殖基节端部被黑色毛,端部中间有一小凹陷;生殖刺突侧视基部厚,顶部尖端,阳茎基背片长形,顶部半圆形,端阳茎侧视短,顶部尖。

雌 未知。

观察标本 正模♂,西藏林芝,1987.Ⅶ.9,吴赵毅(SEMCAS)。副模 1♂,2♀♀,同正模(SEMCAS);1♂,西藏日喀则,1986.Ⅵ(SEMCAS);1♀,西藏洞嘎,1987.Ⅶ.1,吴赵毅(SEM-CAS)。

分布 西藏(朗县、林芝、日喀则)。

讨论 该种与 *Hemipenthes pamirensis* Zaitzev,1962 近似,但翅黑色部分由翅室 r_5 延伸至翅室 m_1 的基部。*H. pamirensis* 翅室 r_5 黑色部分仅延伸到 m_1 的基部附近,不延伸至翅室 m_1 中。

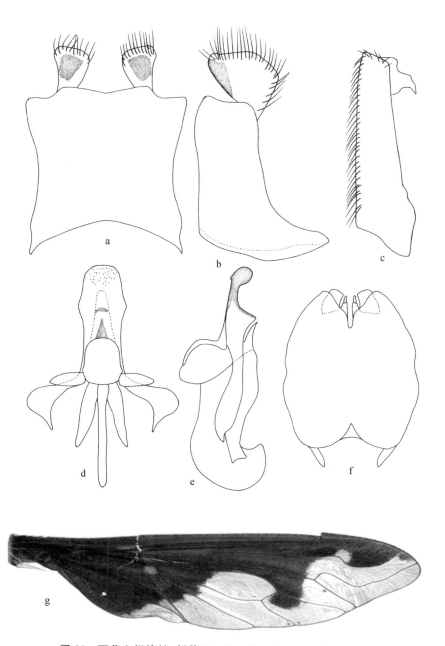

图 80 西藏斑翅蜂虻,新种 *Hemipenthes xizangensis* sp. nov.

a.生殖背板,背视(epandrium,dorsal view);b.生殖背板,侧视(epandrium,lateral view);c.生殖基节和生殖刺突,侧视(gonocoxite and gonostylus,lateral view);d.阳茎复合体,背视(aedeagal complex,dorsal view);e.阳茎复合体,侧视(aedeagal complex,lateral view);f.生殖基节和生殖刺突,腹视(gonocoxite and gonostyli,ventral view);g.翅(wing)

(50)云南斑翅蜂虻 *Hemipenthes yunnanensis* Yao *et* Yang,2008(图 81)

Hemipenthes yunnanensis Yao *et* Yang,2008. Zootaxa 1689:64. Type locality:Yunnan (Kunming),Guangxi(Ningming).

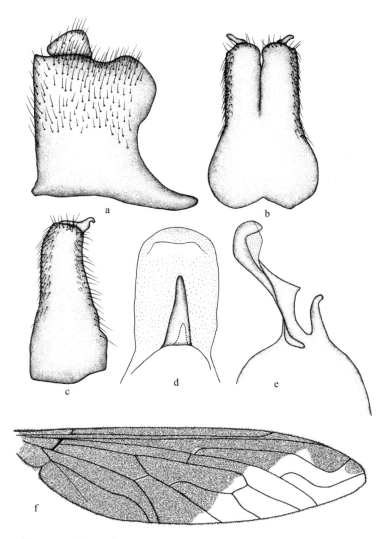

图 81　云南斑翅蜂虻 *Hemipenthes yunnanensis* Yao *et* Yang, 2008

a. 生殖背板, 侧视(epandrium, lateral view); b. 生殖基节和生殖刺突, 腹视(gonocoxite and gonostyli, ventral
view); c. 生殖基节和生殖刺突, 侧视(gonocoxite and gonostylus, lateral view); d. 阳茎复合体, 背视(aedea-
gal complex, dorsal view); e. 阳茎复合体, 侧视(aedeagal complex, lateral view); f. 翅(wing)

雄　体长 10 mm, 翅长 9 mm。

头部黑色, 被灰色粉, 单眼瘤红褐色。头部的毛黑色或黄色, 额被黑色长毛, 颜被浓密的黑
色毛, 后头被稀疏的黑色和黄色的毛, 边缘处被一列直立的黄褐色毛, 单眼瘤被 7 根黑色长毛。
触角黄褐色, 仅鞭节淡褐色; 柄节长圆柱形, 长约为宽的 3 倍, 两侧被成列的黑色长毛; 梗节长
与宽几乎相等, 被稀疏的黑色毛; 鞭节洋葱状, 光裸无毛。触角各节长度比为 4 : 2 : 5。喙深
褐色, 被黄色和黑色的毛; 须深褐色, 被黑色毛。

胸部黑色, 被灰色粉, 仅中胸背板和小盾片被褐色粉。胸部的毛以黑色为主, 鬃黑色; 肩胛
被黑色长毛, 中胸背板前缘被成排的深黄色长毛, 翅基部附近有 3 根黑色侧鬃, 侧背片被一簇
白色毛。小盾片被稀疏的黄色和黑色的长毛。足黑色, 中足和后足的腿节和胫节深黄色。足

的毛以黑色为主,鬃黑色。腿节被黑色长毛;胫节被鬃状的黑色毛和黄色短毛,跗节被黄色短毛。中足和后足的腿节有 3 根 av 端鬃;中足胫节的鬃(6 ad,7 pd,6 av 和 5 pv),后足胫节的鬃(10 ad,10 pd,4 av 和 11 pv)。中足和后足的胫节被黄色鳞片。翅大部分黑色;透明部分包括整个的 r_4 和 m_1 室;r_5、r_{2+3} 和 m_2 室的大部分;$cu-a_1$、dm 和 r_1 室的小部分。翅室 r_1 中透明部分近三角形,r_{2+3} 室顶部有一透明的小斑,$cu-a_1$ 室的透明部分很小,近三角形,长度约为黑色部分的 1/4。平衡棒基部棕黄色,端部淡黄色。

腹部黑色,被灰色粉。腹部的毛为白色和黑色。腹部背板侧面被浓密的白色长毛,仅第 4～6 腹节侧面被黑色长毛,腹部背面被侧卧的黑色毛,第 5 和 6 节背板中后部有一光裸区域,第 9 和 10 节背板被黑色毛。腹板被侧卧的黄色毛和直立的黑色毛,仅第 1 和 2 节被白色长毛。

雄性外生殖器:生殖背板侧视近矩形,基部有明显的侧突,长与高几乎相等;生殖基节腹视端部略变窄,端部有一极细的凹陷;端侧叶腹视宽且顶部钝,生殖刺突侧视基部无隆起,顶部尖且急剧弯曲,阳茎背视近矩形,两侧平行。

雌　体长 10 mm,翅长 11 mm。

与雄性近似,但腹部腹节侧面被浓密的黑色毛,腹节背面中后部区域光裸。

观察标本　正模♂,云南昆明,2006.Ⅶ.29,李文亮(CAU)。副模 1 ♀,广西宁明,2006.Ⅴ.16,张魁艳(CAU)。

分布　广西(宁明)、云南(昆明)。

讨论　该种与 *Hemipenthes velutina*(Wiedemann,1818)近似,但翅室 $cu-a_1$ 中透明部分较小,近三角形,长约为黑色部分的 1/4,阳茎端部两半平行,不收缩;而 *H. velutina* 翅室 $cu-a_1$ 中透明部分很大,几乎与黑色部分一样大,阳茎端部略变窄。

7. 陇蜂虻属 *Heteralonia* Rondani,1863

Mima Meigen,1820. Systematische Beschreibung der bekannten europäischen zweiflügeligen Insekten. p. 175. Type species:*Anthrax phaeoptera* Wiedemann,1820,by subsequent designation.

Heteralonia Rondani,1863. Diptera exotica revisa et annotata novis nonnullis descriptis. p. 57. Type species:*Exoprosopa oculata* Macquart,1840,by monotypy.

属征　触角柄节和梗节方形,宽度相近;鞭节长,圆锥状。体上的毛和鳞片为黑色、褐色、黄色和白色,形成不规则的带状。翅脉不稳定,常有附脉和被分离的翅室,翅脉 R_1-R_{2+3} 存在,翅脉 R_4-R_5 缺如(3 个亚缘室),翅室 r_5 有时关闭。腋瓣和翅瓣退化。翅斑在翅脉附近宽,且与翅室中部的颜色不同,翅常有游离的斑。爪基部有齿状突,爪垫存在。腹部通常被紧挨体表的鳞片和各种颜色的毛,毛通常稀疏。雄性的阳茎内突退化,收缩于生殖基节。

讨论　陇蜂虻属 *Heteralonia* 主要分布于非洲界,古北界和澳洲界,东洋界,新北界和新热带界无分布。该属全世界已知 142 种,我国已知分布 10 种。

种 检 索 表

(51) 扇陇蜂虻 *Heteralonia anemosyris* Yao,Yang *et* Evenhuis,2009(图 82)

Heteralonia anemosyris Yao,Yang *et* Evenhuis,2009. Zootaxa 2166:46. Type locality:Yunnan(Lunan,Wuding,Xiaguan).

雄 体长 10 mm,翅长 10 mm。

头部黑色,被褐色粉,单眼瘤深褐色。头部的毛黑色,额被直立的黑色毛,向触角方向逐渐浓密,颜被直立的黑色毛,后头被黑色短毛和黄色鳞片,边缘处被浓密直立的黑色毛。触角黑色;柄节长约为宽的 3 倍,被浓密的黑色长毛;梗节长与宽几乎相等,被黑色短毛;鞭节圆锥状,光裸无毛,顶部有一分 2 节的附节,附节较鞭节略短。触角各节长的比例为 3∶1∶3。喙深褐色,被黑色毛;须深褐色,被黑色毛。

胸部黑色,被褐色粉。胸部的毛为黑色和黄色,鬃黑色;肩胛被浓密的黑色长毛和稀疏的黄色长毛,中胸背板前端有成排的黄色长毛,翅基部附近有 3 根黑色侧鬃,翅后胛有 4 根黄色鬃。胸部背面被黑色和黄色鳞片,小盾片几乎被黄色鳞片全部覆盖,只有中前部被黑色鳞片,后缘两侧各被 5 根黑鬃。足深褐色,被黑色鳞片。足的毛以黑色为主,鬃黑色。腿节被稀疏的黑色长毛;胫节和跗节被黑色短毛。中足腿节有 4 根 av 端鬃,后足腿节有 6 根 av 端鬃;中足胫节的鬃(5 ad,6 pd,6 av 和 7 pv),后足胫节的鬃(6 ad,6 pd,7 av 和 7 pv)。翅半黑色,半透明;翅前部和基部黑色,翅后部和端部透明;翅脉 dm-cu 有 2 支脉,短支伸向基部,长支伸向端部;翅在横脉处有深褐色的点状斑;翅脉 C 基部被刷状的黑色长毛,翅基缘大,翅脉 r-m 在盘室的中部靠近端部的部分。平衡棒淡黄色。

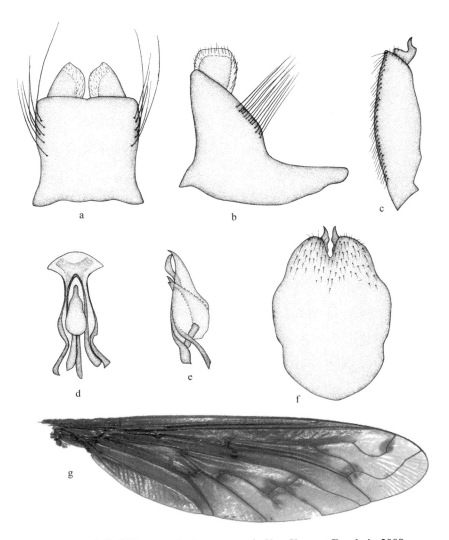

图 82　扇陇蜂虻 _Heteralonia anemosyris_ Yao, Yang _et_ Evenhuis, 2009

a. 生殖背板, 背视 (epandrium, dorsal view); b. 生殖背板, 侧视 (epandrium, lateral view); c. 生殖
基节和生殖刺突, 侧视 (gonocoxite and gonostylus, lateral view); d. 阳茎复合体, 背视 (aedeagal
complex, dorsal view); e. 阳茎复合体, 侧视 (aedeagal complex, lateral view); f. 生殖基节和生殖
刺突, 腹视 (gonocoxite and gonostyli, ventral view); g. 翅 (wing)

　　腹部黑色, 被黑色和黄色鳞片。腹部的毛大部分为黑色。腹部背板侧面被浓密的黑色长
毛, 仅第 1 节侧面被淡黄色长毛; 腹部背面被浓密侧卧的黑色和黄色的毛和侧卧的黑色和黄色
的鳞片, 仅第 1 节背板侧面被淡黄色毛。腹板被侧卧的黄色绒毛和直立的黑色绒毛。

　　雄性外生殖器: 生殖背板侧视近三角形, 端部被黑色长鬃; 尾须明显外露, 长与高几乎相
等, 生殖背板背视近矩形, 长与宽几乎相等; 生殖基节端部被黑色毛, 腹视中部隆起, 顶部略变
窄; 生殖刺突侧视基部厚, 顶部尖且中部略弯曲; 阳茎基背片长, 背视顶端扇形, 端阳茎侧视短。

　　雌　体长 11 mm, 翅长 10 mm。

　　与雄性近似, 但翅 dm-cu 脉上的黑色斑较大。

观察标本 正模♂,云南下关锅盖山,1987.Ⅶ.31,李强(CAU)。副模1♂,云南路南石林,1987.Ⅷ.1,李强(CAU);1♂,云南路南石林,1987.Ⅸ.30,杜进平(CAU);1♂,云南武定狮子山,1987.Ⅷ.7(CAU);1♂,云南武定狮子山,1987.Ⅷ.11(CAU);1♀,云南路南石林,1987.Ⅸ.30,杜进平(CAU)。1♀,云南昆明动物所,1981.Ⅸ.7,何秀松(KIZCAS)。

分布 云南(昆明、路南、武定、下关)。

讨论 该种与 *Heteralonia sytshuana* Paramonov,1928 近似,但翅脉 R_{2+3} 顶部有一明显的斑,胸部背部被浓密侧卧的黑色和黄色的鳞片,阳茎基背片背视顶部为扇形;而 *H. sytshuana* 翅脉 R_{2+3} 顶部有一淡黑的斑,胸部背部被浓密侧卧的黑色鳞片,阳茎基背片背视顶部为圆形。

(52)中华陇蜂虻 *Heteralonia chinensis* Evenhuis,1979(图 83)

Heteralonia chinensis Evenhuis,1979. Pac. Ins. 21:254. Type locality:China(Yunnan).

鉴别特征 M-Cu 脉上有一附脉,翅半透明,翅多游离的黑色斑,翅脉 R_{2+3} 端部有 1 黑斑,R_4 脉端部有 2 个小黑斑,翅脉 M_1 端部有一大一小 2 个黑斑,臀室端部多半透明。

分布 云南。

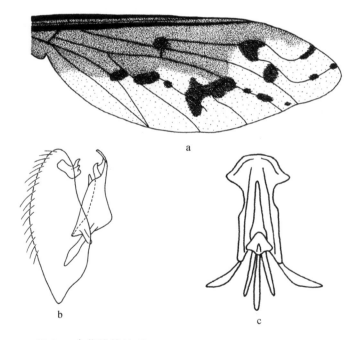

图 83 中华陇蜂虻 *Heteralonia chinensis* Evenhuis,1979
a.翅(wing);b.雄性外生殖器,侧视(male genitalia,lateral view);c.阳茎复合体,腹视(aedeagal complex,ventral view)。据 Evenhuis,1979 重绘

(53)橙脊陇蜂虻 *Heteralonia cnecos* Yao,Yang *et* Evenhuis,2009(图 84,图版 Ⅹ c)

Heteralonia cnecos Yao,Yang *et* Evenhuis,2009. Zootaxa 2166:47. Type locality:Yunnan(Lijiang).

雄 体长 9～12 mm,翅长 10～12 mm。

头部黑色,被褐色粉,单眼瘤深黑色。头部的毛黑色,额被直立的黑色毛,颜被浓密直立的黑色毛,后头被黑色短毛和淡黄色鳞片,边缘处被浓密直立的黑色毛。触角黑色;柄节长约为宽的 3 倍,被浓密的黑色长毛;梗节长与宽几乎相等,被黑色短毛;鞭节圆锥状,光裸无毛,顶部有一分 2 节的附节,附节较鞭节略长。触角各节长的比例为 3：1：3。喙黑色,被黑色短毛;须深褐色,被黑色毛。

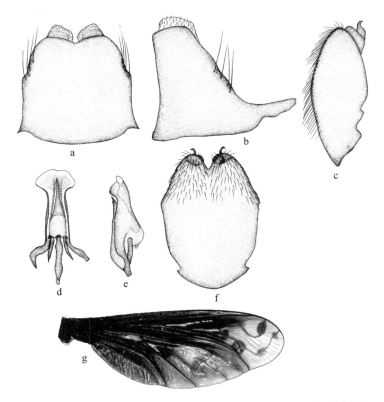

图 84 橙脊陇蜂虻 *Heteralonia cnecos* Yao,Yang *et* Evenhuis,2009

a.生殖背板,背视(epandrium,dorsal view);b.生殖背板,侧视(epandrium,lateral view);c.生殖基节和生殖刺突,侧视(gonocoxite and gonostylus,lateral view);d.阳茎复合体,背视(aedeagal complex,dorsal view);e.阳茎复合体,侧视(aedeagal complex,lateral view);f.生殖基节和生殖刺突,腹视(gonocoxite and gonostyli,ventral view);g.翅(wing)

胸部黑色,被灰色粉。胸部的毛为黑色和淡黄色,鬃黑色;肩胛被黑色长毛,中胸背板前缘被成排的淡黄色长毛,翅基部附近有 2 根黑色侧鬃,翅后胛有 4 根黄色鬃。小盾片前端被黑色鳞片,后部被黄色鳞片。足黑色,被黑色鳞片。足的毛以黑色为主,鬃黑色。腿节被稀疏的黑色长毛;胫节和跗节被黑色短毛。中足腿节有 3 根 av 端鬃,后足腿节有 7 根 av 端鬃;中足胫节的鬃(7 ad,8 pd,6 av 和 7 pv),后足胫节的鬃(7 ad,7 pd,7 av 和 8 pv)。翅大部分黑色,向后缘逐渐变淡;翅脉 dm-cu 有 2 支脉,长度一样,分别指向基部和端部,翅在横脉处有深褐色的点状斑,翅脉 C 基部被刷状黑色长毛,翅基缘大,翅脉 r-m 近盘室的中部。平衡棒基部褐色,顶部淡黄色。

腹部黑色。腹部的毛大部分为黑色和白色。腹部侧面被浓密的黑色长毛,第 1 节侧面被淡黄色长毛;腹背面被浓密侧卧的黑色鳞片,第1～3节背板前缘两侧被淡黄色的毛,第4～7腹节背面后缘被淡黄色毛。腹板被直立的黑色毛和浓密侧卧的黑色鳞片。

雄性外生殖器:生殖背板侧视近三角形,端部被黑色长鬃,尾须明显外露,高略大于长,生殖背板背视近矩形,长与宽几乎相等;生殖基节端部被黑色毛,腹视端部显著变窄;生殖刺突侧视基部厚,顶部尖且中部略弯曲;阳茎基背片宽棒状,背视顶端圆形,端阳茎侧视短。

雌 未知。

观察标本 正模♂,云南丽江金沙江,2003.Ⅷ.26,梅桂英(CAU)。副模1♂,云南丽江金沙江,2003.Ⅷ.23,梅桂英(CAU)。

分布 云南(丽江)。

讨论 该种与 *Heteralonia sytshuana* Paramonov,1928 近似,但翅大部分黑色,仅端部有小部分透明,腹部第1～3节背板前端两侧被淡黄色的毛,第4～7节背板后缘被淡黄色的毛;而 *H. sytshuana* 翅后面部分透明,腹部背板侧面被浓密的黑色长毛,第1节背板侧面被淡黄色毛和浓密侧卧的黑色鳞片。

(54)整陇蜂虻 *Heteralonia completa* (Loew,1873)(图85,图版Ⅹ b)

Exoprosopa completa Loew,1873. Systematische Beschreibung der bekannten europäischen zweiflügeligen Insecten. Von Johann Wilhelm Meigen. Zehnter Theil oder vierter Supplementband. Beschreibungen europäischer Dipteren. p. 161. Type locality:Kazakhstan & Uzbekistan.

雄 体长13 mm,翅长15 mm。

头部除额顶部及后头黑色以外其余部分黄色,单眼瘤深褐色。头部的毛为黑色或黄色,额被直立的黑色毛和侧卧的黄色鳞片,颜被直立的褐色毛,后头被褐色粉,复眼边缘被白色鳞片,边缘处被直立的黄褐色毛。触角黑色,柄节褐色;柄节长约为宽的2倍,被浓密的黑色长毛;梗节长与宽几乎相等,被黑色短毛;鞭节圆锥状,光裸无毛,顶部有一长度大约为鞭节1/7的附节。触角各节长度比为2:1:3。喙黑色,被极短的淡黄色毛;须深褐色,被褐色长毛。

胸部黑色,被褐色粉。胸部的毛为黄色,鬃黄色;肩胛被黄色长毛,中胸背板前缘被浓密成排的黄色长毛,翅基部附近有3根黄色侧鬃,翅后胛有11根黄色鬃。胸部背面被稀疏黑色毛和浓密的黄色鳞片,中部几乎光裸。小盾片红褐色,前、后缘均被黄色鳞片,后缘两侧各被10根黄色鬃。足深褐色,被黑色鳞片,前足腿节黑色。足的毛为黑色,鬃黑色。腿节被稀疏的黑色毛和鳞片;胫节被黑色短毛和黄色鳞片,跗节被黑色短毛和黄色粉。中足腿节有6根av端鬃,后足腿节有11根av鬃;中足胫节的鬃(7 ad,7 pd,8 av 和 7 pv),后足胫节的鬃(15 ad,10 pd,9 av 和11 pv)。翅均一的褐色,翅横脉有深褐色的点状斑,翅脉 C 基部被刷状黑色长毛和浓密的黄色鳞片,翅基缘大褐色,翅脉 r-m 在盘室的近端部1/3处。平衡棒基部褐色,端部苍白。

腹部黄色,被灰色粉,腹节的侧缘和后缘为黄色。腹部的毛为白色和黑色,腹节背板侧面被浓密的白色毛,腹部背板背面被稀疏的黑色和白色的毛以及浓密侧卧的黑色鳞片,仅第1节和第2节前缘被白色的鳞片。腹板褐色,被稀疏直立的黄色毛和浓密侧卧的白色鳞片。

雄性外生殖器:生殖背板侧视近矩形,端部被黑色长鬃;尾须明显外露,长显著大于高;生殖背板背视近矩形,长略大于宽;生殖基节端部被黑色毛,腹视基部宽,向端部显著变窄;生殖刺突

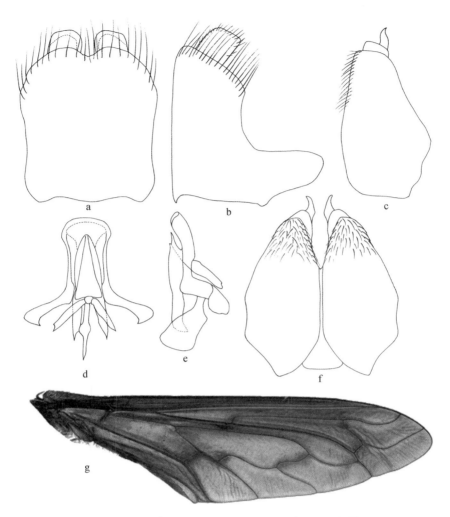

图85 整陇蜂虻 Heteralonia completa（Loew，1873）

a.生殖背板，背视（epandrium，dorsal view）；b.生殖背板，侧视（epandrium，lateral view）；c.生殖
基节和生殖刺突，侧视（gonocoxite and gonostylus，lateral view）；d.阳茎复合体，背视（aedeagal
complex，dorsal view）；e.阳茎复合体，侧视（aedeagal complex，lateral view）；f.生殖基节和生殖
刺突，腹视（gonocoxite and gonostyli，ventral view）；g.翅（wing）

侧视基部厚，顶部尖且略弯曲；阳茎基背片棒状，背视顶端半圆形，端阳茎侧视短且端部尖。

  雌 未知。

  观察标本 1♂，新疆乌苏，1957. Ⅵ. 19，汪广（IZCAS）。

  分布 新疆（乌苏）；哈萨克斯坦，塔吉克斯坦，土库曼斯坦，乌兹别克斯坦。

  讨论 该种翅为均一的褐色，翅横脉有深褐色的点状斑；腹部黄色，仅腹节的侧缘和后缘
为黄色。

（55）圆陇蜂虻 *Heteralonia gressitti* Evenhuis，1979（图86）

Heteralonia gressitti Evenhuis，1979. Pac. Ins. 21：257. Type locality：China（Yunnan）.

鉴别特征 翅几乎完全均一褐色,仅在翅端的翅室中部颜色较淡,翅脉 M₂ 基部有一附脉伸入盘室,翅脉 M-Cu 有附脉。阳茎基背片背视端部近圆形。

分布 云南。

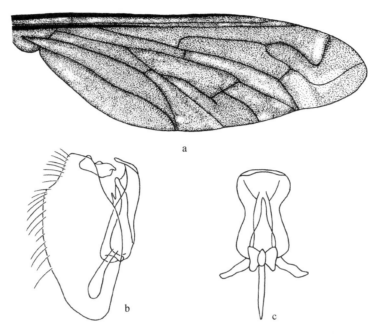

图 86　圆陇蜂虻 *Heteralonia gressitti* Evenhuis,1979

a. 翅(wing);b. 雄性外生殖器,侧视(male genitalia,lateral view);c. 阳茎复合体,腹视(aedeagal complex,ventral view)。据 Evenhuis,1979 重绘

(56) 牧陇蜂虻 *Heteralonia mucorea* (Klug,1832)(图 87,图版 Ⅹ d)

Anthrax mucorea Klug,1832. Symbolae physicae,seu icones et descriptiones insectorum,quae exitinere per Africam borealem et Asiam occidentalem F. G. Hemprich et C. G. Ehrenberg studio novae aut illustratae redierunt. pl. 30,fig. 6. Type locality:Saudi Arabia.

雄 体长 13 mm,翅长 13 mm。

头部黑色,额顶部被灰色粉和黄色鳞片,单眼瘤黑色。头部的毛以黄色为主,额被侧卧的黄色鳞片,颜被直立的黄色毛和淡黄色鳞片。后头黄色,被淡黄色鳞片。触角黄色,鞭节黑色;柄节长约为宽的 2 倍,被黄色和黑色的长毛;梗节宽略大于长,光裸无毛;鞭节圆锥状,光裸无毛,顶部有一黄色附节,长度约为鞭节的 2/9。触角各节长度比为 2∶1∶5。喙深褐色,须黑色,被黑色短毛。

胸部黑色,被灰色粉,仅肩胛和胸背的侧缘为黄色。胸部的毛为淡黄色,鬃黄色;肩胛被淡黄色长毛,中胸背板前缘被稀疏成排的淡黄色长毛,翅基部附近有 3 根黄色侧鬃,翅后胛有 5 根黄色鬃。胸部背面被稀疏的黄色毛,后缘被黄色鳞片。小盾片黄色,前缘被黄色鳞片,后侧缘被黄色毛。足黄色,被白色鳞片,跗节黑色。足的毛为淡黄色,鬃黑色。腿节被稀疏的淡黄色毛和白色鳞片;胫节被稀疏的黄色鳞片,跗节被鬃状的黑色短毛。中足腿节有 4 根 av 端鬃,

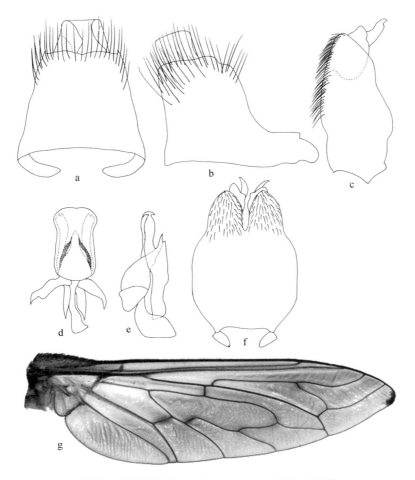

图 87　牧陇蜂虻 *Heteralonia mucorea*（Klug，1832）

a. 生殖背板，背视（epandrium，dorsal view）；b. 生殖背板，侧视（epandrium，lateral view）；c. 生殖基节和生殖刺突，侧视（gonocoxite and gonostylus，lateral view）；d. 阳茎复合体，背视（aedeagal complex，dorsal view）；e. 阳茎复合体，侧视（aedeagal complex，lateral view）；f. 生殖基节和生殖刺突，腹视（gonocoxite and gonostyli，ventral view）；g. 翅（wing）

后足腿节有 9 根 av 鬃；中足胫节的鬃（7 ad，6 pd，10 av 和 12 pv），后足胫节的鬃（10 ad，11 pd，10 av 和 11 pv）。翅几乎全部透明，翅脉 C 基部被刷状的黑色长毛和浓密的黄色鳞片，翅基缘大黄色，翅脉 r－m 靠近盘室近端部的 1/3 部分。平衡棒基部黄色，端部苍白。

腹部黄色，被灰色粉，腹节的前缘中部为黑色。腹部的毛为白色，第 1～4 节背板侧面被浓密的白色长毛，腹节侧面被浓密侧卧的白色鳞片，背板中部被黄色鳞片。腹板黄色，被浓密侧卧的白色毛，第 4～7 节侧缘被稀疏侧卧的黄色鳞片。

雄性外生殖器：生殖背板侧视近矩形，端部被黑色长鬃；尾须明显外露，长显著大于高；生殖背板背视呈四边形，向端部显著变窄；生殖基节端部被浓密的黑色毛，腹视中部宽，向端部变窄；生殖刺突侧视基部厚，顶部尖且显著弯曲；阳茎基背片矩形，背视顶端椭圆形，端阳茎侧视短，端部尖。

雌　未知。

观察标本 1♂,新疆,1981. VI(IZCAS)。

分布 新疆;阿尔及利亚,阿富汗,阿联酋,阿曼,埃及,吉尔吉斯斯坦,科威特,沙特阿拉伯,塔吉克斯坦,突尼斯,土库曼斯坦,乌兹别克斯坦,叙利亚,伊朗。

讨论 该种翅几乎完全透明,翅脉 C 基部被刷状黑色长毛和浓密的黄色鳞片。腹部黄色,仅腹节的前缘中部小部分为黑色。

(57)乌陇蜂虻 *Heteralonia nigripilosa* Yao,Yang *et* Evenhuis,2009(图 88)

Heteralonia nigripilosa Yao,Yang *et* Evenhuis,2009. Zootaxa 2166:50. Type locality:Yunnan(Xiaguan).

雄 体长 7 mm,翅长 8 mm。

头部黑色,被褐色粉,单眼瘤深褐色。头部的毛黑色,额被直立的黑色毛和侧卧的黑色鳞片,颜被浓密黑色的毛和鳞片,后头被黑色短毛和稀疏的淡黄色鳞片,边缘处被浓密直立的黑色毛。触角黑色,仅鞭节端部褐色;柄节长约为宽的 3 倍,被浓密的黑色长毛;梗节宽略大于

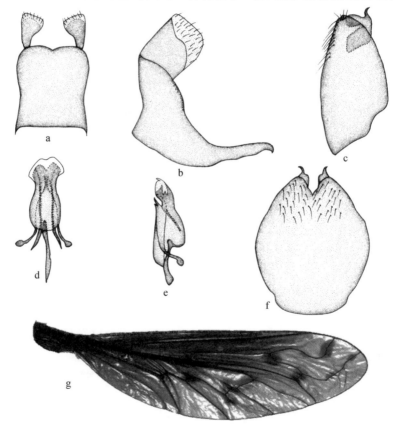

图 88 乌陇蜂虻 *Heteralonia nigripilosa* Yao,Yang *et* Evenhuis,2009

a. 生殖背板,背视(epandrium,dorsal view);b. 生殖背板,侧视(epandrium,lateral view);c. 生殖基节和生殖刺突,侧视(gonocoxite and gonostylus,lateral view);d. 阳茎复合体,背视(aedeagal complex,dorsal view);e. 阳茎复合体,侧视(aedeagal complex,lateral view);f. 生殖基节和生殖刺突,腹视(gonocoxite and gonostyli,ventral view);g. 翅(wing)

长,被黑色短毛;鞭节圆锥状,光裸无毛,顶部有一微小的附节。触角各节长度比为 3∶1∶5。喙黑色,被黑色短毛;须黑色,被黑色毛。

胸部黑色,被灰色粉。胸部的毛为黑色,鬃黑色;肩胛被黑色长毛,中胸背板前端被成排的黄白色长毛,翅基部附近有 4 根黑色侧鬃,翅后胛有 5 根黑色鬃;胸部背面被黑色鳞片和稀疏的黄色鳞片,中部光裸;后侧片被黑色毛。小盾片前部被黑色鳞片,其余部分光裸,后缘两侧分别有 4 根黑鬃。足[后足缺如]黑色,被黑色鳞片;胫节褐色,被浓密的灰色鳞片。足的毛以黑色为主,鬃黑色。腿节被稀疏的黑色长毛;胫节和跗节被淡黄色短毛。后足腿节有 3 根 av 端鬃;中足胫节的鬃(5 ad,7 pd,5 av 和 6 pv)。翅后部透明,端部黑色;翅脉 dm-cu 有 2 附脉,短支伸向基部,长支伸向端部,在横脉附近有深褐色的斑,翅脉 C 基部被黑色毛,翅基缘大,翅脉 r-m 在盘室的中部稍靠近端部的部分。平衡棒基部褐色,顶部淡黄色。

腹部黑色,被黑色和白色的鳞片。腹部的毛大部分为黑色。腹部侧面被浓密的黑色长毛,仅第 1 腹节侧面被白色长毛。腹部背板侧面被浓密的侧卧白色鳞片,中部被黑色鳞片,仅第 1 背板中部被白色鳞片。腹板被直立的黑色长毛和浓密侧卧的黑色鳞片。

雄性外生殖器:生殖背板侧视近三角形,基部有显著的侧突,尾须大且明显外露,长略大于高;生殖背板背视近矩形,长略大于宽。生殖基节端部被黑色毛,腹视端部显著变窄;生殖刺突侧视基部厚,顶部尖且急剧弯曲。阳茎基背片宽棒状,背视顶端 M 形,端阳茎侧视短,顶部尖。

雌　未知。

观察标本　正模♂,云南下关锅盖山,1987.Ⅶ.31,李强(CAU)。

分布　云南(下关)。

讨论　该种与 *Heteralonia sytshuana* Paramonov,1928 近似,但翅透明部分较大,而黑色部分较小,腹部背板第 1 节侧面被白色毛,阳茎基背片背视顶部 M 形;而 *H. sytshuana* 翅大部分黑色,腹部背板第 1 节侧面被淡黄色毛,阳茎基背片背视顶部圆形。

(58)暗黄陇蜂虻 *Heteralonia ochros* Yao,Yang *et* Evenhuis,2009(图 89)

Heteralonia ochros Yao,Yang *et* Evenhuis,2009. Zootaxa 2166:51. Type locality:Yunnan(Kunming,Wuding,Xiaguan).

雄　体长 12 mm,翅长 13 mm。

头部黑色,被褐色粉,单眼瘤红褐色。头部的毛为黑色或橘黄色,额被直立的黑色毛和稀疏的黑色鳞片,颜被浓密直立的黑色毛,后头被黑色短毛和稀疏的淡黄色鳞片,边缘处被浓密直立的橘黄色毛。触角黑色,鞭节顶部褐色;柄节长约为宽的 3 倍,被浓密的黑色长毛;梗节长与宽几乎相等,被黑色短毛;鞭节圆锥状,光裸无毛,顶部有一分 2 节的附节,长度略短于鞭节。触角各节长度比为 3∶1∶5。喙黑色,被黑色短毛;须褐色,被黑色毛。

胸部黑色,被褐色粉,仅前部有两条灰色纵带的粉。胸部的毛为黑色和黄色,鬃黑色;肩胛被黑色长毛和黄色长毛,中胸背板前端有成排的黄色长毛,翅基部附近有 3 根黑色侧鬃,翅后胛有 4 根黑色鬃。胸部背面被黑色鳞片,中部光裸。小盾片几乎全部被黑色鳞片覆盖,仅后缘部分被黄色鳞片,后缘两侧各有 5 根黑色鬃。足黑色,被黑色鳞片,前足光裸无鳞片。足的毛以黑色为主,鬃黑色。腿节被稀疏的黑色长毛;胫节和跗节被黑色短毛。中足腿节有 3 根 av 端鬃,后足腿节有 9 根 av 端鬃;中足胫节的鬃(7 ad,7 pd,6 av 和 8 pv),后足胫节的鬃(8 ad,

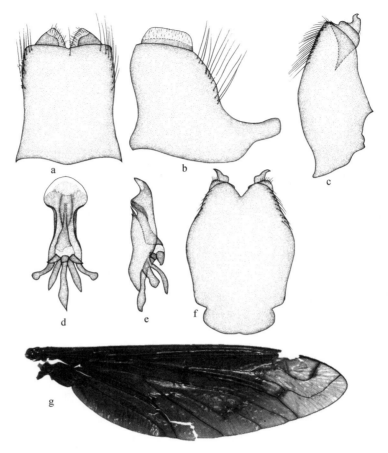

图 89　暗黄陇蜂虻 *Heteralonia ochros* Yao, Yang *et* Evenhuis, 2009

a. 生殖背板，背视（epandrium, dorsal view）；b. 生殖背板，侧视（epandrium, lateral view）；
c. 生殖基节和生殖刺突，侧视（gonocoxite and gonostylus, lateral view）；d. 阳茎复合体，背
视（aedeagal complex, dorsal view）；e. 阳茎复合体，侧视（aedeagal complex, lateral view）；
f. 生殖基节和生殖刺突，腹视（gonocoxite and gonostyli, ventral view）；g. 翅（wing）

6 pd, 8 av 和 9 pv）。翅大部分黑色，后部颜色略淡，翅脉 dm-cu 有 2 附脉，短支伸向基部，长支
伸向端部，翅在横脉附近为深褐色，翅脉 C 基部被刷状黑色长毛，翅基缘大，翅脉 r-m 靠近盘
室近端部的 1/3 处。平衡棒淡黄色。

腹部黑色，被黑色和白色的鳞片。腹部的毛大部分为黑色，第 1～4 腹节前缘被黄色毛。
腹部侧面被浓密的黑色长毛，第 1～4 腹节侧面被淡黄色长毛；腹部背面被浓密侧卧的黑色鳞
片，第 2～4 腹节前部两侧被白色鳞片。腹板被黑色长毛和浓密侧卧的黑色鳞片。

雄性外生殖器：生殖背板侧视近三角形，端部被黑色长鬃，基部有一明显的侧突，尾须明显
外露，高略大于长；生殖背板背视近矩形，长略大于宽。生殖基节端部被黑色毛，腹视端部显著
变窄，基部有一明显的凹缺；生殖刺突侧视基部厚，顶部逐渐变尖且显著弯曲。阳茎基背片宽
棒状，背视略半圆，近似三角形，端阳茎侧视短，顶部逐渐变尖。

雌　体长 9～11 mm，翅长 9～11 mm。

与雄性近似，但腹部第 1～3 节侧面被白色长毛。

观察标本 正模♂,云南武定狮子山,1986.Ⅷ.11,刘国卿(NKU)。副模1♀,云南昆明回流,2006.Ⅶ.26,姚刚(CAU);1♂,云南武定狮子山,1986.Ⅷ.11,刘国卿(NKU);2♂♂,2♀♀,云南武定狮子山,1986.Ⅷ.7,刘国卿(NKU);1♂,云南下关锅盖山,1986.Ⅶ.31,李强(CAU);1♂,云南下关中和峰,1986.Ⅷ.19,李强(CAU)。1♀,云南昆明白沙河,2004.Ⅷ.10,曾衍华(SWFC)。

分布 云南(昆明、武定、下关)。

讨论 该种与 *Heteralonia sytshuana* Paramonov,1928 近似,但腹部第1~4节侧面被淡黄色毛,第2~4节前部两侧被白色鳞片,端阳茎侧视短,顶部逐渐变尖;而 *H. sytshuana* 腹部第1节侧面被淡黄色毛和浓密黑色和侧卧的黄色鳞片,端阳茎侧视短。

(59)多脉陇蜂虻 *Heteralonia polyphleba* Evenhuis,1979(图90)

Heteralonia polyphleba Evenhuis,1979. Pac. Ins. 21:257. Type locality:China(Macao).

鉴别特征 翅半透明,翅脉 R_{2+3} 端部有2个黑色斑,翅脉 R_4、M_1、M_2 和 CuA_1 端部各有1个小黑色斑,臀室完全黑色,翅脉 M-Cu 有附脉。

分布 澳门。

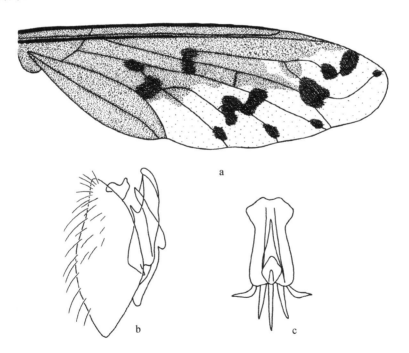

图90 多脉陇蜂虻 *Heteralonia polyphleba* Evenhuis,1979

a. 翅(wing);b. 雄性外生殖器,侧视(male genitalia,lateral view);c. 阳茎复合体,腹视(aedeagal complex,ventral view)。据 Evenhuis,1979 重绘

(60)柱桓陇蜂虻 *Heteralonia sytshuana*(**Paramonov,1928**)(图91,图版Ⅹe)

Exoprosopa sytshuana Paramonov,1928. Trudy Fiz. - Mat. Vidd. Ukr. Akad. Nauk 6

（2）：274（96）. Type locality：China（Sichuan）.

雄　体长 9～13 mm，翅长 10～14 mm。

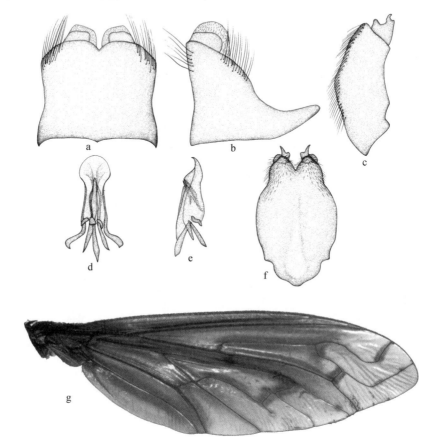

图 91　柱桓陇蜂虻 *Heteralonia sytshuana*（Paramonov, 1928）

a. 生殖背板，背视（epandrium, dorsal view）；b. 生殖背板，侧视（epandrium, lateral view）；c. 生殖基节和生殖刺突，侧视（gonocoxite and gonostylus, lateral view）；d. 阳茎复合体，背视（aedeagal complex, dorsal view）；e. 阳茎复合体，侧视（aedeagal complex, lateral view）；f. 生殖基节和生殖刺突，腹视（gonocoxite and gonostyli, ventral view）；g. 翅（wing）

　　头部黑色，被褐色粉，单眼瘤褐色。头部的毛为黑色，额被直立的黑色毛，颜被浓密直立的黑色毛，后头被黑色短毛和稀疏的淡黄色鳞片，边缘处被浓密直立的黑色毛。触角黑色，鞭节顶部褐色；柄节长约为宽的 3 倍，被浓密的黑色长毛；梗节长与宽几乎相等，被黑色短毛；鞭节圆锥状，光裸无毛，顶部有一分 2 节的附节，长度略短于鞭节。触角各节长度比为 3：1：4。喙黑色，被黑色短毛；须深褐色，被黑色毛。

　　胸部黑色，被灰色粉。胸部的毛为黑色和黄色，鬃黑色；肩胛被黑色和黄色的长毛，中胸背板前缘被成排的黄色长毛，翅基部附近有 3 根黑色侧鬃，翅后胛有 4 根黑色鬃。胸部背面被黑色和黄色的鳞片，中部无黄色鳞片，小盾片几乎全部被黄色鳞片覆盖，仅前中部被黑色鳞片，后缘两侧各被 5 根黑鬃。足深褐色，被黑色鳞片，前足光裸无鳞片。足的毛为黑色,鬃黑色。腿节被稀疏的黑色长毛;胫节和跗节被黑色短毛。中足腿节有 5 根 av 端鬃,后足腿节有 9 根 av 端鬃;中足胫节的鬃(8 ad,8 pd,8 av 和 7 pv),后足胫节的鬃(7 ad,7 pd,5 av 和 8 pv)。翅大部分黑色,后部略淡,翅脉 dm-cu 有 2 附脉,短支伸向基部,长支伸向端部,翅在横脉附近褐色较深,翅脉 C 基部被刷状黑色长毛,翅基缘大,翅脉 r-m 靠近盘室的中部。平衡棒淡黄色。

腹部黑色,被黑色鳞片。腹部的毛大部分为黑色,腹节侧面被浓密的黑色长毛,第 1 腹节侧面被淡黄色毛。腹部背板被浓密侧卧的黑色鳞片。腹板被浓密侧卧的黑色鳞片。

雄性外生殖器:生殖背板侧视近三角形,端部被黑色长鬃;尾须明显外露,长与高几乎相等。生殖背板背视近矩形,长和宽几乎相等。生殖基节端部被黑色毛,腹视向端部显著变窄;生殖刺突侧视基部厚,顶部钝且中部略微弯曲。阳茎基背片宽棒状,背视顶端圆,端阳茎侧视短。

雌 体长 12 mm,翅长 12 mm。

与雄性近似,但腹部第 1～3 节侧面被淡黄色长毛。

观察标本 2♀♀,云南保山背面水库,1981.Ⅸ.20,何秀松(SEMCAS);1♀,云南大理苍山,2006.Ⅶ.30,姚刚(CAU);2♂♂,云南东川拖布卡磨槽湾,2006.Ⅷ.4,柳青(SWFC);1♂,2♀♀,云南东川拖布卡,2006.Ⅷ.4,赵永霜(SWFC);1♂,2♀♀,云南东川播卡李家梁子,2006.Ⅷ.4,赵永霜(SWFC);1♂,云南陇川陇把弄贤,2003.Ⅱ.7,武辉(SWFC);1♂,云南下关锅盖山,1987.Ⅶ.31,李强(CAU);6♂♂,6♀♀,云南下关中和峰,1987.Ⅶ.19,李强(CAU)。

分布 四川、云南(保山、大理、东川、陇川、下关)。

讨论 该种翅大部分黑色,后部稍淡,翅脉 dm-cu 有 2 支脉,短支伸向基部,长支伸向端部,翅在横脉附近褐色较深。

8. 丽蜂虻属 *Ligyra* Newman,1841

Ligyra Newman,1841. Entomol. 1:220. Type species:*Anthrax bombyliformis* Macleay,1826,by monotypy.

Velocia Coquillett,1886. Can. Entomol. 18:158. Type species:*Anthrax cerberus* Fabricius,1794,by original designation.

Paranthrax Paramonov,1931. Trudy Prir.-Teknichn. Vidd. Ukr. Akad. Nauk 10:57(57). Type species:*Paranthrax africanus* Paramonov,1931,by monotypy.

Paranthracina Paramonov,1933. Zbirn. Prats. Zool. Muz. 12:56. Type species:*Paranthrax africanus* Paramonov,1931,automatic.

属征 体通常宽,卵形。体被各种颜色的毛、鬃和鳞片,极少情况仅被一种颜色的毛、鬃和鳞片。头部的毛大部分为黑色,但也部分种类被淡黄色或红褐色的毛。翅斑多种多样或几乎完全透明,交叉脉附近通常无游离的斑;翅脉正常,无附脉或被分割的翅室,翅脉 R_1-R_{2+3} 和翅脉 R_4-R_5 存在(4 个亚缘室),翅腋突、翅鳞发达。

讨论 丽蜂虻属 *Ligyra* 世界性分布,各区域分布的种类比较均匀。该属全世界已知 117 种,我国已知分布 19 种,其中新种 8 个。

种 检 索 表

(61)欧丽蜂虻 *Ligyra audouinii*(Macquart,1840)(图 92,图版 Ⅹ f)

Exoprosopa audouinii Macquart,1840. Diptères exotiques nouveaux ou peu connus. p. 36. Type locality:"Indes orientales".

Exoprosopa albicincta Macquart,1840. Diptères exotiques nouveaux ou peu connus. p. 48. Type locality:"Patrie inconnue".

Hyperalonia formosana Paramonov,1931. Trudy Prir. - Teknichn. Vidd. Ukr. Akad. Nauk 10:195(195). Type locality:China(Taiwan).

Hyperalonia macassarensis Paramonov,1931. Trudy Prir. - Teknichn. Vidd. Ukr. Akad. Nauk 10:198(198). Type locality:Indonesia.

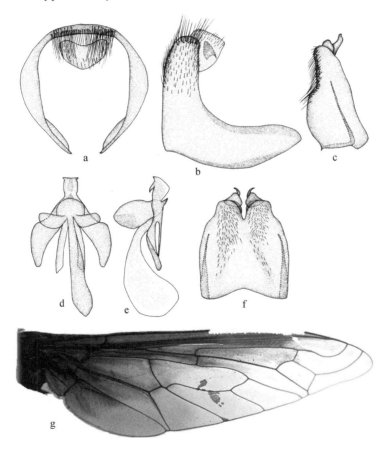

图 92 欧丽蜂虻 *Ligyra audouinii*(Macquart,1840)

a. 生殖背板,后视(epandrium,posterior view);b. 生殖背板,侧视(epandrium,lateral view);c. 生殖基节和生殖刺突,侧视(gonocoxite and gonostylus, lateral view);d. 阳茎复合体,背视(aedeagal complex, dorsal view);e. 阳茎复合体,侧视(aedeagal complex, lateral view);f. 生殖基节和生殖刺突,腹视(gonocoxite and gonostyli, ventral view);g. 翅(wing)

雄 体长 19～23 mm,翅长 18～21 mm。

头部黑色,被褐色粉,单眼瘤红褐色。头部的毛为黑色或黄色,额被直立的黑色和黄色的毛,颜被浓密侧卧的黄色毛和稀疏的黑色毛,后头被浓密的黄色短毛和稀疏的黑色短毛,边缘处被一列直立的黄色毛。触角黑色,仅鞭节端部褐色;柄节长圆柱形,长约为宽的 2 倍,被鬃状黑色长毛;梗节宽大于长,被黑色短毛;鞭节圆锥形,光裸无毛,长约为宽的 2 倍,端部有一附节,长度约为鞭节的一半。触角各节长度比为 2∶1∶2。喙黄色,光裸无毛,须黄褐色。

胸部黑色,被灰色粉,仅小盾片红褐色。胸部的毛为黑色和黄色,鬃为黑色;肩胛被黑色和黄色的长毛,中胸背板中部侧面被黄色长毛,前端被成排的黄色长毛,翅基部附近有 4 根黑色侧鬃,上前侧片和下前侧片以及侧背片被成簇的黄色长毛,翅后胛被 5 根黑色鬃。小盾片中部被稀疏的黑色短毛,侧面被黄色和黑色的长毛,后缘两侧各有 9 根鬃。足黑色。足的毛以黑色为主,鬃黑色。腿节和胫节被黑色短毛,前足胫节被黄色短毛,后足胫节被浓密的鬃状毛;跗节被黑色短毛和黄色短毛。中足腿节有 7 根 av 端鬃,后足腿节有 17 根 av 端鬃;中足胫节的鬃(9 ad,7 pd,7 av 和 13 pv)。翅绝大部分透明;仅近前缘脉附近褐色;翅缘被黑色毛,翅瓣边缘被褐色鳞片;翅大部分膜有皱纹,翅基缘大,顶部尖,翅脉 r-m 靠近盘室的近中部,翅脉 M_2 略弯,翅脉 m-m 为 S 形。平衡棒褐色。

腹部黑色,被黑色和白色的鳞片。腹部的毛为黑色和黄色。腹部侧面被浓密的黑色长毛,仅第 1 节侧面被浓密的黄色长毛,第 3 节侧面被白色鳞片,腹部背面被侧卧的黑色和黄色的毛,仅第 1 节光裸无毛,第 4 和 6 腹节背板被侧卧的白色和黄色毛,第 5～7 背板中后部有一小的区域光裸,第 9 和 10 腹节被白色和黑色的毛。腹板被侧卧的黄色绒毛和直立的黑色绒毛。

雄性外生殖器:生殖背板侧视近矩形,基部有明显的侧突,长显著大于高,生殖背板后视高约为宽的 2 倍;生殖基节腹视近端部部分变窄,顶部有 V 形的深凹,端侧叶腹视端部尖;生殖刺突侧视端部隆起,端部尖且急剧弯曲;阳茎基背片背视近方形但近基部略变窄,端部有一 W 形的横线,端阳茎背视近三角形,端阳茎侧视端部变窄。

雌 体长 10～12 mm,翅长 10～12 mm。

与雄性近似,但翅室 r_{2+3} 黑斑延伸至 r_4 室,翅室 m_2 黑色部分较大,小盾片被黄色毛,腹部第 2 和 3 节被黄色毛。

观察标本 1♀,福建崇安星村,1960.Ⅵ.7,林(SEMCAS);1♀,福建建阳黄坑,1960.Ⅶ.8,金根桃(SEMCAS);1♂,广东广州罗岗桐,1963.Ⅴ.21(SYSU);1♂,海南,1932.Ⅳ.1-14,F. K. To(SYSU);1♂,海南海口,1932.Ⅺ.4(SYSU);1♂,海南乐东尖峰岭,1983.Ⅸ.22(SYSU);1♀,海南琼中,1959.Ⅲ.5,金根桃(SEMCAS)。

分布 上海、福建(崇安、建阳)、台湾、广东(广州)、海南(海口、乐东、琼中);菲律宾、印度尼西亚。

讨论 该种腹部第 1 和 4 腹节侧面被浓密的白色长毛,其余腹节被侧卧的黑色和黄色的毛,第 4 和 6 腹节背板被侧卧的白色和黄色毛,第 9 和 10 腹节被白色和黑色的毛。

(62)同盟丽蜂虻 *Ligyra combinata*(Walker,1857)

Anthrax combinata Walker,1857. Trans. Entomol. Soc. Lond. 4:143. Type locality:"China".

鉴别特征 翅半透明,翅由褐色均匀过渡到透明,翅室中部不明显变淡。腹部第 1 和 2 节背板以黑色为主,被黑色鳞片或者光裸,腹部背板第 3 节两侧被白色鳞片,中间被黑色鳞片。

分布 中国。

(63)尖明丽蜂虻 *Ligyra dammermani* **Evenhuis** *et* **Yukawa,1986**（图 93 至图 94,图
版 Ⅺ a）

Ligyra dammermani Evenhuis *et* Yukawa,1986. Kontyû 54:456. Type locality:"Indonesia".

雄 体长 13～16 mm,翅长 15～17 mm。

头部黑色,被褐色粉,仅触角附近被金黄色粉,单眼瘤红褐色。头部的毛黑色或黄色,额被
直立的黑色毛和浓密侧卧的黄色毛,颜被侧卧的黄色毛和稀疏的黑色毛,后头被黑色短毛,背
视由顶部向侧面黄色毛逐渐增加,边缘处被一列直立的黄色毛。触角黑色,仅鞭节端部褐色;
柄节长圆柱形,被鬃状黑色长毛,梗节长与宽几乎相等,被黑色短毛;鞭节圆锥形,光裸无毛,高
约为宽的 4 倍,端部有一附节,长度约为鞭节的一半。触角各节长度比为 6:2:9。喙黄褐
色,被黄色短毛;须褐色,被黑色长毛。

胸部黑色,仅小盾片红褐色。胸部的毛为黑色和黄色,鬃和鳞片为黑色;肩胛被黑色和黄
色的长毛,中胸背板中部被黑色短毛,侧面被黄色毛,前缘被成排的黄色长毛,翅基部附近有 3
根黑色侧鬃,上前侧片和下前侧片以及侧背片被成簇的黄色长毛,翅后胛两侧各被 4 根黑色

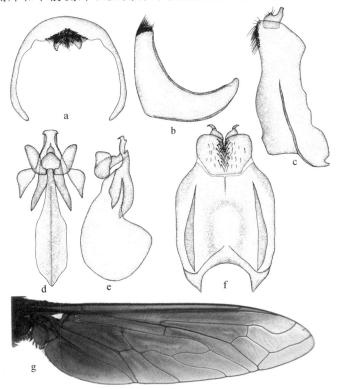

图 93 尖明丽蜂虻 *Ligyra dammermani* **Evenhuis** *et* **Yukawa,1986**
a.生殖背板,后视(epandrium,posterior view);b.生殖背板,侧视(epandrium,lateral view);
c.生殖基节和生殖刺突,侧视(gonocoxite and gonostylus,lateral view);d.阳茎复合体,背视
(aedeagal complex,dorsal view);e.阳茎复合体,侧视(aedeagal complex,lateral view);f.生殖
基节和生殖刺突,腹视(gonocoxite and gonostyli,ventral view);g.翅(wing)

鬃。小盾片中部被稀疏的黑色短毛,侧面被黄色毛,后缘两侧各有 8 根鬃。足黑色,被黑色鳞片。足的毛以黑色为主,鬃黑色。腿节和胫节被黑色短毛,跗节被黑色短毛和黄色短毛。中足腿节有 6 根 av 端鬃,后足腿节有 11 根 av 端鬃;中足胫节的鬃(9 ad,7 pd,7 av 和 9 pv),后足胫节被 10 pv 鬃和浓密的鬃状毛。翅绝大部分褐色,基部深褐色,端部透明,翅后缘近透明,翅后缘翅室的中部淡褐色;翅缘被黑色毛,翅瓣边缘被褐色鳞片;翅近后缘膜有皱纹,翅基缘大,顶部尖,翅脉 r-m 靠近盘室的近中部,翅脉 M_2 略弯,倒 S 形,翅脉 m-m 为 S 形;4 个亚缘室。平衡棒基部褐色,端部苍白色。

腹部黑色,被黑色和白色的鳞片。腹部的毛为黑色。腹部背面侧面被黑色长毛,背面被黑色短毛,腹部背板被浓密的黑色鳞片,仅第 3 节背板被白色鳞片,第 6 和 7 节背板中部光裸,其余部分被白色鳞片,第 9~10 节背板后缘被黑色毛。腹板被黑色毛,仅第 2 和 3 腹板几乎全部被白色毛,第 1,4 和 5 腹板中部被浓密的白色毛。

雄性外生殖器:生殖背板侧视 L 形,长与高几乎相等,生殖背板后视圆形,高与宽几乎相等;生殖基节腹视向端部显著变窄,顶部有一细的深凹,端侧叶腹视宽,端部为一小突起;生殖刺突侧视 C 形,基部凸,端部尖且弯曲成钩状;阳茎基背片背视近方形。

雌 体长 15~18 mm,翅长 15~18 mm。

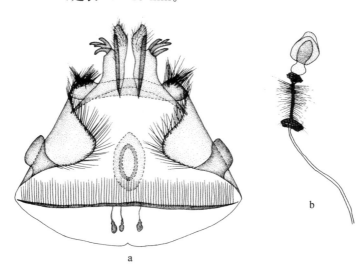

图 94 尖明丽蜂虻 *Ligyra dammermani* Evenhuis et Yukawa,1986
a. 雌性外生殖器;b. 受精囊

与雄性近似,但中胸背板被浓密侧卧的黄色毛和直立的黑色毛;腹部圆锥形,端部尖。

观察标本 1♀,陕西华阴华山,1956.Ⅵ.15,杨集昆(CAU);1♀,湖北,1934.Ⅶ.26-28,F. K. To(SYSU);1♂,5♀♀,湖北黄冈黄梅,1933.Ⅷ.12,Y. M. Djou(SYSU);1♀,江苏南京孝陵卫,1957.Ⅶ.10,杨集昆(CAU);1♂,1♀,江苏无锡锡山,1987.Ⅷ.17,李强(CAU);2♂♂,5♀♀,江苏无锡惠山,1987.Ⅷ.19,李强(CAU);1♂,福建,1986.Ⅵ.30,林份平(CAU);1♀,福建崇安三港,1982.Ⅶ.29,陈萍萍(NKU);1♂,广西贵港,1934.Ⅶ.28-29,Ernest R. Tinkham(SYSU);1♀,广东,1933.Ⅸ.25-30,F. K. To(SYSU);1♀,广东封开黑石顶,2000.

Ⅶ.10,张钟巍(SYSU);1♀,广东广州,1933.Ⅵ.30,E. R. Tinkham(SYSU);1♀,广东广州白云山,1933.Ⅵ.11,E. R. Tinkham(SYSU);1♀,广东海丰,2003.Ⅷ.22－24,张春田(SYSU);1♀,广东佛岗观音山,2007.Ⅸ.15－16(CAU);1♂,广东佛山三水,1934.Ⅷ.22,F. K. To(SYSU);1♂,广东惠州罗浮山,1982.Ⅸ.20－24,梁铭球(SYSU);1♂,1♀,广东绵阳千佛山,1985.Ⅶ.12(CAU);1♀,广东韶关金鸡岭,1985.Ⅶ.27(CAU);1♂,广东深圳,2006.Ⅷ.31,张丹丹(SYSU);1♂,广东深圳,2006.Ⅸ.2,张丹丹(SYSU);1♂,1♀,广东深圳笔架山,2004.Ⅸ.21－23,谢委才 & 陈海东(SYSU);1♀,广东肇庆鼎湖山,1964.Ⅶ.23,周昌清(SYSU);2♂♂,香港新界乌蛟腾,2002.Ⅹ.7－10,贾凤龙(SYSU);1♂,2♀♀,海南,1932.Ⅴ.13－19,F. K. To(SYSU);1♂,海南,1934.Ⅴ.21(CAU);1♀,海南,1934.Ⅴ.25(CAU);1♂,海南,1934.Ⅵ.23(CAU);1♂,海南,1934.Ⅶ.9(CAU);1♀,海南,1935.Ⅳ.4－7,F. K. To(SYSU);1♀,海南乐东尖峰岭,1984.Ⅶ.24,江世贵(SYSU)。

分布 陕西(华阴)、湖北(黄冈)、江苏(南京、无锡)、福建(崇安)、广西(贵港)、广东(封开、广州、海丰、佛岗、佛山、惠州、绵阳、韶关、深圳、肇庆)、香港(新界)、海南(乐东);印度尼西亚(爪哇)。

讨论 该种腹部背面被浓密的黑色鳞片,第3腹节背板被白色鳞片,第6和7腹节背板中部光裸而其余部分被白色鳞片,第9~10腹节背板后缘被黑色毛。

(64)黄簇丽蜂虻 *Ligyra flavofasciata* (Macquart,1855)

Exoprosopa flavofasciata Macquart,1855. Mém. Soc. Sci. Agric. Lille(2)1:90(70). Type locality:"Chine boréale".

鉴别特征 翅全部褐色,由前缘往后缘颜色逐渐变淡。腹部黑色,被黑色或黄色或铁锈色的毛,腹部第2和3节背板被黄色鳞片呈条带状。

分布 北京、江西;日本、韩国。

(65)鬃翅丽蜂虻 *Ligyra fuscipennis* (Macquart,1848) (图95)

Exoprosopa fuscipennis Macquart,1848. Mém. Soc. R. Sci. Agric. Arts, Lille 1847(2):193(33). Type locality:Indonesia(Java).

Anthrax confirmata Walker,1860. Trans. Entomol. Soc. Lond. (2)5:283. Type locality:Indonesia(Maluku).

Anthrax coeruleopennis Doleschall,1857. Natuurkd. Tijdschr. Ned. - Indië 14:400. Type locality:Indonesia(Maluku).

Exoprosopa chrysolampis Jaennicke,1867. Abh. Senckenberg. Naturforsch. Ges. 6:344. Type locality:Indonesia.

鉴别特征 翅完全褐色,由前缘往后缘颜色逐渐变淡。小盾片后缘被淡黄色毛。腹部黑色,被黑色或黑色和黄色、黑色和铁锈色的毛,腹部背板被黑色和白色的鳞片,腹部第3节背板两侧被白色鳞片,中间被黑色鳞片。

分布 海南;澳大利亚,不丹,柬埔寨,马来西亚,尼泊尔,婆罗洲,印度,印度尼西亚。

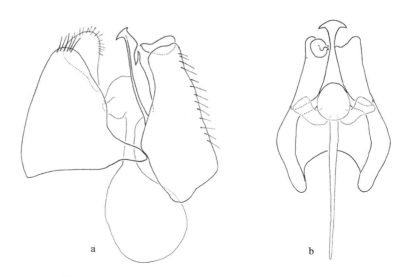

图 95　鬃翅丽蜂虻 *Ligyra fuscipennis*（Macquart, 1848）

a. 雄性外生殖器, 侧视（male genitalia, lateral view）; b. 雄性外生殖器, 背视

（male genitalia dorsal view）。据 Evenhuis & Yukawa, 1986 重绘

(66)黄磷丽蜂虻,新种 *Ligyra galbinus* sp. nov.（图96）

雄　体长 18 mm,翅长 18 mm。

头部黑色,被褐色粉;单眼瘤黑色,被褐色粉;头部的毛为黄色或黑色。额被浓密直立的黄色和黑色的毛,往触角方向黄色毛变浓密,黑色毛变的稀疏。颜以黄色毛为主,后头被浓密的黄色和黑色的短毛。触角黑色,仅柄节橘黄色,长约为宽的 3 倍,被浓密的黄色和黑色的长毛;梗节长与宽几乎相等,被浓密的黑色短毛;鞭节圆锥形,光裸无毛,端部有一极小的附节。触角各节长度比为 4∶1∶3。喙黑色,被淡黄色毛;须黑色,被黑色长毛。

胸部黑色,被褐色粉。胸部的毛为黄色,鬃为黑色,鳞片为黄色;肩胛被黄色长毛和侧卧的白色长鳞片,中胸背板前缘被成排的黄色长毛,翅基部附近有 3 根黑色侧鬃,翅后胛被 4 根黑色鬃。小盾片黑色,被黄色鳞片,后缘两侧各有 7 根黑鬃。足淡黄色,仅跗节黑色。足的毛黑色,鬃黑色,鳞片黄色。前足腿节被稀疏的黑色长毛和浓密的黄色鳞片,跗节被浓密的黑色毛。中足腿节有 4 根 av 端鬃,后足腿节有 8 根 av 端鬃;中足胫节的鬃（7 ad,7 pd,8 av 和 8 pv）,后足胫节被 11 pd,9 pv 鬃和浓密的鬃状毛。翅后缘和端部透明,基部褐色;翅脉 r-m 靠近盘室的中部且略偏端部,翅脉 C 基部被刷状黑色长毛和黄色鳞片。平衡棒淡黄色。

腹部黑色。腹部的毛为黄色和黑色,鳞片为黄色。腹部侧面被黄色长毛,腹部背面被直立的黑色短毛和侧卧的黄色鳞片。腹板黄色,被直立的白色毛和侧卧的白色鳞片。

雄性外生殖器:生殖背板侧视近三角形,端部被黑色的鬃,高略大于长,尾须不可见;生殖背板背视宽显著大于高,端部显著变细,基部有一明显的侧突。生殖基节中部被黑色毛,端部显著变窄;生殖刺突侧视端部大,端部尖且中部显著弯曲。阳茎基背片背视长,端部近矩形,端阳茎侧视短且端部尖。

雌　体长 18 mm,翅长 18 mm。

与雄性近似,但腹部端部尖,且被浓密的黄色短毛。

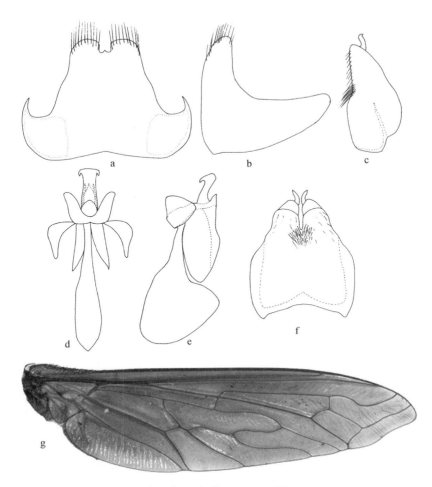

图 96 黄磷丽蜂虻,新种 *Ligyra galbinus* sp. nov.

a. 生殖背板,背视(epandrium,dorsal view);b. 生殖背板,侧视(epandrium,lateral view);c. 生殖基节和生殖刺突,侧视(gonocoxite and gonostylus,lateral view);d. 阳茎复合体,背视(aedeagal complex,dorsal view);e. 阳茎复合体,侧视(aedeagal complex,lateral view);f. 生殖基节和生殖刺突,腹视(gonocoxite and gonostyli,ventral view);g. 翅(wing)

观察标本 正模♂,海南白沙南开莫好村,2008.Ⅴ.1,刘启飞(CAU)。副模 1♀,海南,1934.Ⅴ.5(CAU);1♂,海南,1934.Ⅵ.21(CAU)。3♂♂,1♀,云南大理,1976.Ⅸ.9,华立中(SYSU);3♂♂,广西隆安杨湾,1984.Ⅵ,陆温(GXU);1♂,海南,1934.Ⅵ.23(CAU);1♂,海南,1934.Ⅵ.26(CAU);1♂,海南白沙,1959.Ⅲ.13,金根桃(SEMCAS);2♂♂,海南乐东尖峰岭,1983.Ⅶ.14,梁少营(SYSU);1♂,1♀,海南三亚,1959.Ⅱ.28,金根桃(SEMCAS)。

分布 云南(大理)、广西(隆安)、海南(白沙、乐东、三亚)。

讨论 该种与 *Ligyra dammermani* Evenhuis *et* Yukawa,1986 相似。但腹部黑色,腹部侧面被黄色长毛,腹部背面被直立的黑色短毛和侧卧的黄色鳞片;*L. dammermani* 腹部背板被浓密的黑色鳞片,第 3 节背板被白色鳞片,第 6 和 7 节背板中部光裸,其余部分被白色鳞片,第 9~10 节背板后缘被黑色毛。

（67）广东丽蜂虻，新种 *Ligyra guangdonganus* sp. nov.（图 97，图版 Ⅺ b）

雄 体长 16 mm，翅长 15 mm。

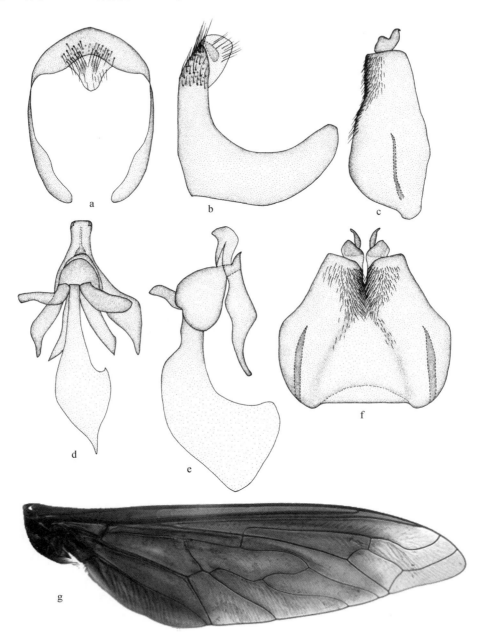

图 97 广东丽蜂虻，新种 *Ligyra guangdonganus* sp. nov.

a. 生殖背板，后视（epandrium，posterior view）；b. 生殖背板，侧视（epandrium，lateral view）；c. 生殖基节和生殖刺突，侧视（gonocoxite and gonostylus，lateral view）；d. 阳茎复合体，背视（aedeagal complex，dorsal view）；e. 阳茎复合体，侧视（aedeagal complex，lateral view）；f. 生殖基节和生殖刺突，腹视（gonocoxite and gonostyli，ventral view）；g. 翅（wing）

　　头部黑色,被褐色粉,仅口器边缘为黄褐色,单眼瘤红褐色。头部的毛为黑色或黄色,鳞片黄色,额被直立的黑色毛,由顶部往触角方向黄色鳞片变浓密,颜被浓密的黑色短毛,后头被黑色短毛和黄色鳞片,边缘处被成列直立的黄色毛。触角黑色;柄节近矩形,长约为宽的 2 倍,被浓密鬃状的黑色长毛;梗节长与宽几乎相等,被稀疏的黑色短毛;鞭节圆锥形,光裸无毛,长约为宽的 3 倍,端部有附节,长度约为鞭节的一半。触角各节长度比为 3∶1∶4。喙黑色,被黑色和黄色的短毛;须深褐色,被黑色毛。

　　胸部黑色,被褐色粉。胸部的毛为黑色和黄色,鬃和鳞片为黑色;肩胛的毛大部分为黑色,少数为淡黄色。中胸背板侧缘被黑色和黄色的毛,背部被黑色鳞片和直立的黑色毛,前缘被成排的黄色长毛,翅基部附近有 3 根黑色侧鬃,上前侧片被成簇的黄色长毛和稀疏的黑色长毛,下前侧片被稀疏的黄色和黑色的毛,翅后胛被 3 根黑色鬃。小盾片黑色,被黄色短毛和黑色鳞片,后缘两侧各有 8 根黑鬃。足黑色。足的毛以黑色为主,鬃和鳞片黑色。前足腿节被黑色长毛,中足和后足的腿节被黑色短毛和鳞片,前足胫节被黄色短毛,中足和后足的胫节被黑色毛和鳞片,跗节被黄色短毛。中足腿节有 4 根 av 端鬃,后足腿节有 10 根 av 端鬃;中足胫节的鬃(7 ad,7 pd,9 av 和 8 pv),后足胫节被 11 pv 鬃和浓密的鬃状短毛。翅几乎全部深褐色,仅端部 1/5 透明,翅脉附近颜色较深,翅室中部淡褐色,翅缘被黑色毛;翅瓣和臀叶边缘被褐色鳞片,大部分翅室膜有皱纹略带紫色反光,翅基缘大端部尖,翅脉 r-m 靠近盘室的近中部,翅脉 M_2 略弯曲为反 S 形,翅脉 m-m 为 S 形。平衡棒基部褐色,端部苍白色。

　　腹部黑色,被灰黑色粉。腹部的毛为黑色,鳞片为黑色、白色和黄色。腹部侧面被黑色长毛,腹部背面被黑色的毛和鳞片,仅第 1 节背板后缘被黄色鳞片,第 3 节背板两边被白色鳞片,第 6 和 7 节背板几乎全部被白色鳞片。腹板被直立的黑色毛和黑色鳞片,仅第 1~3 节腹板中部被白色鳞片。

　　雄性外生殖器:生殖背板侧视 L 形,长与高几乎相等,生殖背板后视高大于宽。生殖基节向端部显著变窄,顶部有一小的凹陷;端侧叶腹视宽,端部钝;生殖刺突侧视基部大,端部尖且略弯曲。阳茎基背片背视近矩形。

　　雌　体长 14 mm,翅长 13 mm。

　　与雄性近似,但腹部第 3 节背板被白色鳞片。

　　观察标本　正模♂,广东海丰,2003.Ⅷ.22-24,张春田(SYSU)。副模 1♀,广东海丰,2003.Ⅷ.22-24,张春田(SYSU);1♀,广东龙门南昆山,1987.Ⅵ.9-14,陆勇军(SYSU);1♀,广东肇庆鼎湖山,1964.Ⅶ.6,莫腾(SYSU);1♂,广东肇庆鼎湖山,1964.Ⅶ.22,周昌流(SYSU)。

　　分布　广东(海丰、龙门、肇庆)。

　　讨论　该种与 *Ligyra tristis* Wulp,1869 相似。但该种翅端部逐渐变透明。而 *L. tristis* 翅褐色与透明部分分界明显,端部透明。

(68) 不均丽蜂虻,新种 *Ligyra incondita* sp. nov.(图 98)

　　雄　体长 16 mm,翅长 15 mm。

　　头部黑色,仅颜和口器边缘中部为褐色,单眼瘤红褐色。头部的毛黑色或黄色,额被直立的黑色毛,由顶部往触角方向变浓密,颜被浓密的黑色短毛,后头被黄色短毛,边缘处被成列直立的黄色毛。触角黑色;柄节倒圆锥形,长约为宽的 2 倍,被浓密鬃状的黑色毛;梗节宽大于长,被稀疏的黑色短毛;鞭节圆锥形,光裸无毛,长约为宽的 2 倍,端部附节长约为鞭节的 3/4。触角各节长度比为 3:1:4。喙黑色,被黄色短毛;须深褐色,被黄色毛。

胸部黑色,被灰色粉,仅翅后胛和小盾片红褐色。胸部的毛为黑色和黄色,鬃黑色;肩胛被黑色和黄色长毛,中胸背板侧缘被黑色和黄色的毛,前缘被成排的黄色长毛,翅基部附近有 4 根黑色侧鬃,上前侧片和侧背片被成簇的黄色长毛,下前侧片被成簇的淡黄色毛,翅后胛被 4 根黑色鬃。小盾片几乎光裸,后缘两侧各有 8 根黑鬃。足黑色。足的毛以黑色为主,鬃黑色。前足腿节被黑色长毛,中足和后足的腿节被黑色短毛,前足胫节被黄色短毛,中足和后足的胫节被黑色毛,跗节被黄色短毛。中足腿节有 4 根 av 端鬃,后足腿节有 8 根 av 端鬃;中足

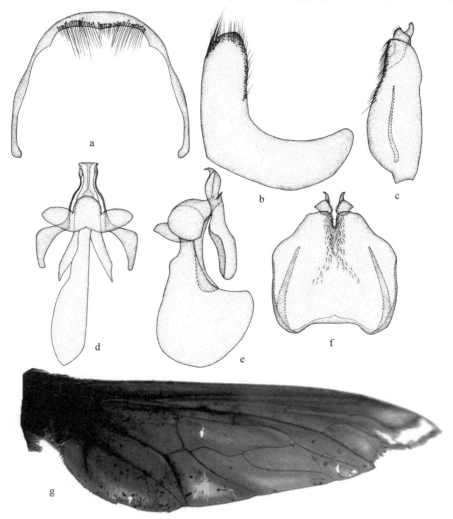

图 98 不均丽蜂虻,新种 *Ligyra incondita* sp. nov.

a. 生殖背板,后视(epandrium, posterior view);b. 生殖背板,侧视(epandrium, lateral view);c. 生殖基节和生殖刺突,侧视(gonocoxite and gonostylus, lateral view);d. 阳茎,背视(aedeagal complex, dorsal view);e. 阳茎,侧视(aedeagal complex, lateral view);f. 生殖基节和生殖刺突,腹视(gonocoxite and gonostyli, ventral view);g. 翅(wing)

胫节的鬃(7 ad,7 pd,10 av 和 11 pv),后足胫节被 11 pv 鬃和浓密的鬃状短毛。翅部深褐色,仅翅室 r_{2+3}、r_4、r_5、m_1、m_2 和 cua 中部以及翅端部淡褐色,翅缘被黑色毛;翅瓣和臀叶边缘被褐色鳞片,大部分翅室膜有皱纹带紫色反光,翅基缘大,且端部尖,翅脉 r-m 靠近盘室的中部,翅脉 M_2 略弯曲为反 S 形,翅脉 m-m 为 S 形。平衡棒基部褐色,端部深褐色。

腹部黑色,被黑色和白色的鳞片。腹部的毛为黑色;腹部侧面被黑色长毛,腹部背面几乎光裸,被黑色鳞片,仅第 3,6 和 7 节背板近边缘被白色鳞片,第 9～10 节背板后缘被黑色毛。腹板被黑色毛,仅第 1～5 节腹板中部被白色毛。

雄性外生殖器:生殖背板侧视 L 形,长与高几乎相等,生殖背板后视半圆形,高与宽几乎相等;生殖基节向端部显著变窄,顶部有一小的凹陷;端侧叶腹视正常,端部钝;生殖刺突侧视 C 形,端部钝;阳茎基背片背视近矩形。

雌 未知。

观察标本 正模♂,广东封开黑石顶,2000.Ⅶ.13,沈琼(SYSU)。副模 1♂,广东封开黑石顶,2000.Ⅶ.14,谢宁(SYSU);1♂,广东封开黑石顶,2000.Ⅶ.14,陈斌(SYSU)。

分布 广东(封开)。

讨论 该种与 *Ligyra tantalus*(Fabricius,1794)相似。但该种翅室 r_{2+3}、r_4、r_5、m_1、m_2 和 cua 中部以及翅端部淡褐色;腹部第 1～5 节腹板中部被白色毛;生殖刺突侧视 C 形。*L. tantalus* 翅由翅基到翅缘和翅端由深褐色到淡褐色;腹部第 1～5 节腹板中部被黄色毛;生殖刺突侧视端部尖且显著弯曲。

(69)侧翼丽蜂虻 *Ligyra latipennis* (Paramonov,1931)

Hyperalonia orientalis var. *latipennis* Paramonov,1931. Trudy Prir.-Teknichn. Vidd. Ukr. Akad. Nauk 10:199. Type locality:China(Taiwan)& Japan.

鉴别特征 翅大部褐色,仅后缘部分透明,翅由褐色均匀过渡到透明,翅室中部不显著变淡。腹部第 1 和 2 节背板以黑色为主,被黑色鳞片或者光裸,腹部第 3 节背板几乎完全被白色的鳞片覆盖。

分布 江西、台湾;日本。

(70)白毛丽蜂虻,新种 *Ligyra leukon* sp. nov.(图 99,图版 Ⅺ c)

雄 体长 14 mm,翅长 14 mm。

头部黑色,被褐色粉,单眼瘤红褐色。头部的毛为黑色或黄色,鳞片为白色,额顶部被直立的黑色毛,触角附近被黄色毛,颜被浓密直立的黄色毛,口器边缘被白色鳞片,后头被黑色毛和白色鳞片,边缘处被成列直立的黄色毛。触角深褐色,仅柄节黑色;柄节倒圆锥形,长约为宽的 2 倍,被浓密鬃状的黄色毛;梗节长与宽几乎相等,被稀疏的黑色短毛;鞭节圆锥形,光裸无毛,长约为宽的 3 倍,端部附节长度与鞭节几乎相等。触角各节长度比为 2∶1∶3。喙黑色,被黄色短毛;须褐色,被黄色长毛。

胸部黑色,被褐色粉,仅小盾片红褐色。胸部的毛以黄色为主,鬃黑色;肩胛被黄色长毛,中胸背板侧缘被黄色毛,背面被黄色毛和稀疏的黑色毛,前缘被成排的黄色长毛,翅基部附近有 3 根黑色侧鬃,翅后胛被 3 根黑色鬃。小盾片被黄色毛和稀疏的黑色毛,后缘两侧各有 8 根黑鬃。足黑色,仅前足胫节和跗节褐色。足的毛以黑色为主,鬃黑色。前足腿节被黑色长毛,中足和后足的腿节被黑色短毛和黄色鳞片,前足胫节被黄色短毛,中足和后足的胫节被黑色毛,跗节被黄色短毛。中足腿节有 6 根 av 端鬃,后足腿节有 12 根 av 端鬃;中足胫节的鬃(7 ad,8 pd,8 av 和 9 pv),后足胫节被 10 pv 鬃和浓密的鬃状短毛。翅约 2/3 的区域透明,翅基部和前缘褐色,翅缘被黑色毛;翅瓣和臀叶边缘被褐色鳞片,大部分翅室膜有皱纹,翅基缘大,端部尖,翅脉 r-m 靠近盘室基部的 1/3 处,翅脉 M_2 略弯曲呈反 S 形,翅脉 m-m 为 S 形。平衡棒褐色。

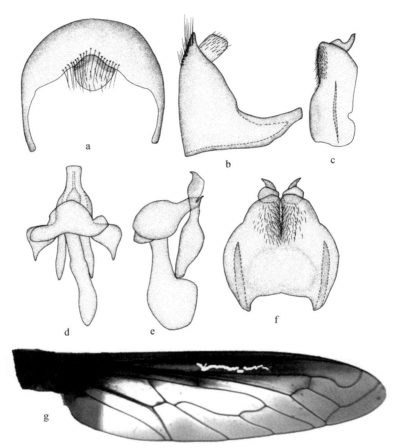

图 99　白毛丽蜂虻,新种 _Ligyra leukon_ sp. nov.

a. 生殖背板,后视(epandrium,posterior view);b. 生殖背板,侧视(epandrium,lateral view);c. 生殖基节和生殖刺突,侧视(gonocoxite and gonostylus,lateral view);d. 阳茎复合体,背视(aedeagal complex,dorsal view);e. 阳茎复合体,侧视(aedeagal complex,lateral view);f. 生殖基节和生殖刺突,腹视(gonocoxite and gonostyli,ventral view);g. 翅(wing)

　　腹部黑色,被褐色粉。腹部的毛为黑色和白色,鳞片为黑色、白色和黄色。腹部侧面被黑色毛,仅第 1～2 节背板侧面被浓密的白色毛;腹部背面被黑色鳞片,仅第 1 节背板大致被黄色鳞片,第 3 和 6 节背板被白色鳞片,第 4、5 和 7 节背板被稀疏的黄色鳞片。腹板被黑色毛,仅第 1～3 节腹板被白色毛,第 4～5 节腹板中部被白色鳞片。

　　雄性外生殖器:生殖背板侧视为新月形,基部有明显侧突;生殖背板后视圆形,高与宽几乎相等。生殖基节向端部略变窄,顶部有一极小的凹陷;端侧叶腹视宽,端部钝;生殖刺突侧视 C

形,端部尖且略微弯曲。阳茎基背片背视近矩形。

雌　未知。

观察标本　正模♂,浙江江山,1986.Ⅶ.6,吴鸿(CAU)。

分布　浙江(江山)。

讨论　该种与 *Ligyra semifuscata* Brunetti,1912.但该种翅约 2/3 的区域透明,透明部分和黑色部分分界明显,腹部第 3 和 6 节背板被白色鳞片,第 4、5 和 7 背板被稀疏的黄色鳞片。但 *L. semifuscata* 翅半透明,透明部分和黑色部分分界不明显,腹部第 3、6 和 7 节背板被白色鳞片。

(71)暗翅丽蜂虻,新种 *Ligyra orphnus* sp. nov.（图 100,图版 Ⅺ d）

雄　体长 19 mm,翅长 19 mm。

头部黑色,仅颜为褐色和黑色相间,口器边缘褐色,中部周围为黑色,单眼瘤红褐色。头部的毛黑色或黄色,额被直立的黑色毛,由顶部往触角方向变浓密,颜被浓密的黑色毛,后头被黄色短毛,边缘处被成列直立的黄色毛。触角黑色;柄节倒圆锥形,被浓密鬃状的黑色毛;梗节长与宽几乎相等,被稀疏的黑色短毛;鞭节圆锥形,光裸无毛,长约为宽的 2.5 倍,端部有一附节,长度与鞭节几乎相等。触角各节长度比为 3∶1∶6。喙黑色,被黄色短毛;须深褐色,被黑色毛。

胸部黑色,仅小盾片红褐色。胸部的毛为黑色和黄色,鬃黑色;肩胛被黑色和黄色长毛,中胸背板侧缘被黑色和黄色的毛,前缘被成排的黄色长毛,翅基部附近有 4 根黑色侧鬃,上前侧片和侧背片被成簇的黄色长毛,下前侧片被成簇的白色长毛,翅后胛被 4 根黑色鬃。小盾片被黑色短毛,边缘处被黑色鳞片,后缘两侧各有 8 根黑鬃。足黑色,足的毛以黑色为主,鬃黑色。腿节和胫节被黑色毛,跗节被褐色短毛。中足腿节有 6 根 av 端鬃,后足腿节有 11 根 av 端鬃;中足胫节的鬃(8 ad,9 pd,9 av 和 9 pv),后足胫节被 10 pv 鬃和浓密的鬃状短毛。翅全部褐色,翅缘被黑色毛;翅瓣和臀叶边缘被褐色鳞片,大部分翅室膜有皱纹,且带紫色反光,翅基缘大端部尖,翅脉 r-m 靠近盘室中部,翅脉 M₂ 略弯曲为反 S 形,翅脉 m-m 为 S 形。平衡棒基部褐色,端部苍白色。

腹部黑色,被黑色和白色鳞片。腹部的毛黑色;腹部侧面被黑色毛,背面几乎光裸无毛,背板侧缘被黑色鳞片,仅第 3、6 和 7 节背板被白色鳞片,第 9~10 节背板后缘被黑色毛。腹板被黑色毛,仅第 1~5 节腹板中部被白色毛。

雄性外生殖器:生殖背板侧视 L 形,基部有明显侧突,高略大于长;生殖背板后视圆形,高与宽几乎相等。端侧叶腹视宽,端部钝。生殖刺突侧视 C 形,端部钝。阳茎基背片背视近矩形。

雌　体长 17 mm,翅长 16 mm。

与雄性近似,但翅端部和后缘略透明,腹部第 1 和 2 节腹板全部被白色鳞片。

观察标本　正模♂,广东郁南同乐,2000.Ⅴ.31,谢委才(SYSU)。副模 1♀,福建,1990.Ⅵ.30(CAU);1♀,广东郁南同乐,2000.Ⅴ.31,谢委才(SYSU)。

分布　福建、广东(郁南)。

讨论　该种与 *Ligyra tantalus*(Fabricius,1794)相似。但该种翅颜色较深;腹部第 1~5 节腹板中部被白色毛;生殖刺突侧视 C 形。*L. tantalus* 翅由基部到翅缘和翅端,颜色由深褐色到淡褐色;腹部第 1~5 节腹板中部被黄色毛;生殖刺突侧视端部尖且显著弯曲。

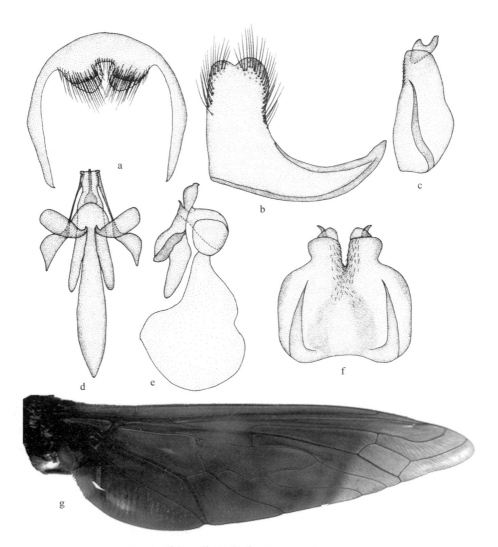

图 100 暗翅丽蜂虻，新种 *Ligyra orphnus* sp. nov.

a. 生殖背板，后视（epandrium，posterior view）；b. 生殖背板，侧视（epandrium，lateral view）；c. 生殖基节和生殖刺突，侧视（gonocoxite and gonostylus，lateral view）；d. 阳茎复合体，背视（aedeagal complex，dorsal view）；e. 阳茎复合体，侧视（aedeagal complex，lateral view）；f. 生殖基节和生殖刺突，腹视（gonocoxite and gonostyli，ventral view）；g. 翅（wing）

(72) 萨陶丽蜂虻 *Ligyra satyrus*（Fabricius，1775）

Bibio satyrus Fabricius，1775. Systema entomologiae，sistens insectorvm classes，ordines，genera，species，adiectis synonymis，locis，descriptionibvs，observationibvs. p. 758. Type locality：Australia（Queensland）.

Anthrax funesta Walker，1849. List of the specimens of dipterous insects in the collection of the British Museum. p. 242. Type locality："New Holland" & Australia（NT）.

Exoprosopa insignis Macquart，1855. Mém. Soc. Sci. Agric. Lille（2）1：93（73）. Type locality：Australia（Queensland）.

鉴别特征 翅半透明,过渡均匀。胸部的毛以黄色为主,鬃黑色。腹部黑色,被黑色的毛和鳞片,仅腹部第 1 和 2 节背板几乎全部被浓密的白色鳞片。

分布 中国;澳大利亚,俾斯麦群岛,布干维尔岛,印度尼西亚。

(73)半暗丽蜂虻,新种 *Ligyra semialatus* **sp. nov.**(图 101)

雄 体长 9 mm,翅长 9 mm。

头部黑色,被褐色粉,单眼瘤红褐色。头部的毛为黑色或黄色,鳞片黄色,额被直立的黑色毛,由顶部往触角方向黄色鳞片变浓密,颜被浓密的黑色短毛和黄色鳞片,后头被黄色短毛,边缘处被成列直立的黄色毛。触角黑色,仅鞭节深褐色,柄节倒圆锥形,长约为宽的 2 倍,被浓密鬃状的黑色毛,梗节长与宽几乎相等,被稀疏的黑色短毛;鞭节圆锥形,光裸无毛,高约为宽的 3 倍,端部附节长度约为鞭节一半。触角各节长度比为 2:1:3。喙褐色,被黄色短毛;须深褐色,被黄色毛。

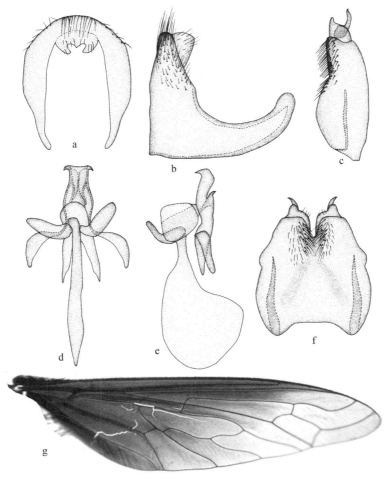

图 101 半暗丽蜂虻,新种 *Ligyra semialatus* sp. nov.

a. 生殖背板,后视(epandrium,posterior view);b. 生殖背板,侧视(epandrium,lateral view);c. 生殖基节和生殖刺突,侧视(gonocoxite and gonostylus,lateral view);d. 阳茎复合体,背视(aedeagal complex,dorsal view);e. 阳茎复合体,侧视(aedeagal complex,lateral view);f. 生殖基节和生殖刺突,腹视(gonocoxite and gonostyli,ventral view);g. 翅(wing)

胸部黑色,被褐色粉,仅翅后胝和小盾片红褐色。胸部的毛为黑色和黄色,鬃和鳞片黑色;肩胛被浓密的黄色长毛和稀疏的黑色长毛,中胸背板侧缘被黑色和黄色的毛,背面被黑色鳞片和直立的黑色毛,前缘被成排的黄色长毛,翅基部附近有3根黑色侧鬃,上前侧片和侧背片被成簇的黄色长毛,下前侧片被成簇的白色长毛,翅后胝被2根黑色鬃。小盾片被黑色和黄色短毛以及黑色鳞片,后缘两侧各有8根黑鬃。足黑色。足的毛以黑色为主,鬃和鳞片黑色。前足腿节被黑色长毛,中足和后足的腿节被黑色短毛和鳞片,前足胫节被黄色短毛,中足和后足的胫节被黑色毛和鳞片,跗节被黄色短毛。中足腿节有5根av端鬃,后足腿节有9根av端鬃;中足胫节的鬃(9 ad,8 pd,9 av 和 10 pv),后足胫节被8 av鬃和浓密鬃状的黑色短毛。翅半透明,从翅基到翅缘以及前缘到后缘由深褐色到透明;翅瓣和臀叶边缘被褐色鳞片,翅后缘的翅室膜有皱纹,且带紫色反光,翅基缘大端部尖,翅脉 r-m 靠近盘室基部 1/3 处,翅脉 M_2 略弯曲为反S形,翅脉 m-m 为S形。平衡棒基部褐色,端部苍白色。

腹部黑色,被黑色、白色和黄色鳞片。腹部的毛黑色;腹部侧面被黑色毛,背面几乎光裸无毛,背板被黑色鳞片,仅第3节背板被黄色鳞片,第6和7节背板被白色鳞片。腹板被黑色毛,仅第1~2节腹板被白色毛。

雄性外生殖器:生殖背板侧视L形,基部有明显侧突,高略大于长;生殖背板后视圆形,高略大于宽。生殖基节向端部略变窄,顶端中部有一凹陷。端侧叶腹视宽,端部钝。生殖刺突侧视C形,端部尖且略弯曲。阳茎基背片背视近矩形。

雌　体长16 mm,翅长15 mm。

与雄性近似,但腹部第6和7节腹板中部被黑色鳞片,腹部圆锥形,端部尖。

观察标本　正模♂,广东连县大东山,1992.Ⅸ.7,王晶(SYSU)。副模2♀♀,广东封开黑石顶,2000.Ⅶ.14,谢委才(SYSU);1♂,海南,1932.Ⅳ.1-14,F. K. To(SYSU)。

分布　广东(封开)、海南。

讨论　该种与 *Ligyra erato* Bowden,1971 相似。但翅基部被黑色毛和褐色鳞片,腹部第1~2腹节被白色毛。*L. erato* 翅基部被橘黄色毛和黑色鳞片,腹部第1~3腹节被橘黄色毛。

(74)白木丽蜂虻 *Ligyra shirakii*(Paramonov,1931)

Hyperalonia shirakii Paramonov,1931. Trudy Prir.-Teknichn. Vidd. Ukr. Akad. Nauk 10:199. Type locality:Taiwan.

鉴别特征　腹部背面有黑色的鳞片和毛,但第3节有黄色鳞片形成的宽横条斑;腹部腹面有白色毛和鳞片。雄翅前半或雌翅全部黑色,有紫色光泽;盘室端部伸出的脉长,第2和3后缘室之间的脉明显S形弯曲,比第1和2后缘室之间的脉长。

分布　台湾。

(75)亮尾丽蜂虻 *Ligyra similis*(Coquillett,1898)(中国新记录种)(图102)

Hyperalonia similis Coquillett,1898. Proc. U. S. Natl. Mus. 21(1146):318. Type locality:Japan.

雄　体长10 mm,翅长10 mm。

头部黑色,被褐色粉,单眼瘤褐色。头部的毛黑色或黄色,额被浓密直立的黑色毛和稀疏的黄色鳞片,颜被黄色和黑色的毛,后头被稀疏黑色短毛和黄色鳞片,边缘处被一列直立的黄色毛。触角黑色,仅鞭节褐色;柄节长圆柱形,长约为宽的 2 倍,被鬃状黑色长毛;梗节长与宽几乎相等,被稀疏的黑色短毛;鞭节圆锥形,光裸无毛,端部有一极小的附节。触角各节长的比例为 2∶1∶4。喙黑色,光裸,须褐色。

胸部黑色。胸部的毛为黑色和黄色,鬃黑色;肩胛被黑色和黄色的长毛,中胸背板被黑色和黄色毛,前缘被成排的黄色长毛,翅基部附近有 4 根黑色侧鬃,上前侧片和下前侧片以及侧背片被成簇的黄色长毛,翅后胛两侧各被 4 根黑色鬃。小盾片边缘被稀疏的黑色短毛,后缘两侧各有 5 根鬃。足褐色。足的毛以黑色为主,鬃黑色。腿节和胫节被黑色短毛,跗节被褐色短毛。中足腿节有 3 根 av 端鬃,后足腿节有 5 根 av 端鬃;中足胫节的鬃(9 ad,7 pd,8 av 和 8 pv),后足胫节被浓密鬃状的黑色毛。翅绝大部分透明,仅翅基缘附近约 1/4 褐色。翅脉 r‑m 靠近盘室的中部而略靠端部,翅脉 M_2 略弯,翅脉 m‑m 为 S 形,4 个亚缘室,翅脉 C 基部被刷状黑色长鬃。平衡棒褐色。

腹部黑色,被黑色、白色和银色的鳞片。腹部的毛为黑色。腹部背侧面被黑色长毛,背面被黑色短毛,腹板背面被浓密的黑色鳞片,仅第 2 腹节背板侧面被白色鳞片,第 3 节背板几乎

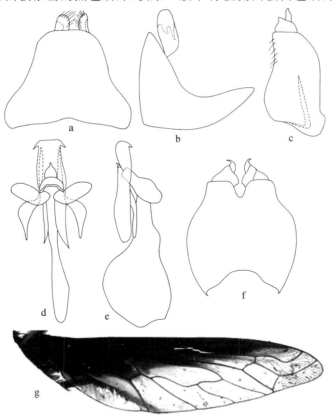

图 102　亮尾丽蜂虻,新记录 *Ligyra similis* (Coquillett,1898)

a. 生殖背板,背视(epandrium,dorsal view);b. 生殖背板,侧视(epandrium,lateral view);c. 生殖基节和生殖刺突,侧视(gonocoxite and gonostylus,lateral view);d. 阳茎复合体,背视(aedeagal complex,dorsal view);e. 阳茎复合体,侧视(aedeagal complex,lateral view);f. 生殖基节和生殖刺突,腹视(gonocoxite and gonostyli,ventral view);g. 翅(wing)

全部被白色鳞片,后缘被黑色鳞片,第7～8节背板全部被银色鳞片。腹板被黑色毛,仅第1～4节腹板被浓密的白色毛,第5～6节腹板中部被白色毛。

雄性外生殖器:生殖背板侧视L形,长与高几乎相等,尾须大且明显外露,生殖背板背视钟状,长略大于宽;生殖基节腹视向端部略变窄,顶部有一小凹陷;生殖刺突侧视基部大,端部尖且略弯曲;阳茎基背片背视近方形。

雌 未知。

观察标本 4♂♂,江苏南京,1915.Ⅶ.18(SEMCAS);2♂♂,浙江杭州西湖玉泉,1957.Ⅶ.5,冯连宝(CAU);1♂,浙江温州雁荡山,1963.Ⅵ.11,金根桃(SEMCAS)。

分布 江苏(南京)、浙江(杭州、温州);日本,韩国。

讨论 该种腹板背面第2腹节背侧面被白色鳞片,第3节背板几乎全部被白色鳞片后缘被黑色鳞片,第7～8节背板全部被银色鳞片,其余被浓密的黑色鳞片。

(76)奇丽蜂虻 *Ligyra sphinx*(Fabricius,1787)

Bibio sphinx Fabricius,1787. Mantissa insectorvm sistens species nvper detectas adiectis characteribvs genericis, differentiis specificis, emendationibvs, observationibvs. p. 329. Type locality:India.

Anthrax imbuta Walker,1849. List of the specimens of dipterous insects in the collection of the British Museum. p. 242. Type locality:Not given 〔= Oriental〕.

鉴别特征 翅完全褐色,无透明区域,由前缘往后缘颜色逐渐变淡。腹部黑色,被黄色绒毛,两边顶部及下方为铁锈色绒毛。

分布 海南;马来西亚,缅甸,斯里兰卡,泰国,印度。

(77)坦塔罗斯丽蜂虻 *Ligyra tantalus*(Fabricius,1794)(图103)

Anthrax tantalus Fabricius,1794. Entomologia systematica emendata et aucta. Secundum classes,ordines,genera,species adjectis synonimis,locis,observationibus,descriptionibus. p. 260. Type locality:"Tranquebariae".

Hyperalonia hyx Brunetti,1909. Rec. Ind. Mus. 3:439. *Nomen nudum*.

雄 体长17 mm,翅长17 mm。

头部黑色,被褐色粉,单眼瘤红褐色。头部的毛为黑色或黄色,额被直立的黑色毛,由顶部往触角方向逐渐变浓密,颜被侧卧浓密的黑色和黄色的毛,后头被浓密的黑色短毛,背视由顶部往侧面黄色毛逐渐增加,边缘处被成列直立的黄色毛。触角黄褐色,仅鞭节黑色;柄节倒圆锥形,被鬃状的黑色毛;梗节长与宽几乎相等,被黑色短毛;鞭节圆锥形,光裸无毛,长约为宽的4倍,端部有一附节,长度略小于鞭节。触角各节长度比为3:1:5。喙黄色,被黑色毛;须深褐色,被黑色毛。

胸部黑色,仅小盾片红褐色。胸部的毛为黑色和黄色,鬃和鳞片为黑色;肩胛被黑色和黄色的长毛,中胸背板中部被黑色短毛,侧面被黄色毛,前缘被成排的黄色长毛,翅基部附近有3根黑色侧鬃,上前侧片、下前侧片和侧背片被成簇的黄色长毛,翅后胛被3根黑色鬃。小盾片

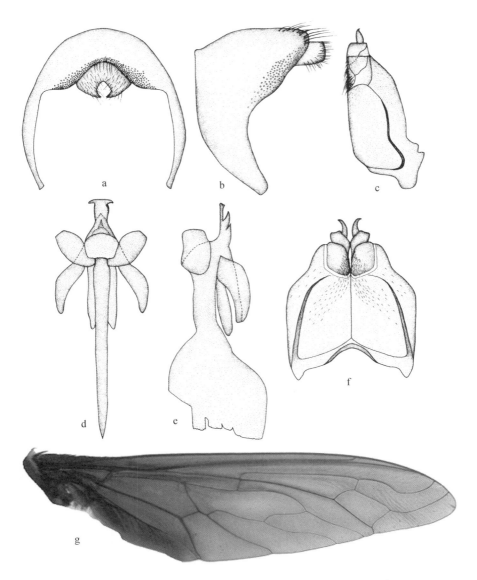

图 103　坦塔罗斯丽蜂虻 *Ligyra tantalus*（Fabricius,1794）

a. 生殖背板,后视（epandrium, posterior view）; b. 生殖背板,侧视（epandrium, lateral view）; c. 生殖基节和生殖刺突,侧视（gonocoxite and gonostylus, lateral view）; d. 阳茎复合体,背视（aedeagal complex, dorsal view）; e. 阳茎复合体,侧视（aedeagal complex, lateral view）; f. 生殖基节和生殖刺突,腹视（gonocoxite and gonostyli, ventral view）; g. 翅（wing）

中部被黑色短毛,侧面被黄色毛,后缘两侧各有 8 根黑鬃。中胸背板和小盾片被黑色鳞片。足黑色。足的毛以黑色为主,鬃黑色。前足腿节被黑色长毛,中足和后足的腿节和胫节被黑色短毛,跗节被黄色短毛。中足腿节有 6 根 av 端鬃,后足腿节有 10 根 av 端鬃;中足胫节的鬃（7 ad,6 pd,6 av 和 8 pv）,后足胫节被 8 pv 鬃和鬃状黑色短毛。翅全部褐色,从翅基到翅缘和翅端由深褐色到淡褐色;翅缘被黑色毛,翅瓣和臀叶边缘被褐色鳞片,翅大部分的翅室膜有皱纹,且带紫色反光,翅基缘大,且端部尖,翅脉 r - m 靠近盘室的中部,翅脉 M_2 略弯曲为反 S

形,翅脉 m-m 为 S 形。平衡棒基部褐色,端部苍白色。

腹部黑色,被黑色和白色鳞片,腹部的毛黑色。腹部侧面被黑色毛,背面被黑色短毛,背板被浓密的黑色鳞片,仅第 3 和 7 节背板被白色鳞片,第 2 和 6 节背板侧面被白色鳞片小斑,第 9～10 节背板边缘被黑色毛。腹板被黑色毛,仅第 1～5 节腹板中部被黄色毛。

雄性外生殖器:生殖背板侧视 L 形,高略大于长,尾须大;生殖背板后视圆形,高与宽几乎相等;生殖基节向端部显著变窄,顶端中部有一凹陷。端侧叶腹视宽,端部钝。生殖刺突侧视端部尖且显著弯曲。阳茎基背片背视近矩形。

雌　体长 19 mm,翅长 20 mm。

与雄性近似,但腹部圆锥形,端部钝。

观察标本　1♀,陕西石泉,1981.Ⅷ.7,魏建华(CAU);1♂,福建南平西芹,1988.Ⅹ.14,陈大祥(CAU);1♀,广西金秀,1981.Ⅸ.12(GXU);1♂,广西金秀长洞,1981.Ⅹ.11(GXU);1♂,广西龙津大青山,1958.Ⅸ.20,高溢光(SYSU);1♂,广东和平增公坑,1986.Ⅷ.19,陈振耀(SYSU);1♀,广东深圳梧桐山,1999.Ⅳ.19－22,贾凤龙(SYSU);1♂,广东肇庆鼎湖山,1964,朵鸿胡(SYSU);1♀,海南,1929.Ⅷ.14,Lingnan(SYSU);1♂,海南,1932.Ⅲ.10,朵鸿胡(SYSU);1♂,海南乐东尖峰岭,1983.Ⅺ.9,陈振耀(SYSU);1♀,海南乐东尖峰岭,1983.Ⅺ.10,黄治河(SYSU);1♂,海南乐东尖峰岭,1983.Ⅳ.8,陈焕强(SYSU);1♂,海南乐东尖峰岭,1983.Ⅳ.4,罗天汤(SYSU);1♂,海南乐东尖峰岭,1983.Ⅸ.17,梁少营(SYSU);1♂,海南万宁吊罗山,1963.Ⅺ.25,李振华(SYSU)。

分布　陕西(石泉)、福建(南平)、台湾、广西(金秀、龙州)、广东(和平、深圳、肇庆)、海南(乐东、万宁);菲律宾,韩国,马来西亚,尼泊尔,日本,泰国,新加坡,印度。

讨论　翅由翅基到翅缘和翅端由深褐色到淡褐色;腹部第 1～5 节腹板中部被黄色毛;生殖刺突侧视端部尖且显著弯曲。

(78)带斑丽蜂虻,新种 *Ligyra zibrinus* sp. nov.(图 104,图版Ⅺ e)

雄　体长 14 mm,翅长 16 mm。

头部黑色,被褐色粉,仅口器边缘为黄褐色,单眼瘤红褐色。头部的毛黑色或黄色,额被浓密直立的黑色毛,颜被浓密的黑色短毛,口器缘被黄色毛,后头被黑色短毛和稀疏的黄色鳞片,边缘处被成列直立的黄色毛。触角黑色;柄节近矩形,长约为宽的 2 倍,被浓密鬃状的黑色毛;梗节长与宽几乎相等,被稀疏的黑色短毛;鞭节圆锥形,光裸无毛,长约为宽的 4 倍,端部有一附节,长度约为鞭节一半。触角各节长度比为 3:1:7。喙黑色,被黑色和黄色短毛;须黑色,被黑色长毛。

胸部黑色,仅小盾片红褐色。胸部的毛以黄色为主,鬃黑色;肩胛被浓密的黄色长毛和稀疏的黑色长毛;中胸背板侧缘被黄色毛,背面被黑色和黄色的毛,前缘被成排的黄色长毛;翅基部附近有 3 根黑色侧鬃,上前侧片被成簇的淡黄色长毛,下前侧片被成簇的白色长毛,翅后胛被 3 根黑色鬃。小盾片被黑色和黄色的短毛。足[后足缺如]褐色,仅跗节黑色。足的毛以黑色为主,鬃黑色。腿节被浓密的黑色长毛,腿节和胫节被稀疏的白色鳞片,胫节被黑色毛,跗节被黄色短毛。中足腿节有 3 根 av 端鬃;中足胫节的鬃(9 ad,9 pd,8 av 和 8 pv)。翅全部褐色,从翅基到翅端部由深褐色到褐色,翅缘被黑色毛;翅瓣和臀叶边缘被褐色鳞片,翅后缘的翅室膜有皱纹,翅基缘大端部尖,翅脉 r-m 靠近盘室中部,翅脉 M_2 略弯曲为反 S 形,翅脉 m-m 为

S形。平衡棒褐色。

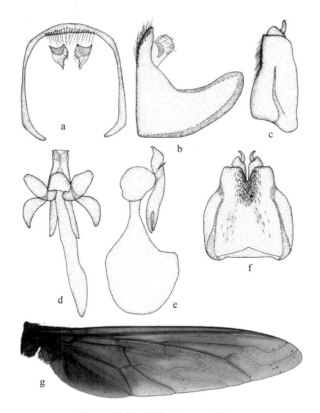

图 104   带斑丽蜂虻,新种 *Ligyra zibrinus* sp. nov.

a. 生殖背板,后视(epandrium,posterior view);b. 生殖背板,侧视(epandrium,lateral view);c. 生殖基节和生殖刺突,侧视(gonocoxite and gonostylus,lateral view);d. 阳茎复合体,背视(aedeagal complex,dorsal view);e. 阳茎复合体,侧视(aedeagal complex,lateral view);f. 生殖基节和生殖刺突,腹视(gonocoxite and gonostyli,ventral view);g. 翅(wing)

腹部黑色,仅第 2～3 节背板侧面黄褐色。腹部的毛黑色,鳞片黑色或白色。腹部侧面被黑色毛,背面被黑色毛和鳞片,仅第 3、6 和 7 节背板被白色鳞片。腹板被直立的黑色毛和黑色鳞片,仅第 2 节腹板全部被白色毛,第 3～5 节腹板中部被白色毛。

雄性外生殖器:生殖背板侧视 L 形,长与高几乎相等;生殖背板后视近矩形,高略大于宽,生殖基节向端部显著变窄,顶端中部有一小凹陷。端侧叶腹视宽,端部钝。生殖刺突显著可见,端部尖且略弯曲。阳茎基背片背视近矩形。

雌   未知。

观察标本   正模♂,北京,1936.Ⅶ.25,尹振华(CAU)。

分布   北京。

讨论   该种与 *Ligyra sphinx*(Fabricius,1787)相似。但该种翅全部褐色,从翅基到翅端部由深褐色到褐色;腹部第 3、6 和 7 节背板被白色鳞片,第 3～5 节腹板中部被白色毛。*L. sphinx* 翅黄褐色,细长,从翅基到翅端部由深褐色到沥青色。

(79)黑带丽蜂虻,新种 *Ligyra zonatus* sp. nov.(图 105)

雄   体长 14 mm,翅长 13 mm。

头部黑色,被褐色粉,仅口器边缘黄褐色,单眼瘤红褐色。头部的毛黑色或黄色,额被浓密直立的黑色毛,颜被浓密的黑色短毛,口器边缘被黄色毛,后头被黑色短毛和稀疏的黄色鳞片,边缘处被成列直立的黄色毛。触角黑色;柄节近矩形,长约为宽的 2.5 倍,被浓密鬃状的黑色毛;梗节长与宽几乎相等,被稀疏的黑色短毛;鞭节圆锥形,光裸无毛,长约为宽的 3 倍,端部有一附节,长度约为鞭节的 2/3。触角各节长度比为 5：2：6。喙由基部向端部从黑色到深褐色,被黑色和黄色的短毛;须黑色,被黑色长毛。

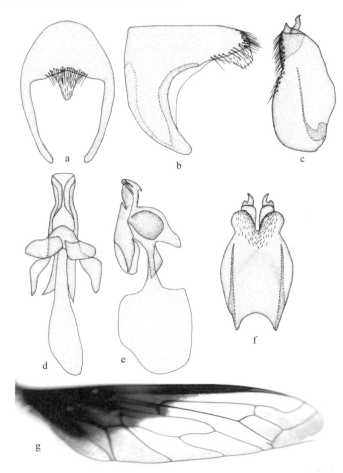

图 105　黑带丽蜂虻,新种 *Ligyra zonatus* sp. nov.

a. 生殖背板,后视(epandrium,posterior view);b. 生殖背板,侧视(epandrium,lateral view);c. 生殖基节和生殖刺突,侧视(gonocoxite and gonostylus,lateral view);d. 阳茎复合体,背视(aedeagal complex,dorsal view);e. 阳茎复合体,侧视(aedeagal complex,lateral view);f. 生殖基节和生殖刺突,腹视(gonocoxite and gonostyli,ventral view);g. 翅(wing)

胸部黑色,仅小盾片红褐色。胸部的毛为黑色和黄色,鬃黑色;肩胛被浓密的黄色长毛和稀疏的黑色长毛,中胸背板侧缘被黄色毛,背面被黑色毛,前缘被成排的黄色长毛,翅基部附近有 3 根黑色侧鬃,上前侧片被成簇的淡黄色长毛,下前侧片被成簇的苍白色长毛,翅后胛被 4 根黑色鬃。小盾片中部被稀疏的黑色短毛,侧缘被黄色毛,背部被黑色鳞片,后缘两侧各有 6 根黑鬃。足红褐色,被黑色鳞片,仅跗节黑色。足的毛以黑色为主,鬃黑色。腿节和胫节被黑色的短毛和鳞片,跗节被黑色和黄色的短毛,中足和后足的胫节被黑色鳞片。中足腿节有 5 根 av 端鬃,后足腿节有 10 根 av 端鬃;中足胫节的鬃(7 ad,8 pd,7 av 和 8 pv),后足胫节被 9 pv 鬃和浓密的鬃状黑色短毛。翅半透明,翅基和前缘褐色,其余部分透明,分界线明显,且经过翅室 a 和 cua 的中部以及 dm、r₅、br 和 r₁ 翅室的基部;翅缘被黑色毛,翅瓣和臀叶边缘被褐色鳞片,翅大部分翅室膜有皱纹,翅基缘大端部尖,翅脉 r-m 靠近盘室基部 1/3 处,翅脉 M₂ 略弯曲为反 S 形,翅脉 m-m 为 S 形。平衡棒基部深褐色,端部苍白色。

腹部黑色。腹部的毛黑色,鳞片为黑色、淡黄色和白色。腹部侧面被黑色毛,背面被黑色毛和鳞片,仅第 3 节背板侧面被淡黄色鳞片,第 5、6 和 7 节背板几乎全部被白色鳞片。腹板被直立的黑色毛和鳞片,仅第 1～2 节腹板全部被白色毛,第 3～5 节腹板中部被白色毛。

雄性外生殖器:生殖背板侧视 L 形,高略大于长;生殖背板后视近矩形,高约为宽的 2 倍。生殖基节向端部显著变窄,顶端中部有一小凹陷。端侧叶腹视宽,端部钝。生殖刺突侧视显著可见,端部尖且略微弯曲。阳茎基背片背视近矩形。

雌 未知。

观察标本 正模♂,广东新丰,1991.Ⅶ.9,曾萧(CAU)。

分布 广东(新丰)。

讨论 该种与 *Ligyra erato* Bowden,1971 相似。但该种腹部第 3 节背板侧面被淡黄色鳞片,第 5～7 节背板几乎全部被白色鳞片,腹部第 1～2 节腹板全部被白色毛,第 3～5 节腹板中部被白色毛。*L. erato* 腹部第 1～3 腹节被橘黄色毛。

9. 青岩蜂虻属 *Oestranthrax* Bezzi,1921

Oestranthrax Bezzi,1921. Ann. S. Afr. Mus. 18:130,172. Type species:*Anthrax obesa* Loew,1863,by original designation.

属征 体宽。腹部平,通常被浓密的颜色多样的毛和鬃。口器退化,但有须。触角有鳞,长宽近似,鞭节长形。翅脉 R₁- R₂₊₃ 通常缺如(2 个亚缘室),R₂₊₃ 起始与 r-m 相同或接近,Rs 脉通常无附脉,臀室在翅缘开放,但开口窄。爪垫有时有。

讨论 青岩蜂虻属 *Oestranthrax* 主要分布于非洲界和古北界,新北界分布 1 种。该属全世界已知 15 种,我国已知分布 1 种。

(80)紫谜青岩蜂虻 *Oestranthrax zimini* Paramonov,1934

Oestranthrax zimini Paramonov,1934. Ark. Zool. 27A(26):5. Type locality:Kyrgyz Republic.

Oestranthrax zimini Paramonov,1933. Ark. Zool. 26A(4):5. *Nomen nudum.*

鉴别特征 胸部背面的毛淡黄色,鳞片淡黄色或近白色。雄性的足黑色,仅胫节暗黄色。雌性足色较浅。

分布 内蒙古;吉尔吉斯斯坦,蒙古,塔吉克斯坦,土库曼斯坦,乌兹别克斯坦。

10. 越蜂虻属 *Petrorossia* Bezzi,1908

Petrorossia Bezzi,1908. Z. Syst. Hymen. Dipt. 8:35. Type species:*Bibio hespera* Rossi, 1790,by original designation.

属征 体长。头部圆形;触角鞭节洋葱状,端部有分为两节的附节。翅相对窄,翅瓣退化且窄;翅脉 R_{2+3} 起于径中横脉 r-m 之前,盘室长,径中横脉 r-m 靠近基部。腹平,被毛和稀疏的鳞片。阳茎复合体有一突起,长度与阳茎几乎相等。

讨论 越蜂虻属 *Petrorossia* 分布于非洲界、古北界、东洋界和澳洲界,新北界和新热带界无分布。该属全世界已知 68 种,我国分布 5 种,其中新种 3 个。

种 检 索 表

1.	腹部红褐色;阳茎基背片背视顶部矩形,但中部有一短指突 ·················	**红腹越蜂虻 *P. rufiventris***
	腹部黑色或黄色和黑色;阳茎基背片背视顶部无突 ··	**2**
2.	腹板第 1~2 节黑色,第 3~4 节中部黑色,其余部分黄色 ·················	**巍越蜂虻 *P. pyrgos***
	腹部黑色,被白色鳞片 ···	**3**
3.	头部黑色,被褐色粉,后头在复眼中部边缘被白色鳞片;腹部背板被黑色毛,仅第 2,3 和 6 节背部后缘被侧卧的白色鳞片;阳茎基背片背视塔形,顶端两边尖刺状 ·················	**锐越蜂虻 *P. salqamum***
	头部黑色,被白色粉,后头在复眼边缘被黑色毛;腹部背板被稀疏侧卧的黑色鳞片,仅第 5~6 节背部被浓密的白色鳞片;阳茎基背片背视中部显著变窄,顶端伞形 ·················	**伞越蜂虻 *P. ventilo***

(81) 巍越蜂虻,新种 *Petrorossia pyrgos* sp. nov.(图 106,图版 Ⅺ f)

雄 体长 16 mm,翅长 21 mm。

头部黑色,被白色粉。头部的毛为黄色或黑色,额被浓密直立的黄色毛和稀疏直立的黑毛以及侧卧的白色鳞片,颜被直立的黑色毛和黄色鳞片。后头被浓密的淡黄色鳞片。触角黄色,仅鞭节黑色;柄节长略大于宽,被浓密的黄色长毛;梗节宽约为长的 2 倍,被黄色短毛;鞭节洋葱状,光裸无毛,顶部有一分两节的附节,长度略小于鞭节,顶部被一簇黄色长毛。触角各节长度比为 6:2:5。喙黑色,被极短的褐色毛;须黑色,被黑色长毛。

胸部黑色,被白色粉。胸部的毛以黄色为主,鬃黄色或黑色;肩胛被浓密的黄色长毛,中胸背板前端被浓密的黄色长毛,翅基部附近有 3 根黑色侧鬃,胸侧部浓密的淡黄色毛和黄色鳞片,胸部背面前缘和后缘被浓密的淡黄色鳞片,后缘被黄色鬃,翅后胛有 9 根黄色鬃。小盾片黑色,仅后缘红褐色,前缘和后缘被淡黄色鳞片,后缘两侧分别有 9 根黄色鬃。足深褐色,被白色和黑色的鳞片。足的毛以黑色为主,鬃黑色。腿节被浓密的白色鳞片,胫节被浓密的黄色鳞片和浓密的黑色毛,跗节被黑色短毛和鳞片。中足腿节有 11 根 av 鬃,后足腿节有 18 根 av 鬃,中足胫节的鬃(9 ad,16 pd,12 av 和 11 pv),后足胫节的鬃(13 ad,14 pd,13 av 和 14 pv)。翅几乎完全透明,仅翅脉 r-m 和 M-Cu 边缘淡褐色;翅脉 R_{2+3} and R_4 基部有附脉,翅脉 C 基部被刷状的黑色毛和浓密的淡黄色鳞片。翅基缘黄色大,翅脉 r-m 靠近盘室基部 1/3 处。平衡棒基部褐色,顶部淡黄色。

腹部黄色,被灰色粉,仅第 1~2 节大部分黑色,第 3~4 节中部黑色。腹部的毛大部分为

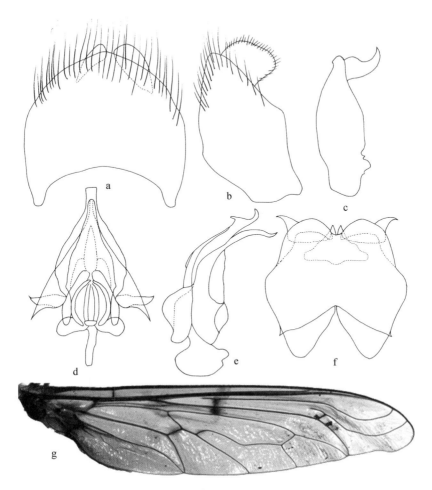

图 106　巍越蜂虻，新种 *Petrorossia pyrgos* sp. nov.

a. 生殖背板，背视（epandrium, dorsal view）；b. 生殖背板，侧视（epandrium, lateral view）；c. 生殖基节和生殖刺突，侧视（gonocoxite and gonostylus, lateral view）；d. 阳茎复合体，背视（aedeagal complex, dorsal view）；e. 阳茎复合体，侧视（aedeagal complex, lateral view）；f. 生殖基节和生殖刺突，腹视（gonocoxite and gonostyli, ventral view）；g. 翅（wing）

白色，鬓黄色。腹部侧面被浓密的白色长毛，腹部背板被侧卧的黄色鳞片，腹节后缘被浓密侧卧的白色鳞片，腹部背板被黄色短鬓。腹板黄色，被稀疏直立的黄色长毛和浓密侧卧的白色鳞片。

雄性外生殖器：生殖背板侧视近矩形，端部被黑色长鬓；尾须明显可见，长显著大于高。生殖背板背视近半圆形，长和宽几乎相等。生殖基节端部被浓密的黑色毛，腹视中部膨大，端部略变窄；生殖刺突侧视基部厚，顶部尖且显著弯曲。阳茎基背片背视塔形，顶端矩形，端阳茎侧视极长，端部尖且弯曲。

雌　未知。

观察标本　正模♂，新疆吐鲁番，1967.Ⅷ.25，陈永林（IZCAS）。

分布　新疆（吐鲁番）。

讨论　该种与 *Petrorossia rufiventris* Zaitzev，1966 近似，但该种腹部被灰色粉，第 1～2

179

节腹板黑色,第3~4节腹板中部黑色,其余部分黄色,生殖刺突侧视端部尖,阳茎基背片背视顶部矩形。而 *P.rufiventris* 腹部红褐色;生殖刺突侧视不规则,中部有一凹,近端部有一凹,端部叉状;阳茎基背片背视顶部矩形,但中部有一小凸。

(82)红腹越蜂虻 *Petrorossia rufiventris* Zaitzev,1966(图107)

Petrorossia rufiventris Zaitzev,1966. Parasitic flies of the family Bombyliidae(Diptera) in the fauna of Transcaucasia. p. 223. Type locality:Tajikistan.

鉴别特征 腹部红褐色。阳茎基背片背视顶部矩形,但中部有一短指突。

分布 中国;阿塞拜疆,格鲁吉亚,塔吉克斯坦,土库曼斯坦,乌兹别克斯坦,亚美尼亚,以色列。

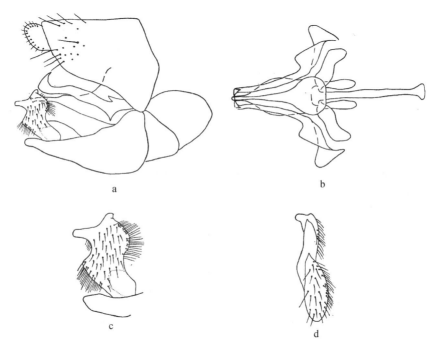

图 107 红腹越蜂虻 *Petrorossia rufiventris* Zaitzev,1966

a.雄性外生殖器,侧视(male genitalia,lateral veiw);b.阳茎复合体,背视(aedeagal complex,dorsal view);
c-d.生殖刺突,侧视和后视(gonostylus,lateral and posterior views)。据 Zatzev,1966 重绘

(83)锐越蜂虻,新种 *Petrorossia salqamum* sp. nov.(图108,图版Ⅻa)

雄 体长9 mm,翅长10 mm。

头部黑色,被褐色粉。头部的毛以黑色为主。额被浓密直立的黑色毛和稀疏的白色鳞片,颜被浓密的黑色毛和稀疏白色鳞片。后头被黑色短毛,复眼中部边缘被白色鳞片,边缘被浓密的褐色毛。触角深褐色;柄节长和宽几乎相等,被浓密的黑色长毛;梗节宽约为长的2倍,被黑色短毛;鞭节洋葱状,光裸无毛,顶部有一附节,长度约为鞭节的1/3,顶部被一簇褐色长毛。触角各节长度比为3∶1∶3。喙黑色,被黄色长毛。

胸部黑色,被褐色粉。胸部的毛为黑色或白色,鬃黑色。肩胛被浓密的黑色和白色长毛,

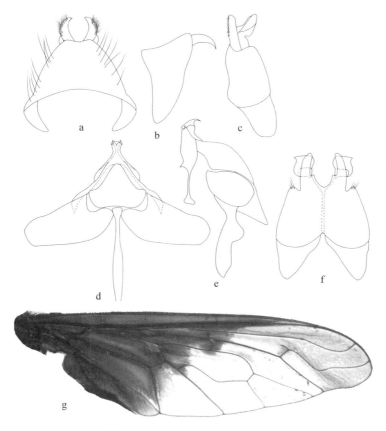

图 108　锐越蜂虻,新种 *Petrorossia salqamum* sp. nov.

a. 生殖背板,背视(epandrium,dorsal view);b. 生殖背板,侧视(epandrium,lateral view);c. 生殖基节和生殖刺突,侧视(gonocoxite and gonostylus,lateral view);d. 阳茎复合体,背视(aedeagal complex,dorsal view);e. 阳茎复合体,侧视(aedeagal complex,lateral view);f. 生殖基节和生殖刺突,腹视(gonocoxite and gonostyli,ventral view);g. 翅(wing)

中胸背板前端被浓密的白色长毛,翅基部附近有 3 根黑色侧鬃,胸侧部被浓密的黑色毛,胸部背面被稀疏的黑色毛,翅后胛有 4 根黑色鬃。小盾片黑色,背部几乎光裸,后缘两侧分别有 6 根黑色鬃。足褐色,仅跗节黑色。足的毛以黑色为主,鬃黑色。腿节被稀疏的黑色长毛和白色鳞片,胫节被黑色短毛和稀疏的白色鳞片,跗节被浓密的黑色毛。中足腿节有 6 根 ad 鬃,后足腿节有 8 根 av 鬃,中足胫节的鬃(9 ad,8 pd,7 av 和 8 pv),后足胫节的鬃(12 ad,10 pd,9 av 和 10 pv)。翅半透明,基部和前缘部分褐色,端部和后缘部分透明;翅脉 R_{2+3} and R_4 基部有附脉,翅脉 C 基部被浓密的黑色鬃。翅基缘黄色大,翅脉 r-m 靠近盘室基部中部。平衡棒基部褐色,顶部淡黄色。

　　腹部黑色,被白色鳞片。腹部的毛为黑色和白色。腹部侧面被浓密的黑色长毛,仅第 1~2 节腹板侧缘被浓密的白色长毛,腹部背板被黑色毛,仅第 2、3 和 6 节背部后缘被侧卧的白色鳞片。腹板被稀疏直立的黑色长毛。

　　雄性外生殖器:生殖背板侧视近三角形,尾须明显外露,高略大于长;生殖背板背视近三角形,侧面被黑色鬃。生殖基节腹视近矩形,向端部显著变窄;生殖刺突侧视近椭圆形,基部有一深凹,端部钝。阳茎基背片背视塔形,顶端两边尖刺状;端阳茎侧视短,端部尖。

　　雌　体长 7 mm,翅长 9 mm。

　　与雄性近似,但腹部第 3 和 4 节背板侧缘被稀疏的白色鳞片。

　　观察标本　正模♂,河南内乡宝天曼,1998.Ⅶ.11,胡学友(CAU)。副模 1♀,贵州丹寨,1986.Ⅶ.11,文兴武(CAU)。

　　分布　河南(内乡)、贵州(丹寨)。

　　讨论　该种与 *Petrorossia rufiventris* Zaitzev,1966 近似,但腹部黑色,被白色鳞片;生殖刺突侧视近椭圆形,基部有一深凹,端部钝;阳茎基背片背视塔形,顶端两边尖刺状。而 *P. rufiventris* 腹部红褐色;生殖刺突侧视不规则,中部有一凹,近端部有一凹,端部叉状;阳茎基背片背视顶部矩形,但中部有一小凸。

(84)蓬越蜂虻 *Petrorossia sceliphronina* Séguy,1935

Petrorossia sceliphronina Séguy,1935. Notes Entomol. Chin. 2:177. Type locality:China (Jiangxi).

　　鉴别特征　体黑色,腹部第 2~4 节有橙黄色侧斑。头部颜有黄毛,后头侧有黄色的鳞毛。中胸背板有金黄色的鳞毛,前胸侧板和中侧片有长的淡黄毛,腹侧片有银白色毛。足红棕色,跗节黑褐色。翅透明,基半有褐斑。平衡棒橙黄色,外有褐色长斑。

　　分布　上海。

　　讨论　Séguy(1935)在原始文献中提到的模式产地为上海佘山(Zo-se),但 Evenhuis(1999)在蜂虻世界名录中提到的模式产地为江西。

(85)伞越蜂虻,新种 *Petrorossia ventilo* sp. nov.(图 109,图版Ⅻ b)

　　雄　体长 6 mm,翅长 6 mm。

　　头部黑色,被白色粉。头部的毛以黑色为主,额被浓密直立的黑色毛和侧卧的白色鳞片,颜被浓密的黑色毛和白色鳞片。后头被黑色短毛,复眼边缘被浓密直立的黑色毛。触角黑色,仅鞭节褐色;柄节长大于宽,被浓密的黑色长毛;梗节宽约为长的 2 倍,被黑色短毛;鞭节洋葱状,光裸无毛,顶部有一附节,长度约为鞭节的 1/2,顶部被一簇黄色长毛。触角各节长度比为 5:2:6。喙黑色,被褐色毛。

　　胸部黑色,被褐色粉。胸部的毛为黑色或白色,鬃黑色。肩胛被浓密的黑色长毛和稀疏的白色长毛,中胸背板前端被浓密的黑色长毛和稀疏的白色毛,翅基部附近有 3 根黑色侧鬃,胸侧部被浓密的黑色毛,胸部背面前缘和后缘被稀疏的黑色毛,中部几乎光裸,翅后胛有 3 根黑色鬃。小盾片黑色,背部几乎光裸,后缘两侧分别有 5 根黑色鬃。足褐色,被黄色鳞片。足的毛以黑色为主,鬃黑色。腿节被稀疏的黑色长毛和浓密的黄色鳞片,胫节被黄色鳞片和黑色毛,跗节被浓密的褐色短毛和稀疏的黄色鳞片。中足腿节有 6 根 av 鬃,后足腿节有 6 根 av 鬃,中足胫节的鬃(9 ad,8 pd,8 av 和 6 pv),后足胫节的鬃(7 ad,8 pd,8 av 和 7 pv)。翅半透明,基部和前缘部分褐色,端部和后缘部分透明;翅脉 R_{2+3} and R_4 基部有附脉,翅脉 C 基部被刷状的黑色鬃。翅基缘黄色部分大,翅脉 r-m 靠近盘室基部中部。平衡棒基部褐色,顶部淡黄色。

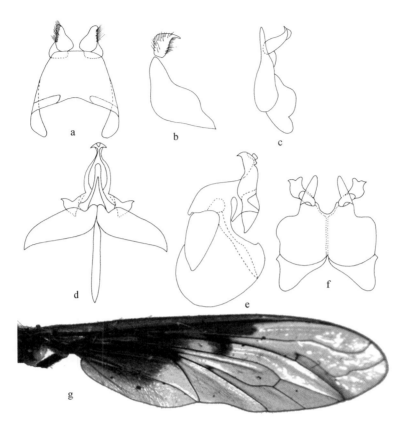

图 109　伞越蜂虻, 新种 *Petrorossia ventilo* sp. nov.

a. 生殖背板, 背视 (epandrium, dorsal view); b. 生殖背板, 侧视 (epandrium, lateral view); c. 生殖基节和生殖刺突, 侧视 (gonocoxite and gonostylus, lateral view); d. 阳茎复合体, 背视 (aedeagal complex, dorsal view); e. 阳茎复合体, 侧视 (aedeagal complex, lateral view); f. 生殖基节和生殖刺突, 腹视 (gonocoxite and gonostyli, ventral view); g. 翅 (wing)

腹部黑色, 被黑色和白色鳞片。腹部的毛以黑色为主。腹部侧面被有浓密的黑色长毛, 腹部背板被稀疏侧卧的黑色鳞片, 仅第 5～6 节背部被浓密的白色鳞片。腹板黑色, 被白色粉和直立的黄色长毛。

雄性外生殖器: 生殖背板侧视近三角形; 尾须明显外露, 长和高几乎相等。生殖背板背视近矩形, 长和宽几乎相等。生殖基节腹视向端部显著变窄; 生殖刺突侧视基部厚, 顶部尖且显著弯曲。阳茎基背片背视中部显著变窄, 顶端伞形; 端阳茎侧视短, 端部钝。

雌　体长 6～10 mm, 翅长 7～9 mm。

与雄性近似, 但腹部第 5～6 节背板的白色鳞片较稀疏。

观察标本　正模♂, 北京海淀公主坟, 1951. Ⅸ. 20, 杨集昆 (CAU)。副模 1♂, 北京海淀公主坟, 1951. Ⅸ. 21, 杨集昆 (CAU); 1♀, 北京海淀公主坟, 1952. Ⅵ. 11, 杨集昆 (CAU); 1♀, 北京海淀香山, 1980. Ⅵ. 20, 杨春华 (CAU)。1♂, 河北兴隆雾灵山, 1973. Ⅷ. 28, 陈合明 (CAU); 1♀, 河北涿县, 1965. Ⅴ. 9, 李法圣 (CAU); 1♂, 北京海淀农大, 1975. Ⅴ. 29, 杨集昆 (CAU); 1♂, 青海都兰希里沟, 1950. Ⅶ. 31, 陆宝麟、杨集昆 (CAU); 1♂, 广西凭祥夏石, 1963. Ⅴ. 6, 杨集

昆(CAU)。

分布 河北(兴隆、涿县)、北京(海淀)、青海(都兰)、广西(凭祥)。

讨论 该种与 *Petrorossia rufiventris* Zaitzev,1966 近似,但腹部黑色,被黑色和白色鳞片;生殖刺突侧视端部尖且明显弯曲;阳茎基背片背视中部显著变窄,顶端伞形。而 *P. rufiventris* 腹部红褐色;生殖刺突侧视不规则,中部有一凹,近端部有一凹,端部叉状;阳茎基背片背视顶部矩形,但中部有一小凸。

11. 麟蜂虻属 *Pterobates* Bezzi,1921

Pterobates Bezzi,1921. Ann. S. Afr. Mus. 18:130(as subgenus of *Exoprosopa* Macquart). Type species:*Anthrax apicalis* Wiedemann,1821,by monotypy.

属征 体通常宽,卵形。体被各种颜色的毛,鬃和鳞片,很少全部都一个颜色。头部的毛大部分为黑色,但也有一些淡黄色或红褐色的毛。翅端部透明,其余均为黑色,交叉脉通常无游离的斑;翅脉正常,无附脉或被分割的翅室,r_5 室在翅缘处开放。翅腋突和翅鳞发达。后足胫节被浓密的羽状鳞片。雄性生殖刺突节有强壮的表皮内突。

讨论 麟蜂虻属 *Pterobates* 分布为古北界 4 种、东洋界 2 种、非洲界 1 种和澳洲界 1 种,新北界和新热带界无分布。该属全世界已知 6 种,我国已知 1 种。

(86)幽麟蜂虻 *Pterobates pennipes* (Wiedemann,1821)(图110,图版Ⅻc)

Anthrax pennipes Wiedemann,1821. Diptera exotica. p. 129. Type locality:Indonesia (Java).

雄 体长 15 mm,翅长 15 mm。

头部黑色,被白色的粉和鳞片。头部的毛以黑色为主,额被稀疏直立的黑色毛,颜被浓密直立的黑色毛和稀疏的白色鳞片,后头复眼边缘被白色鳞片,边缘被浓密的深褐色毛。触角黄褐色;柄节长略大于宽,被浓密的黑色长毛,梗节长与宽几乎相等,被黑色短毛;鞭节圆锥状,光裸无毛,顶部有一分两节的附节,长度约为鞭节的 2/3。触角各节长度比为 2:1:3。喙黑色,被极短的黑色毛;须褐色,被黑色长毛。

胸部黑色,被褐色粉,仅肩胛和胸部侧面褐色。胸部的毛以黑色为主,鬃黑色;肩胛被浓密的黑色长毛,中胸背板前端被稀疏的黑色长毛,翅基部附近有 3 根黑色侧鬃和一束白色毛,胸侧部被黑色毛,翅后胛有 4 根黑色鬃。小盾片红褐色,仅前缘黑色;背面光裸无毛,后缘两侧各被 5 根黑色鬃。足褐色,被黑色鳞片。足的毛以黑色为主,鬃黑色。腿节被侧卧的黑色鳞片,仅后足腿节被黑色羽状鳞片,胫节和跗节被黑色短毛。中足胫节的鬃(10 ad,10 pd,12 av 和 9 pv),后足胫节被浓密的黑色羽状鳞片。翅绝大部分黑色,仅端部一极小区域透明,翅脉 C 基部被刷状黑色鬃,翅基缘大,翅脉 r-m 靠近盘室的近中部。平衡棒基部褐色,端部黄色。

腹部黑色,被浓密的黑色鳞片和稀疏的白色鳞片。腹部的毛以黑色为主;腹部侧面被浓密的黑色长毛,腹部背板被浓密侧卧的黑色鳞片和稀疏侧卧的白色鳞片。腹板被稀疏直立的黑色毛和稀疏侧卧的白色鳞片。

雄性外生殖器:生殖背板侧视近矩形,端部被黑色长鬃,基部有一显著的侧突;尾须明显外

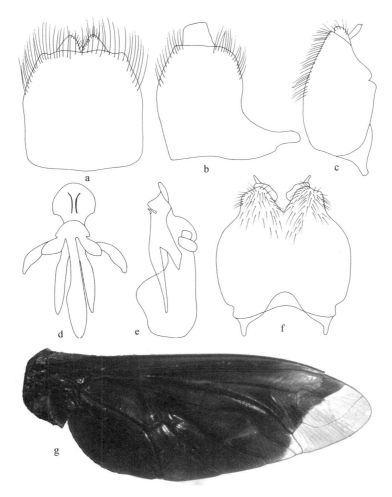

图 110 幽麟蜂虻 *Pterobates pennipes*（Wiedemann，1821）

a. 生殖背板，背视（epandrium，dorsal view）；b. 生殖背板，侧视（epandrium，lateral view）；c. 生殖基节和生殖刺突，侧视（gonocoxite and gonostylus，lateral view）；d. 阳茎复合体，背视（aedeagal complex，dorsal view）；e. 阳茎复合体，侧视（aedeagal complex，lateral view）；f. 生殖基节和生殖刺突，腹视（gonocoxite and gonostyli，ventral view）；g. 翅（wing）

露，长显著大于高。生殖背板背视近矩形，长与宽几乎相等。生殖基节端部被黑色毛，腹视中部膨大，向端部显著变窄。生殖刺突侧视基部厚，顶部尖且略弯曲。阳茎基背片长，背视顶端圆形，端阳茎侧视短，端部尖。

　　雌　体长 12～20 mm，翅长 10～19 mm。

　　与雄性近似，但胸部侧面翅基部有一簇白色长毛。

　　观察标本　3♀♀，福建建阳黄坑，1956. Ⅶ. 8，金根桃（SEMCAS）；1♂，1♀，福建南平林学院，1986. Ⅴ，郑法卷（CAU）；1♀，广西宁明陇瑞，2006. Ⅴ. 17，张魁艳（CAU）；1♀，广西兴安永安，2000. Ⅶ. 5，何世娟（CAU）；1♀，广西崇左太平马鞍，2008. Ⅶ. 2，王国全（CAU）；1♂，广东封开黑石顶，2000. Ⅶ. 10，叶小青（SYSU）；1♀，广东广宁，1991. Ⅵ. 5，陈振秋（SYSU）；1♀，广东深圳内伶仃岛，1998. Ⅴ. 12，陈振秋（SYSU）；1♀，广东深圳内伶仃岛，1998. Ⅴ. 8，谢委才

(SYSU);1♀,广东深圳内伶仃岛,1998.Ⅴ.11,谢委才(SYSU)。

分布 福建(建阳)、广西(宁明、兴安、崇左)、广东(封开、广宁、深圳)、香港、澳门;菲律宾,马来西亚,印度,印度尼西亚。

讨论 该种后足腿节被黑色羽状鳞片,翅绝大部分黑色,仅端部一极小区域透明,腹部背板被浓密侧卧的黑色鳞片和稀疏侧卧的白色鳞片。

12. 楔鳞蜂虻属 *Spogostylum* Macquart,1840

Spogostylum Macquart,1840. Diptères exotiques nouveaux ou peu connus. p. 53. Type species:*Spogostylum mystaceum* Macquart,1840,by monotypy.

Spogostylum Agassiz,1846. Nomenclatoris zoologici index universalis,continens nomina systematica classium,ordinum,familiarum et generum animalium omnium,tam viventium quam fossilium,secundum ordinem alphabeticum unicum disposita,adjectis homonymiis plantarum,nec non variis adnotationibus et emendationibus. p. 349 (unjustified emendation of *Spogostylum* Macquart,1840). Type species:*Spogostylum mystaceum* Macquart,1840,automatic.

Argyromoeba Schiner,1860. Wien. Entomol. Monatschr. 4:51. Type species:*Anthrax tripunctatus* Wiedemann,1820,by designation of Coquillett.

Argyromoeba Loew,1869. Beschreibungen europäischer Dipteren. Von Johann Wilhelm Meigen. Erster Band. Systematische Beschreibung der bekannten europaischen zweifliigeligen Insecten. Achter Theil oder zweiter Supplementband. p. 228. Type species:*Anthrax tripunctatus* Wiedemann,1820,automatic.

Anthracamoeba Sack,1909. Abh. Senckenb. Naturforsch. Ges. 30:515. Type species:*Anthracamoeba obscura* Sack,1909,by original designation.

Chrysamoeba Sack,1909. Abh. Senckenb. Naturforsch. Ges. 30:516. Type species:*Chrysamoeba vulpina* Sack,1909,by original designation.

Molybdamoeba Sack,1909. Abh. Senckenb. Naturforsch. Ges. 30:510,519. Type species:*Anthrax tripunctatus* Wiedemann,1820,by original designation.

Psamatamoeba Sack,1909. Abh. Senckenb. Naturforsch. Ges. 30:536. Type species:*Anthrax isis* Meigen,1820,by original designation.

Coniomastix Enderlein,1934. Dtsch. Entomol. Z. 1933:140. Type species:*Coniomastix montana* Enderlein,1934,by original designation.

Aureomoeba Evenhuis,1978. Entomol. News 89:247 (new replacement name for *Chrysamoeba* Sack,1909). Type species:*Chrysamoeba vulpina* Sack,1909,automatic.

属征 体宽,腹卵形。胸部和腹部有鬃。体被直立的楔形鳞片,腹部侧缘常被浓密成簇的鳞片,颜色为黑色、褐色和白色,但总体颜色为暗灰色。触角梗节平,与柄节和鞭节紧靠,有时形成凹陷与鞭节镶嵌;鞭节洋葱状。翅脉 Rs 常有附脉。

讨论 楔鳞蜂虻属 *Spogostylum* 主要分布于古北界和非洲界,另外东洋界分布 4 种,澳洲界、新北界和新热带界无分布。该属全世界已知 79 种,我国已知 2 种。

(87)阿拉善楔鳞蜂虻 *Spongostylum alashanicum* **Paramonov,1957**

Spongostylum alashanicum Paramonov,1957. Eos 33:137. Type locality:China（Nei Monggol）.

鉴别特征 翅颜色较淡。胸部侧缘被稀疏的黑色毛。腹板以黑色为主;腹部的毛主要为黑色,腹部第 3 节侧面被成簇的白色毛。

分布 内蒙古。

(88)白毛楔鳞蜂虻 *Spongostylum kozlovi* **Paramonov,1957**(图 111)

Spongostylum kozlovi Paramonov,1957. Eos 33:130. Type locality:China（Nei Monggol）.

鉴别特征 前足跗节宽。翅颜色较淡。胸部侧缘被稀疏的黑色毛。腹板以黑色为主;腹部的毛主要为黑色,腹部第 3 节侧面被成簇的白色毛。

分布 内蒙古;蒙古。

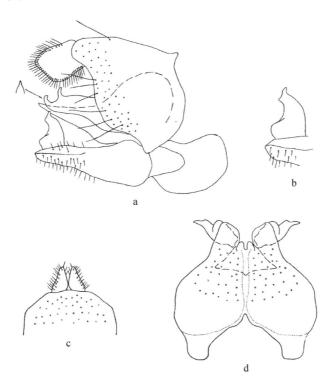

图 111 楔鳞蜂虻 *Spongostylum kozlovi* Paramonov,1957

a. 雄性外生殖器,侧视(male genitalia,lateral veiw);b. 生殖刺突,侧视(gonostylus,lateral view);
c. 尾须,背视(cerci,dorsal veiw);d. 生殖基节和生殖刺突,腹视(gonocoxite and gonostylus,ventral view)。据 Zatzev,1961 重绘

13. 陶岩蜂虻属 *Thyridanthrax* Osten Sacken，1886

Thyridanthrax Osten Sacken，1886. Biologia Centrali-Americana. p. 113（as subgenus of *Anthrax* Scopoli），123. Type species：*Anthrax selene* Osten Sacken，1886，by subsequent designation.

属征 体上毛的颜色由黑色、褐色、黄色和白色组成。颜退化，很小且被浅色的鳞片。胸部背侧板上有显著的灰色条纹。腹部在各节的基部被浓密的毛。触角鞭节长圆锥形，端部有鬃状的附节。翅通常有显著的翅斑，端部色较淡，横脉附近有透明的斑；翅室 r_5 在翅缘变窄，径中横脉 r-m 靠近盘室中部，r-m 脉末端几乎与翅缘平行。

讨论 陶岩蜂虻属 *Thyridanthrax* 分布于古北界、非洲界、澳洲界、新北界和新热带界，东洋界无分布。该属全世界已知 52 种，我国已知 3 种。

种 检 索 表

1.	翅半透明，基部褐色部分在翅脉交叉处有游离的透明斑；腹部被白色、黄色和黑色鳞片 ⋯⋯⋯⋯⋯⋯⋯⋯⋯⋯⋯⋯⋯⋯⋯⋯⋯⋯⋯⋯⋯⋯⋯⋯⋯ 窗陶岩蜂虻 *T. fenestratus*
	翅透明；腹部被浓密的银色宽鳞片 ⋯⋯⋯⋯⋯⋯⋯⋯⋯⋯⋯⋯ 考氏陶岩蜂虻 *T. kozlovi*

(89) 窗陶岩蜂虻 *Thyridanthrax fenestratus*（Fallén，1814）（图 112）

Anthrax fenestrata Fallén，1814. Anthracides Sveciae. Quorum descriptionem Cons. Ampl. Fac. Phil. Lund. In Lyceo Carolino d. XXI Maji MDCCCXIV. p. 8. Type locality：Sweden.

Anthrax variegata Pallas *in* Wiedemann，1818. Zool. Mag. 1(2)：12. Type locality：Russia（SET）or Kazakhstan.

Anthrax ornatus Hoffmansegg *in* Wiedemann，1818. Zool. Mag. 1(2)：13.

Anthrax ornatus Curtis，1824. British entomology；being illustrations and descriptions of the genera of insects found in Great Britain and Ireland；containing coloured figures from nature of the most rare and beautiful species，and in many instances of the plants upon which they are found. p. 9. Type locality：UK（Great Britain）.

Anthrax nigrita var. *italica* Walker，1849. List of the specimens of dipterous insects in the collection of the British Museum. p. 255.

Hemipenthes fenestratus var. *montana* Paramonov，1927. Encycl. Entomol. B（Ⅱ）3：175. Type locality：Armenia.

鉴别特征 胸部前缘被浓密直立的黄色长毛，小盾片红褐色。翅半透明，基部褐色部分在翅脉交叉处有游离的透明斑。腹部第一节背板侧缘被浓密的白色长毛，腹部第 1、6 和 7 节背板后缘被黄色鳞片，第 3 和 4 节背板除中部被黑色鳞片外其余被浓密的白色鳞片。

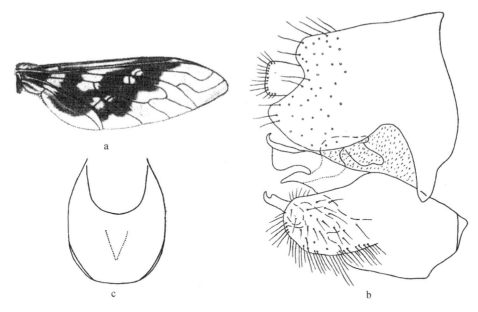

图 112　窗陶岩蜂虻 *Thyridanthrax fenestratus*（Fallén,1814）

a. 翅（wing）；b. 雄性外生殖器,侧视（male genitalia,lateral veiw）；c. 阳茎复合体端部,背视（apex
of aedeagak complex,dorsal view）。据 Zatzev,1966 重绘

　　分布　北京、内蒙古;阿尔巴尼亚,阿尔及利亚,亚美尼亚,奥地利,阿塞拜疆,白俄罗斯,比
利时,波斯尼亚,保加利亚,克罗地亚,捷克共和国,丹麦,埃及,爱沙尼亚,芬兰,法国,德国,希
腊,格鲁吉亚,匈牙利,伊朗,意大利,哈萨克斯坦,吉尔吉斯斯坦,拉脱维亚,利比亚,立陶宛,卢
森堡,马其顿,摩尔多瓦,蒙古,摩洛哥,荷兰,挪威,波兰,葡萄牙,罗马尼亚,俄罗斯,斯洛伐克,
斯洛文尼亚,西班牙,瑞典,瑞士,塔吉克斯坦,土耳其,土库曼斯坦,乌克兰,英国,乌兹别克斯
坦,南斯拉夫。

(90)考氏陶岩蜂虻 *Thyridanthrax kozlovi* Zaitzev,1976（图 113）

Thyridanthrax kozlovi Zaitzev,1976. Zool. Zh. 55:619. Type locality:Mongolia.

　　鉴别特征　触角柄节和梗节为黄色。体无黑色毛,毛全部为淡色的、白色或者淡黄色。翅
透明。腹部被浓密的银色宽鳞片。阳茎基背片无刺突。

　　分布　内蒙古;蒙古。

(91)宅陶岩蜂虻 *Thyridanthrax svenhedini* Paramonov,1933

Thyridanthrax svenhedini Paramonov,1933. Ark. Zool. 26A(4):4. Type locality:China
(Nei Monggol)。

　　鉴别特征　体暗黑褐色。头部雌性颜或雄性颊黄色。额被密的黑色毛和黄色鳞片;颜被
黑色毛和白色鳞片;后头被白色鳞片。触角基部 2 节黄色;毛黑色。胸部背面被黄色鳞片和
毛,前缘具近白色的毛形成横条斑。胸部的鬃均黄色;小盾片被黄色和白色的鳞片以及黄色的

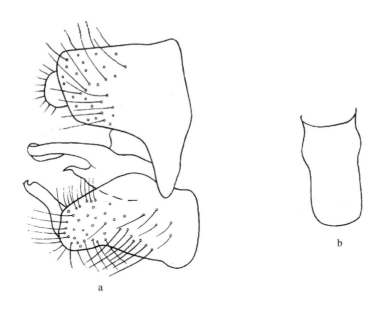

图 113　考氏陶岩蜂虻 *Thyridanthrax kozlovi* Zaitzev, 1976

a. 雄性外生殖器, 侧视 (male genitalia, lateral veiw); b. 阳茎复合体端部, 背视 (apex of aedeagal complex, dorsal view)。据 Zaitzev, 1976 重绘

鬃。足黑色, 但胫节暗黄色。腹部背板侧缘和腹板后缘窄的黄色。腹部被白色的鳞片和毛, 毛稀疏, 但各节后缘被淡黄色鳞片。

分布　内蒙古。

14. 绒蜂虻属 *Villa* Lioy, 1864

Villa Lioy, 1864. Atti R. Ist. Veneto Sci. Lett. Art. (3) 9:732. Type species: *Anthrax concinna* Meigen, 1820, by subsequent designation.

Hyalanthrax Osten Sacken, 1886b. Biologia Centrali - Americana. p. 112 (as subgenus of Anthrax Scopoli). Type species: *Anthrax faustina* Osten Sacken, 1887, by subsequent designation.

属征　体通常被淡黄色的毛, 尤其在胸部; 腹部被显著的条带状斑, 腹部背板侧面常有成簇的黑色鳞片。头部圆, 或椭圆形略隆起。触角鞭节洋葱状, 端部有一附节。前足胫节被短鬃和刺, 爪垫缺如。翅最多在基部有一窄的暗色区域。雄虫常有一簇银色的鳞片在基部。

讨论　绒蜂虻属 *Villa* 世界性分布。该属全世界已知 274 种, 我国已知 17 种, 新纪录 2 个, 新种 4 个。

种 检 索 表

1. 头部颜被黑色毛 ……………………………………………………………………… 2
   头部颜以淡色的毛为主 ……………………………………………………………… 9
2. 颜被鳞片 ………………………………………………………………………………… 3
   颜无鳞片;生殖基节腹视端部显著变尖,被浓密的鬃状毛 ………… 皎鳞绒蜂虻 *V. aspros*
3. 颜被白色鳞片 …………………………………………………………………………… 4
   颜被淡黄色的鳞片 ……………………………………………………………………… 6
4. 后头被白色毛 ………………………………………………………………… 卵形绒蜂虻 *V. ovata*
   后头被黑色毛 …………………………………………………………………………… 5
5. 腹部背板被浓密的白色毛和黑色鳞片,腹板被浓密直立的白色毛和侧卧的白色鳞片
   …………………………………………………………………… 白毛绒蜂虻 *V. cerussata*
   腹部背板被浓密的黄色毛和黄色鳞片,腹板被浓密直立的黄色毛和侧卧的黄色鳞片
   …………………………………………………………………… 黄磷绒蜂虻 *V. sulfurea*
6. 胸部的鬃全部黑色 …………………………………………………………… 叉状绒蜂虻 *V. furcata*
   胸部的鬃黄色或者黄色和黑色 ………………………………………………………… 7
7. 胸部的鬃全部黄色 …………………………………………………………… 明亮绒蜂虻 *V. bryht*
   胸部的鬃黄色和黑色 …………………………………………………………………… 8
8. 腹部第1～4节背板被直立的橘黄色毛,第5～7节背板被直立的黑色毛;阳茎基背片背视端部近圆形
   …………………………………………………………………… 红卫绒蜂虻 *V. obtusa*
   腹部第2～4节背板前缘被侧卧的淡黄色鳞片,第5～6节背板后缘被侧卧的淡黄色鳞片;阳茎基背片
   背视端部叉状 …………………………………………………………… 条纹绒蜂虻 *V. fasciata*
9. 翅不完全透明 ………………………………………………………………………… 10
   翅完全透明 …………………………………………………………………………… 12
10. 腹部第7节背板侧面被黑色和白色的毛;阳茎基背片棒状 ……………………………… 11
   腹部第7节背板侧面被黄色毛;阳茎基背片背视近矩形 ………… 黄背绒蜂虻 *V. hottentotta*
11. 腹部第1、2和4节背板侧面被直立的白色毛;阳茎基背片背视顶部成圆形 … 蜂鸟绒蜂虻 *V. lepidopyga*
   腹部第1～4节背板侧面被浓密的淡黄色长毛;第5～6节背板侧面被黑色长毛,第7腹节背板侧面被
   浓密的白色和黑色的毛;阳茎基背片背视顶端为三叉形 ……………… 斑翅绒蜂虻 *V. aquila*
12. 腹部被黄色和黑色或者黑色和白色的毛 ……………………………………………… 13
   腹部被白色或白色和黑色的毛 ……………………………………………………… 15
13. 腹部背板黑色,仅后缘黄色 ………………………………………………… 赤缘绒蜂虻 *V. rufula*
   腹部背板全黑色 ……………………………………………………………………… 14
14. 腹部的毛以橘黄色为主,腹部背板侧面被浓密的黄色长毛,第1～2节背板侧面被橘黄色,第7节背板
   侧面被一簇白色毛 ………………………………………………… 金毛绒蜂虻 *V. aurepilosa*
   腹部的毛为黑色和黄色,第3～4节背板和第5～6节背板侧面被黑色毛 ……… 巴兹绒蜂虻 *V. panisca*
15. 腹部第4节腹板被白色鳞片;阳茎基背片背视近三角形,端部叉状 ……… 黄胸绒蜂虻 *V. flavida*
   腹部第4节腹板无白色鳞片;阳茎基背片背视不成三角形 ………………………… 16
16. 腹部背板前缘被白色鳞片,后缘被黑色鳞片;阳茎基背片背视宽棒状,顶部钝 ………………
   …………………………………………………………………… 新疆绒蜂虻 *V. xinjiangana*
   腹部第2和4节背板前缘被侧卧的白色鳞片,第6和7节背板后缘被白色鳞片;阳茎基背片背视卵形,
   顶部圆 …………………………………………………………… 有带绒蜂虻 *V. cingulata*

（92）斑翅绒蜂虻 *Villa aquila* Yao，Yang *et* Evenhuis，2009（图 114，图版 XII d）

Villa aquila Yao，Yang *et* Evenhuis，2009. Zootaxa 2055：51. Type locality：Ningxia
（Longde）.

雄　体长 14～15 mm，翅长 12～14 mm。

头部黑色，被灰色粉，单眼瘤深褐色。头部的毛为黑色和淡黄色，额被浓密直立的黑色毛，颜被浓密直立的黑色毛，后头被稀疏黑色短毛和白色鳞片，靠近复眼白色鳞片变浓密，边缘处被成列直立的黑色毛。触角黑色；柄节长约为宽的 2 倍，被浓密的黑色长毛；梗节长与宽几乎相等，被稀疏的黑色短毛；鞭节圆锥状，光裸无毛。触角各节长度比为 8：1：5。喙深褐色，被黄色和黑色的毛；须深褐色，被黑色毛。

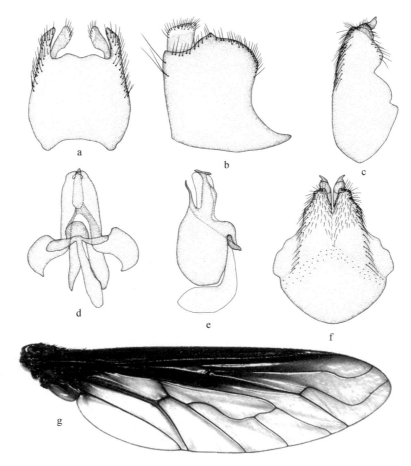

图 114　斑翅绒蜂虻 *Villa aquila* Yao，Yang *et* Evenhuis，2009

a. 生殖背板，背视（epandrium，dorsal view）；b. 生殖背板，侧视（epandrium，lateral view）；c. 生殖基节和生殖刺突，侧视（gonocoxite and gonostylus，lateral view）；d. 阳茎复合体，背视（aedeagal complex，dorsal view）；e. 阳茎复合体，侧视（aedeagal complex，lateral view）；f. 生殖基节和生殖刺突，腹视（gonocoxite and gonostyli，ventral view）；g. 翅（wing）

胸部黑色，被黑色鳞片。胸部的毛以黄色为主，鬃黄色；肩胛被黄色长毛，中胸背板前端被成排的黄色长毛,翅基部侧面有 3 根黄色鬃,翅后胛有 6 根黄色鬃。胸部背面被黑色鳞片,但中部光裸;小盾片被稀疏的黄色毛和黑色鳞片,后缘两侧各被 6 根鬃,其中基部的 1 根为黄色,其余黑色。足深褐色,被黑色鳞片,后足腿节和胫节被淡黄色鳞片,足的毛以黑色为主,鬃黑色。腿节被稀疏的黑色长毛;胫节和跗节被黑色短毛。中足腿节有 4 根 av 端鬃,后足腿节有 6 根 av 端鬃;前足胫节的鬃(8 ad,10 pd 和 7 pv),中足胫节的鬃(8 ad,12 pd,8 av 和 14 pv),后足胫节的鬃 10 pv 和浓密的黑色鬃状毛。翅大部分透明,有金属光泽;翅室 sc 和 c 整个褐色,翅室 r_1 的基半部和翅基部深褐色,翅脉 C 基部被刷状黑色长毛和白色鳞片,翅基片被白色鳞片,翅基缘大,翅脉 r-m 靠近盘室的端部 1/3 处。平衡棒淡黄色。

腹部黑色。腹部的毛大部分为淡黄色。第 1～4 腹节侧面被浓密的淡黄色长毛,第 5～6 腹节侧面被黑色长毛,第 7 腹节侧面被浓密的白色和黑色的毛;腹部背面被浓密的侧卧黑色鳞片,第 4 节背板前缘被白色鳞片,第 1、5 和 6 节背板后缘被侧卧的白色鳞片。腹板被浓密的直立黄毛和浓密白色侧卧的鳞片,第 3、5 和 6 节腹板无白色鳞片。

雄性外生殖器:生殖背板侧视近矩形,端部被浓密的黑色长鬃;尾须明显,长和高几乎相等。生殖背板背视长略大于宽,由基部往端部略变窄。生殖基节端部被浓密黑色鬃状毛,腹视顶部显著变窄;生殖刺突侧视近矩形,顶部钝且中部略弯曲。阳茎基背片宽,近棒状,背视顶端为三叉形,端阳茎侧视细长,中部略微弯曲。

雌　体长 16～17 mm,翅长 15～16 mm。

与雄性近似,但翅基片无白色鳞片,腹部第 1～3 节前缘被侧卧的淡黄色鳞片,第 5～6 节后缘被侧卧的淡黄色鳞片。

观察标本　正模♂,宁夏隆德苏台,2008.Ⅵ.24,姚刚(CAU)。副模 1♀,河北涿鹿杨家坪,2007.Ⅷ.11,姚刚(CAU);1♀,北京昌平黑山寨,2006.Ⅸ.5,王海清(CAU);1♀,北京门头沟百花山,2008.Ⅸ.2,张婷婷(CAU);6♂♂,北京门头沟灵山古道,2008.Ⅵ.9,姚刚(CAU);4♂♂,北京门头沟龙门涧,2008.Ⅵ.8,姚刚(CAU);1♂,1♀,北京门头沟龙门涧,2007.Ⅷ.15,姚刚(CAU);1♂,1♀,北京门头沟小龙门,2008.Ⅵ.7,姚刚(CAU);1♂,宁夏隆德苏台,2008.Ⅵ.24,姚刚(CAU);1♂,宁夏隆德峰台,2008.Ⅵ.27,张婷婷(CAU);6♂♂,宁夏隆德峰台,2008.Ⅵ.28,姚刚(CAU);1♂,宁夏同心大罗山,2007.Ⅷ.13,姚刚(CAU);1♂,云南昆明松花坝水库,2006.Ⅶ.24,姚刚(CAU)。

分布　河北(涿鹿)、北京(昌平、门头沟)、宁夏(隆德、同心)、云南(昆明)。

讨论　该种与 *Villa fasciata*(Meigen,1804)近似,但腹部第 4 节前缘被侧卧的白色鳞片,第 1、5 和 6 节后缘被侧卧的白色鳞片;而后者腹部第 2～3 节前缘两侧被侧卧的淡黄色鳞片,第 4 节前缘被侧卧的淡黄色鳞片,第 5～6 节后缘被侧卧的淡黄色鳞片。

(93)皎鳞绒蜂虻 *Villa aspros* Yao,Yang *et* Evenhuis,2009(图 115,图版 Ⅻ e)

Villa aspros Yao,Yang *et* Evenhuis,2009. Zootaxa 2055:53. Type locality:Henan (Jiyuan),Beijing(Mentougou).

雄　体长 13 mm,翅长 12 mm。

头部黑色,被灰色粉,单眼瘤红褐色。头部的毛为黑色和白色,额被浓密直立的黑色毛和稀疏直立鳞片状的黄色毛,颜被浓密直立的黑毛,后头被稀疏直立的黑色短毛,复眼边缘被白色鳞片,边缘处被成列直立的黄色毛。触角黑色;柄节短且粗,长略大于宽,被浓密的黑色毛;梗节长与宽几乎相等,几乎光裸;鞭节圆锥状,光裸无毛。触角各节长度比为 3：1：6。喙深褐色,被褐色毛;须深褐色,被黑色毛。

胸部黑色,被灰色鳞片。胸部的毛以黄色为主,鬃黄色或黑色;肩胛被黄色长毛,中胸背板前端被成排的黄色长毛,翅基部侧面有 3 根黄色鬃,翅后胛有 4 根黄色鬃。胸部背面被黑色鳞片,小盾片背面被黑色鳞片,后缘被黄色鳞片状毛。足深褐色,被黑色鳞片。足的毛以黑色为主,鬃黑色。腿节被黑色长毛;胫节和跗节被浓密的黑色短毛。中足腿节有 4 根 av 端鬃,后足腿节有 6 根 av 端鬃;中足胫节的鬃(8 ad,9 pd,7 av 和 11 pv),后足胫节的鬃 9 pv 和浓密的黑色鬃状毛。翅全部透明,有金属光泽;翅脉 C 基部被刷状黑色毛,翅基片几乎光裸且缘大,翅脉 r-m 在盘室近端部的 2/5 处。平衡棒基部褐色,顶部灰色。

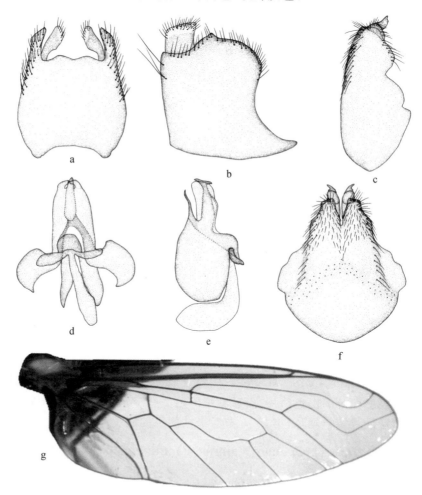

图 115　皎鳞绒蜂虻 *Villa aspros* Yao, Yang *et* Evenhuis, 2009

a. 生殖背板,背视(epandrium,dorsal view);b. 生殖背板,侧视(epandrium,lateral view);c. 生殖基节和生殖刺突,侧视(gonocoxite and gonostylus,lateral view);d. 阳茎复合体,背视(aedeagal complex,dorsal view);e. 阳茎复合体,侧视(aedeagal complex,lateral view);f. 生殖基节和生殖刺突,腹视(gonocoxite and gonostyli,ventral view);g. 翅(wing)

腹部黑色。腹部的毛为黑色和白色。腹节背面被浓密侧卧的黑色鳞片,第2和4腹节背面前缘被侧卧的白色鳞片,第3腹节背面前缘两侧被侧卧的白色鳞片,第5~6节背板后缘被侧卧的白色鳞片。腹板被稀疏直立的白毛和浓密侧卧的黑色鳞片,第4节腹板被浓密侧卧的白色鳞片。

雄性外生殖器:生殖背板侧视近矩形,端部被浓密的黑色长鬃;尾须明显,长约为高的2倍。生殖背板背视长与宽几乎相等,由基部往端部略变窄。生殖基节端部被浓密黑色鬃状毛,腹视顶部显著变窄;生殖刺突侧视近矩形,顶部尖且由基部向端部变窄。阳茎基背片近矩形,由基部向端部变窄,顶部背视W形,端阳茎侧视细长,顶部弯曲。

雌 体长14 mm,翅长12 mm。

与雄性近似,但颜被白色的长毛。

观察标本 正模♂,河南济源王屋山,2007.Ⅶ.27,王俊潮(CAU)。副模1♂,北京门头沟龙门洞,2007.Ⅷ.5,姚刚(CAU);1♀,河南济源王屋山,2007.Ⅶ.28,王俊潮(CAU)。

分布 北京(门头沟)、河南(济源)。

讨论 该种与 *Villa panisca* Rossi,1790 近似,但腹部第2和4节背板前缘被侧卧的白色鳞片,第3节前缘两侧被侧卧的白色鳞片,第5~6节后缘被侧卧的白色鳞片,腹部第4节腹板被浓密侧卧的白色鳞片;而 *V. panisca* 腹部第3~4节侧面被黄色的毛,第5~6节侧面被黑色毛,腹板被直立的黑色毛和侧卧的淡黄色毛。

(94)金毛绒蜂虻 *Villa aurepilosa* Du et Yang,1990(图116,图版Ⅻ f)

Villa aurepilosa Du et Yang,1990. Entomotaxon. 12:285. Type locality:China(Liaoning).

雄 体长12~16 mm,翅长10~13 mm。

头部黑色,被灰色粉,单眼瘤红褐色。头部的毛为黑色和黄色,额被浓密直立的黑色和黄色的毛,颜被浓密的白色和黄色的鳞片和毛,仅中部有黑色毛形成的一纵向带,后头顶部被黄色鳞片,腹面被白色鳞片。触角黑色,仅鞭节端部褐色;柄节长大于宽,被浓密的黑色毛;梗节宽约为长的2倍,被稀疏的黑色毛;鞭节圆锥状,光裸无毛。触角各节长度比为2:1:6。喙黄褐色,须深褐色,被黄色毛。

胸部黑色,被褐色粉。胸部的毛以黄色为主,鬃黑色或黄色;肩胛被黄色长毛,中胸背板前端被成排的黄色长毛,翅基部侧面有3根黄色鬃,翅后胛有6根黄色鬃。上前侧片被黄色毛,下前侧片被白色毛。小盾片被黄色长毛和黑色鳞片,后缘两侧各有3根黄色鬃和3根黑色鬃。足深褐色。中足和后足的腿节和胫节被黄色鳞片。足的毛以黑色为主,鬃黑色。前足腿节被黑色长毛;前足胫节和跗节被黄色短毛。中足腿节有6根av端鬃,后足腿节有6根av端鬃;中足胫节的鬃(8 ad,10 pd,8av 和 9 pv),后足胫节的鬃(15 ad,10 pd,9 av 和 13 pv)。翅大部分透明,有金属光泽;翅脉C基部被刷状黑色长毛和白色鳞片,翅基片被白色鳞片,翅基片缘大且端部弯曲,翅脉r-m靠近盘室近端部的1/3处。平衡棒淡黄色。

腹部黑色;被稀疏的黑色鳞片。腹部的毛大部分为黄色。腹部背板侧缘被浓密的黄色长毛,仅第1~2腹节侧缘被橘黄色长毛,第7腹节侧面有一簇白色长毛。腹板被浓密的黄色毛,仅第1节腹板被白色毛。

雄性外生殖器:生殖背板侧视近矩形。尾须明显,长和高几乎相等,基部有明显侧突。生

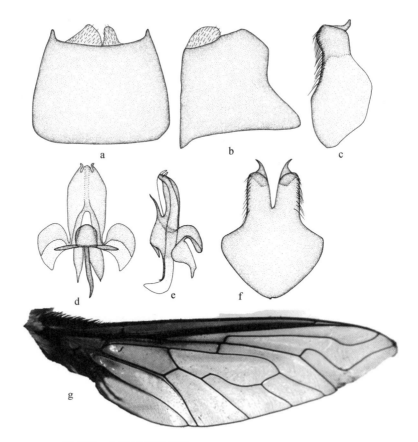

图 116　金毛绒蜂虻 Villa aurepilosa Du et Yang C. ,1990

a.生殖背板,背视(epandrium,dorsal view);b.生殖背板,侧视(epandrium,lateral view);c.生殖基节和生殖刺突,侧视(gonocoxite and gonostylus,lateral view);d.阳茎复合体,背视(aedeagal complex,dorsal view);e.阳茎复合体,侧视(aedeagal complex,lateral view);f.生殖基节和生殖刺突,腹视(gonocoxite and gonostyli,ventral view);g.翅(wing)

殖背板背视宽略大于长,由基部往端部略变窄。生殖基节端部被浓密黑色鬃状毛,腹视顶部显著变窄;生殖刺突侧视近矩形,顶部钝。阳茎基背片背视棒状,背视顶端为三叉形,端阳茎侧视细长且略弯曲。

　　雌　未知。

　　观察标本　正模♂,辽宁沈阳,1956.Ⅶ.5,陆铭贤(CAU)。副模1♂,内蒙古海拉尔,1986.Ⅷ.23,李法圣(CAU)。

　　分布　辽宁(沈阳)、内蒙古(海拉尔)。

　　讨论　该种腹板第1~2节侧缘被橘黄色长毛,第7腹节侧面有一簇白色长毛,其余各节侧面被浓密的黄色长毛。

(95)明亮绒蜂虻,新种 *Villa bryht* sp. nov.(图117)

　　雄　体长12 mm,翅长12 mm。

　　头部黑色,单眼瘤深褐色。头部的毛以黑色为主,额被浓密直立的黑色毛,颜被浓密直立的黑色毛,仅触角边缘被淡黄色鳞片,后头被稀疏黑色短毛。触角黑色;柄节长为宽的 2 倍,被浓密的黑色长毛;梗节宽略大于长,被稀疏的黑色短毛;鞭节圆锥状,光裸无毛。触角各节长的比例为 3∶1∶6。喙褐色,被黑色毛;须黑色,被黑色毛。

胸部黑色,被黑色鳞片。胸部的毛为黑色和黄色,鬃黄色;肩胛被黄色长毛,中胸背板前端被成排的黄色长毛,翅基部侧面有 3 根黄色鬃;胸部侧面被黄色长毛,胸部背中部几乎光裸。小盾片被黑色鳞片,仅中部光裸。足黑色,被黑色鳞片。足的毛以黑色为主,鬃黑色。腿节被稀疏的黑色长毛;胫节和跗节被黑色短毛。中足腿节有 5 根 av 端鬃,后足腿节有 7 根 av 端鬃;中足胫节的鬃(8 ad,12 pd,7 av 和 10 pv),后足胫节的鬃 10 pv 和浓密鬃状的黑色毛。翅大部分透明,有金属光泽;翅脉 C 基部被刷状黑色长毛和黄色鳞片,翅基片被黄色鳞片,翅基片缘大,翅脉 r-m 靠近盘室近端部的 1/3 部分。平衡棒白色。

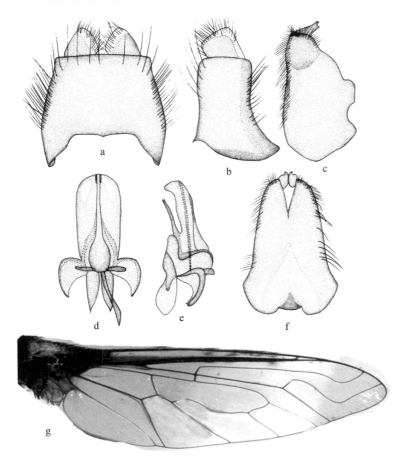

图 117　明亮绒蜂虻,新种 _Villa bryht_ sp. nov.

a. 生殖背板,背视(epandrium,dorsal view);b. 生殖背板,侧视(epandrium,lateral view);c. 生殖基节和生殖刺突,侧视(gonocoxite and gonostylus,lateral view);d. 阳茎复合体,背视(aedeagal complex,dorsal view);e. 阳茎复合体,侧视(aedeagal complex,lateral view);f. 生殖基节和生殖刺突,腹视(gonocoxite and gonostyli,ventral view);g. 翅(wing)

腹部黑色。腹部的毛大部分为黑色。腹节侧面被黑色长毛,仅第 1～3 腹节侧面被黄色长毛;腹部背面被浓密侧卧的黑色鳞片。腹板被稀疏的黄色和黑色的毛和浓密侧卧的黑色鳞片。

雄性外生殖器:生殖背板侧视近矩形,端部被浓密的黑色长鬃。尾须明显外露,长显著大于高。生殖背板背视长和宽几乎相等,由基部往端部略变窄。生殖基节端部被浓密黑色鬃状毛,腹视顶部略变窄;生殖刺突侧视近矩形,顶部钝且中部显著弯曲。阳茎基背片背视近棒状,端阳茎侧视极细长,顶部分叉。

雌　未知。

观察标本　正模♂,台湾南投南山溪,2001.Ⅳ.30,B.Tanalca(OMNH)。

分布　台湾(南投)。

讨论　该种与 *Villa cingulata*(Meigen,1804)近似,但第1~3腹节侧面被有黄色长毛;腹部背面被浓密的侧卧黑色鳞片。而 *V. cingulata* 腹节背面被浓密侧卧的黑色鳞片,第2和4腹节背面前缘被侧卧的白色鳞片,第6~7腹节后缘被侧卧的白色鳞片。

(96)白毛绒蜂虻,新种 *Villa cerussata* sp. nov.(图118)

雄　体长 13 mm,翅长 12 mm。

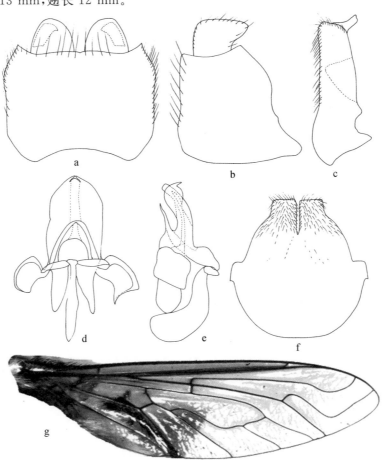

图118　白毛绒蜂虻,新种 *Villa cerussata* sp. nov.

a. 生殖背板,背视(epandrium,dorsal view);b. 生殖背板,侧视(epandrium,lateral view);c. 生殖基节和生殖刺突,侧视(gonocoxite and gonostylus,lateral view);d. 阳茎复合体,背视(aedeagal complex,dorsal view);e. 阳茎复合体,侧视(aedeagal complex,lateral view);f. 生殖基节和生殖刺突,腹视(gonocoxite and gonostyli,ventral view);g. 翅(wing)

头部黑色,被褐色粉,单眼瘤红褐色。头部的毛为黑色,额被浓密直立的黑色毛和黑色鳞片,颜被稀疏的黑色毛和浓密的白色鳞片,后头被稀疏黑色毛和浓密的黄色鳞片。触角黑色;柄节长,长略大于宽,被浓密的黑色毛;梗节长与宽几乎相等,被稀疏的黑色短毛;鞭节洋葱状,光裸无毛。触角各节长度比为 2∶1∶5。喙黑色,被黄色毛,仅端部褐色;须褐色,被黄色毛。

胸部黑色,被灰色粉。胸部的毛以黄色为主,鬃黄色;肩胛被浓密的黄色长毛,中胸背板前端被成排的黄色长毛,翅基部侧面有 3 根黄色鬃,翅后胛有 5 根黄色鬃。小盾片被稀疏的黄色鳞片,后缘两侧被黄色鬃。足黑色,被黄色鳞片。足的毛以黑色为主,鬃黑色。腿节被黑色毛和浓密的黄色鳞片;胫节和跗节被黑色短毛。中足腿节有 6 根 av 端鬃,后足腿节有 7 根 av 端鬃;中足胫节的鬃(7 ad,9 pd,9 av 和 7 pv),后足胫节被 10 pv 鬃和浓密的黑色鬃状毛。翅完全透明,仅前缘淡黄色,有金属光泽,翅脉 C 基部被刷状黑色长毛和白色鳞片,翅基片被白色鳞片,翅基片缘正常,翅脉 r-m 在盘室的近端部的 1/3 部分。平衡棒淡黄色。

腹部黑色,被黑色鳞片。腹部的毛以白色为主。腹节侧面被浓密的白色毛。腹部背板被浓密的白色毛和黑色鳞片。腹板黑色,被浓密直立的白色毛和侧卧的白色鳞片。

雄性外生殖器:生殖背板侧视近矩形。尾须明显外露,长显著大于高。生殖背板背视宽略大于长,端部两侧平行。生殖基节端部被黑色短毛,腹视顶部显著变窄;生殖刺突侧视近矩形,顶部钝。阳茎基背片背视近矩形,端阳茎侧视细长,顶部尖。

雌 未知。

观察标本 正模♂,内蒙古阿拉善左旗贺兰山,1981.Ⅵ.21,金根桃(SEMCAS)。

分布 内蒙古(阿拉善左旗)。

讨论 该种与 *Villa fasciata*(Meigen,1804)近似,但腹节侧面被浓密的白色毛,腹部背板被浓密的白色毛和黑色鳞片;而 *V. fasciata* 腹部第 2~3 节前缘两侧被侧卧的淡黄色鳞片,第 4 节前缘被侧卧的淡黄色鳞片,第 5~6 节后缘被侧卧的淡黄色鳞片。

(97) 有带绒蜂虻 *Villa cingulata* (**Meigen,1804**)(图 119,图版 Ⅷ a)

Anthrax cingulata Meigen,1804. Klassifikazion und Beschreibung der europäischen zweiflügligen Insekten (Diptera Linn.). p. 199. Type locality: Not given [= France, Germany, or Italy].

雄 体长 11 mm,翅长 10 mm。

头部黑色,被灰色粉,单眼瘤红褐色。头部的毛为黑色,额被浓密直立的黑色毛,颜被浓密直立的白色和黑色的毛,后头被稀疏的黑色短毛,复眼边缘被白色鳞片,边缘处被成列直立的褐色毛。触角黑色;柄节短且粗,长和宽几乎相等,被浓密的黑色毛;梗节长与宽几乎相等,几乎光裸;鞭节圆锥状,光裸无毛。触角各节长度比为 2∶1∶5。喙深褐色,被黑色毛;须褐色,被黑色毛。

胸部黑色,被黑色和黄色的鳞片。胸部的毛以黄色为主,鬃黄色;肩胛被黄色长毛,中胸背板前端被成排的黄色长毛,翅基部侧面有 3 根黄色鬃,翅后胛有 5 根黄色鬃。胸部背面被黑色鳞片,胸部背部靠近小盾片的边缘处被黄色鳞片,小盾片背面被稀疏的黄色毛,小盾片被黑色鳞片,后缘被黄色鳞片,小盾片后缘两侧各有 6 根黄色的鬃。足深褐色,被黑色鳞片。足的毛以黑色为主,鬃黑色。腿节被稀疏的黑色长毛;胫节和跗节被浓密的黑色短毛,中足腿节有 3

根 av 端鬃,后足腿节有 4 根 av 端鬃;中足胫节的鬃(11 ad,8 pd,9 av 和 10 pv),后足胫节的鬃(12 ad,8 pd,10 av 和 7 pv)。翅绝大部分透明,有金属光泽;翅脉 C 基部被刷状黑色长毛,翅基片被白色鳞片,翅基片缘大,翅脉 r‑m 位于盘室近端部的 1/3 处。平衡棒灰色。

腹部黑色。腹部的毛为黑色和白色。腹节侧面被浓密的白色长毛和稀疏的黑色毛;腹节背面被浓密侧卧的黑色鳞片,第 2 和 4 腹节背面前缘被侧卧的白色鳞片,第 6~7 腹节后缘被侧卧的白色鳞片。腹板被浓密侧卧的黑色毛和直立的白色毛。

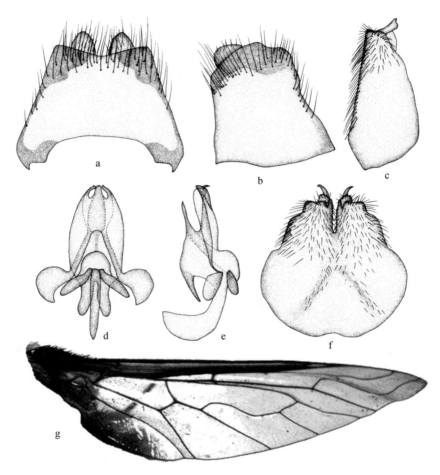

图 119　有带绒蜂虻 *Villa cingulata*(Meigen,1804)
a.生殖背板,背视(epandrium,dorsal view);b.生殖背板,侧视(epandrium,lateral view);
c.生殖基节和生殖刺突,侧视(gonocoxite and gonostylus,lateral view);d.阳茎复合体,背视(aedeagal complex,dorsal view);e.阳茎复合体,侧视(aedeagal complex,lateral view);
f.生殖基节和生殖刺突,腹视(gonocoxite and gonostyli,ventral view);g.翅(wing)

雄性外生殖器:生殖背板侧视近矩形,端部被浓密的黑色长鬃。尾须明显外露,长和高几乎相等。生殖背板背视宽略大于长,由基部往端部略变窄。生殖基节腹视向端部明显变窄,端部被浓密鬃状的黑色毛;生殖刺突侧视近矩形,顶部钝且中部明显凹陷。阳茎基背片卵形,顶部背视成圆形,端阳茎侧视细长,顶部略弯曲。

雌　体长 11 mm,翅长 9 mm。

与雄性近似,但翅基部淡褐色。

观察标本　1♂,辽宁锦州大和山,1950.Ⅶ.29,张海峰(CAU);1♂,辽宁锦州公主岭,1950.Ⅷ.5,张海峰(CAU);1♂,北京,1950.Ⅶ.15,黄可训(CAU);1♂,宁夏银川贺兰山,1981.Ⅶ.19,金根桃(SEMCAS)。

分布　辽宁(锦州)、北京、宁夏(银川);阿尔巴尼亚,阿富汗,阿塞拜疆,奥地利,比利时,波兰,波斯尼亚,德国,俄罗斯,法国,芬兰,格鲁吉亚,荷兰,捷克共和国,克罗地亚,卢森堡,罗马尼亚,马其顿,摩尔多瓦,南斯拉夫,葡萄牙,瑞典,瑞士,斯洛伐克,斯洛文尼亚,乌克兰,西班牙,希腊,匈牙利,亚美尼亚,伊朗,意大利,英国。

讨论　该种腹节背面被浓密侧卧的黑色鳞片,第2和4腹节背面前缘被侧卧的白色鳞片,第6～7腹节后缘被侧卧的白色鳞片。

(98)条纹绒蜂虻 *Villa fasciata*(Meigen,1804)(图120)

Anthrax fasciata Meigen,1804. Klassifikazion und Beschreibung der europäischen zweiflügligen Insekten (Diptera Linn.). p. 200. Type locality:France.

Anthrax circumdata Meigen,1820. Systematische Beschreibung der bekannten europäischen zweiflügeligen Insekten. p. 143(unjustified new replacement name for *Anthrax fasciata* Meigen,1804).

Anthrax venusta Meigen,1820. Systematische Beschreibung der bekannten europäischen zweiflügeligen Insekten. p. 145. Type locality:"Vaterland mir unbekannt,wahrscheinlich aber das südliche Frankreich".

Anthrax margaritifer Dufour,1833. Ann. Sci. Nat. 30:214. Type locality:Spain.

Anthrax dolosa Jaennicke,1867. Berl. Entomol. Z. 11:65. Type locality:France & Spain.

Anthrax stoechades Jaennicke,1867. Berl. Entomol. Z. 11:66. Type locality:France.

Anthrax turbidus Loew,1869. Beschreibungen europäischer Dipteren. Von Johann Wilhelm Meigen. Erster Band. Systematische Beschreibung der bekannten europaischen zweifliigeligen Insecten. Achter Theil oder zweiter Supplementband. p. 176. Type locality:Spain.

Anthrax circumdata var. *alisprorsushyalinus* Strobl *in* Czerny & Strobl,1909. Verh. Zool. - Bot. Ges. Wien 59:146. Type locality:Spain.

Anthrax circumdata var. *fulvimaculatus* Santos Abreu,1926. Mem. R. Acad. Cienc. Artes,Barcelona(3)20:51(11). Type locality:Canary Is.

Villa circumdata algeciras Strobl *in* Hull,1973. Bull. U. S. Natl. Mus. 286:373.

雄　体长 12 mm,翅长 11 mm。

头部黑色,被灰色粉,单眼瘤红褐色。头部的毛为黑色和黄色,额被浓密直立的黑色和黄色的毛,颜被浓密直立的黑色毛和黄色鳞片,后头被黑色短毛,复眼边缘被白色鳞片,边缘处被成列直立的黑色毛。触角黑色;柄节短且粗,长略大于宽,被浓密的黑色毛;梗节长与宽几乎相等,几乎光裸;鞭节圆锥状,光裸无毛。触角各节长度比为 2:1:5。喙深褐色,被黑色毛;须深褐色,被淡黄色毛。

胸部黑色,被黑色鳞片。胸部的毛以黄色为主,鬃黄色或黑色;肩胛被黄色长毛,中胸背板前端被成排的黄色长毛,翅基部侧面有 3 根黄色鬃,翅后胛有 5 根鬃(其中 4 根黄色,1 根黑色)。胸部背面被黑色鳞片;小盾片被黑色鳞片和稀疏的黑色毛,但背面后缘被黄色鳞片。足深褐色,被黑色鳞片。足的毛以黑色为主,鬃黑色。腿节被稀疏的黑色长毛;胫节和跗节被黑色短毛。中足腿节有 2 根 av 端鬃,后足腿节有 5 根 av 端鬃;中足胫节的鬃(9 ad,6 pd,7 av 和 7 pv),后足胫节被 8 av 鬃和浓密的鬃状毛。翅全部透明,有金属光泽。翅脉 C 基部被刷状黑色长毛,翅基片被白色鳞片;翅基片缘正常,端部尖;翅脉 r-m 靠近盘室近端部的 1/3 处。平衡棒白色。

腹部黑色。腹部的毛为黑色和淡黄色。腹节前侧面被浓密的黑色鳞片,仅第 2~3 腹节前侧面被侧卧的淡黄色鳞片,第 4 腹节前缘被侧卧的淡黄色鳞片,第 5~6 腹节后缘被侧卧的淡黄色鳞片,第 8 腹节侧面被浓密侧卧的白色毛。腹板被浓密直立的白色毛和稀疏直立的黑色毛。

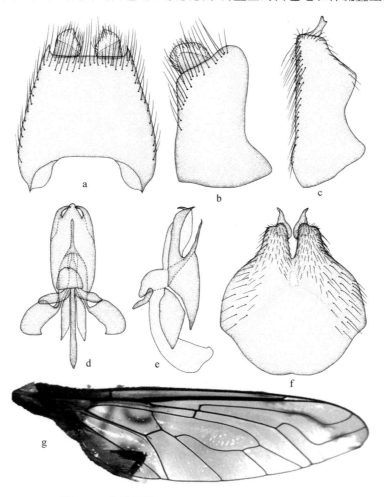

图 120　条纹绒蜂虻 Villa fasciata (Meigen, 1804)

a. 生殖背板,背视(epandrium, dorsal view);b. 生殖背板,侧视(epandrium, lateral view);c. 生殖基节和生殖刺突,侧视(gonocoxite and gonostylus, lateral view);d. 阳茎复合体,背视(aedeagal complex, dorsal view);e. 阳茎复合体,侧视(aedeagal complex, lateral view);f. 生殖基节和生殖刺突,腹视(gonocoxite and gonostyli, ventral view);g. 翅(wing)

雄性外生殖器：生殖背板侧视近矩形，端部被浓密的黑色长鬃。尾须明显外露，长为高的2倍。生殖背板背视长略大于宽，由基部往端部略变窄。生殖基节腹视向端部明显变窄，端部被浓密鬃状的黑色毛；生殖刺突侧视近矩形，顶部尖。阳茎基背片背视近矩形，端阳茎侧视极细长，顶部弯曲。

雌　体长 11～13 mm，翅长 10～12 mm。

与雄性近似，翅基部褐色较深；腹节被淡黄色鳞片，仅第2腹节中部光裸，第1～4腹节前缘被淡黄色鳞片，第5～7腹节后缘被淡黄色鳞片。

观察标本　1♂,1♀,河北兴隆雾灵山,1973.Ⅷ.24,杨集昆(CAU);1♂,1♀,河北兴隆雾灵山,1973.Ⅷ.28,杨集昆(CAU);1♂,四川宝兴蜂桶寨,2006.Ⅷ.29,刘星月(CAU)。

分布　河北(兴隆)、四川(宝兴)；阿尔及利亚,阿塞拜疆,埃及,奥地利,保加利亚,比利时,波兰,波斯尼亚,丹麦,俄罗斯,法国,芬兰,格鲁吉亚,哈萨克斯坦,加那利群岛,捷克共和国,克罗地亚,利比亚,罗马尼亚,马其顿,蒙古,摩尔多瓦,摩洛哥,南斯拉夫,瑞典,瑞士,斯洛伐克,斯洛文尼亚,塔吉克斯坦,突尼斯,土耳其,土库曼斯坦,乌克兰,西班牙,希腊,匈牙利,叙利亚,亚美尼亚,伊朗,意大利,英国。

讨论　该种腹部第2～3节前缘两侧被侧卧的淡黄色鳞片,第4节前缘被侧卧的淡黄色鳞片,第5～6节后缘被侧卧的淡黄色鳞片。

(99) 黄胸绒蜂虻 *Villa flavida* Yao,Yang *et* Evenhuis,2009(图 121,图版 XIIIc)

Villa flavida Yao, Yang *et* Evenhuis, 2009. Zootaxa 2055:56. Type locality: Beijing (Mentougou),Hebei(Zhulu).

雄　体长 9 mm,翅长 8 mm。

头部黑色,被褐色粉,单眼瘤红褐色。头部的毛为黑色和白色,额被浓密直立的黑色毛和稀疏的黄色鳞片,颜被浓密直立的白色毛,后头被白色短毛,复眼边缘被稀疏的淡黄色毛,边缘处被成列直立的淡黄色毛。触角黑色;柄节粗短,长约为宽的2倍,被浓密的黑色毛;梗节长与宽几乎相等,几乎光裸,鞭节圆锥状,光裸无毛。触角各节长度比为2:1:4。喙深褐色,被黑色毛;须深褐色,被淡黄色毛。

胸部黑色,被黑色鳞片。胸部的毛以黄色为主,鬃为黄色和黑色;肩胛被黄色长毛,中胸背板前端被成排的淡黄色长毛,翅基部侧面有3根黄色鬃,翅后胛有5根黑色鬃。胸部背面边缘处被稀疏的黑色鳞片,小盾片中部光裸周围被黑色鳞片。足黑色,被黑色鳞片。足的毛以黑色为主,鬃黑色。腿节被稀疏的黑色长毛,还被黑色和黄色的鳞片;胫节和跗节被黑色短毛,前足胫节被黄色鳞片。中足腿节有6根 av 端鬃,后足腿节有6根 av 端鬃;中足胫节的鬃(7 ad,8 pd,7 av 和8 pv),后足胫节被7 pv 鬃和浓密鬃状的黑色毛。翅完全透明,有金属光泽,翅脉 C 基部被刷状黑色长毛和白色鳞片,翅基片被白色鳞片,翅基片缘正常,翅脉 r-m 靠近盘室近端部的1/3处。翅瓣边缘处被黄色鳞片。平衡棒淡黄色。

腹部黑色,被褐色粉。腹部的毛为白色和黑色。腹部背板被侧卧的黑色鳞片,第2～4节背板前部两侧被侧卧的白色鳞片,第5～6节背板后部侧面被黑色鳞片;腹节侧面被白色毛,第5～6腹节侧面被黑色长毛。腹板被直立的淡黑色鳞片和黑色鳞片,第4节腹板被白色鳞片。

雄性外生殖器:生殖背板侧视近矩形,端部被浓密的黑色长鬃。尾须明显外露,长约为高

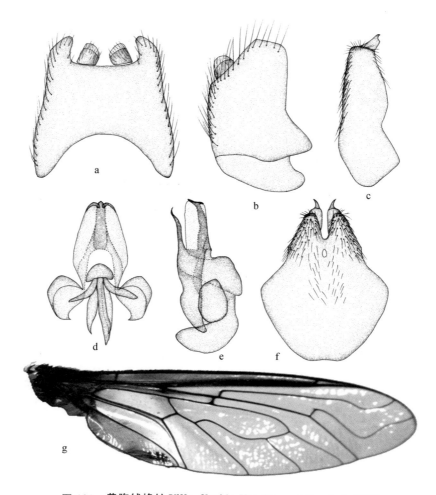

图 121　黄胸绒蜂虻 Villa flavida Yao, Yang et Evenhuis, 2009

a. 生殖背板，背视（epandrium, dorsal view）；b. 生殖背板，侧视（epandrium, lateral view）；c. 生殖基节和生殖刺突，侧视（gonocoxite and gonostylus, lateral view）；d. 阳茎复合体，背视（aedeagal complex, dorsal view）；e. 阳茎复合体，侧视（aedeagal complex, lateral view）；f. 生殖基节和生殖刺突，腹视（gonocoxite and gonostyli, ventral view）；g. 翅（wing）

　　的 2 倍。生殖背板背视长略大于宽，由基部往端部略变窄。生殖基节端部被浓密鬃状的黑色毛，腹视顶部显著变窄；生殖刺突侧视近矩形，顶部钝且由基部往端部逐渐变窄。阳茎基背片，近三角形，顶端波浪形；端阳茎侧视细长，顶部弯曲。

　　雌　未知。

　　观察标本　正模♂，河北涿鹿杨家坪，2007.Ⅷ.12，姚刚（CAU）。副模 1♂，河北涿鹿杨家坪，2005.Ⅶ.3，刘星月（CAU）；2♂♂，北京门头沟龙门涧，2007.Ⅷ.15，姚刚（CAU）；1♂，北京门头沟百花山，2008.Ⅸ.2，张婷婷（CAU）。

　　分布　河北（涿鹿）、北京（门头沟）。

　　讨论　该种与 *Villa fasciata*（Meigen，1804）近似，但腹部第 2～4 节背板前部两侧被侧卧的白色鳞片，第 5～6 节背板后部侧面被黑色鳞片，第 5～6 节侧面被黑色长毛。而 *V. fasciata* 腹部第 2～3 节前缘两侧被侧卧的淡黄色鳞片，第 4 节前缘被侧卧的淡黄色鳞片，第 5～6 节后缘被侧卧的淡黄色鳞片。

(100) 叉状绒蜂虻 *Villa furcata* **Du et Yang, 2009**（图 122）

Villa furcata Du *et* Yang in Yang D. (Ed.) 2009. Fauna of Hebei: Diptera. p. 321. Type locality: Beijing, Shanxi.

雄 体长 8～13 mm，翅长 7～11 mm。

头部黑色，被灰色粉，单眼瘤红褐色。头部的毛为黑色，额被浓密直立的黑色毛，颜被浓密直立的黑色毛和黄色鳞片，后头被黑色短毛，靠近复眼中部被白色鳞片，边缘处被直立的黑色

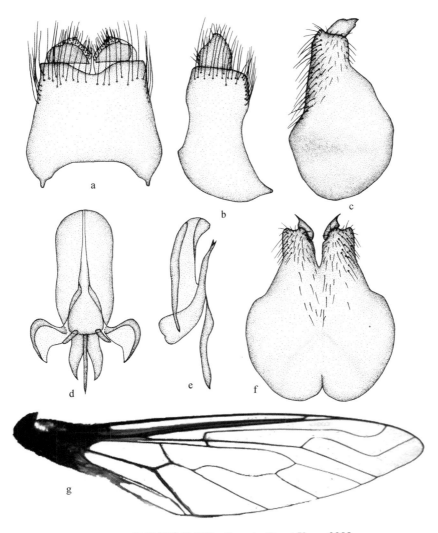

图 122 叉状绒蜂虻 *Villa furcata* Du *et* Yang, 2009

a. 生殖背板，背视（epandrium, dorsal view）；b. 生殖背板，侧视（epandrium, lateral view）；c. 生殖基节和生殖刺突，侧视（gonocoxite and gonostylus, lateral view）；d. 阳茎复合体，背视（aedeagal complex, dorsal view）；e. 阳茎复合体，侧视（aedeagal complex, lateral view）；f. 生殖基节和生殖刺突，腹视（gonocoxite and gonostyli, ventral view）；g. 翅（wing）

毛。触角黑色,仅鞭节褐色;柄节长与宽几乎相等,被浓密的黑色毛;梗节宽约为长的 2 倍,被稀疏的黑色毛;鞭节圆锥状,光裸无毛。触角各节长度比为 2∶1∶6。喙深褐色,被黄色毛;须褐色,被黄色毛。

胸部黑色,被黑色鳞片。胸部的毛为白色、黑色和黄色,鬃黑色;肩胛被黄色长毛,中胸背板前端被成排的黄色长毛,翅基部侧面有 1 根黄色鬃,翅后胛有 4 根黑色鬃。上前侧片被褐色和白色毛,下前侧片被褐色毛。小盾片被稀疏的黑色长毛。足深褐色,仅胫节黄褐色。足的毛以黑色为主,鬃黑色。腿节被黑色长毛;胫节和跗节被黄色短毛。前足和中足腿节被褐色鳞片。中足腿节有 3 根 av 端鬃,后足腿节有 4 根 av 端鬃;中足胫节的鬃(8 ad,6 pd,6 av 和 8 pv),后足胫节的鬃(9 ad,8 pd,8 av 和 10 pv)。翅大部分透明,有金属光泽,仅基部褐色;翅脉 C 基部被刷状黑色长毛和白色鳞片,翅基片被白色鳞片,翅基片缘大且端部尖,翅脉 r‑m 靠近盘室近端部的 1/3 处。平衡棒白色。

腹部黑色,被黑色粉,仅第 4～6 腹节后缘被褐色粉。腹部的毛为黑色或白色。腹部背板侧缘被浓密的黑色长毛,仅第 1～2 节背板侧缘被白色长毛,第 4 和 7 节背板侧面被白色长鳞片;腹部背面被侧卧的黑色毛,仅第 1 节背板被侧卧的白色毛,第 4 节前缘被白色短鳞片。腹板被浓密侧卧的黑色毛和稀疏直立的黑色毛,仅第 1 节腹板被稀疏直立的白色毛,第 4 节腹板被稀疏的白色鳞片。

雄性外生殖器:生殖背板侧视近矩形中部内凹。尾须明显外露,长约为高的 2 倍,基部有明显侧突。生殖背板背视长与宽几乎相等,由基部往端部略变窄。生殖基节端部被浓密鬃状的黑色毛,腹视顶部两侧宽度均匀;生殖刺突侧视近矩形,顶部尖且弯曲。阳茎基背片背视棒状,背视顶端为圆形;端阳茎侧视极细长且略弯曲,端部分叉。

雌　体长 8～13 mm,翅长 8～11 mm。

与雄性近似,但胸部上前侧片被白色毛。

观察标本　正模♂,陕西周至楼观台,1962.Ⅷ.17,杨集昆(CAU)。配模♀,陕西周至楼观台,1962.Ⅷ.17,杨集昆(CAU)。副模 1♀,北京海淀农大,1976.Ⅴ.6,杨集昆(CAU);1♂,北京海淀卧佛寺,1979.Ⅵ.28,陈合明(CAU);1♂,北京门头沟妙峰山,1955.Ⅵ.27,朱延平(CAU);2♂♂,北京门头沟妙峰山,1982.Ⅴ.31,李法圣(CAU);1♂,北京门头沟妙峰山,1983.Ⅴ.31,杨集昆(CAU);1♀,陕西甘泉清泉沟,1976.Ⅴ.6,杨集昆(CAU)。

分布　北京(海淀、门头沟)、陕西(甘泉、周至)。

讨论　该种腹部第 1～2 节背板侧缘被白色长毛,第 4 和 7 节背板侧面被白色长鳞片,第 1 节背板被侧卧的白色毛,第 4 节前缘被白色短鳞片。

(101)黄背绒蜂虻 *Villa hottentotta* Linnaeus,1758(图 123)

Musca hottentotta Linnaeus,1758. Systema naturae per regna tria naturae,secundum classes,ordines,genera,species,cum caracteribus,differentiis,synonymis,locis. 590. Type locality:"Europa"[probably = Sweden].

Nemotelvs primvs Schaeffer,1766. Icones insectorvm circa Ratisbonam indigenorvm coloribvs natvram referentibvs expressae. Natürlich ausgemahlte Abbildungen regensburgischer Insecten. pl. 12,fig. 10.

Nemotelvs secvndvs Schaeffer,1766. Icones insectorvm circa Ratisbonam indigenorvm

coloribvs natvram referentibvs expressae. Natürlich ausgemahlte Abbildungen regensburgis-
cher Insecten. pl. 12, fig. 11.

Nemotelvs tertivs Schaeffer, 1766. Icones insectorvm circa Ratisbonam indigenorvm col-
oribvs natvram referentibvs expressae. Natürlich ausgemahlte Abbildungen regensburgischer
Insecten. pl. 12, fig. 12.

Anthrax flava Hoffmansegg in Wiedemann, 1818. Zool. Mag. 1(2):14. *Nomen nudum*.

Anthrax flava Meigen, 1820. Systematische Beschreibung der bekannten europäischen
zweiflügeligen Insekten. p. 143. Type locality: France & "Deutschland" [=Germany].

Villa suprema Becker, 1916. Ann. Hist. - Nat. Mus. Natl. Hung. 14:40. Type locality:
"Kleinasien" [=Greece, Syria, or Turkey].

Villa hottentota var. *pamirica* Belanovsky, 1950. Nauk. Zap. Kiev 9(6):138. Type locali-
ty: Tajikistan.

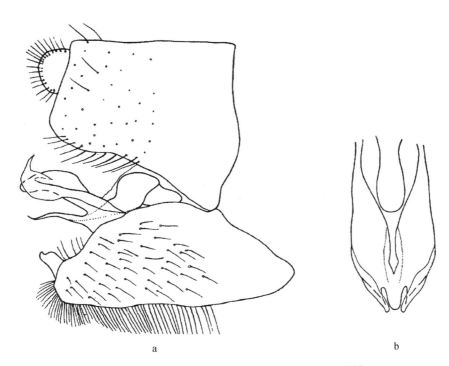

图 123　黄背绒蜂虻 *Villa hottentotta* Linnaeus, 1758

a. 雄性外生殖器, 侧视(male genitalia, lateral veiw); b. 阳茎复合体端部, 背视(apex of ae-
deagal complex, ventral view)。据 Zatzev, 1966 重绘

鉴别特征 头部颜以淡色的毛为主。翅半透明。腹部背板第 7 节侧面被黄色毛。阳茎基
背片背视近矩形。

分布 中国, 阿尔巴尼亚, 阿尔及利亚, 阿富汗, 阿塞拜疆, 爱尔兰, 爱沙尼亚, 安道尔, 奥地
利, 白俄罗斯, 保加利亚, 比利时, 波兰, 波斯尼亚, 丹麦, 德国, 俄罗斯, 法国, 芬兰, 格鲁吉亚, 荷
兰, 吉尔吉斯斯坦, 捷克共和国, 克罗地亚, 拉脱维亚, 立陶宛, 卢森堡, 罗马尼亚, 马耳他, 马其
顿, 蒙古, 摩尔多瓦, 摩洛哥, 南斯拉夫, 挪威, 葡萄牙, 瑞典, 瑞士, 斯洛伐克, 斯洛文尼亚, 塔吉

克斯坦,突尼斯,土耳其,土库曼斯坦,乌克兰,乌兹别克斯坦,西班牙,希腊,匈牙利,亚美尼亚,意大利,英国。

(102) 蜂鸟绒蜂虻 *Villa lepidopyga* Evenhuis *et* Araskaki,1980(中国新记录种)(图 124,图版ⅩⅢ b)

Villa lepidopyga Evenhuis *et* Arakaki,1980. Pac. Ins. 21：313. Type locality：Philippines.

雄　体长 9 mm,翅长 8 mm。

头部黑色,单眼瘤红褐色。头部的毛为黑色,额被浓密直立的黑色毛,颜被浓密直立的白色和黑色的毛,后头被稀疏的黑色短毛,边缘处被成列直立的褐色毛。触角黑色;柄节长约为

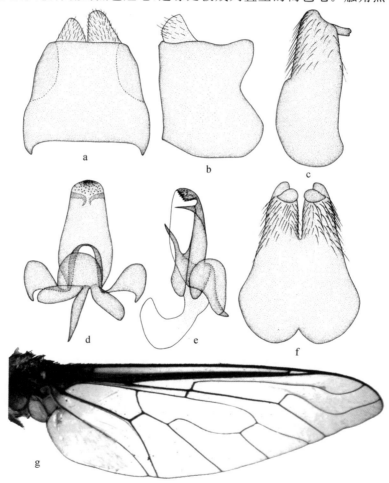

图 124　蜂鸟绒蜂虻,新记录 *Villa lepidopyga* Evenhuis *et* Araskaki,1980

a. 生殖背板,背视(epandrium,dorsal view);b. 生殖背板,侧视(epandrium,lateral view);c. 生殖基节和生殖刺突,侧视(gonocoxite and gonostylus,lateral view);d. 阳茎复合体,背视(aedeagal complex,dorsal view);e. 阳茎复合体,侧视(aedeagal complex,lateral view);f. 生殖基节和生殖刺突,腹视(gonocoxite and gonostyli,ventral view);g. 翅(wing)

宽的 2 倍,被浓密的黑色毛;梗节长与宽几乎相等,被稀疏的黑色短毛;鞭节圆锥状,光裸无毛。触角各节长度比为 2∶1∶4。喙深褐色,被黄色短毛,须深褐色,被黑色长毛。

胸部黑色,被灰色粉。胸部的毛以黄色为主,鬃黑色或黄色;肩胛被黄色长毛,中胸背板前端被成排的黄色长毛,翅基部侧面有 3 根黑色鬃,翅后胛有 2 根黄色鬃和 1 根黑色鬃。胸部背面被直立的黑色毛和黑色鳞片。小盾片背面被黑色鳞片和稀疏黄色毛,小盾片后缘两侧各有 6 根鬃。足[前足缺如]深褐色,被黑色鳞片。足的毛以黑色为主,鬃黑色。腿节被稀疏黑色毛;胫节和跗节被黑色短毛。中足腿节有 3 根 av 端鬃,后足腿节有 4 根 av 端鬃;中足胫节的鬃(6 ad,8 pd,8 av 和 7 pv),后足胫节被浓密的鬃。翅绝大部分透明,有金属光泽,仅基部褐色;翅脉 C 基部被刷状黑色长毛和白色鳞片,翅基片被白色鳞片,翅基片缘大且端部尖,翅脉 r‑m 靠近盘室近端部的 1/3 部分。平衡棒白色。

腹部黑色,被黑色鳞片。腹部的毛为黑色和白色。腹节被浓密的黑色长毛和白色毛和浓密侧卧的黑色鳞片,腹节被黑色长毛,仅第 1、2 和 4 腹节侧缘被直立的白色毛。第 1～4 节腹板被浓密侧卧的白色毛。

雄性外生殖器:生殖背板侧视近矩形。尾须明显外露,长和高几乎相等。生殖背板背视宽略大于长,由基部往端部略变窄。生殖基节腹视向端部明显变窄,端部被浓密黑色毛;生殖刺突侧视近矩形,顶部钝且中部略弯曲。阳茎基背片棒状,顶部背视成圆形;端阳茎侧视细长。

雌　未知。

观察标本　1♂,福建厦门鼓浪屿,1974.Ⅺ.25,李法圣(CAU)。

分布　福建(厦门);菲律宾。

讨论　该种腹部第 1、2 和 4 节背板侧缘被直立的白色毛,其余腹节被黑色长毛,腹板第 1～4 节被浓密侧卧白色毛。

(103)红卫绒蜂虻 *Villa obtusa* Yao,Yang *et* Evenhuis,2009(图 125,图版 ⅩⅢ d)

Villa obtusa Yao,Yang *et* Evenhuis,2009.Zootaxa 2055:57.Type locality:Xizang(Chayu).

雄　体长 13 mm,翅长 12 mm。

头部黑色,单眼瘤红褐色。头部的毛为黑色和淡黄色,额被浓密直立的黑色毛和稀疏的淡黄色毛,颜被浓密直立的黑色毛,后头被淡黄色和黑色的毛,边缘处被成列直立的淡黄色毛。触角黑色,鞭节深褐色;柄节短且粗,长约为宽的 2 倍,被浓密的黑色毛;梗节长与宽几乎相等,几乎光裸;鞭节圆锥状,光裸无毛。触角各节长度比为 3∶1∶6。喙深褐色,被黑色毛;须深褐色,被淡黄色毛。

胸部黑色,被黑色鳞片。胸部的毛以黄色为主,鬃黄色和黑色;肩胛被黄色长毛,中胸背板前端被成排的黄色长毛,翅基部侧面有 3 根黄色鬃;翅后胛有 5 根鬃,端部 1 根为黑色,其余为黄色鬃。胸部背面被黑色和黄色鳞片,小盾片背前缘被鳞片状的黑色毛,后缘被鳞片状的黄色毛。足深褐色,被黑色鳞片。足的毛以黑色为主,鬃黑色。腿节被稀疏的黑色长毛;胫节和跗节被黑色短毛。中足腿节有 6 根 av 端鬃,后足腿节有 6 根 av 端鬃;中足胫节的鬃(7 ad,9 pd,7 av 和 11 pv),后足胫节的鬃 8 pv 和浓密鬃状的黑色毛。翅除了前缘有一小部分褐色,其余透明,有金属光泽;翅脉 C 基部被刷状黑色长毛;翅基片黑色,光裸;翅基片缘正常;翅脉 r‑m 靠近盘室近端部的 1/3 处。平衡棒灰色。

腹部黑色。腹部的毛为黑色和黄色。第1～4腹节背板被直立的黄色毛,第5～7腹节背板被直立的黑色毛,腹板中部被直立的黑色毛,两侧被直立的黄色毛。腹部背板被浓密侧卧的黑色鳞片,第2～3节背板前半部被侧卧的淡黄色鳞片,第5～6节背板后缘被侧卧的淡黄色鳞片。腹板被直立的白色毛和浓密侧卧的黑色鳞片,第4节腹板被白色鳞片。

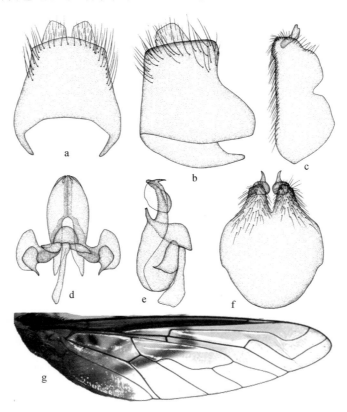

图 125　红卫绒蜂虻 *Villa obtusa* Yao, Yang et Evenhuis, 2009

a. 生殖背板,背视(epandrium, dorsal view);b. 生殖背板,侧视(epandrium, lateral view);c. 生殖基节和生殖刺突,侧视(gonocoxite and gonostylus, lateral view);d. 阳茎复合体,背视(aedeagal complex, dorsal view);e. 阳茎复合体,侧视(aedeagal complex, lateral view);f. 生殖基节和生殖刺突,腹视(gonocoxite and gonostyli, ventral view);g. 翅(wing)

雄性外生殖器:生殖背板侧视近矩形,端部被浓密的黑色长鬃。尾须明显外露,长约为高的2倍。生殖背板背视长大于宽,由基部往端部略变窄。生殖基节端部被浓密鬃状的黑色毛,腹视顶部显著变窄;生殖刺突侧视近矩形,顶部尖。阳茎基背片近矩形,顶部背视近圆形;端阳茎侧视细,顶部钝。

雌　未知。

观察标本　正模♂,西藏察隅红卫村,1978.Ⅶ.1,李法圣(CAU)。

分布　西藏(察隅)。

讨论　该种与 *Villa panisca* Rossi, 1790 近似,但该种腹部第1～4节背板被直立的黄色毛,第5～7节背板被直立的黑色毛,第2～3节前半部被侧卧的淡黄色鳞片,第5～6节后缘被侧卧的淡黄色鳞片。而 *V. panisca* 腹部第3～4节背板侧面被黄色毛,第5～6节侧面被黑色毛,腹板被直立的黑色毛和侧卧的淡黄色毛。

（104）卵形绒蜂虻 *Villa ovata*（Loew,1869）

Anthrax ovatus Loew,1869. Beschreibungen europäischer Dipteren. Von Johann Wilhelm Meigen. Erster Band. Systematische Beschreibung der bekannten europaischen zweifliigeligen Insecten. Achter Theil oder zweiter Supplementband. p. 196. Type locality：Russia (FE).

鉴别特征 颜被白色鳞片和黑色毛,后头被白色毛。翅白色透明,有些发灰,但前缘室、第一基室和缘室的基半褐色。足黑色。

分布 中国；蒙古,俄罗斯。

（105）巴兹绒蜂虻 *Villa panisca*（Rossi,1790）（图 126）

Bibio panisca Rossi,1790. Fauna etrusca,sistens Insecta quae in provinciis Florentinâ et Pisanâ praesertim collegit. p. 276. Type locality：Italy.

Anthrax cingulata Meigen,1820. Systematische Beschreibung der bekannten europäischen zweiflügeligen Insekten. p. 145. Type locality：Germany & Russia.

Anthrax bimaculata Macquart,1834. Histoire naturelle des insectes. Diptères. Ouvrage accompagné de planches. p. 403. Type locality：Italy (Sicily).

雄 体长 10 mm,翅长 9 mm。

头部黑色,被灰色粉,单眼瘤红褐色。头部的毛为黑色和淡黄色,额被浓密直立的黑色毛和稀疏淡黄色毛,颜被浓密直立的淡黄色毛和鳞片,后头被稀疏的淡黄色短毛,边缘处被成列直立的淡黄色毛。触角黑色；柄节短且粗,长略大于宽,被黑色和淡黄色的毛；梗节长与宽几乎相等,几乎光裸；鞭节洋葱状,光裸无毛。触角各节长度比为 2：1：4。喙深褐色,被淡黄色毛；须深褐色,被淡黄色毛。

胸部黑色,被灰色粉。胸部的毛以黄色为主,鬃大部分黄色；肩胛被稀疏黄色长毛,中胸背板前端光裸,翅基部侧面有 3 根黄色鬃,翅后胛鬃缺如。小盾片背面后缘被鳞片状的黄色毛。足深褐色,被黑色和黄色的鳞片。足的毛以黑色为主,鬃黑色。腿节被稀疏的黑色长毛；胫节和跗节被黑色短毛。中足腿节有 3 根 av 端鬃,后足腿节有 3 根 av 端鬃；中足胫节的鬃（5 ad,6 pd,5 av 和 6 pv）,后足胫节被 7 av 鬃和浓密的鬃状毛。翅完全透明,有金属光泽；翅脉 C 基部被刷状的黑色长毛,翅基片被白色鳞片,翅基片缘正常,端部尖；翅脉 r - m 靠近盘室端部的 1/3 处。平衡棒白色。

腹部黑色。腹部的毛为黑色和黄色。腹部仅第 3～4 节侧面被黄色毛,第 5～6 节侧面被黑色毛,其余光裸。腹板被直立的黑色毛和侧卧的淡黄色毛。

雄性外生殖器：生殖背板侧视近矩形,端部被浓密的黑色长鬃。尾须明显外露,长为高的 2 倍。生殖背板背视长与宽几乎相等,由基部往端部略变窄。生殖基节腹视向端部明显变窄,端部被浓密鬃状的黑色毛；生殖刺突侧视近矩形,顶部尖。阳茎基背片背视近矩形,端阳茎侧视细长,顶部尖且略微弯曲。

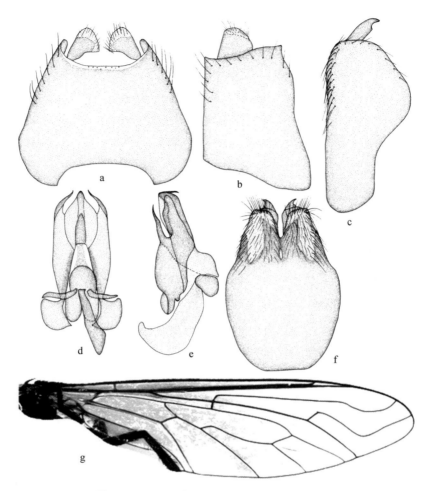

图 126　巴兹绒蜂虻 *Villa panisca*（Rossi，1790）

a. 生殖背板，背视（epandrium，dorsal view）；b. 生殖背板，侧视（epandrium，lateral view）；c. 生殖基节和生殖刺突，侧视（gonocoxite and gonostylus，lateral view）；d. 阳茎复合体，背视（aedeagal complex，dorsal view）；e. 阳茎复合体，侧视（aedeagal complex，lateral view）；f. 生殖基节和生殖刺突，腹视（gonocoxite and gonostyli，ventral view）；g. 翅（wing）

雌　未知。

观察标本　1♂，新疆阿勒泰布尔津，2007.Ⅶ.28，霍姗（CAU）。

分布　新疆（阿勒泰）；阿尔巴尼亚，阿塞拜疆，爱沙尼亚，奥地利，白俄罗斯，保加利亚，比利时，波兰，波斯尼亚，丹麦，德国，俄罗斯，法国，芬兰，格鲁吉亚，荷兰，捷克共和国，克罗地亚，拉脱维亚，立陶宛，卢森堡，罗马尼亚，马耳他，马其顿，蒙古，摩尔多瓦，南斯拉夫，挪威，葡萄牙，瑞典，瑞士，斯洛伐克，斯洛文尼亚，土耳其，乌克兰，西班牙，希腊，匈牙利，亚美尼亚，意大利，印度。

讨论　该种腹部第3～4节侧面被黄色毛，第5～6节侧面被黑色毛，其余光裸。

(106) 赤缘绒蜂虻，新种 *Villa rufula* sp. nov.（图 127）

雄　体长 9 mm，翅长 9 mm。

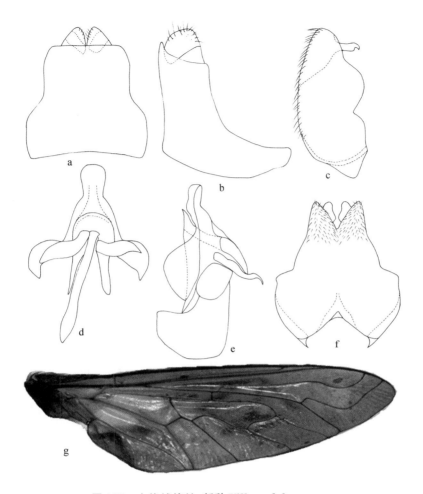

图 127　赤缘绒蜂虻,新种 *Villa rufula* sp. nov.

a. 生殖背板,背视(epandrium,dorsal view);b. 生殖背板,侧视(epandrium,lateral view);c. 生殖基节和生殖刺突,侧视(gonocoxite and gonostylus,lateral view);d. 阳茎复合体,背视(aedeagal complex,dorsal view);e. 阳茎复合体,侧视(aedeagal complex,lateral view);f. 生殖基节和生殖刺突,腹视(gonocoxite and gonostyli,ventral view);g. 翅(wing)

　　头部黑色,被黄色鳞片,仅颜底部为淡黄色。头部的毛为黑色和淡黄色,额被黑色毛和黄色鳞片,颜被稀疏的黄色毛和白色鳞片,后头被浓密的白色毛和鳞片。触角黑色;柄节长,长略大于宽,被浓密的黑色毛;梗节长与宽几乎相等,被稀疏的黑色短毛;鞭节圆锥状,光裸无毛。触角各节长度比为 2∶1∶3。喙黑色,须黄色,被黄色毛。

　　胸部黑色,被灰色粉。胸部的毛以黄色为主,鬃黄色;肩胛被浓密的黄色长毛,中胸背板前端被成排的黄色长毛,翅基部侧面有 3 根黄色鬃。小盾片黑色,仅前侧缘黄色。足黑色,被白色鳞片,仅胫节黄色。足的毛以黑色为主,鬃黑色。腿节被稀疏的黑色长毛;胫节和跗节被黑色短毛。中足腿节有 3 根 av 端鬃,后足腿节有 5 根 av 端鬃;中足胫节的鬃(7 ad,7 pd,6 av 和 6 pv),后足胫节被 8 pv 鬃和浓密鬃状的黑色毛。翅几乎完全透明,有金属光泽,翅脉 C 基部被刷状的黑色长毛和黄色鳞片,翅脉 r-m 靠近盘室端部的 1/3 处。平衡棒基部褐色,端部淡黄色。

腹部黑色,仅腹节背板后缘黄色。腹部的毛为黑色和淡黄色。腹板侧面被黑色和淡黄色的毛,腹部背板被稀疏的淡黄色鳞片。腹板黄色,仅第1～2节腹板黑色;腹板被浓密直立的白色毛和侧卧的白色鳞片。

雄性外生殖器:生殖背板侧视近矩形。尾须明显外露,长显著大于高。生殖背板背视长与宽几乎相等,由基部往端部略变窄。生殖基节端部被黑色短毛,腹视顶部显著变窄;生殖刺突侧视近矩形,顶部尖。阳茎基背片背视梨形,顶端圆;端阳茎侧视细,顶部尖。

雌　未知。

观察标本　正模♂,内蒙古阿拉善右旗西大地河,1981.Ⅷ.4,金根桃(SEMCAS)。

分布　内蒙古(阿拉善右旗)。

讨论　该种与 *Villa lepidopyga* Evenhuis *et* Araskaki,1980 近似,但腹部黑色,仅后缘黄色,腹板侧面被黑色和淡黄色的毛,腹部背板被稀疏的淡黄色鳞片,腹板黄色,仅第1～2节腹板黑色。而 *V. lepidopyga* 腹部黑色,腹节被浓密的黑色长毛和白色毛以及浓密侧卧的黑色鳞片,腹板第1～4节被浓密侧卧的白色毛。

(107)黄磷绒蜂虻,新种 *Villa sulfurea* sp. nov.(图128)

雄　体长 10 mm,翅长 10 mm。

头部黑色,单眼瘤红褐色。头部的毛以黑色为主,额被浓密直立的黑色毛和黄色鳞片,颜被稀疏直立的黑色毛和浓密的白色鳞片,后头被稀疏的黑色毛和浓密的黄色鳞片。触角黑色;柄节长,长略大于宽,被浓密的黑色毛;梗节长与宽几乎相等,被稀疏的黑色短毛;鞭节洋葱状,光裸无毛。触角各节长度比为 3:2:6。喙黑色,须黑色,被黑色毛。

胸部黑色。胸部的毛以黄色为主,鬃黄色;肩胛被浓密的黄色长毛,中胸背板前端被成排的黄色长毛,翅基部侧面有 3 根黄色鬃。小盾片被稀疏的黄色鳞片。足黑色,被黄色鳞片。足的毛以黑色为主,鬃黑色。腿节被稀疏的黑色长毛;胫节和跗节被黑色短毛。后足腿节有 3 根 av 端鬃;中足胫节的鬃(7 ad,8 pd,7 av 和 8 pv),后足胫节的鬃(11 ad,9 pd,8 av 和 10 pv)。翅几乎完全透明,有金属光泽,翅脉 C 基部被刷状额黑色长毛和黄色鳞片,翅脉 r-m 靠近盘室端部的 1/3 处。平衡棒褐色。

腹部黑色,被黄色鳞片。腹部的毛以黄色为主,腹板侧面被浓密的黄色毛;腹部背板被浓密的黄色鳞片。腹板黑色,被浓密直立的黄色毛和侧卧的黄色鳞片。

雄性外生殖器:生殖背板侧视近矩形。尾须明显外露,长略大于高。生殖背板背视长略大于宽,由基部往端部略变窄。生殖基节端部被黑色短毛,腹视顶部显著变窄;生殖刺突侧视近矩形,顶部钝且略弯曲。阳茎基背片背视近矩形;端阳茎侧视细,顶部尖。

雌　未知。

观察标本　正模♂,西藏日喀则,1984(SEMCAS)。副模 1♂,西藏日喀则,1984(SEMCAS)。

分布　西藏(日喀则)。

讨论　该种与 *Villa aurepilosa* Du *et* Yang C.,1990 近似,但腹部黑色,被黄色鳞片,腹板侧面被浓密的黄色毛,腹部背板被浓密的黄色鳞片;而 *V. aurepilosa* 腹部第1～2节侧缘被橘黄色长毛,第7节侧面有一簇白色长毛。

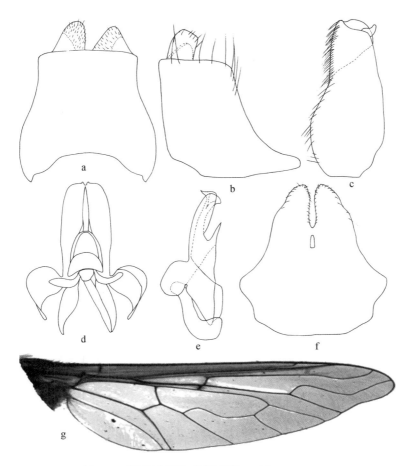

图 128 黄磷绒蜂虻,新种 Villa sulfurea sp. nov.

a.生殖背板,背视(epandrium,dorsal view);b.生殖背板,侧视(epandrium,lateral view);c.生殖基节和生殖刺突,侧视(gonocoxite and gonostylus,lateral view);d.阳茎复合体,背视(aedeagal complex,dorsal view);e.阳茎复合体,侧视(aedeagal complex,lateral view);f.生殖基节和生殖刺突,腹视(gonocoxite and gonostyli,ventral view);g.翅(wing)

(108)新疆绒蜂虻 *Villa xinjiangana* **Du,Yang,Yao *et* Yang,2008**(图 129,图版ⅩⅢ e)

Villa xinjiangana Du,Yang,Yao *et* Yang in Shen X. C. ,Zhang R. Z. ,& Ren Y. D. (Ed.)2008. Classification and Distribution of Insects in China. p. 17. Type locality:China (Xinjiang).

雄 体长 12 mm,翅长 12 mm。

头部黑色,仅后头黄褐色,单眼瘤红褐色。头部的毛大部分白色,额被直立的白色毛和侧卧的黑色毛,颜被浓密的白色的毛和鳞片,向下缘白色鳞片逐渐增多,后头被白色鳞片,靠近复眼中部变浓密。触角黑色,仅柄节黄褐色;柄节长约为宽的 3 倍,被白色长毛;梗节长与宽几乎相等,被黑色短毛;鞭节圆锥状,光裸无毛。触角各节长度比为 4∶1∶7。喙深褐色,被稀疏黑色短毛;须淡黄色,被黄色毛。

胸部黑色,被灰色鳞片。胸部的毛以白色为主,鬃白色;肩胛被白色长毛,中胸背板前端被成排的白色长毛,翅基部侧面有3根白色鬃,翅后胛有6根白色鬃。小盾片被浓密白色鳞片,边缘被稀疏的白色长毛,后缘两侧各被8根白色鬃。足深褐色,仅跗节黑色。足的毛为黑色和白色,鬃黑色。腿节被白色长毛;跗节被黑色短毛。中足腿节有3根av端鬃,后足腿节有7根av端鬃;中足胫节的鬃(7 ad,8 pd,6 av 和 8 pv),后足胫节的鬃(7 ad,8 pd,6 av 和 11 pv)。翅大部分透明,有金属光泽;翅脉C基部被刷状的黑色长毛和白色鳞片,翅基片被白色鳞片,翅基片缘大且端部尖;翅脉 r-m 靠近盘室端部的1/3处。平衡棒白色。

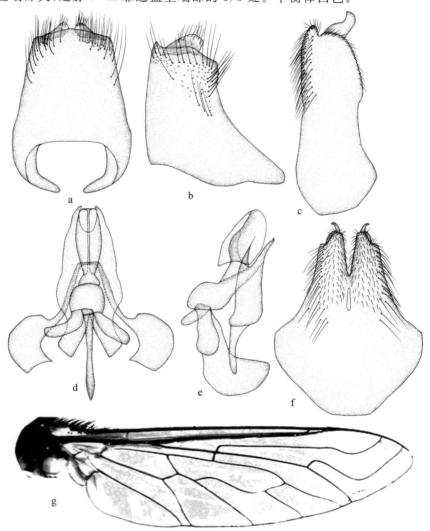

图 129　新疆绒蜂虻 Villa xinjiangana Du,Yang,Yao et Yang,2008

a. 生殖背板,背视(epandrium,dorsal view);b. 生殖背板,侧视(epandrium,lateral view);c. 生殖基节和生殖刺突,侧视(gonocoxite and gonostylus,lateral view);d. 阳茎复合体,背视(aedeagal complex,dorsal view);e. 阳茎复合体,侧视(aedeagal complex,lateral view);f. 生殖基节和生殖刺突,腹视(gonocoxite and gonostyli,ventral view);g. 翅(wing)

　　腹部黑色,被褐色粉。腹部被黑色和白色的毛和鳞片。腹部背板侧缘被浓密的白色长毛,腹部背面被稀疏的黑色毛,背板近前缘被白色鳞片,近后缘被黑色鳞片。腹板被稀疏直立的白色毛和浓密的白色鳞片。

雄性外生殖器:生殖背板侧视近矩形。尾须明显外露,长约为高的 2 倍,基部有明显侧突。生殖背板背视长约为宽的 2 倍,由基部往端部略变窄。生殖基节端部被浓密黑色鬃状毛,腹视顶部显著变窄,中间有一 V 形深凹;生殖刺突侧视近矩形,中部显著弯曲。阳茎基背片背视棒状,背视顶端钝;端阳茎侧视细长且略弯曲。

雌　体长 12 mm,翅长 11 mm。

与雄性近似,但胸部和腹部的毛颜色较深。

观察标本　正模♂,新疆吐鲁番,1979.Ⅷ.26,杨集昆(CAU)。配模♀,新疆吐鲁番,1979.Ⅷ.26,杨集昆(CAU)。

分布　新疆(吐鲁番)。

讨论　该种腹部黑色,腹部背板侧缘被浓密的白色长毛,背部被稀疏的黑色毛,背板近前缘被白色鳞片,近后缘被黑色鳞片。

二、蜂虻亚科 Bombyliinae Latreille，1802

Bombyliinae Latreille, 1802. Histoire naturelle, générale et particulière, des crustacés et des insectes. Tome troisième. Familles naturelles des genres. Ouvrage faisant suite à l'histoire naturelle générale et particulière, composée par Leclerc de Buffon, et rédigée par C. S. Sonnini, membre de plusieurs sociétés savantes. p. 427. Type genus：*Bombylius* Linnaeus，1758.

Conophorinae Becker，1913. Ezheg. Zool. Muz. 17：479. Type genus：*Conophorus* Meigen，1803.

Ecliminae Hall，1969. Univ. Calif. Publ. Entomol. 56：5. Type genus：*Eclimus* Loew，1844.

头部触角的基部很靠近。触角鞭节形状多样,其附节 1 节、2 节或 3 节。雄性复眼接眼式。颜肿胀,唇基不达触角基部,上唇基背面骨化,唇瓣厚且长,食腔简单。后头平或略膨大。复眼后缘整个或者有缝,如有缝被分的复眼大小不同。胸部翅 Rs 脉有 3 条支脉,翅脉 R_{2+3} 起始处成锐角,翅脉 M_2 存在,翅室 r_5 开放或者关闭,翅室 dm‐cu 存在。翅前鬃存在。上前侧片和下前侧片有或无毛。雄性生殖背板后缘凸状或者凹陷,下生殖板有或无,阳茎与阳茎复合体间接紧密(图 130 至图 131)。

讨论　蜂虻亚科昆虫世界性分布。该亚科目前已知 63 属 1 038 种。本文系统记述我国 8 属 46 种,其中包括 2 中国新记录属、12 新种、4 中国新记录种。

属 检 索 表

1.	翅盘室在顶部最宽,翅脉 m‐m 和 M‐CuA 相交成钝角,翅前缘脉在翅的端部有向前突的趋势,翅端部宽 ················· **2**
	翅盘室在近中部最宽,m‐m 脉和 M‐CuA 相交成锐角或直角,翅前缘脉几乎直着伸向翅缘,翅端部不变宽 ················· **3**
2.	触角柄节显著膨大;中足胫节刺存在;有些种类翅脉 R_1‐R_{2+3} 存在(2 或 3 个亚缘室);腹长卵形;体被长毛 ················· **柱蜂虻属 *Conophorus***

续表

	触角柄节正常膨大;中足胫节刺缺如;翅脉 R_1-R_{2+3} 缺如(2 个亚缘室),r_5 室关闭;腹短长卵形或短宽;体毛短 ·················· **隆蜂虻属 Tovlinius**
3.	头部通常与胸部等宽;r_5 室于翅缘处开,翅室 br 几乎与 bm 室等长;复眼后缘成锯齿状;翅较小,翅基较窄,至少翅瓣退化;体通常较长甚至细圆锥形或圆柱形 ·········· **雏蜂虻属 Anastoechus**
	头部通常较胸部窄;翅室 r_5 室在距翅缘较远处关闭;复眼后缘不成锯齿状;翅通常较大,翅基较宽,腋瓣和翅瓣发达;体通常宽,鬃发达 ··· **4**
4.	翅室 br 与 bm 长度几乎相等,翅脉 r-m 通常较 m-m 脉短,偶尔等长;体表纯色,至少在头和胸部被短绒毛,下部的毛白色到淡黄色或褐色到苍白色 ··· **卷蜂虻属 Systoechus**
	翅室 br 长于 bm,翅脉 r-m 通常与 m-m 脉等长;体表毛和鳞片的颜色多样,通常有黑毛或有其他颜色的毛;翅斑多样,有翅暗色和透明部分分界明显,也有游离的黑斑 ···································· **5**
5.	体小型(小于 10 mm);翅完全不透明 ····················· **东方蜂虻属 Euchariomyia**
	体大,通常超过 10 mm;翅至少有透明的斑 ··· **6**
6.	触角柄节长为梗节的 3 倍以上;体小,体较细长,足较细长;翅瓣细长,腋瓣退化;体表以黑色为主,毛长且成簇,额、胸部和腹部通常被金属色或乳白色的鳞片 ·········· **白斑蜂虻属 Bombylella**
	触角柄节长最多为梗节的 3 倍;体较强壮,足较粗;翅瓣宽,腋瓣正常;体表通常由黄色到褐色,如果为黑色,则无金属色或乳白色斑的鳞片 ·· **7**
7.	触角柄节长约为梗节的 2 倍;雄性复眼上面不变大;颜短且被稀疏的短毛;翅基部黑色,其余透明或淡黄色;体毛短,表明均匀,通常被大量黑色毛或鳞片,其他区域则被白色,橘色或灰色毛 ·· **禅蜂虻属 Bombomyia**
	触角柄节长大于梗节的 2 倍;雄性复眼上面变大;颜长,被浓密的长毛;翅斑如果存在,翅基缘常散布游离的斑,翅极少完全不透明;体通常被长毛,常成簇,通常以白色到黄色或棕色和黑色为主,如果以黑色为主,其他区域则被白色的毛. ·························· **蜂虻属 Bombylius**

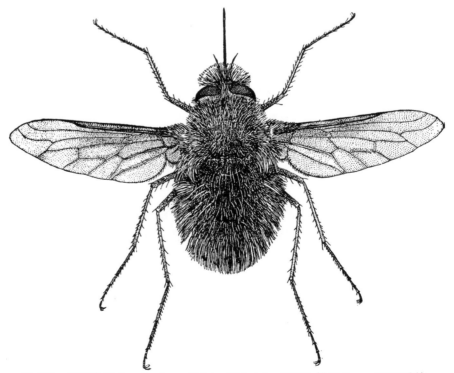

图 130 巢雏蜂虻 *Anastoechus nitidulus*（Fabricius,1794）据 Zaitzev,1966 重绘。

218

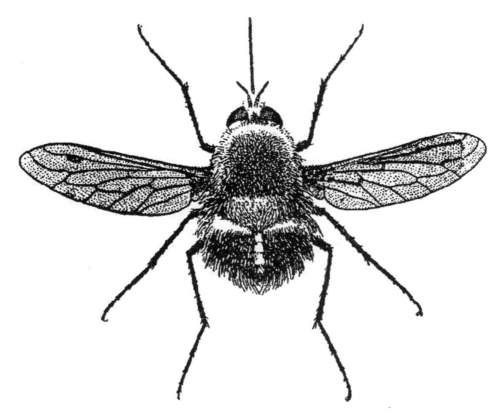

图 131 庵埠蜂虻 *Bombylius ambustus* **Pallas** *et* **Wiedemann**,1818 据 **Paramonov**,1940 重绘。

15. 雏蜂虻属 *Anastoechus* Osten Sacken，1877

Anastoechus Osten Sacken，1877. Bull. U. S. Geol. Geogr. Surv. Terr. 3：251. Type species：*Anastoechus barbatus* Osten Sacken，1877，by monotypy.

属征 头部与胸部等宽。雄性复眼之间最短的距离与单眼瘤相等,顶部较宽。雌性额非常宽,约为单眼瘤宽度的 6 倍。颜凸出。触角直线状。触角各节长度比为 4：1：5。须一节。体表毛为丝状或成簇,背面毛为白色、绿色、黄色或褐色,腹面通常为苍白色。很少有被黑毛的小区域。鬃强,且雌性被浓密的鬃;足被浓密的鬃。翅斑存在的话,基部的较淡,翅中部较深。翅基缘大,翅脉 r - m 不比 m - m 脉长,翅室 br 与 bm 室等长。翅瓣和腋瓣发达。

讨论 雏蜂虻属 *Anastoechus* 主要分布于非洲界和古北界,东洋界和新北界各分布 4 种,澳洲界和新热带界无分布。该属全世界已知 93 种,我国已知 12 种,其中包括 1 新种。

种 检 索 表

1.	小盾片红褐色	2
	小盾片黑色	4

续表

2.	后头被白色毛;生殖基节腹视端部变窄,阳茎基背片侧视端部直 ······	3
	后头被淡褐色的毛;生殖基节腹视端部两侧几乎平行,阳茎基背片侧视端部弯曲 ······ ······ 都兰雏蜂虻 A. doulananus	
3.	胸部的毛以白色为主;腹部背板被浓密的白色和淡黄色长毛;阳茎基背片背视塔形 ······ ······ 茶长雏蜂虻 A. chakanus	
	胸部的毛以黄色为主;腹部背板几乎光裸;阳茎基背片背视 A 形 ······ 赤盾雏蜂虻 A. fulvus	
4.	翅基部褐色 ······	5
	翅几乎完全透明 ······	8
5.	腹部腹板的毛为红褐色 ······ 巢雏蜂虻 A. nitidulus	
	腹部腹板的毛为白色 ······	6
6.	生殖背板背视端部略变窄,生殖基节腹视端部显著变窄 ······	7
	生殖背板背视端部两侧几乎平行,生殖基节腹视基部膨大,端部两侧几乎平行 ······ ······ 黄鬃雏蜂虻 A. xuthus	
7.	腹部背板后缘被淡黄色的鬃,但端部被深褐色的鬃,第7～8节被白色毛;生殖刺突侧视卵形 ······ ······ 中华雏蜂虻 A. chinensis	
	腹部背板第5～8节后缘被浓密的深褐色鬃;生殖刺突侧视长 ······ 塔茎雏蜂虻 A. turriformis	
8.	腹部的毛以金黄色的毛为主 ······ 金毛雏蜂虻 A. aurecrinitus	
	腹部的毛以白色的毛为主 ······	9
9.	胸部的毛以淡黄色为主,小盾片黑色前缘被褐色的粉;阳茎基背片侧视端部长 ······ ······ 阔雏蜂虻 A. asiaticus	
	胸部的毛以白色为主,小盾片黑色,被苍白色的粉或毛;阳茎基背片侧视短 ······	10
10.	腹部有褐色的鬃 ······	11
	腹部无鬃 ······ 洁雏蜂虻 A. lacteus	
11.	腹部背板被浓密的白色毛,侧后缘被深褐色的鬃;生殖刺突侧视长,阳茎基背片背视端部钝 ······ ······ 白缘雏蜂虻 A. candidus	
	腹部背板被稀疏的白色毛,第3～7节后缘被褐色的鬃;生殖刺突侧视卵形,阳茎基背片背视端部尖 ······ ······ 内蒙古雏蜂虻 A. neimongolanus	

(109)阔雏蜂虻 *Anastoechus asiaticus* Becker,1916(图132,图版ⅩⅢf)

Anastoechus asiaticus Becker,1916. Ann. Hist. - Nat. Mus. Natl. Hung. 14:55. Type locality: Kyrgyz Republic & Russia(WS).

Anastoechus villosus Paramonov,1930. Trudy Fiz. - Mat. Vidd. Ukr. Akad. Nauk 15(3): 475(125). Type locality:Russia(Far East).

Anastoechus asiaticus var. *albulus* Paramonov,1940. Fauna SSSR 9(2):264,401. Type locality:Mongolia;Russia(Eastern Siberia);China(Xinjiang);Kyrgyz Republic.

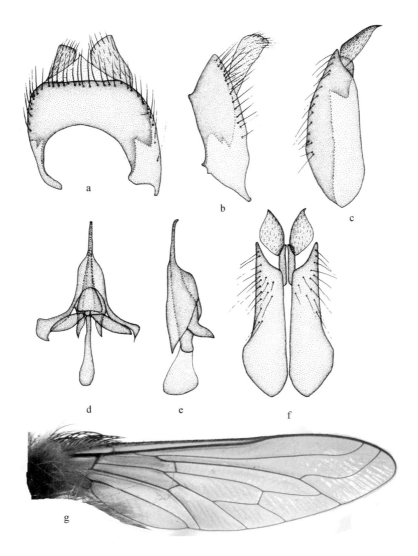

图 132　阔锥蜂虻 *Anastoechus asiaticus* Becker，1916

a. 生殖背板，背视（epandrium, dorsal view）；b. 生殖背板，侧视（epandrium, lateral view）；c. 生殖基节和生殖刺突，侧视（gonocoxite and gonostylus, lateral view）；d. 阳茎复合体，背视（aedeagal complex, dorsal view）；e. 阳茎复合体，侧视（aedeagal complex, lateral view）；f. 生殖基节和生殖刺突，腹视（gonocoxite and gonostyli, ventral view）；g. 翅（wing）

雄　体长 9 mm，翅长 8 mm。

头部黑色，被灰色粉。头部的毛为黑色和白色，额被浓密直立的黑色和白色的毛，颜被浓密直立的白色毛和稀疏直立的黑色毛，后头被稀疏的黑色长毛和直立的白色毛。触角黑色，仅鞭节褐色；柄节长，被浓密的白色长毛；鞭节长，光裸无毛，顶部有一附节。喙黑色，长度约为头的 3 倍。

胸部黑色，被褐色鳞片。胸部的毛以淡黄色为主。肩胛被浓密的淡黄色长毛。中胸背板前端有成排的淡黄色的长毛，背部几乎光裸。小盾片黑色，前缘被褐色粉，背部被稀疏的白色长毛。上前侧片和下前侧片被浓密的白色长毛。足黄色，仅腿节黑色。足的毛黄色，鬃黄色。

腿节被浓密的白色鳞片;前足腿节基部被白色毛,胫节和跗节被黄色短毛和稀疏淡黄色鳞片。后足腿节有 4 av 端鬃。前足胫节的鬃(7 ad,8 pd 和 5 pv),中足胫节的鬃(8 ad,8 pd,5 av 和 5 pv),后足胫节的鬃(7 ad,8 pd,6 av 和 6 pv)。翅均一灰褐色,仅基部褐色。翅脉 r-m 靠近盘室的基部,翅室 r_5 关闭,翅脉 C 基部被刷状的黑色鬃和白色毛。平衡棒深褐色。

腹部黑色,被白色粉。腹部的毛以白色为主。腹部侧面被浓密直立的白色长毛和褐色鬃,腹部背面被稀疏的白色毛,第 5~7 节背板被浓密的褐色鬃。腹板被浓密直立的白色长毛和侧卧的白色毛。

雄性外生殖器:生殖背板侧视梯形;尾须明显外露,高略大于长。生殖背板背视长与宽几乎相等,中后部凹陷。生殖基节腹视向顶部显著变窄;生殖刺突侧视卵型,顶部尖。阳茎基背片背视塔形,端部尖。阳茎基背片侧视极细长,端部略弯曲。

雌 体长 9 mm,翅长 8 mm。

与雄性近似,但额两侧平行。

观察标本 1♂,河北张家口尚义,1978. Ⅷ. 20,陈合明(CAU);1♀,北京,1947. Ⅸ. 16,(CAU);1♀,北京,1947. Ⅸ. 18,(CAU);1♀,北京昌平十三陵,1952. Ⅷ. 31,杨集昆(CAU);1♂,天津蓟县八仙桌子,1986. Ⅷ. 4,(CAU);4♂♂,天津蓟县八仙桌子,1985. Ⅸ. 18,宁(NKU);2♀♀,天津蓟县八仙桌子,1985. Ⅸ. 20,卜文俊(NKU);2♀♀,天津蓟县黑水河,1985. Ⅸ. 20,刘(NKU);1♂,1♀,天津蓟县黑水河,1985. Ⅸ. 20,邹(NKU);1♂,天津蓟县黑水河,1985. Ⅸ. 20,李(NKU);1♀,陕西甘泉六里岕,1970. Ⅸ. 19,(CAU);1♀,内蒙古阿拉善左旗贺兰山,1981. Ⅷ. 23,金根桃(SEMCAS);1♀,内蒙古鄂温克,1981. Ⅷ. 2,邹(NKU);1♀,内蒙古鄂温克,1987. Ⅷ. 2,郑(NKU);1♂,内蒙古二连浩特,1999. Ⅸ. 2,吴志毅(IMNU);1♂,内蒙古海拉尔,1987. Ⅷ. 2,邹(NKU);1♂,内蒙古海拉尔,1981. Ⅶ. 4,郑乐怡(NKU);1♂,内蒙古海拉尔,1987. Ⅷ. 4,邹(NKU);1♀,内蒙古海拉尔,1981. Ⅷ. 4,(NKU);1♀,内蒙古海拉尔,1981. Ⅷ. 1(NKU);3♂♂,内蒙古海拉尔,1987. Ⅷ. 9,邹(NKU);1♀,内蒙古呼和浩特大青山,1995. Ⅷ. 30,卜文俊(NKU);2♀♀,内蒙古呼和浩特小井沟,2005. Ⅷ. 22,袁霞(IMAU);3♀♀,内蒙古呼和浩特小井沟,2005. Ⅷ. 22,段志博(IMAU);2♂♂,1♀,内蒙古呼和浩特小井沟,2005. Ⅷ. 22,曹庆山(IMAU);1♂,内蒙古呼和浩特小井沟,2005. Ⅷ. 22,王文红(IMAU);1♀,内蒙古呼和浩特小井沟,2005. Ⅷ. 22,王平(IMAU);1♀,内蒙古呼和浩特小井沟,2005. Ⅷ. 22,刘晓双(IMAU);1♀,内蒙古呼和浩特小井沟,2005. Ⅷ. 22,韩翔宇(IMAU);1♂,1♀,内蒙古呼伦贝尔陈旗,1999. Ⅶ. 29,唐贵明(IMNU);1♀,内蒙古克什克腾达日汗,1998. Ⅷ. 16,吴志毅(IMNU);1♀,内蒙古克什克腾达日汗,2000. Ⅸ. 3,吴志毅(IMNU);1♀,内蒙古克什克腾经棚,1998. Ⅷ. 15,吴志毅(IMNU);9♂♂,7♀♀,内蒙古太仆寺,1978. Ⅷ. 16,闫大平(CAU);1♂,内蒙古太仆寺,1978. Ⅷ. 16,陈合明(CAU);2♂♂,3♀♀,内蒙古太仆寺,1978. Ⅷ. 16,杨集昆(CAU);1♂,4♀♀,内蒙古武川大田,1978. Ⅷ. 5,杨集昆(CAU);1♂,2♀♀,内蒙古武川黑牛沟,2005. Ⅷ. 23,徐克(IMAU);2♂♂,内蒙古武川黑牛沟,2005. Ⅷ. 23,赫俊义(IMAU);4♂♂,1♀,内蒙古武川黑牛沟,2005. Ⅷ. 23,谭瑶(IMAU);1♂,内蒙古武川黑牛沟,2005. Ⅷ. 23,刘娜(IMAU);1♂,内蒙古武川黑牛沟,2005. Ⅷ. 23,邢秀露(IMAU);1♀,内蒙古武川黑牛沟,2005. Ⅷ. 23,朱慧平(IMAU);1♀,内蒙古武川黑牛沟,2005. Ⅷ. 23,李艳霞(IMAU);1♀,内蒙古武川黑牛沟,2005. Ⅷ. 23,康心月(IMAU);1♀,内蒙古武川黑牛沟,2005. Ⅷ. 23,李东传(IMAU);1♂,内蒙古武川黑牛沟,2005. Ⅷ. 22,赵环(IMAU);1♀,内蒙古武川黑牛沟,2005.

Ⅷ. 22,彭娟(IMAU);1♀,内蒙古武川黑牛沟,2005. Ⅷ. 25,周帆(IMAU);1♂,1♀,内蒙古武川大青山,2005. Ⅷ. 25,姜晓环(IMAU);1♂,1♀,内蒙古锡林郭勒白旗,1980. Ⅷ. 23,郭元朝(IMNU);1♀,内蒙古锡林郭勒白旗,1980. Ⅷ. 22,郭元朝(IMNU);1♂,内蒙古锡林郭勒桑根达来,1999. Ⅸ. 1,吴志毅(IMNU);2♂♂,1♀,内蒙古锡林郭勒苏旗,1999. Ⅸ. 4,吴志毅(IMNU);1♂,1♀,内蒙古锡林郭勒苏旗,1999. Ⅸ. 4,白海艳(IMNU);2♀♀,内蒙古锡林郭勒种畜场,1998. Ⅷ. 17,吴志毅(IMNU);2♂♂,内蒙古正镶白旗,1978. Ⅷ. 14,陈合明(CAU);1♂,3♀♀,内蒙古正镶白旗,1978. Ⅷ. 14,杨集昆(CAU);2♂♂,甘肃武文,2002. Ⅷ. 10,白晓栓(IMNU);3♂♂,2♀♀,甘肃张掖苏南,2002. Ⅷ. 13,白晓栓(IMNU);5♂♂,4♀♀,青海贵南莫曲沟,1956,马世骏、黄克仁、方三阳、王书永、侯无危(SEMCAS);8♂♂,7♀♀,青海贵南,1956,马世骏、黄克仁、方三阳、王书永、侯无危(SEMCAS);12♂♂,30♀♀,青海海晏,1956,马世骏、黄克仁、方三阳、王书永、侯无危(SEMCAS);1♂,1♀,青海兴海马克坪,1950. Ⅷ. 20,杨集昆(CAU);2♂♂,青海兴海门源,1990. Ⅷ. 7,(CAU);1♀,青海兴海门源,1990. Ⅷ. 2,(CAU);2♀♀,青海西宁,1956,马世骏、黄克仁、方三阳、王书永、侯无危(SEMCAS)。

分布 河北(张家口)、北京(昌平)、天津(蓟县)、陕西(甘泉)、内蒙古(阿拉善左旗、鄂温克、二连浩特、海拉尔、呼和浩特、呼伦贝尔、克什克腾、太仆寺、武川、锡林郭勒、正镶白旗)、甘肃(武文、张掖)、青海(贵南、海晏、兴海、西宁);哈萨克斯坦,吉尔吉斯斯坦,蒙古,俄罗斯,乌兹别克斯坦。

讨论 该种胸部被淡黄色毛,小盾片黑色,前缘被褐色粉,背部被稀疏的白色长毛,腹部背面被白色毛,背板第5~7节被浓密的褐色鬃。

(110)金毛雏蜂虻 *Anastoechus aurecrinitus* Du *et* Yang,1990(图 133,图版ⅩⅣ a)

Anastoechus aurecrinitus Du *et* Yang,1990. Entomotaxon. 12:283. Type locality: China(Inner Mongolia).

雄 体长 8~9 mm,翅长 8~9 mm。

头部黑色,被灰色粉。头部的毛为黑色和白色。额两侧平行被稀疏直立的黑色毛,颜被浓密直立的白色长毛和稀疏直立的黑色长毛,后头被稀疏直立的黑色长毛。触角黑色,仅交界处黄色;柄节长,被浓密的白色和黑色长毛;鞭节长,光裸无毛,顶部有一附节。喙黑色,长度约为头的 4 倍。

胸部黑色,被灰色粉。胸部的毛以黄色为主。肩胛被浓密的黄色长毛。中胸背板前端被成排的黄色长毛,背部几乎光裸。小盾片黑色,被灰色粉,后缘两侧各有 6 根黄色鬃。上前侧片和下前侧片被浓密的白色长毛。足黑色,仅胫节黄色。足的毛以黄色为主,鬃黄色。腿节被浓密的白色鳞片,胫节和跗节被黄色短毛和稀疏的白色鳞片。中足腿节有 3 av 端鬃,后足腿节有 6 av 端鬃;中足胫节的鬃(7 ad,10 pd,6 av 和 8 pv),后足胫节的鬃(7 ad,8 pd,5 av 和 8 pv)。翅均一灰褐色,仅基部褐色。翅脉 r-m 靠近盘室的基部,翅室 r_5 关闭,翅脉 C 基部被刷状黑色鬃和白色毛。平衡棒淡黄色。

腹部黑色,被褐色粉。腹部的毛以金黄色为主。腹部被浓密直立的金黄色长毛,后缘被深褐色鬃。腹板被浓密直立的白色和黄色的长毛。

雄性外生殖器:生殖背板侧视梯形;尾须明显外露,高略大于长。生殖背板背视宽略大于长,中后部略凸。生殖基节端部被鬃状的黑色毛,腹视向顶部略变窄;生殖刺突侧视长,顶部

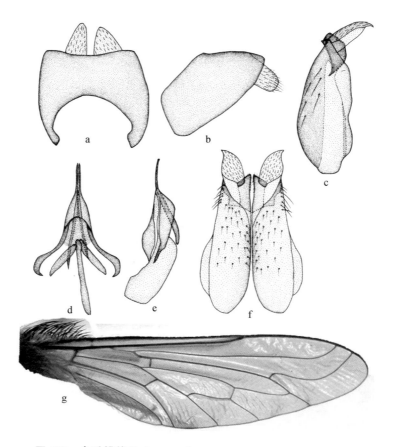

图 133　金毛雏蜂虻 Anastoechus aurecrinitus Du et Yang, 1990

a. 生殖背板,背视（epandrium, dorsal view）;b. 生殖背板,侧视（epandrium, lateral view）;c. 生殖基节和生殖刺突,侧视（gonocoxite and gonostylus, lateral view）;d. 阳茎复合体,背视（aedeagal complex, dorsal view）;e. 阳茎复合体,侧视（aedeagal complex, lateral view）;f. 生殖基节和生殖刺突,腹视（gonocoxite and gonostyli, ventral view）;g. 翅（wing）

尖。阳茎基背片背视近三角形,端部尖。阳茎基背片侧视极细长。

雌　体长 9 mm,翅长 10 mm。

与雄性近似,但翅基被黄色毛;腹部腹板黑色,被黄色毛,仅后缘黄色。

观察标本　正模♀,内蒙古太仆寺,1978. Ⅷ. 16,陈合明（CAU）。副模 1♀,北京,1947. X. 8,(CAU)。1♀,内蒙古赤峰林西,1998. Ⅷ. 14,吴志毅（IMNU）;1♀,内蒙古克什克腾经棚,1998. Ⅷ. 14,吴志毅（IMNU）;1♂,内蒙古太仆寺,1978. Ⅷ. 16,陈合明（CAU）;1♂,内蒙古太仆寺,1978. Ⅷ. 16,闫大平（CAU）;1♀,内蒙古锡林郭勒白旗,1980. Ⅷ. 23,郭元朝（IMNU）;1♂,内蒙古锡林郭勒桑根达来,1999. Ⅸ. 1,吴志毅（IMNU）;2♀♀,内蒙古锡林郭勒西苏,1999. Ⅸ. 4,吴志毅（IMNU）;1♀,内蒙古锡林郭勒西苏,1999. Ⅸ. 4,白海艳（IM-NU）;1♀,内蒙古武川黑牛沟,2005. Ⅷ. 22,徐克（IMAU）;1♀,内蒙古武川黑牛沟,2005. Ⅷ. 22,夏天鹏（IMAU）;1♂,内蒙古武川黑牛沟,2005. Ⅷ. 23,谭瑶（IMAU）;1♂,1♀,内蒙古武川黑牛沟,2005. Ⅷ. 23,王学梅（IMAU）;1♀,内蒙古武川黑牛沟,2005. Ⅷ. 23,温静（IMAU）;2♀♀,内蒙古武川黑牛沟,2005. Ⅷ. 23,段小永（IMAU）;1♀,内蒙古武川黑牛

沟,2005. Ⅷ. 23,陆春宇(IMAU);1♀,内蒙古武川黑牛沟,2005. Ⅷ. 25,王紫磊(IMAU);
2♀♀,青海西宁,1956,马世骏、黄克仁、方三阳、王书永、侯无危(SEMCAS)。

　　分布　北京、内蒙古(赤峰、克什克腾、太仆寺、锡林郭勒、武川)、青海(西宁)。

　　讨论　该种胸部被黄色的毛,小盾片后缘两侧各有 6 根黄色鬃,足的鬃黄色,腹部被金黄
色的毛。

(111) 白缘雏蜂虻 *Anastoechus candidus* Yao，Yang *et* Evenhuis，2010(图 134,图版 ⅩⅣ b)

Anastoechus candidus Yao，Yang *et* Evenhuis，2010. Zootaxa 2453：5. Type locality：
Qinghai（Wulan）.

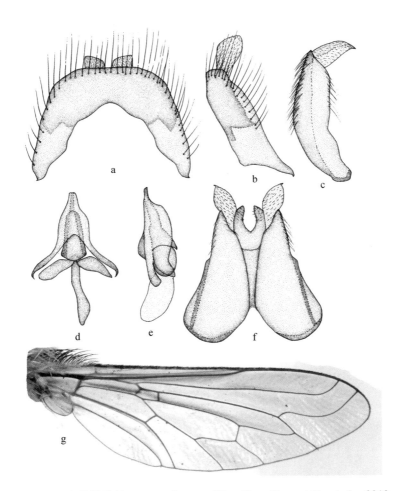

图 134　白缘雏蜂虻 *Anastoechus candidus* Yao，Yang *et* Evenhuis，2010

a. 生殖背板，背视（epandrium，dorsal view）;b. 生殖背板，侧视（epandrium，lateral view）;c. 生殖基节和生殖刺突，侧视（gonocoxite and gonostylus，lateral view）;d. 阳茎复合体，背视（aedeagal complex，dorsal view）;e. 阳茎复合体，侧视（aedeagal complex，lateral view）;f. 生殖基节和生殖刺突，腹视（gonocoxite and gonostyli，ventral view）;g. 翅（wing）

雄　体长 8 mm,翅长 9 mm。

头部黑色,被褐色粉。头部的毛为黑色和白色。额三角区被直立的黑色长毛和白色短毛,颜被浓密直立的白色长毛和稀疏直立的黑色长毛,后头被浓密的白色毛和稀疏的黑色毛。触角黑色,仅鞭节褐色端部黄色;柄节长,被浓密的白色和黑色的长毛;鞭节长,光裸无毛,顶部有一附节。喙黑色,长度约为头的 3 倍。

胸部黑色,被褐色粉。胸部的毛以白色为主。肩胛被浓密的白色长毛。中胸背板前端被成排的白色长毛,背部被稀疏的白色毛。小盾片黑色,被灰色粉,被稀疏白色毛。上前侧片和下前侧片被浓密的白色长毛。足淡黄色,仅腿节黑色。足的毛以淡黄色为主,鬃淡黄色。腿节被浓密的白色鳞片,胫节和跗节被稀疏黄色短毛。中足胫节的鬃(10 ad,9 pd,7 av 和 7 pv),后足胫节的鬃(8 ad,10 pd,7 av 和 7 pv)。翅均一灰褐色。翅脉 r-m 靠近盘室的基部,翅室 r5 关闭,翅脉 C 基部被刷状的黑色鬃和白色毛。平衡棒褐色。

腹部黑色,被灰色粉。腹部的毛以白色为主。腹部被浓密直立的白色长毛,后侧缘被稀疏的深褐色鬃。腹板黑色仅后缘白色,被浓密的白色的毛和粉。

雄性外生殖器:生殖背板侧视梯形;尾须明显外露,高显著大于长。生殖背板背视宽略大于长,向端部略变窄。生殖基节端部被鬃状的黑色毛,腹视向顶部显著变窄;生殖刺突侧视长,顶部尖。阳茎基背片背视近三角形,端部钝。阳茎基背片侧视端部短。

雌　体长 9~10 mm,翅长 8~9 mm。

与雄性近似,但翅绝大部分透明;腹部腹板后缘被淡黄色鬃,仅第 5~7 节腹板后缘被褐色鬃。

观察标本　正模♀,青海乌兰塞什克,1950. Ⅷ. 4,陆宝麟、杨集昆(CAU)。副模 1♀,青海乌兰塞什克,1950. Ⅷ. 4,陆宝麟、杨集昆(CAU)。1♀,青海乌兰东巴,1950. Ⅷ. 2,陆宝麟、杨集昆(CAU);1♀,青海乌兰东巴,1950. Ⅷ. 1,陆宝麟、杨集昆(CAU);1♀,青海都兰夏日哈,1950. Ⅷ. 11,杨集昆(CAU);1♀,青海都兰察汗乌苏,1950. Ⅷ. 9,陆宝麟(CAU);1♀,青海兴海大河坝,1950. Ⅷ. 20,陆宝麟、杨集昆(CAU)。

分布　青海(都兰、乌兰、兴海)。

讨论　该种与 *Anastoechus asiaticus* Becker,1916 近似,但该种后头被浓密的白色毛和稀疏的黑色毛,胸部被白色毛,阳茎基背片背视部钝。而 *A. asiaticus* 后头被稀疏的黑色长毛和直立的白色毛,胸部被淡褐色毛,阳茎基背片背视端部尖。

(112) 茶长雏蜂虻 *Anastoechus chakanus* Du, Yang, Yao *et* Yang, 2008(图 135,图版ⅩⅣ c)

Anastoechus chakanus Du, Yang, Yao *et* Yang in Shen X. C. , Zhang R. Z. , & Ren Y. D. (Ed.) 2008. Classification and Distribution of Insects in China. p. 15. Type locality:China(Qinghai).

雄　体长 8 mm,翅长 8 mm。

头部黑色,被淡黄色鳞片。头部的毛为白色、淡黄色和黑色。额成三角形,被浓密直立的黑色毛,仅触角附近被淡黄色毛;颜被浓密直立的白色长毛,仅触角附近被淡黄色毛;后头被直立的淡黄色长毛,底部被白色毛。触角黑色,仅交界处黄色;柄节长,被浓密直立的淡黄色毛;

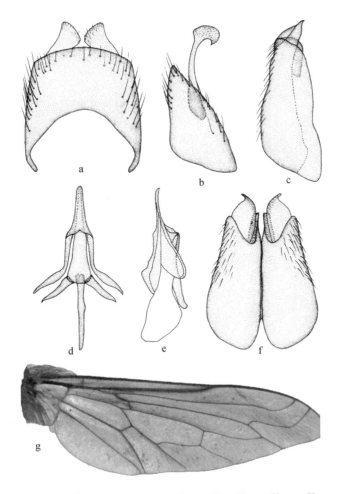

图 135 茶长雏蜂虻 *Anastoechus chakanus* Du, Yang, Yao *et* Yang, 2008

a. 生殖背板,背视（epandrium, dorsal view）；b. 生殖背板,侧视（epandrium, lateral view）；c. 生殖基节和生殖刺突,侧视（gonocoxite and gonostylus, lateral view）；d. 阳茎复合体,背视（aedeagal complex, dorsal view）；e. 阳茎复合体,侧视（aedeagal complex, lateral view）；f. 生殖基节和生殖刺突,腹视（gonocoxite and gonostyli, ventral view）；g. 翅（wing）

鞭节长,光裸无毛,顶部有一附节。喙黑色,长度约为头的 4 倍。

胸部黑色,被灰色粉。胸部的毛以白色为主。肩胛被浓密的黄色长毛。中胸背板前端被成排的白色长毛,背部被浓密的白色长毛；上前侧片和下前侧片被浓密的白色长毛。小盾片红褐色,被浓密的白色长毛。足淡黄色,被白色鳞片。足的毛以淡黄色为主,鬃淡黄色。腿节被浓密的白色鳞片,胫节和跗节被浓密的淡鳞片和稀疏的白色鳞片。后足腿节有 5 av 和 2 pd 端鬃。中足胫节的鬃（9 ad,11 pd,8 av 和 8 pv）,后足胫节的鬃（7 ad,8 pd,7 av 和 7 pv）。翅均一灰褐色,仅前缘褐色。翅脉 r-m 靠近盘室的基部,翅室 r_5 关闭,翅脉 C 基部被刷状淡黄色鬃和淡黄色鳞片。平衡棒基部褐色,端部白色。

腹部黑色,被褐色粉。腹部的毛为白色和淡黄色。腹部被浓密的白色毛和直立的黄色毛。腹板黄褐色,被浓密直立的白色毛。

雄性外生殖器:生殖背板侧视近三角形;尾须明显外露,长略大于高。生殖背板背视长略大于宽,中后部略凸。生殖基节腹视向顶部略变窄;生殖刺突侧视卵形,顶部尖。阳茎基背片背视塔形,端部钝。阳茎基背片侧视极细长。

雌 体长 9 mm,翅长 9 mm。

与雄性近似,但颜被浓密直立的白色毛;腹部腹板黑色后缘淡黄色。

观察标本 正模♂,青海乌兰茶卡,1950. Ⅶ. 28,杨集昆(CAU)。配模♀,青海都兰希里沟,1950. Ⅶ. 31,陆宝麟、杨集昆(CAU)。

分布 青海(都兰、乌兰)。

讨论 该种后头顶部被直立的淡黄色长毛,底部毛白色,胸部的毛白色,小盾片红褐色,被浓密的白色长毛。

(113) 中华雏蜂虻 *Anastoechus chinensis* Paramonov, 1930 (图 136,图版ⅪⅤ d)

Anastoechus chinensis Paramonov, 1930. Trudy Fiz.-Mat. Vidd. Ukr. Akad. Nauk 15 (3):445(95). Type locality:China (Beijing).

雄 体长 9 mm,翅长 8 mm。

头部黑色,被灰色粉。头部的毛以白色为主,额三角区被稀疏直立的黑色毛,颜被浓密直立的白色毛和稀疏直立的黑色毛,后头被浓密的白色长毛和稀疏直立的黑色长毛。触角黑色,仅连接处黄色;柄节长,被浓密的白色长毛;鞭节长,光裸无毛,顶部有一附节。喙黑色,长度约为头的 4 倍。

胸部黑色,被褐色粉。胸部的毛为淡黄色和白色。肩胛被浓密的淡黄色长毛。中胸背板前端被浓密的淡黄色长毛,背部被浓密的淡黄色毛。上前侧片和下前侧片被浓密的白色长毛。小盾片黑色,被浓密直立的淡黄色毛,后缘两侧各有 6 根黄色鬃。足褐色,仅跗节端部黑色,足的毛以黄色为主,鬃黄色。腿节被浓密的白色鳞片,胫节和跗节被黄色短毛和稀疏白色鳞片。中足腿节有 5 av 端鬃,后足腿节有 7 av 端鬃。中足胫节的鬃(8 ad,13 pd,8 av 和 9 pv),后足胫节的鬃(9 ad,8 pd,8 av 和 7 pv)。翅均一灰褐色。翅脉 r-m 靠近盘室的基部,翅室 r_5 关闭,翅脉 C 基部被刷状黑色鬃和白色毛。平衡棒褐色。

腹部黑色,被褐色粉。腹部的毛为淡黄色和白色。腹部后缘被浓密直立的淡黄色长毛,前缘被一列淡黄色鬃,第 7~8 节背板被白色长毛。腹板被浓密的白色长毛。

雄性外生殖器:生殖背板侧视塔形;尾须明显外露,高显著大于长。生殖背板背视宽略大于长。生殖基节腹视向顶部显著变窄,被鬃状的黑色毛;生殖刺突侧视卵型,顶部尖。阳茎基背片背视近三角形,端部尖。阳茎基背片侧视极细长。

雌 体长 11~14 mm,翅长 10~13 mm。

与雄性近似,但复眼之间的距离较大,腹部往端部急剧变尖。

观察标本 1♂,北京海淀玉泉山,1947. Ⅹ. 8,杨集昆(CAU);1♂,北京昌平十三陵,1952. Ⅷ. 31,杨集昆(CAU);1♂,北京,1947. Ⅹ. 1,杨集昆(CAU);1♀,北京门头沟妙峰山,1947. Ⅹ. 8,张晓春(CAU);1♀,天津蓟县翠屏山,1984. Ⅹ. 2,刘国卿(NKU);4♂♂,7♀♀,山东无棣,1987. Ⅹ,杜树国(CAU);2♂♂,山东无棣,1986. Ⅹ,杜树国(CAU);2♂♂,2♀♀,山东青岛崂山,1962. Ⅸ. 22,金根桃(SEMCAS);3♀♀,山东威海石岛,1962. Ⅸ. 12,金

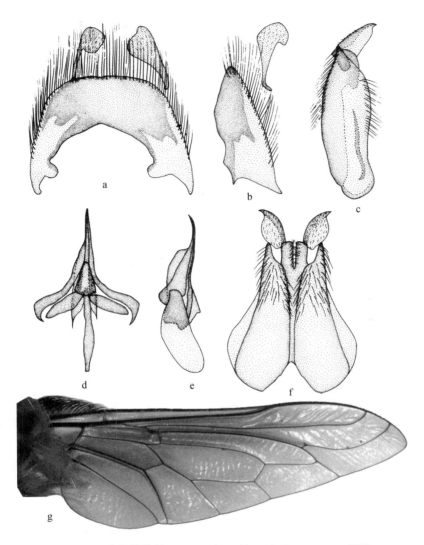

图 136　中华雏蜂虻 *Anastoechus chinensis* Paramonov, 1930

a. 生殖背板, 背视 (epandrium, dorsal view); b. 生殖背板, 侧视 (epandrium, lateral view); c. 生殖基节
和生殖刺突, 侧视 (gonocoxite and gonostylus, lateral view); d. 阳茎复合体, 背视 (aedeagal complex,
dorsal view); e. 阳茎复合体, 侧视 (aedeagal complex, lateral view); f. 生殖基节和生殖刺突, 腹视
(gonocoxite and gonostyli, ventral view); g. 翅 (wing)

根桃 (SEMCAS);1♂,内蒙古萨拉齐陶思浩,1956,马世骏、黄克仁、王书永 (SEMCAS);1♂,
内蒙古武川黑牛沟,2005. Ⅷ. 23,王登飞 (IMAU);1♂,内蒙古武川黑牛沟,2005. Ⅷ. 25,刘
秀娟 (IMAU);2♂♂,1♀,内蒙古锡林郭勒白旗,2002. Ⅷ. 17,郭元朝 (IMNU);1♂,内蒙古
锡林郭勒白旗,2002. Ⅷ. 19,郭元朝 (IMNU);1♂,1♀,内蒙古锡林郭勒白旗,2002. Ⅷ. 23,
郭元朝 (IMNU);2♂♂,新疆塔城丘尔丘特,1977. Ⅵ. 26,马世骏 (SEMCAS);1♀,青海都
兰,1956,马世骏、黄克仁、方三阳、王书永、侯无危 (SEMCAS);7♂♂,6♀♀,青海贵南,1956,
马世骏、黄克仁、方三阳、王书永、侯无危 (SEMCAS);3♀♀,青海贵南莫曲沟,1956,马世骏、
黄克仁、方三阳、王书永、侯无危 (SEMCAS);1♂,1♀,青海海晏,1956,马世骏、黄克仁、方三

阳、王书永、侯无危（SEMCAS）；1♂，6♀♀，青海西宁，1956，马世骏、黄克仁、方三阳、王书永、侯无危（SEMCAS）；1♀，江西鹰潭，1963．Ⅹ．24，金根桃（SEMCAS）。

分布 河北、北京（昌平、海淀、门头沟）、天津（蓟县）、山东（无棣、青岛、威海）、内蒙古（萨拉齐、武川、锡林郭勒）、新疆（塔城）、青海（都兰、贵南、海晏、西宁）、江西（鹰潭）；蒙古。

讨论 该种后头被浓密的白色长毛和稀疏直立的黑色长毛，胸部被淡黄色和白色的毛，腹部后缘被浓密直立的淡黄色长毛，前缘被一列淡黄色鬃，第7～8节背板被白色长毛。

（114）都兰雏蜂虻 *Anastoechus doulananus* Du，Yang，Yao *et* Yang，2008（图137，图版ⅪⅤ e）

Anastoechus doulananus Du，Yang，Yao *et* Yang in Shen X. C.，Zhang R. Z.，& Ren Y. D.（Ed.）2008. Classification and Distribution of Insects in China. p. 16. Type locality：China（Qinghai）.

雄 体长 10 mm，翅长 9 mm。

头部黑色，被褐色粉。头部的毛为黑色和白色。额三角区被浓密直立的黑色和白色的毛，颜被浓密直立的白色长毛，后头被稀疏直立的黑色长毛和浓密直立的白色长毛。触角黑色，仅交界处黄色；柄节长，被浓密的白色和黑色的长毛；鞭节长，光裸无毛，顶部有一附节。喙黑色，长度约为头的 4 倍。

胸部黑色，被灰色粉。胸部的毛以白色为主。肩胛被浓密的黄色长毛。中胸背板前端被成排的白色的长毛，背部被浓密的白色长毛。上前侧片和下前侧片被浓密的白色长毛。小盾片红褐色，被浓密的白色长毛。足淡黄色，被白色鳞片。足的毛以白色为主，鬃淡黄色。腿节被浓密的白色毛和鳞片，胫节和跗节被稀疏的白色鳞片。后足腿节有 6 av 端鬃。中足胫节的鬃（9 ad，10 pd，8 av 和 7 pv），后足胫节的鬃（8 ad，9 pd，7 av 和 7 pv）。翅均一灰褐色，仅基部褐色。翅脉 r - m 靠近盘室的基部，翅室 r_5 关闭，翅脉 C 基部被刷状的黑色鬃和淡黄色毛。平衡棒褐色。

腹部黑色，被褐色粉。腹部的毛以白色为主。腹部被浓密直立的白色长毛，仅第5～7节腹节被侧卧的黑色长毛。腹板被浓密白色毛。

雄性外生殖器：生殖背板侧视梯形；尾须显著可见，长与高几乎相等。生殖背板背视长和高几乎相等，中后部凹陷。生殖基节腹视顶部两侧平行；生殖刺突侧视卵形，顶部尖。阳茎基背片背视塔形，端部尖。阳茎基背片侧视极细长且端部弯曲。

雌 未知。

观察标本 正模♂，青海乌兰塞什克，1950．Ⅷ．4，陆宝麟、杨集昆（CAU）。副模 1♂，青海都兰希里沟，1950．Ⅷ．28，陆宝麟、杨集昆（CAU）。

分布 青海（都兰、乌兰）。

讨论 该种触角各节的交界处黄色，胸部被白色的毛，足淡黄色，被白色鳞片，腹部第5～7节被侧卧的黑色长毛，其余腹节被浓密直立的白色长毛。

（115）赤盾雏蜂虻 *Anastoechus fulvus* Yao，Yang *et* Evenhuis，2010（图138，图版ⅪⅤ f）

Anastoechus fulvus Yao，Yang *et* Evenhuis，2010. Zootaxa 2453：8. Type locality：

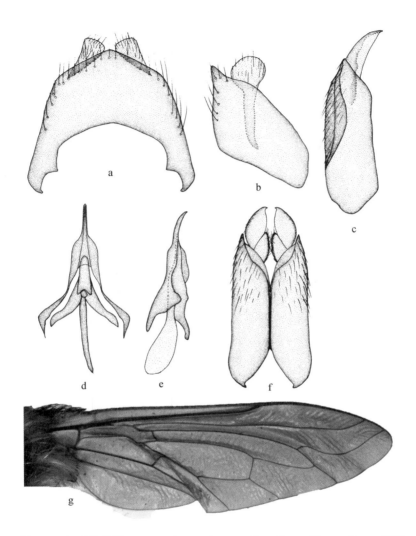

图 137　都兰雏蜂虻 *Anastoechus doulananus* Du，Yang，Yao *et* Yang，2008

a. 生殖背板，背视（epandrium，dorsal view）；b. 生殖背板，侧视（epandrium，lateral view）；c. 生殖基节和生殖刺突，侧视（gonocoxite and gonostylus，lateral view）；d. 阳茎复合体，背视（aedeagal complex，dorsal view）；e. 阳茎复合体，侧视（aedeagal complex，lateral view）；f. 生殖基节和生殖刺突，腹视（gonocoxite and gonostyli，ventral view）；g. 翅（wing）

Inner Mongolia（Azuoqi）.

雄　体长 10 mm，翅长 11 mm。

头部黑色。头部的毛为黑色和淡黄色。额三角区被稀疏的黑色长毛，颜被浓密的淡黄色长毛和稀疏的黑色长毛，后头被稀疏淡黄色长毛。触角黑色，仅鞭节端部和交接处黄色；柄节长，被淡黄色和黑色毛；鞭节长，光裸无毛，顶部有一附节。喙黑色，长度约为头的 4 倍。

胸部黑色。胸部的毛以黄色为主。肩胛被黄色长毛。中胸背板被稀疏的黄色长毛，胸部

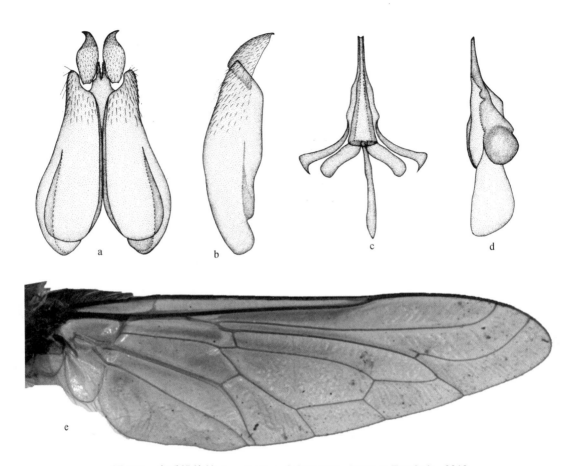

图 138　赤盾雏蜂虻 *Anastoechus fulvus* Yao, Yang *et* Evenhuis, 2010

a. 生殖基节和生殖刺突,腹视（gonocoxite and gonostyli, ventral view）;b. 生殖基节和生殖刺突,侧视（gonocoxite and gonostylus, lateral view）;c. 阳茎复合体,背视（aedeagal complex, dorsal view）;d. 阳茎复合体,侧视（aedeagal complex, lateral view）;e. 翅（wing）

背部几乎光裸。上前侧片和下前侧片被浓密的白色长毛。小盾片红色,仅前缘黑色。足黄色,仅腿节黑色。足的毛以黄色为主,鬃黄色。腿节被稀疏的白色长毛和浓密的白色鳞片,胫节和跗节被黄色短毛。中足腿节有 3 av 端鬃,后足腿节有 6 av 端鬃。前足胫节的鬃(10 ad,9 pd 和 10 av),中足胫节的鬃(9 ad,13 pd,8 av 和 10 pv),后足胫节的鬃(9 ad,12 pd,9 av 和 8 pv)。翅基部和前缘褐色,端部和后缘透明。翅脉 r-m 靠近盘室的基部,翅室 r_5 关闭,翅脉 C 基部被刷状的黑色鬃和淡黄色鬃。平衡棒黄色。

腹部黑色,被灰色粉。腹部的毛以白色为主。腹部几乎光裸。腹板黄色,被浓密的白色长毛。

雄性外生殖器:生殖基节端部被黑色毛,腹视向顶部显著变窄;生殖刺突侧视长,顶部尖。阳茎基背片背视 A 形,端部钝。阳茎基背片侧视端部细长。

雌　体长 13 mm,翅长 12 mm。

与雄性近似,但翅基被褐色鬃;腹部腹板中部红色,后缘黄色。

观察标本　正模♂,内蒙古阿拉善左旗北寺,1990. Ⅶ. 21,（IMNU）。副模 1♂,山东无棣,1987. Ⅸ,杜树国（CAU）;1♀,内蒙古巴林罕山,1988. Ⅷ. 19,（IMNU）;1♂,内蒙古呼和浩特小井沟,2005. Ⅷ. 22,康新月（IMAU）;1♀,内蒙古呼和浩特小井沟,2005. Ⅷ. 22,段小永（IMAU）;1♀,内蒙古呼和浩特小井沟,2005. Ⅷ. 24,王学梅（IMAU）;1♂,内蒙古武川大青山,2007. Ⅷ. 6,杜衍平（IMAU）;1♀,内蒙古武川黑牛沟,2005. Ⅷ. 22,康新月（IMAU）;2♀♀,内蒙古武川黑牛沟,2005. Ⅷ. 23,郝俊义（IMAU）。

分布 山东（无棣）、内蒙古（巴林、呼和浩特、武川）。

讨论 该种与 *Anastoechus asiaticus* Becker,1916 近似,但该种后头被稀疏淡黄色长毛,小盾片红色,仅前缘黑色。而 *A. asiaticus* 后头被稀疏的黑色长毛和直立的白色毛,小盾片黑色。

(116)洁雏蜂虻,新种 *Anastoechus lacteus* sp. nov.（图 139）

雄 体长 8 mm,翅长 6 mm。

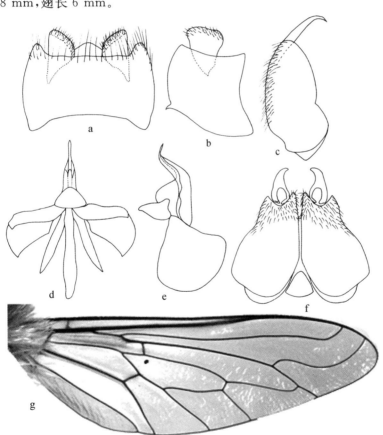

图 139 洁雏蜂虻,新种 *Anastoechus lacteus* sp. nov.

a. 生殖背板,背视（epandrium, dorsal view）;b.生殖背板,侧视（epandrium, lateral view）;c. 生殖基节和生殖刺突,侧视（gonocoxite and gonostylus, lateral view）;d. 阳茎复合体,背视（aedeagal complex, dorsal view）;e. 阳茎复合体,侧视（aedeagal complex, lateral view）;f.生殖基节和生殖刺突,腹视（gonocoxite and gonostyli, ventral view）;g. 翅（wing）

233

头部黑色,被白色粉。头部的毛为黑色,黄色和白色。额三角区被直立的黑色长毛,颜被浓密直立的黑色长毛和稀疏的白色长毛,后头被浓密的黄色毛,仅底部被白色毛。触角黑色;柄节长,被浓密的黑色长毛;鞭节长,光裸,顶部有一附节。喙黑色,长度约为头的4倍。

胸部黑色,被褐色粉。胸部的毛以淡黄色为主。肩胛被浓密的淡黄色长毛。中胸背板被淡黄色长毛,胸部背部被稀疏白色毛。上前侧片和下前侧片被浓密的白色长毛。小盾片黑色,被稀疏的白色毛。足[后足缺如]黑色。足的毛为白色和淡黄色,鬃淡黄色。腿节被浓密的白色毛和鳞片,胫节和跗节被稀疏的淡黄色短毛。中足胫节的鬃(7 ad,6 pd,7 av 和 6 pv)。翅全部透明。翅脉 r-m 靠近盘室的基部,翅室 r₅ 关闭,翅脉 C 基部被刷状的黑色鬃和白色的毛和鳞片。平衡棒淡黄色。

腹部黑色,被褐色粉。腹部的毛以白色为主。腹部侧缘被浓密的白色长毛,腹部背板被稀疏的白色毛。腹板黑色,被浓密的白色长毛。

雄性外生殖器:生殖背板侧视梯形;尾须明显外露,高显著大于长。生殖背板背视宽略大于长,端部略变窄。生殖基节端部被黑色毛,腹视往端部显著变窄;生殖刺突侧视长,顶部尖。阳茎基背片背视近三角形,端部钝。阳茎基背片侧视端部短。

雌 未知。

观察标本 正模♂,新疆塔城丘尔丘特,1977.Ⅵ.26,马世骏(SEMCAS)。

分布 新疆(塔城)。

讨论 该种与 *Anastoechus neimongolanus* Du et Yang,1990 近似,但该种后头底部毛白色,其余部分毛黄色,足被白色和淡黄色毛以及淡黄色的鬃,腹部被浓密的白色长毛。而 *A. neimongolanus* 后头被稀疏直立的黑色和白色长毛,足被黄色的毛以及黄色的鬃,腹部第3~7节腹部背板后缘被成排的褐色鬃。

(117)内蒙古雏蜂虻 *Anastoechus neimongolanus* **Du et Yang,1990**(图140,图版ⅩⅤc)

Anastoechus neimongolanus Du et Yang,1990. Entomotaxon. 12:284. Type locality:China(Nei Monggol).

雄 体长7 mm,翅长8 mm。

头部黑色,被白色粉。头部的毛为黑色和白色。额三角区被浓密直立的黑色长毛,颜被浓密直立的白色长毛和稀疏直立的黑色长毛,后头被稀疏直立的黑色和白色的长毛。触角黑色,仅鞭节褐色;柄节长,被浓密的白色和黑色的长毛;鞭节长,光裸无毛,顶部有一附节。喙黑色,长度约为头的4倍。

胸部黑色。胸部的毛以白色为主。肩胛被浓密的白色长毛。中胸背板被稀疏的白色长毛,胸部背部几乎光裸。上前侧片和下前侧片被浓密的白色长毛。小盾片黑色,被白色粉,被稀疏的白色长毛。足黄色,仅胫节黄色。足的毛以黄色为主,鬃黄色。腿节被浓密的白色鳞片,胫节和跗节被黄色短毛和稀疏的白色鳞片。中足腿节有3 av 端鬃,后足腿节有6 av 端鬃。中足胫节的鬃(6 ad,6 pd,8 av 和 8 pv),后足胫节的鬃(8 ad,7 pd,6 av 和 8 pv)。翅均一灰褐色,仅基部褐色。翅脉 r-m 靠近盘室的基部,翅室 r₅ 关闭,翅脉 C 基部被刷状的黑色鬃和白色毛。平衡棒黄褐色。

腹部黑色。腹部的毛以白色为主。腹部侧面被浓密直立的白色长毛,腹部背板被稀疏白

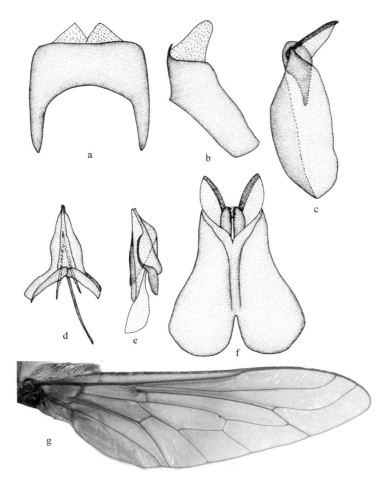

图 140　内蒙古雏蜂虻 *Anastoechus neimongolanus* Du et Yang, 1990
a. 生殖背板,背视（epandrium, dorsal view）；b. 生殖背板,侧视（epandrium, lateral view）；c. 生殖基节和生殖刺突,侧视（gonocoxite and gonostylus, lateral view）；d. 阳茎复合体,背视（aedeagal complex, dorsal view）；e. 阳茎复合体,侧视（aedeagal complex, lateral view）；f. 生殖基节和生殖刺突,腹视（gonocoxite and gonostyli, ventral view）；g. 翅（wing）

色长毛,第3~7节腹部背板后缘被成排的褐色鬃。腹板被浓密的白色长毛。

雄性外生殖器:生殖背板侧视梯形;尾须明显外露,长显著大于高。生殖背板背视长和宽几乎相等,中后部略凹。生殖基节腹视向顶部略变窄;生殖刺突侧视卵形,顶部尖。阳茎基背片背视近三角形,端部尖。阳茎基背片侧视细极短。

雌　体长6 mm,翅长6 mm。

与雄性近似,但平衡棒褐色;腹部侧面被浓密的白色长毛,背面稀疏的白色长毛。

观察标本　正模♂,内蒙古太仆寺,1978. Ⅷ. 16,陈合明（CAU）。配模♀,内蒙古太仆寺,1978. Ⅷ. 16,陈合明（CAU）。1♂,内蒙古固阳,1984. Ⅷ. 4,（NKU）；1♂,内蒙古呼和浩特小井沟,2005. Ⅷ. 22,刘晓双（IMAU）；1♀,内蒙古呼和浩特小井沟,2005. Ⅷ. 22,双龙（IMAU）；1♀,内蒙古呼和浩特小井沟,2005. Ⅷ. 22,曹庆山（IMAU）；1♂,内蒙古武川大青山,2005. Ⅷ. 25,王紫磊（IMAU）；1♂,内蒙古武川黑牛沟,2005. Ⅷ. 23,李娜（IMAU）；1♂,内蒙古武川黑牛沟,2005. Ⅷ. 23,刘娜（IMAU）；2♀♀,内蒙古武川黑牛沟,2005. Ⅷ. 23,康新月（IMAU）；2♀♀,内蒙古武川黑牛沟,2005. Ⅷ. 23,邢秀霞（IMAU）；2♀♀,内蒙古武川黑牛沟,2005. Ⅷ. 23,赵环（IMAU）；1♀,内蒙古武川黑牛沟,2005. Ⅷ. 23,彭娟（IMAU）。

分布 内蒙古（固阳、呼和浩特、太仆寺、武川）。

讨论 该种后头被稀疏直立的黑色和白色长毛,足被黄色的毛以及黄色的鬃,腹部第3～7节腹部背板后缘被成排的褐色鬃,阳茎基背片背视近三角形。

(118)巢雏蜂虻 *Anastoechus nitidulus*（Fabricius，1794）（图141）

Bombylius nitidulus Fabricius，1794. Entomologia systematica emendata et aucta. Secundum classes，ordines，genera，species adjectis synonimis，locis，observationibus，descriptionibus. p. 409. Type locality："Germaniae".

Bombylius caudatus Meigen，1804. Klassifikazion und Beschreibung der europäischen zweiflügligen Insekten（Diptera Linn.）. p. 184. Type locality：France.

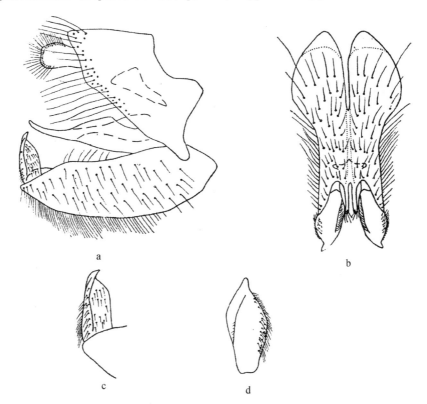

a

b

c

d

图141 巢雏蜂虻 *Anastoechus nitidulus*（Fabricius，1794）

a. 雄性外生殖器,侧视（male genitalia，lateral veiw）；b. 生殖基节和生殖刺突,腹视（gonocoxite and gonostylus，ventral view）；c - d. 生殖刺突,侧视和后视（gonostylus，lateral and posterior views）。据 Zatzev，1966 重绘

Bombylius diadema Meigen，1804. Klassifikazion und Beschreibung der europäischen zweiflügligen Insekten (Diptera Linn.). 182. Type locality：France.

Bombylius cephalotes Walker，1849. List of the specimens of dipterous insects in the collection of the British Museum. p. 287. Type locality：Not given [= Palaearctic].

Anastoechus olivaceus Paramonov，1930. Trudy Fiz.‐Mat. Vidd. Ukr. Akad. Nauk 15 (3)：460(110). Type locality：France (Corsica).

Anastoechus olivaceus var. *corsikanus* Paramonov，1930. Trudy Fiz.‐Mat. Vidd. Ukr. Akad. Nauk 15(3)：460(110). Type locality：France (Corsica).

Anastoechus olivaceus var. *corsicanus* Zaitzev，1989. Catalogue of Palaearctic Diptera. p. 82.

鉴别特征 触角的毛全部为黑色长毛。复眼后缘被等长的毛。小盾片黑色。翅基部褐色。腹部腹板被淡黄色毛,后缘毛为红褐色。

分布 江西;阿富汗,奥地利,比利时,波斯尼亚,保加利亚,克罗地亚,法国,德国,希腊,匈牙利,伊朗,意大利,日本,哈萨克斯坦,吉尔吉斯斯坦,马其顿,蒙古,葡萄牙,罗马尼亚,俄罗斯,斯洛文尼亚,西班牙,斯洛伐克,土耳其。

(119) 塔茎雏蜂虻 *Anastoechus turriformis* Yao，Yang *et* Evenhuis，2010(图 142，图版 XⅤ a)

Anastoechus turriformis Yao，Yang *et* Evenhuis，2010. Zootaxa 2453：9. Type locality：Inner Mongolia (Taibus).

雄 体长 13 mm,翅长 12 mm。

头部黑色,被褐色粉。头部的毛为黑色和白色。额三角区被直立的黑色和白色的长毛,颜被浓密直立的白色长毛,边缘被稀疏直立的黑色长毛,后头被浓密直立的黄色毛和稀疏的黑色毛。触角黑色,仅交界处黄色;柄节长,被浓密的白色长毛;鞭节长,被白色鳞片,顶部有一附节。喙黑色,长度约为头的 2.5 倍。

胸部黑色,被褐色粉。胸部的毛以淡黄色为主。肩胛被浓密的淡黄色长毛。中胸背板被浓密淡黄色长毛,胸部背部被稀疏的淡黄色毛。上前侧片和下前侧片被浓密的白色长毛。小盾片黑色,被褐色粉,后缘两侧各有 6 根黄色鬃。足黄色,仅腿节黑色。足的毛以褐色为主,鬃黄色。腿节被浓密的白色鳞片,胫节被浓密的黄色鳞片,胫节和跗节被黄色短毛。中足腿节被 2 av 端鬃,后足腿节被 6 av 端鬃。前足胫节的鬃(10 ad 和 11 pd),中足胫节的鬃(12 ad, 13 pd,8 av 和 10 pv),后足胫节的鬃(10 ad,9 pd,7 av 和 9 pv)。翅均一灰褐色,仅基部和前缘褐色。翅脉 r‐m 靠近盘室的基部,翅室 r_5 关闭,翅脉 C 基部被刷状的黑色鬃以及淡黄色和白色的毛。平衡棒深褐色。

腹部黑色,被灰色粉。腹部的毛以淡黄色为主。腹部被浓密直立的淡黄色长毛,仅第 5～8 节后缘被浓密的深褐色鬃。腹板黑色仅后缘黄色,被白色粉,被白色毛。

雄性外生殖器:生殖背板侧视梯形;尾须明显外露,长显著大于高。生殖背板背视长略大于宽,向端部略变窄。生殖基节端部被鬃状黑色毛,腹视向顶部显著变窄;生殖刺突侧视长,顶

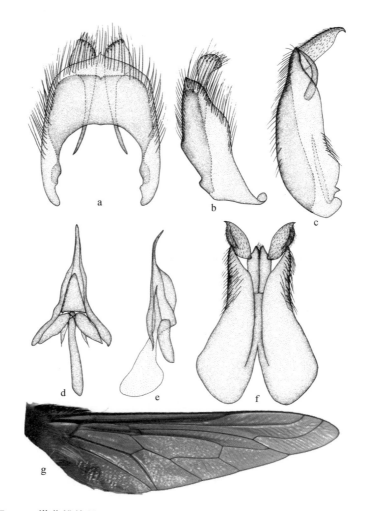

图 142　塔茎雏蜂虻 *Anastoechus turriformis* Yao，Yang *et* Evenhuis，2010

a. 生殖背板，背视（epandrium, dorsal view）；b. 生殖背板，侧视（epandrium, lateral view）；c. 生殖基节和生殖刺突，侧视（gonocoxite and gonostylus, lateral view）；d. 阳茎复合体，背视（aedeagal complex, dorsal view）；e. 阳茎复合体，侧视（aedeagal complex, lateral view）；f. 生殖基节和生殖刺突，腹视（gonocoxite and gonostyli, ventral view）；g. 翅（wing）

部尖。阳茎基背片背视塔形，端部尖。阳茎基背片侧视极长且中部弯曲。

　　雌　体长 12～14 mm，翅长 12～14 mm。

　　与雄性近似，但翅绝大部分透明，仅前缘灰褐色；胸部和小盾片被白色粉。

　　观察标本　正模♂，内蒙古太仆寺，1978. Ⅷ. 16，杨集昆（CAU）。副模 1♀，北京，1960. Ⅸ. 7，李法圣（CAU）；1♂，2♀♀，北京门头沟百花山，1960. Ⅸ. 7，杨集昆（CAU）；1♂，内蒙古赤峰林西，1998. Ⅷ. 14，吴志毅（IMNU）；1♀，内蒙古呼和浩特南天门，2000. Ⅸ. 9，能乃扎布（IMNU）；1♀，内蒙古呼和浩特小井沟，2005. Ⅷ. 22，曹庆山（IMAU）；1♀，内蒙古太仆寺，1978. Ⅷ. 16，陈合明（CAU）；1♀，内蒙古锡林郭勒西苏，1999. Ⅸ. 4，白海艳（IMNU）；1♂，内蒙古正镶白旗，1978. Ⅷ. 14，杨集昆（CAU）。

分布 北京（门头沟）、内蒙古（赤峰、呼和浩特、太仆寺、锡林郭勒、正镶白旗）。

讨论 该种与 *Anastoechus chinensis* Paramonov，1930 近似，但该种腹部的毛淡黄色，第 5～8 节背板后缘被深褐色鬃。而 *A. chinensis* 腹部后缘的毛淡黄色，前缘被淡黄色的鬃，第 7～8 节背板被白色长毛。

（120）黄鬃雏蜂虻 *Anastoechus xuthus* Yao，Yang *et* Evenhuis，2010（图 143，图版ⅩⅤb）

Anastoechus xuthus Yao，Yang *et* Evenhuis，2010. Zootaxa 2453：10. Type locality：Shaanxi（Ganquan）.

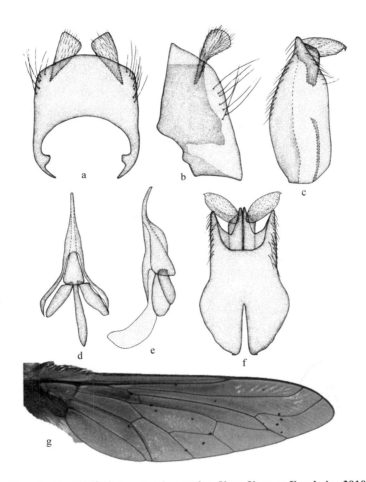

图 143 黄鬃雏蜂虻 *Anastoechus xuthus* Yao，Yang *et* Evenhuis，2010

a. 生殖背板，背视（epandrium, dorsal view）；b. 生殖背板，侧视（epandrium, lateral view）；c. 生殖基节和生殖刺突，侧视（gonocoxite and gonostylus, lateral view）；d. 阳茎复合体，背视（aedeagal complex, dorsal view）；e. 阳茎复合体，侧视（aedeagal complex, lateral view）；f. 生殖基节和生殖刺突，腹视（gonocoxite and gonostyli, ventral view）；g. 翅（wing）

雄 体长 9 mm，翅长 10 mm。

头部黑色，被褐色粉。头部的毛为黑色和白色。额三角区被浓密的黑色和白色长毛和白色鳞片，颜被浓密直立的白色长毛，后头被稀疏直立的黑色毛，复眼边缘被白色鳞片。触角黑色,仅交界处黄色;柄节长,被浓密的白色和黑色长毛;鞭节长,基部被褐色鳞片,顶部有一附节。喙黑色,长度约为头的 4 倍。

胸部黑色,被白色粉。胸部的毛以黄色为主。肩胛被浓密的黄色长毛。中胸背板被浓密黄色长毛,胸部背部几乎光裸。上前侧片和下前侧片被浓密的白色长毛。小盾片黑色,后缘两侧各有 6 根黄色鬃。足[中、后足缺如]褐色,仅腿节黑色。足的毛以白色为主,鬃黄色。腿节被浓密的白色毛和鳞片,胫节和跗节被黄色短毛和褐色鳞片。前足胫节的鬃(7 ad,8 pd,8 av 和 9 pv)。翅均一灰褐色仅基部和前缘褐色。翅脉 r - m 靠近盘室的基部,翅室 r$_5$ 关闭,翅脉 C 基部被刷状黑色鬃和白色的毛和鳞片。平衡棒黑色。

腹部黑色。腹部的毛以黄色为主。腹部被浓密的黄色长毛,第 3～7 节后缘被黄色鬃。腹板黑色,被白色粉和浓密的白色毛。

雄性外生殖器:生殖背板侧视梯形;尾须明显外露,长显著大于高。生殖背板背视长略大于宽,端部两侧平行。生殖基节端部被鬃状黑色毛,腹视基部凸;生殖刺突侧视长,顶部尖。阳茎基背片背视近三角形,端部钝。阳茎基背片侧视长且弯曲。

雌 未知。

观察标本 正模♂,陕西甘泉清泉,1970. Ⅸ. 22 (CAU)。

分布 陕西(甘泉)。

讨论 该种与 *Anastoechus aurecrinitus* Du et Yang,1990 近似,但该种额三角区,平衡棒黑色,腹部的毛黄色,第 3～7 节背板后缘被黄色鬃。而 *A. aurecrinitus* 额两侧平行,平衡棒淡黄色,腹部的毛金黄色,背板各节后缘被深褐色鬃。

16. 禅蜂虻属 *Bombomyia* Greathead,1995

Bombomyia Greathead,1995. Entomol. Scand. 26:56. Type species:*Bombylius discoideus* Fabricius,1794,by original designation.

属征 体完全黑色,通常被一些黑色毛,体表的毛通常颜色较亮,毛形成的斑存在雌雄异型的现象,通常为带状或者点状的白色、黄色或红色的斑。后足腿节被浓密的鬃。颜短,被稀疏的短毛。复眼之间的距离较单眼瘤的长度长或者相等。触角各节长度比为 2:1:4。须为一节。翅宽,通常为淡黄色到淡褐色;交叉脉 r - m 靠近盘室的中部附近,翅脉 R$_{2+3}$ 均匀地弯曲,在端部与前缘脉形成一直角。

讨论 禅蜂虻属 *Bombomyia* 主要分布于非洲界,古北界分布 3 种,东洋界分布 2 种,新北界、澳洲界和新热带界无分布。该属全世界已知 22 种,我国已知 1 种。

(121) 盘禅蜂虻 *Bombomyia discoidea*(Fabricius,1794)(图 144)

Bombylius analis Fabricius,1794. Entomologia systematica emendata et aucta. Secundum classes, ordines, genera, species adjectis synonimis, locis, observationibus, descriptionibus. p. 408. Type locality:South Africa.

Bombylius discoideus Fabricius,1794. Entomologia systematica emendata et aucta. Secundum classes, ordines, genera, species adjectis synonimis, locis, observationibus, descriptionibus. p. 409. Type locality: Algeria or Tunisia.

Tabanus charopus Lichtenstein, 1796. Catalogus musei zoologici ditissimi Hamburgi, d Ⅲ. februar 1796. Auctionis lege distrahendi. Sectio tertia continens Insecta. Verzeichniss von höchstseltenen, aus allen Welttheilen mit vieler Mühe und Kosten zusammen gebrachten, auch aus unterschiedlichen Cabinettern, Sammlungen und Auctionen ausgehobenen Naturalien welche von einem Liebhaber, als Mitglied der batavischen und verschiedener anderer naturforschenden Gesellschaften gesammelt worden. Dritter Abschnitt, bestehend in wohlerhaltenen, mehrentheils ausländischen und höchstseltenen Insecten, die Theils einzeln, Theils mehrere zusammen in Schachteln festgesteckt sind, und welche am Mittewochen, den 3ten Februar 1796 und den folgenden Tagen auf dem Eimbeckschen Hause öffentlich verkauft werden sollen durch dem Mackler Peter Heinrich Packischefsky. p. 214. Type locality: South Africa (Western Cape).

Bombylius thoracicus Fabricius, 1805. Systema antliatorum secundum ordines, genera, species adiecta synonymis, locis, observationibus, descriptionibus. p. 130. Type locality: South Africa (Western Cape).

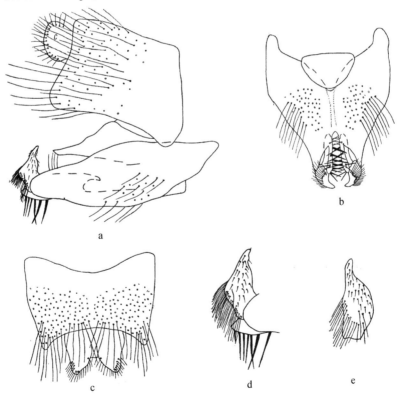

图 144　盘禅蜂虻 *Bombomyia discoidea* (Fabricius, 1794)

a. 雄性外生殖器, 侧视 (male genitalia, lateral veiw); b. 生殖基节和生殖刺突, 腹视 (gonocoxite and gonostylus, ventral view); c. 生殖背板和尾须, 背视 (epandrium and cerci, dorsal view); d—e. 生殖刺突, 侧视和后视 (gonostylus, lateral and posterior views)。据 Zatzev, 1966 重绘

Tanyglossa analis Thunberg，1827. Nova Acta R. Soc. Sci. Upsala 9：68. Type locality：South Africa（Western Cape）.

Bombylius discoideus var. *trichromus* Paramonov，1955. Proc. R. Entomol. Soc. Lond. (B) 24：161. Type locality：Tanzania & Ghana & Kenya & South Africa（Gauteng）.

鉴别特征 头部的毛为白色；额和颜以及后头被浓密的白色毛。胸部的毛为淡黄色和白色。翅几乎全部透明，仅基部一小部分为褐色。翅基被浓密的白色毛。小盾片红褐色。腹部被浓密的黑色长毛，仅最后几节被浓密的白色长毛。

分布 新疆；博茨瓦纳，布隆迪，乍得，刚果，厄立特里亚国，埃塞俄比亚，冈比亚，加纳，肯尼亚，马拉维，马里，莫桑比克，纳米比亚，尼日尔，尼日利亚，塞内加尔，南非，斯威士兰，坦桑尼亚，多哥，乌干达，也门，赞比亚，津巴布韦，阿尔及利亚，亚美尼亚，奥地利，阿塞拜疆，塞浦路斯，埃及，法国，希腊，格鲁吉亚，匈牙利，伊朗，以色列，意大利，哈萨克斯坦，吉尔吉斯斯坦，黎巴嫩，摩尔多瓦，蒙古，摩洛哥，阿曼，俄罗斯，西班牙，叙利亚，塔吉克斯坦，突尼斯，土耳其，土库曼斯坦，乌克兰，乌兹别克斯坦。

17. 白斑蜂虻属 *Bombylella* Greathead，1995

Bombylella Greathead，1995. Entomol. Scand. 26：56. Type species：*Bombylius ornatus* Wiedemann，1828，by original designation.

属征 体细小型。体被杂乱成簇的毛以及金属光泽或乳白色的鳞片的斑，至少额被鳞片，通常中胸部背部和腹节上也被鳞片，雌性尤其明显。雄性复眼之间的距离几乎与单眼瘤相等，顶部距离较大。颜短。触角鞭节细长。触角各节长度比为 3：1：4。须为一节。翅基部黄色或黑色，其余部分透明。径中横脉 r - m 在盘室的中部或者之前，翅脉 m - m 很短，通常成点状。翅脉 R_{2+3} 略微弯曲。翅瓣长，舌状。

讨论 白斑蜂虻属 *Bombylella* 非洲界分布 16 种，古北界分布 7 种，东洋界分布 2 种，新北界、澳洲界和新热带界无分布。该属全世界已知 23 种，我国已知 2 种，包括 1 新种。

种 检 索 表

1. 体毛几乎一致黑色；腹部 2～5 背板中央各有一小的白鳞斑，3～5 背板两侧各有一较大的白鳞斑 ……………………………………………………………………… 朝鲜斑蜂虻 *B. koreanus*

    胸部的毛以淡黄色为主；腹部 2～3 背部中央有一白色鳞片的斑，第 4～6 节背部两侧各有一个白色鳞片的斑 ……………………………………………………… 黛白斑蜂虻 *B. nubilosa.*

（122）朝鲜白斑蜂虻 *Bombylella koreanus*（Paramonov，1926）（图 145）

Bombylius koreanus Paramonov，1926. Trudy Fiz. - Mat. Vidd. Ukr. Akad. Nauk 3(5)：122(48). Type locality：Korea.

鉴别特征 体的毛几乎一致黑色；腹部 2～5 背板中央各有一小的白鳞斑，3～5 背板两侧各有一较大的白鳞斑。头部毛黑色;雄额三角靠触角被白色鳞片。翅基半(包括臀室)黑色,端半白色透明;翅脉 r‐m 靠近盘室端部的 1/3 处。足黑色。

    分布 北京,江苏,四川;朝鲜,俄罗斯(远东地区)。

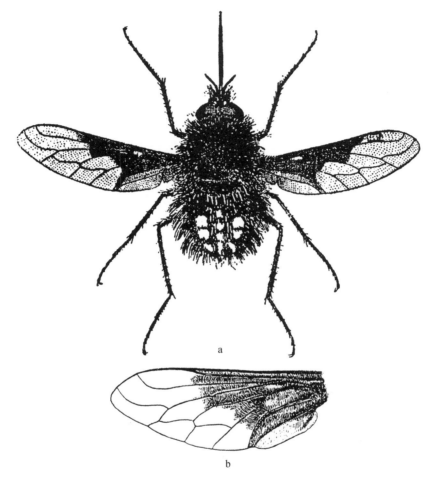

图 145 朝鲜白斑蜂虻 *Bombylella koreanus*（Paramonov,1926）

a. 成虫(adult);b. 翅(wing)。a 据 Paramonov, 1940 重绘,b 据 Engel, 1937 重绘

(123)黛白斑蜂虻,新种 *Bombylella nubilosa* sp. nov.（图 146,图版 XV d）

    雄 体长 8 mm,翅长 7 mm。

    头部黑色。头部的毛为黑色。额小三角形,被直立的黑色毛,仅触角靠复眼处被白色鳞片;颜被浓密直立的黑色长毛;复眼接眼式;后头被浓密直立的黑色长毛。触角黑色,被褐色粉;柄节长,被浓密的黑色长毛;梗节长略大于宽,被稀疏的黑色短毛;鞭节长,光裸无毛,顶部有一分两节的附节。触角各节长度比为 7：2：14。喙黑色,长度约为头的 4 倍。

    胸部黑色,被褐色粉。胸部的毛以淡黄色为主。肩胛被稀疏的黑色长毛。中胸背板被稀疏的黑色长毛,翅基部附近有 3 根黑色侧鬃。上前侧片和下前侧片黑色,被白色粉,无毛。小盾片黑色,被褐色粉,后缘两侧各被 5 根黑色鬃。足黑色。足的毛以黑色为主,鬃黑色。腿节被黑色长毛,胫节被黑色鳞片,跗节被稀疏的黑色短毛。后足腿节被 6 av 鬃,中足胫节的鬃

（7 ad，6 pd，5 av 和 6 pv），后足胫节的鬃（7 ad，8 pd，6 av 和 8 pv）。翅半透明，基前半部黑色，端后半部透明。翅脉 r-m 靠近盘室端部的 1/3 处，翅室 r_5 关闭，翅脉 C 基部被刷状的黑色鬃。平衡棒褐色。

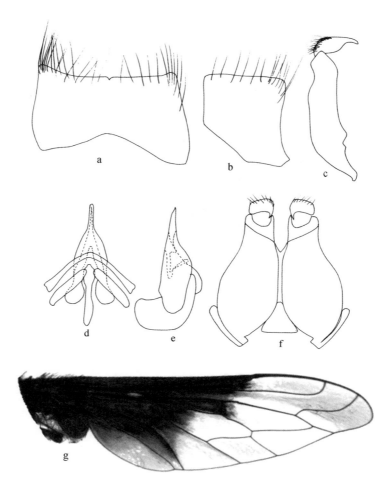

图 146　黛白斑蜂虻，新种 *Bombylella nubilosa* sp. nov.
a. 生殖背板，背视（epandrium, dorsal view）；b. 生殖背板，侧视（epandrium, lateral view）；c. 生殖基节和生殖刺突，侧视（gonocoxite and gonostylus, lateral view）；d. 阳茎复合体，背视（aedeagal complex, dorsal view）；e. 阳茎复合体，侧视（aedeagal complex, lateral view）；f. 生殖基节和生殖刺突，腹视（gonocoxite and gonostyli, ventral view）；g. 翅（wing）

　　腹部黑色，被褐色粉。腹部的毛黑色。腹部侧面被浓密直立的黑色长毛，腹部背板被稀疏直立的黑色长毛，第 2～3 节背部中部有一白色鳞片的斑，第 4～6 节背部两侧各有一个白色鳞片的斑，由第 4 节往第 6 节斑变小。腹板黑色，被浓密的黑色长毛。

　　雄性外生殖器：生殖背板侧视梯形；尾须不可见，长和高几乎相等。生殖背板背视宽为长的 2 倍。生殖基节腹视向顶部略变窄；生殖刺突侧视卵形，顶部细。阳茎基背片背视端部中间有一指状凸。阳茎基背片侧视长，端部尖。

　　雌　体长 6～8 mm，翅长 7～9 mm。

与雄性近似,但复眼为离眼式。

观察标本 正模♂,北京门头沟小龙门,2008.Ⅵ.7,姚刚(CAU)。副模1♀,北京门头沟龙门洞,2008.Ⅵ.8,姚刚(CAU)。1♂,辽宁鞍山岫岩药山,2007.Ⅴ.19,张春田(CAU);1♂,辽宁鞍山岫岩三家子,2007.Ⅴ.17,郝晶(CAU);1♀,辽宁本溪冰峪沟,1979.Ⅵ.7(CAU);1♀,辽宁本溪洋湖沟,1993.Ⅶ.1,崔永胜(CAU);1♀,辽宁本溪铁刹山,2006.Ⅴ.28,智妍(CAU);1♂,辽宁本溪铁刹山,2008.Ⅴ.30,张春田(CAU);1♀,辽宁本溪铁刹山,2006.Ⅴ.28,郝晶(CAU);1♂,1♀,辽宁本溪大石湖,2008.Ⅴ.31,张春田(CAU);1♀,辽宁本溪大石湖,2008.Ⅴ.31,鞠胜男(CAU);1♂,辽宁凤城,1981.Ⅵ.4,孙雨敏(SYAU);1♂,辽宁建昌大黑山,2008.Ⅴ.29,王明福(CAU);1♂,辽宁建昌大黑山,2008.Ⅴ.29,敖虎(CAU);1♀,辽宁锦州白石柱子,1994.Ⅵ.5,张春田(CAU);1♀,辽宁桓仁冰壶沟,2006.Ⅵ.1,郝晶(CAU);1♀,辽宁宽甸泉山,2009.Ⅶ.3,李彦(CAU);1♂,辽宁沈阳东陵,1984.Ⅵ,何(SYAU);2♀♀,北京海淀圆明园,1986.Ⅴ.20,王音(CAU);1♀,北京海淀圆明园,1986.Ⅴ.20,王象贤(CAU);1♀,陕西安康,1980.Ⅳ.27(CAU);1♂,陕西宝鸡太白山中山寺,1983.Ⅴ.12,陈彤(CAU);1♀,陕西甘泉清泉,1971.Ⅴ.22,杨集昆(CAU);1♂,陕西宁陕火地塘,1984.Ⅷ(CAU);1♂,陕西杨凌,1998.Ⅴ,樊兵(NAFU);1♂,陕西杨凌,1998.Ⅴ,陈景春(NAFU);1♀,陕西杨凌,1998.Ⅵ,王满营(NAFU);1♀,陕西杨凌西北农学院,1981.Ⅷ.4,邵生恩(SYAU);1♂,陕西周至楼观台,1952.Ⅴ.25(CAU);2♂♂,山东泰安,1987.Ⅳ.1(SDU);1♀,宁夏泾源西峡,2008.Ⅵ.29,张婷婷(CAU)。

分布 辽宁(鞍山、本溪、凤城、建昌、锦州、桓仁、宽甸、沈阳)、北京(海淀、门头沟)、陕西(安康、宝鸡、甘泉、宁陕、杨凌、周至)、山东(泰安)、宁夏(泾源)。

讨论 该种与 *Bombylella ater* Scopoli,1763 近似,但该种翅室 cua 几乎全部褐色,腹部第2～3节背板中部有一白色鳞片的斑,第4～6节背板两侧各有一个白色鳞片的斑,由第4节往第6节斑变小。而 *B. ater* 翅室 cua 几乎全部透明,腹部第2～6节背板中部有一白色鳞片的斑,第2～6节背板两侧各有一个白色鳞片的斑。

18. 蜂虻属 *Bombylius* Linnaeus,1758

Bombylius Linnaeus,1758. Systema naturae per regna tria naturae, secundum classes, ordines, genera, species, cum caracteribus, differentiis, synonymis, locis. p. 606. Type species:*Bombylius major* Linnaeus,1758,by subsequent designation.

属征 体宽,腹部短且圆形。毛长且均匀分布,颜色多样,通常为白色到褐色、灰色、黄色或者黑色;腹部背面的毛通常与腹部背板的鳞片颜色对比鲜明。雄性复眼之间的距离与单眼瘤的宽度相近,雌性复眼之间的距离为单眼瘤宽度的2～3倍。颜突出。触角直线状,梗节矩形。须一节。足至少后足腿节端部被鬃。翅:翅脉 r-m 较 m-m 长,翅无附脉,且横脉略弯曲。翅脉 R_5 的最后一段要长于倒数第二段,翅脉 M_1 弯曲与 R_5 形成一直角;翅基部通常有颜色,有时候交叉脉附近有游离的斑,翅瓣大。

讨论 蜂虻属 *Bombylius* 仅澳洲界无分布,其中古北界和新北界分布最多。该属全世界已知282种,我国已知22种,其中包括4新种和4新纪录种。

种 检 索 表

(124)庵埠蜂虻 *Bombylius ambustus* Pallas *et* Wiedemann,1818（图 147）

Bombylius ambustus Pallas & Wiedemann *in* Wiedemann，1818. Zool. Mag. 1(2)：21. Type locality：Kazakhstan.

Bombylius dispar Meigen，1820. Systematische Beschreibung der bekannten europäischen zweiflügeligen Insekten. P. 196. Type locality：Austria.

Bombylius senex Rondani，1863. Diptera exotica revisa et annotata novis nonnullis descriptis. p. 69 [1864：69]. Type locality：Gruzia.

鉴别特征 体毛主要黑色;后头被短的金黄毛;中胸背板和胸侧上部被黄毛;腹部被黑色毛。足黑色;腿节被白色鳞片。翅近白色透明,但基部深褐色;翅脉 r‑m 靠近盘室的中部。

分布 北京,内蒙古,陕西;阿尔巴尼亚,亚美尼亚,奥地利,阿塞拜疆,白俄罗斯,克罗地亚,捷克共和国,爱沙尼亚,法国,德国,希腊,格鲁吉亚,匈牙利,意大利,哈萨克斯坦,吉尔吉斯斯坦共和国,拉脱维亚,立陶宛,摩尔多瓦,蒙古,波兰,俄罗斯,斯洛伐克,西班牙,瑞士,塔吉克斯坦,土耳其,土库曼斯坦,乌克兰,乌兹别克斯坦。

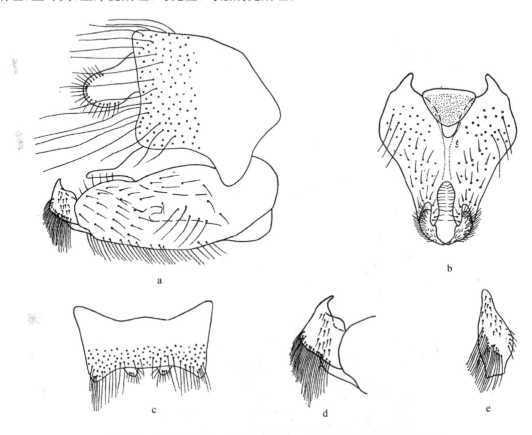

图 147　庵埠蜂虻 *Bombylius ambustus* **Pallas** *et* **Wiedemann**,1818

a.雄性外生殖器,侧视（male genitalia, lateral veiw）; b.生殖基节和生殖刺突,腹视（gonocoxite and gonostylus, ventral view）; c.生殖背板和尾须,背视（epandrium and cerci, dorsal view）; d—e.生殖刺突,侧视和后视（gonostylus, lateral and posterior views）。据 Zatzev, 1966 重绘

(125) 岔蜂虻 *Bombylius analis* Olivier,1789（中国新纪录种）（图 148,图版 ⅩⅤ e）

Bombylius analis Olivier,1789. Encyclopédie methodique. Histoire naturelle. p. 327. Type locality：France.

Bombylius undatus Mikan,1796. Monographia Bombyliorum Bohemiae iconibus illustrata. p. 38. Type locality：Czech Republic.

雄　体长 6 mm,翅长 7 mm。

头部黑色。头部的毛为黄色和黑色。额三角区被浓密的黄色毛和鳞片,颜被浓密的黄色和黑色长毛。复眼接眼式。后头被浓密直立的黄色毛。触角黑色;柄节长,被浓密的黑色长毛;梗节圆,被稀疏的黑色毛;鞭节长,光裸无毛,顶部有一分两节的附节。触角各节长度比为 3：1：7。喙黑色,长度约为头的 4 倍。

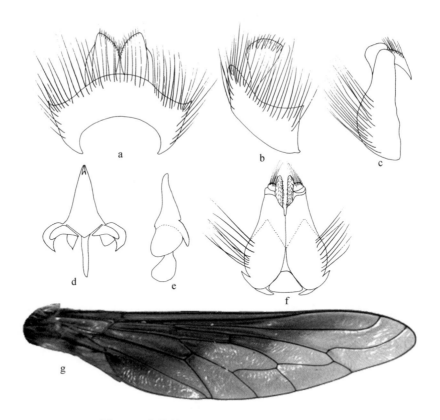

图 148　岔蜂虻 Bombylius analis Olivier，1789

a. 生殖背板，背视（epandrium, dorsal view）；b. 生殖背板，侧视（epandrium, lateral view）；
c. 生殖基节和生殖刺突，侧视（gonocoxite and gonostylus, lateral view）；d. 阳茎复合体，背视（aedeagal complex, dorsal view）；e. 阳茎复合体，侧视（aedeagal complex, lateral view）；
f. 生殖基节和生殖刺突，腹视（gonocoxite and gonostyli, ventral view）；g. 翅（wing）

胸部黑色，被褐色粉。胸部的毛以黄色为主。胸部背部被浓密的黄色毛。肩胛被浓密的黄色长毛。中胸背板被浓密的黄色长毛。上前侧片和下前侧片被黄色长毛。小盾片黑色，被稀疏黄色毛。足黑色，被浓密的黄色鳞片。足的毛为淡黄色和黑色，鬃黑色。前、中足的腿节被浓密的黑色毛，胫节和跗节被黑色短毛。后足腿节被 4 av 端鬃，中足胫节的鬃（8 ad，9 pd，8 av 和 9 pv），后足胫节的鬃（8 ad，14 pd，8 av 和 10 pv）。翅半透明，基部和前缘褐色。翅脉 r-m 靠近盘室的中部，翅室 r_5 关闭，翅脉 C 基部被刷状黑色鬃和黄色毛。平衡棒褐色。

腹部黑色。腹部的毛为黑色、淡黄色和白色。腹部侧面被浓密的黑色和淡黄色长毛。腹板黑色，被白色粉，仅腹节后缘淡黄色；腹板被浓密的白色长毛。

雄性外生殖器：生殖背板侧视梯形；尾须明显外露，高显著大于长。生殖背板背视宽显著大于长。生殖基节腹视向顶部略变窄；生殖刺突侧视卵形，顶部尖。阳茎基背片背视金字塔形，中部有一箭形凹陷。阳茎基背片侧视细，端部钝。

雌　体长 8 mm，翅长 8 mm。

与雄性近似，但腹部末端被浓密的黄色长毛。

观察标本　1♀，四川稻城茹布查卡，2006. Ⅶ. 9，冯立勇（CAU）；1♂，四川康定折多塘，

2006. Ⅶ. 7,刘家宇（CAU）；4♂♂,2♀♀,云南盈江昔马葫芦口,2003. Ⅺ. 22,欧晓红（SWFC）；1♂,云南盈江昔马岔河,2003. Ⅺ. 17,欧晓红（SWFC）；1♂,云南盈江昔马岔河,2003. Ⅺ. 17,秦瑞豪（SWFC）；1♀,云南盈江昔马勒新,2003. Ⅺ. 15,欧晓红（SWFC）。

分布　四川（稻城、康定）、云南（盈江）；阿富汗,阿尔及利亚,亚美尼亚,奥地利,阿塞拜疆,白俄罗斯,塞浦路斯,捷克共和国,埃及,爱沙尼亚,法国,德国,匈牙利,伊朗,意大利,吉尔吉斯斯坦,拉脱维亚,利比亚,立陶宛,摩尔多瓦,摩洛哥,波兰,葡萄牙,俄罗斯,斯洛伐克,西班牙,瑞士,塔吉克斯坦,土耳其,土库曼斯坦,乌克兰,乌兹别克斯坦。

讨论　该种可从翅斑鉴定,翅基前半部褐色,端后半部透明,褐色和透明的交界线明显。

(126)丽纹蜂虻 *Bombylius callopterus* Loew，1855（图149）

Bombylius callopterus Loew，1855. Progr. K. Realschule Meseritz 1855：11. Type locality：Russia（ES or WS）.

Bombylius callopterus var. *umbripennis* Paramonov，1926. Trudy Fiz. - Mat. Vidd. Ukr. Akad. Nauk 3(5)：108(34). Type locality：Tajikistan.

鉴别特征　雄额三角被短的淡黄色毛,但中央部分和触角附近有短黑色毛。后头密被白色毛。翅后胛密被白色毛。足黄褐色,腿节腹面色暗,端部3跗节色暗；足被暗黄色鳞片。翅近白色透明,但基部2/3的前半区域褐色,透明区有数个的小的游离班；翅脉 r - m 稍过盘室的正中。

分布　内蒙古；伊朗,吉尔吉斯斯坦,蒙古,俄罗斯,西班牙,塔吉克斯坦,土库曼斯坦,乌兹别克斯坦。

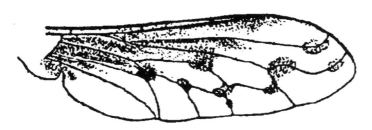

图 149　丽纹蜂虻 *Bombylius callopterus* Loew，1855

翅（wing）。据据 Zaitzev，2004 重绘

(127) 亮白蜂虻 *Bombylius candidus* Loew，1855（中国新纪录种）（图150）

Bombylius candidus Loew，1855. Progr. K. Realschule Meseritz 1855：34. Type locality：Iran.

雄　体长 11～14 mm,翅长 11～12 mm。

头部黑色,被白色粉。头部的毛为黑色和白色。额三角区被浓密的黑色毛,颜被浓密直立的白色毛和稀疏的黑色毛。复眼接眼式。后头被浓密直立的白色毛。触角黑色；柄节长,被浓密的黑色长毛；梗节长与宽几乎相等,被稀疏的黑色短毛；鞭节长,光裸无毛,顶部有一附节。喙黑色,长度约为头的5倍。

胸部黑色,被褐色粉。胸部的毛以淡黄色为主。肩胛被浓密的淡黄色长毛,中胸背板被浓

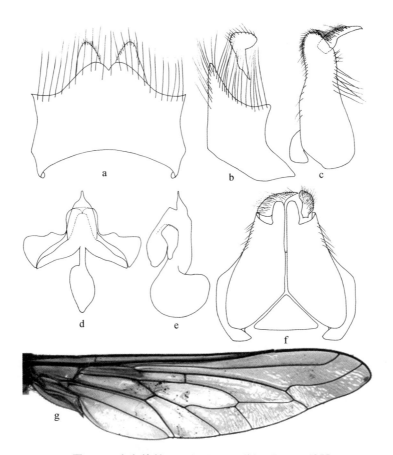

图 150　亮白蜂虻 *Bombylius candidus* Loew，1855

a. 生殖背板，背视（epandrium，dorsal view）；b. 生殖背板，侧视（epandrium，lateral view）；c. 生殖基节和生殖刺突，侧视（gonocoxite and gonostylus，lateral view）；d. 阳茎，背视（aedeagal complex，dorsal view）；e. 阳茎，侧视（aedeagal complex，lateral view）；f. 生殖基节和生殖刺突，腹视（gonocoxite and gonostyli，ventral view）；g. 翅（wing）

密淡黄色长毛。上前侧片和下前侧片被浓密的淡黄色长毛。小盾片黑色，被浓密的淡黄色毛。足褐色，仅交界处黑色。足的毛以黑色为主，鬃黑色。腿节被浓密的黑色毛和白色鳞片，胫节和跗节被稀疏的黄色短毛和白色鳞片。后足腿节被 16 av 鬃，中足胫节的鬃（14 ad，11 pd，10 av 和 10 pv），后足胫节的鬃（13 ad，14 pd，10 av 和 11 pv）。翅绝大部分透明，仅基部褐色。翅脉 r‑m 靠近盘室中部，翅室 r_5 关闭，翅脉 C 基部被刷状的黑色鬃和淡白色鳞片。平衡棒褐色。

腹部黑色。腹部的毛以淡黄色为主。腹部被浓密直立的淡黄色长毛。腹板黑色，被浓密的淡黄色毛。

雄性外生殖器：生殖背板侧视梯形；尾须明显外露，长和高几乎相等。生殖背板背视宽约为长的 2 倍。生殖基节腹视向顶部略变窄；生殖刺突侧视卵形，顶部尖。阳茎基背片背视端部中间有一指状凸。阳茎基背片侧视端部细长。

雌　体长 12 mm，翅长 13 mm。

与雄性近似，但复眼离眼式。

观察标本 4♂♂,2♀♀,上海,1963.Ⅳ.11,李、陈（SEMCAS）;3♂♂,上海松江金山,1963.Ⅳ.5,方惠泰（SEMCAS）;4♂♂,1♀,浙江杭州,1936.Ⅳ.20（SEMCAS）。

分布 上海（松江）、浙江（杭州）。分布古北区。

讨论 该种后头被浓密直立的白色毛,翅绝大部分透明,仅基部褐色,腹部的毛淡黄色。

(128) 中华蜂虻 *Bombylius chinensis* Paramonov, 1931（图 151,图版 ⅩⅤ f）

Bombylius chinensis Paramonov, 1931b. Trudy Prir. - Teknichn. Vidd. Ukr. Akad. Nauk 10：76(76). Type locality：China (Shandong).

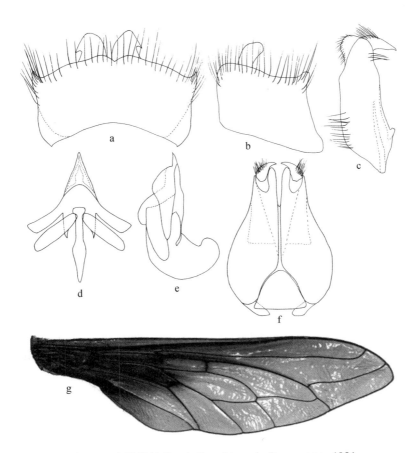

图 151 中华蜂虻 *Bombylius chinensis* Paramonov, 1931

a. 生殖背板,背视（epandrium, dorsal view）;b. 生殖背板,侧视（epandrium, lateral view）;c. 生殖基节和生殖刺突,侧视（gonocoxite and gonostylus, lateral view）;d. 阳茎复合体,背视（aedeagal complex, dorsal view）;e. 阳茎复合体,侧视（aedeagal complex, lateral view）;f. 生殖基节和生殖刺突,腹视（gonocoxite and gonostyli, ventral view）;g. 翅（wing）

雄 体长 10 mm,翅长 11 mm。

头部黑色。头部的毛为黄色和黑色。额三角区被浓密的黑色毛,颜被浓密直立的黑色长毛。复眼接眼式。后头被浓密直立的黄色毛。触角黑色;柄节长,被白色粉;梗节长,被稀疏的黑色毛;鞭节长圆柱形,光裸无毛,顶部有一分两节的附节。触角各节长度为 2：1：5。喙黑色,长度约为头的 5 倍。

胸部黑色。胸部的毛以黄色为主。肩胛被浓密的黄色长毛,中胸背板被浓密的黄色长毛。胸侧面被浓密的黄色毛。上前侧片和下前侧片被白色长毛。小盾片黑色,被浓密的黄色长毛。足黄色,仅跗节黑色。足的毛为黑色和褐色,鬃黑色。腿节被浓密的褐色毛,跗节被黑色短毛。后足腿节被 14 av 鬃,中足胫节的鬃(13 ad,15 pd,11 av 和 14 pv),后足胫节的鬃(13 ad,14 pd,10 av 和 11 pv)。翅部分褐色,大部分透明,透明部分约为翅的 2/3。翅脉 r-m 靠近盘室的中部,翅室 r_5 关闭,翅脉 C 基部被刷状的黑色鬃和白色鳞片。平衡棒基部褐色,端部淡黄色。

腹部黑色,被褐色粉。腹部的毛为褐色和淡黄色。腹部侧面被浓密的淡黄色长毛,仅第 2~3 节背板侧面被褐色长毛,腹部背板被稀疏的黄色长毛,第 2~4 节背板中部被白色鳞片,第 3 节背板侧缘被两簇白色鳞片。腹板黑色,仅腹节后缘黄色,腹板黑色长毛,仅第 1~2 腹板被白色长毛。

雄性外生殖器:生殖背板侧视近矩形;尾须明显外露,长和高几乎相等。生殖背板背视宽约为长的 2 倍。生殖基节腹视向顶部略变窄;生殖刺突侧视卵形,顶部尖。阳茎基背片背视三角形。阳茎基背片侧视端部急剧变尖。

雌 体长 10~12 mm,翅长 10~11 mm。

与雄性近似,但复眼离眼式。

观察标本 1♀,辽宁鞍山岫岩药山,2007. Ⅴ. 18,张春田(CAU);1♂,辽宁北陵,1997. Ⅴ. 21(CAU);1♂,辽宁本溪大石湖,2008. Ⅴ. 31,张春田(CAU);1♀,辽宁建昌大黑山,2008. Ⅴ. 28,刘家宇(CAU);2♂♂,2♀♀,北京,1936. Ⅴ. 11(CAU);1♂,1♀,北京昌平,1983. Ⅴ. 4,杨集昆(CAU);1♂,2♀♀,北京海淀公主坟,1952. Ⅴ. 2,杨集昆(CAU);1♀,北京海淀农大,1957. Ⅴ. 6,李法圣(CAU);1♀,北京海淀卧佛寺,1948. Ⅴ. 29,杨集昆(CAU);1♂,1♀,北京海淀卧佛寺,1987. Ⅴ. 10,杜进平(CAU);1♀,北京海淀青龙桥,1986. Ⅴ. 6,王象贤(CAU);1♀,北京海淀香山,1963. Ⅴ. 8,李法圣(CAU);1♀,北京海淀圆明园,1986. Ⅴ. 20,王象贤(CAU);1♀,北京海淀圆明园,1986. Ⅴ. 20,王音(CAU);1♂,北京门头沟百花山,1962. Ⅴ. 17,李法圣(CAU);1♂,北京门头沟百花山,1962. Ⅴ. 17,赵又新(CAU);1♂,1♀,北京门头沟百花山,1962. Ⅴ. 18,杨集昆(CAU);1♂,1♀,北京门头沟百花山,1962. Ⅴ. 18,赵又新(CAU);1♀,北京门头沟灵山古道,2008. Ⅵ. 9,姚刚(CAU);2♂♂,2♀♀,北京门头沟龙门涧,2008. Ⅵ. 8,姚刚(CAU);1♂,北京通州,1940. Ⅳ. 16(SEMCAS);2♂♂,陕西延安南泥湾,1982,吴之欣(SEMCAS);1♂,内蒙古阿拉善左旗贺兰山,1981. Ⅶ. 23,金根桃(SEMCAS);5♀♀,青海西宁女欠,1975. Ⅶ. 7,陈云梓(SEMCAS);2♀♀,西藏林芝,1982. Ⅶ. 4,吴赵毅(SEMCAS);1♀,西藏麦通,1977. Ⅶ. 25,郭(SEMCAS);1♀,四川马尔康,1986. Ⅶ. 30,王天齐(SEMCAS)。

分布 辽宁(鞍山、北陵、本溪、建昌)、北京(昌平、海淀、门头沟、通州)、陕西(延安)、山东、内蒙古(阿拉善左旗)、青海(西宁)、西藏(林芝、麦通)、四川(马尔康)。

讨论 该种与 *Bombylius analis* Olivier,1789 相似,两种翅都是基前部褐色,后缘和端部透明,但是该种透明部分较大,且翅室 cua 和 a 大约一半透明一半褐色,而 *B. analis* 翅室 cua 和 a 几乎全部褐色。

（129）沙枣蜂虻 *Bombylius cinerarius* Pallas *et* Wiedemann，1818（图 152）

Bombylius cinerarius Pallas & Wiedemann in Wiedemann，1818. Zool. Mag.1(2)：24. Type locality：Russia (CET)。

Bombylius cinerarius var. *eversmanni* Paramonov，1926. Trudy Fiz. - Mat. Vidd. Ukr. Akad. Nauk 3(5)：111(37). Type locality：Russia (CET)。

Bombylius cinerarius var. *karelini* Paramonov，1926. Trudy Fiz. - Mat. Vidd. Ukr. Akad. Nauk 3(5)：112(38). Type locality：Russia (CET)。

Bombylius cinerarius var. *pallasi* Paramonov，1926. Trudy Fiz. - Mat. Vidd. Ukr. Akad. Nauk 3(5)：111(37). Type locality：Russia (CET)。

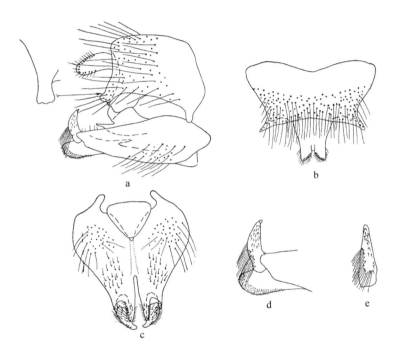

图 152　沙枣蜂虻 *Bombylius cinerarius* Pallas *et* Wiedemann，1818

a. 雄性外生殖器，侧视（male genitalia, lateral veiw）；b. 生殖背板和尾须，背视（epandrium and cerci, dorsal view）；c. 生殖基节和生殖刺突，腹视（gonocoxite and gonostylus, ventral view）；d—e. 生殖刺突，侧视和后视（gonostylus, lateral and posterior views）。据 Zatzev，1966 重绘

　　鉴别特征　头部大致被白色毛,后头的毛近淡黄色。触角黑色,有时基节黄色。下颚须黄色至褐色。中胸背板有 3 个黑褐色纵条斑。胸部被白色毛,但中胸背板后缘和翅后胛被淡黄色的毛。足腿节和胫节黄色,跗节端部色暗。足被白色鳞片,腿节被白色毛。翅稍带黄色,基部大致褐色。腹部背面被黄色毛,腹面被白色毛;第 2 背板的后缘和第 3 背板两侧被黑毛。

　　分布　北京,河北;阿尔巴尼亚,亚美尼亚,奥地利,阿塞拜疆,黑塞哥维那,保加利亚,克罗地亚,塞浦路斯,埃及,法国,希腊,格鲁吉亚,匈牙利,伊朗,意大利,哈萨克斯坦,马其顿,摩尔多瓦,蒙古,罗马尼亚,俄罗斯,斯洛伐克,斯洛文尼亚,西班牙,叙利亚共和国,土耳其,土库曼斯坦,乌克兰,乌兹别克斯坦,越南。

（130）玷蜂虻 *Bombylius discolor* Mikan，1796（中国新纪录种）（图153，图版XVIa）

Bombylius discolor Mikan，1796. Monographia Bombyliorum Bohemiae iconibus illustrata. p. 27. Type locality：Czech Republic.

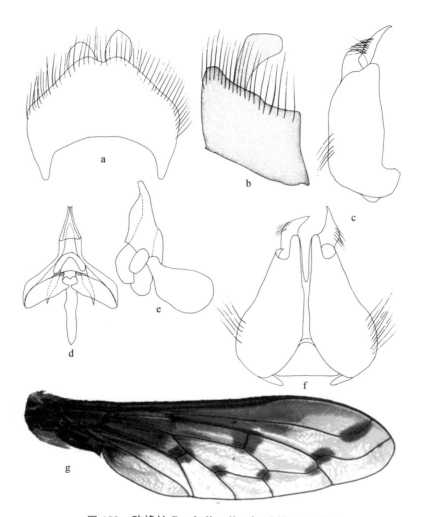

图153　玷蜂虻 *Bombylius discolor* Mikan，1796
a. 生殖背板，背视（epandrium, dorsal view）；b. 生殖背板，侧视（epandrium, lateral view）；c. 生殖基节和生殖刺突，侧视（gonocoxite and gonostylus, lateral view）；d. 阳茎复合体，背视（aedeagal complex, dorsal view）；e. 阳茎复合体，侧视（aedeagal complex, lateral view）；f. 生殖基节和生殖刺突，腹视（gonocoxite and gonostyli, ventral view）；g. 翅（wing）

雄　体长9 mm，翅长11 mm。

头部黑色。复眼接眼式。头部的毛为黄色和黑色。额三角区被黑色长毛，颜被浓密直立的黑色和黄色长毛。后头被浓密直立的淡黄色毛。触角黑色；柄节长，被浓密的黑色长毛；梗节圆，被稀疏的黑色毛；鞭节长，光裸无毛，顶部有一分两节的附节。触角各节长度比为3：1：5。喙黑色，长度约为头的5倍。

胸部黑色,被褐色粉。胸部的毛以黄色为主。肩胛被浓密的褐色长毛,中胸背板被浓密的褐色长毛,胸侧面被浓密的褐色毛。上前侧片和下前侧片被黑色长毛。小盾片黑色,光裸。足黄色,仅后足腿节和胫节基部黑色,足的毛为淡黄色和黑色,鬃黑色。腿节被黑色长毛和鳞片,胫节被稀疏的淡黄色短毛和白色鳞片,跗节被浓密的淡黄色毛。后足腿节被 11 av 鬃,中足胫节的鬃(11 ad,9 pd,8 av 和 8 pv),后足胫节的鬃(11 ad,10 pd,7 av 和 9 pv)。翅半透明,翅基部褐色,横脉附近有褐色斑。翅脉 r-m 靠近盘室端部 1/3 处,翅室 r_5 关闭,翅脉 C 基部被刷状的黑色鬃和白色长毛。平衡棒黄褐色。

腹部黑色,被褐色粉。腹部的毛为褐色和淡黄色。腹部侧面被浓密的褐色长毛,仅第 1 节背板侧面被黄色毛,第 4~6 节背板侧面被黑色和淡黄色毛。腹板黑色,仅腹节后缘黄色,腹板被浓密的黄色长毛。

雄性外生殖器:生殖背板侧视平行四边形;尾须明显外露,高显著大于长。生殖背板背视宽显著大于长。生殖基节腹视向顶部显著变窄;生殖刺突侧视卵形,顶部尖。阳茎基背片背视塔形,顶部有一小凹。阳茎基背片侧视端部短且钝。

雌 体长 6~10 mm,翅长 7~11 mm。

与雄性近似,但复眼离眼式,翅脉 R_{2+3} 上的斑较大。

观察标本 1♀,北京门头沟百花山,1962. V. 18,李法圣(CAU);2♂♂,2♀♀,北京门头沟百花山,1962. V. 18,杨集昆(CAU);1♂,2♀♀,北京门头沟百花山,1962. V. 18,赵又新(CAU);6♂♂,2♀♀,内蒙古乌兰察布哈北,1991. Ⅶ. 4,杨明舒(IMNU);3♂♂,1♀,云南中甸松赞喇嘛,2004. V. 1,黄燕丽(CAU)。

分布 北京(门头沟)、内蒙古(乌兰察布)、云南(中甸);阿尔及利亚,亚美尼亚,奥地利,阿塞拜疆,白俄罗斯,比利时,克罗地亚,捷克共和国,丹麦,爱沙尼亚,芬兰,法国,德国,希腊,格鲁吉亚,匈牙利,意大利,拉脱维亚,利比亚,立陶宛,摩尔多瓦,波兰,葡萄牙,罗马尼亚,俄罗斯,斯洛伐克,西班牙,瑞士,土耳其,英国,乌克兰,南斯拉夫。

讨论 该种后头的毛淡黄色,翅半透明,翅基部褐色,横脉附近有褐色斑,腹部第 1 节背板侧面被黄色毛,第 4~6 节背板侧面被黑色和淡黄色毛。

(131) 烟粉蜂虻,新种 *Bombylius ferruginus* sp. nov.(图 154)

雄 体长 6 mm,翅长 7 mm。

头部黑色,被褐色粉。复眼接眼式。头部的毛为黑色和黄色。额被浓密的白色鳞片,颜被直立的黑色毛和稀疏的白色鳞片。后头被浓密的黄色毛。触角褐色;柄节长圆柱形,被浓密的黑色长毛;梗节圆,被稀疏的黑色短毛;鞭节长,光裸无毛,顶部有一小附节。触角各节长度比为 5:2:15。喙黑色,长度约为头的 4 倍。

胸部黑色,被褐色粉。胸部的毛以黄色为主,鬃黑色。肩胛被浓密的黄色长毛,中胸背板前缘被一列浓密的黄色长毛,翅基部有 3 根黑色侧鬃,翅后胛有 4 根黑色鬃。小盾片黑色,被褐色粉。足褐色,被黑色鳞片。足的毛为淡黄色和黑色,鬃黑色。腿节被黑色的毛和鳞片,胫节和跗节被淡黄色短毛。后足腿节被 3 av 端鬃,中足胫节的鬃(8 ad,9 pd,8 av 和 9 pv),后足胫节的鬃(6 ad,8 pd,7 av 和 6 pv)。翅半透明,基部和前缘褐色。翅脉 r-m 靠近盘室的中部,翅室 r_5 关闭,翅脉 C 基部被刷状的黄色鬃和黄色毛。平衡棒深褐色。

腹部黑色,被褐色粉。腹部的毛为黑色和白色。腹部侧面被浓密的黑色长毛,仅第 2~4

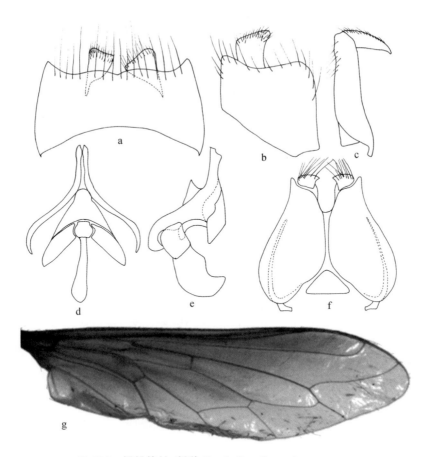

图 154　烟粉蜂虻, 新种 *Bombylius ferruginus* sp. nov.

a. 生殖背板, 背视 (epandrium, dorsal view); b. 生殖背板, 侧视 (epandrium, lateral view);

c. 生殖基节和生殖刺突, 侧视 (gonocoxite and gonostylus, lateral view); d. 阳茎复合体, 背

视 (aedeagal complex, dorsal view); e. 阳茎复合体, 侧视 (aedeagal complex, lateral view);

f. 生殖基节和生殖刺突, 腹视 (gonocoxite and gonostyli, ventral view); g. 翅 (wing)

节后侧缘被白色毛, 腹部背板被黑色毛和鳞片, 仅第 2～3 节背板侧面被稀疏侧卧的白色鳞片, 第 4～6 节背板中部被侧卧的白色鳞片。腹板黑色, 被黄色毛。

雄性外生殖器: 生殖背板侧视梯形; 尾须明显外露, 长和高几乎相等。生殖背板背视宽约为长的 2 倍。生殖基节腹视向顶部略变窄; 生殖刺突侧视卵形, 顶部尖。阳茎基背片背视金字塔形, 端部中间凹。阳茎基背片侧视长, 端部钝且略弯曲。

雌　体长 5～8mm, 翅长 5～9 mm。

与雄性近似, 但腹部第 6～7 节背板侧缘被黄色短毛。

观察标本　正模♂, 北京, 1937. Ⅵ. 30 (CAU)。副模 1♂, 7♀♀, 同正模 (CAU)。

分布　北京。

讨论　该种与 *Bombylius analis* Olivier, 1789 近似, 但该种额鳞片为白色, 颜毛黑色, 鳞片白色; 腹部第 2～4 节后侧缘被白色毛, 第 2～3 节背板侧面被白色鳞片, 第 4～6 节背板中部被白色鳞片。而 *B. analis* 额鳞片为黄色, 颜的毛黄色和黑色, 腹部侧面被浓密的黑色和淡黄色长毛。

(132) 考氏蜂虻 *Bombylius kozlovi* Paramonov，1926

Bombylius kozlovi Paramonov，1926．Trudy Fiz．- Mat．Vidd．Ukr．Akad．Nauk 3(5)：123 (49)．Type locality：Mongolia．

鉴别特征 头部大致被白色毛，后头的毛近淡黄色。触角黑色，有时基节黄色。下颚须黄色至褐色。中胸背板有 3 个黑褐色纵条斑。胸部被白色毛，但中胸背板后缘和翅后胛被淡黄色的毛。足腿节和胫节黄色，跗节端部色暗。足被白色鳞片，腿节被白色毛。翅稍带黄色，基部大致褐色。腹部背面被黄色毛，腹面被白色毛；第 2 背板的后缘和第 3 背板两侧被黑毛。

分布 内蒙古；吉尔吉斯斯坦，蒙古，塔吉克斯坦。

(133) 乐居蜂虻 *Bombylius lejostomus* Loew，1855（图 155）

Bombylius lejostomus Loew，1855．Progr．K．Realschule Meseritz 1855：24．Type locality：Russia（FE）

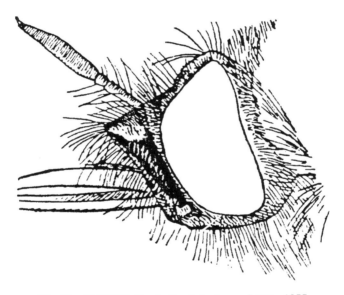

图 155 乐居蜂虻 *Bombylius lejostomus* Loew，1855
头部，侧视（head, lateral view）。据 Engel，1934 重绘

鉴别特征 头部口缘黄褐色。后头的毛黄褐色。中胸背板和小盾片被黄褐色毛，但背侧片和翅后胛被淡黄色毛。足暗黄色，但跗节褐色。腿节有黑色腹毛，胫节有黄色毛；腿节和胫节被黑色鬃和黄色鳞片。翅稍带灰色，基部和前缘褐色。平衡棒浅褐色，端部淡黄色。腹部被黄褐色毛，但第 2—3 背板后缘有密被黑色毛，第 5 背板被淡黄色毛。

分布 中国；韩国，蒙古，俄罗斯。

(134) 斑胸蜂虻 *Bombylius maculithorax* Paramonov，1926

Bombylius maculithorax Paramonov，1926．Trudy Fiz．- Mat．Vidd．Ukr．Akad．Nauk 3(5)：128(54)．Type locality：Uzbekistan．

鉴别特征 体被浓密的淡黄色长毛,仅胸侧翅基附近被浓密的白色长毛,腹部背板后部被稀疏的黑色长鬃。翅全部透明,无游离的斑。

分布 中国;吉尔吉斯斯坦,塔吉克斯坦,土库曼斯坦,乌兹别克斯坦。

(135)大蜂虻 *Bombylius major* Linnaeus,1758(图 156,图版ⅩⅥ b)

Bombylius major Linnaeus, 1758. Systema naturae per regna tria naturae, secundum classes, ordines, genera, species, cum caracteribus, differentiis, synonymis, locis. p. 606. Type locality: Not given.

Bombylius anonymus Sulzer, 1761. Die Kennzeichen der Insekten, nach Anleitung des Königl. Schwed. Ritters und Leibarzts Karl Linnaeus, durch XXIV. Kupfertafeln erläutert und mit derselben natürlichen Geschichte begleitet von J. H. Sulzer…Mit einer Vorrede des Herrn Johannes Geßners. p. 59. Type locality: "Europa".

Bombylivs septimvs Schaeffer, 1769. Icones insectorvm circa Ratisbonam indigenorvm coloribvs natvram referentibvs expressae. Natürlich ausgemahlte Abbildungen regensburgischer Insecten. pl. 121, fig. 3.

Bombylius variegatus De Geer, 1776. Mémoires pour servir à l'histoire des insectes. Tome sixième. p. 268. Type locality: Not given [= Europe].

Bombylius aequalis Fabricius, 1781. Species insectorvm exhibentes eorvm differentias specificas, synonyma, avctorvm, loca natalia, metamorphosin adiectis observationibvs, descriptionibvs. p. 473. Type locality: "America boreali".

Asilus lanigerus Geoffroy *in* Fourcroy, 1785. Entomologia parisiensis; sive catalogus insectorum quae in agro parisiensi reperiuntur; secundum methodum Geoffroeanam in sectiones, genera & species distributus; cui addita sunt nomina trivialia & fere trecentae novae species. p. 459. Type locality: France.

Bombylius sinuatus Mikan, 1796. Monographia Bombyliorum Bohemiae iconibus illustrata. p. 35.

Bombylius fratellus Wiedemann, 1828. Aussereuropäische zweiflügelige Insekten. Als Fortsetzung des Meigenschen Werkes. p. 583. Type locality: USA (Georgia).

Bombylius consanguineus Macquart, 1840. Diptères exotiques nouveaux ou peu connus. p. 97. Type locality: Algeria or Morocco.

Bombylius vicinus Macquart, 1840. Diptères exotiques nouveaux ou peu connus. p. 98. Type locality: USA (Pennsylvania).

Bombylius albipectus Macquart, 1855. Mém. Soc. Sci. Agric. Lille (2) 1: 102(82). Type locality: USA (Maryland).

Bombylius major var. *australis* Loew, 1855. Progr. K. Realschule Meseritz 1855: 14. Type locality: Italy (Sicily).

Bombylius basilinea Loew, 1855. Progr. K. Realschule Meseritz 1855: 14. Type locality: Italy (Sicily).

Bombylius antenoreus Lioy, 1864. Atti R. Ist. Veneto Sci. Lett. Art. (3) 9: 728. Type locality: Italy.

Bombylius notialis Evenhuis，1978. Entomol. News 89：101.

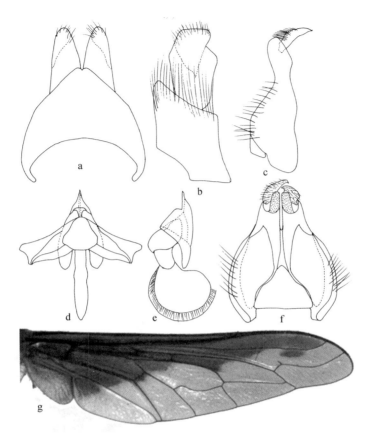

图 156　大蜂虻 *Bombylius major* Linnaeus，1758

a. 生殖背板，背视（epandrium, dorsal view）；b. 生殖背板，侧视（epandrium, lateral view）；c. 生殖基节和生殖刺突，侧视（gonocoxite and gonostylus, lateral view）；d. 阳茎复合体，背视（aedeagal complex, dorsal view）；e. 阳茎复合体，侧视（aedeagal complex, lateral view）；f. 生殖基节和生殖刺突，腹视（gonocoxite and gonostyli, ventral view）；g. 翅（wing）

雄　体长 10～11 mm，翅长 10～11 mm。

头部黑色。头部的毛为黑色和淡黄色。额三角区被浓密的黑色毛，颜被浓密的黑色和淡黄色毛。复眼接眼式。后头被浓密直立的黑色和黄色毛。触角黑色；柄节长，被浓密的黑色长毛；梗节长与宽几乎相等，被稀疏的黑色毛；鞭节长，光裸无毛，顶部有一分两节的附节。触角各节长度比为 4：1：7。喙黑色，长度约为头的 5 倍。

胸部黑色，被褐色粉。胸部的毛以黄色为主。肩胛被浓密的黄色毛，中胸背板被浓密的黄色长毛，胸部背面和侧面被浓密的黄色毛。上前侧片和下前侧片被白色长毛。小盾片黑色，被稀疏黄色毛。足黄色，仅后跗节黑色。足的毛为黑色和淡黄色，鬃黑色。腿节被浓密的淡黄色长毛，跗节黑色短毛。后足腿节被 5 av 鬃，中足胫节的鬃（7 ad，11 pd，8 av 和 12 pv），后足胫节的鬃（9 ad，10 pd，9 av 和 9 pv）。翅半透明，前半部褐色。翅脉 r-m 靠近盘室中部，翅室 r_5 关闭，翅脉 C 基部被刷状的黑色鬃。平衡棒褐色。

腹部黑色,被褐色粉。腹部的毛为淡黄色和黑色。腹部侧面被稀疏的黄色和黑色长毛,腹部背板被稀疏的黄色长毛。腹板黑色,被白色粉;腹板被浓密的黑色长毛,仅第1～3节被浓密的白色长毛。

雄性外生殖器:生殖背板侧视近矩形;尾须明显外露,长与高几乎相等。生殖背板背视长和宽几乎相等。生殖基节腹视向顶部显著变窄;生殖刺突侧视卵形,顶部尖。阳茎基背片背视三角形。阳茎基背片侧视端部细短。

雌 体长 9～12 mm,翅长 9～13 mm。

与雄性近似,但复眼离眼式。

观察标本 1♀,辽宁鞍山岫岩药山,2007. Ⅴ. 18,张春田(CAU);1♂,辽宁本溪草河掌,2004. Ⅳ. 29,胡堡(CAU);1♀,辽宁本溪桓仁老秃顶,2006. Ⅴ. 30,张春田(CAU);1♂,辽宁本溪松树台,1980. Ⅳ. 17 (CAU);1♂,1♀,辽宁本溪铁刹山,2006. Ⅴ. 27,张春田(CAU);1♀,辽宁本溪铁刹山,2006. Ⅴ. 27,智妍(CAU);1♂,辽宁本溪铁刹山,2006. Ⅴ. 28,杨正卿(CAU);3♂♂,辽宁沈阳东陵,2008. Ⅳ. 24,轩男(SYAU);1♂,辽宁沈阳东陵,2008. Ⅳ. 24,张怡(SYAU);1♂,辽宁沈阳东陵,1982. Ⅳ. 22 (SYAU);1♂,1♀,河北涿县,1976. Ⅳ (CAU);1♂,北京,1947. Ⅳ. 7,杨集昆(CAU);1♂,北京昌平十三陵,1991. Ⅴ. 11,赵纪文(CAU);4♂♂,5♀♀,北京海淀巨山农场,1962. Ⅴ. 18,薛大勇(CAU);1♂,北京海淀巨山农场,1981. Ⅳ. 3,薛大勇(CAU);1♂,北京海淀清华,1928. Ⅳ. 13 (CAU);1♀,北京海淀卧佛寺,1954. Ⅳ. 5,杨集昆(CAU);1♂,北京海淀颐和园,1947. Ⅳ. 8,杨集昆(CAU);3♂♂,1♀,北京门头沟,2008. Ⅴ. 3,王涛(CAU);1♀,北京门头沟百花山,1962. Ⅴ. 18,李法圣(CAU);1♂,北京通州,1941. Ⅳ. 7 (SEMCAS);1♂,北京西城雍和宫,1949. Ⅲ. 29 (CAU);2♂♂,5♀♀,天津蓟县,1976. Ⅳ. 17 (CAU);2♂♂,1♀,陕西礼泉,1991. Ⅴ. 1,何朝霞(NAFU);1♂,陕西太白山蒿坪,1982. Ⅴ. 13,冯纪年(NAFU);1♂,陕西武功,1957. Ⅷ,段齐(NAFU);8♂♂,6♀♀,陕西武功,1957. Ⅷ,段齐(NAFU);10♂♂,6♀♀,陕西西安南五台,1957. Ⅷ,段齐(NAFU);4♂♂,1♀,山东泰安,1987. Ⅳ. 5 (SDU);1♂,山东泰安泰山,1937. Ⅴ. 3,张书沈(CAU);1♂,浙江安吉龙王山,1996. Ⅳ. 6,吴鸿(CAU);1♂,4♀♀,浙江安吉龙王山,1996. Ⅳ. 7,吴鸿(CAU);1♂,浙江安吉龙王山,1996. Ⅳ. 11,吴鸿(CAU);1♀,浙江安吉龙王山,1996. Ⅳ. 26,吴鸿(CAU);1♀,浙江庆元百山祖,1994. Ⅳ. 20,林敏(CAU);1♀,浙江庆元百山祖,1994. Ⅳ. 20,徐元升(CAU);2♀♀,浙江温州雁荡山,1963. Ⅳ. 2,金根桃(SEMCAS);2♂♂,2♀♀,福建光泽,1960. Ⅲ. 18,金根桃(SEMCAS)。

分布 辽宁(鞍山、本溪、沈阳)、河北(涿县)、北京(昌平、海淀、门头沟、通州、西城)、天津(蓟县)、陕西(礼泉、太白、武功、西安)、山东(泰安)、浙江(安吉、庆元、温州)、江西、福建(光泽);加拿大,美国,墨西哥,孟加拉国,印度,尼泊尔,巴基斯坦,泰国,阿尔巴尼亚,阿尔及利亚,亚美尼亚,奥地利,阿塞拜疆,白俄罗斯,比利时,波斯尼亚,黑塞哥维那,保加利亚,克罗地亚,塞浦路斯,捷克共和国,丹麦,埃及,爱沙尼亚,芬兰,法国,德国,希腊,格鲁吉亚,匈牙利,爱尔兰,意大利,日本,哈萨克斯坦,韩国,拉脱维亚,利比亚,立陶宛,卢森堡,马耳他,马其顿,摩尔多瓦,蒙古,摩洛哥,荷兰,挪威,波兰,葡萄牙,罗马尼亚,俄罗斯,斯洛伐克,斯洛文尼亚,西班牙,瑞典,瑞士,塔吉克斯坦,突尼斯,土耳其,土库曼斯坦,英国,乌兹别克斯坦,南斯拉夫。

讨论 该种可从翅斑鉴定,与 *Bombylius analis* Olivier, 1789 和 *Bombylius chinensis* Paramonov, 1931 相似,但该种褐色和透明部分分界明显,而其余两种都略有过渡。

(136) 白眉蜂虻，新种 *Bombylius polimen* sp. nov.（图157，图版ⅩⅥ c）

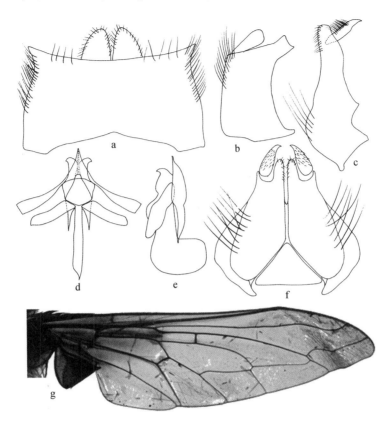

图157　白眉蜂虻，新种 *Bombylius polimen* sp. nov.

a. 生殖背板，背视 (epandrium, dorsal view)；b. 生殖背板，侧视 (epandrium, lateral view)；c. 生殖基节和生殖刺突，侧视 (gonocoxite and gonostylus, lateral view)；d. 阳茎复合体，背视 (aedeagal complex, dorsal view)；e. 阳茎复合体，侧视 (aedeagal complex, lateral view)；f. 生殖基节和生殖刺突，腹视 (gonocoxite and gonostyli, ventral view)；g. 翅 (wing)。

雄　体长9 mm，翅长11 mm。

头部黑色，被白色粉。复眼接眼式。头部的毛以白色为主。额三角区被白色毛和鳞片，颜被浓密直立的白色毛和鳞片。后头被浓密的白色毛。触角黑色，仅交界处淡黄色；柄节长，被浓密的白色长毛；梗节长与宽几乎相等，被稀疏的黑色短毛；鞭节长，光裸无毛，顶部有一附节。喙黑色，长度约为头的3倍。

胸部黑色，被褐色粉。胸部的毛以淡黄色为主。肩胛被浓密的淡黄色长毛，中胸背板被淡黄色长毛，背部被浓密的淡黄色毛。上前侧片和下前侧片被浓密的白色长毛，翅后胛被4根黄色鬃。小盾片黑色，被褐色粉，背面被稀疏的淡黄色毛，后缘被黄色和黑色的鬃。足淡黄色，仅跗节褐色。足的毛以淡黄色为主，鬃黑色。腿节被浓密的白色鳞片，胫节和跗节被稀疏的黄色短毛。中足胫节的鬃（10 ad，11 pd，10 av 和 11 pv），后足胫节的鬃（11 ad，10 pd，10 av 和 11 pv）。翅几乎完全透明，仅基部褐色。翅脉 r-m 靠近盘室中部，翅室 r_5 关闭，翅脉 C 基部被刷状的黑色鬃和黄色鳞片。平衡棒淡黄色。

腹部黑色,被白色粉。腹部的毛为黑色和淡黄色。背部侧面被浓密的淡黄色和黑色长毛,腹部背板被稀疏的淡黄色毛。腹板黑色,被白色毛。

雄性外生殖器:生殖背板侧视近矩形;尾须明显外露,长显著大于高。生殖背板背视宽为长的2倍。生殖基节腹视向顶部显著变窄;生殖刺突侧视长,顶部尖。阳茎基背片背视端部急剧变尖。阳茎基背片侧视端部细短。

雌　未知。

观察标本　正模♂,浙江泰顺乌岩岭,1987. Ⅷ. 29,刘(SEMCAS)。副模1♂,浙江泰顺乌岩岭,1987. Ⅷ. 31,刘(SEMCAS)。

分布　浙江(泰顺)。

讨论　该种与 *Bombylius candidus* Loew,1855 近似,但该种额毛和鳞片为白色,翅几乎完全透明,仅基部褐色。而 *B. candidus* 额的毛黑色,翅为均匀的淡褐色。

(137) 宝塔蜂虻 *Bombylius pygmaeus* Fabricius,1781(中国新纪录种)(图 158,图版 ⅩⅥ d)

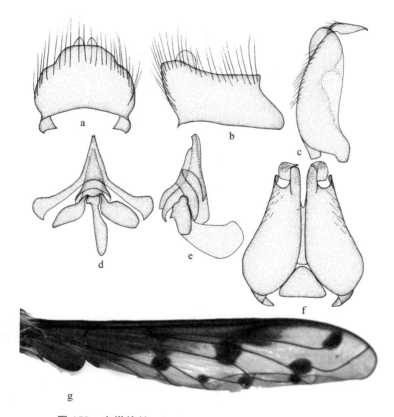

图 158　宝塔蜂虻 *Bombylius pygmaeus* Fabricius,1781

a. 生殖背板,背视(epandrium, dorsal view);b. 生殖背板,侧视(epandrium, lateral view);c. 生殖基节和生殖刺突,侧视(gonocoxite and gonostylus, lateral view);d. 阳茎复合体,背视(aedeagal complex, dorsal view);e. 阳茎复合体,侧视(aedeagal complex, lateral view);f. 生殖基节和生殖刺突,腹视(gonocoxite and gonostyli, ventral view);g. 翅(wing)

Bombylius pygmaeus Fabricius，1781. Species insectorvm exhibentes eorvm differentias specificas，synonyma，avctorvm，loca natalia，metamorphosin adiectis observationibvs，descriptionibvs. p. 474. Type locality："America boreali".

Bombylius canadensis Curran，1933. Am. Mus. Novit. 673：2. Type locality：Canada （Quebec）.

雄 体长 7～8 mm，翅长 8～9 mm。

头部黑色。复眼接眼式。头部的毛为黑色、黄色和白色。额三角区被浓密的黑色毛，颜被浓密的黑色和黄色长毛。后头被浓密直立的白色毛。触角黑色；柄节长，被浓密的黑色长毛；梗节圆，被稀疏的黑色毛；鞭节长，光裸无毛，顶部有一分两节的附节。触角各节长度比为5：2：8。喙黑色，长度约为头的 5 倍。

胸部黑色，被褐色粉。胸部的毛以黄色为主。肩胛被浓密的黄色长毛，中胸背板被浓密的黄色长毛，胸侧面被浓密的黄色毛，上前侧片和下前侧片被黄色长毛。小盾片黑色，光裸。足黄色，仅后足跗节黑色，足的毛以黑色为主，鬃黑色。腿节被浓密的黑色长毛和鳞片，胫节和跗节黑色短毛和鳞片。后足腿节被 10 av 鬃，中足胫节的鬃（13 ad，13 pd，7 av 和 12 pv），后足胫节的鬃（13 ad，11 pd，8 av 和 12 pv）。翅半透明，翅基部和前缘褐色，横脉附近有褐色斑。翅脉 r - m 靠近盘室中部，翅室 r₅ 关闭，翅脉 C 基部被刷状的黑色鬃和淡黄色长毛。平衡棒淡黄色。

腹部黑色，被白色粉。腹部的毛为淡黄色和黑色。腹部侧面被稀疏的黑色长毛。腹板黑色，被浓密的淡黄色长毛。

雄性外生殖器：生殖背板侧视梯形；尾须明显外露，高显著大于长。生殖背板背视长和宽几乎相等。生殖基节腹视向顶部显著变窄；生殖刺突侧视卵形，顶部尖略弯曲。阳茎基背片背视塔形，顶部有一小凹。阳茎基背片侧视细且端部钝。

雌 体长 7 mm，翅长 8 mm。

与雄性近似，但复眼离眼式，腹部端部尖且略往后凸。

观察标本 3♂♂，1♀，北京门头沟，2008. Ⅴ. 3，王涛（CAU）。

分布 北京（门头沟）；加拿大，美国。

讨论 该种后头的毛白色，翅半透明，翅基部和前缘为褐色，横脉附近有褐色斑，腹部侧面的毛黑色，腹板的毛淡黄色。

（138）斯帕蜂虻 *Bombylius quadrifarius* Loew，1857（图 159）

Bombylius quadrifarius Loew，1855. Progr. K. Realschule Meseritz 1855：25. Type locality："Balkan".

鉴别特征 中胸背板后部有 4 个白色毛形成纵条斑。胸侧和足基节全被白色毛。足腿节黑色，但胫节和跗节褐色。足腿节被白色鳞片和白色腹毛。爪退化。翅基部 1/3 黄褐色。腋瓣暗褐色。平衡棒黄褐色，端部黑色。腹部第 2 背板及其后的背板后缘具白色毛形成的横带斑。

分布 中国；阿尔巴尼亚，亚美尼亚，阿塞拜疆，保加利亚，捷克共和国，希腊，格鲁吉亚，匈牙利，伊朗，以色列，意大利，马其顿，摩尔多瓦，罗马尼亚，俄罗斯，斯洛伐克，塔吉克斯坦，土耳

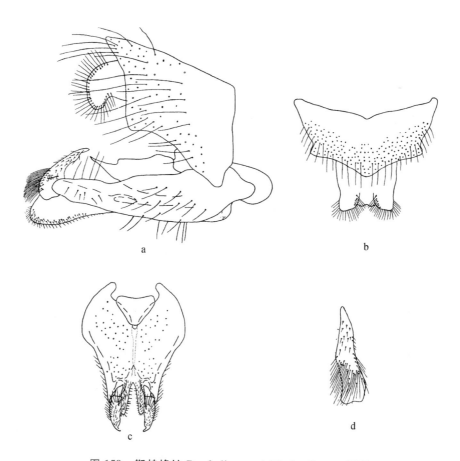

图 159　斯帕蜂虻 *Bombylius quadrifarius* Loew，1857

a. 雄性外生殖器，侧视（male genitalia, lateral veiw）；b. 生殖背板和尾须，背视（epandrium and cerci, dorsal view）；
c. 生殖基节和生殖刺突，腹视（gonocoxite and gonostylus, ventral view）；d. 生殖刺突，后视（gonostylus, posterior view）。据 Zatzev，1966 重绘

其，乌克兰，越南。

(139) 罗斯蜂虻 *Bombylius rossicus* Evenhuis *et* Greathead

Bombylius aurulentus Paramonov, 1926. Trudy Fiz. - Mat. Vidd. Ukr. Akad. Nauk 3 (5)：104(30). Type locality：Tajikistan.

Bombylius rossicus Evenhuis & Greathead，1999. World catalog of Bombyliidae. p. 132. New name for *Bombylius aurulentus* Paramonov，1926.

鉴别特征　头部主要被淡黄色的毛。胸部被金黄色毛。腹部被金黄色毛，但第 2 - 3 背板两侧被黑毛。足腿节黑色，后足腿节有黑色腹鬃。翅基部 1/3 暗褐色。

分布　中国；哈萨克斯坦，吉尔吉斯斯坦，塔吉克斯坦，土库曼斯坦，乌兹别克斯坦。

(140) 半黯蜂虻 *Bombylius semifuscus* Meigen，1820

Bombylius semifuscus Meigen，1820. Systematische Beschreibung der bekannten europäischen zweiflügeligen Insekten. p. 206. Type locality：Not given.

Bombylius senilis Jaennicke，1867. Berl. Entomol. Z. 11：74. Type locality：Switzerland.

Bombylius cincinnatus Becker，1891. Wien. Entomol. Ztg. 10：294. Type locality：Switzerland.

Bombylius nigripes Strobl，1898. Mitt. Naturwiss. Ver. Steiermark 34：197. Type locality：Austria.

鉴别特征 后头被淡黄色或白色毛。中胸背板和小盾片被黄色毛。腹部被淡黄色毛和黄色鳞片。足黑色，但胫节黄褐色且端部黑色。翅基部 1/3 和前缘暗褐色。平衡棒端部色浅。

分布 中国；阿尔巴尼亚，亚美尼亚，奥地利，阿塞拜疆，捷克共和国，法国，德国，希腊，格鲁吉亚，匈牙利，意大利，吉尔吉斯斯坦，马其顿，摩洛哥，波兰，斯洛伐克，瑞士，塔吉克斯坦，突尼斯，土库曼斯坦，乌兹别克斯坦。

(141)斑翅蜂虻，新种 *Bombylius stellatus* sp. nov. (图 160，图版 XVI e)

雄 体长 6 mm，翅长 7 mm。

头部黑色，被白色粉。头部的毛为黑色和白色。额三角区被黑色长毛，触角边缘被稀疏的黄色鳞片，颜被浓密直立的黑色长毛。复眼接眼式。后头被浓密直立的白色毛。触角黑色；柄节长，被浓密的黑色长毛；梗节圆被稀疏的黑色毛；鞭节长，光裸无毛，顶部有一分两节的附节。触角各节长度比为 5：3：8。喙黑色，长约为头的 2.5 倍。

胸部黑色，被褐色粉。胸部的毛以淡黄色为主。肩胛被浓密的淡黄色长毛，中胸背板被浓密的淡黄色长毛，胸部背部被浓密的黄色毛。上前侧片和下前侧片被淡黄色长毛。小盾片黑色，被稀疏淡黄色毛。足黄色，仅跗节端部褐色。足的毛为淡黄色和黑色，鬃黑色。腿节被浓密的黑色和淡黄色的毛和黄色鳞片，胫节和跗节被淡黄色短毛和鳞片。后足腿节被 6 av 端鬃，中足胫节的鬃(7 ad，7 pd，6 av 和 8 pv)，后足胫节的鬃(8 ad，9 pd，7 av 和 7 pv)。翅半透明，基部和前缘褐色，横脉附近被褐色斑。翅脉 r-m 靠近盘室的中部，翅室 r_5 关闭，翅脉 C 基部被刷状的黑色鬃和黄色毛。平衡棒淡黄色。

腹部黑色，被褐色粉。腹部的毛为黄色和黑色。腹部侧面被浓密的黄色长毛，仅第 2 节后侧缘被浓密的黑色长毛。腹板褐色，被黑色和黄色的毛。

雄性外生殖器：生殖背板侧视梯形；尾须明显外露，高显著大于长。生殖背板背视长显著大于宽。生殖基节腹视向顶部显著变窄；生殖刺突侧视卵形，顶部尖。阳茎基背片背视金字塔形，端部略弯曲。阳茎基背片侧视细，端部钝。

雌 未知。

观察标本 正模♂，辽宁本溪草河掌，2004. IV. 29，胡堡(CAU)。

分布 辽宁(本溪)。

讨论 该种与 *Bombylius discolor* Mikan，1796 近似，但该种后头的毛白色，翅脉 R_4 端部有一褐色斑，腹部第 2 节后侧缘的毛黑色，腹部背板其余的毛黄色。而 *B. discolor* 后头的毛淡黄色，翅脉 R_4 端部无斑，腹部第 1 节背板侧面被黄色毛，第 4～6 节背板侧面被黑色和淡黄色毛。

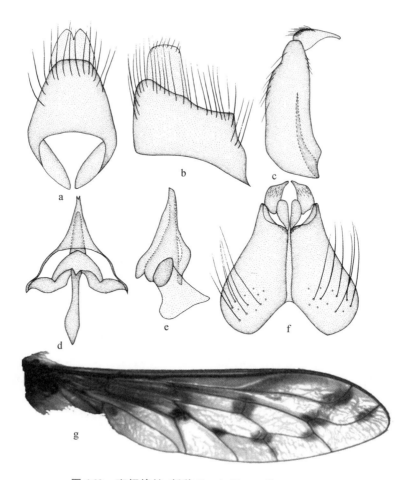

图 160 斑翅蜂虻,新种 Bombylius stellatus sp. nov.

a. 生殖背板,背视(epandrium, dorsal view);b. 生殖背板,侧视(epandrium, lateral view);c. 生殖基节和生殖刺突,侧视(gonocoxite and gonostylus, lateral view);d. 阳茎复合体,背视(aedeagal complex, dorsal view);e. 阳茎复合体,侧视(aedeagal complex, lateral view);f. 生殖基节和生殖刺突,腹视(gonocoxite and gonostyli, ventral view);g. 翅(wing)

(142)四川蜂虻 *Bombylius sytshuanensis* **Paramonov,1926**

Bombylius sytshuanensis Paramonov,1926. Trudy Fiz.‐Mat. Vidd. Ukr. Akad. Nauk 3(5):153(79). Type locality:China (Sichuan).

鉴别特征 体被短的淡黄色毛。胸部被淡黄色毛。腹部被淡黄色毛,但各节后缘有黑色鬃。足黑色,但胫节和跗节淡黄色,跗节端部黑色。翅基部色暗。

分布 四川。

(143)乌兹别克蜂虻 *Bombylius uzbekorum* **Paramonov,1926**

Bombylius uzbekorum Paramonov,1926. Trudy Fiz.‐Mat. Vidd. Ukr. Akad. Nauk 3 (5):159(85). Type locality:Kyrgyz Republic & Uzbekistan.

鉴别特征 头部被淡黄色毛,额上部被黑色毛。胸部被淡黄色或白色毛,但中胸背板位于翅基部前侧有黑褐色毛形成的纵条斑;翅后胛被黑色毛。小盾片毛主要淡黄色。足黑色,但腿节窄的末端、胫节和基跗节黄色。后足腿节有12根腹鬃。腹部被淡黄色毛,但第2~3节后缘被黑毛。

分布 西藏;哈萨克斯坦,吉尔吉斯斯坦,塔吉克斯坦,乌兹别克斯坦。

(144)黄领蜂虻,新种 *Bombylius vitellinus* sp. nov.（图 161 至图 162,图版 XVI f, 图版 XVII a）

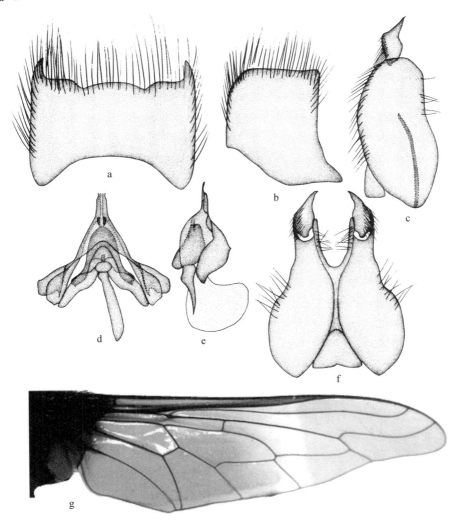

图 161 黄领蜂虻,新种 *Bombylius vitellinus* sp. nov.

a. 生殖背板,背视（epandrium, dorsal view）;b. 生殖背板,侧视（epandrium, lateral view）;c. 生殖基节和生殖刺突,侧视（gonocoxite and gonostylus, lateral view）;d. 阳茎复合体,背视（aedeagal complex, dorsal view）;e. 阳茎复合体,侧视（aedeagal complex, lateral view）;f. 生殖基节和生殖刺突,腹视（gonocoxite and gonostyli, ventral view）;g. 翅（wing）

雄 体长 11 mm,翅长 11 mm。

头部黑色。头部的毛为黑色和白色。额被白色粉和浓密直立的黑色毛,触角和复眼边缘

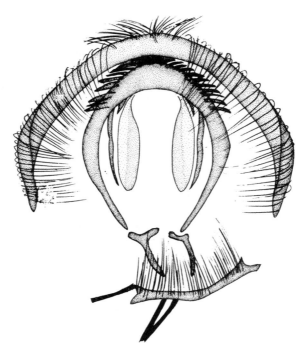

图 162 黄领蜂虻，新种 *Bombylius vitellinus* sp. nov.
雌性外生殖器，后视（female genitalia，posterior view）

被白色鳞片，颜被浓密直立的白色毛，仅触角边缘被黑色毛。复眼接眼式。后头被浓密的黑色毛。触角黑色；柄节长，被灰色粉和浓密的黑色长毛；梗节圆，被稀疏的黑色毛；鞭节长端部尖，光裸无毛，顶部有一分两节的附节。触角各节长度比为 3：1：6。喙黑色，长约为头的 4 倍。

胸部黑色。胸部的毛以黄色为主。肩胛被浓密的橘黄色长毛，中胸背板被浓密的橘黄色长毛，翅基部有 3 根黑色侧鬃。胸部背面前半部被浓密的黄色毛，后半部被浓密黑色毛。上前侧片和下前侧片被浓密的黑色长毛。小盾片黑色，被浓密的黑色长毛，仅后缘被淡黄色毛。足黑色。足的毛以黑色为主，鬃黑色。腿节被浓密的黑色的毛和鳞片，胫节和跗节被黑色短毛和鳞片。后足腿节被 10 av 端鬃，中足胫节的鬃（10 ad，8 pd，6 av 和 11 pv），后足胫节的鬃（9 ad，11 pd，6 av 和 8 pv）。翅几乎完全透明，仅基部淡褐色。翅脉 r-m 靠近盘室的中部，翅室 r_5 关闭，翅脉 C 基部被刷状的黑色鬃。平衡棒基部黑色，端部淡黄色。

腹部黑色。腹部的毛以黑色为主。腹部被浓密的黑色长毛。腹板黑色，被浓密的黑色毛。

雄性外生殖器：生殖背板侧视梯形；尾须侧视不可见，长略大于高。生殖背板背视宽显著大于长。生殖基节腹视向顶部显著变窄；生殖刺突侧视基部厚，顶部尖。阳茎基背片背视端部柱状。阳茎基背片侧视长，端部尖。

雌 体长 9 mm，翅长 9 mm。

与雄性近似，但胸部的毛白色，小盾片被白色毛和鬃，腹板被褐色毛和鳞片，仅腹部第 2～6 节背板中部被白色鳞片，第 1 节背板全部被白色鳞片，第 4 节背板侧面被白色鳞片。

观察标本 正模♂，河北涿鹿杨家坪，2007. Ⅶ. 12，姚刚（CAU）。副模 1♀，河北涿鹿杨家坪，2007. Ⅶ. 9，姚刚（CAU）；8♀♀，同正模，姚刚（CAU）。1♂，黑龙江宁安镜泊湖，2003. Ⅷ. 12，田颖（CAU）；1♀，黑龙江宁安镜泊湖，2003. Ⅷ. 4，卜文俊（CAU）；1♂，北京门头沟妙峰山,1955. Ⅵ. 18,杨集昆（CAU）；1♀,河南济源王屋山,2007. Ⅶ. 27,王俊潮（CAU）；
7♂♂,9♀♀,山东,1937. Ⅷ. 8（SEMCAS）；1♂,3♀♀,内蒙古海拉尔,1981. Ⅷ. 9,邹
（NKU）；1♂,内蒙古呼和浩特小井沟,2005. Ⅷ. 22,张磊（IMAU）；1♀,内蒙古呼和浩特小井
沟,2005. Ⅷ. 22,康新月（IMAU）；1♀,内蒙古呼伦贝尔陈旗,1999. Ⅷ. 2,唐贵明（IMNU）；
1♂,内蒙古武川黑牛沟,2005. Ⅷ. 23,邢秀露（IMAU）；1♂,内蒙古武川黑牛沟,2005. Ⅷ.
25,于大虎（IMAU）；1♀,内蒙古武川黑牛沟,2005. Ⅷ. 23,彭娟（IMAU）；1♀,内蒙古武川
黑牛沟,2005. Ⅷ. 23,刘娜（IMAU）；1♀,内蒙古武川黑牛沟,2005. Ⅷ. 23,袁霞（IMAU）；
2♂♂,4♀♀,内蒙古锡林郭勒白旗,1980. Ⅶ. 24,郭元朝（IMNU）；1♀,内蒙古正镶白旗,
1978. Ⅷ.14,杨集昆（CAU）；1♀,云南昆明,1942. Ⅷ. 10（CAU）；1♀,云南昆明西山,
1942. Ⅷ. 13（CAU）。

分布　黑龙江(宁安)、河北(涿鹿)、北京(门头沟)、河南(济源)、山东、内蒙古(海拉尔、呼
和浩特、呼伦贝尔、武川、锡林郭勒、正镶白旗)、云南(昆明)。

讨论　该种与 *Bombylius candidus* Loew, 1855 近似,但该种胸部前半部被浓密的橘黄
色毛,后半部被黑色毛,小盾片后缘被毛淡黄色,其余部分毛黑色,翅几乎完全透明,仅基部淡
褐色,腹部的毛黑色。而 *B. candidus* 胸部的毛淡黄色,小盾片的毛淡黄色,翅均匀淡褐色,腹
部的毛淡黄色。

(145) 渡边蜂虻 *Bombylius watanabei* Matsumura, 1916

Bombylius watanabei Matsumura, 1916. Thousand insects of Japan. Additamenta II.
p. 277. Type locality：China（Taiwan）.

鉴别特征　体黑色,密被淡黄褐色长毛。头部头顶、颜两侧以及复眼后方混杂有黑毛。触
角黑色。足黄褐色。平衡棒黄色。

分布　台湾。

19. 柱蜂虻属 *Conophorus* Meigen, 1803

Conophorus Meigen, 1803. Mag. Insektenkd. 2：268. Type species：*Bombylius maurus*
Mikan, 1796, by monotypy.

Ploas Latreille, 1804. Nouveau dictionnaire d'histoire naturelle, appliqué aux arts,
principalement à l'agriculture et à l'économie rurale et domestique. p. 190. Type species：
Ploas hirticornis Latreille, 1805, by subsequent monotypy.

Tornotes Gistel, 1848. Naturgeschichte des Thierreichs, für höhere Schulen. p. x (un-
justified new replacement name for *Ploas* Latreille, 1804). Type species：*Ploas hirticornis*
Latreille, 1805, automatic.

Codionus Rondani, 1873. Ann. Mus. Civ. Stor. Nat. Genova 4：299. Type species：
Codionus chlorizans Rondani, 1873, by monotypy.

Calopelta Greene, 1921. Proc. Entomol. Soc. Wash. 23：23. Type species：*Calopelta
fallax* Greene, 1921, by original designation.

属征 腹部长卵圆形。体被长毛。雄性接眼式。触角柄节显著膨大。翅盘室在顶部最宽,翅脉 m - m 和 M - CuA 呈钝角,径间脉有时候存在,2 或 3 个亚缘室。

讨论 柱蜂虻属 *Conophorus* 仅分布于古北界和新北界,其中古北界分布种类显著多于新北界。该属全世界已知 67 种,我国已知 4 种。

种 检 索 表

1.	翅脉 R_{2+3} 和 R_4 之间有一横脉将翅室 r_{2+3} 分成 2 部分 ·················	绿柱蜂虻 *C. virescens*
	翅脉 R_{2+3} 和 R_4 之间有无横脉,翅室 r_{2+3} 不被分割成 2 个部分 ·················	2
2.	腹部背板被黑色毛和黄色鳞片 ·················	亨氏柱蜂虻 *C. hindlei*
	腹部背板被稀疏的淡黄色毛,无鳞片 ·················	中华柱蜂虻 *C. chinensis*

(146)中华柱蜂虻 *Conophorus chinensis* Paramonov, 1929(图 163,图版 XVII b)

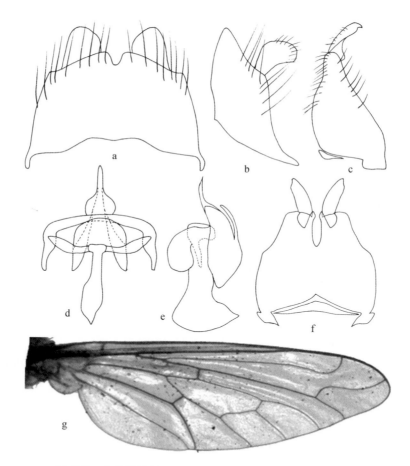

图 163 中华柱蜂虻 *Conophorus chinensis* Paramonov, 1929

a. 生殖背板,背视(epandrium, dorsal view);b. 生殖背板,侧视(epandrium, lateral view);c. 生殖基节和生殖刺突,侧视(gonocoxite and gonostylus, lateral view);d. 阳茎复合体,背视(aedeagal complex, dorsal view);e. 阳茎复合体,侧视(aedeagal complex, lateral view);f. 生殖基节和生殖刺突,腹视(gonocoxite and gonostyli, ventral view);g. 翅(wing)

Conophorus chinensis Paramonov，1929．Trudy Fiz. - Mat．Vidd．Ukr．Akad．Nauk 11
（1）：168（103）．Type locality：China（Xinjiang）．

雄 体长 8 mm，翅长 6 mm。

头部黑色。头部的毛以黑色为主，额被直立的黑色长毛，颜被浓密直立的黑色毛，后头被
浓密的黑色长毛。触角黑色；柄节膨大，长略大于宽，被浓密的黑色长毛；梗节长与宽几乎相
等，被浓密的黑色毛；鞭节长，光裸无毛，顶部有一附节。触角各节长度比为 4：2：5。喙
褐色。

胸部黑色。胸部的毛以淡黄色为主，鬃黑色。胸部背面被稀疏的淡黄色毛。肩胛被浓密
的淡黄色长毛；中胸背板被淡黄色的长毛，翅基部附近有 3 根黑色鬃。小盾片黑色，被稀疏的
淡黄色毛。足黑色，被白色粉。足的毛白色或黑色，鬃黑色。腿节被浓密的白色毛，胫节和跗
节被白色和黑色的短毛。中足胫节的鬃（7 ad，7 pd，6 av 和 6 pv），后足胫节的鬃（7 ad，7 pd，
6 av 和 6 pv）。翅完全透明。翅脉 r - m 靠近盘室基部 1/3 处，翅室 r$_5$ 开，翅脉 C 基部被刷状的
淡黄色鬃。平衡棒褐色。

腹部黑色，被褐色粉。腹部的毛为淡黄色或黑色。腹部侧面被浓密的淡黄色长毛，仅第
4～7 节侧面被浓密的淡黄色和黑色的毛；腹部背板被稀疏的淡黄色毛。腹板黑色，被浓密的
淡黄色长毛。

雄性外生殖器：生殖背板侧视梯形；尾须明显外露，长略大于高。生殖背板背视宽显著大
于长。生殖基节腹视向顶部显著变窄，生殖刺突大，棒状。生殖刺突侧视香蕉形，顶部尖且略
凹。阳茎基背片背视端部指凸状，阳茎基背片侧视极细长，端部尖。

雌 未知。

观察标本 1♂，北京通州，1915．Ⅳ. 11（SEMCAS）。

分布 北京（通州）、新疆。

讨论 该种触角柄节膨大，翅脉 C 基部被刷状淡黄色鬃，腹部第 4～7 节背板侧面被浓密
的淡黄色和黑色的毛。

（147）后柱蜂虻 *Conophorus hindlei* **Paramonov，1931**

Conophorus hindlei Paramonov，1931．Trudy Prir. - Teknichn．Vidd．Ukr．Akad．Nauk
10：213（213）．Type locality：China．

鉴别特征 胸部被浓密的黄色长毛和稀疏的黑色毛。腹部背板被黄色鳞片，仅后几节被
稀疏直立的黑色长毛。翅脉 R$_4$ 位于 R$_5$ 脉端部近 1/5 处，翅脉 R$_{2+3}$ 和 R$_4$ 之间有无横脉，翅室
r$_{2+3}$ 不被分割成 2 个。

分布 中国。

（148）考氏柱蜂虻 *Conophorus kozlovi* **Paramonov，1940**

Conophorus kozlovi Paramonov，1940．Fauna SSSR 9(2)：28，334．Type locality：Chi-
na（Inner Mongolia）．

分布 内蒙古。

（149）富贵柱蜂虻 *Conophorus virescens*（Fabricius，1787）（图 164）

Bombylius virescens Fabricius，1787. Mantissa insectorvm sistens species nvper detectas adiectis characteribvs genericis，differentiis specificis，emendationibvs，observationibvs. p. 366. Type locality：Spain.

Bombylius maurus Mikan，1796. Monographia Bombyliorum Bohemiae iconibus illustrata. p. 56. Type locality：Czech Republic.

Ploas hirticornis Latreille，1805. Histoire naturelle，générale et particulière，des crustacés et des insectes. Tome quatorzième. Familles naturelles des genres. Ouvrage faisant suite à l'histoire naturelle générale et particulière，composée par Leclerc de Buffon，et rédigée par C. S. Sonnini，membre de plusieurs Sociétés savantes. p. 300. Type locality：France.

Bombylius semirostris Pallas *in* Wiedemann，1818a. Zool. Mag. 1(2)：19.

Ploas lurida Wiedemann *in* Meigen，1820. Systematische Beschreibung der bekannten europäischen zweiflügeligen Insekten. p. 233. Type locality："Russland".

Ploas lata Dufour *in* Verrall，1909. Systematic list of the Palaearctic Diptera Brachycera. Stratiomyidae，Leptidae，Tabanidae，Nemestrinidae，Cyrtidae，Bombylidae，Therevidae，Scenopinidae，Mydaidae，Asilidae. p. 14. *Nomen nudum*.

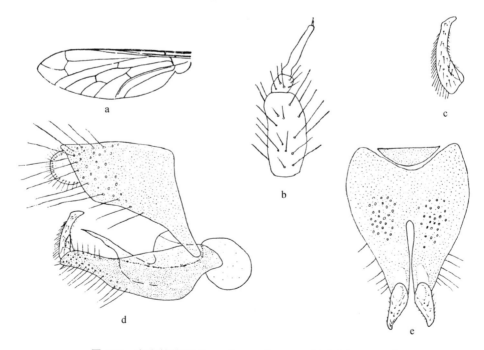

图 164 富贵柱蜂虻 *Conophorus virescens*（Fabricius，1787）

a. 翅（wing）；b. 触角（antenna）；c. 生殖刺突，侧视（gonostylus，lateral view）；d. 雄性外生殖器，侧视（male genitalia，lateral veiw）；e. 生殖基节和生殖刺突，腹视（gonocoxite and gonostylus，ventral view）。据 Zatzev，1960 重绘

鉴别特征　翅脉 R_{2+3} 和 R_4 之间有一横脉将翅室 r_{2+3} 分成 2 部分。生殖基节基部大,往端部显著变细;生殖刺突端部钝,近端部有一小的隆起;端阳茎极细长,端部尖。

分布　中国;阿富汗,阿尔巴尼亚,阿尔及利亚,亚美尼亚,奥地利,阿塞拜疆,白俄罗斯,比利时,捷克共和国,埃及,爱沙尼亚,法国,德国,希腊,格鲁吉亚,匈牙利,伊朗,意大利,拉脱维亚,立陶宛,摩尔多瓦,波兰,葡萄牙,俄罗斯,斯洛伐克,西班牙,瑞士,乌兹别克斯坦。

20. 东方蜂虻属 *Euchariomyia* Bigot,1888

Euchariomyia Bigot,1888. Bull. Bimens. Soc. Entomol. Fr. 1888(18):cxl. Type species:*Euchariomyia dives* Bigot,1888,by monotypy.

Eucharimyia Bigot *in* Mik,1888. Wien. Entomol. Ztg. 7:331. Type species:*Euchariomyia dives* Bigot,1888,automatic.

Eucharimyia Bigot,1889. Bull. Soc. Entomol. Fr. (6)8:cxl. Type species:*Eucharimyia dives* Bigot,1889,by monotypy.

属征　体小型(4~6 mm)。雄性复眼接眼式,雌性复眼离眼式。头部喙长。触角柄节长至少为梗节的 2 倍以上。翅几乎全部有颜色且有金属光泽,臀室和翅瓣基缘被深褐色的毛,翅脉 m_1 不达翅缘。雄性腹节显著被白色反光的鳞片。

讨论　东方蜂虻属 *Euchariomyia* 全世界已知仅 3 种全部分布在东洋界,我国已知 1 种。

(150) 富饶东方蜂虻 *Euchariomyia dives* Bigot,1888(图 165 至图 166,图版ⅩⅥc—d)

Bombylius pulchellus Wulp,1880. Tijdschr. Entomol. 23:164. Type locality:Indonesia (Java). [Preoccupied by Loew,1863].

Euchariomyia dives Bigot,1888. Bull. Bimens. Soc. Entomol. Fr. 1888(18):cxl. Type locality:Sri Lanka.

Bombylius wulpii Brunetti,1909. Rec. Ind. Mus. 2:457 (new replacement name for *Bombylius pulchellus* Wulp,1880).

雄　体长 9 mm,翅长 10 mm。

头部黑色,单眼瘤黑色,单眼红色。头部的毛黑色和黄色,鳞片白色;颜被稀疏的黑色长毛,触角上方的额两侧被白色毛状长鳞片,唇基两侧被白色毛状长鳞片。复眼接眼式,从顶部到触角 2/3 部分相接;后头被黄色的毛。触角黑色;柄节圆柱形,长约为宽的 2.5 倍,两边被黑色长毛;梗节长与宽几乎相等,被稀疏的黑色短毛;鞭节细长,长约为宽的 14 倍,表面被微小的白色鳞片,顶部有一细小针状附节。触角各节长度比为 5:2:20。喙黑色,被有微小的黑色毛;须黑色,被黑色长毛。

胸部黑色,被灰色粉,小盾片被褐色粉。胸部的毛以黄色为主,鬃为黑色;肩胛被黄色长毛,中胸背板前端被黄色长毛,翅基部附近有 3 根黑色侧鬃,胸部近翅基部被毛状的白色长鳞片,翅后胛有 3 根黑色鬃。小盾片仅前缘被黄色毛,其余区域几乎光裸,小盾片后缘被 8 根黑色鬃。足深褐色。足被黑色毛,鬃黑色。腿节被稀疏的黑色长毛;胫节和跗节被黑色短毛,后

273

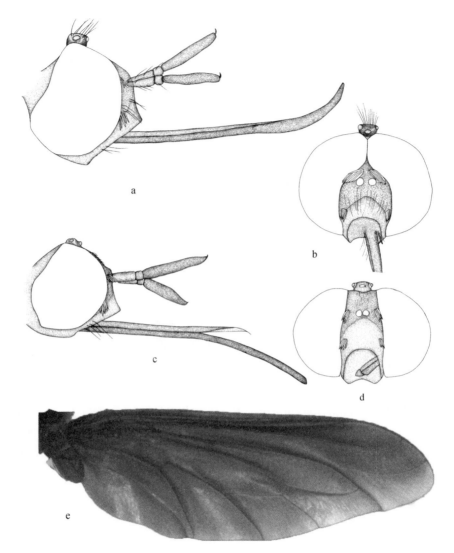

图 165 富饶东方蜂虻 Eucariomyia dives Bigot，1888

a. 雄性头部，侧视（male head，lateral view）；b. 雄性头部，正视（male head，front view）；c. 雌性头部，侧视
（female head，lateral view）；d. 雌性头部，正视（female head，front view）；e. 翅，背视（wing，dorsal view）

足腿节有 3 根 av 端鬃。中足胫节的鬃（5 ad，4 pd，5 av 和 5 pv），后足胫节的鬃（6 ad，8 pd，
6 av 和 8 pv）。翅大部分褐色，有金属光泽，从基部和翅的前缘到到顶部和翅的后缘，由深褐色
到淡褐色，臀叶和翅瓣基部边缘被深褐色的毛，翅脉 M_1 不达翅缘，bm 室在靠近翅室 br 和 dm
的角落有一黑色斑。平衡棒褐色。

腹部黑色。腹部的毛为黑色。腹部背板几乎全被侧卧的白色鳞片覆盖，第 4 腹节前缘被
黑色的毛，全部腹节侧面被黑色长毛。腹板被黑色绒毛。

雄性外生殖器：生殖背板侧视近矩形，高大于长，端部被浓密的黑色长鬃；尾须侧视外露。
生殖背板背视近矩形，长和宽几乎相等。生殖基节腹视近端部部分显著变窄，顶部被稀疏鬃状
的黑色毛；生殖刺突侧视基部厚，向端部变尖。阳茎基背片背视极长，顶部钝。

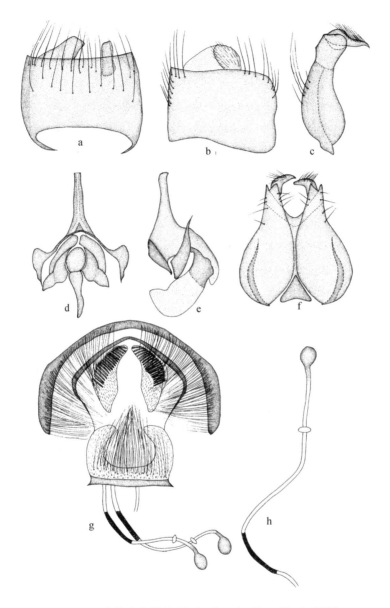

图 166　富饶东方蜂虻 *Euchariomyia dives* **Bigot，1888**

a. 生殖背板，背视（epandrium, dorsal view）；b. 生殖背板，侧视（epandrium, lateral view）；c. 生殖基节和生殖刺突，侧视（gonocoxite and gonostylus, lateral view）；d. 阳茎复合体，背视（aedeagal complex, dorsal view）；e. 阳茎复合体，侧视（aedeagal complex, lateral view）；f. 生殖基节和生殖刺突，腹视（gonocoxite and gonostyli, ventral view）；g. 雌性外生殖器，腹视（female genitalia, ventral view）；h. 储精囊（spermathecal bulb）

雌　体长 4～6 mm，翅长 5～7 mm。

头部黑色，单眼瘤黑色，单眼红色。复眼离眼式。头部的毛为黑色和黄色，鳞片白色，额被稀疏的黄色毛，颜被稀疏的黑色长毛，触角上方的额两侧被毛状的白色长鳞片，唇基两侧被毛状的白色长鳞片,后头被黑色和黄色的毛。触角黑色;柄节圆柱形,长约为宽的 2.5 倍,被黑色长毛;梗节长与宽几乎相等,被稀疏的黑色短毛;鞭节细长,长约为宽的 14 倍,表面被微小的白色鳞片,顶部有一细小针状附节。触角各节长度比为 5:2:20。喙黑色,被有微小的黑色毛;须黑色,被黑色长毛。

胸部黑色,被灰色粉,小盾片被褐色粉。胸部的毛以黄色为主,鬃为黑色;肩胛被黄色长毛,中胸背板前端被黄色长毛,翅基部附近有 3 根黑色侧鬃,胸部近翅基部被毛状的白色长鳞片,翅后胛有 3 根黑色鬃。小盾片仅前缘被黄色毛,其余区域几乎光裸;小盾片后缘被 8 根黑色鬃。足黑色。足被黑色的毛,鬃黑色。腿节被稀疏的黑色长毛;胫节和跗节被黑色短毛,后足腿节有 3 根 av 端鬃。中足胫节的鬃(5 ad,4 pd,5 av 和 5 pv),后足胫节的鬃(6 ad,8 pd,6 av 和 8 pv)。翅大部分褐色,有金属光泽,从基部和翅的前缘到到顶部和翅的后缘,由深褐色到淡褐色,臀叶和翅瓣基部边缘被深褐色的毛,翅脉 M_1 不达翅缘,bm 室在靠近 br 和 dm 室的角落有一黑色斑。平衡棒褐色。

腹部黑色,腹部的毛为黑色。腹部背板几乎被浓密的黄色侧卧的毛和黑色直立的毛覆盖,第 1 腹节被黑色的毛和鳞片,第 3 腹节侧面被白色鳞片。腹板被浓密的黑色绒毛。

雌性外生殖器,第 8 腹节腹视带状且中部有一近三角形的突起,第 9+10 腹节后视梯形中部分开,尾须腹视卵形近中部弯曲。受精囊球状。

观察标本 1♂,北京昌平十三陵,1956. Ⅶ,吴强(CAU);1♀,北京门头沟妙峰山,1955. Ⅵ. 27,翁衍(CAU);1♀,北京门头沟妙峰山,1955. Ⅵ. 27,张(CAU);1♂,山东泰安泰山,1998. Ⅵ. 27,崔爱平(CAU);1♂,山东泰安泰山普照寺,2000. Ⅵ. 22,陈晨(CAU);1♀,山东泰安泰山普照寺,2000. Ⅵ. 22,祝兴栋(CAU);1♂,山东泰安徂徕山,2000. Ⅶ. 9,陈品红(CAU);1♂,山东泰安徂徕山,2000. Ⅶ. 9,代伟(CAU);12♂♂,15♀♀,广西龙州弄岗,2008. Ⅶ. 3,王国全(CAU);15♂♂,25♀♀,广西龙州弄岗,2008. Ⅶ. 4,王国全(CAU);1♂,广西龙州弄岗,2006. Ⅴ. 13,张魁艳(CAU);1♀,广西龙州弄岗,2006. Ⅴ. 12,张魁艳(CAU);2♀♀,广西崇左太平马鞍,2008. Ⅶ. 2,王国全(CAU)。

分布 北京(昌平、门头沟)、山东(泰安)、广西(龙州、崇左);印度,印度尼西亚,老挝,缅甸,斯里兰卡,泰国。

讨论 该种触角上方的额两侧被白色毛状长鳞片,复眼雄性接眼式,雌性离眼式,翅大部分褐色,bm 室在靠近 br 和 dm 室的角落有一黑色斑,雄虫腹部第 4 腹节前缘被黑色的毛,雌虫腹部第 1 腹节被黑色的毛和鳞片,第 3 腹节侧面被白色鳞片。

21. 卷蜂虻属 *Systoechus* Loew,1855

Systoechus Loew, 1855. Progr. K. Realschule Meseritz 1855:5, 34(as subgenus of *Bombylius* Linnaeus). Type species:*Bombylius sulphureus* Mikan, 1796, by subsequent designation.

属征 体黑色,小盾片通常红色,至少小盾片后缘红色,有时腹部基部几节侧缘也为红色。腹部心形或长形。毛和鳞片白色到黄色或褐色。毛通常长且丝状。通常腹节后缘被成列的鬃,雌性尤其如此。胸部被浓密的毛。雄性复眼之间的距离与单眼瘤中部的宽度相等,顶部较宽;雌性复眼之间的距离约为单眼瘤宽度的 3 倍。颜和额膨大。触角鞭节棒状。触角各节长度比为 3∶1∶4。足以苍白色为主,鬃较少,在后足腿节稀疏分布。翅前缘基部被浓密的毛,翅脉 R₁ 略弯曲,径中横脉 r－m 较 m－m 长,翅室 br 和 bm 长度相等。翅瓣和腋瓣大。

讨论 卷蜂虻属 *Systoechus* 主要分布于非洲界和古北界,新北界分布 5 种,东洋界分布 4 种,澳洲界和新热带界无分布。该属全世界已知 120 种,我国已知 2 种。

种 检 索 表

1.	胸部和腹部有一纵向的白色条带 ·· 梯状卷蜂虻 *S. gradatus*
	胸部和腹部无一纵向的白色条带 ·· 栉翼卷蜂虻 *S. ctenopterus*

(151)栉翼卷蜂虻 *Systoechus ctenopterus*(Mikan,1796)(图 167)

Bombylius ctenopterus Mikan,1796. Monographia Bombyliorum Bohemiae iconibus illustrata. p. 45. Type locality:Czech Republic.

Bombylius sulphureus Mikan,1796. Monographia Bombyliorum Bohemiae iconibus illustrata. p. 52. Type locality:Czech Republic.

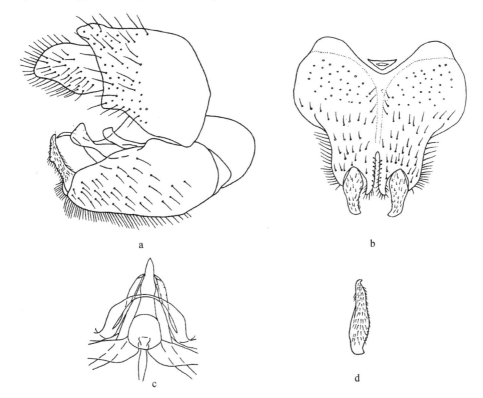

图 167 栉翼卷蜂虻 *Systoechus ctenopterus*(Mikan,1796)

a. 雄性外生殖器,侧视(male genitalia, lateral veiw);b. 生殖基节和生殖刺突,腹视(gonocoxite and gonostylus, ventral view);c. 阳茎复合体,背视(aedeagal complex, dorsal view);d. 生殖刺突,后视(gonostylus, posterior view)。据 Zatzev,1966 重绘

Bombylius aurulentus Wiedemann *in* Meigen，1820. Systematische Beschreibung der bekannten europäischen zweiflügeligen Insekten. p. 201. Type locality：Portugal.

Bombylius fulvus Meigen，1820. Systematische Beschreibung der bekannten europäischen zweiflügeligen Insekten. p. 205. Type locality：Palaearctic Region.

Bombylius sulphureus var. *dalmatinus* Loew，1855. Progr. K. Realschule Meseritz 1855：37. Type locality：Austria，Croatia，Hungary，Italy.

Bombylius ctenopterus var. *convergens* Loew，1855. Progr. K. Realschule Meseritz 1855：38. Type locality：Greece，Syria，or Turkey.

Systoechus sulphureus orientalis Zakhvatkin，1954. Trudy Vses. Entomol. Obshch. 44：289. Type locality：Russia.

鉴别特征 体被黄毛，有时被白色毛，胸部和腹部无一纵向的白色条带，腹部末端几节后缘被黑色鬃。生殖基节基部略大，中部开始显著变细，端部几乎等宽；生殖刺突侧视中部有一小的隆突；端阳茎近端部略粗，端部尖。

分布 新疆；阿尔及利亚，亚美尼亚，阿塞拜疆，奥地利，比利时，保加利亚，克罗地亚，塞浦路斯，捷克共和国，丹麦，埃及，爱沙尼亚，芬兰，法国，德国，希腊，格鲁吉亚，匈牙利，伊朗，以色列，意大利，哈萨克斯坦，拉脱维亚，立陶宛，马其顿，摩尔多瓦，摩洛哥，荷兰，波兰，葡萄牙，罗马尼亚，俄罗斯，斯洛伐克，斯洛文尼亚，西班牙，瑞典，瑞士，土耳其，乌克兰，南斯拉夫。

（152）梯状卷蜂虻 *Systoechus gradatus*（Wiedemann，1820）（图 168）

Bombylius gradatus Wiedemann *in* Meigen，1820. Systematische Beschreibung der bekannten europäischen zweiflügeligen Insekten. p. 207. Type locality：Portugal.

Bombylius leucophaeus Wiedemann *in* Meigen，1820. Systematische Beschreibung der bekannten europäischen zweiflügeligen Insekten. p. 215. Type locality：Portugal.

Bombylius lucidus Loew，1855. Progr. K. Realschule Meseritz 1855：38. Type locality：France（Corsica）.

Systoechus leucophaeus var. *gallicus* Villeneuve，1904. Feuille Jeunes Nat. 34：72. Type locality：France.

Systoechus tesquorum Becker，1916. Ann. Hist. - Nat. Mus. Natl. Hung. 14：64. Type locality：Russia（SET），Spain，Tunisia.

Systoechus gradatus var. *validus* Bezzi，1925. Bull. Soc. R. Entomol. Égypte 8：166. Type locality：Egypt.

鉴别特征 胸部和腹部有一纵向的白色条带。生殖基节基部显著膨大，中部开始显著变细，端部略渐细，生殖刺突侧视略弯曲，无隆突，端阳茎近端部细，端部尖。

分布 新疆；阿富汗，亚美尼亚，奥地利，阿塞拜疆，波斯尼亚，保加利亚，克罗地亚，埃及，芬兰，法国，德国，希腊，格鲁吉亚，匈牙利，伊朗，意大利，哈萨克斯坦，吉尔吉斯斯坦，马其顿，摩尔多瓦，摩洛哥，波兰，葡萄牙，罗马尼亚，俄罗斯，斯洛文尼亚，西班牙，塔吉克斯坦，突尼斯，土耳其，土库曼斯坦，乌克兰，乌兹别克斯坦，南斯拉夫。

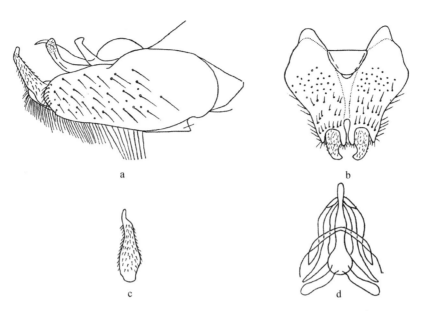

图 168　梯状卷蜂虻 *Systoechus gradatus*（Wiedemann，1820）

a. 雄性外生殖器，侧视（male genitalia, lateral veiw）；b. 生殖基节和生殖刺突，腹视（gono-coxite and gonostylus, ventral view）；c. 生殖刺突，后视（gonostylus, posterior view）；d. 阳茎复合体，背视（aedeagal complex, dorsal view）。据 Zatzev，1966 重绘

22.隆蜂虻属 *Tovlinius* Zaitzev，1979

Tovlinius Zaitzev，1979. Trudy Zool. Inst. Akad. Nauk SSSR 88：116. Type species：*Bombylius albissimus* Zaitzev，1964，by original designation.

属征　腹部短宽的卵圆形。体毛短,腹部的毛稀少,体有时被苍白色的斑。雄性复眼不与单眼三角区相接。触角柄节不膨大,鞭节矛尖状,被面被一些毛。翅透明或仅基缘有色,翅脉 R_1-R_{2+3} 缺如（2 个亚缘室）,r_5 室在离翅缘较远处关闭,r_5 端部有一长脉伸至翅缘。中足胫节的鬃缺如。

讨论　隆蜂虻属 *Tovlinius* 全世界已知仅 3 种,全部分布在东洋界。我国已知 2 种。

种 检 索 表

1.	触角黑色,柄节被白色和黑色的毛；腹部侧面被黑色鬃 ···················· **壮隆蜂虻 *T. pyramidatus***
	触角黑色, 被白色鳞片,仅交界处褐色,柄节被白色和黑色的鳞片；腹部侧面被白色鬃
	癫隆蜂虻 *T. turriformis*

(153)壮隆蜂虻 *Tovlinius pyramidatus* Yao，Yang *et* Evenhuis，2011.（图 169,图版 XVII e）

Tovlinius pyramidatus Yao，Yang *et* Evenhuis，2011. ZooKeys 153：76. Type locality：

China（Sichuan）.

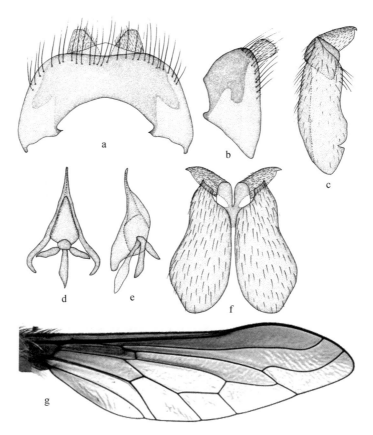

图 169 壮隆蜂虻 *Tovlinius pyramidatus* Yao，Yang *et* Evenhuis，2011

a. 生殖背板，背视（epandrium，dorsal view）；b. 生殖背板，侧视（epandrium，lateral view）；c. 生殖基节和生殖刺突，侧视（gonocoxite and gonostylus，lateral view）；d. 阳茎复合体，背视（aedeagal complex，dorsal view）；e. 阳茎复合体，侧视（aedeagal complex，lateral view）；f. 生殖基节和生殖刺突，腹视（gonocoxite and gonostyli，ventral view）；g. 翅（wing）

雄　体长 10 mm，翅长 9 mm。

头部黑色。头部的毛为黑色和白色，额三角区被浓密直立的黑色长毛，颜被浓密直立的白色的长毛，后头被浓密直立的白色毛和稀疏的黑色长毛。触角黑色；柄节长，被浓密的白色和黑色长毛；鞭节长，光裸，顶部有一附节。喙缺如。

胸部黑色。胸部的毛以白色为主。肩胛被浓密的白色长毛，中胸背板被浓密的白色长毛，胸部背部被稀疏的白色毛，上前侧片和下前侧片被浓密的白色长毛。小盾片黑色，被浓密的白色长毛。足黑色，仅胫节黄色。足的毛以黄色为主，鬃黄色。腿节被浓密的白色毛和鳞片，胫节和跗节被黄色短毛和白色鳞片，后足腿节有 3 av 端鬃。前足胫节的鬃（7 ad，8 pd 和 6 pv），中足胫节的鬃（7 ad，8 pd，8 av 和 7 pv），后足胫节的鬃（8 ad，7 pd，6 av 和 6 pv）。翅均匀的淡褐色，仅基部褐色。翅脉 r-m 靠近盘室的基部，翅室 r_5 关闭，翅脉 C 基部被刷状黑色鬃，白色毛和淡黄色鳞片。平衡棒深褐色。

腹部黑色。腹部的毛以白色为主。腹部侧面被浓密的白色长毛和黑色鬃，往端部逐渐浓密,腹部背板被浓密的白色长毛和稀疏的淡黄色毛。腹板黑色,仅中部和后缘褐色。腹板被浓密的白色毛。

雄性外生殖器:生殖背板侧视梯形;尾须明显外露,高显著大于长。生殖背板背视近矩形,后缘中部有一大凹陷,宽显著大于长。生殖基节腹视往端部显著变窄;生殖刺突侧视椭圆形,顶部尖且弯曲。阳茎基背片背视塔形,端部尖;阳茎基背片侧视细长且弯曲。

雌 未知。

观察标本 正模♂,四川红原刷经寺,1983.Ⅷ.5,郑乐怡(NKU)。

分布 四川(红原)。

讨论 该种与 *Tovlinius albissimus*(Zaitzev,1964)近似,但该种生殖背板背视近矩形,生殖刺突侧视椭圆形,阳茎基背片背视塔形。而 *T. albissimus* 生殖背板背视近三角形,生殖刺突侧视不规则,基部大端部变细,阳茎基背片背视端部长指凸状。

(154)癞隆蜂虻 *Tovlinius turriformis* Yao,Yang *et* Evenhuis,2011.(图170,图版 XⅦf)

Tovlinius turriformis Yao,Yang *et* Evenhuis,2011. ZooKeys 153:78. Type locatity:China(Sichuan).

雄 体长 10 mm,翅长 9 mm。

头部黑色。头部的毛为黑色和白色,额三角区被浓密直立的黑色和白色的长毛,颜被浓密直立的白色长毛,后头被浓密直立的白色毛和稀疏的黑色长毛。触角黑色,被白色鳞片,仅交界处褐色;柄节长,被浓密的白色和黑色的鳞片;鞭节长,被稀疏的白色鳞片,顶部有一附节。喙黑色,长约为头的 5 倍。

胸部黑色,被褐色粉。胸部的毛以白色为主。肩胛被浓密的白色长毛;中胸背板被稀疏的白色长毛,上前侧片和下前侧片被浓密白色长毛。小盾片黑色,被白色长毛,后缘被白色鬃。足黄色,仅腿节黑色。足的毛以黄色为主,鬃黄色。腿节被浓密的白色毛和鳞片,胫节和跗节被黄色短毛和白色鳞片。后足腿节的鬃(3 ad,3 av 和 3 pv);前足胫节的鬃(7 ad,8 pd,5 av 和 6pv),中足胫节的鬃(7 ad,7 pd,8 av 和 6 pv),后足胫节的鬃(8 ad,7 pd,7 av 和 6 pv)。翅均匀的淡褐色。翅脉 r-m 靠近盘室的基部,翅室 r₅ 关闭,翅脉 C 基部被刷状的黑色鬃和白色毛和鳞片。平衡棒黑色。

腹部黑色。腹部的毛以白色为主。腹部侧面被浓密的白色长毛和白色鬃,往端部逐渐浓密。腹部背板被稀疏的白色长毛,第 4~7 节背板后缘被黑色鬃。腹板被浓密的白色长毛。

雄性外生殖器:生殖背板侧视梯形。尾须明显外露,高显著大于长。生殖背板背视宽略大于长。生殖基节腹视往端部显著变窄。生殖刺突侧视椭圆形,顶部尖。阳茎基背片背视塔形,端部钝。阳茎基背片侧视细长且弯曲。

雌 未知。

观察标本 正模♂,四川马尔康,1986.Ⅶ.30,王天齐(SEMCAS)。

分布 四川(马尔康)。

讨论 该种与 *Tovlinius albissimus*(Zaitzev,1964)近似,但该种生殖背板背视近矩形,生殖刺突侧视椭圆形,阳茎基背片背视塔形。而 *T. albissimus* 生殖背板背视近三角形,生殖刺突侧视不规则,基部大端部变细,阳茎基背片背视端部长指凸状。

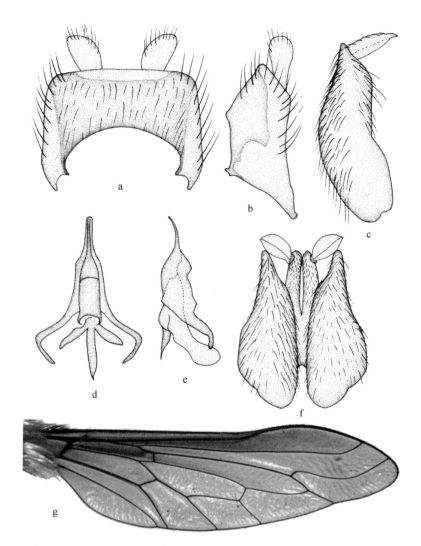

图 170　癞隆蜂虻 *Tovlinius turriformis* Yao, Yang *et* Evenhuis, 2011.

a. 生殖背板, 背视 (epandrium, dorsal view); b. 生殖背板, 侧视 (epandrium, lateral view); c. 生殖基节和生殖刺突, 侧视 (gonocoxite and gonostylus, lateral view); d. 阳茎复合体, 背视 (aedeagal complex, dorsal view); e. 阳茎复合体, 侧视 (aedeagal complex, lateral view); f. 生殖基节和生殖刺突, 腹视 (gonocoxite and gonostyli, ventral view); g. 翅 (wing)

三、坦蜂虻亚科 Phthiriinae Becker, 1913

Phthiriinae Becker, 1913. Ezheg. Zool. Muz. 17: 483. Type genus: *Phthiria* Meigen, 1803.

雄性复眼离眼式。颜和额膨大。触角位于颜膨大的端部; 鞭节端部凹且内部有一小刺突。唇基伸达触角的基部; 须一节。食腔简单, 颅后区域平, 1 个后头孔, 后头囊存在且发达。胸部翅有 4 个后缘室, Rs 脉有 3 条支脉, 翅脉 M_2 存在, 臀室关闭。前足基节基部分开。生殖背板后缘凹或凸。

讨论 坦蜂虻亚科昆虫世界性分布。该亚科目前已知 10 属 114 种。本文系统记述我国 1 属 1 种。

23. 坦蜂虻属 *Phthiria* Meigen，1820

Phthiria Meigen，1820. Systematische Beschreibung der bekannten europäischen zweiflügeligen Insekten. p. 268. Type species：*Bombylius pulicarius* Mikan，1796，by monotypy.

Ptimia Rafinesque，1815. Analyse de la nature ou tableau de l'univers et des corps organisés. p. 221. Type species：*Bombylius pulicarius* Mikan，1796，automatic.

属征 体小型,体长 1.5～5 mm。体毛通常短且稀疏,仅少数种被浓密直立的长绒毛。额和颜显著凸出。喙细,极长。触角鞭节长形,顶部有凹沟内部有一小刺突。翅宽,通常在基部特别宽,翅上通常有附脉。

讨论 坦蜂虻属 *Phthiria* 主要分布于非洲界和古北界,新热带界分布 6 种,东洋界和新北界各分布 1 种,澳洲界无分布。该属全世界已知 64 种,我国已知 1 种。

(155) 朦坦蜂虻 *Phthiria rhomphaea* Séguy，1963（图 171,图版 XⅧe）

Phthiria rhomphaea Séguy，1963. Bull. Mus. Natl. Hist. Nat. Paris 35：255. Type locality：China (Sichuan).

图 171 朦坦蜂虻 *Phthiria rhomphaea* Séguy，1963
a. 雌虫,侧视（female body, lateral view）；b. 翅（Wing）

雌 体长 5～6 mm,翅长 5～7 mm。

头部淡黄色,仅单眼瘤附近黑色,单眼瘤和触角的中部侧面和近触角的边缘各有 2 个黑斑,头部的毛以金黄色为主。额被金黄色毛,颜被稀疏的金黄色毛,后头黑色,被白色粉,仅复眼边缘淡黄色,被稀疏的金黄色毛。触角黑色;柄节圆柱形,长和宽几乎相等,两边被稀疏的黑色毛；梗节长和宽几乎相等，被稀疏黑色毛；鞭节棒状，光裸无毛，端部凹且内部有一小刺突。触角各节长度比为 3∶2∶12。喙黑色极长，长度约为头的 5 倍。

胸部黑色，被褐色粉，仅侧缘和小盾片淡黄色。胸部的毛以金黄色为主。肩胛淡黄色，中胸背板被稀疏的淡黄色毛，翅后胛淡黄色。小盾片淡黄色，光裸。足黑色。足的毛黑色。前足腿节被稀疏黑色短毛，中、后足腿节被浓密的黑色短毛；胫节和跗节被浓密的黑色短毛。翅透明，翅脉 r - m 靠近盘室端部 1/3 处，横脉 M - Cu 弯曲，翅基缘被褐色短毛。平衡棒深褐色，仅端部中间淡黄色。

腹部黑色，被褐色粉。腹部的毛以金黄色为主。腹部背板浓密侧卧的金黄色毛，仅第 1 节背板被淡褐色毛，腹板侧缘被稀疏鬃状淡褐色长毛。腹板黑色，被白色粉，被稀疏的金黄色的毛。

雄 未知。

观察标本 8♀♀，辽宁桓仁老秃顶，2009. Ⅶ. 24，李彦（CAU）；1♀，辽宁宽甸泉山，2009. Ⅶ. 10，王俊潮（CAU）。

分布 辽宁（桓仁、宽甸）、四川。

讨论 该种胸部黑色但翅后胛、侧缘和小盾片淡黄色，腹部第 1 节背板的毛淡褐色，其余背板的毛金黄色。

四、弧蜂虻亚科 Toxophorinae Schiner，1868

Toxophorinae Schiner，1868. Reise der österreichischen Fregatte Novara um die Erde in den Jahren 1857，1858，1859，unter den Befehlen des Commodore B. von Wüllerstof - Ur-bair. p. 116. Type genus：*Toxophora* Meigen，1803.

Systropodinae Brauer，1880. Denkschr. Akad. Wiss.，Wien. Math. - Nat. Kl. 42：115. Type genus：*Systropus* Wiedemann，1820.

Gerontinae Hesse，1938. Ann. S. Afr. Mus. 34：866. Type genus：*Geron* Meigen，1820.

头部圆形。触角柄节和梗节长，鞭节有一仅 1 节的附节。雄性复眼离眼式；颜不肿胀。须一节，须孔不存在，食腔简单，颅后区域平，1 个后头孔。胸部上前侧片，下前侧片光裸无毛。胸部翅上 Rs 脉有 3 条支脉，翅无 M_2 脉，翅室 dm - cu 存在，臀室关闭。雄性下生殖板缺如，生殖基节中部无内脊。

讨论 弧蜂虻亚科昆虫世界性分布。该亚科目前已知 5 属 220 种。本文系统记述我国 3 属 75 种，其中包括 4 中国新记录种。

属 检 索 表

1.	前胸背板发达，被很长的硬鬃；喙的长度小于或等于头长 ·················	弧蜂虻属 *Toxophora*
	前胸背板正常，无鬃；喙管状，长度大于头长 ·······························	**2**
2.	腹部细长，呈棒状 ··	姬蜂虻属 *Systropus*
	腹部正常 ···	驼蜂虻属 *Geron*

24. 驼蜂虻属 *Geron* Meigen，1820

Geron Meigen，1820. Systematische Beschreibung der bekannten europäischen zweiflügeligen Insekten. p. 223. Type species：*Geron gibbosus* Meigen，1820，by subsequent designation.

Amictogeron Hesse，1938. Ann. S. Afr. Mus. 34：918. Type species：*Amictogeron meromelanus* Hesse，1938，by original designation.

属征 体小至中型，呈黑色。头部颊十分狭窄，雄性复眼为接眼式，雌性复眼为离眼式。触角梗节最短，鞭节最长，向端部变窄。胸部显著隆凸。翅有 3 个后室，翅脉 R_{4+5} 分为 2 支。腹部略侧扁，腹部末端缩小成锥形。

讨论 驼蜂虻 *Geron* 世界性分布，其中非洲界种类最多且显著多于其他区域。该属全世界已知 160 种，我国已知 6 种，其中包括 1 新纪录种。

种 检 索 表

1.	体被金属光泽的黑色鳞片 ······	幽鳞驼蜂虻 *G. kaszabi*
	体不被鳞片 ······	2
2.	后头被黄色的毛 ······	3
	后头被白色的毛 ······	4
3.	触角柄节被白色长毛；胸部肩胛被白色长毛；腹部背板被稀疏直立的白色长毛和黄色侧卧鳞片 ······	素颜驼蜂虻 *G. intonsus*
	触角柄节被黑色长毛；胸部肩胛被金黄色长毛；腹部背板被稀疏的淡黄色毛和侧卧的金黄色鳞片 ······	中华驼蜂虻 *G. sinensis*
4.	头黑色，仅喙边缘白色 ······	白缘驼蜂虻 *G. kozlovi*
	头全部黑色 ······	5
5.	触角被白色的毛；生殖基节后缘凹缺较小，矩形 ······	长腹驼蜂虻 *G. longiventris*
	触角被褐色的毛；生殖基节后缘凹缺较大，钟罩形 ······	白毛驼蜂虻 *G. pallipilosus*

(156) 素颜驼蜂虻 *Geron intonsus* Bezzi，1925（中国新纪录种）（图 172）

Geron intonsus Bezzi，1925. Bull. Soc. R. Entomol. Égypte 8：196. Type locality：Egypt.

雄 体长 5.0 mm，翅长 4.5 mm。

头部黑色，被白色粉。头部的毛为淡黄色和白色。额和颜被白色的粉和毛。复眼接眼式。后头被黄色毛。触角黑色，被白色粉；柄节长约为宽的 3 倍，被白色长毛；梗节长和宽几乎相等，被白色粉和稀疏的白色短毛；鞭节长，往端部逐渐变窄，端部尖，光裸。触角各节长度比为 4：1：6。喙黑色。

胸部黑色，被褐色粉，仅侧面和中前部被白色粉。胸部的毛为白色和淡黄色。肩胛被白

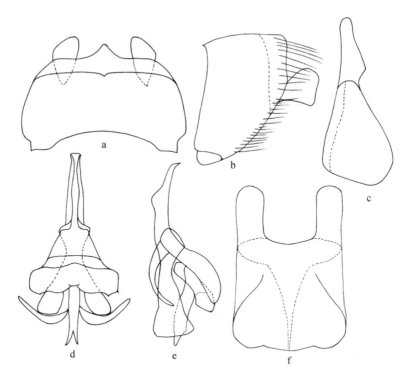

图 172 素颜驼蜂虻 *Geron intonsus* **Bezzi, 1925**

a. 生殖背板,背视 (epandrium, dorsal view);b. 生殖背板,侧视 (epandrium, lateral view);c. 生殖基节和生殖刺突,侧视 (gonocoxite and gonostylus, lateral view);d. 阳茎复合体,背视 (aedeagal complex, dorsal view);e. 阳茎复合体,侧视 (aedeagal complex, lateral view);f. 生殖基节和生殖刺突,腹视 (gonocoxite and gonostyli, ventral view)

色长毛和白色粉,中胸背板被稀疏的白色和淡黄色毛,上前侧片和下前侧片被稀疏的白色毛和白色粉。小盾片黑色,被稀疏的白色毛。足褐色,仅跗节黑色。足的毛以白色为主。腿节被稀疏的白色长毛和浓密的白色鳞片,胫节被白色短毛和黑色鬃,跗节被白色短毛。翅透明,翅脉 r-m 靠近盘室的中部,横脉 M-Cu 略弯曲,翅基缘被白色毛。平衡棒淡黄色。

腹部黑色,被褐色粉。腹板的毛以白色为主,鳞片黄色。腹部背板被稀疏直立的白色长毛和侧卧的黄色鳞片。腹板被浓密直立的白色长毛和浓密侧卧的白色鳞片和白色粉。

雄性外生殖器:生殖背板侧视近三角形,高显著大于长;尾须明显外露。生殖背板背视宽约为长的 2 倍。生殖基节腹视近矩形,中部有矩形凹陷;生殖刺突侧视棒状。阳茎基背片背视长,顶部近矩形。

雌 未知。

观察标本 1♂,内蒙古呼伦贝尔扎兰屯,1937. Ⅶ. 7(CAU)。

分布 内蒙古(呼伦贝尔);埃及。

讨论 该种头的毛为淡黄色和白色,触角的毛白色;胸部的毛为白色和淡黄色;腹部背板毛白色,鳞片黄色,腹板的粉、毛和鳞片都为白色。

(157) 幽鳞驼蜂虻 *Geron kaszabi* Zaitzev，1972（图 173）

Geron kaszabi Zaitzev，1972. Insects of Mongolia 1：866. Type locality：Mongolia.

鉴别特征 体被金属光泽的黑色鳞片。生殖基节腹视塔形，基部宽，往端部显著变细；生殖刺突腹视端部尖，端阳茎侧视由宽到细，端部尖，阳茎复合体背视端部三叉状，两侧极尖，中部呈指凸状。

分布 内蒙古；蒙古，塔吉克斯坦，乌兹别克斯坦。

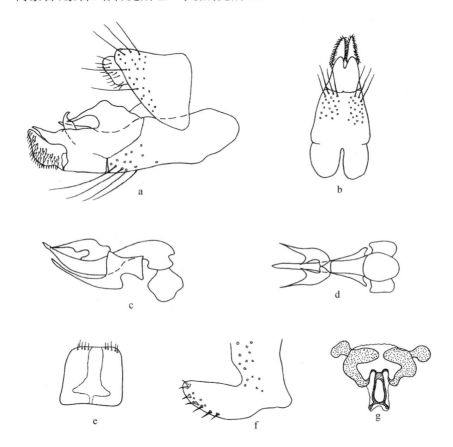

图 173　幽鳞驼蜂虻 *Geron kaszabi* Zaitzev，1972

a. 雄性外生殖器，侧视（male genitalia, lateral veiw）；b. 生殖基节和生殖刺突，腹视（gonocoxite and gono-stylus, ventral view）；c. 阳茎复合体，侧视（aedeagal complex, lateral view）；d. 阳茎复合体，背视（aede-agak comples, dorsal view）。e. 雌第 8 腹板（female sternite 8）；f. 第 8 背板（tergite 8）；g. 第 9 腹板（stern-ite 9）。据 Zatzev，1972 重绘

(158) 白缘驼蜂虻 *Geron kozlovi* Zaitzev，1972（图 174）

Geron kozlovi Zaitzev，1972. Insects of Mongolia 1：863. Type locality：China (Inner Mongolia).

鉴别特征 体不被鳞片。头黑色,仅喙边缘白色。后头被白色的毛。生殖基节腹视近长方形,中部略宽;生殖刺突腹视端部钝。端阳茎侧视和背视细长,端部尖。

分布 内蒙古;亚美尼亚,阿塞拜疆,格鲁吉亚,伊朗,哈萨克斯坦,吉尔吉斯斯坦,塔吉克斯坦,土耳其,乌兹别克斯坦。

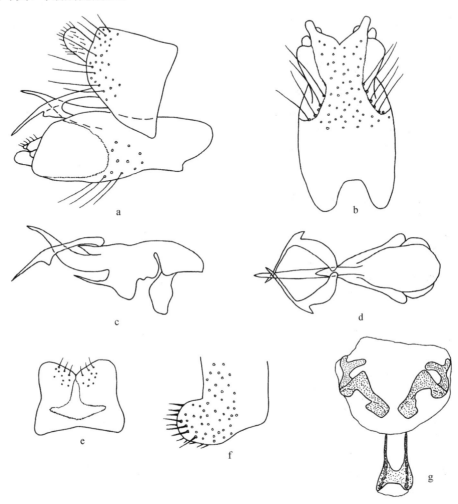

图 174 白缘驼蜂虻 *Geron kozlovi* Zaitzev, 1972

a. 雄性外生殖器,侧视(male genitalia, lateral veiw);b. 生殖基节和生殖刺突,腹视(gonocoxite and gonostylus, ventral view);c. 阳茎复合体,侧视(aedeagal complex, lateral view);d. 阳茎复合体,背视(aedeagak complex, dorsal view)。e. 雌第 8 腹板(female sternite 8);f. 第 8 背板(tergite 8);g. 第 9 腹板(sternite 9)。据 Zatzev, 1972 重绘

(159)长腹驼蜂虻 *Geron longiventris* Efflatoun, 1945(图 175)

Geron longiventris Efflatoun, 1945. Bull. Soc. Fouad I$_{er}$ Entomol. 29:149. Type locality:Egypt.

Geron roborovskii Zaitzev, 1996. Entomol. Obozr. 75:687. Type locality:Israel.

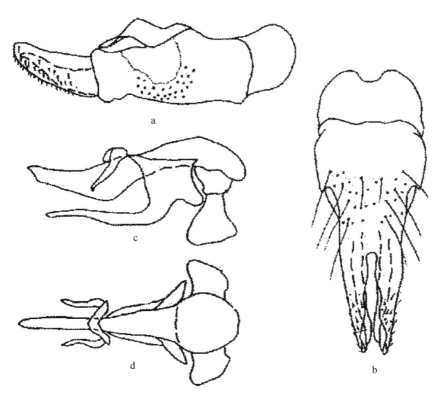

图 175 长腹驼蜂虻 *Geron longiventris* Efflatoun, 1945

a. 生殖基节和生殖刺突,腹视(gonocoxite and gonostylus, lateral view); b. 生殖基节和生殖刺突,腹视(gonocoxite and gonostylus, ventral view); c. 阳茎复合体,侧视(aedeagal complex, lateral view); d. 阳茎复合体,背视 (aedeagal complex, dorsal view)。据 Zatzev, 1996 重绘

鉴别特征 体不被鳞片。头部全黑色,后头被白色的毛。触角被白色的毛。生殖基节后缘凹缺较小,矩形。

分布 中国;埃及,以色列,塔吉克斯坦,乌兹别克斯坦。

(160) 白毛驼蜂虻 *Geron pallipilosus* Yang *et* Yang (图 176,图版 XVⅢc)

Geron pallipilosus Yang *et* Yang, 1992. Entomotaxon. 14:207. Type locality:China (Ningxia).

雄 体长 4.5～5.5 mm,翅长 4.6～5.5 mm。

头部黑色,被白色粉。头部的毛以白色为主。额和颜被白色粉和毛。复眼接眼式。后头被白色的毛、鳞片和粉。触角深褐色;柄节长与宽几乎相等,被稀疏的褐色毛;梗节长和宽几乎相等,被稀疏的白色短毛;鞭节长,往端部逐渐变窄,光裸。触角各节长度比为 5:2:10。喙黑色,被黄色短毛,长约为头长的 2 倍。

胸部黑色,被褐色粉,仅侧面和中前部被白色粉。胸部的毛以白色为主。肩胛被白色长毛和白色粉,中胸背板被稀疏的白色长毛,上前侧片和下前侧片被稀疏的白色毛和粉。小盾片深褐色,被稀疏的白色毛和褐色粉。足淡黄色,被白色粉,仅跗节褐色。足的毛以白色为主。腿

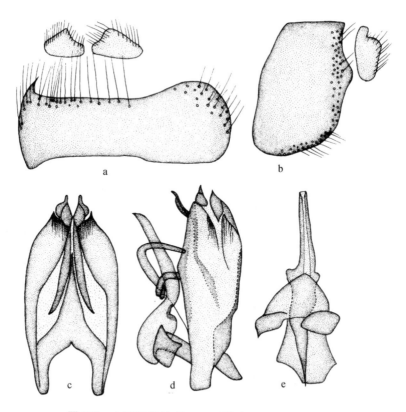

图 176　白毛驼蜂虻 *Geron pallipilosus* Yang *et* Yang

a. 生殖背板,背视 (epandrium, dorsal view);b. 生殖背板,侧视 (epandrium, lateral view);c. 生殖基节和生殖刺突,腹视 (gonocoxite and gonostyli, ventral view);d. 生殖基节和阳茎复合体,侧视 (gonocoxite and aedeagal complex, lateral view);e. 阳茎复合体,背视 (aedeagal complex, dorsal view)

节被稀疏的白色长毛,胫节被白色短毛和鬃状的褐色毛,跗节被黑色短毛。翅透明,翅脉 r - m 靠近盘室的中部,横脉 M - Cu 略弯曲,翅基缘被白色和褐色的毛。平衡棒淡黄色。

腹部黑色,被白色粉;腹部的毛以白色为主,鳞片白色。腹部背板被稀疏直立的白色长毛和侧卧的黄色鳞片。腹板被浓密直立的白色长毛和浓密侧卧的白色鳞片。

雄性外生殖器:生殖背板侧视近矩形,高显著大于长;尾须明显外露。生殖背板背视宽约为长的 3 倍。生殖基节腹视近端部部分显著变窄,长约为宽的 2 倍;生殖刺突侧视基部厚,端部钝。阳茎基背片背视长,顶部近矩形。

雌　体长 5 mm,翅长 4.5 mm。

与雄性近似,但复眼离眼式,腹部白色毛更加浓密。

观察标本　正模♂,宁夏银川,1980. Ⅶ. 10,杨集昆(CAU)。配模♂,宁夏银川,1980. Ⅶ. 10,杨集昆(CAU)。副模 1♂,1♀,内蒙古土默特左旗,1978. Ⅶ. 24,陈合明(CAU);副模 2♂♂,2♀♀,宁夏银川,1980. Ⅶ. 10,杨集昆(CAU)。

分布　内蒙古(土默特左旗)、宁夏(银川)。

讨论　该种额和颜的粉和毛白色,胸部的毛白色,胫节被白色短毛,腹部黑色,被白色粉,腹部的毛和鳞片为白色。

(161)中华驼蜂虻 *Geron sinensis* **Yang** *et* **Yang**（图 177，图版Ⅰa，图版ⅩⅧd）

Geron sinensis Yang *et* Yang, 1992. Entomotaxon. 14：206. Type locality：China (Beijing).

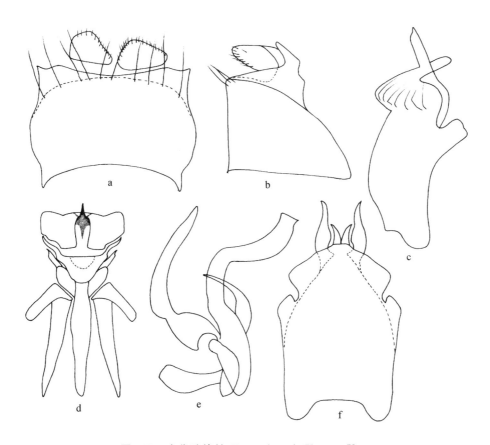

图 177 中华驼蜂虻 *Geron sinensis* Yang *et* Yang

a. 生殖背板，背视（epandrium, dorsal view）；b. 生殖背板，侧视（epandrium, lateral view）；c. 生殖基节
和生殖刺突，侧视（gonocoxite and gonostylus, lateral view）；d. 阳茎复合体，背视（aedeagal complex,
dorsal view）；e. 阳茎复合体，侧视（aedeagal complex, lateral view）；f. 生殖基节和生殖刺突，腹视
（gonocoxite and gonostyli, ventral view）

雄 体长 5 mm，翅长 4 mm。

头部黑色，被白色粉。头部的毛以黄色为主。额被白色鳞片，颜被白色粉。复眼接眼式。
后头被黄色毛和褐色粉。触角黑色；柄节长约为宽的 4 倍，被黑色长毛；梗节长与宽几乎相等，
被稀疏的黑色短毛；鞭节长，端部尖，光裸。触角各节长度为 4：1：7。喙黑色，长度约为头的
2 倍。

胸部黑色，被褐色粉。胸部的毛以金黄色为主。肩胛被金黄色长毛，中胸背板被稀疏的黄
色毛，上前侧片和下前侧片被黄色毛。小盾片黑色，被稀疏金黄色毛。足黑色，仅前足跗节褐
色。足的毛以黑色为主。腿节被稀疏的黑色毛，胫节被鬃状的黑色短毛，跗节被浓密黑色短
毛。翅透明，翅脉 r - m 靠近盘室的中部，横脉 M - Cu 略弯曲，翅基缘被黄色毛。平衡棒淡

黄色。

腹部黑色,被褐色粉。腹部的毛以淡黄色为主。腹部背板被稀疏的淡黄色毛和侧卧的金黄色鳞片。腹板被侧卧的白色和黄色鳞片以及稀疏的淡黄色毛和直立的白色毛。

雄性外生殖器:生殖背板侧视近三角形,长和高几乎相等;尾须明显外露。生殖背板背视近矩形。生殖基节腹视近端部部分急剧变窄,侧面各有一凹缺。生殖刺突侧视棒状,端部急剧变尖。阳茎基背片背视近矩形,顶部中间有一尖凸;端阳茎侧视短且端部钝。

雌 体长 5～6 mm,翅长 4～5 mm。

与雄性近似,但复眼离眼式,胸部侧面被浓密的金黄色的毛。

观察标本 正模♂,北京海淀香山,1984.Ⅶ.23,王音(CAU)。副模 7♀♀,北京海淀香山,1984.Ⅶ.23,王音(CAU);1♀,北京海淀望儿山,1986.Ⅶ.3,蔡志洲(CAU)。

分布 北京(海淀)。

讨论 该种后头被黄色毛和褐色粉,足黑色,但前足跗节褐色,腹部背板的毛淡黄色,鳞片金黄色,腹板的鳞片为白色和黄色。

25. 姬蜂虻属 *Systropus* Wiedemann,1820

Systropus Wiedemann, 1820:18. Type species:*Systropus macilentus* Wiedemann, 1820,by original designation (on plate).

Céphène Latreille, 1825:496 (unjustified new replacement name for *Systropus* Wiedemann, 1820). [Unavailable; vernacular name without nomenclatural status.]

Cephenus Berthold, 1827:506 (unnecessary new replacement name for *Systropus* Wiedemann, 1820 [as "*Systrophus*"]). Type species:*Systropus macilentus* Wiedemann, 1820,automatic.

Cephenes Latreille, 1829:505. Type species:*Systropus macilentus* Wiedemann, 1820, by subsequent designation (Evenhuis, 1991b:25). [Unavailable; name proposed *in* synonymy with *Systropus* Wiedemann and not made available before 1961.]

Systropus Jensen, 1832:335. Type species:*Systropus macilentus* Jensen, 1832 [preoccupied, = *Systropus macilentus* Wiedemann, 1820], by monotypy. [Preoccupied Wiedemann, 1820.]

Xystrophus Agassiz, 1846:393 (unnecessary emendation of *Systropus* Wiedemann, 1820). Type species:*Systropus macilentus* Wiedemann, 1820, automatic.

Cephenius Enderlein, 1926:70. Type species:*Systropus studyi* Enderlein, 1926, by original designation.

Coptopelma Enderlein, 1926:70. Type species:*Coptopelma schineri* Enderlein, 1926 [misidentification, = *Systropus sanguineus* Bezzi, 1921], by original designation.

Pioperna Enderlein, 1926:70. Type species:*Cephenus femoratus* Karsch, 1880, by original designation.

Symblla Enderlein, 1926:70, 92. Type species:*Systropus leptogaster* Loew, 1860 [misidentification, = *Systropus holaspis* Speiser, 1914], by original designation.

属征 体细长,体型似姬蜂。触角长分为三节,鞭节柳叶状。前足与中足短小,后足细长。翅烟色透明,狭长。腹柄由第 2～3 腹节组成。

讨论 姬蜂虻属 *Systropus* 的系统地位争议较大。由于其特殊的体型,在过去相当长的一段时间内被单独当做蜂虻科的一个亚科,即姬蜂虻亚科 Systropodinae。*Systropus* 分为四个亚属,即 *Diaerops*、*Dimelopelma*、*Systropus*、*Teinopelmus*。该属为世界性分布,已知 180 余种。我国已知 2 亚属 68 种,其中包括 1 新种和 3 新记录种。

亚属检索表

1.	腹柄短,由第 2～3 腹节组成;触角下的颜上有一簇毛 ···················· 短柄姬蜂虻亚属 *Dimelopelma*
	腹柄长,由第 2～4 或者 2～5 腹节组成;触角下的颜上没有浓密的一簇毛或者有少量毛 ·· 姬蜂虻亚属 *Systropus*

短柄姬蜂虻亚属 *Dimelopelma* Enderlein,1926

Dimelopelma Enderlein,1926. Wien. Entomol. Ztg. 43：70,90 (as genus). Type species：*Dimelopelma tessmanni* Enderlein,1926,by original designation.

属征 体细长,体型似姬蜂。触角长分为三节,鞭节柳叶状。前足与中足短小,后足细长。翅烟色透明,狭长。腹柄短,由第 2～3 腹节组成。

讨论 Enderlein1926 年建立 *Dimelopelma* 属,1973 年 Hull 将其归为姬蜂虻属 *Systropus* 其下 6 个亚属之一,分亚属特征依据主要为亚缘室的数量及构成腹柄的节数。Bodwen 在 1967 将 *Systropus* 分为四个亚属,即 *Diaerops*、*Dimelopelma*、*Systropus*、*Teinopelmus*,其分类依据主要为构成腹柄的节数,而抛弃了亚缘室的数量这一分类特征。作者赞成 Bodwen 1967 年的划分,将姬蜂虻属 *Systropus* 根据腹柄的节数及颜上毛的多少分为 4 个亚属。并将 *S. maccus* 归为 *Dimelopelma* 亚属。该亚属分布古北区和东洋区,世界已知 3 种。我国已知 3 种。

种 检 索 表

1.	中胸背板两侧的后斑相互相连,愈合成一条黄色横带 ·············· 短柄姬蜂虻 *S. curtipetiolus*
	中胸背板两侧的后斑相互独立,不相连 ··· 2
2.	后胸腹板两侧各有一条黑斑 ······································ 离斑姬蜂虻 *S. maccus*
	后胸腹板黑色,末端有一黄色 V 形区域 ······························ 颜黑姬蜂虻 *S. perniger*

(162) 短柄姬蜂虻 *Systropus curtipetiolus* Du et Yang,2009(图 178,图版Ⅲa)

Systropus curtipetiolus Du et Yang in Yang D.（Ed.）2009. Fauna of Hebei：Diptera. p. 314. Type locality：China（Beijing）.

体长 13～21 mm,翅长 9～11 mm。

雄　头部红黑色;下额、颜和颊浅黄色。单眼瘤深褐色。头部有浅黄毛,下额、颜和颊有密的银白色短毛。上后头沿眼缘有黑毛。触角除柄节端部1/6棕色外,其余均为黄色,柄节末端1/6及梗节黑色,有浓密的短黑毛,鞭节扁平无毛。触角三节长度比3.25∶1∶25。喙黑色,基半部的下面红棕色;下颚须基半部黑褐色,端半部淡褐色。

胸部黑色,有黄色斑;毛淡黄色和暗褐色,但黄色区有淡黄毛。肩胛浅黄色。前胸侧板浅黄色。中胸背板有三个黄色侧斑,前斑横向,呈四方状;中斑葱头状;后斑不规则楔形,横向相连。小盾片黑色。中胸上前侧片黑色,上后侧片后半部黄色。下前侧片黑色,下后侧片黄色,下部有一狭窄的黑色区域。气门附近黄色,气门前方有一黑色圆斑。后胸腹板黑色,无长白毛,后缘有一V形黄色区域,V形黄色区域长度约为后胸腹部的1/2。后胸腹板与第一腹节边缘黄色,黄色区域较小。

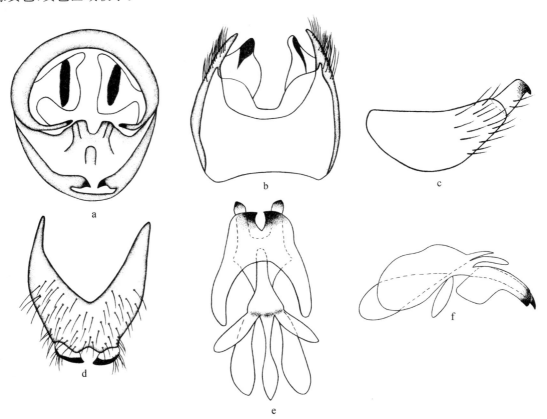

图178　短柄姬蜂虻 *Systropus curtipetiolus* Du et Yang,2009

a. 雄性外生殖器,后视(male genitalia, posterior view);b. 第九背板、尾须和第10腹板,腹视(epandrium, cercus and sternite 10, ventral view);c. 生殖基节和生殖刺突,侧视(gonocoxite and gonostylus, lateral view);d. 生殖基节和生殖刺突,腹视(gonocoxite and gonostylus, ventral view);e. 阳茎复合体,背视(aedeagal complex, dorsal view);f. 阳茎复合体,侧视(aedeagal complex, lateral view)

足:前足黄色,有黄色短毛,腿节黄褐色,第2～5跗节黑色;第5跗节末端有褐色毛。中足黄色,基节和转节黑色,腿节基部至端部1/4黑色,有浓密的短黑毛,第2～5跗节褐色至黑色。后足黄褐色,基节基部黑色,转节黄褐色,腿节黄褐色;胫节黄褐色,端部1/6黑色,胫节有3排刺状黑鬃(背列 6 根,侧列 5 根,腹列 4 根),跗节黄褐色。爪亮黑色,爪垫黄色。足的毛多呈倒伏状,黑色。

翅:淡烟色,R_{2+3} 与 R_{4+5} 分叉处有一棕色小斑。R_4 的拐折不明显,r‐m 横脉位于盘室近端部 3/8 处。

腹部黄褐色;第 1 背板黑色,与中胸背板后缘等宽,向后收缩呈倒三角形;第 2～3 背板背面黑色。侧面黄色;第 4、5 背板大部分黄色,仅背面少许黑色,末端有黑色的环带;第 4～8 背板黑色,末端有黄色的环带。腹柄由第 2、3 及 4 节基半部构成;第 4 节端半部及第 5～8 节膨大,构成棒状。

雄性外生殖器:第九背板背面观近半圆形,有稀疏的短刺毛;尾须不规则三角形,其上的黑色骨化突出成棒状。腹面观生殖基节基部有一宽大的 V 形凹陷,长大于宽;生殖刺突宽大,端部钝化,基半至端部骨化成黄褐色。阳茎基背片有两个黑色宽的骨化突起,中间有一小型 V 形凹陷;阳茎基中叶很短,不骨化。阳茎基侧叶指状,端部骨化且呈黄褐色。

观察标本　1♂1♀,北京大招山,1942.Ⅶ.27,杨集昆(CAU);1♂,北京大招山,1942.Ⅷ.31,杨集昆(CAU);1♂,中国北京海淀马连洼,1953.Ⅷ.22,徐锡琳(CAU);1♂,北京颐和园,1957.Ⅷ.14(CAU);3♂♂,2♀♀,北京昌平南口,1961.Ⅷ.28,王书永(CAU);1♂,北京金山,1986.Ⅶ.29,贾锋(CAU);1♀,北京金山,1986.Ⅶ.29,李美桦(CAU);1♂,北京香山,2004.Ⅸ.2,郭森(CAU);2♂♂,山东青岛崂山(CAU);3♀♀,江苏,1933.Ⅶ.29(CAU);2♀♀,山东济南金鸡岭,1986.Ⅸ.26,李绍凯(CAU);2♀♀,江苏无锡惠山,1987.Ⅷ.19,李强(CAU);1♂,湖北狮子山,1964.Ⅶ.1(CAU)。

分布　北京(大招山、马连洼、金山、香山、颐和园)、山东(济南、青岛)、江苏(无锡)、湖北(狮子山)。

讨论　该种与喜马拉雅的种 *Systropus nigricaudus* (Brunetti,1909)最为相似,但该种中胸背板上的斑不同,以及后足第 1 跗节全为黄色而可以区分。

(163)离斑姬蜂虻 *Systropus maccus* (Enderlein,1926)(图 179)

Cephenius maccus Enderlein,1926,Wien. Entomol. Ztg. 43:85. Type locality:India (Sikkim).

体长 15～19 mm,翅长 10～12.5 mm。

雄　头部红黑色;下额、颜和颊浅黄色。单眼瘤深褐色。头部有浅黄毛,下额、颜和颊有密的银白色短毛。上后头沿眼缘有黑毛。触角柄节黄色,末端黑色,有短黑毛;梗节暗褐色,有短黑毛;鞭节黑色,扁平且光滑。触角三节长度比 2.75:1:3.25。喙黑色,基部黄褐色,光滑;下颚须褐色,有淡黄毛。

胸部黑色,有黄色斑;毛淡黄色和暗褐色,但黄色区有淡黄毛。肩胛浅黄色。前胸侧板浅黄色。中胸背板有三个黄色侧斑。前斑横向,呈指状;中斑葱头状,后斑不规则楔形。小盾片黑色,后缘黄色,黄色区域呈三角形,有浅黄色长毛。中胸上前侧片黑色,中胸上后侧片黑色,有长白毛。下前侧片黑色,下后侧片黄色,下部有一狭窄的黑色区域。气门附近黄色,气门前方有一黑色圆斑。后胸腹板黄色,两侧各有一条黑色长斑。

足:前足腿节近基部 2/3 淡褐色,跗节第 2 节端半部及第 4、5 节褐色,余皆黄色。中足基节、转节及腿节黄色,胫节及第 1 跗节黄色,第 2～5 跗节褐色;后足基节及转节黑色,腿节的上面褐色,胫节黑色,1/2～3/4 处黄色;胫节有 3 排刺状黑鬃(背列 6 根,侧列 5 根,腹列 4 根),端部有同样的刺丛;跗节均为黑色,有许多粗壮的黑刺及浓密的黄刺毛。

翅淡灰色,透明,前缘室色略深,浅棕色;翅脉棕色;r-m 横脉位于盘室端部 2/5 处。平衡棒黄色,棒端背面黑色。

腹部侧扁;黄褐色,第 1 背板黑色,前缘宽于小盾片;第 2～5 节腹板中间有黑色长条带;第 6 背板外侧暗褐色(包括生殖器)。腹柄由第 2～3 腹节及第 4 腹节的前半部组成;第 4～8 腹节膨胀呈卵形,背面观边缘有黄色斑。毛很短,伏倒状,黑色,第 2～5 腹节黄色区有淡黄毛。

分布 吉林;印度,韩国。

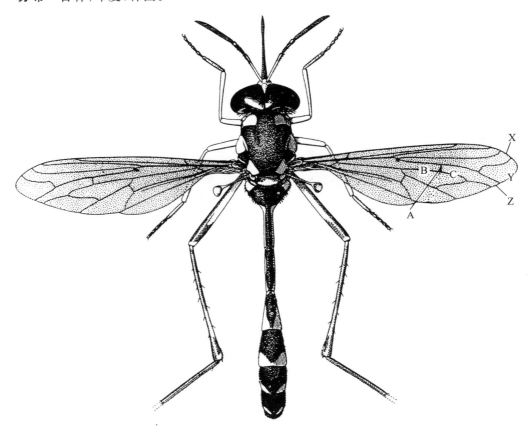

图 179 离斑姬蜂虻 *Systropus maccus* (Enderlein, 1926),male。据 Hull,1973 重绘

(164)颏黑姬蜂虻 *Systropus perniger* Evenhuis, 1982

Systropus perniger Evenhuis, 1982, Pac. Ins. 24: 31. Type locality: China (Fujian).

体长 18.5 mm。

雌 头部黑色;下额、颜和颊浅黄色。单眼瘤深褐色。头部有浅黄毛,下额、颜和颊有密的银白色短毛。上后头沿眼缘有黑毛。触角柄节黑色,仅基部极少黄色;梗节黑色;鞭节丢失。触角三节长度比 3:1:?。喙黑色,基部黄褐色,光滑;下颚须褐色,有淡黄毛。

胸部黑色,有黄色斑,毛淡黄色和暗褐色,但黄色区有淡黄毛。肩胛浅黄色。前胸侧板浅黄色。中胸背板有三个黄色侧斑,相互独立。小盾片黑色,后端有长白毛。中胸上前侧片黑色,上后侧片黑色。下前侧片黑色,下后侧片黑色。气门附近黄色,气门前方有一褐色圆斑。后胸腹板黑色,有长白毛,后缘有一 V 形黄色区域。

足:前足基节黄褐色,胫节黄色,端部少许褐色。中足基节黑色,胫节黄色。后足基节黑色;胫节橙黄色,跗节全褐色。爪亮黑色,爪垫黄色。足的毛多呈倒伏状,黑色。

翅浅灰色,透明;脉褐色,前横脉 r - m 位于盘室端部 1/3 处。平衡棒黄色,棒端黑色。

腹部黑褐色;第 1 背板黑色,前缘宽于小盾片;第 2 腹板前缘左右各一个黄色侧斑;第 5～7 腹节后缘有黄色条带或斑纹。腹柄由第 2～3 腹节及第 4 腹节的前半部组成;第 4～8 腹节膨胀成卵形。毛很短,伏倒状,黑色,第 2～5 腹节黄色区有淡黄毛。

雄虫未见。

分布 福建(武夷山)。

姬蜂虻亚属 *Systropus* Wiedemann,1820

Systropus Wiedemann,1820. Munus rectoris in Academia Christiano - Albertina interum aditurus nova dipterorum genera. Holsatorum, Kiliae [= Kiel]. Ⅷ＋23 p. 18. Type species:*Systropus macilentus* Wiedemann,1820,by original designation.

属征 体细长,体型似姬蜂。触角长分为三节,鞭节柳叶状。前足与中足短小,后足细长。翅烟色透明,狭长。腹柄长,由 2～4 或者 2～5 腹节组成,端部膨大。

讨论 该亚属为世界性分布,全世界已知 180 余种。我国已知 65 种,其中包括 1 新种和 3 新记录种。

种 检 索 表

1.	中胸背板有中斑 ···	2
	中胸背板无中斑 ···	24
2.	中斑与前斑以一条明显的黄色宽带相连,似两斑愈合 ····················	3
	中斑与前斑相互独立或仅以一条很细的黄带或棕黄带相连 ················	31
3.	后胸腹板黄色,两侧各有一个或两个黑色斑 ···························	4
	后胸腹板全黑色、蓝黑色或红棕色,后缘有一 V 形黄色区域 ··············	9
4.	后胸腹板两侧各有一条黑斑;后足胫节端部有黑色区域,相对于长突姬蜂虻较小;雄外似三峰 ··············· 双斑姬蜂虻 *S. joni*	
	腹板两侧各有一对黑斑,前斑长条状,后斑椭圆状 ····················	5
5.	后胸腹板左右两侧的长条斑在腹板前缘相互靠近并愈合 ················	6
	后胸腹板左右两侧的长条斑在腹板前缘相互靠近,但不愈合 ············	7
6.	触角柄节黄色,其余黑色;后足第 1 跗节黄色,其余黑色 ········· 神农姬蜂虻 *S. shennonganus*	
	触角柄节黑色;后足第 1 跗节黄色,端部有少量黑色,其余跗节黑色 ········· 昭通姬蜂虻 *S. zhaotonganus sp. nov.*	

续表

7.	后足跗节全黑;触角柄节黄色,其余黑色;阳茎基背片有两个黑色骨化突起,中间有一小型 V 形凹陷;阳茎中突短,不骨化;阳茎基侧叶消失 ················· 黑跗姬蜂虻 *S. flavipectus*	
	后足第 1 跗节全黄色或基半黄色 ·························	**8**
8.	触角柄节或柄节基部黄色,端部黑色;后足胫节黑色,除基部和顶部黄色,后足第一跗节基部至 2/3 黄色,顶端及其他跗节黑色;小盾片后缘黄色,黄色部分呈三角形 ········ 黄缘姬蜂虻 *S. luridus*	
	触角全黑色;后足胫节端部 1/9 及第 1 跗节基部 1/3 黄色,其余黑色;小盾片后缘黄色,黄色部分不呈三角形 ····················· 长白姬蜂虻 *S. changbaishanus*	
9.	中斑与后斑以黄色或黄褐色宽带相连 ·······················	**10**
	中斑与后斑仅以一条极细的黄线相连或中斑与后斑相互独立而不相连 ·············	**16**
10.	触角不全黑色,柄节全黄色或仅端部有少许黑褐色,梗节和鞭节黄色或黑色 ·········	**11**
	触角全黑色 ··································	**12**
11.	触角柄节黄色,梗节黄色,鞭节黑色,头部黄色,后头黑色;后足胫节 2/7～6/7 黄褐色,其余深黄色,第 1 跗节基部深褐色,其余黄色;小盾片黑色;平衡棒黄色,棒端背面褐色 ······················· 黄翅姬蜂虻 *S. flavalatus*	
	触角柄节基半部黄色,其余黑色;头部黑色;后足胫节近端部 1/6 黄色,其余黑色,第 1 跗节基半部黄色,其余跗节黑色;小盾片后缘黄色;平衡棒黄色,棒端背面褐色(也存在前斑与中斑不相连的个别情况) ····················· 金刺姬蜂虻 *S. aurantispinus*	
12.	第 1 跗节黄色,其余黑色 ·····························	**13**
	除第 1 跗节黄色外,还有其他跗节黄色 ·······················	**14**
13.	翅宽大,烟褐色,不透明;阳茎基侧突粗大,相互接近 ········· 宽翅姬蜂虻 *S. eurypterus*	
	翅正常,浅烟色,透明;阳茎基侧突细长,距离较远 ·········· 细突姬蜂虻 *S. aokii*	
14.	第 1～3 跗节黄色,4～5 跗节黑色;触角三节长度比 2.5:1:2;小盾片全黑色;r - m 横脉位于近盘室 3/8 处 ·························· 三突姬蜂虻 *S. submixtus*	
	第 1、2 跗节黄色 ·······························	**15**
15.	体长 20 mm 以上;腹部棕色,第 2～8 腹节有深黑色的背中带;触角三节长度比为 2.7:1:1.3;r - m 横脉位于盘室端部 5/13 处 ···················· 湖北姬蜂虻 *S. hubeianus*	
	体长 18 mm 以下;腹部棕色,没有背中带;触角三节长度比 2.5:1:1.75,r - m 横脉位于盘室端部 3/8 处 ·························· 甘泉姬蜂虻 *S. ganquananus*	
16.	触角柄节或仅柄节基部黄色或褐色,其余黑色,或全黑色 ···············	**17**
	触角柄节、梗节黄色,鞭节黑色 ·························	**20**
17.	前足黄色或褐色,后足胫节基部棕色,向端部色渐深,至端部 3/10 为黑色,端部 3/10 及第 1 跗节基半部黄色,其余黑色 ····························	**18**
	不如上述 ·································	**19**
18.	触角三节长度比 3:1:2.5;体长大于 20 mm,较大型;第 1 跗节基部 1/3 黄色,其余黑色,阳茎基背片有两个黑色骨化突起,中间有一小型凹陷,阳茎中突比阳茎基侧突长,端部变尖,不骨化;阳茎基侧突端部变尖,骨化成黑色 ················ 锥状姬蜂虻 *S. cylindratus*	

续表

	触角三节长度比 2.6：1：1.8；体长小于 18 mm，较小型；第 1 跗节基部 1/2 黄色，其余黑色；阳茎基背片有两个黑色骨化突起，中间有一小型 U 形凹陷，阳茎中突短，不骨化；阳茎基侧叶长，末端弯曲尖削弯曲，骨化成黑色 ⋯⋯⋯⋯⋯⋯⋯⋯⋯⋯⋯⋯⋯⋯⋯⋯⋯⋯ 亚洲姬蜂虻 *S. nitobei*
19.	后足胫节基部和端部黑色；跗节黑色 ⋯⋯⋯⋯⋯⋯⋯⋯⋯⋯⋯⋯ 贵阳姬蜂虻 *S. guiyangensis*
	后足胫节端部黄色 ⋯⋯⋯⋯⋯⋯⋯⋯⋯⋯⋯⋯⋯⋯⋯⋯⋯⋯⋯⋯⋯⋯⋯⋯⋯⋯⋯⋯⋯⋯⋯⋯⋯⋯⋯⋯⋯⋯ **20**
20.	触角柄节基部黄棕色，其余黑色；触角三节长度比 2.75：1：2.75；后足基节黑色，转节褐色，腿节棕色，胫节棕色，近端部 1/3 处黄色，跗节全黑色；r-m 横脉位于盘室正中 ⋯⋯⋯⋯⋯⋯⋯⋯⋯⋯⋯⋯⋯⋯⋯⋯⋯⋯⋯⋯⋯⋯⋯⋯⋯⋯⋯⋯⋯⋯⋯⋯⋯⋯⋯ 棕腿姬蜂虻 *S. limbatus*
	触角全黑色；触角三节长度比 3.25：1：2；后足基节外侧黑色，转节深黄色，腿节和胫节基部 1/3 黄色，胫节向端部色渐深，至近端部 1/10 为深褐色，端部 1/10、第 1 跗节及第 2 跗节基半部黄色，其余跗节黑色；r-m 横脉位于盘室端部 2/5 处 ⋯⋯⋯⋯⋯⋯⋯⋯⋯ 康县姬蜂虻 *S. kangxianus*
21.	后足胫节 6/9~8/9 黑色，其余黄色，1~3 跗节黄色 ⋯⋯⋯⋯⋯⋯⋯⋯ 钩突姬蜂虻 *S. ancistrus*
	后足胫节 1/2~4/5 处黑色，其余黄色，第 1 跗节黄色或第 1 跗节基半黄色 ⋯⋯⋯⋯⋯⋯ **22**
22.	后足第 1 跗节黄色，距端部 3/5 到端部黑色，或第 1、2 跗节黄色，其余跗节黑色；阳茎基背片的两个黑色骨化突起部分各自中间都有凹陷 ⋯⋯⋯⋯⋯⋯⋯⋯⋯⋯⋯ 齿突姬蜂虻 *S. serratus*
	后足第 1 跗节黄色，仅端部有一极小的黑色区域或没有黑色区域 ⋯⋯⋯⋯⋯⋯⋯⋯⋯⋯⋯ **23**
23.	阳茎复合体侧突端部黑色骨化，锯齿状；后足第 1 跗节黄色，其余黑色 ⋯⋯⋯⋯⋯⋯⋯⋯⋯⋯⋯⋯⋯⋯⋯⋯⋯⋯⋯⋯⋯⋯⋯⋯⋯⋯⋯⋯⋯⋯ 锯齿姬蜂虻 *S. denticulatus*
	阳茎复合体侧突端部黑色骨化，两端各有一个齿突；后足第 1 跗节黄色，端部有极小的黑色区域 ⋯⋯⋯⋯⋯⋯⋯⋯⋯⋯⋯⋯⋯⋯⋯⋯⋯⋯⋯⋯⋯⋯⋯⋯⋯⋯ 双齿姬蜂虻 *S. brochus*
24.	前胸侧板黑色 ⋯⋯⋯⋯⋯⋯⋯⋯⋯⋯⋯⋯⋯⋯⋯⋯⋯⋯⋯⋯⋯⋯⋯⋯⋯⋯⋯⋯⋯⋯⋯⋯⋯⋯⋯⋯⋯⋯⋯ **25**
	前胸侧板黄色 ⋯⋯⋯⋯⋯⋯⋯⋯⋯⋯⋯⋯⋯⋯⋯⋯⋯⋯⋯⋯⋯⋯⋯⋯⋯⋯⋯⋯⋯⋯⋯⋯⋯⋯⋯⋯⋯⋯⋯ **27**
25.	小盾片黑色，上面有一个"个"字形凹陷；后足第 1 跗节基半部黄色；平衡棒黄色；后胸腹板全黑色 ⋯⋯⋯⋯⋯⋯⋯⋯⋯⋯⋯⋯⋯⋯⋯⋯⋯⋯⋯⋯⋯⋯⋯⋯ 长绒姬蜂虻 *S. crinalis*
	小盾片黑色，没有"个"字形凹陷，后足第 1 跗节黄色，近端部少许棕色 ⋯⋯⋯⋯⋯⋯⋯⋯⋯ **26**
26.	中足棕色；触角柄节长为梗节 3 倍以上，鞭节为梗节长度的 2 倍以上 ⋯⋯⋯⋯⋯⋯⋯⋯⋯⋯⋯⋯⋯⋯⋯⋯⋯⋯⋯⋯⋯⋯⋯⋯⋯⋯⋯⋯⋯⋯⋯⋯ 黑角姬蜂虻 *S. melanocerus*
	中足黄色；触角柄节长梗节的 2.5 倍以下，鞭节长为梗节的 1.5 倍以下 ⋯⋯⋯⋯⋯⋯⋯⋯⋯⋯⋯⋯⋯⋯⋯⋯⋯⋯⋯⋯⋯⋯⋯⋯⋯⋯⋯⋯⋯⋯⋯⋯ 甘肃姬蜂虻 *S. gansuanus*
27.	后足胫节黑色，端部 1/5 及第 1 跗节黄色，第 1 跗节仅端部一点黑色；亚生殖板末端向外突出，但不变成尖突，而呈大于 90°钝角 ⋯⋯⋯⋯⋯⋯⋯⋯⋯⋯ 云南姬蜂虻 *S. yunnanus*
	后足胫节黑色，端部 1/5 及第 1 跗节基半部黄色，其余黑色 ⋯⋯⋯⋯⋯⋯⋯⋯⋯⋯⋯⋯⋯⋯⋯ **28**
28.	纤细型，体长小于 18 mm；触角全黑色，触角三节长度比 2.3：1：1.7；r-m 横脉位于盘室正中间；小盾片全黑色；后胸腹板蓝黑色 ⋯⋯⋯⋯⋯⋯⋯⋯ 建阳姬蜂虻 *S. jianyanganus*
	较大型，体长大于 20 mm ⋯⋯⋯⋯⋯⋯⋯⋯⋯⋯⋯⋯⋯⋯⋯⋯⋯⋯⋯⋯⋯⋯⋯⋯⋯⋯⋯⋯⋯⋯⋯⋯⋯⋯ **29**

续表

29.	中胸背板中部有一对棕色的斑;小盾片黑色;翅深烟色,宽大;亚生殖板燕尾状 ⋯⋯⋯⋯⋯⋯⋯⋯⋯⋯⋯⋯⋯⋯⋯⋯⋯⋯⋯⋯⋯⋯⋯⋯⋯⋯⋯⋯⋯⋯⋯⋯⋯燕尾姬蜂虻 *S. eurypterus*
	中胸背板中部无斑,黑色 ⋯⋯⋯⋯⋯⋯⋯⋯⋯⋯⋯⋯⋯⋯⋯⋯⋯⋯⋯⋯⋯⋯⋯⋯⋯⋯⋯ 30
30.	翅窄,浅烟色,基半的翅室中没有透明的窗斑;触角除柄节基部极少数黄色外,其余全黑色;触角三节长度比为 2.5:1:1.5 ⋯⋯⋯⋯⋯⋯⋯⋯⋯⋯⋯⋯⋯⋯⋯ 中华姬蜂虻 *S. chinensis*
	翅较宽大,烟褐色,基半的翅室中具透明的窗斑;触角全黑色;触角三节长度比为 2.4:1:2.2;第 8 腹板侧视狭长,端部黑色骨化部分长而突伸 ⋯⋯⋯⋯⋯⋯⋯⋯⋯⋯⋯⋯⋯⋯⋯ 窗翅姬蜂虻 *S. thyriptilotus*
31.	后胸腹板黄色,两侧各有一个或两个黑斑 ⋯⋯⋯⋯⋯⋯⋯⋯⋯⋯⋯⋯⋯⋯⋯⋯⋯⋯⋯ 32
	后胸腹板全黑色或全蓝黑色,有的在后侧有一Ⅴ形黄色区 ⋯⋯⋯⋯⋯⋯⋯⋯⋯⋯⋯⋯⋯ 37
32.	后胸腹板黄色,两侧各有一条黑色宽带 ⋯⋯⋯⋯⋯⋯⋯⋯⋯⋯⋯⋯⋯⋯⋯⋯⋯⋯⋯⋯ 33
	后胸腹板黄色,两侧各有两个相互独立的黑斑,前斑长条形,后斑卵圆形,左右两个前斑在腹板前缘靠近但不愈合,形成"八"字形;触角柄节基部黄色,其余黑色;小盾片后缘黄色;后足胫节基部黄色,至端部 1/3 渐变为黑色,端部 1/3 处到端部为黄色,跗节黑色至褐色 ⋯⋯⋯⋯⋯⋯⋯⋯⋯⋯⋯⋯⋯⋯⋯⋯⋯⋯⋯⋯⋯⋯⋯⋯⋯⋯⋯⋯⋯⋯⋯ 戴云姬蜂虻 *S. daiyunshanus*
33.	后足胫节顶端黑色,跗节全黑色;触角仅柄节基部少量黄色其余黑色;小盾片后缘黄色;腹部第 2~5 节黄色,有黑色长条背中线 ⋯⋯⋯⋯⋯⋯⋯⋯⋯⋯⋯⋯⋯ 长突姬蜂虻 *S. excisus*
	后足胫节顶端没有黑色区域 ⋯⋯⋯⋯⋯⋯⋯⋯⋯⋯⋯⋯⋯⋯⋯⋯⋯⋯⋯⋯⋯⋯⋯⋯ 34
34.	触角柄节全黄色,梗节、鞭节黑色;后足胫节黄色,1/5~3/5 处黑色,跗节全黑色;前斑与中斑接近或以一条极细的黄色带相连 ⋯⋯⋯⋯⋯⋯⋯⋯⋯⋯⋯⋯⋯ 三峰姬蜂虻 *S. tricuspidatus*
	触角柄节基部黄褐色,至端部黑色,梗节和鞭节黑色 ⋯⋯⋯⋯⋯⋯⋯⋯⋯⋯⋯⋯⋯⋯⋯ 35
35.	腹部第 6~8 节膨大程度较大,后缘有黄色横边;后胸腹板上两侧的黑色条带在腹板前缘相互靠近或愈合 ⋯⋯⋯⋯⋯⋯⋯⋯⋯⋯⋯⋯⋯⋯⋯⋯⋯⋯⋯⋯⋯⋯ 黄边姬蜂虻 *S. hoppo*
	腹部第 6~8 节膨大,后缘无黄色横边 ⋯⋯⋯⋯⋯⋯⋯⋯⋯⋯⋯⋯⋯⋯⋯⋯⋯⋯⋯⋯ 36
36.	前斑与中斑以极细的黄带相连或接近;第九背板上的突起长而细 ⋯⋯⋯⋯ 合斑姬蜂虻 *S. coalitus*
	前斑与中斑相互独立;第九背板上的突起较 *S. coalitus* 短且粗,尾须骨化部分较 *S. coalitus* 大且不规则 ⋯⋯⋯⋯⋯⋯⋯⋯⋯⋯⋯⋯⋯⋯⋯⋯⋯⋯⋯⋯⋯⋯⋯⋯⋯ 大沙河姬蜂虻 *S. dashahensis*
37.	触角柄节黄色,或仅柄节基部黄色,其余黑色 ⋯⋯⋯⋯⋯⋯⋯⋯⋯⋯⋯⋯⋯⋯⋯⋯ 38
	触角柄节、梗节黄色,或仅梗节端部少许黑色,鞭节黑色 ⋯⋯⋯⋯⋯⋯⋯⋯⋯⋯⋯⋯ 45
38.	触角柄节全黄色或仅端部有少许黑色 ⋯⋯⋯⋯⋯⋯⋯⋯⋯⋯⋯⋯⋯⋯⋯⋯⋯⋯⋯⋯ 39
	触角柄节不全黄色,仅基部黄色,向端部渐变为黑色 ⋯⋯⋯⋯⋯⋯⋯⋯⋯⋯⋯⋯⋯⋯ 43
39.	后足胫节黑色,基部黄色,距端部 4/5 处黄色,第一跗节基半黄色或全黑色 ⋯⋯⋯⋯⋯ 40
	后足胫节黑色,基部黄色,距端部 4/5 处到端部及第 1 跗节黄色,近端部有少许黑色;触角三节长度比 3.3:1:2.8;小盾片后缘黄色 ⋯⋯⋯⋯⋯⋯⋯⋯ 福建姬蜂虻 *S. fujianensis*
40.	体长 20 mm 以上,较大型 ⋯⋯⋯⋯⋯⋯⋯⋯⋯⋯⋯⋯⋯⋯⋯⋯⋯⋯⋯⋯⋯⋯⋯⋯ 41
	体长 18 mm 以下,纤小型 ⋯⋯⋯⋯⋯⋯⋯⋯⋯⋯⋯⋯⋯⋯⋯⋯⋯⋯⋯⋯⋯⋯⋯⋯ 43

续表

41.	中斑基部较宽,至端部渐缩,呈长条状,抵达边缘;阳茎基侧突中间无拐折,阳茎基中突较细,阳茎基背板突起较小 ······ 古田山姬蜂虻 *S. gutianshans*	
	中斑基部较窄,至端部尖削,呈尖锐三角状,不抵达边缘;阳茎基侧突中间有拐折,阳茎基中突较粗,阳茎基背板突起较大 ······ 中凹姬蜂虻 *S. concavus*	
42.	体长 16 mm 左右;触角三节长度比 2.5：1：1.5;阳茎后腹板侧突狭长,端侧角略尖 ······ 兴山姬蜂虻 *S. xingshanus*	
	体长 12.5～13.5 m;触角三节长度比 3：1：2;阳茎侧突长端部钝圆,阳茎背板中间凹陷较兴山姬蜂虻小 ······ 小型姬蜂虻 *S. microsystropus*	
43.	后足第 1 跗节基半部黄色,其余黑色 ······ 44	
	后足跗节全黑色 ······ 48	
44.	触角基部黄色,其余黑色;触角三节长度比 2.65：1：2.5;后胸腹板全黑色;小盾片黑色,后缘有白毛 ······ 河南姬蜂虻 *S. henanus*	
	触角柄节深黄色,其余黑色;触角三节长度比 2.5：1：2.5;后胸腹板黑色,腹端有一 V 形黄色区域;小盾片后缘黄色 ······ 贵州姬蜂虻 *S. guizhouensis*	
45.	后足跗节黄色至黄棕色;触角柄节和梗节黄色,鞭节黑色;小盾片后缘黄色 ······ 黄角姬蜂虻 *S. flavicornis*	
	后足跗节黄色至黑色 ······ 46	
46.	触角柄节、梗节黄色,鞭节黑色;后足第 1～3 跗节黄色,其余黑色 ······ 弯斑姬蜂虻 *S. curvittatus*	
	触角柄节、梗节黄色,鞭节黑色;后足第 1 跗节黄色,仅端部极少黑色,其余跗节黑色 ······ 47	
47.	前斑与中斑以一极细的黄褐色带相连;生殖基节后缘中央 V 形凹缺,生殖刺突末端钩弯 ······ 佛顶姬蜂虻 *S. fudingensis*	
	前斑与中斑以一稍宽的黄褐色带相连;阳茎基侧叶尖细,端部骨化成黑色 ··· 麦氏姬蜂虻 *S. melli*	
48.	阳茎基侧突存在;后足胫节黑色,基部黄色,跗节全黑色 ······ 茅氏姬蜂虻 *S. maoi*	
	阳茎基侧突消失 ······ 49	
49.	阳茎背板有中突;触角三节长度比 2.5：1：2.6 ······ 黄端姬蜂虻 *S. apiciflavus*	
	阳茎背板无中突;触角三节长度比 3：1：2 ······ 寡突姬蜂虻 *S. tripunctatus*	

(165)黑柄姬蜂虻 *Systropus acuminatus* (Enderlein，1926)

Cephenius acuminatus Enderlein，1926，Wien. Ent. Ztg. 43：77. Type locality：China
(Taiwan).

　　体长 21.5～23 mm,翅长 9～11 mm。

　　雄　头部黑色。触角柄节黑色,末端有短黑毛;梗节暗黑色,有短黑毛;鞭节黑色,扁平且光滑。触角三节长度比 2.25：1：2。喙黑色,基部黄褐色,光滑;下颚须褐色,有淡黄毛。

　　胸部黑色,有黄色斑。毛淡黄色和暗褐色,但黄色区有淡黄毛。肩胛浅黄色。前胸侧板浅

黄色。中胸背板有两个黄色侧斑。前斑横向,呈指状;中斑缺少,后斑不规则楔形。小盾片黑色,后缘有长白毛。后胸腹板黑色。

翅烟黄色,翅脉褐色,r-m横脉位于盘室端部2/5处。平衡棒黄色。

足黄色;前足基节黑色,转节黄色。后足黄色。

腹部暗褐色。

雌 一般特征同雄。触角比2.3∶1∶1.75;亚生殖器端部变尖,尖角小于30°,骨化成黑色。

分布 台湾。

(166)钩突姬蜂虻 *Systropus ancistrus* Yang *et* Yang,1997(图180,图版Ⅱa)

Systropus ancistrus Yang *et* Yang,1997. Insects of the three gorge reservoir area of Yangtze river,p. 1466. Type locality:China(Hubei).

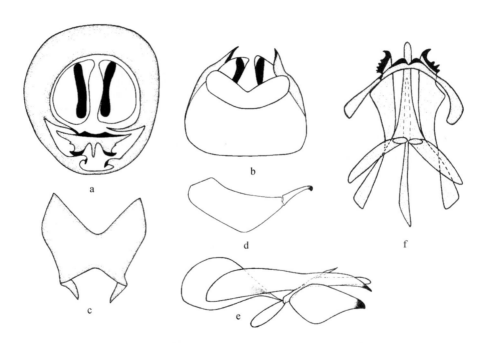

图180 钩突姬蜂虻 *Systropus ancistrus* Yang *et* Yang,1997

a. 雄性外生殖器,后视(male genitalia, posterior view);b. 第九背板,尾须,第10腹板,腹视(epandrium, cercus and sternite 10,ventral view);c. 生殖基节和生殖刺突,腹视(gonocoxite and gonostylus, ventral view);d. 生殖基节和生殖刺突,侧视(gonocoxite and gonostylus, lateral view);e. 阳茎复合体,侧视(aedeagal complex, lateral view);f. 阳茎复合体,背视(aedeagal complex, dorsal view)

体长23～26 mm,翅长14～16 mm。

雄 头部红黑色;下额、颜和颊浅黄色。单眼瘤深褐色。头部有浅黄毛,下额、颜和颊有密的银白色短毛。上后头沿眼缘有黑毛。触角柄节、梗节黄色;鞭节黑色,扁平且光滑。触角三节长度比1.8∶1∶1.3. 喙黑色,基部黄褐色,光滑;下颚须褐色,有淡黄毛。

胸部黑色,有黄色斑。毛淡黄色和暗褐色,但黄色区有淡黄毛。肩胛浅黄色。前胸侧板浅

黄色。中胸背板有三个黄色侧斑,前斑与中斑以一条宽度为前斑宽度 1/2 的黄带相连。前斑横向,呈四方状,中斑葱头状,后斑不规则楔形。小盾片黑色,端部 1/3 黄色,有浅黄色长毛。中胸上前侧片黑色,中胸上后侧片黑色。下前侧片黑色,下后侧片黑色。气门附近黄色,气门前方有一褐色圆斑。后胸腹板黑色,有长白毛,后缘有一 V 形黄色区域,V 形黄色区域长度约为后胸腹部 2/3。后胸腹板与第一腹节边缘黄色。

足:前足黄色。中足黄色。后足黄褐色,基节基部黑色;转节黄色,腿节黄褐色;胫节 6/9～8/9 黑色,其余黄色;胫节有 3 排刺状黑鬃(背列 8 根,侧列 9 根,腹列 6 根),跗节 1～3 黄色,第 3 跗节仅末端一点黑色,4～5 跗节褐色。爪亮黑色,爪垫黄色。足的毛多呈倒伏状,黑色。

翅浅灰色,透明;脉褐色,前缘的脉黄色,前横脉 r-m 位于盘室端部 3/7 处。平衡棒黄色。

腹部黄褐色;第 1 背板黑色,前缘宽于小盾片;第 2～5 节腹板中间有黑色长条带;第 6 背板外侧暗褐色(包括生殖器)。腹柄由第 2～4 腹节及第 5 腹节的前半部组成;第 5～8 腹节膨胀成卵形。毛很短,伏倒状,黑色,第 2～5 腹节黄色区有淡黄毛。

雄性外生殖器:第九背板背面观近半圆形,有稀疏的短刺毛;尾须不规则的梨形,其上的黑色骨化突出成棒状。腹面观生殖基节基部有一宽大的 V 形凹陷,宽大于长;生殖刺突细长,端部变尖,骨化成黑色。阳茎基背片有两个黑色骨化突起,中间有一小型凹陷;阳茎基中叶与阳茎基侧叶等长,细长,端部变尖,不骨化。阳茎基侧叶端部宽大,有 4～5 个齿状突起,骨化成黑色。

雌 一般特征同雄。亚生殖板末端带有一个极细长的锥状刺,骨化成黑色。

观察标本 1♀,北京昌平黑山寨,2009. Ⅸ. 3,张莉(CAU);2 ♂♂,陕西秦岭植物园白羊叉,2006. Ⅶ. 17,朱雅君(CAU);1♂,河南内乡葛条爬,2003. Ⅷ. 15 (CAU);1♀,河南内乡葛条爬,2003. Ⅷ. 15 (CAU);1♂,湖北长阳天柱山,2005. Ⅶ. 12,熊辉(CAU);1♂,湖北神农架老君山,2007. Ⅷ. 3,刘启飞(CAU);1♂,湖北兴山龙门河,1300 m,1994. Ⅸ. 9,宋士美(CAU)。

分布 北京(昌平)、陕西(秦岭)、河南(内乡)、湖北(长阳、神农架、兴山)。

讨论 该种与齿突姬蜂虻 Systropus serratus Yang et Yang, 1995 近似,但前者后足跗节 1～3 跗节黄色,而后者后足跗节只有第 1 跗节黄色,故与之区分。

(167)黄端姬蜂虻 *Systropus apiciflavus* Yang, 2003(图 181)

Systropus apiciflavus Yang, 2003. Fauna of Insects in Fujian Province of China. p. 230. Type locality: China (Fujian).

体长 15 mm,翅长 11 mm。

雄 头部红黑色;下额、颜和颊浅黄色。单眼瘤深褐色。头部有浅黄毛,下额、颜和颊有密的银白色短毛。上后头沿眼缘有黑毛。触角柄节仅最基部黄褐色,其余黑色,梗节暗褐色,有短黑毛;鞭节黑色,扁平且光滑。触角三节长度比 2.7:1:2.6. 喙黑色,基部黄褐色,光滑;下颚须褐色,有淡黄毛。

胸部黑色,有黄色斑。毛淡黄色和暗褐色,但黄色区有黄褐色毛。肩胛黄褐色,有黄褐色长毛。前胸侧板黄褐色。中胸背板有三个黄褐色侧斑;前斑斜横,呈长三角形,较小;中斑葱头状,较小;后斑不规则楔形。小盾片黑色。中胸上前侧片黑色,上后侧片黑色。下前侧片黑色,

图 181　黄端姬蜂虻 *Systropus apiciflavus* Yang，2003

a. 雄性外生殖器，后视（male genitalia, posterior view）；b. 第九背板，尾须，第 10 腹板，腹视（epandrium, cercus and sternite 10, ventral view）；c. 生殖基节和生殖刺突，侧视（gonocoxite and gonostylus, lateral view）；d. 生殖基节和生殖刺突，腹视（gonocoxite and gonostylus, ventral view）；e. 阳茎复合体，背视（aedeagal complex, dorsal view）；f. 阳茎复合体，侧视（aedeagal complex, lateral view）

下后侧片褐色，下部有一狭窄的黑色区域。气门附近黄色，气门前方有一黑色圆斑。后胸腹板黑色，有长白毛，后缘有一 V 形黄色区域，V 形黄色区域长度约为后胸腹部 1/2。后胸腹板与第一腹节边缘褐色。

足：前足基节黑色，转节黑色，腿节背面黑色、腹面黄色，胫节黄色，跗节背面黑色、腹面黄色。中足基节、转节、腿节黑色，胫节黄褐色，跗节背面黑色、腹面黄色。后足黄褐色，基节基部黑色；转节黄褐色，腿节黄褐色；胫节黄褐色，2/3 处至端部黄色，胫节有 3 排刺状黑鬃（背列 6 根，侧列 5 根，腹列 4 根），跗节褐色。爪亮黑色，爪垫黄色。足的毛多呈倒伏状，黑色。

翅烟褐色，不透明，脉黑色，r-m 位于盘室端部 2/5 处。平衡棒浅褐色，端棒部黄色。

腹部黑色，第 1 背板黑色，前缘宽于小盾片；第 2 背板前侧区和第 4 背板后侧区有黄条带，第 5～7 背板后缘各有 2 个黄条斑，第 1～4 腹板暗黄色。腹部的毛黑色。腹柄由第 2～4 腹节及第 5 腹节的前半部组成；第 5～8 腹节膨胀成卵形。毛很短，伏倒状，黑色，第 2～5 腹节黄色区有淡黄毛。

雄性外生殖器：第九背板背面观近半圆形，有稀疏的短刺毛；尾须不规则三角形，其上的黑色骨化突出成椭圆形。腹面观生殖基节基部有一宽大的 V 形凹陷，宽大于长；生殖刺突宽大，中部突出形成瘤突,呈椭圆形,端部尖削,骨化成黑色。阳茎基背片在两边端部及中间共有三个黑色骨化突起;阳茎基中叶长,宽大,端部弯曲向前变尖,骨化成黑色。阳茎基侧叶消失。

　　未见雌虫。

　　观察标本　1♂,福建林学院,1990.Ⅶ.1。

　　分布　福建(福州)。

　　讨论　该种与寡突姬蜂虻 *Systropus tripunctatus* Zaitzev,1977 最为近似,但后者阳茎基背板没有中突,故与前者容易区分。

(168)细突姬蜂虻 *Systropus aokii* Nagatomi，Liu，Tamaki *et* Evenhuis，1991(图 182)

Systropus aokii Nagatomi，Liu，Tamaki *et* Evenhuis，1991 South Pac. Stud.：38. Type locality：China（Taiwan）.

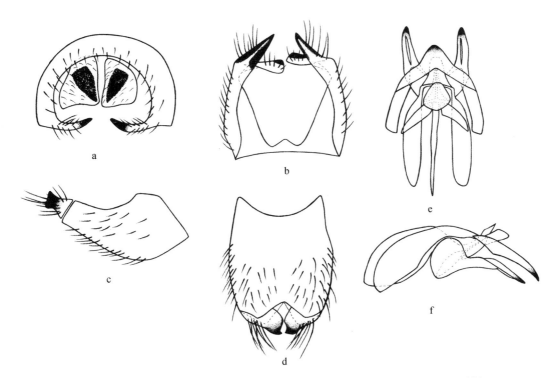

图 182　细突姬蜂虻 *Systropus aokii* Nagatomi，Liu，Tamaki *et* Evenhuis，1991

a. 雄性外生殖器,后视(male genitalia, posterior view);b. 第九背板,尾须,第 10 腹板,腹视(epandrium, cercus and sternite 10, ventral view);c. 生殖基节和生殖刺突,侧视(gonocoxite and gonostylus, lateral view);d. 生殖基节和生殖刺突,腹视(gonocoxite and gonostylus, ventral view);e. 阳茎复合体,背视(aedeagal complex, dorsal view);f. 阳茎复合体,侧视(aedeagal complex, lateral view)。据 Nagatomi, Liu, Tamaki *et* Evenhuis, 1991 重绘

　　体长 21.5～23 mm,翅长 9～11 mm。

　　雄　头部黑色。触角柄节黑色,末端有短黑毛;梗节暗黑色,有短黑毛;鞭节黑色,扁平且光滑。触角三节长度比 2.8：1：2.1。喙黑色,基部黄褐色,光滑;下颚须褐色,有淡黄毛。

胸部黑色,有黄色斑。毛淡黄色和暗褐色,但黄色区有淡黄毛。肩胛浅黄色。前胸侧板浅黄色。中胸背板有三个黄色侧斑;前斑横向,呈指状;中斑洋葱状,与前斑以一条宽度为前斑1/3的黄色条带相连;后斑不规则楔形,与中斑以中斑相同宽度的黄褐色条带相连。小盾片黑色,后缘有长白毛。中胸上后侧片前半部黄色。后胸腹板黑色。

翅烟黄色,翅脉褐色,r-m横脉位于盘室端部2/5处。平衡棒黄色。

足黄色;前足基节黑色,转节黄色。后足黄色,胫节黄色,1/2～4/5黑色,第1跗节黄色,其余跗节黑色。

腹部暗褐色。

雌虫未知。

分布 中国(台湾)。

(169)金刺姬蜂虻 *Systropus aurantispinus* Evenhuis, 1982(图183,图版Ⅱb)

Systropus aurantispinus Evenhuis, 1982. Pac. Ins. 24(1):36. Type locality:China (Fujian).

体长 19～24 mm,翅长 12～14 mm。

雄 头部红黑色;下额、颜和颊浅黄色。单眼瘤深褐色。头部有浅黄毛,下额、颜和颊有密的银白色短毛。上后头沿眼缘有黑毛。触角柄节黄色,末端有短黑毛;梗节暗褐色,有短黑毛;鞭节黑色,扁平且光滑。触角三节长度比 2.25：1：2。喙黑色,基部黄褐色,光滑;下颚须褐色,有淡黄毛。

胸部黑色,有黄色斑。毛淡黄色和暗褐色,但黄色区有淡黄毛。肩胛浅黄色。前胸侧板浅黄色。前斑黄色,横向呈指状;中斑黄褐色,与前斑以一条宽度为前斑宽度1/3的黄色宽带相连,中斑外延一条黄褐色的细条带(种内有变异,有些比较宽)与后斑相连;后斑黄色小三角形。小盾片黑色,后缘有长毛。中胸上前侧片黑色,上后侧片后部黄色,有长白毛。下前侧片和下后侧片黑色。气门附近黄色,气门前方有一黄褐色圆斑。后胸腹板黑色,有长白毛,后缘有一Ⅴ形黄色区域,Ⅴ形黄色区域长度约为后胸腹部1/2。后胸腹板与第一腹节边缘黄色,区域较小。

足:前足黄色。中足基节基部浅黑色,其余黄色。后足基节黑色,转节和腿节黄色,胫节褐色至黑色,5/6至端部黄色,第1跗节基半黄色,其余跗节黑色。胫节有3排刺状黑鬃(背列6根,侧列5根,腹列4根)。爪亮黑色,爪垫黄色。足的毛多呈倒伏状,黑色。

翅浅烟色,透明;翅脉褐色,r-m横脉位于盘室端部2/5处。平衡棒黄色,棒端背面黑色,腹面黄色。

腹部黄褐色;第1背板黑色,前缘宽于小盾片;第2～5节腹板中间有黑色长条带;第6背板外侧暗褐色(包括生殖器)。腹柄由第2～4腹节及第5腹节的前半部组成;第5～8腹节膨胀成卵形。毛很短,伏倒状,黑色,第2～5腹节黄色区有淡黄毛。

雄性外生殖器:第九背板背面观近半圆形,有稀疏的短刺毛;尾须不规则蚕豆状,其上的黑色骨化小,短细。腹面观生殖基节基部有一宽大的Ⅴ形凹陷,宽大于长;生殖刺突基部宽大,端部细长呈钩状,骨化成黑色。阳茎基背片有两个黑色骨化突起,中间有一大形Ⅴ形凹陷;阳茎中突长,与阳茎基侧叶等长,端部凹陷。阳茎基侧叶端部钩状,骨化成黑色。

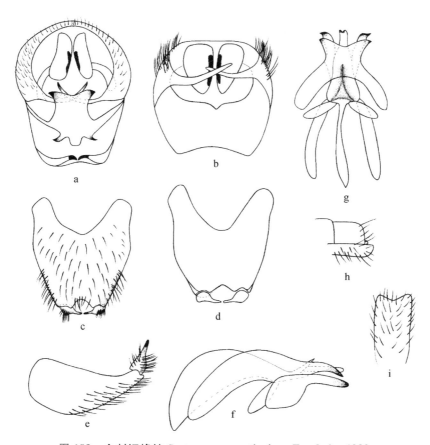

图 183 金刺姬蜂虻 *Systropus aurantispinus* Evenhuis，1982

a. 雄性外生殖器，后视（Male genitalia, posterior view）；b. 第 9 背板，尾须，第 10 腹板，腹视（epandrium, cercus and sternite 10, ventral view）；c. 生殖基节和生殖刺突，背视（gonocoxite and gonostylus, dorsal view）；d. 生殖基节和生殖刺突，腹视（gonocoxite and gonostylus, ventral view）；e. 生殖基节和生殖刺突，侧视（gonocoxite and gonostylus, lateral view）；f. 阳茎复合体，侧视（aedeagal complex, lateral view）；g. 阳茎复合体，背视（ aedeagal complex, dorsal view）；h. 亚生殖板末端，侧视（apex of abdomen, lateral view）；i. 亚生殖板末端，腹视（apical portion of sternum 8, ventral view）

雌 一般特征同雄。亚生殖板钝圆，中间稍有凹陷，不骨化。

观察标本 1♀，福建武夷山邵武，1944. Ⅸ. 3（CAU）；1♂，福建武夷大竹岚，1945. Ⅶ. 8～20（CAU）；1♀，陕西南五台，1980. Ⅷ. 28，袁峰（CAU）；4♂♂，2♀♀，河南罗山白云，2007. Ⅸ. 10，王俊潮（CAU）；1♀，云南西双版纳孟仑，1958. Ⅵ. 25（CAU）；1♂，云南昭通风顶山，2009. Ⅸ. 17，崔维娜（CAU）；1♂，浙江天目山，1947. Ⅸ. 1（CAU）；1♂，浙江天目山，1947. Ⅸ. 2（CAU）；1♂，浙江天目山，1947. Ⅸ. 3（CAU）；1♀，浙江天目山，1947. Ⅸ. 4（CAU）；1♂，1♀，浙江天目山，1947. Ⅸ. 6（CAU）；1♂，浙江天目山，1947. Ⅸ. 7（CAU）；1♂，浙江天目山，1947. Ⅸ. 14（CAU）；1♀，浙江天目山，1987. Ⅷ. 12，李强（CAU）；1♀，浙江天目山火山大石谷，2007. Ⅶ. 21，朱雅君（CAU）；1♂，湖北宜昌下堡坪，2004. Ⅷ. 15，江丽容（CAU）；6♂♂，福建建阳黄坑，1942. Ⅶ. 19；4♂♂，福建龙栖山龙潭，2006. Ⅷ. 27，董慧（CAU）；1♀，福建龙溪山沙溪，2006. Ⅷ. 20，周贤（CAU）；3♂♂，2♀♀，福建武夷山崇安，1960. Ⅷ. 16，左永（CAU）；1♂，福建武夷山崇安，1960. Ⅷ. 20，张毅然（CAU）；2♀♀，福建武

夷山崇安,1960.Ⅷ.24,马成林(CAU);12♂♂,福建武夷山大竹岚,1942.Ⅶ.8;1♂,邵武(CAU);李家塘(Likiatun),1943.Ⅹ.18;1♀,福建武夷山崇安挂墩,1945.Ⅶ.22~23;1♂,2♀♀,福建武夷山,1986.Ⅷ.5,陈乃中(CAU);2♂♂,福建武夷山庙湾,2009.Ⅸ.26,张婷婷(CAU);5♂♂,福建武夷山桐木村,2009.Ⅸ.27,曹亮明(CAU);5♂♂,福建武夷山庙湾,2009.Ⅹ.2,崔维娜(CAU);1♂,广东乳源南岭森林公园,2010.Ⅷ.23,张婷婷(CAU);1♂,广西猫儿山九牛塘,2005.Ⅷ.9,朱雅君(CAU);1♂,广西花坪保护区粗江,2005.Ⅷ.11,朱雅君(CAU)。

分布 陕西(南五台)、河南(罗山)、云南(西双版纳、昭通)、浙江(天目山)、湖北(宜昌)、福建(建阳、连城、龙栖山、武夷山)、广东(乳源)、广西(花坪、猫儿山)。

讨论 该种与黄翅姬蜂虻 *S. flavalatus* Yang et Yang,1995 最为相似,但前者小盾片后缘黄色,且第九背板端部突起细长,故与后者容易区分。

(170)巴氏姬蜂虻 *Systropus barbiellinii* Bezzi,1905

Systropus barbiellinii Bezzi,1905. Redia 2(1904):272. Type locality:China(Beijing).

胸部黑色,有黄色斑。毛淡黄色和暗褐色,但黄色区有淡黄毛。肩胛浅黄色。前胸侧板浅黄色。中胸背板有三个黄色侧斑,相互独立。小盾片黑色,后缘黄色。后胸腹板黄色,两侧各有一条黑色长斑,端部愈合。

翅烟黄色,翅脉褐色,r-m横脉位于盘室端部2/5处。平衡棒黄色,棒端黑色。

足黄色;前足全黄色。后足胫节黄色。

腹部暗褐色。

分布 北京、陕西、台湾、广东。

(171)双齿姬蜂虻 *Systropus brochus* Cui et Yang,2010(图184,图版Ⅱc)

Systropus brochus Cui et Yang,2010. Zootaxa 2619:16. Type locality:China(Shaanxi).

体长22~27 mm,翅长13~16 mm。

雄 头部黑色;下额、颜和颊浅黄色。单眼瘤深褐色。头部有浅黄毛,下额、颜和颊有密的银白色短毛。上后头沿眼缘有黑毛。触角柄节、梗节黄色,有浅黄色毛;鞭节黑色,扁平且光滑。触角三节长度比2.75:1:2.25。喙黑色,基部褐色,光滑;下颚须褐色,有淡黄毛。

胸部黑色,有黄色斑。毛淡黄色和暗褐色,但黄色区有淡黄毛。肩胛浅黄色。前胸侧板浅黄色。中胸背板有三个黄色侧斑,前斑与中斑以一条为前斑宽度1/4的黄条带相连。前斑横向,呈指状;中斑葱头状;后斑三角状。小盾片黑色,仅后缘1/3黄色,有浅黄色长毛。中胸上前侧片黑色,中胸上后侧片黑色,有长白毛。下前侧片黑色,下后侧片黑色。气门附近黄色,气门前方有一黑色圆斑。后胸腹板黑色,有长白毛,后缘有一V形黄色区域,V形黄色区域长度约为后胸腹部1/2。后胸腹板与第1腹节边缘黄色。

足:前足黄色,第3~5跗节深黄色;中足黄色,基节基部至端部2/3黑色,第3~5跗节深黄色。后足深黄色,基节黑色;转节黑色,腿节黄褐色;胫节黄色,1/7～6/7 处黑色,第 1 跗节黄色,顶端有一极窄的褐色至黑色环带,上面附有一圈黄褐色大刺,其余跗节黑色。爪亮黑色,爪垫黄色。足的毛多呈倒伏状,黑色。后足胫节有 3 排刺状黑鬃(背列 6 根,侧列 6 根,腹列 6 根)。

翅浅烟色,透明;翅脉褐色,r‐m 横脉位于盘室端部 2/5 处。平衡棒柄黄棕色。

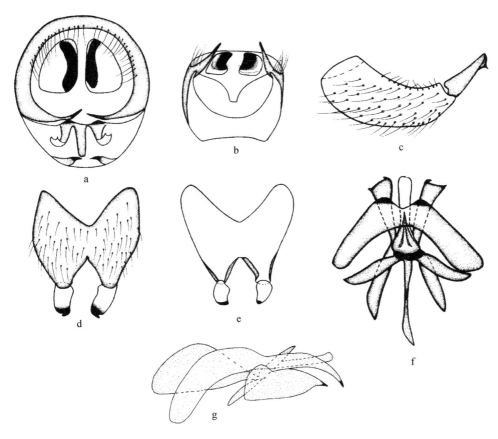

图 184 双齿姬蜂虻 *Systropus brochus* Cui *et* Yang, 2010

a. 雄性外生殖器,后视(Male genitalia, posterior view);b. 第 9 背板,尾须,第 10 腹板,腹视(epandrium, cercus and sternite 10, ventral view);c. 生殖基节和生殖刺突,侧视(gonocoxite and gonostylus, lateral view);d. 生殖基节和生殖刺突,腹视(gonocoxite and gonostylus, ventral view);e. 生殖基节和生殖刺突,背视(gonocoxite and gonostylus, dorsal view);f. 阳茎复合体,背视(aedeagal complex, dorsal view);g. 阳茎复合体,侧视(aedeagal complex, lateral view)

腹部黄色;第 1 背板前缘宽于小盾片;第 2～5 节腹板中间有褐色长条带;第 6 背板外侧暗褐色(包括生殖器)。腹柄由第 2～4 腹节及第 5 腹节的前半部组成;第 5～8 腹节膨胀成卵形。毛很短,伏倒状,黑色,第 1 背板后外侧有淡黄毛,第 2～5 腹节黄色区有淡黄毛。

雄性外生殖器:第九背板背面观近半圆形,有稀疏的短刺毛;尾须不规则三角形,其上的黑色骨化区呈棒状。腹面观生殖基节基部有一宽大的 V 形凹陷,宽大于长;生殖刺突宽大,端部骨化成黑色,钩状。阳茎基背片有两个黑色骨化突起,中间有一 V 形凹陷;阳茎基中叶与阳茎基侧叶等长,不骨化。阳茎基侧叶端部变宽,两端有一个黑色钩状突起。

未见雌虫。

观察标本 正模♂,陕西周至秦岭植物园白羊叉,2006.Ⅶ.17,朱雅君(CAU)。副模1♂,陕西周至秦岭植物园白羊叉,2006.Ⅶ.17,朱雅君(CAU)。1♂,北京昌平黑山寨,2009.Ⅸ.2,张璐(CAU);2♂♂,北京昌平黑山寨,2009.Ⅸ.3,郭萧(CAU);1♂,北京昌平黑山寨,2009.Ⅸ.3,王帆森(CAU);1♂,北京怀柔云蒙山,2009.Ⅸ.10,周丹(CAU);2♂♂,北京怀柔云蒙山,2009.Ⅸ.10,王俊潮(CAU);2♂♂,北京怀柔百泉山,2009.Ⅸ.11(CAU);1♂,北京昌平黑山寨,2009.Ⅸ.2,丁悦(CAU);1♂,陕西周至厚畛子,2010.Ⅶ.18,张婷婷(CAU);1♂,浙江莫干山,1990.Ⅶ.9,方志刚(CAU);1♂,河南灵宝亚武山,1996.Ⅷ.21,申效诚(CAU);1♂,云南昭通小草坝,2009.Ⅸ.15,崔维娜(CAU)。

分布 北京(昌平、怀柔)、陕西(周至)、河南(灵宝)、云南(昭通)。

讨论 该种与锯齿姬蜂虻 *Systropus denticulatus* Du,Yang,Yao *et* Yang,2008 相似,但阳茎基侧叶端部只有两个黑色突起,而后者的阳茎基侧叶端部则是一排锯齿状刺突。

(172)广东姬蜂虻 *Systropus cantonensis*(Enderlein,1926)

Cephenius cantonensis Enderlein,1926. Wien. Entomol. Ztg 43:80. Type locality:China(Guangdong).

体长 21.5～23 mm,翅长 9～11 mm。

雄 头部黑色。触角柄节黄色,端部有少许黑色;梗节黑色;鞭节黑色,扁平且光滑。触角三节长度比 2.6:1:1.75。喙黑色,基部黄褐色,光滑;下颚须褐色,有淡黄毛。

胸部黑色,有黄色斑。毛淡黄色和暗褐色,但黄色区有淡黄毛。肩胛浅黄色。前胸侧板浅黄色。中胸背板有三个黄色侧斑,前斑独立,中斑与后斑相连。小盾片黑色,后缘有长白毛。后胸腹板黑色。

翅烟黄色,翅脉褐色,r-m 横脉位于盘室端部 2/5 处。平衡棒黄色。

足黄色;前足基节黄色。后足跗节基部 1/4 黄色,其余黑色。

腹部暗褐色。

雌:一般特征同雄。触角比 2.3:1:1.75;亚生殖器端部变尖,尖角小于 30°,骨化成黑色。

分布 广东。

(173)长白姬蜂虻 *Systropus changbaishanus* Du,Yang,Yao *et* Yang,2008(图185)

Systropus changbaishanus Du,Yang,Yao *et* Yang in Shen X.C.,Zhang R.Z.,& Ren Y.D.(Ed.)2008. Classification and Distribution of Insects in China. p. 3. Type locality:China(Jilin).

体长 14.5 mm,翅长 6 mm。

雄 头部红黑色;下额、颜和颊浅黄色。单眼瘤深褐色。头部有浅黄毛,下额、颜和颊有密的银白色短毛。上后头沿眼缘有黑毛。触角柄节黄色,末端褐色,有短黑毛;梗节暗褐色,有短黑毛;鞭节黑色,扁平且光滑。触角三节长度比 3∶1∶?。喙黑色,基部黄褐色,光滑;下颚须褐色,有淡黄毛。

胸部黑色,有黄色斑。毛淡黄色和暗褐色,但黄色区有淡黄毛。肩胛浅黄色。前胸侧板浅黄色。中胸背板有三个黄色侧斑,前斑与中斑以一条宽度为前斑宽度 1/2 的黄带相连。前斑横向,呈四方状;中斑葱头状;后斑不规则楔形。小盾片黑色,后缘 1/3 黄色。中胸上前侧片黑色,上后侧片黑色,后部边缘黄褐色。下前侧片黑色,下后侧片黄色。气门附近黄色,气门前方有一黑色圆斑。后胸腹板黄色,两侧各有 2 个浅褐色斑,前斑长条形,呈八字状,后斑椭圆形。

足:前足黄色,仅第 2～5 跗节褐色;中足基节基半部黑色,腿节、胫节及第 1 跗节黄色,余皆褐色;后足基节及转节黑色,腿节棕色,胫节基部黄色,向端部渐深,至近端部 1/9 处为黑色;端部 1/9 及第 1 跗节基部 1/3 黄色,其余跗节黑色。胫节有 3 排刺状黑鬃(背列 6 根,侧列 5 根,腹列 4 根)。爪亮黑色,爪垫黄色。足的毛多呈倒伏状,黑色。

翅浅烟色,透明;翅脉褐色,r－m 横脉位于盘室端部 2/5 处。平衡棒棒端宽大,背面褐色,腹面黄色,棒柄细。

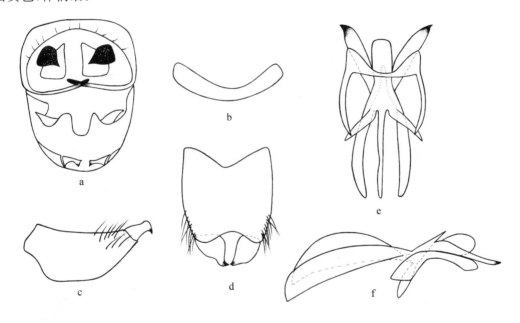

图 185　长白姬蜂虻 *Systropus changbaishanus* Du, Yang, Yao *et* Yang, 2008

a. 雄性外生殖器,后视(Male genitalia, posterior view);b. 第 10 腹板,腹视(sternite 10, ventral view);c. 生殖基节和生殖刺突,侧视(gonocoxite and gonostylus, lateral view);d. 生殖基节和生殖刺突,腹视(gonocoxite and gonostylus, ventral view);e. 阳茎复合体,背视(aedeagal complex, dorsal view);f. 阳茎复合体,侧视(aedeagal complex, lateral view)

腹部褐色;第 1 背板前缘黄色,宽于小盾片,其余黑色;第 2～5 节腹板中间有黑色长条带;第 6 背板外侧暗褐色(包括生殖器)。腹柄由第 2～4 腹节及第 5 腹节的前半部组成;第 5～8 腹节膨胀成卵形。毛很短,伏倒状,黑色,第 2～5 腹节黄色区有淡黄毛。

雄性外生殖器:第九背板背面观近半圆形,有稀疏的短刺毛;尾须不规则梨形,其上的黑色骨化突出成逗号状,超出尾须边缘。腹面观生殖基节基部有一宽大的凹陷,宽大于长;生殖刺突宽大,端部变尖钩状骨化成黑色。阳茎基背片两端突起,不骨化;阳茎基中叶宽大,短于阳茎基侧叶。阳茎基侧叶向末端变细,端部变尖骨化成黑色。

未见雌虫。

观察标本 1♂,吉林长白山白河,740 m,1985.Ⅷ.22,杨集昆(CAU)。

分布 吉林(长白山)。

讨论 该种与黄缘姬蜂虻 *Systropus luridus* Zaitzev,1977 最为近似,但后者触角柄节基部黄色,小盾片后缘黄色区域为三角形,故与之容易区别。

(174)中华姬蜂虻 *Systropus chinensis* Bezzi，1905(图 186,图版Ⅱd)

Systropus chinensis Bezzi,1905. Ⅱ genere *Systropus* Wied. nella fauna palearctica, p. 275. Type locality：China(Beijing).

Systropus dolichochaetaus Du *et* Yang,2009. Bombyliidae, p. 317. *In*：Yang D. Fauna of Hebei (Diptera). Type locality：China (Beijing).

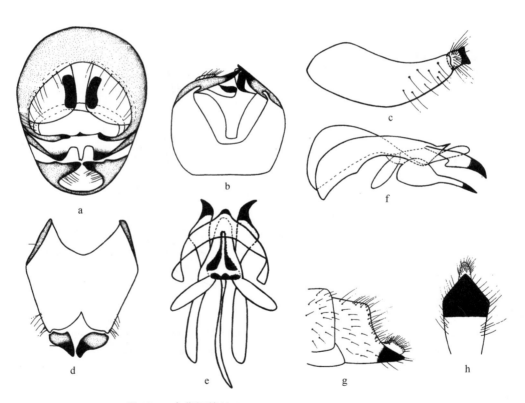

图 186 中华姬蜂虻 *Systropus chinensis* Bezzi, 1905

a. 雄性外生殖器,后视(male genitalia, posterior view);b. 第9背板,尾须,第10腹板,腹视(epandrium, cercus and sternite 10, ventral view);c. 生殖基节和生殖刺突,侧视(gonocoxite and gonostylus, lateral view);d. 生殖基节和生殖刺突,背视(gonocoxite and gonostylus, dorsal view);e. 阳茎复合体,背视(aedeagal complex, dorsal view);f. 阳茎复合体,侧视 (aedeagal complex, lateral view);g. 亚生殖板末端,侧视 (apex of abdomen, lateral view);h. 亚生殖板末端,腹视 (apical portion of sternum 8,ventral view)

体长 20～23 mm,翅长 9～14 mm。

雄 头部红黑色;下额、颜和颊浅黄色。单眼瘤深褐色。头部有浅黄毛,下额、颜和颊有密的银白色短毛。上后头沿眼缘有黑毛。触角柄节黑色、梗节暗褐色,有短黑毛;鞭节黑色,扁平且光滑。触角三节长度比 2.5：1：2。喙黑色,基部黄褐色,光滑;下颚须褐色,有淡黄毛。

胸部黑色,有黄色斑。毛淡黄色和暗褐色,但黄色区有淡黄毛。肩胛浅黄色。前胸侧板浅黄色。中胸背板有两个黄色侧斑。前斑横向,呈指状,中斑缺少,后斑不规则楔形。小盾片黑色。中胸上前侧片黑色,上后侧片黑色,有长白毛。下前侧片和下后侧片黑色。气门附近黄色,气门前方有一黑色圆斑。后胸腹板全黑色,有长白毛,后缘的 V 形区域极小,几乎愈合。后胸腹板与第一腹节边缘黄色,区域较小。

足:前足黄色,基节黑色,第 3～5 跗节深黄色;第 5 跗节末端有褐色毛。中足黄色,基节黑色,转节端部黑色,腿节基部至端部 1/4 黑色,有浓密的短黑毛,跗节 3～5 节褐色至暗褐色。后足黄褐色,基节基部黑色;转节黄褐色,腿节黄褐色;胫节黄褐色,3/4 处至端部黄色,胫节有 3 排刺状黑鬃(背列 3 根,侧列 5 根,腹列 4 根),跗节第 1 跗节 3/5 黄色,其余褐色。爪亮黑色,爪垫黄色。足的毛多呈倒伏状,黑色。

翅:浅棕色,透明,基部及前缘色略深,近棕色;翅脉深棕色;r－m 横脉近盘室中部。平衡棒黄色,棒端背部黑色,腹部黄色。

腹部黄褐色;第 1 背板黑色,前缘宽于小盾片;第 2～5 节腹板中间有黑色长条带;第 6 背板外侧暗褐色(包括生殖器)。腹柄由第 2～4 腹节及第 5 腹节的前半部组成;第 5～8 腹节膨胀成卵形。毛很短,伏倒状,黑色,第 2～5 腹节黄色区有淡黄毛。

雄性外生殖器:第九背板后面观半圆形,后面的瘤突钩状物向内弯折;后面观尾须近三角形,其上的黑色骨化部分棒状。腹面观生殖基节基部有一 V 形凹陷,宽略等于长;生殖刺突宽大,呈等边三角形,端部骨化成黑色。阳茎基背片中间有一尖状突起,骨化成黑色;阳茎中突短,不骨化。阳茎基侧叶端部尖削,弯曲成钩状,骨化成黑色。

雌 一般特征同雄。触角比 2.25：1：1.75;亚生殖器端部变尖,尖角呈直角,骨化成黑色。

观察标本 1♀,北京潭柘寺,1975.Ⅶ.18;2♂♂,1♀,北京望儿山,1986.Ⅷ.16,杜进平(CAU);2♂♂,北京望儿山,1987.Ⅸ.3,杜进平(CAU);1♂,北京望儿山,1987.Ⅸ.7,杜进平(CAU);1♂,北京虎峪风景区,2004.Ⅸ.11,庞茹文(CAU);1♀,北京虎峪风景区,2004.Ⅸ.11,刘冰(CAU);1♀,北京虎峪风景区,2004.Ⅸ.11,罗祖勇(CAU);1♂,北京昌平,2005.Ⅸ.罗峰(CAU);1♂,北京百望山,2005.Ⅷ.高建宇(CAU);1♂,北京昌平黑山寨,2007.Ⅴ.6;1♀,河南栾川龙峪湾(1000M),1997.Ⅷ.18,R.L.S(CAU);2♂♂,2♀♀,河南罗山白云,2007.Ⅸ.10,王俊潮(CAU);3♂♂,山东青岛浮山,1986.Ⅶ.17,李强(CAU);1♂,1♀,山东青岛崂山,1986.Ⅶ.25,李强(CAU);1♂,四川泸定磨西海螺沟(1550 m),1982.Ⅸ.16,王书永(CAU);1♀,贵州梵净山,2001.Ⅶ.2,宋红艳(CAU);3♂♂,云南西双版纳小勐养,1939.Ⅹ.22,王书永(CAU);1♀,云南西双版纳小勐养,1939.Ⅹ.22,王书永(CAU);1♂,湖南长沙(300 m),1989.Ⅸ.30,乔阳(CAU);1♂,浙江天目山,1947.Ⅸ.16;1♂,福建武夷山崇安桐木关关坪(740 - 900 m),1960.Ⅷ.24,马成林(CAU);1♂,福建武夷山庙湾,1981.Ⅷ.4,汪江(CAU)。

分布 北京(昌平、虎峪、潭柘寺、望儿山)、河南(栾川、罗山)、山东(青岛)、四川(泸定)、贵州(梵净山)、云南(西双版纳)、湖南(长沙)、浙江(天目山)、福建(武夷山)。

讨论 *S. dolichochaetaus* 由杨集昆和杜进平于 2009 年以一头雄虫定为新种。经过对模式标本到的检视,认为其与 *S. chinensis* 无显著差别。因此确定 *S. dolichochaetaus* 为 *S. chinensis* 的新异名。

(175)合斑姬蜂虻 *Systropus coalitus* Cui *et* Yang,2010(图 187,图版 Ⅱe)

Systropus coalitus Cui *et* Yang,2010. Zootaxa 2619:18. Type locality:China (Beijing).

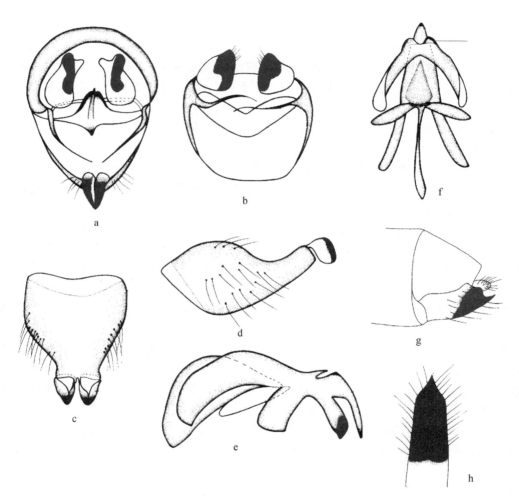

图 187 合斑姬蜂虻 *Systropus coalitus* Cui *et* Yang,2010

a. 雄性外生殖器,后视(male genitalia, posterior view);b. 第 9 背板,尾须,第 10 腹板,腹视(epandrium, cercus and sternite 10, ventral view);c. 生殖基节和生殖刺突,腹视(gonocoxite and gonostylus, ventral view);d. 生殖基节和生殖刺突,侧视(gonocoxite and gonostylus, lateral view);e. 阳茎复合体,侧视(aedeagal complex, lateral view);f. 阳茎复合体,背视(aedeagal complex, dorsal view);g. 亚生殖板末端,侧视(apex of abdomen, lateral view);h. 亚生殖板末端,腹视(apical portion of sternum 8, ventral view)

体长 17～19 mm,翅长 12 mm。

雄 头部黑色;下额、颜和颊浅黄色。单眼瘤深褐色。头部有浅黄毛,下额、颜和颊有密的银白色短毛。上后头沿眼缘有黑毛。触角柄节浅黄色,末端黑褐色,有短黑毛;梗节暗褐色,有短黑毛;鞭节黑色,扁平且光滑。触角三节长度比 2：1：1.7。喙黑色,基部褐色,光滑;下颚须褐色,有淡黄毛。

胸部黑色,有黄色斑。毛淡黄色和暗褐色,但黄色区有淡黄毛。肩胛浅黄色。前胸侧板浅黄色。中胸背板有三个黄色侧斑,前斑与中斑以一条宽度为前斑宽度 1/6 的黄褐色黄带相连(也存在前斑和中斑不相连的情况);前斑横向,呈三角状,端部较尖;中斑葱头状,后斑不规则菱形。小盾片黑色,后缘有白色长毛。中胸上前侧板暗黑色,上后侧片黑色,后缘有白毛。下前侧片黑色,下后侧片黄色,下部有一狭窄的黑色区域。后胸腹板黄色,两侧各有一条黑色宽带,黑带在基部愈合。

足:前足黄色,腿节基部至端部 1/2 处有黑色短毛,第 3～5 跗节褐色;第 5 跗节末端有褐色毛。中足黄色,转节基部至端部 1/2 区域黑色,腿节黑色,有浓密的短黑毛,跗节 2～5 节褐色至暗褐色。后足黄褐色,基节黑色;转节黑色,腿节黄褐色;胫节黄色,2/3 处至端部黄色,顶端有四根粗大的黑刺,跗节全黑色。爪亮黑色,爪垫黄色。足的毛多呈倒伏状,黑色。后足胫节有 3 排刺状黑鬃(背列 6 根,侧列 6 根,腹列 6 根)。

翅浅烟色;翅脉褐色,r-m 横脉位于盘室端部 2/5 处。平衡棒柄背面黑褐色,腹面黄色。

腹部黄色;第 1 背板前缘宽于小盾片;第 2～5 节腹板中间有黑色长条带;第 6 背板外侧暗褐色(包括生殖器)。腹柄由第 2～4 腹节及第 5 腹节的前半部组成;第 5～8 腹节膨胀成卵形。毛很短,伏倒状,黑色,第 2～5 腹节黄色区有淡黄毛。

雄性外生殖器:第九背板背面观近半圆形,有稀疏的短刺毛;尾须不规则三角形,其上的黑色骨化突出尾须成哑铃状,后侧突骨化成黑色,极为细长。腹面观生殖基节基部几乎没有 V 形凹陷;生殖刺突宽大,呈等边三角形,端部骨化成黑色区域大。阳茎基背片有两个黑色骨化突起;阳茎基中叶长,端部骨化成黑色。阳茎基侧叶消失。

雌 一般特征同雄。亚生殖板末端向上扩展而使尾须被掩盖,侧面观端部尖端向上弯曲。

观察标本 正模♂,北京怀柔百泉山,2009. Ⅷ. 26,崔维娜(CAU)。副模 1♂,1♀,同正模(CAU);3♂♂,北京怀柔云蒙山,2009. Ⅸ. 09,周丹(CAU);1♂,北京延庆四海,2009. Ⅸ. 09,周丹(CAU);5♂♂,北京怀柔云蒙山,2009. Ⅸ. 10,周丹(CAU);2♂♂,2♀♀,北京怀柔百泉山,2009. Ⅸ. 11,周丹(CAU);7♂♂,4♀♀,北京怀柔云蒙山,2009. Ⅸ. 10,王俊潮(CAU);1♀,天津蓟县八仙桌子,1986. Ⅸ. 4,刘金华(CAU);1♀,天津蓟县八仙桌子,1986. Ⅸ. 4,徐建华(CAU);1♀,天津蓟县八仙桌子,1986. Ⅸ. 4,邹建华(CAU);1♂,陕西嵩坪寺,1981. Ⅷ. 12,赵德金(CAU);4♂♂,河南内乡宝天曼葛条爬,2003. Ⅷ. 15(CAU);1♀,浙江开化古田山,1992. Ⅶ. 马云(CAU);1♂,福建武夷山桐木村,2009. Ⅸ. 27,曹亮明(CAU)。

分布 北京(怀柔、延庆)、天津(蓟县)、河南(内乡)、浙江(古田山)、福建(武夷山)。

讨论 该种与大沙河姬蜂虻 Systropus dashahensis Dong et Yang 相似,但前斑与中斑以极细的黄带相连或接近;第九背板上的突起长而细。而后者斑与中斑相互独立;第九背板上的突起较短粗,尾须骨化部分较大且不规则。

(176)中凹姬蜂虻 *Systropus concavus* Yang，1998（图 188，图版Ⅱf）

Systropus concavus Yang，1998. Guizhou Sci. 16：38. Type locality：China（Guizhou）.

体长 20～23 mm，翅长 10～12 mm。

雄 头部红黑色。离眼式。下额、颜和颊浅黄色。单眼瘤深褐色。头部有浅黄毛，下额、颜和颊有密的银白色短毛。上后头沿眼缘有黑毛。触角柄节黄色，末端有短黑毛；梗节暗褐色，有短黑毛；鞭节黑色，扁平且光滑。触角三节长度比 2.5：1：2。喙黑色，基部黄褐色，光滑；下颚须褐色，有淡黄毛。

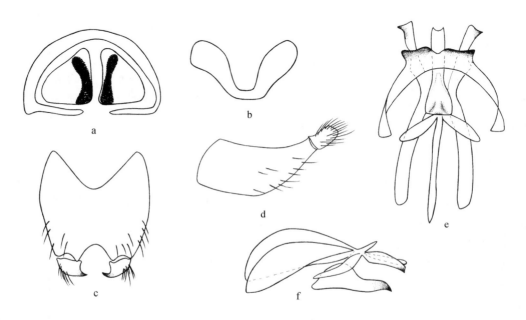

图 188 中凹姬蜂虻 *Systropus concavus* Yang，1998

a. 雄性外生殖器，后视（male genitalia，posterior view）；b. 第 10 腹板，腹视（sternite 10，ventral view）；c. 生殖基节和生殖刺突，腹视（gonocoxite and gonostylus，ventral view）；d. 生殖基节和生殖刺突，侧视（gonocoxite and gonostylus，lateral view）；e. 阳茎复合体，背视（aedeagal complex，dorsal view）；f. 阳茎复合体，侧视（aedeagal complex，lateral view）

胸部黑色，有黄色斑。毛淡黄色和暗褐色，但黄色区有淡黄毛。肩胛浅黄色。前胸侧板浅黄色。中胸背板有三个黄色侧斑，前斑横向，呈四方状，中斑葱头状，后斑不规则楔形，三斑相互独立。小盾片黑色，后缘只有少量白毛。中胸上前侧片黑色，上后侧片黑色，后部有长白毛。下前侧片黑色，下后侧片蓝黑色。气门附近黄色，气门前方有一深褐色圆斑。后胸腹板黑色，后缘有一狭长 V 形黄色区域，V 形区域长度略小于后胸腹板长度。后胸腹板与第一腹板边缘处深黄褐色。

足：前足黄色，有黄色短毛，第 3～5 跗节深黄色；第 5 跗节末端有褐色毛。中足黄色，基节黄褐色，腿节深黄色，跗节 3～5 节褐色。后足黄褐色，基节暗褐色；胫节黄褐色，2/3 处至端部黄色，胫节有 3 排刺状黑鬃（背列 6 根，侧列 5 根，腹列 4 根），第 1 跗节基部 2/5 黄色，其余跗节黑色。爪亮黑色，爪垫黄色。足的毛多呈倒伏状，黑色。

翅浅烟色,翅脉褐色,r-m横脉位于盘室中部。平衡棒黄色,端棒部背面有褐斑。

腹部黄色;第1背板黑色,前缘宽于小盾片;第2～5节腹板中间有黑色长条带;第6背板外侧暗褐色(包括生殖器)。腹柄由第2～4腹节及第5腹节的前半部组成;第5～8腹节膨胀成卵形。毛很短,伏倒状,黑色,第2～5腹节黄色区有淡黄毛。

雄性外生殖器:第九背板背面观近半圆形,有稀疏的短刺毛;尾须不规则三角形,其上的黑色骨化突出长条状。腹面观生殖基节基部有一 V 形凹陷,长大于宽;生殖刺突尖,呈三角形,仅端部一点骨化成黑色。阳茎基背片有两个黑色骨化突起,各有小幅度的凹陷,中间有一小型 V 形凹陷;阳茎中突短,凹陷,不骨化。阳茎基侧叶有突起,骨化成黑色。

雌虫未见。

观察标本 1♂,贵州石阡(600～700 m),1988.Ⅶ.23,杨龙龙(CAU);1♂,贵州梵净山,2001.Ⅶ.28,彩万志(CAU);1♂,广西金秀,1983.Ⅵ.11,王心丽(CAU);1♂,福建崇安星村三港,1960.Ⅶ.19,马成林(CAU);1♂,福建武夷山崇安星村三港,1960.Ⅷ.1,张毅然(CAU);1♂,广西金秀,1983.Ⅵ.11,王心丽(CAU)。

分布 贵州(梵净山、石阡)、福建(武夷山)、广西(金秀)。

讨论 该种与古田山姬蜂虻 *Systropus gutianshanus* Yang,1995 最为近似,但前者中斑基部较窄,至端部尖削呈尖锐三角状,不抵达边缘,故与之容易区别。

(177)长绒姬蜂虻 *Systropus crinalis* Du,Yang,Yao *et* Yang,2008(图189)

Systropus crinalis Du,Yang,Yao *et* Yang in Shen X. C.,Zhang R. Z.,& Ren Y. D. (Ed.) 2008. Classification and Distribution of Insects in China. p. 4. Type locality:China (Hunan).

体长 16 mm,翅长 8.5 mm。

雄 头部红黑色;下额、颜和颊浅黄色。单眼瘤深褐色。头部有浅黄毛,下额、颜和颊有密的银白色短毛。上后头沿眼缘有黑毛。触角柄节黑色,最基部带少许棕色;其余各节缺失。喙黑色,基部黄褐色,光滑;下颚须褐色,有淡黄毛。

胸部黑色,有黄色斑。毛淡黄色和暗褐色,但黄色区有淡黄毛。肩胛浅黄色。前胸侧板黑色。中胸背板有两个黄色侧斑;前斑横向,卵圆形;后斑不规则楔形。小盾片黑色,上有一"个"字形的凹陷。中胸上前侧片黑色,上后侧片黑色,有长白毛。下前侧片和下后侧片黑色。气门附近黄褐色,气门前方有一黑色圆斑。后胸腹板黑色,有长白毛,后缘有一狭长很小的 V 形褐色区域。后胸腹板与第一腹节边缘黑色。

足:前足基节黑色,转节及腿节棕色,胫节黄色;第1～3跗节棕色,4～5跗节褐色。中足基节及转节黑色,腿节及胫节棕色;跗节第1～3节棕色,4～5节褐色。后足基节及转节黑色,腿节棕色,胫节褐色,向端部渐深,至近端部 1/6 处为深褐色,端部 1/6 及第 1 跗节基半部黄色;胫节有 3 排刺状黑鬃(背列 6 根,侧列 5 根,腹列 4 根),其余跗节黑色。

翅:浅灰色,透明,前缘及基部略深,呈浅棕色;r-m横脉位于盘室正中间。平衡棒黄色。

腹部黄色;第1背板黑色,前缘宽于小盾片;第2～5节腹板中间有黑色长条带;第6背板外侧暗褐色(包括生殖器)。腹柄由第2～4腹节及第5腹节的前半部组成;第5～8腹节膨胀成卵形。毛很短,伏倒状,黑色,第2～5腹节黄色区有淡黄毛。

雄性外生殖器:第九背板背面观近半圆形,有稀疏的短刺毛;尾须不规则三角形,其上的黑色骨化椭圆状。腹面观生殖基节基部有一宽大的 V 形凹陷,宽略等于长;生殖刺突宽大端部骨化成黑色。阳茎基背片有中间有一宽大的突起,骨化成黑色;阳茎基中叶比阳茎基侧叶长,不骨化。阳茎基侧叶端部尖削,骨化成黑色。

未见雌虫。

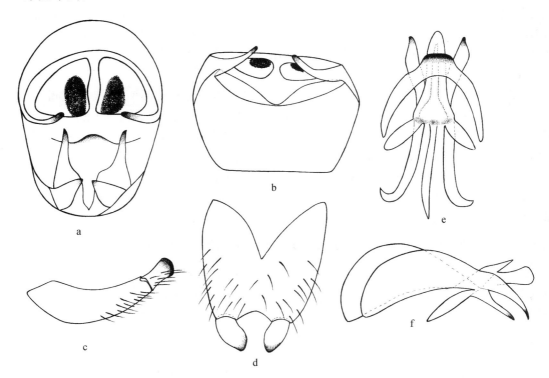

图 189　长绒姬蜂虻 *Systropus crinalis* Du，Yang，Yao *et* Yang，2008

a. 雄性外生殖器,后视(male genitalia, posterior view);b. 第 9 背板,尾须,第 10 腹板,腹视(epandrium, cercus and sternite 10, ventral view);c. 生殖基节和生殖刺突,侧视(gonocoxite and gonostylus, lateral view);d. 生殖基节和生殖刺突,腹视(gonocoxite and gonostylus, ventral view);e. 阳茎复合体,背视(aedeagal complex, dorsal view);f. 阳茎复合体,侧视（aedeagal complex, lateral view)

观察标本　1♂,湖南慈利索溪峪,1986. Ⅶ. 21,杜进平(CAU)。

分布　湖南(慈利)。

讨论　该种与黑角姬蜂虻 *Systropus melanocerus* Du，Yang，Yao *et* Yang，2008 最为相似,但后者阳茎基背板的中突尖锐,阳茎基侧突尖削骨化程度比前者大,故容易区分。

(178)弯斑姬蜂虻 *Systropus curvittatus* Du *et* Yang，2009(图 190,图版Ⅲ b)

Systropus curvittatus Du *et* Yang in Yang D.（Ed.）2009. Fauna of Hebei：Diptera. p. 317. Type locality：China（Beijing）.

体长 22～27 mm,翅长 13～17 mm。

雄　头部红黑色;下额、颜和颊浅黄色。单眼瘤黄褐色。头部有浅黄毛,下额、颜和颊有密的银白色短毛。上后头沿眼缘有黑毛。触角柄节、梗节黄色,有浓密的短黄毛,梗节末端有黄褐色短毛,鞭节黑色,扁平且光滑。触角三节长度比 3∶1∶2.5。喙黑色,基部黄褐色,光滑;下颚须褐色,有淡黄毛。

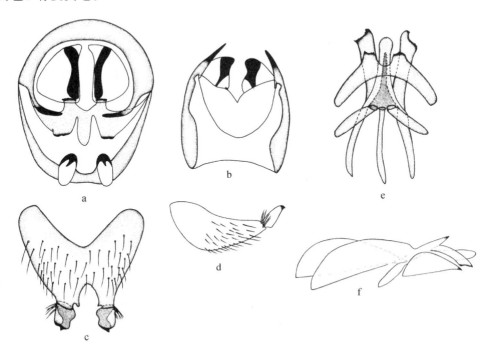

图 190 弯斑姬蜂虻 *Systropus curvittatus* Du *et* Yang,2009

a. 雄性外生殖器,后视(male genitalia, posterior view);b. 第 9 背板,尾须,第 10 腹板,腹视(epandrium, cercus and sternite 10,ventral view);c. 生殖基节和生殖刺突,腹视(gonocoxite and gonostylus, ventral view);d. 生殖基节和生殖刺突,侧视(gonocoxite and gonostylus, lateral view);e. 阳茎复合体,背视(aedeagal complex, dorsal view);f. 阳茎复合体,侧视(aedeagal complex, lateral view)

胸部黑色,有黄色斑。毛淡黄色和暗褐色,但黄色区有淡黄毛。肩胛浅黄色。前胸侧板浅黄色。中胸背板有三个黄色侧斑,前斑与中斑以一条宽度为前斑宽度 1/5 的黄褐色带相连。前斑横向,呈不规则长方状,中斑葱头状,后斑不规则楔形,中斑与后斑以一条宽度为中斑宽度 1/6 的深黄色带相连。小盾片前半部黑色,有黑色长毛,后半部黄色,有浅黄色长毛。中胸上前侧片黑色,上后侧片黑色,后缘黄褐色,上有长白毛。下前侧片黑色,下后侧片黑色,前上部黄褐色。气门附近黄色,气门前方有一深黄色圆斑。后胸腹板黑色,褶皱,有少量短白毛,后缘有一黄色狭长 V 形区域,黄色区域的长度为后胸腹板长度的 2/3。后胸腹板与第一腹板边界处为黄色。

足:前足全为黄色。中足基节黑色,余皆黄色。后足基节黑色,转节及腿节棕色,胫节深黄色,从中间到近端部 1/6 处渐至深褐色,端部 1/6 黄色,端部有 5 根长短不一的棕色刺,胫节有三纵排粗大的黑刺(背列 6 根,侧列 7 根,腹列 5 根),跗节第 1~2 节黄色,第 2 节极端部至第 5 节为深褐色。种内有差异:第 1 跗节、第 2 跗节基半黄色,其余黑色跗节,亦有较粗大的黑刺。爪亮黑色,爪垫黄色。足的毛多呈倒伏状,黑色。

翅:浅烟色,近前缘及基部色略深;r-m横脉位于盘室正中。平衡棒黄色。

腹部黄色;第1背板黑色,前缘宽于小盾片;第2～5节腹板中间有黑色长条带;第6背板外侧暗褐色(包括生殖器)。腹柄由第2～4腹节及第5腹节的前半部组成;第5～8腹节膨胀成卵形。毛很短,伏倒状,黑色,第2～5腹节黄色区有淡黄毛。

雄性外生殖器:第9背板背面观近半圆形,有稀疏的短刺毛;尾须梨形,其上的黑色骨化突出成长哑铃状。生殖基节腹面观基部有一宽大的V形凹陷,宽基本等于长;生殖刺突宽大,呈不规则四方形,端部骨化成黑色且尖突。阳茎基背片有两个黑色骨化突起,中间有一U形凹陷;阳茎基中叶短,不骨化。阳茎基侧叶端部两端有突起,骨化成黑色。

雌 一般特征同雄。后足第3跗节棕色;小盾片后缘的黄色部分更多,亚生殖板末端带有一个极细长的锥状刺,黑色。

观察标本 2♀♀,北京八达岭,1975.Ⅷ.15,史永善(CAU);1♀,北京八达岭,1975.Ⅷ.22,史永善(CAU);1♂,北京门头沟小龙门,1976.Ⅸ.4,杨集昆(CAU);1♀,北京黑山寨,2005.Ⅷ.30,宋秀芳(CAU);1♀,北京黑山寨,2006.Ⅸ.7,李薇(CAU);1♀,北京昌平黑山寨,2006.Ⅸ.7,李冠林(CAU);1♀,北京香山,2001.Ⅸ.5,李友林(CAU);1♀,北京昌平黑山寨,2009.Ⅸ.1,王玉玉(CAU);1♂,北京昌平黑山寨,2009.Ⅸ.2,张梦婕(CAU);1♀,北京海淀百望山,2009.Ⅸ.3,邵菁芃(CAU);3♂♂,河南内乡葛条爬,2003.Ⅷ.15;1♂,河南嵩县白云山,2000.Ⅷ.15～20,申效诚(CAU);1♂,四川峨眉山清音阁,1961.Ⅷ.20,杨集昆(CAU);1♂,四川峨眉山,1987.Ⅶ.24,李强(CAU)。

分布 北京(八达岭、昌平、海淀、门头沟、香山)、河南(内乡、嵩县)、四川(峨眉山)。

讨论 该种与黄角姬蜂虻 *Systropus flavicornis* Enderlein 1926 最为相似。但后者跗节仅第1节为黄色,中胸背板上的斑仅后面两个相连,故与之容易区别。

(179)锥状姬蜂虻 *Systropus cylindratus* Du, Yang, Yao et Yang, 2008(图191,图版Ⅲc)

Systropus cylindratus Du, Yang, Yao et Yang in Shen X. C., Zhang R. Z., & Ren Y. D. (Ed.) 2008. Classification and Distribution of Insects in China. p. 14. Type locality: China (Yunnan).

体长19～22 mm,翅长11～15 mm。

雄 头部红黑色;下额、颜和颊浅黄色。单眼瘤深褐色。头部有浅黄毛,下额、颜和颊有密的银白色短毛。上后头沿眼缘有黑毛。触角柄节纯黄色;梗节暗褐色,基部极小部分黄色,有短黑毛;鞭节黑色,扁平且光滑。触角三节长度比3:1:2.5。喙黑色,基部黄褐色,光滑;下颚须褐色,有淡黄毛。

胸部黑色,有黄色斑。毛淡黄色和暗褐色,但黄色区有淡黄毛。肩胛浅黄色。前胸侧板上部黑色,下部黄色(存在前胸侧板全黄色的个例)。中胸背板有三个黄色侧斑,前斑与中斑以一条宽度为前斑宽度1/2的黄带相连。前斑横向,呈四方状,中斑等边三角形较小,一般不伸达边缘,后斑不规则楔形。小盾片黑色。中胸上前侧片黑色,上后侧片黄色,有长白毛。下前侧片黑色,后部褶皱,下后侧片黑色。气门附近黄色,气门前方有一黄褐色圆斑。后胸腹板黑色,有短白毛,后缘有一狭长V形黄色区域,V形黄色区域长度约为后胸腹部1/2。后胸腹板与第一腹节边缘褐色,区域较小。

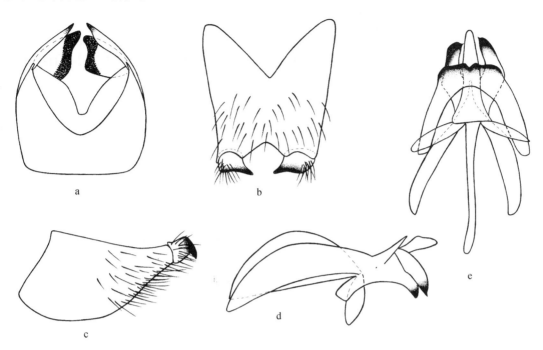

图 191　锥状姬蜂虻 Systropus cylindratus Du, Yang, Yao et Yang, 2008

a. 第九背板,尾须,第 10 腹板,腹视(epandrium, cercus and sternite 10, ventral view); b. 生殖基节和生殖刺突,腹视
(gonocoxite and gonostylus, ventral view); c. 生殖基节和生殖刺突,侧视(gonocoxite and gonostylus, lateral view);
d. 阳茎复合体,侧视(aedeagal complex, lateral view); e. 阳茎复合体,背视(aedeagal complex, dorsal view)

足:前足黄色;中足基节基半部黑色,腿节基部 1/3 浅褐色,其余黄色,跗节第 3~5 节为棕黄色;后足基节及转节黑色,腿节黄色,胫节基部棕色,向端部色渐深,至近端部 3/10 处为黑色,端部 3/10 及第 1 跗节基部 1/3 黄色,其余黑色;胫节有 3 排刺状黑鬃(背列 6 根,侧列 5根,腹列 4 根)。爪亮黑色,爪垫黄色。足的毛多呈倒伏状,黑色。

翅浅灰色,透明。近基部及前缘色略深,呈浅棕色,r-m 横脉位于盘室正中。

腹部棕色,侧扁,背板背面及腹面的两侧色深,褐色;第 1 背板黑色,前缘宽于小盾片,呈倒三角形,第 2~4 节及第 5 节基半部较细,构成腹柄,第 5~8 腹节膨胀成卵形。

雄性外生殖器:第九背板背面观近半圆形,有稀疏的短刺毛;尾须不规则三角形,其上的黑色骨化突出成棒状。腹面观生殖基节基部有一宽大的 V 形凹陷,宽大于长;生殖刺突端部尖细,骨化成黑色。阳茎基背片有两个黑色骨化突起,中间有一小型 V 形凹陷;阳茎中叶比阳茎基侧突长,端部变尖,不骨化。阳茎基侧叶端部变尖,骨化成黑色。

雌　一般特征同雄。触角比 3:1:2.75;亚生殖板末端锥状,骨化呈黑色。

观察标本　1♂,四川峨眉山清音阁,1957. Ⅸ. 22,朱复兴(CAU);1♂,云南屏边,1956.Ⅵ. 19,黄克仁(CAU);1♂,云南西双版纳孟仑,1958. Ⅸ. 16,张毅然(CAU);1♀,云南昆明西山,1987.Ⅶ. 28,李强(CAU);1♂,云南下关锅盖山,1987.Ⅶ. 31,李强(CAU);1♂,云南贡山丙中洛乡,2003. Ⅷ. 26,王鹏(CAU);1♀,云南版纳野象谷,2008. Ⅶ. 19,李彦(CAU)。

分布　四川(峨眉山)、云南(贡山、昆明、下关、西双版纳)。

讨论 该种与亚洲姬蜂虻 *Systropus nitobei* Matsumura，1916 最为相似，但前者触角三节长度比 3：1：2.5，阳茎基背片有两个黑色骨化突起，中间有一小型 V 形凹陷，而后者阳茎基背片中间的凹陷呈"凹"形，故与之容易区分。

(180) 戴云姬蜂虻 *Systropus daiyunshanus* Yang *et* Du，1991（图 192，图版 Ⅲ d）

Systropus daiyunshanus Yang *et* Du *in* Yang *et* Yang，1991. Guizhou Sci. 9：81. *Nomen nudum*.

Systropus daiyunshanus Yang *et* Du，1991. Wuyi Sci. J. 8：67. Type locality：China (Fujian).

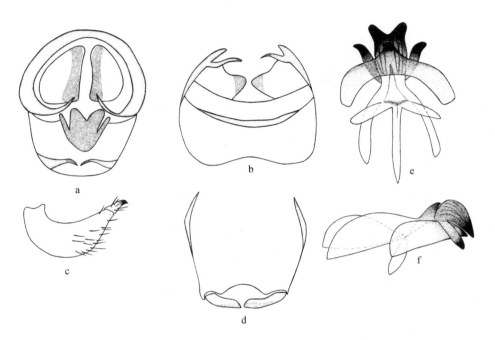

图 192 戴云姬蜂虻 *Systropus daiyunshanus* Yang *et* Du，1991

a. 雄性外生殖器，后视（male genitalia, posterior view）；b. 第九背板，尾须，第 10 腹板，腹视（epandrium, cercus and sternite 10, ventral view）；c. 生殖基节和生殖刺突，侧视（gonocoxite and gonostylus, lateral view）；d. 生殖基节和生殖刺突，背视（gonocoxite and gonostylus, dorsal view）；e. 阳茎复合体，背视（aedeagal complex, dorsal view）；f. 阳茎复合体，侧视（aedeagal complex, lateral view）

体长 17～23 mm，翅长 13～16 mm。

雄 头部红黑色；下额、颜和颊浅黄色。单眼瘤深褐色。头部有浅黄毛，下额、颜和颊有密的银白色短毛。上后头沿眼缘有黑毛。触角柄节基半部黄色，末端黑色，有短黑毛；梗节暗褐色，有短黑毛；鞭节黑色，扁平且光滑。触角三节长度比 3：1：1.6。喙黑色，基部黄褐色，光滑；下颚须褐色，有淡黄毛。

胸部黑色，有黄色斑。毛淡黄色和暗褐色，但黄色区有淡黄毛。肩胛浅黄色。前胸侧板浅黄色。中胸背板有三个黄色侧斑。前斑横向，呈指状；中斑葱头状，后斑不规则楔形。小盾片黑色，后缘 1/2 黄色，有浅黄色长毛。中胸上前侧片黑色，上后侧片黄色，有长白毛。下前侧片黑色,下后侧片黄色,下部有一狭窄的黑色区域。气门附近黄色,气门前方有一黑色圆斑。后胸腹板黄色,两侧各有2个黑色斑;前斑长条形,端部略微靠近,不愈合,后斑椭圆形。

足:前足黄色,有黄色短毛,第3～5跗节深黄色;第5跗节末端有褐色毛。中足黄色,基节褐色,转节端部黑色,腿节黑色,有浓密的短黑毛,跗节3～5节褐色至暗褐色。后足黄褐色,基节基部黑色;转节黄褐色,腿节黄褐色;胫节黄褐色,2/3处至端部黄色,胫节有3排刺状黑鬃(背列6根,侧列5根,腹列4根),跗节全褐色。爪亮黑色,爪垫黄色。足的毛多呈倒伏状,黑色。

翅浅烟色;透明,翅脉褐色,r-m横脉位于盘室端部2/5处。平衡棒黄色,棒捶背面黑色,腹面黄色。

腹部黄褐色,侧扁,第1节背板黑色,前缘宽于小盾片,向后急剧收缩呈倒三角形;第2～5节黄色,背面黑色,腹面两侧各有一黑色细条纹;第2节至第5节基半部较细,呈腹柄状,第5节端半部至第8节膨大,呈锤状;第6～8节棕黑色。

雄性外生殖器:第九背板背面观近半圆形,有稀疏的短刺毛;尾须不规则三角形,其上的黑色骨化突出成鞋印状,末端有一个细长的、骨化的黑色钩状物。生殖基节腹面观基部有一宽大的V形凹陷,宽大于长;生殖刺突宽大,呈等边三角形,端部骨化成黑色。阳茎基背片有两个黑色骨化突起,中间有一小型V形凹陷,阳茎中突短,不骨化。阳茎基侧叶消失。

雌 一般特征同雄;触角鞭节长,黑色,三节长度比2.5:1:2。亚生殖板黑色骨化区域较大,成圆形,端部钝平。

观察标本 2♀♀,北京植物园,2001.Ⅸ.4,吴咚咚(CAU);1♂,北京植物园,2001.Ⅸ.4,刘星月(CAU);5♂♂,北京植物园,2001.Ⅸ.4,陈艺(CAU);1♂,北京香山,2003.Ⅶ.7,王吉腾(CAU);1♀,北京顺义,2003.Ⅷ.2,冯明鸣(CAU);1♀,北京植物园,2003.Ⅷ.21,张俊雄(CAU);1♀,北京北安河,2003.Ⅸ.3,王妍卿(CAU);1♂,北京北安河,2003.Ⅸ.3,张雨(CAU);1♂,北京北安河,2003.Ⅸ.3,蒙艳华(CAU);1♂,北京北安河,2003.Ⅸ.3,韩艳红(CAU);1♂,北京金山,2003.Ⅸ.4,宋廷伟(CAU);1♂,北京金山,2003.Ⅸ.4,李波(CAU);1♂,北京金山,2003.Ⅸ.8,张博(CAU);1♀,北京金山,2003.Ⅹ.6,蔡乐(CAU);1♂,北京金山,2003.Ⅸ.9,陈磊(CAU);1♂,北京植物园,2003.Ⅷ.30,王伟晶(CAU);1♀,北京植物园,2003.Ⅸ.19,李晞(CAU);1♂,北京植物园,2003.Ⅸ.4,王巧玲(CAU);1♂,北京西北旺,2004.Ⅷ.28,郭洁滨(CAU);1♂,北京药用植物园,2004.Ⅷ.30,黄发汉(CAU);1♂,北京香山,2004.Ⅸ.2,彭钏(CAU);2♀♀,北京海淀北安河鹫峰,2004.Ⅸ.4,杨菁(CAU);1♂,北京西三旗,2004.Ⅸ.5,彭钏(CAU);1♂,北京药用植物园,2004.Ⅸ.15,周正君(CAU);2♂♂,北京百望山,2005.Ⅷ.24,冯雪(CAU);1♂,北京百望山,2005.Ⅷ.24,吴隆起(CAU);1♂,北京植物园,2005.Ⅹ.4,杨晓丽(CAU);1♂,北京百望山,2005.Ⅸ.3,廖模君(CAU);1♂1♀,北京百望山,2005.Ⅸ.4,莫缦(CAU);2♂♂,北京百望山,2005.Ⅸ.4,赖艳芳(CAU);3♂♂,北京百望山,2005.Ⅸ.4,刘惠红(CAU);1♂,北京百望山,2005.Ⅸ.4,张丽娟(CAU);2♂♂,北京百望山,2005.Ⅸ.4,张小娟(CAU);1♂,北京百望山,2005.Ⅸ.4,陈倩(CAU);1♂,北京百望山,2005.Ⅸ.4,陶涛(CAU);2♂♂,北京百望山,2005.Ⅸ.11,吕萍(CAU);1♂,北京百望山,2005.Ⅸ.11,张磊(CAU);2♂♂,北京百望山,2005.Ⅹ.8,黄宇红(CAU);1♂,北京药用植物园,2005.Ⅹ.22,张旭辉(CAU);1♂,北京植物园,2006.Ⅶ.16,郑彬(CAU);58♂♂,41♀♀,河南罗山白云保护站,2007.Ⅸ.10,王俊潮(CAU);1♂,贵州花溪,1988.Ⅷ.5,陈刚(CAU);1♀,云南昭通风顶山,2009.Ⅸ.17,崔维娜(CAU);1♂,浙江天

目山,1947.Ⅷ.26(CAU);1♂,浙江天目山,1947.Ⅸ.6(CAU);1♀,浙江天目山,1947.
Ⅸ.12(CAU);4♂♂,6♀♀,浙江天目山,1947.Ⅸ.13(CAU);7♂♂,浙江天目山,1947.Ⅸ.
14(CAU);1♂,浙江天目山,1947.Ⅸ.15(CAU);1♂,浙江天目山,1947.Ⅸ.16(CAU);1
♂1♀,福建德化水口(240m)1974.Ⅺ.7,杨集昆(CAU);1♂,福建连成马家坪,1988.Ⅹ.5,
黄峰(CAU);1♂,福建武夷山桐木村,2009.Ⅸ.27,曹亮明(CAU);3♂♂,福建武夷山庙湾,
2009.Ⅹ.2,曹亮明(CAU);1♂,福建武夷山定位站,2009.Ⅹ.3,崔维娜(CAU);1♀,广东乳
源南岭岭南河,2010.Ⅷ.23,董慧(CAU);1♂,广西龙胜花坪,2004.Ⅹ.2,张春田(CAU);
1♂,广西猫儿山金石保护站,2005.Ⅷ.7,朱雅君(CAU)。

分布 北京(百望山、海淀、西三旗、药用植物园、植物园)、河南(罗山)、贵州(花溪)、浙江
(天目山)、福建(德化、武夷山、连成)、广西(龙胜花、猫儿山)。

讨论 该种与苏门答腊的 *Systropus udei* Enderlein,1926 相似,但后者体型大得多,该种
的体长仅 14 mm,且第 5 腹板两侧具三角形的亮黄色斑,第 6～8 也有黄斑,容易区分。

(181)大沙河姬蜂虻 *Systropus dashahensis* Dong *et* Yang(图 193)

Systropus dashahensis Dong *et* Yang in Yang M.F. & Jin D.C. 2005. Insects from Dashahe Nature Reserve of Guizhou. p.393. Type locality:China(Guizhou).

体长 16～18 mm,翅长 9～9.5 mm。

雄 头部红黑色;下额、颜和颊浅黄色。单眼瘤深褐色。头部有浅黄毛,下额、颜和颊有密的银白色短毛。上后头沿眼缘有黑毛。触角柄节黄褐色,末端有短黑毛;梗节暗褐色,有短黑毛;鞭节黑色,扁平且光滑。触角三节长度比 2.25:1:1.8。喙黑色,基部黄褐色,光滑;下颚须褐色,有淡黄毛。

胸部黑色,有黄色斑。毛淡黄色和暗褐色,但黄色区有淡黄毛。肩胛浅黄色。前胸侧板浅黄色。中胸背板有三个黄色侧斑,前斑与中斑以一条宽度为前斑宽度 1/4 的黄带相连。前斑横向,呈四方状;中斑葱头状,后斑不规则楔形。小盾片黑色,后缘有白毛。中胸上前侧片黑色,上后侧片黑色。下前侧片黑色,下后侧片黄色,下部有一狭窄的黑色区域。气门附近黄色,气门前方有一黑色圆斑。后胸腹板黄色,两侧各有一条黑色条带,基部愈合。

足黄色。前足基节黄色,腿节基部 2/3 带褐色,第 3 跗节末端及第 4～5 跗节暗褐色。中足基节(除端部外)黑色,中足转节带褐色,腿节(除窄的末端外)浅黑色。后足基节黑色,转节黑色,腿节黄棕色,胫节褐色,端部 1/3 黄色;跗节全黑色,胫节有 3 排刺状黑鬃(背列 6 根,侧列 5 根,腹列 4 根)。爪亮黑色,爪垫黄色。足的毛多呈倒伏状,黑色。

翅浅灰色,前缘褐色;r-m 横脉稍近盘室端部。平衡棒黄褐色,端棒部大部黄色。

腹部黄色,端部黄棕色;第 1 背板全黑色,第 2～3 背板中央黑色且侧缘有黑条,第 6～8 背板中后缘区黑色。

雄性外生殖器:第九背板背侧突细长而钩弯;生殖基节长明显大于宽,端缘弱凹缺,生殖刺突粗短;阳茎腹板无侧突。

未见雌虫。

观察标本 1♂,贵州大沙河自然保护区前丰村 1300～1550 m,2004.Ⅷ.19,朱雅君;1♂,贵州大沙河自然保护区 1350 m,2004.Ⅷ.26,朱雅君(CAU)。

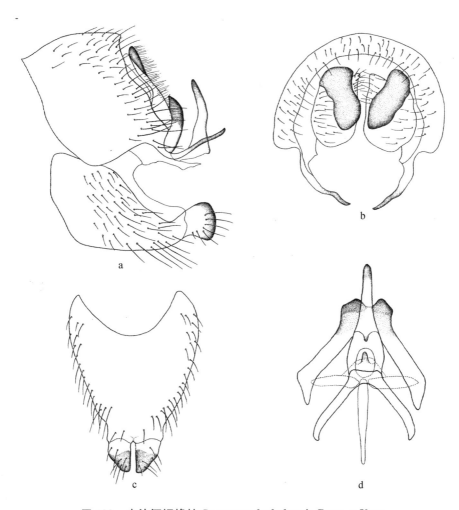

图 193　大沙河姬蜂虻 *Systropus dashahensis* Dong *et* Yang

a. 雄性外生殖器,侧视(male genitalia,lateral view);b. 第 9 背板,尾须,后视(epandrium and cercus,posterior view);c. 生殖基节和生殖刺突,腹视(gonocoxite and gonostylus, ventral view);
d. 阳茎复合体,背视(aedeagal complex, dorsal view)

分布　贵州(大沙河)。

讨论　该种与戴云姬蜂虻 *Systropus daiyunshanus* Yang *et* Du,1991 有些近似,但后者后胸腹板两侧各有一对黑色斑,前斑长条形,后斑椭圆形,故与之容易区别。

(182) 锯齿姬蜂虻 *Systropus denticulatus* **Du，Yang，Yao *et* Yang，2008**(图 194，图版Ⅲe)

Systropus denticulatus Du，Yang，Yao *et* Yang in Shen X. C. ，Zhang R. Z. ，& Ren Y. D. （Ed.）2008. Classification and Distribution of Insects in China. p. 8. Type locality：China（Yunnan）.

体长 20～25 mm,翅长 13～15 mm。

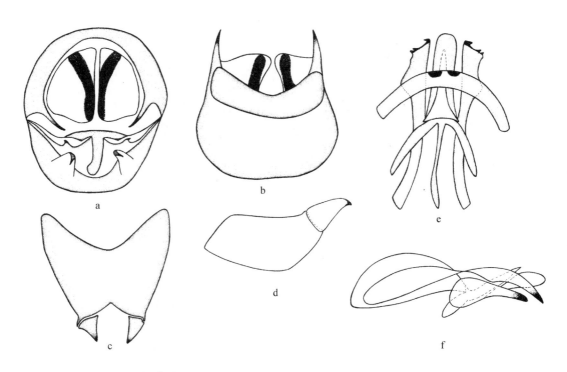

图 194　锯齿姬蜂虻 *Systropus denticulatus* Du, Yang, Yao et Yang, 2008

a. 雄性外生殖器，后视（male genitalia，posterior view）；b. 第 9 背板，尾须，第 10 腹板，腹视（epandrium，cercus and sternite 10，ventral view）；c. 生殖基节和生殖刺突，腹视（gonocoxite and gonostylus，ventral view）；d. 生殖基节和生殖刺突，侧视（gonocoxite and gonostylus，lateral view）；e. 阳茎复合体，背视（aedeagal complex，dorsal view）；f. 阳茎复合体，侧视（aedeagal complex，lateral view）

　　雄　头部红黑色；下额、颜和颊浅黄色。单眼瘤深褐色。头部有浅黄毛，下额、颜和颊有密的银白色短毛。上后头沿眼缘有黑毛。触角柄节、梗节黄色，有短黄毛；鞭节黑色，扁平且光滑。触角三节长度比为 2∶1∶1.75。喙黑色，基部黄褐色，光滑；下颚须褐色，有淡黄毛。

　　胸部黑色，有黄色斑。毛淡黄色和暗褐色，但黄色区有淡黄毛。肩胛浅黄色。前胸侧板浅黄色。中胸背板有三个黄色侧斑，前斑与中斑以一条宽度为前斑宽度 1/2 的黄带相连。前斑横向指状，中斑葱头状，后斑不规则楔形，中斑与后斑以一条黄褐色细带相连。小盾片黑色，仅后缘 1/4 黄色，有浅黄色长毛。中胸上前侧片黑色，上后侧片黑色，有长白毛。下前侧片黑色，下后侧片黑色。气门附近黄色，气门前方有一黄褐色圆斑。后胸腹板黑色，有长白毛，后缘有一 V 形黄色区域，V 形黄色区域长度约为后胸腹部 2/3。后胸腹板与第一腹节边缘黄色。

　　足：前足全为黄色；中足基节基半部黑色，余皆黄色；后足基节黑色，转节及腿节黄褐色，胫节棕色，向端部渐变为黑色，端部 1/10 及第 1 跗节黄色，胫节有 3 排刺状黑鬃（背列 6 根，侧列 5 根，腹列 4 根），第 2～4 跗节深褐色；爪亮黑色，爪垫黄色。足的毛多呈倒伏状，黑色。

　　翅：淡棕色，透明。近前缘及基部色略深；翅脉棕色；r-m 横脉近盘室端部 2/5 处。平衡棒黄色。

　　腹部棕褐色，侧扁；第 1 背板黑色，前缘宽于小盾片；第 2～5 节腹板中间有黑色长条带；第 6 背板外侧暗褐色（包括生殖器）。腹柄由第 2～4 腹节及第 5 腹节的前半部组成；第 5～8 腹节膨胀成卵形。毛很短,伏倒状,黑色,第 2～5 腹节黄色区有淡黄毛。

雄性外生殖器:第九背板背面观近半圆形,有稀疏的短刺毛;尾须不规则三角形,其上的黑色骨化突出成哑铃状。生殖基节腹面观基部有一宽大的 V 形凹陷,宽大于长;生殖刺突宽大,呈等边三角形,端部骨化成黑色。阳茎基背片中间有两个黑色骨化;阳茎中突与阳茎基侧叶长度相等,柱状;阳茎基侧叶宽大,端部骨化黑色,呈锯齿状。

雌 一般特征同雄;亚生殖板端部强烈骨化,变尖呈锥状。

观察标本 1♀,北京延庆四海,2009.Ⅸ.9,周丹(CAU);1♂,陕西太白山大殿,1981.Ⅷ.2,陕西太白山昆虫考察组(CAU);1♂,河南宜阳花果山,2006.Ⅷ.3,张俊华(CAU);1♀,河南三门峡卢氏大块地,2006.Ⅷ.7,张俊华(CAU);1♂,河南新乡辉关山三岔河,2006.Ⅷ.26,霍姗(CAU);1♂,四川峨眉山清音阁,1957.Ⅶ.25,朱复兴(CAU);14♂♂,云南昆明,1940.Ⅶ.18,陆近仁(CAU);9♀♀,云南昆明,1940.Ⅶ.22,陆近仁(CAU);1♂,云南昆明,1956.Ⅶ.5,黄克仁(CAU);1♂,云南昆明,2006.Ⅶ.15,王文君(CAU);1♂,福建崇安星村三港,1960.Ⅷ.12,左永(CAU);1♂,广西田林河坝,2002.Ⅷ.16,杨定(CAU)。

分布 北京(延庆)、陕西(太白山)、河南(宜阳、三门峡、新乡)、四川(峨眉山)、云南(昆明)、福建(武夷山)、广西(田林)。

讨论 该种与黄角姬蜂虻 *Systropus flavicornis* Enderlein,1926 最相似,但后者中胸小盾片后缘黄色,且其中胸背板前面的斑不与中间的斑愈合;故与之容易区分。

(183)基黄姬蜂虻 *Systropus divulsus*(Séguy,1963)

Cephenius divulsus Séguy,1963. Bull. Mus. Natl. Hist. Nat. Paris 35:79. Type locality:China(Shaanxi).

体长 15 mm,翅长 11 mm。

雄 头部红黑色;下额、颜和颊浅黄色。单眼瘤深褐色。头部有浅黄毛,下额、颜和颊有密的银白色短毛。上后头沿眼缘有黑毛。触角柄节基部黄色,端部黑色;梗节黑色,有短黑毛;鞭节黑色,扁平且光滑。触角三节长度比为 3.5:1:3;喙黑色,基部黄褐色,光滑;下颚须褐色,有淡黄毛。

胸部黑色,有黄色斑。毛淡黄色和暗褐色,但黄色区有淡黄毛。肩胛浅黄色。前胸侧板浅黄色。中胸背板有 3 个黄色侧斑相互独立。小盾片黑色,后缘黄色,有浅黄色长毛。中胸上前侧片黑色。后胸腹板黄色,两侧各有一条黑色条带,在端部愈合。

足:前足全为黄色;中足基节基半部黑色,余皆黄色;后足基节黑色,转节及腿节黄褐色,胫节棕色,向端部渐变为黑色,端部 1/10 黄色,跗节全黑色。爪亮黑色,爪垫黄色。足的毛多呈倒伏状,黑色。

翅:淡棕色,透明,近前缘及基部色略深。平衡棒黄色,棒端腹面黑色。

腹部棕褐色,侧扁;第 1 背板黑色,前缘宽于小盾片;第 2～5 节腹板中间有黑色长条带;第 6 背板外侧暗褐色(包括生殖器)。腹柄由第 2～4 腹节及第 5 腹节的前半部组成;第 5～8 腹节膨胀呈卵形。毛很短,伏倒状,黑色,第 2～5 腹节黄色区有淡黄毛。

未见雌虫。

分布 陕西。

(184)长突姬蜂虻 *Systropus excisus* (**Enderlein,1926**)（图 195，图版 Ⅳ a）

Cephenius excisus Enderlein, 1926. Wien. Entomol. Ztg. 43：81. Type locality：China (Guangdong)

Systropus lanatus Bezzi *in* Rohlfien *et* Ewald，1980. Beitr. Entomol. 29：222 [*in* Rigato，1995：222]. *Nomen nudum*.

Systropus dolichochaetaus Du *et* Yang. 2009. Bombyliidae, p. 316. *In*：Yang D. Fauna of Hebei (Diptera). Type locality：China (Jiangxi).

体长 10～15 mm，翅长 6～8 mm。

雄　头部红黑色；下额、颜和颊浅黄色。单眼瘤深褐色。头部有浅黄毛，下额、颜和颊有密的银白色短毛。上后头沿眼缘有黑毛。触角柄节基部黄色，至末端黑色，有短黑毛；梗节暗褐色，有短黑毛；鞭节黑色，扁平且光滑。三节长度比 2.3：1：2。喙黑色，基部黄褐色，光滑；下颚须褐色，有淡黄毛。

胸部黑色，有黄色斑。毛淡黄色和暗褐色，但黄色区有淡黄毛。肩胛浅黄色。前胸侧板浅黄色。中胸背板有三个黄色侧斑；前斑横向，呈指状，中斑葱头状，后斑不规则楔形。小盾片深黄褐色，仅左上方和右上方黑色，有黄色长毛。中胸上前侧片黑色，上后侧片黑色，有长白毛。下前侧片黑色，下后侧片黄色，下部有一小块黑色区域。气门附近黄色，气门前方有一黑色圆斑。后胸腹板黄色，两侧各有一条黑色斑，长条形，中间弯折，端部不愈合。

足：前足黄色，有黄色短毛，第 3～5 跗节深黄色；第 5 跗节末端有褐色毛。中足黄色，基节黄褐色，转节端部黑色，腿节黄褐色，有浓密的短黑毛，跗节 3～5 节褐色至暗褐色。后足黄褐色，基节基部黑色；转节黄褐色，腿节黄褐色；胫节 8/13～12/13 黄色，其余黑色，胫节有 3 排刺状黑鬃（背列 6 根，侧列 3 根，腹列 6 根），跗节黑色。爪亮黑色，爪垫黄色。足的毛多呈倒伏状，黑色。

翅：浅灰色，透明。基部及前缘略带浅棕色，r-m 横脉位于盘室端部 2/5 处。平衡棒黄色。

腹部侧扁。第 1 背板黑色，前缘宽于小盾片，向后急剧收缩呈倒三角形；第 2～5 腹节较细，构成腹柄，其余各节膨大，呈锤状；第 2～5 腹部背板背面棕黑色。侧面黄色，腹面观两侧各有一条纵向的黑带；第 6 节背面深褐色，侧面及腹面棕黄色；其余各节棕褐色。

雄性外生殖器：第九背板背面观近半圆形，有稀疏的短刺毛；尾须不规则三角形，其上的黑色骨化部分一端粗，一端细长，呈勺状。生殖基节腹面观基部有一较小的 V 形凹陷，宽大于长；生殖刺突细长，与生殖基节几乎等长，端部弯曲成钩状，骨化成黑色。阳茎基背片无骨化；阳茎基中叶长，柱形，端部骨化呈黑色；阳茎基侧叶消失。

雌　一般特征同雄。触角三节长度比 2.5：1：2.75。亚生殖板中间有很深的缺刻，使之分为两瓣。

观察标本　1♀,北京公主坟,1948. Ⅷ. 11,杨集昆(CAU)；5♂♂,北京大招山,1948. Ⅷ. 17,杨集昆(CAU)；3♂♂,河南栾川龙峪湾,1997. Ⅷ. 18 (CAU)；1♀,河南栾川龙峪湾,1997. Ⅷ. 18 (CAU)；17♂♂,7♀♀,河南内乡宝天曼葛条爬,2003. Ⅷ. 15(CAU)；1♂,1♀,河南宜阳花果山,2006. Ⅷ. 3,张俊华(CAU)；23♂♂,7♀♀,河南罗云白山,2007. Ⅸ. 10,王俊潮

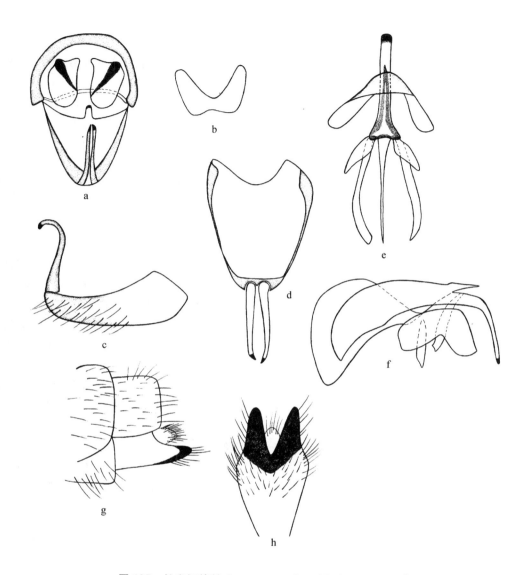

图 195　长突姬蜂虻 Systropus excisus（Enderlein，1926）

a. 雄性外生殖器，后视（male genitalia, posterior view）；b. 第 10 腹板，腹视（sternite 10, ventral view）；c. 生殖基节和生殖刺突，侧视（gonocoxite and gonostylus, lateral view）；d. 生殖基节和生殖刺突，背视（gonocoxite and gonostylus, dorsal view）；e. 阳茎复合体，背视（aedeagal complex, dorsal view）；f. 阳茎复合体，侧视（aedeagal complex, lateral view）；g. 亚生殖板末端，侧视（apex of abdomen, lateral view）；h. 亚生殖板末端，腹视（apical portion of sternum 8, ventral view）

（CAU）；1♀，四川峨眉山护国寺，1957．Ⅵ．23，虞佑才（CAU）；1♂，云南易武版纳孟仑，1958．Ⅹ．27，王书永（CAU）；1♂，云南易武版纳孟仑，1958．Ⅹ．28，蒲富基（CAU）；湖北神农架，1983．Ⅶ．13，毛晓渊（CAU）；3♂♂，湖南长沙，1989．Ⅶ．4，乔阳（CAU）；2♂♂，2♀♀，湖南长沙，1989．Ⅶ．6，乔阳（CAU）；1♀，湖南长沙，1989．Ⅶ．7，乔阳（CAU）；1♀，湖南长沙，1989．Ⅸ．30，乔阳（CAU）；1♂，湖南长沙，1989．Ⅶ．7，乔阳（CAU）；1♂，浙江庆元百祖山，1993．Ⅷ．12，刘东土（CAU）；2♀♀，江西九连山古坑，1979．Ⅸ．19（CAU）；1♂，江西庐山，

1986.Ⅶ.26,杨星科(CAU);2♀♀,江西庐山,1986.Ⅶ.26,杨星科(CAU);2♂♂,江西庐山,1986.Ⅶ.27,张晓春(CAU);1♂,福建上杭步云,1988.Ⅶ.22,马云(CAU)。

分布 北京(大招山、公主坟)、河南(栾川、内乡、罗山)、四川(峨眉山)、云南(易武)、湖北(神农架)、湖南(长沙)、浙江(庆元)、江西(庐山、九连山)、福建(上杭)。

讨论 该种与戴云姬蜂虻 *Systropus daiyunshanus* Yang *et* Du 最为相似,但后者后胸腹板两侧各有一对黑斑,而前者后胸腹板两侧各有一条黑色长斑,故两者容易区别。

(185)黑盾姬蜂虻 *Systropus exsuccus* (Séguy,1963)

Cephenius exsuccus Séguy,1963. Bull. Mus. Natl. Hist. Nat. Paris 35:79. Type locality:China (Shaanxi).

体长 14.5 mm,翅长 11.5 mm。

雄 头部红黑色;下额、颜和颊浅黄色。单眼瘤深褐色。头部有浅黄毛,下额、颜和颊有密的银白色短毛。上后头沿眼缘有黑毛。触角柄节黄色,梗节黑色,有短黑毛;鞭节黑色,扁平且光滑。触角三节长度比 3:1:1.5。喙黑色,基部黄褐色,光滑;下颚须褐色,有淡黄毛。

胸部黑色,有黄色斑。毛淡黄色和暗褐色,但黄色区有淡黄毛。肩胛浅黄色。前胸侧板浅黄色。中胸背板有三个黄色侧斑。前斑与中斑相连,后斑独立。小盾片黑色。中胸上前侧片黑色。后胸腹板黄色,两侧各有一条黑色条带。

足:前足全为黄色;中足基节基半部黑色,余皆黄色;后足基节黑色,转节及腿节黄褐色,胫节棕色,向端部渐变为黑色,端部 1/10 黄色,第 1 跗节黄色,其余跗节全黑色。爪亮黑色,爪垫黄色。足的毛多呈倒伏状,黑色。

翅淡棕色,透明。近前缘及基部色略深。平衡棒黄色,棒端腹面黑色。

腹部棕褐色,侧扁;第 1 背板黑色,前缘宽于小盾片;第 2~5 节腹板中间有黑色长条带;第 6 背板外侧暗褐色(包括生殖器)。腹柄由第 2~4 腹节及第 5 腹节的前半部组成;第 5~8 腹节膨胀成卵形。毛很短,伏倒状,黑色,第 2~5 腹节黄色区有淡黄毛。

未见雌虫。

分布 陕西、广东。

(186)宽翅姬蜂虻 *Systropus eurypterus* Du,Yang,Yao *et* Yang,2008(图 196,图版Ⅲf)

Systropus eurypterus Du,Yang,Yao *et* Yang in Shen X. C.,Zhang R. Z.,& Ren Y. D.(Ed.)2008. Classification and Distribution of Insects in China. p. 10. Type locality:China (Jiangxi).

体长 20~23 mm,翅长 13~15 mm。

雄 头部红黑色;下额、颜和颊浅黄色。单眼瘤深褐色。头部有浅黄毛,下额、颜和颊有密的银白色短毛。上后头沿眼缘有黑毛。触角柄节、梗节暗褐色,有短黑毛;鞭节黑色,扁平且光滑。触角三节长度比 2.5:1:2。喙黑色,基部黄褐色,光滑;下颚须褐色,有淡黄毛。

胸部黑色,有黄色斑。毛淡黄色和暗褐色,但黄色区有淡黄毛。肩胛浅黄色。前胸侧板浅

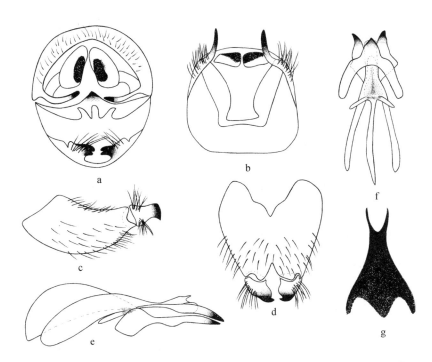

图 196　宽翅姬蜂虻 _Systropus eurypterus_ Du, Yang, Yao _et_ Yang, 2008

a. 雄性外生殖器,后视(male genitalia, posterior view);b. 第9背板,尾须,第10腹板,腹视(epandrium, cercus and sternite 10, ventral view);c. 生殖基节和生殖刺突,侧视(gonocoxite and gonostylus, lateral view);d. 生殖基节和生殖刺突,腹视(gonocoxite and gonostylus, ventral view);e. 阳茎复合体,侧视(aedeagal complex, lateral view);f. 阳茎复合体,背视(aedeagal complex, dorsal view);g. 亚生殖板末端,腹视(apical portion of sternum 8, ventral view)

黄色。中胸背板有三个黄色侧斑,前斑与中斑以一条宽度为与中斑相等的黄褐色条带相连。前斑横向,呈四方状;中斑葱头状,后斑不规则楔形。小盾片黑色。中胸上前侧片黑色,上后侧片黑色,后部黄褐色,有长白毛。下前侧片黑色,下后侧片黑色。气门附近黄色,气门前方有一黑色圆斑。后胸腹板黑色,有长白毛,后缘有一极狭窄的 V 形黄褐色区域,后胸腹板与第一腹节边缘黄褐色,区域较小。

足:前足黄色,基节黑色,转节黄褐色,第3~5跗节深黄色;第5跗节末端有褐色毛。中足黄色,基节黄褐色,转节端部黑色,腿节黄褐色,有浓密的短黑毛。后足黄褐色,基节基部黑色;转节黄褐色,腿节黄褐色;胫节深褐色,4/5处至端部黄色,胫节有3排刺状黑鬃(背列6根,侧列5根,腹列4根),第1跗节黄色,其余跗节黑色。爪亮黑色,爪垫黄色。足的毛多呈倒伏状,黑色。

翅深棕色,仅端部及后缘略透明;翅面极宽大;R_{2+3} 与 R_{4+5} 的分叉处有一深棕色的斑;r-m横脉位于盘室正中。平衡棒黄色。

腹部侧扁,深棕色;腹部背板黑色,腹面两侧各有一黑色的纵线;第1背板黑色,前缘宽于小盾片,呈倒三角形;第2~4节及第5节基半部较细,构成腹柄;第6~8节两侧略带红棕色。毛很短,伏倒状,黑色,第2~5腹节黄色区有淡黄毛。

雄性外生殖器:第九背板背面观近半圆形,有稀疏的短刺毛;尾须卵圆形,其上的黑色骨化呈卵圆形。生殖基节腹面观基部有一曲折的 V 形凹陷,宽略等于长;生殖刺突宽大,端部骨化成黑色,尖削。阳茎基背片中间有一个桃心状黑色骨化突起;阳茎中突短,不骨化。阳茎基侧叶略长于阳茎基背片,端部骨化呈黑色。

雌 一般特征同雄虫。亚生殖板端部强烈骨化,变尖呈燕尾状。

观察标本 2♂♂,1♀,河南内乡宝天曼葛条爬,2003.Ⅷ.15(CAU);5♂♂,2♀♀,河南内乡宝天曼,2008.Ⅷ.11,杨定(CAU);1♀,湖北宜昌下堡坪,2004.Ⅷ.11,肖艳芳(CAU);11♂♂,江西庐山,1986.Ⅶ.27,张晓春(CAU)。

分布 河南(内乡)、湖北(宜昌)、江西(庐山)。

讨论 该种与细突姬蜂虻 *Systropus aokii* Nagatomi,Liu,Tamaki *et* Evenhuis,1991 最为相似,但翅宽大,烟褐色,阳茎基侧突粗大,相互接近,故与后者容易区别。

(187)陕西姬蜂虻 *Systropus fadillus* (Séguy, 1963)

Cephenius fadillus Séguy,1963. Bull. Mus. Natl. Hist. Nat. Paris 35:151. Type locality:China (Shaanxi).

体长 15 mm,翅长 8.5 mm。

雄 头部红黑色;下额、颜和颊浅黄色。单眼瘤深褐色。头部有浅黄毛,下额、颜和颊有密的银白色短毛。上后头沿眼缘有黑毛。触角柄节基部有少量黄色,梗节黑色,有短黑毛;鞭节黑色,扁平且光滑。触角三节长度比 2:1:1.1。喙黑色,基部黄褐色,光滑;下颚须褐色,有淡黄毛。

胸部黑色,有黄色斑。毛淡黄色和暗褐色,但黄色区有淡黄毛。肩胛浅黄色。前胸侧板浅黄色。中胸背板有三个黄色侧斑。前斑与中斑相连,后斑独立。小盾片黑色,后缘黄色。中胸上前侧片黑色。后胸腹板黑色,有长白毛,后缘有一极狭窄的 V 形黄褐色区域,褶皱。

足:前足全为黄色;中足基节基半部黑色,余皆黄色;后足胫节棕色,向端部渐变为黑色,端部 1/10 黄色,第 1 跗节基部黄色其余黑色,其余跗节黑色。爪亮黑色,爪垫黄色。足的毛多呈倒伏状,黑色。

翅:淡棕色,透明。近前缘及基部色略深。平衡棒黄色。

腹部棕褐色,侧扁;第 1 背板黑色,前缘宽于小盾片;第 2～5 节腹板中间有黑色长条带;第 6 背板外侧暗褐色(包括生殖器)。腹柄由第 2～4 腹节及第 5 腹节的前半部组成;第 5～8 腹节膨胀呈卵形。毛很短,伏倒状,黑色,第 2～5 腹节黄色区有淡黄毛。

未见雌虫。

分布 陕西。

(188)黄翅姬蜂虻 *Systropus flavalatus* Yang *et* Yang, 1995(图 197)

Systropus flavalatus Yang *et* Yang,1995. Insects of Baishanzu Mountain, eastern China,p. 487. Type locality:China (Zhejiang).

体长 23 mm,翅长 18 mm。

雄 头部红黑色;下额、颜和颊浅黄色。单眼瘤深褐色。头部有浅黄毛,下额、颜和颊有密

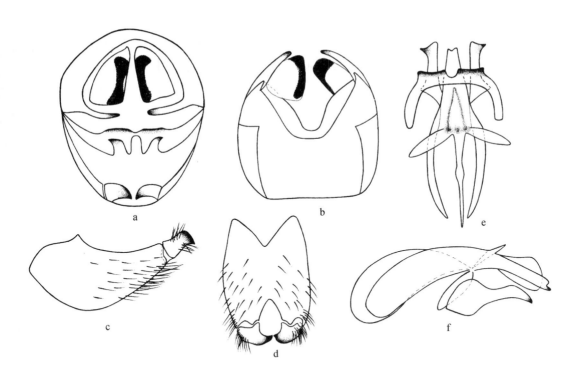

图 197　黄翅姬蜂虻 *Systropus flavalatus* Yang *et* Yang，1995

a. 雄性外生殖器，后视（male genitalia，posterior view）；b. 第 9 背板，尾须，第 10 腹板，腹视（epandrium，cercus and sternite 10，ventral view）；c. 生殖基节和生殖刺突，侧视（gonocoxite and gonostylus，lateral view）；d. 生殖基节和生殖刺突，腹视（gonocoxite and gonostylus，ventral view）；e. 阳茎复合体，背视（aedeagal complex，dorsal view）；f. 阳茎复合体，侧视（aedeagal complex，lateral view）

的银白色短毛。上后头沿眼缘有黑毛。触角柄节、梗节黄色，有短黄毛；鞭节黄褐色，扁平且光滑。触角三节长度比 2.3：1：1.5。喙黑色，基部黄褐色，光滑；下颚须褐色，有淡黄毛。

胸部黑色，有黄色斑。毛淡黄色和暗褐色，但黄色区有黄褐色毛。肩胛黄褐色，有黄褐色长毛。前胸侧板黄褐色。中胸背板有三个黄褐色侧斑，前斑横向指状，中斑葱头状前斑与中斑以一条宽度为前斑 1/2 的黄色宽带相连，中斑与后斑以一条宽度与中斑相等的黄色条带相连，后斑不规则楔形。小盾片黑色。中胸上前侧片黑色，上后侧片褐色。下前侧片黑色，下后侧片褐色，下部有一狭窄的黑色区域。气门附近黄色，气门前方有一黑色圆斑。后胸腹板黑色，有长白毛，后缘有一狭长的 V 形黄色区域。后胸腹板与第一腹节边缘黄褐色。

足：前足黄色；中足基节黄褐色，其余黄色；后足黄褐色，胫节端半（除末端外）褐色，基跗节（除末端）背面浅黑色，其余跗节黄褐色。爪亮黑色，爪垫黄色。足的毛多呈倒伏状，黑色。后足胫节有 3 排刺状黑鬃（背列 6 根，侧列 6 根，腹列 5 根）。

翅宽大，黄色不透明。翅脉黄褐色，r-m 横脉位于盘室中央。平衡棒黄色，棒锤背面浅黑色。

腹部黄色，第 1 背板黑色，前缘宽于小盾片；第 3～6 节腹板中间有浅黑色长条带；第 6 背板外侧暗褐色（包括生殖器）。腹柄由第 2～4 腹节及第 5 腹节的前半部组成；第 5～8 腹节膨胀成卵形。毛很短，伏倒状，黑色，第 2～5 腹节黄色区有淡黄毛。

雄性外生殖器:第九背板背面观近半圆形,有稀疏的短刺毛;尾须不规则三角形,其上的黑色骨化突出成棒状。生殖基节腹面观基部有一 V 形凹陷,宽略等于长;生殖刺突宽大,呈不规则三角形,端部成钩状,骨化成黑色。阳茎基背片有两个黑色骨化突起,中间有一小型 V 形凹陷;阳茎中突略短于阳茎基侧叶,中间凹陷,不骨化。阳茎基侧叶端角变尖,骨化成黑色。

未见雌虫。

观察标本 1♂,浙江百山祖,1 500 m,1993.Ⅷ.22,林敏(CAU)。

分布 浙江(百山祖)。

讨论 该种与金刺姬蜂虻 Systropus aurantispinus Evenhuis,1982 最为相似,但小盾片黑色,后足跗节除基部黑色外其余黄色,故与之容易区别。

(189)黄角姬蜂虻 *Systropus flavicornis* (Enderlein,1926)(图198,图版Ⅳb)

Cephenius flavicornis Enderlein,1926. Wien. Entomol. Ztg. 43:79. Type locality: China (Guangdong).

体长 22～23 mm,翅长 15～16 mm。

雄 头部红黑色;下额、颜和颊浅黄色。单眼瘤深褐色。头部有浅黄毛,下额、颜和颊有密的银白色短毛。上后头沿眼缘有黑毛。触角柄节黄色,末端有黄褐色毛;梗节黄色,有黄褐色毛;鞭节黑色,扁平且光滑。触角三节长度比 3∶1∶2.5。喙黑色,基部黄褐色,光滑;下颚须褐色,有淡黄毛。

胸部黑色,有黄色斑。毛淡黄色和暗褐色,但黄色区有淡黄毛。肩胛浅黄色。前胸侧板浅黄色。中胸背板有三个黄色侧斑,前斑较大,横向呈四方状,中斑葱头状,后斑不规则楔形,中斑与后斑以很细的一条黄褐色带相连。小盾片黑色,后缘1/3黄色,有浅黄色长毛。中胸上前侧片黑色,上后侧片前半部黑色,后半部黄色,有长白毛。下前侧片黑色,上缘有黄褐色区域,下后侧片黑色。气门附近黄色,气门前方有一黑色圆斑。后胸腹板黑色,有长白毛,后缘有一V 形黄色区域,V 形黄色区域长度约为后胸腹部1/2。后胸腹板与第一腹节边缘黄色,区域较大。

足:前足黄色,有黄色短毛,第 3～5 跗节深黄色;第 5 跗节末端有褐色毛。中足黄色,基节黑色,转节端部黑色,腿节有黄褐色短毛,其余黄色。后足黄褐色,基节基部黑色;转节黄褐色,腿节黄褐色;胫节黄褐色,1/3～2/3 处黑色,其余黄色,胫节有 3 排刺状黑鬃(背列 6 根,侧列 5根,腹列 4 根),跗节黄到黄褐色。爪亮黑色,爪垫黄色。足的毛多呈倒伏状,黑色。

翅烟色,透明,前缘色浅,烟黄色,r-m 略靠盘室端部。平衡棒黄色,棒端黄褐色至黑色。

腹部黄色;第 1 背板黑色,前缘宽于小盾片;第 2～5 节腹板中间有浅黑色长条带;第 6 背板外侧暗褐色(包括生殖器)。腹柄由第 2～4 腹节及第 5 腹节的前半部组成;第 5～8 腹节膨胀成卵形。毛很短,伏倒状,黑色,第 2～5 腹节黄色区有淡黄毛。

雄性外生殖器:第九背板背面观近半圆形,有稀疏的短刺毛;尾须不规则三角形,其上的黑色骨化突出成哑铃状。生殖基节腹面观基部有一宽大的 V 形凹陷,宽大于长;生殖刺突尖细,端部骨化成黑色。阳茎基背片有两个黑色骨化突起,中间有一小型 V 形凹陷;阳茎中突长,宽圆,不骨化。阳茎基侧叶末端见削,骨化呈黑色。

雌 一般特征同雄,亚生殖板末端亮黑色而骨化,端部细长尖削,骨化而呈黑色。

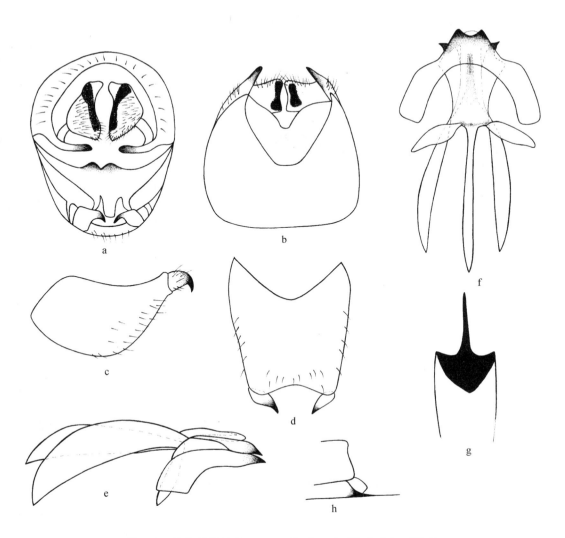

图 198　黄角姬蜂虻 *Systropus flavicornis*（Enderlein，1926）

a. 雄性外生殖器，后视（male genitalia，posterior view）；b. 第 9 背板，尾须，第 10 腹板，腹视（epandrium，cercus and sternite 10，ventral view）；c. 生殖基节和生殖刺突，侧视（gonocoxite and gonostylus，lateral view）；d. 生殖基节和生殖刺突，腹视（gonocoxite and gonostylus，ventral view）；e. 阳茎复合体，侧视（aedeagal complex，lateral view）；f. 阳茎复合体，背视（aedeagal complex，dorsal view）；g. 亚生殖板末端，腹视（apical portion of sternum 8，ventral view）；h. 亚生殖板末端，侧视（apex of abdomen，lateral view）

　　观察标本　2♂♂,1♀,河南内乡葛条爬,2003. Ⅷ. 15(CAU) 1♂,四川汶川映秀,1983. Ⅸ. 14,张学忠(CAU);1♂,1♀,云南昭通风顶山,2009. Ⅸ. 17,崔维娜(CAU);1♀,福建龙栖山,1991. Ⅹ. 09,采志(CAU);1♂,福建武夷山庙湾,2009. Ⅹ. 02,崔维娜(CAU);1♂,广西龙胜山,2004. Ⅹ. 02,张春田(CAU)。

　　分布　河南(内乡)、四川(映秀)、云南(昭通)、福建(龙栖山、武夷山)、广西(龙胜山)。

　　讨论　该种与弯斑姬蜂虻 *Systropus curvittatus* Du *et* Yang, 2009 最为相似,但后者后足跗节 4～5 节黑色,故与之容易区别。

（190）黑跗姬蜂虻 *Systropus flavipectus*（Enderlein，1926）（中国新纪录种）（图 199）

Cephenius flavipectus Enderlein，1926 Wien. Entomol. Ztg.：85. Type locality：India (Sikkim).

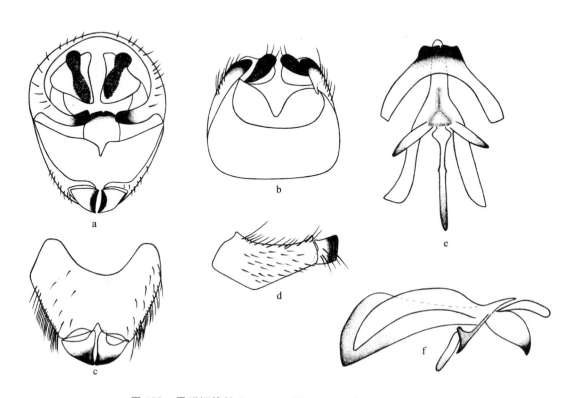

图 199 黑跗姬蜂虻 *Systropus flavipectus*（Enderlein，1926）

a. 雄性外生殖器，后视（male genitalia, posterior view）；b. 第 9 背板，尾须，第 10 腹板，腹视（epandrium, cercus and sternite 10, ventral view）；c. 生殖基节和生殖刺突，腹视（gonocoxite and gonostylus, ventral view）；d. 生殖基节和生殖刺突，侧视（gonocoxite and gonostylus, lateral view）；e. 阳茎复合体，背视（aedeagal complex, dorsal view）；f. 阳茎复合体，侧视（aedeagal complex, lateral view）

体长 11～13 mm，翅长 8～9 mm。

雄 头部红黑色；下额、颜和颊浅黄色。单眼瘤深褐色。头部有浅黄毛，下额、颜和颊有密的银白色短毛。上后头沿眼缘有黑毛。触角柄节黄色，末端有短黑毛；梗节暗褐色，有短黑毛；鞭节黑色，扁平且光滑。触角三节长度比 3.5：1：3.5。喙黑色，基部黄褐色，光滑；下颚须褐色，有淡黄毛。

胸部黑色，有黄色斑。毛淡黄色和暗褐色，但黄色区有淡黄毛。肩胛浅黄色。前胸侧板浅黄色。中胸背板有三个黄色侧斑，前斑与中斑以一条宽度为前斑宽度 1/4 的黄带相连。前斑横向，呈四方状；中斑葱头状，后斑不规则楔形。小盾片前半部黑色，有黑色长毛，后半部黄色，有浅黄色长毛。中胸上前侧片黑色，上后侧片黄色，有长白毛。下前侧片黑色，下后侧片黄色，下部有一狭窄的黑色区域。气门附近黄色，气门前方有一黑色圆斑。后胸腹板黄色，两侧各有2 个黑色斑，前斑长条形，呈八字状，后斑椭圆形。

足：前足黄色，有黄色短毛，第 3～5 跗节深黄色；第 5 跗节末端有褐色毛。中足黄色，基节黄褐色，转节端部黑色，腿节基部至端部 1/4 黑色，有浓密的短黑毛，跗节 3～5 节褐色至暗褐色。后足黄褐色，基节基部黑色；转节黄褐色，腿节黄褐色；胫节黄褐色，2/3 处至端部黄色，胫节有 3 排刺状黑鬃（背列 6 根，侧列 5 根，腹列 4 根），跗节褐色。爪亮黑色，爪垫黄色。足的毛多呈倒伏状，黑色。

翅浅烟色；翅脉褐色，r-m 横脉位于盘室端部 2/5 处。平衡棒黄色。

腹部黄色；第 1 背板黑色，前缘宽于小盾片；第 2～5 节腹板中间有黑色长条带；第 6 背板外侧暗褐色（包括生殖器）。腹柄由第 2～4 腹节及第 5 腹节的前半部组成；第 5～8 腹节膨胀呈卵形。毛很短，伏倒状，黑色，第 2～5 腹节黄色区有淡黄毛。

雄性外生殖器：第九背板背面观近半圆形，有稀疏的短刺毛；尾须不规则三角形，其上的黑色骨化突出成哑铃状；生殖基节腹面观基部有一宽大的 V 形凹陷，宽大于长，生殖刺突宽大，呈等边三角形，端部骨化成黑色；阳茎基背片有两个黑色骨化突起，中间有一小型 V 形凹陷；阳茎中突短，不骨化。阳茎基侧叶消失。

未见雌虫。

观察标本 2♂♂，云南西双版纳易武勐勒，1959. Ⅷ. 3，李肖富（CAU）。

分布 云南（西双版纳）；印度（锡金），泰国。

讨论 该种与湖北姬蜂虻 *Systropus hubeianus* Du，Yang，Yao *et* Yang，2008 最为相似，但小盾片后缘黄色，后足跗节全褐色，故与之容易区别。

(191)台湾姬蜂虻 *Systropus formosanus*（**Enderlein，1926**）

Cephenius formosanus Enderlein，1926. Wien. Entomol. Ztg. 43：77. Type locality：China（Taiwan）.

Cephenius formosanus Bezzi in Hennig，1941：Entomol. Beih. Berlin - Dahlem. 8：68 [in Rohlfien & Ewald，1980：224]. Nomen nudum. [Preoccupied by Enderlein，1926.]

体长 25 mm，翅长 13 mm。

雄 头部黑色。触角柄节黑色，末端有短黑毛；梗节暗黑色，有短黑毛；鞭节黑色，扁平且光滑。触角三节长度比 2.25：1：2。喙黑色，基部黄褐色，光滑；下颚须褐色，有淡黄毛。

胸部黑色，有黄色斑。毛淡黄色和暗褐色，但黄色区有淡黄毛。肩胛浅黄色。前胸侧板浅黄色。中胸背板有两个黄色侧斑。前斑横向，呈指状；中斑缺如，后斑不规则楔形。小盾片黑色，后缘有长白毛。后胸腹板黑色。

翅烟黄色，翅脉褐色，r-m 横脉位于盘室端部 2/5 处。平衡棒黄色，端棒部上面黄褐色。

足黄色。前足基节黑色，转节黄色。中足黄褐色，后足黄褐色。

雌 亚生殖板端部分成两个刺状尖突，骨化呈黑色。

分布 中国台湾；日本。

(192)佛顶姬蜂虻 *Systropus fudingensis* Yang，1998（图 200，图版 Ⅳ c）

Systropus fudingensis Yang，1998. Guizhou Sci. 16：37. Type locality：China（Guizhou）.

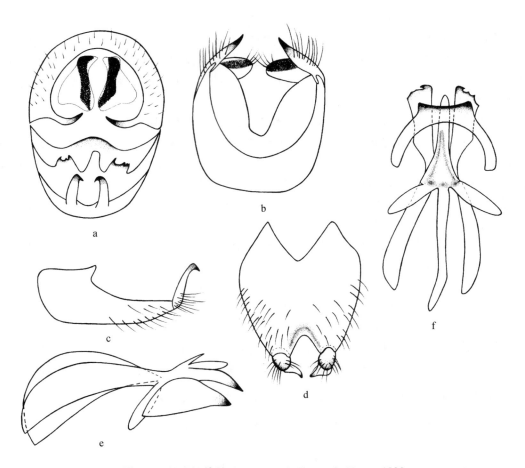

图 200 佛顶姬蜂虻 Systropus fudingensis Yang, 1998

a. 雄性外生殖器, 后视 (male genitalia, posterior view); b. 第 9 背板, 尾须, 第 10 腹板, 腹视 (epandrium, cercus and sternite 10, ventral view); c. 生殖基节和生殖刺突, 腹视 (gonocoxite and gonostylus, ventral view); d. 生殖基节和生殖刺突, 侧视 (gonocoxite and gonostylus, lateral view); e. 阳茎复合体, 侧视 (aedeagal complex, lateral view); f. 阳茎复合体, 背视 (aedeagal complex, dorsal view)

体长 20~24 mm, 翅长 12~13.5 mm。

雄 头部红黑色; 下额、颜和颊浅黄色。单眼瘤深褐色。头部有浅黄毛, 下额、颜和颊有密的银白色短毛。上后头沿眼缘有黑毛。触角柄节、梗节黄色, 梗节末端有短黄褐毛; 鞭节黑色, 扁平且光滑。触角三节长度比 2.5∶1∶2。喙黑色, 基部黄褐色, 光滑; 下颚须褐色, 有淡黄毛。

胸部黑色, 有黄色斑。毛淡黄色和暗褐色, 但黄色区有淡黄毛。肩胛浅黄色。前胸侧板浅黄色。中胸背板有三个黄色侧斑, 前斑与中斑以一条宽度为前斑宽度 1/8~1/6 的黄褐带相连。前斑横向, 呈四方状; 中斑葱头状, 后斑不规则楔形; 中斑与后斑以一条宽度为中斑 1/8 的色细条带相连, 左右两侧的后斑向中间延伸。小盾片黑色, 后半部黄色, 有浅黄色长毛。中胸上前侧片黑色, 上后侧片黑色, 后半部黄色, 有长白毛。下前侧片黑色, 下后侧片黑色, 有长白毛。气门附近黄色, 气门前方有一黑色圆斑。后胸腹板黑色, 后缘有一狭长的 V 形黄色区域, V 形区域长度为后胸腹板长度的 3/5。后胸腹板与第一腹节边缘黄色。

足:前足黄色;中足基节黑色,其余黄色;后足基节褐色,边缘黑色,转节黄褐色,腿节黄褐色,胫节端部 1/6 黄色,其余黑色,第 1 跗节黄色,末端有一极小的黑色区域,其余跗节黑色(有的个体后足第 1~2 跗节黄色)。后足胫节有 3 列黑刺,背列 6 根,侧列 7 根,腹列 3 根。后足第 1 跗节有黄色刺。足覆有黄褐色及黑色短毛,黄色区域为黄褐色短毛,黑色区域为黑短毛。爪亮黑色,爪垫黄色。足的毛多呈倒伏状,黑色。

翅褐色透明,前缘域暗黄色,r-m 位于盘室中央附近。平衡棒黄色。

腹部黄色,端部黄棕色;第 1 背板黑色,第 2~5 背板正中央有狭长的黑斑,第 6~8 背板较宽的中部浅黄色。

雄性外生殖器:第九背板背面观近半圆形,有稀疏的短刺毛;尾须不规则梨形,其上的黑色骨化突出成哑铃状。生殖基节腹面观基部有一 V 形凹陷,宽略等于长;生殖刺突基部宽大,端部细长成钩状,骨化成黑色。阳茎基背片端部骨化成黑色,端部略微突起;阳茎基中叶短于阳茎基侧叶,不骨化。阳茎基侧叶端部宽大,有不规则的刺突,骨化而呈黑色。

雌 一般特征同雄。亚生殖板末端变尖细长,骨化而呈黑色。

观察标本 2♀♀,北京延庆四海,2009. Ⅸ. 9,周丹(CAU);3♀♀,北京怀柔云蒙山,2009. Ⅸ. 10,周丹(CAU);1♀,北京怀柔百泉山,2009. Ⅸ. 11,周丹(CAU);1♂,四川青城山,1998. Ⅷ. 2,杨定(CAU);1♂,贵州佛顶山(540 m),1988. Ⅶ. 23,杨星科(CAU);2♂♂,贵州梵净山,2001. Ⅶ. 1,宋红艳(CAU);1♂,浙江天目山,1947. Ⅸ. 13 (CAU);1♀,福建武夷山桐木村,2009. Ⅸ. 26,崔维娜(CAU);1♂,广西花屏红汉堡,2006. Ⅷ. 6,廖银霞(CAU)。

分布 北京(怀柔,延庆)、四川(青城山)、贵州(佛顶山、梵净山)、浙江(天目山)、福建(武夷山)、广西(花屏)。

讨论 该种与麦氏姬蜂虻 *Systropus melli* (Enderlein,1926)最为相似,但后者前斑与中斑相连的黄带较宽,且阳茎基中突宽大,故与之容易区别。

(193)福建姬蜂虻 *Systropus fujianensis* Yang,2003(图 201,图版Ⅳ d)

Systropus fujianensis Yang,2003. Fauna of Insects in Fujian Province of China. p. 232. Type locality:China (Guizhou).

体长 19~21 mm,翅长 12~14 mm。

雌 头部黑色。离眼式。下额、颜和颊浅黄色。单眼瘤深褐色。头部有浅黄毛,下额、颜和颊有密的银白色短毛。上后头沿眼缘有黑毛。触角柄节黄色,末端有短黑毛;梗节暗褐色,有短黑毛;鞭节黑色,扁平且光滑。触角三节长度比 3:1:2.5。喙黑色,基部黄褐色,光滑;下颚须褐色,有淡黄毛。

胸部黑色,有黄色斑。毛淡黄色和暗褐色,但黄色区有淡黄毛。肩胛浅黄色。前胸侧板浅黄色。中胸背板有三个黄色侧斑;前斑横向,呈四方状,中斑葱头状,后斑不规则楔形;中斑与后斑以一条宽度为中斑宽度 1/8~1/6 的黄褐条带相连。小盾片黑色,后缘有长白毛。中胸上前侧片黑色,上后侧片黄色,前缘有一长条形褐色区域,有长白毛。下前侧片黑色,下后侧片黑色,有长白毛。气门附近黄色,气门前方有一褐色圆斑。后胸腹板黑色,较少褶皱,上有长白毛,后缘有一狭长的 V 形黄色区域,长度约为后胸腹板的 1/2。后胸腹板与第一腹节边缘

图 201　福建姬蜂虻 Systropus fujianensis Yang，2003

a. 雄性外生殖器，后视（male genitalia，posterior view）；b. 第 9 背板，尾须，第 10 腹板，腹视（epandrium，cercus and sternite 10，ventral view）；c. 生殖基节和生殖刺突，侧视（gonocoxite and gonostylus，lateral view）；d. 生殖基节和生殖刺突，腹视（gonocoxite and gonostylus，ventral view）；e. 阳茎复合体，背视（aedeagal complex，dorsal view）；f. 阳茎复合体，侧视（aedeagal complex，lateral view）；g. 亚生殖板末端，侧视（apex of abdomen，lateral view）；h. 亚生殖板末端，腹视（apical portion of sternum 8，ventral view）

黄色。

　　足黄色。前足黄色。中足基节黑色，腿节褐色，其余黄色。后足基节黑色，转节浅褐色；胫节褐色至黑色，胫节基部至 3/4 处黑色，其余黄色；第 1 跗节黄色，仅端部有少许黑色，其余跗节黑色。后足胫节有 3 列黑刺，背列 7 根，侧列 9 根，腹列 4 根。爪亮黑色，爪垫黄色。足的毛多呈倒伏状，黑色。

　　翅烟黄色，翅脉褐色，r - m 横脉位于盘室端部 2/5 处。平衡棒黄色，端棒部上面黄褐色。

　　腹部黄色，端部黄棕色；第 1 背板黑色，前缘宽于小盾片；第 2～5 节背板中间有黑色长条带；第 6 背板外侧暗褐色（包括生殖器）。腹柄由第 2～4 腹节及第 5 腹节的前半部组成；第 5～8 腹节膨胀成卵形。毛很短，伏倒状，黑色，第 2～5 腹节黄色区有淡黄毛。第八背板端部分成三个刺状尖突,骨化而呈黑色。

雄 一般特征同雌。第9背板背面观近半圆形,有稀疏的短刺毛;尾须葫芦形,其上的黑色骨化突出成长条状。生殖基节腹面观基部有一宽大的 V 形凹陷,宽略等于长;生殖刺突细长,端部骨化成黑色。阳茎基背片有两个黑色骨化尖突,中间有一小型 V 形凹陷;阳茎基中叶短,端部宽大,不骨化。阳茎基侧叶尖突,末端骨化呈黑色。

观察标本 1♀,福建林学院,1990. Ⅸ. 05(CAU);1♂,河南内乡葛条爬,2003. Ⅷ. 15(CAU);5♂♂,3♀♀,河南罗山白云,2007. Ⅸ. 10,王俊潮(CAU);1♂,云南昭通风顶山水库,2009. Ⅸ. 17,崔维娜(CAU);1♂,浙江天目山,1947. Ⅸ. 6 (CAU);2♂♂,浙江天目山,1947. Ⅸ. 14(CAU);1♂,广西兴安金石,2007. Ⅶ. 5 (CAU);1♂,广东乳源南岭小黄山,2005. Ⅷ. 26,张俊华(CAU);1♂,广东乳源南岭岭南河,2010. Ⅷ. 23,董慧(CAU)。

分布 河南(罗山、内乡)、云南(昭通)、浙江(天目山)、福建(福州)、广西(兴安)、广东(南岭)。

讨论 该种与贵州姬蜂虻 *Systropus guizhouensis* Yang *et* Yang,1991 最为相似,但后者后足基跗节基半黄色,翅浅灰色,故与之容易区分。

(194) 甘泉姬蜂虻 *Systropus ganquananus* Du,Yang,Yao *et* Yang, 2008(图 202)

Systropus ganquananus Du,Yang,Yao *et* Yang in Shen X. C. ,Zhang R. Z. , & Ren Y. D. (Ed.) 2008. Classification and Distribution of Insects in China. p. 5. Type locality:China (Shannxi).

体长 16～18 mm,翅长 10～11 mm。

雄 头部红黑色;下额、颜和颊浅黄色。单眼瘤深褐色。头部有浅黄毛,下额、颜和颊有密的银白色短毛。上后头沿眼缘有黑毛。触角柄节、梗节暗褐色,有短黑毛;鞭节黑色,扁平且光滑。触角三节长度比 2.5 : 1 : 1.25。喙黑色,基部黄褐色,光滑;下颚须褐色,有淡黄毛。

胸部黑色,有黄色斑。毛淡黄色和暗褐色,但黄色区有淡黄毛。肩胛浅黄色。前胸侧板浅黄色。中胸背板有三个黄色侧斑,前斑与中斑以一条宽度为前斑宽度 1/3 的黄褐色带相连。前斑黄色,横向呈指状;中斑黄褐色,葱头状;后斑黄色,不规则楔形。小盾片黑色。中胸上前侧片黑色,上后侧片黑色,有长白毛。下前侧片黑色,下后侧片黑色。气门附近黄色,气门前方有一黑色圆斑。后胸腹板黑色,有长白毛,后缘有一 V 形黄色区域,V 形黄色区域长度约为后胸腹部 1/2。后胸腹板与第一腹节边缘黄色,区域较小。

足:前足基节深褐色,余皆棕色;中足基节蓝黑色,其余同前足;后足基节深褐色,转节及腿节棕色,胫节棕色,向端部色渐深,至近端部 1/6 处为黑色,端部 1/6 黄色,第 1～2 跗节黄色,第 3～5 跗节颜色由淡褐色渐深至黑色,胫节有 3 排刺状黑鬃(背列 4 根,侧列 5 根,腹列 6 根),跗节褐色。爪亮黑色,爪垫黄色。足的毛多呈倒伏状,黑色。

翅淡棕色,不透明,近基部及前缘色略深;翅脉深棕色,r - m 横脉位于盘室端部 3/8 处。平衡棒黄色。棒端背面黑色。

腹部黄色;第 1 背板黑色,前缘宽于小盾片;第 2～5 节腹板中间有黑色长条带;第 6 背板外侧暗褐色(包括生殖器)。腹柄由第 2～4 腹节及第 5 腹节的前半部组成;第 5～8 腹节膨胀成卵形。毛很短,伏倒状,黑色,第 2～5 腹节黄色区有淡黄毛。

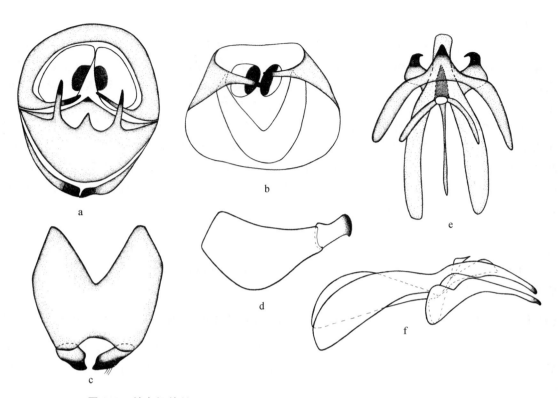

图 202　甘泉姬蜂虻 *Systropus ganquananus* Du，Yang，Yao *et* Yang，2008

a. 雄性外生殖器，后视（male genitalia，posterior view）；b. 第 9 背板，尾须，第 10 腹板，腹视（epandrium，cercus and sternite 10，ventral view）；c. 生殖基节和生殖刺突，腹视（gonocoxite and gonostylus，ventral view）；d. 生殖基节和生殖刺突，侧视（gonocoxite and gonostylus，lateral view）；e. 阳茎复合体，背视（aedeagal complex，dorsal view）；f. 阳茎复合体，侧视（aedeagal complex，lateral view）

雄性外生殖器：第九背板背面观近半圆形，有稀疏的短刺毛；尾须不规则三角形，其上的黑色骨化突出成棒状。生殖基节腹面观基部有一宽大的 V 形凹陷，宽大于长；生殖刺突宽大，端部骨化成黄褐色。阳茎基背片中间有一尖锐三角形突起，骨化成黄褐色；阳茎中突短，不骨化。阳茎基侧叶比阳茎基中长，端部尖锐骨化成黄褐色。

未见雌虫。

观察标本　1♂，陕西甘泉清泉沟，1971. Ⅷ. 14，杨集昆（CAU）；2♂♂，浙江天目山，1947. Ⅸ. 6（CAU）。

分布　陕西（甘泉）、浙江（天目山）。

讨论　该种与湖北姬蜂虻 *Systropus hubeianus* Du，Yang，Yao *et* Yang，2008 最为相似，但后者体长，腹部 2～8 节有深黑色的背中带，故与之容易区别。

（195）甘肃姬蜂虻 *Systropus gansuanus* Du，Yang，Yao *et* Yang，2008（图 203，图版Ⅳe）

Systropus gansuanus Du，Yang，Yao *et* Yang in Shen X. C.，Zhang R. Z.，& Ren Y. D. （Ed.）2008. Classification and Distribution of Insects in China. p. 15，6. Type locality：China（Gansu）.

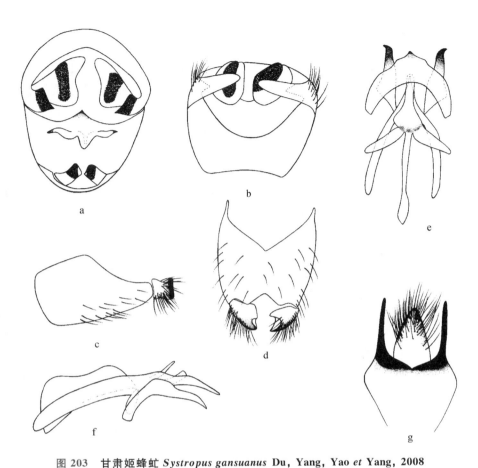

图 203　甘肃姬蜂虻 *Systropus gansuanus* **Du**，**Yang**，**Yao** *et* **Yang**，2008

a. 雄性外生殖器，后视（male genitalia, posterior view）；b. 第 9 背板，尾须，第 10 腹板，腹视（epan-drium, cercus and sternite 10, ventral view）；c. 生殖基节和生殖刺突，侧视（gonocoxite and gonos-tylus, lateral view）；d. 生殖基节和生殖刺突，腹视（gonocoxite and gonostylus, ventral view）；e. 阳茎复合体，背视（aedeagal complex, dorsal view）；f. 阳茎复合体，侧视（aedeagal complex, lateral view）；g. 亚生殖板末端，腹视（apical portion of sternum 8, ventral view）

体长 14～16 mm，翅长 8～9 mm。

雄　头部红黑色；下额、颜和颊浅黄色。单眼瘤深褐色。头部有浅黄毛，下额、颜和颊有密的银白色短毛。上后头沿眼缘有黑毛。触角柄节、梗节暗褐色，有短黑毛；鞭节黑色，扁平且光滑。触角三节长度比 2.5∶1∶1.2。喙黑色，基部褐色，光滑；下颚须褐色，有淡黄毛。

胸部黑色，有黄色斑。毛淡黄色和暗褐色，但黄色区有淡黄毛。肩胛浅黄色。前胸侧板黑色。中胸背板有两个黄色侧斑；前斑横向，呈四方状，端部略尖；后斑不规则楔形。小盾片黑色，后缘有长白毛。中胸上前侧片黑色，上后侧片黑色，有长白毛。下前侧片黑色，下后侧片黑色，气门附近黄色，气门前方有一黑色圆斑。后胸腹板黑色，有长白毛，后缘有一狭长 V 形黄色区域。后胸腹板与第一腹节边缘黄褐色，区域较小。

足：前足基节黄褐色，转节黑色，腿节基部 2/3 浅棕色，其余黄色。中足基节黑色，转节暗褐色，腿节深棕色，胫节黄褐色，跗节黄色，有短黑刺。后足基节黑色，转节及腿节浅棕色，胫节黄褐色,端部 1/10 及第 1 跗节黄色,其余跗节深棕色至黑色。后足胫节有 3 排刺状黑鬃(背列 3 根,侧列 4 根,腹列 3 根)。爪亮黑色,爪垫黄色。足的毛多呈倒伏状,黑色。

翅淡棕色、透明;翅脉棕色;r-m 横脉位于盘室正中间。平衡棒黄色,棒端背面黄褐色。

腹部黄色;第 1 背板黑色,前缘宽于小盾片;第 2~5 节腹板中间有黑色长条带;第 6 背板外侧暗褐色(包括生殖器)。腹柄由第 2~4 腹节及第 5 腹节的前半部组成;第 5~8 腹节膨胀成卵形。毛很短,伏倒状,黑色,第 2~5 腹节黄色区有淡黄毛。

雄性外生殖器:第九背板背面观近半圆形,有稀疏的短刺毛;尾须不规则三角形,其上的黑色骨化突出成哑铃状,侧后突端部骨化而呈黑色,宽大。生殖基节腹面观基部有一宽大的 V 形凹陷,宽大于长;生殖刺突宽大,呈等边三角形,端部骨化成黑色,有凹陷。阳茎基背片中间有一个黑色骨化突起;阳茎中突短,不骨化。阳茎基侧叶细长,末端骨化呈黑色,尖削。

雌 一般特征同雄。亚生殖板末端呈剪刀状尖细分叉,骨化呈黑色。

观察标本 1♂,北京昌平黑山寨,2009.Ⅸ.1,冯恩轩(CAU);1♂,北京昌平黑山寨,2009.Ⅸ.2,赵娜娜(CAU);1♂,北京昌平黑山寨,2009.Ⅸ.3,张璐(CAU);1♀,北京延庆四海,2009.Ⅸ.9,周丹(CAU);4♂♂,北京怀柔云蒙山,2009.Ⅸ.10,王俊潮(CAU);2♂♂,北京怀柔云蒙山,2009.Ⅸ.10,刘晓艳(CAU);5♂♂,北京怀柔云蒙山,2009.Ⅸ.10,周丹(CAU);1♀,北京怀柔云蒙山,2009.Ⅸ.9,周丹(CAU);1♀,北京怀柔云蒙山,2009.Ⅸ.10,周丹(CAU);1♂,北京怀柔百泉山,2009.Ⅸ.11,周丹(CAU);1♂,甘肃文县,1987.Ⅸ.16,杜进平(CAU);4♂♂,云南昭通小草坝,2009.Ⅸ.15,张婷婷(CAU);1♂,云南昭通小草坝,2009.Ⅸ.15,崔维娜(CAU);1♂,湖北五峰后河,2002.Ⅹ.2,熊康成(CAU)。

分布 北京(怀柔、延庆、昌平)、甘肃(文县)、云南(昭通)、湖北(五峰)。

讨论 该种与中华姬蜂虻 *Systropus chinensis*(Bezzi,1905)最为相似,但该种小盾片后缘具黄色斑,平衡棒全为黄色;故与后者容易区分。

(196)贵阳姬蜂虻 *Systropus guiyangensis* Yang,1998(图 204,图版Ⅳf)

Systropus guiyangensis Yang,1998. Guizhou Sci. 16:38. Type locality:China (Guizhou).

体长 12.5~14 mm,翅长 8.5~9 mm。

雄 头部红黑色;下额、颜和颊浅黄色。单眼瘤深褐色。头部有浅黄毛,下额、颜和颊有密的银白色短毛。上后头沿眼缘有黑毛。触角柄节黄至黄褐色,有短黑毛,末端近褐色;梗节暗褐色,有短黑毛;鞭节黑色,扁平且光滑。触角三节长度比 2.2:1:1.7。喙黑色,基部黄褐色,光滑;下颚须褐色,有淡黄毛。

胸部黑色,有黄色斑。毛淡黄色和暗褐色,但黄色区有淡黄毛。肩胛浅黄色。前胸侧板浅黄色。中胸背板有三个黄色侧斑,前斑与中斑以一条宽度为前斑宽度 1/3 的黄带相连。前斑横向,呈四方状;中斑葱头状,后斑不规则楔形。小盾片黑色,后缘有长毛。中胸上前侧片黑色,上后侧片黑色,有长白毛。下前侧片,下后侧片黑色。气门附近黄色,气门前方有一黑色圆斑。后胸腹板黑色,有长白毛,后缘有一 V 形黄色区域,V 形黄色区域长度约为后胸腹部 1/2。后胸腹板与第一腹节边缘黄色。

足:前足黄色。中足黄色,腿节深黄色。后足黄褐色,基节基部黑色;转节黄褐色,腿节黄

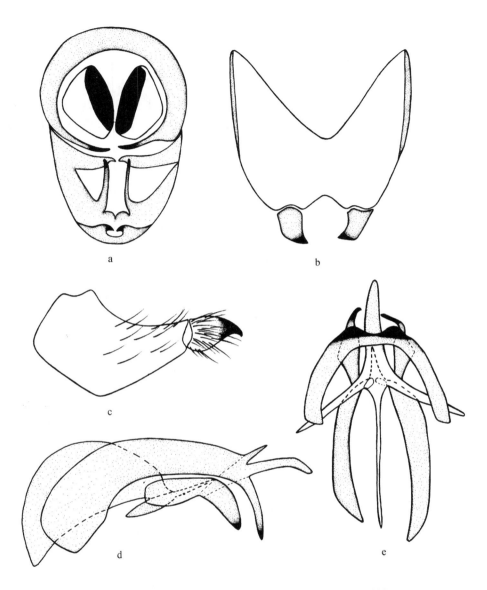

图 204　贵阳姬蜂虻 *Systropus guiyangensis* Yang，1998

a. 雄性外生殖器，后视（male genitalia，posterior view）；b. 生殖基节和生殖刺突，背视（gonocoxite and gonostylus，dorsal view）；c. 生殖基节和生殖刺突，侧视（gonocoxite and gonostylus，lateral view）；d. 阳茎复合体，侧视（aedeagal complex，lateral view）；e. 阳茎复合体，背视（aedeagal complex，dorsal view）

色；胫节黄褐色，4/5 处至端部黄色，胫节有 3 排刺状黑鬃（背列 6 根，侧列 5 根，腹列 4 根），第 1 跗节基半黄色，其余跗节黑色。爪亮黑色，爪垫黄色。足的毛多呈倒伏状，黑色。

　　翅浅烟色，透明；翅脉褐色，r - m 横脉位于盘室端部 2/5 处。平衡棒黄色。

　　腹部黄褐色；第 1 背板黑色，前缘宽于小盾片；第 2～5 节腹板中间有黑色长条带；第 6 背板外侧暗褐色（包括生殖器）。腹柄由第 2～4 腹节及第 5 腹节的前半部组成；第 5～8 腹节膨胀成卵形。毛很短，伏倒状，黑色，第 2～5 腹节黄色区有淡黄毛。

　　雄性外生殖器：第九背板背面观近半圆形，有稀疏的短刺毛；尾须不规则三角形，其上的黑色骨化突出成棒状,面积大。生殖基节腹面观基部有一宽大的 V 形凹陷,宽大于长;生殖刺突尖锐较小,端部有钩,骨化成黑色。阳茎基背片有两个黑色骨化突起,中间有一 V 形凹陷;阳茎基中叶长,端部尖削不骨化;阳茎基侧叶细长,末端弯曲,骨化呈黑色。

雌 一般特征同雄。亚生殖板末端变尖呈尖锥状,骨化呈黑色。

观察标本 3♂♂,5♀♀,河南宜阳花果山,2006.Ⅷ.2,张俊华(CAU);1♀,陕西秦岭植物园白羊叉,2006.Ⅶ.17,朱雅君(CAU);3♂♂,贵州贵阳,1987.Ⅷ.30,何俊华(CAU);2♂♂,云南昭通小草坝,2009.Ⅸ.13,张婷婷(CAU);1♂,湖北五峰后河,2002.Ⅹ.5,张建民(CAU);1♂,浙江天目山,1947.Ⅷ.31(CAU);1♂,浙江天目山,1947.Ⅸ.3(CAU);1♂,浙江天目山,1947.Ⅸ.1(CAU);1♂,浙江杭州,1953.Ⅸ.17(CAU);1♂,福建武夷山庙湾,2009.Ⅹ.2,曹亮明(CAU)。

分布 河南(宜阳)、陕西(秦岭)、贵州(贵阳)、云南(昭通)、湖北(五峰)、浙江(杭州、天目山)、福建(武夷山)。

讨论 该种与亚洲姬蜂虻 Systropus nitobei Matsumura,1916 最为相似,但后者后足跗节基半黄色,触角三节长度比为 2.6∶1∶1.8,故与之容易区别。

(197) 贵州姬蜂虻 *Systropus guizhouensis* Yang *et* Yang,1991(图 205)

Systropus guizhouensis Yang *et* Yang,1991. Guizhou Sci. 9:83. Type locality:China (Guizhou).

体长 22～25 mm,翅长 13～15 mm。

雄 头部红黑色;下额、颜和颊浅黄色。单眼瘤深褐色。头部有浅黄毛,下额、颜和颊有密的银白色短毛。上后头沿眼缘有黑毛。触角柄节黄色至深黄色,末端有短黑毛;梗节暗褐色,有短黑毛;鞭节黑色,扁平且光滑。三节长度比 2.5∶1∶2.5。喙黑色,基部黄褐色,光滑;下颚须褐色,有淡黄毛。

胸部黑色,有黄色斑。毛淡黄色和暗褐色,但黄色区有淡黄毛。肩胛浅黄色。前胸侧板浅黄色。中胸背板有三个黄色侧斑。前斑横向,呈四方状;中斑葱头状,后斑不规则楔形。中斑与后斑以一条宽度为中斑宽度 1/8 的黄褐条带相连。小盾片黑色,仅后缘黄色,有浅黄色长毛。中胸上前侧片黑色,上后侧片黑色,后半部黄色,有长白毛。下前侧片黑色,下后侧片黑色。气门附近黄色,气门前方有一黑色圆斑。后胸腹板黑色,褶皱少,有短白毛,后缘有一狭长的黄色 V 形区域,V 形区域的长度约为后胸腹板长度的 1/2。后胸腹板与第一腹节边缘处黄褐色。

足:前足黄色。中足基节黑色,转节黄褐色,腿节深褐色,端部黄色,跗节黄色。后足黄褐色,基节基部黑色;转节黄褐色,腿节黄褐色;胫节黄褐色,2/3 处至端部黄色,胫节有 3 排刺状黑鬃(背列 6 根,侧列 5 根,腹列 4 根),第 1 跗节基半黄色,其余跗节黑色。爪亮黑色,爪垫黄色。足的毛多呈倒伏状,黑色。

翅浅烟色;翅脉褐色,r-m 横脉位于盘室端部 2/5 处。平衡棒黄色。

腹部黄褐色;第 1 背板黑色,前缘宽于小盾片;第 2～5 节腹板中间有黑色长条带;第 6 背板外侧暗褐色(包括生殖器)。腹柄由第 2～4 腹节及第 5 腹节的前半部组成;第 5～8 腹节膨胀成卵形。毛很短,伏倒状,黑色,第 2～5 腹节黄色区有淡黄毛。

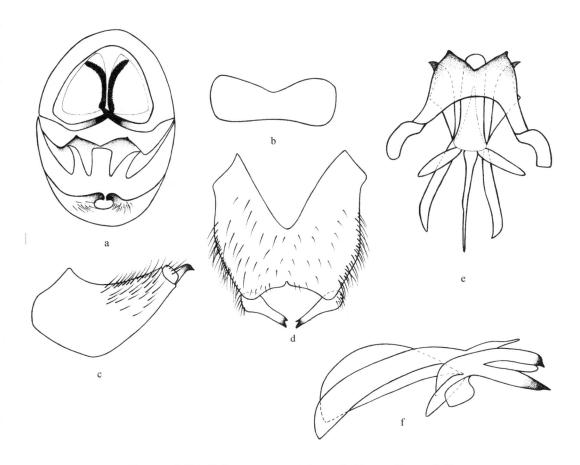

图 205 贵州姬蜂虻 Systropus guizhouensis Yang et Yang, 1991

a. 雄性外生殖器, 后视 (male genitalia, posterior view); b. 第 9 背板, 背视 (sternum 9, dorsal view); c. 生殖基节和生殖刺突, 侧视 (gonocoxite and gonostylus, lateral view); d. 生殖基节和生殖刺突, 腹视 (gonocoxite and gonostylus, ventral view); e. 阳茎复合体, 背视 (aedeagal complex, dorsal view); f. 阳茎复合体, 侧视 (aedeagal complex, lateral view)

雄性外生殖器: 第九背板背面观椭圆形, 有稀疏的短刺毛; 尾须不规则三角形, 其上的黑色骨化突出成弯带状。生殖基节腹面观基部有一深的 V 形凹陷, 长大于宽; 生殖刺突细长, 端部骨化成黑色并分叉。阳茎基背片有两个黑色骨化突起, 中间有一 V 形凹陷; 阳茎基中叶短, 端部宽圆, 不骨化。阳茎基侧叶尖削, 末端骨化成黑色。

观察标本 1♂, 云南西双版纳小勐腊, 1937. X . 22, 王书永 (CAU); 1♂, 贵州花溪, 1988. Ⅷ.5, 陈刚 (CAU)。

分布 贵州 (花溪)、云南 (西双版纳)。

讨论 该种与黑带姬蜂虻 Systropus montivagus Séguy 近似, 但触角柄节黄色, 梗节、鞭节黑色, 后足基跗节基部黄色、端部黑色; 后者触角柄节、梗节黄色, 鞭节黑色, 后足基跗节全黄色, 故与之容易区分。

(198) 古田山姬蜂虻 *Systropus gutianshanus* Yang, 1995 (图 206, 图版Ⅴa)

Systropus gutianshanus Yang, 1995. Insects and macrofungi of Gutianshan, Zhejiang,

p. 232. Type locality：China(Zhejiang).

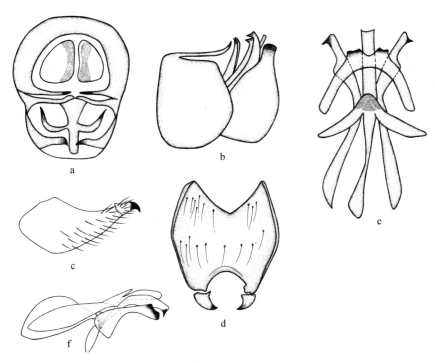

图 206　古田山姬蜂虻 *Systropus gutianshanus* Yang，1995

a. 雄性外生殖器，后视(male genitalia, posterior view)；b. 雄性外生殖器，侧视(male genitalia, lateral view)；c. 生殖基节和生殖刺突，侧视(gonocoxite and gonostylus, lateral view)；d. 生殖基节和生殖刺突，腹视(gonocoxite and gonostylus, ventral view)；e. 阳茎复合体，背视(aedeagal complex, dorsal view)；f. 阳茎复合体，侧视(aedeagal complex, lateral view)

体长 20～22 mm，翅长 11～13 mm。

雌　头部红黑色；下额、颜和颊浅黄色。单眼瘤深褐色。头部有浅黄毛，下额、颜和颊有密的银白色短毛。上后头沿眼缘有黑毛。触角柄节黄色，有短黄毛，末端有少量短褐毛；梗节暗褐色，有短褐毛；鞭节黑色，扁平且光滑。触角三节长度比 2.5：1：2。喙黑色，基部黄褐色，光滑；下颚须褐色，有淡黄毛。

胸部黑色，有黄色斑。毛淡黄色和暗褐色，但黄色区有淡黄毛。肩胛浅黄色。前胸侧板浅黄色。中胸背板有三个黄色侧斑；前斑横向，呈钝圆的平行四边状；中斑葱头状，后斑不规则楔形，中斑与后斑以一条宽度为中斑宽度 1/6 的深黄条带相连。小盾片黑色，后缘有长白毛。中胸上前侧片黑色，上后侧片黑色，有长白毛。下前侧片黑色，下后侧片黑色，有长白毛。气门附近黄色，气门前方有一深褐色圆斑。后胸腹板黑色，有一极狭长的 V 形黄色区域，V 形区域长度为后胸腹板长度的 1/2。有的个体后胸腹板的 V 形区域相互贴近，几近愈合。后胸腹板和第一腹板的边缘区为黄色。

足：前足黄色。中足黄色，基节黄褐色。后足黄褐色，基节黑色；转节黄褐色，腿节黄褐色；胫节黄褐色，中部至端部 1/3 处黑色，端部 1/3 黄色，胫节有 3 排刺状黑鬃(背列 6 根，侧列 5 根，腹列 4 根)，第 1 跗节基部 2/5 黄色，其余跗节黑色，有浓密的黑短毛，跗节也有刺状黑鬃。

爪亮黑色,爪垫黄色。足的毛多呈倒伏状,黑色。

翅浅烟色;翅脉褐色,r－m 横脉位于盘室端部。平衡棒黄色。

腹部长而扁,第 1 节背板黑色,2～6 节黄褐色且背中没有黑纵带(即使有黑纵带,颜色也极浅)。腹端 7～8 节黑褐色,第 8 腹板侧视端部黑色而尖突,黑色骨化部分腹视略呈五角形,中纵线光亮无毛;尾须外露,短锥形。

雄　一般特征同雌。第九背板背面观近半圆形,有稀疏的短刺毛;尾须不规则三角形,其上的黑色骨化突出长条状;生殖基节腹面观基部有一 V 形凹陷,长大于宽,生殖刺突尖,呈三角形,仅端部一点骨化成黑色。阳茎基背片有两个黑色骨化突起,各有小幅度的凹陷,中间有一小型 V 形凹陷;阳茎中突短,凹陷,不骨化。阳茎基侧叶有突起,骨化而呈黑色。

观察标本　1♂,1♀,贵州梵净山,2001.Ⅷ.2,宋红艳(CAU);1♀,湖南古丈高望界,1988.Ⅶ.30,王书永(CAU);1♀,浙江庆元百山祖,1994.Ⅶ.20,林小会(CAU);3♀♀,福建武夷山崇安星村三港,1960.Ⅶ.20,马成林(CAU)。

分布　贵州(梵净山)、湖南(古丈)、浙江(开化、庆元)、福建(武夷山)。

讨论　该种与广东姬蜂虻 *Systropus cantonensis* Enderlein,1926 较近似,但体长 22 mm,而翅长 12 mm,触角 3 节长度比 2.7∶1∶1.8。该种与三峰姬蜂虻 *Systropus tricus-pidatus* Yang,1995 也略近似,除体型较大外,胸部色斑及腹端特征均显然可别。

(199) 河南姬蜂虻 *Systropus henanus* **Yang** *et* **Yang**, 1998(图 207,图版Ⅴb)

Systropus henanus Yang *et* Yang,1998. Insects of the Funiu Mountains Region(1),p. 90. Type locality:China(Henan).

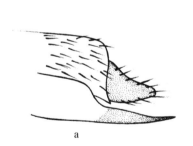

图 207　河南姬蜂虻 *Systropus henanus* Yang *et* Yang, 1998

a.亚生殖板末端,侧视(apex of abdomen, lateral view);b.亚生殖板末端,腹视

(apical portion of sternum 8, ventral view)

体长 21 mm,翅长 12.5 mm。

雌　头部红黑色;下额、颜和颊浅黄色。单眼瘤深褐色。头部有浅黄毛,下额、颜和颊有密的银白色短毛。上后头沿眼缘有黑毛。触角柄节基部黄色,至末端黑色,有浓密的短黑毛;梗节暗褐色,有短黑毛;鞭节黑色,扁平且光滑。三节长度比 2.5∶1∶2.25。喙黑色,基部黄褐色,光滑;下颚须褐色,有淡黄毛。

胸部黑色,有黄色斑。毛淡黄色和暗褐色,但黄色区有淡黄毛。肩胛浅黄色。前胸侧板浅黄色。中胸背板有两个黄色侧斑。前斑横向,呈四方状;中斑横向较小,黄褐色(有个体差异,有的个体没有中斑),后斑不规则楔形。小盾片黑色。中胸上前侧片黑色,上后侧片黑色,后半部黄褐色,有长白毛。下前侧片黑色,下后侧片黑色。气门附近黄色,气门前方有一黑色圆斑。后胸腹板黑色,有长黑毛,后缘有一狭小的 V 形黄色区域,后胸腹板与第一腹节边缘黄色,区域很小。

足:前足基节黑色,腿节深棕色,外侧有一棕红色长椭圆形斑,胫节及跗节棕黄色。中足转节黑色,腿节深棕色,端部略浅,其余浅棕色。后足基节、转节黑色,腿节棕色,胫节基部棕色,向端部渐深,至近端部 1/7 处为黑色,端部 1/7 及第 1 跗节基半部黄色,余皆黑色,胫节有 3 排刺状黑鬃(背列 6 根,侧列 5 根,腹列 4 根),端部有黑刺丛;跗节各节亦有较多粗短的黑刺,内侧尤多。爪亮黑色,爪垫黄色。足的毛多呈倒伏状,黑色。

翅烟色,前缘及基部色略深,呈深棕色;翅面宽大,r-m 横脉近盘室端部 2/5 处。平衡棒黄褐色。

腹部侧扁;第 1 背板黑色,前缘宽于小盾片,向后收缩呈倒三角形;第 2~5 节棕黄色,背面及腹面两侧棕黑色;第 6~8 节深棕色;腹柄由第 2~4 节及第 5 节基半部构成;亚生殖板燕尾状。

未见雄虫。

观察标本 1♀,河南栾川龙峪湾(1 000 m),1997.Ⅷ.18。

分布 河南(栾川)。

讨论 该种与台湾姬蜂虻 *Systropus formosanus* Enderlein,1926 有些近似,但触角柄节黄色至暗黄色且端部浅黑色,中胸背板两侧有 3 个单独的黄斑;而后者柄节全黑色,中胸背板两侧仅有 2 个单独的黄斑。

(200) 黄边姬蜂虻 *Systropus hoppo* Matsumura,1916(图 208,图版 Ⅴ c)

Systropus hoppo Matsumura,1916. Thousand insects of Japan. Additamenta II, p. 285. Type locality:China (Taiwan).

Systropus tetradactylus Evenhuis,1982. Pac. Ins. 24:33. Type locality:China (Taiwan).

Systropus beijinganus Du et Yang. 2009. *In*:Yang D. Fauna of Hebei (Diptera). p. 315. Type locality:China (Beijing, Dazhaoshan).

体长 20~24 mm,翅长 12~13 mm。

雄 头部黑色;额下方及颜和颊浅黄色。单眼瘤区深褐色。头部有浅黄色绒毛,额下方及颜和颊有浓密的银白色短毛。后头上方沿眼缘区有黑色绒毛。触角柄节浅黄色,末端褐色,覆着黑色短绒毛;梗节暗褐色,覆着黑色短绒毛;鞭节黑色,扁平且光滑。触角三节长度比为 3:1:2.5。喙黑色,基部褐色,光滑;下颚须褐色,覆着灰白色短绒毛。

胸部黑色,有黄色斑。毛淡黄色和暗褐色,但黄色区有淡黄毛。肩胛浅黄色。前胸侧板浅黄色。中胸背板有三个黄色侧斑。前斑横向,呈指状;中斑葱头状,后斑不规则楔形。小盾片黑色,仅后缘黄色,有浅黄色长毛。中胸上前侧片黑色,上后侧片后半部黄色,有长白毛。下前侧片黑色,下后侧片黄色,下部有一狭窄的黑色区域。气门附近黄色,气门前方有一黑色圆斑。后胸腹板黄色,两侧各有一宽大长条形黑带。后胸腹板与第一腹节边缘黄色,区域大。

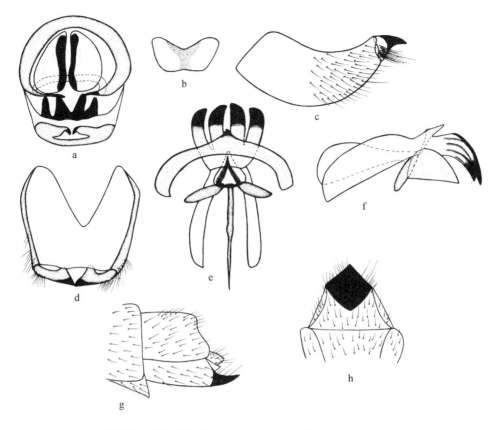

图 208　黄边姬蜂虻 Systropus hoppo Matsumura, 1916

a. 雄性外生殖器,后视(male genitalia, posterior view);b. 第 10 腹板,腹视(sternite 10, ventral view);c. 生殖基节和生殖刺突,侧视(gonocoxite and gonostylus, lateral view);d. 生殖基节和生殖刺突,腹视(gonocoxite and gonostylus, ventral view);e. 阳茎复合体,背视(aedeagal complex, dorsal view);f. 阳茎复合体,侧视(aedeagal complex, lateral view)。g. 亚生殖板末端,侧视(apex of abdomen, lateral view);h. 亚生殖板末端,腹视(apical portion of sternum 8, ventral view)

足:前足黄色,跗节 2～5 节褐色;第 5 跗节顶端背部有 6 根褐色绒毛。中足基节黑色,在距末端 1/3 处有一椭圆黄色区域;转节黑色;腿节褐色,顶端黄色;胫节黄色;跗节 1 节黄色,跗节 2～5 节褐色至暗褐色。后足黑色,基节前下区域黄色,转节黑色,腿节黄褐色,中部有一黄色斑纹;胫节基部及 2/3 处至端部黄色,跗节全褐色或全黑色。爪亮黑色,爪垫黄色。足的绒毛大致侧卧黑色。后足胫节有 3 排黑色的粗刺状的鬃(背列 6 根,侧列 6 根,腹列 6 根)。

翅浅烟色,透明;翅脉褐色,r-m 横脉位于盘室端部 2/5 处。平衡棒柄亮黑色;棒锤背面黑色,腹面及边缘浅黄色。

腹部黄色;第 1 背板前缘宽于小盾片;2～5 节腹板中间有褐色长条带;第 6 背板外侧暗褐色(包括肛下板)。腹柄由 2～4 腹节及 5 腹节的前半部组成;5～8 腹节膨胀成卵形。腹部的绒毛很短,倒伏,黑色,第 1 背板后外侧有灰白色绒毛,2～5 腹节黄色区域覆着灰白色绒毛。

雄性外生殖器:第 9 背板背面观近半圆形,有稀疏的短刺毛;尾须不规则形,其上的黑色骨化突出成棒状。生殖基节腹面观基部有一宽大的 V 形凹陷,长大于宽;生殖刺突宽大,端部尖削,骨化呈黑色。阳茎基背片中间有一尖形突起,骨化呈黑色;阳茎基中叶分化成两个,指状,骨化呈黑色。阳茎基侧叶指状,骨化呈黑色。

雌 一般特征同雄。亚生殖板末端有亮黑色骨化,端部尖削,呈等边三角形状。

观察标本 1♀,北京西郊公园,1952.Ⅷ.8,张毅然(CAU);3♂♂,北京妙峰山,1953.Ⅸ.7,杨集昆(CAU);3♂♂,4♀♀,北京望儿山,1986.Ⅷ.16,杜进平(CAU);21♂♂,5♀♀,北京望儿山,1987.Ⅸ.7,杜进平(CAU);1♂,北京海淀百望山,2003.Ⅷ.20,冯明鸣(CAU);中国农业大学标本圃,2003.Ⅷ.20,郑乐(CAU);中国农业大学标本圃,2003.Ⅷ.20,郑乐(CAU);1♂,北京阳台山,2003.Ⅸ.3,马丽丽(CAU);1♂,北京阳台山,2003.Ⅸ.3,韩非(CAU);2♀♀,北京阳台山,2003.Ⅸ.3,丁晓宇(CAU);2♂♂,中国农业大学西校区,2003.Ⅸ.6,韦韬(CAU);1♀,中国农业大学西校区,2003.Ⅸ.14,徐春光(CAU);1♂,北京怀柔青龙峡,2004.Ⅶ.5,刘嘉(CAU);1♀,北京怀柔青龙峡,2004.Ⅶ.6,陈实(CAU);1♀,北京怀柔青龙峡,2004.Ⅶ.7,李白(CAU);1♀,北京怀柔青龙峡,2004.Ⅶ.8,刘浩(CAU);1♂,北京怀柔青龙峡,2004.Ⅶ.8,王海强(CAU);1♂,北京百望山,2004.Ⅷ.14,马洁(CAU);1♂,北京百望山,2004.Ⅸ.6,庞茹文(CAU);1♂,北京海淀百望山,2004.Ⅸ.8,罗祖勇(CAU);1♂,北京虎峪风景区,2004.Ⅸ.11,刘冰(CAU);1♂,北京昌平黑龙潭,2004.Ⅶ.12,陈实(CAU);1♂1♀,北京昆明湖路,2004.Ⅶ.19,熊琳歆(CAU);1♂,北京昌平西新城,2004.Ⅶ.24,陈轩(CAU);2♀♀,北京昌平黑龙潭,2005.Ⅷ.8,郑尔嘉(CAU);1♂,北京昌平黑龙潭,2005.Ⅷ.28,邓诏轩(CAU);1♂,北京昌平黑龙潭,2005.Ⅷ.29,蔡梦雅(CAU);1♀,北京昌平黑山寨,2005.Ⅷ.30,贺倩(CAU);1♀,北京昌平黑龙潭,2005.Ⅷ.30,武文琦(CAU);1♂,北京昌平黑龙潭,2005.Ⅷ.30,任子翀(CAU);1♂,北京昌平黑龙潭,2005.Ⅷ.30,胡远(CAU);3♂♂,北京昌平黑龙潭,2005.Ⅷ.30,房雅丽(CAU);2♂♂1♀,北京昌平黑龙潭,2005.Ⅷ.30,梁岚(CAU);1♂,北京昌平黑龙潭,2005.Ⅷ.30,李静(CAU);1♂,北京昌平黑龙潭,2005.Ⅷ.30,刘培鑫(CAU);1♂,北京昌平黑龙潭,2005.Ⅷ.30,杨秀帅(CAU);1♀,北京昌平黑龙潭,2005.Ⅷ.30,梁岚(CAU);1♂,北京昌平黑龙潭,2005.Ⅷ.30,张小娟(CAU);1♂,北京昌平黑龙潭,2005.Ⅷ.30,柴建(CAU);1♂,北京昌平,2005.Ⅷ.31,黄发汉(CAU);1♂,北京昌平黑龙潭,2005.Ⅸ.1,薛刚(CAU);2♂♂,中国农业大学西校区,2005.Ⅸ.1,孙江容(CAU);1♀,中国农业大学西校区,2005.Ⅸ.1,孙江容(CAU);1♂,北京昌平黑龙潭,2005.Ⅸ.4,赖艳芳(CAU);1♂,北京昌平黑龙潭,2005.Ⅸ.29,庄丽琴(CAU);1♂,北京昌平黑龙潭,2005.Ⅸ.30,黄宇红(CAU);1♀,中国农业大学西校区,2005.Ⅹ,杨晓丽(CAU);4♀♀1♂,北京昌平黑山寨,2006.Ⅶ.9,赵延会(CAU);1♂,北京昌平黑龙潭,2006.Ⅷ.30,李振宇(CAU);2♂♂,1♀,北京昌平黑山寨,2006.Ⅸ.5,王鹏韬(CAU);1♂,北京昌平黑山寨,2006.Ⅸ.5,李征(CAU);1♀,北京昌平黑山寨,2006.Ⅸ.5,胡勐郡(CAU);2♂♂,北京昌平黑龙潭,2006.Ⅸ.5,刘柳(CAU);2♂♂,北京昌平黑龙潭,2006.Ⅸ.5,钟灵允(CAU);1♂,1♀,北京昌平黑山寨,2006.Ⅸ.5,李永强(CAU);1♂,北京昌平黑山寨,2006.Ⅸ.5,杨林(CAU);1♂,1♀,北京昌平黑山寨,2006.Ⅸ.5,梁剑岚(CAU);1♀,北京昌平黑山寨,2006.Ⅸ.6,周宏伟(CAU);2♀♀,北京昌平黑山寨,2006.Ⅸ.6,宗元元(CAU);1♂,北京昌平黑山寨,2006.Ⅸ.6,李源(CAU);1♂,北京昌平黑龙潭,2006.Ⅸ.6,王文君(CAU);1♂,北京昌平黑龙潭,2006.Ⅸ.6,季剑锋(CAU);1♂,北京昌平黑龙潭,2006.Ⅸ.6,娄巧哲(CAU);1♀,北京昌平黑龙潭,2006.Ⅸ.6,娄巧哲(CAU);1♂,北京昌平黑龙潭,2006.Ⅸ.6,吕远(CAU);1♂,北京昌平黑龙潭,2006.

Ⅸ.6,周宏伟(CAU);2♂♂,北京昌平黑龙潭,2006.Ⅸ.7,汪彦欣(CAU);1♂,北京昌平黑龙潭,2006.Ⅸ.7,夏菲(CAU);1♂,北京昌平黑龙潭,2006.Ⅸ.7,高倩(CAU);1♂,北京昌平黑龙潭,2006.Ⅸ.7,祁丹丹(CAU);1♂,北京昌平黑山寨,2006.Ⅸ.7,李冠林(CAU);1♂,北京昌平黑龙潭,2006.Ⅸ.7,文伯健(CAU);1♀,北京昌平黑龙潭,2006.Ⅸ.7,祁丹丹(CAU);1♂,北京昌平黑山寨,2006.Ⅸ.7,冯聪(CAU);1♀,北京昌平黑山寨,2006.Ⅸ.7,冯聪(CAU);1♀,北京昌平黑山寨,2006.Ⅸ.7,刘屹湘(CAU);1♂,1♀,北京昌平黑山寨,2006.Ⅸ.8,施亚瑜(CAU);1♂,北京昌平黑龙潭,2006.Ⅸ.9,孙艳(CAU);1♀,北京昌平黑龙潭,2006.Ⅸ.9,董鹏鸣(CAU);2♂♂3♀,北京昌平黑山寨,2006.Ⅸ.9,范慧艳(CAU);1♂,北京昌平黑山寨,2006.Ⅸ.9,罗盘(CAU);1♀,北京凤凰岭,2007.Ⅷ.17,陈牧(CAU);2♂♂,1♀,北京怀柔百泉山,2009.Ⅷ.26,崔维娜(CAU);3♀♀,北京延庆,2009.Ⅷ.26,丁悦(CAU);1♂,北京昌平黑山寨,2009.Ⅸ.1,杨巧(CAU);1♂,北京昌平黑山寨,2009.Ⅸ.1,王玉玉(CAU);1♀,北京黑山寨,2009.Ⅸ.1,张平(CAU);2♂♂,北京昌平黑山寨,2009.Ⅸ.1,邱妙词(CAU);1♂,北京昌平黑山寨,2009.Ⅸ.2,孙欢(CAU);2♂♂,北京昌平黑山寨,2009.Ⅸ.3,辛言言(CAU);1♂,北京昌平黑山寨,2009.Ⅸ.3,宋丽(CAU);1♂,北京昌平黑山寨,2009.Ⅸ.3,王娟(CAU);1♂,北京昌平黑山寨,2009.Ⅸ.3,陈建(CAU);1♂,北京昌平黑山寨,2009.Ⅸ.3,谢慧君(CAU);1♂,北京海淀百望山,2009.Ⅳ.9,王帆森(CAU);2♀♀,北京海淀植物园,2009.Ⅸ.9,方琦(CAU);1♂,1♀,北京药用植物园,2009.Ⅸ.10,严唱(CAU);1♂,北京昌平黑山寨,2009.Ⅸ.10,靳斯(CAU);1♂,北京昌平黑山寨,2009.Ⅸ.10,欧阳昊婷(CAU);1♂,北京药用植物园,2009.Ⅸ.12,刘春玲(CAU);1♂,北京海淀百望山,2009.Ⅸ.13,田琳(CAU);1♀,北京海淀百望山,2009.Ⅳ.13,贾笑欢(CAU);4♂♂,4♀♀,北京海淀百望山,2009.Ⅸ.22,方安菲(CAU);3♂♂,山东济南龙洞,1986.Ⅷ.26,李绍凯(CAU);9♂♂7♀,河南罗山白云保护站,2007.Ⅸ.10,王俊潮(CAU);1♂,四川峨眉山清音阁,2009.Ⅷ.8,王俊潮(CAU);1♂,1♀,云南西双版纳孟仑,1958.Ⅷ.11,蒲富基(CAU);1♂,1♀,云南昭通风顶山水库,2009.Ⅸ.17,崔维娜(CAU);2♀♀,浙江天目山,1947.Ⅸ.3(CAU);1♀,浙江天目山,1947.Ⅸ.12(CAU);1♀,浙江天目山,1947.Ⅸ.14(CAU);1♀,浙江天目山,1947.Ⅸ.15(CAU);1♂,浙江天目山,1947.Ⅸ.15(CAU);1♂,浙江天目山,1947.Ⅸ.16(CAU);1♀,浙江天目山,1947.Ⅸ.16(CAU);1♂,江西新余北湖,2004.Ⅶ.17,张博(CAU);1♂,福建梅花山双车村,2006.Ⅷ.30,董慧(CAU);1♀,2005.Ⅷ.7,广儿猫儿山金石保护站,朱雅君(CAU);3♀♀,广东乳源南岭岭南河,2010.Ⅷ.23,董慧(CAU)。

分布 北京(昌平、怀柔、妙峰山、望儿山)、山东(济南)、河南(信阳)、四川(峨眉山)、云南(西双版纳、昭通)、浙江(天目山)、江西(新余)、福建(梅花山)、广东(乳源、猫儿山)。

讨论 *S.beijinganus*由杨集昆和杜进平于2009年以一头雄虫定为新种。经过对模式标本的检视,认为其与*S.hoppo*无显著差别。因此确定*S.beijinganus*为*S.hoppo*的新异名。

(201)湖北姬蜂虻 *Systropus hubeianus* Du,Yang,Yao *et* Yang,2008(图209,图版Ⅴ d)

Systropus hubeianus Du,Yang,Yao *et* Yang in Shen X.C.,Zhang R.Z.,& Ren Y.D.(Ed.)2008. Classification and Distribution of Insects in China. p. 7. Type locality:China (Hubei).

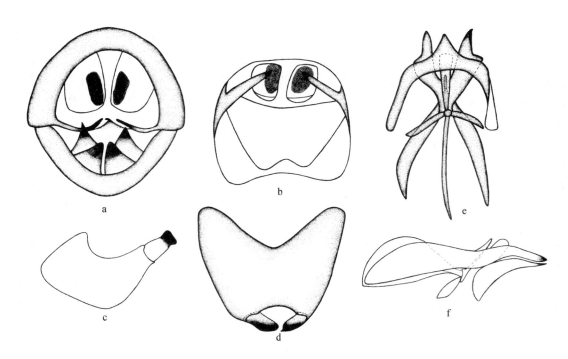

图 209　湖北姬蜂虻 Systropus hubeianus Du, Yang, Yao et Yang, 2008

a. 雄性外生殖器,后视(male genitalia, posterior view);b. 第 9 背板,尾须,第 10 腹板,腹视(epandrium, cercus and sternite 10, ventral view);c. 生殖基节和生殖刺突,侧视(gonocoxite and gonostylus, lateral view);d. 生殖基节和生殖刺突,腹视(gonocoxite and gonostylus, ventral view);e. 阳茎复合体,背视(aedeagal complex, dorsal view);f. 阳茎复合体,侧视(aedeagal complex, lateral view)

体长 19~25 mm,翅长 13~16 mm。

雄　头部黑色;下额、颜和颊浅黄色。单眼瘤深褐色。头部有浅黄毛,下额、颜和颊有密的银白色短毛。上后头沿眼缘有黑毛。触角柄节黑色;梗节暗褐色,有短黑毛;鞭节黑色,扁平且光滑。触角三节长度比 3∶1∶2.5。喙黑色,基部黄褐色,光滑;下颚须褐色,有淡黄毛。

胸部黑色,有黄色斑。毛淡黄色和暗褐色,但黄色区有淡黄毛。肩胛浅黄色。前胸侧板浅黄色。中胸背板有三个黄色侧斑,前斑与中斑以一条宽度为前斑宽度 1/2 的黄带相连。前斑横向,呈四方状;中斑葱头状,后斑不规则楔形。中斑与后斑以宽度和中斑相等的黄褐色条带相连。小盾片黑色,后缘有长毛,有时后缘有黄褐色。中胸上前侧片黑色,上后侧片黄色,有长白毛。下前侧片黑色,下后侧片黑色。气门附近黄色,气门前方有一黄褐色圆斑。后胸腹板黑色,有长白毛,后缘有一 V 形黄色区域,V 形黄色区域长度约为后胸腹部 1/2。后胸腹板与第一腹节边缘黄色,区域较小。

足:前足黄色,有黄色短毛,第 3~5 跗节深黄色;第 5 跗节末端有褐色毛。中足黄色,基节黄褐色,其余黄色。后足黄褐色,基节基部黑色,转节黄褐色,腿节黄褐色;胫节黄褐色,5/6 处至端部黄色,胫节有 3 排刺状黑鬃(背列 6 根,侧列 5 根,腹列 4 根),跗节 1~2 黄色,其余褐色。爪亮黑色,爪垫黄色。足的毛多呈倒伏状,黑色。

翅深烟色,宽大;翅脉褐色,r-m 横脉位于盘室端部 2/5 处。平衡棒黄色,棒端黄褐色。

腹部黄色;第 1 背板黑色,前缘宽于小盾片;第 2~5 节腹板中间有黑色长条带;第 6 背板外侧暗褐色(包括生殖器)。腹柄由第2~4腹节及第5腹节的前半部组成;第5~8腹节膨胀成卵形。毛很短,伏倒状,黑色,第2~5腹节黄色区有淡黄毛。

雄性外生殖器:第九背板背面观近半圆形,有稀疏的短刺毛;尾须不规则三角形,其上的黑色骨化呈椭圆型。生殖基节腹面观基部有一宽大的V形凹陷,宽大于长;生殖刺突宽大,端部骨化成黑色。阳茎基背片中间凸起呈刺状,端部钝化,骨化呈黑色;阳茎中突短,不骨化。阳茎基侧叶尖突,端部固化呈黑色。

观察标本 3♀♀,河南罗山白云山,2007.Ⅸ.10,王俊潮(CAU);1♂,湖北神农架松柏,1980.Ⅶ.19,茅晓渊(CAU);1♀,浙江天目山,1947.Ⅷ.29(CAU);1♀,浙江天目山,1947.Ⅸ.7(CAU);1♀,浙江天目山,1947.Ⅸ.11(CAU)。

分布 河南(罗山)、湖北(神农架)、浙江(天目山)。

讨论 该种与黑柄姬蜂虻 *Systropus acuminatus* (Enderlein, 1926) 最相似,但该种后足跗节仅第1节基半部黄色,雄触角比 2.3∶1∶1.5;且中胸背板两侧各有三个黄色斑;小盾片后缘黄色;故新种与之容易区分。该种又与前种 *Systropus gansuanus* Du, Yang, Yao *et* Yang, 2008 相似,但后者雄触角比为 2.25∶1∶1.25,后足仅第1跗节黄色;r - m 横脉位于盘室正中。故此二种也容易区别。

(202) 黄柄姬蜂虻 *Systropus indagatus* (Séguy, 1963)

Cephenius indagatus Séguy, 1963. Bull. Mus. Natl. Hist. Nat. Paris 35:153. Type locality:China (Shanxi).

体长 13 mm,翅长 8.2 mm。

雄 头部红黑色;下额、颜和颊浅黄色。单眼瘤深褐色。头部有浅黄毛,下额、颜和颊有密的银白色短毛。上后头沿眼缘有黑毛。触角柄节黄色,梗节黑色,有短黑毛;鞭节黑色,扁平且光滑。触角比 2∶1∶1.25。喙黑色,基部黄褐色,光滑;下颚须褐色,有淡黄毛。

胸部黑色,有黄色斑。毛淡黄色和暗褐色,但黄色区有淡黄毛。肩胛浅黄色。前胸侧板浅黄色。中胸背板有三个黄色侧斑相互独立。小盾片黑色。中胸上前侧片黑色。后胸腹板黑色,有长白毛,后缘有一极狭窄的V形黄褐色区域,褶皱。

足:前足全为黄色;中足基节基半部黑色,余皆黄色;后足胫节棕色,向端部渐变为黑色,端部 1/3 黄色。爪亮黑色,爪垫黄色。足的毛多呈倒伏状,黑色。

翅淡棕色,透明。近前缘及基部色略深。平衡棒黄色。

腹部棕褐色,侧扁;第1背板黑色,前缘宽于小盾片;第2~5节腹板中间有黑色长条带;第6背板外侧暗褐色(包括生殖器)。腹柄由第2~4腹节及第5腹节的前半部组成;第5~8腹节膨胀成卵形。毛很短,伏倒状,黑色,第2~5腹节黄色区有淡黄毛。

未见雌虫。

分布 山西。

(203) 异姬蜂虻 *Systropus interlitus* (Séguy, 1963)

Cephenius interlitus Séguy, 1963. Bull. Mus. Natl. Hist. Nat. Paris 35:80. Type locality:China (Sichuan).

体长 16.5 mm,翅长 11.5 mm。

雄 头部红黑色;下额、颜和颊浅黄色。单眼瘤深褐色。头部有浅黄毛,下额、颜和颊有密的银白色短毛。上后头沿眼缘有黑毛。触角柄节黄色,梗节黑色,有短黑毛;鞭节黑色,扁平且光滑。触角三节长度比 2.7∶1∶2。喙黑色,基部黄褐色,光滑;下颚须褐色,有淡黄毛。

胸部黑色,有黄色斑。毛淡黄色和暗褐色,但黄色区有淡黄毛。肩胛浅黄色。前胸侧板浅黄色。中胸背板有三个黄色侧斑相互独立。小盾片黑色,后缘黄色。中胸上前侧片黑色。后胸腹板黑色,有长白毛,后缘有一极狭窄的 V 形黄褐色区域,褶皱。

足:前足全为黄色;中足基节基半部黑色,余皆黄色;后足胫节棕色,向端部渐变为黑色,端部 1/10 黄色,第 1 跗节基部黄色其余黑色,其他跗节黑色。爪亮黑色,爪垫黄色。足的毛多呈倒伏状,黑色。

翅淡棕色,透明。近前缘及基部色略深。平衡棒黄色。

腹部棕褐色,侧扁;第 1 背板黑色,前缘宽于小盾片;第 2～5 节腹板中间有黑色长条带;第 6 背板外侧暗褐色(包括生殖器)。腹柄由第 2～4 腹节及第 5 腹节的前半部组成;第 5～8 腹节膨胀成卵形。毛很短,伏倒状,黑色,第 2～5 腹节黄色区有淡黄毛。

未见雌虫。

分布 四川。

(204) 建阳姬蜂虻 *Systropus jianyanganus* Yang *et* Du, 1991(图 210,图版Ⅴe)

Systropus jianyanganus Yang *et* Du, 1991. Wuyi Sci. J. 8: 69. Type locality: China (Fujian).

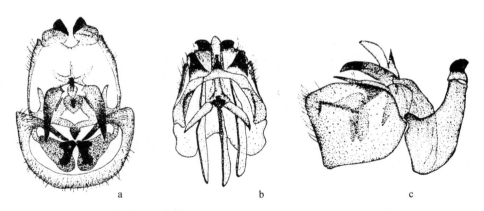

图 210 建阳姬蜂虻 *Systropus jianyanganus* Yang *et* Du, 1991
a. 雄性外生殖器,后视(male genitalia, posterior view);b. 生殖体,背视(genital capsule, dorsal view);c. 雄性外生殖器,侧视(gonocoxite and gonostylus, lateral view)。据 Yang *et* Du, 1991 重绘

体长 18 mm,翅长 10 mm。

雄 头部红黑色;下额、颜和颊浅黄色。单眼瘤深褐色。头部有浅黄毛,下额、颜和颊有密的银白色短毛。上后头沿眼缘有黑毛。触角柄节、梗节暗褐色,有短黑毛;鞭节黑色,扁平且光滑。触角三节长度比 2∶1∶1.5。喙黑色,基部黄褐色,光滑;下颚须褐色,有淡黄毛。

胸部黑色。肩胛及翅后胛黄色。前胸侧板黄色;中胸背板暗黑色,两侧各有 2 个黄色的斑,前斑在肩角处与肩胛相连,指状;后斑在翅后,近三角形。小盾片黑色。上前侧片、下前侧片和下后侧片均为蓝黑色;上后侧片前半部分蓝黑色,后半部分土黄色。后胸腹板蓝黑色。平衡棒黄色。

足:前足基节黑色,转节及腿节基半部棕色,腿节端半部、胫节及第1跗节黄色,第2～5跗节棕色,爪黑色,爪垫黄色。中足基节黑色,转节及腿节基部0.67深褐色,腿节端部0.33、胫节及第1～3跗节黄色,第4、5跗节棕色,爪及爪垫同前足。后足基节及转节均为黑色,腿节深棕色,胫节基部浅褐色,向端部渐深,至近端部0.17处为深褐色,端部0.17及第1跗节基半部黄色,其余各跗节黑色,胫节上有三纵排粗大的黑刺,端部有黑刺丛,跗节各节内侧也有长短不一的较密的黑刺;爪黑色,爪垫褐色。

翅烟色,透明,R_{2+3} 与 R_{4+5} 分叉处有一小的棕色斑,r-m横脉位于盘室正中间。

腹部侧扁,棕色;第1背板黑色,前缘宽于小盾片,向后急剧收缩呈倒三角形;第2节至第5节基半部较细,呈腹柄状;第5节端半部起至第8节膨大呈锤状。

雄性外生殖器:侧面观第九背板近四边形,末端带有尖削的、骨化成黑色的突起;肛尾叶近三角形,有一小片形状不规则的骨化区;抱刺基侧面观牛角状,基部宽,约为端部宽的3倍;抱刺端粗短,长宽略等,端部钝尖,骨化成黑色。阳基背片侧叶镰刀状,端部尖锐,末端0.33骨化成黑色;阳基背片棒状,末端钝尖,未骨化;阳茎较长,末端骨化,基内突宽,叶片状。

观察标本 正模♂,福建建阳,1974.Ⅹ.24,杨集昆(CAU)。

分布 福建(建阳)。

讨论 该种与黑柄姬蜂虻 *Systropus acuminatus* Enderlein 1926 相似,但该种小盾片后缘两边各有一黄斑,且中足跗节全为黄色。

(205) 双斑姬蜂虻 *Systropus joni* Nagatomi, Liu, Tamaki *et* Evenhuis, 1991(中国新纪录种)(图211,图版Ⅴf)

Systropus joni Nagatomi, Liu, Tamaki & Evenhuis, 1991. South Pac. Stud. 12(1):63. Type locality:Korea.

体长15～17 mm,翅长8～9 mm。

雄 头部红黑色;下额、颜和颊浅黄色。单眼瘤深褐色。头部有浅黄毛,下额、颜和颊有密的银白色短毛。上后头沿眼缘有黑毛。触角柄节基部黄色,至末端黑色;有短黑毛;梗节暗褐色,有短黑毛;鞭节黑色,扁平且光滑。触角三节长度比2:1:1.7。喙黑色,基部黄褐色,光滑;下颚须褐色,有淡黄毛。

胸部黑色,有黄色斑。毛淡黄色和暗褐色,但黄色区有淡黄毛。肩胛浅黄色。前胸侧板浅黄色。中胸背板有三个黄色侧斑,前斑与中斑以一条宽度为前斑宽度1/4的黄带相连。前斑横向,呈四方状;中斑葱头状,后斑不规则楔形。小盾片前半部黑色,有黑色长毛;后半部黄色,有浅黄色长毛。中胸上前侧片黑色,上后侧片黑色,有长白毛。下前侧片黑色,下后侧片黄色,下部有一狭窄的黑色区域。气门附近黄色,气门前方有一黑色圆斑。后胸腹板黄色,两侧各有一条黑色斑,在端部不愈合。

足:前足黄色,有黄色短毛,第3～5跗节深黄色;第5跗节末端有褐色毛。中足黄色,但基节黄褐色,转节端部黑色,腿节基部至端部1/4黑色,有浓密的短黑毛,跗节3～5节褐色至暗

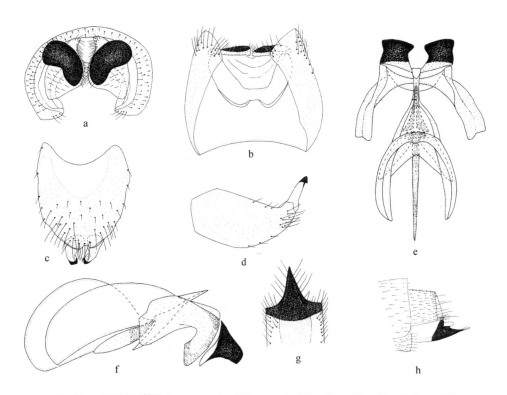

图 211　双斑姬蜂虻 *Systropus joni* Nagatomi, Liu, Tamaki *et* Evenhuis, 1991

a. 雄性外生殖器, 后视(male genitalia, posterior view); b. 第 9 背板, 尾须, 第 10 腹板, 腹视(epandrium, cercus and sternite 10, ventral view); c. 生殖基节和生殖刺突, 腹视(gonocoxite and gonostylus, ventral view); d. 生殖基节和生殖刺突, 侧视(gonocoxite and gonostylus, lateral view); e. 阳茎复合体, 背视(aedeagal complex, dorsal view); f. 阳茎复合体, 侧视(aedeagal complex, lateral view); g. 亚生殖板末端, 腹视(apical portion of sternum 8, ventral view); h. 亚生殖板末端, 侧视(apex of abdomen, lateral view)。据 Nagatomi, Liu, Tamaki *et* Evenhuis, 1991 重绘

褐色。后足黄褐色,但基节基部黑色;转节黄褐色,腿节黄褐色;胫节黄褐色,2/3 处至端部 1/10 黄色,端部有黑色区域,腹面黑色消失或变成褐色。胫节有 3 排刺状黑鬃(背列 6 根,侧列 5 根,腹列 4 根),跗节褐色。爪亮黑色,爪垫黄色。足的毛多呈倒伏状,黑色。

翅浅烟色;翅脉褐色,r-m 横脉位于盘室端部 2/5 处。平衡棒黄色。

腹部黄色;第 1 背板黑色,前缘宽于小盾片;第 2～5 节腹板中间有纵向及横向黑色长条带;第 6 背板外侧暗褐色(包括生殖器)。腹柄由第 2～4 腹节及第 5 腹节的前半部组成;第 5～8 腹节膨胀成卵形。毛很短,伏倒状,黑色,第 2～5 腹节黄色区有淡黄毛。

雄性外生殖器:第九背板背面观近半圆形,有稀疏的短刺毛;尾须不规则三角形,其上的黑色骨化突出而宽大。生殖基节腹面观基部有一宽大的 V 形凹陷,宽大于长;生殖刺突细长而弯曲,端部黑色且向内钩突。阳茎基背片两端微突起,中间平坦;阳茎基中突消失。阳茎基侧叶宽大,中间不凸起,两端变尖,骨化程度很强。

雌　一般特征同雄,亚生殖板端部黑色而尖突,黑色骨化的基部呈弧形。

观察标本　11 ♂♂,河南内乡宝天曼葛条爬,2003. Ⅷ. 15(CAU);27 ♂♂ 1♀,河南罗山白云,2007. Ⅸ. 10,王俊潮(CAU);9 ♂♂,河南内乡宝天曼,2008. Ⅷ. 11,杨定(CAU)。

分布 河南(内乡、罗山);韩国。

讨论 该种与三峰姬蜂虻 *Systropus tricuspidatus* Yang,1995 近似,但前者中胸背板前斑与中斑有一条黄色宽带相连,故容易区别。

(206) 康县姬蜂虻 *Systropus kangxianus* **Du,Yang,Yao *et* Yang,2008**(图 212,图版 Ⅳ a)

Systropus kangxianus Du,Yang,Yao *et* Yang in Shen X. C.,Zhang R. Z.,& Ren Y. D. (Ed.) 2008. Classification and Distribution of Insects in China. p. 9. Type locality:China (Gansu).

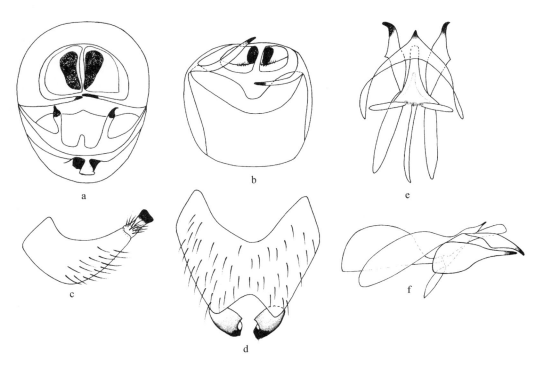

图 212 康县姬蜂虻 *Systropus kangxianus* **Du,Yang,Yao *et* Yang,2008**

a. 雄性外生殖器,后视(male genitalia, posterior view);b. 第 9 背板,尾须,第 10 腹板,腹视(epandrium, cercus and sternite 10, ventral view);c. 生殖基节和生殖刺突,侧视(gonocoxite and gonostylus, lateral view);d. 生殖基节和生殖刺突,腹视(gonocoxite and gonostylus, ventral view);e. 阳茎复合体,背视(aedeagal complex, dorsal view);f. 阳茎复合体,侧视 (aedeagal complex, lateral view)

体长 19 mm,翅长 12 mm。

雄 头部复眼深棕红色;头顶缩为瘤状突起,亮棕红色;额三角区褐色;口边及颜黄色,有浓密的银白色绒毛覆盖。触角柄节褐色,有较密的短黑刺毛;梗节黑色,短黑刺毛更浓密;鞭节扁平,无毛。触角三节比 3.25:1:2。喙黑色,基半部的下面黄色。

胸部黑色,有黄斑。前胸侧板淡黄白色。中胸背板暗黑色,略带红色;两侧各有 2 个黄色的斑,近前缘的一个较长,它由通常是分离的两个斑合并而成;后面的斑较小,呈锒形。小盾片暗黑色。中胸上前侧片、下前侧片、上后侧片及下后侧片均为棕红色,上前侧片及下前侧片周缘色略深,上后侧片中间有一小片淡黄色;后胸腹板棕红色。平衡棒全为黄色。

足:前足淡黄色,跗节第3～5节色略深。中足黄色,仅基节有一斜向较宽的棕色条斑。后足基节外侧黑色,转节深黄色,腿节及胫节基部1/3黄色,胫节向端部色渐深,至近端部1/10处为深褐色,端部1/10及跗节第1节及第2节基半部黄色,其余部分深褐色。

翅淡棕色,透明;翅脉棕色;r-m横脉位于盘室端部2/5处。

腹部棕黄色、侧扁。第1背板黑色,前缘宽于小盾片。腹柄由第2～4腹节以及第5腹节基半部构成。

雄性外生殖器:第九背板背面观近半圆形,有稀疏的短刺毛;尾须不规则椭圆形,其上的黑色骨化突出而宽大。生殖基节腹面观基部有一宽大的V形凹陷,宽略等于长;生殖刺突宽大,端部钝平。阳茎基背片中间有一尖锐突起,骨化成黑色;阳茎基中突短,不骨化。阳茎基侧叶细长,端部弯曲尖削,骨化呈黑色。

未见雌虫。

观察标本 4♂♂,北京怀柔云蒙山,2009.Ⅸ.10,周丹(CAU);1♂1♀,北京怀柔云蒙山,2009.Ⅸ.11,周丹(CAU);1♂,河南宜阳花果山,2006.Ⅷ.5,张俊华(CAU);1♂,甘肃康县两河,1980.Ⅶ.31,杨集昆(CAU);1♂,北京妙峰山,1986.Ⅸ.13,赵和平(CAU);2♂♂,四川峨眉山九老洞,1957.Ⅷ.21,王宗元(CAU);1♂,四川峨眉山九老洞,1957.Ⅷ.28,虞佑才(CAU);4♂♂1♀,四川峨眉山九老洞,1957.Ⅷ.30,王宗元(CAU);1♂,四川峨眉山九老洞,1957.Ⅸ.1,虞佑才(CAU);1♂,四川峨眉山九老洞,1957.Ⅸ.2,虞佑才(CAU);1♂,云南昭通小草坝,2009.Ⅸ.13,张婷婷(CAU);1♂,云南昭通小草坝,2009.Ⅸ.15,崔维娜(CAU);1♂,云南昭通小草坝,2009.Ⅸ.15,张婷婷(CAU);2♂♂,云南昭通小草坝,2009.Ⅸ.16,曹亮明(CAU);1♂,湖北兴山龙门河,1994.Ⅸ.9,姚健(CAU)。

分布 北京(怀柔、妙峰山)、河南(宜阳)、甘肃(康县)、四川(峨眉山)、云南(昭通)、湖北(兴山)。

讨论 该种与棕腿姬蜂虻 Systropus limbatus(Enderlein,1926)近似,但该种后足第1跗节及第2跗节基半部黄色,而后者的后足跗节全为黑棕色。故二者容易区分。

(207) 黑足姬蜂虻 *Systropus laqueatus*(**Enderlein,1926**)

Cephenius laqueatus Enderlein,1926,Wien. Entomol. Ztg. 43:83. Type locality:China (Guangdong).

体长21.5 mm,翅长9～11 mm。

雄 头部黑色。触角柄节黑色,末端有短黑毛;梗节暗黑色,有短黑毛;鞭节黑色,扁平且光滑。触角三节长度比2.25:1:2。喙黑色,基部黄褐色,光滑;下颚须褐色,有淡黄毛。

胸部黑色,有黄色斑。毛淡黄色和暗褐色,但黄色区有淡黄毛。肩胛浅黄色。前胸侧板浅黄色。中胸背板有三个黄色侧斑,相互独立。小盾片黑色,后缘黄色。后胸腹板黄色,两侧各有一条黑色长斑,端部愈合。

翅烟黄色,翅脉褐色,r-m横脉位于盘室端部2/5处。平衡棒黄色。

足黄色;前足基节黑色,转节黄色。中足跗节黑色。后足胫节端部黄色区域较小。

腹部暗褐色。

雌虫未知。

分布 陕西、广东;越南。

(208) 棕腿姬蜂虻 *Systropus limbatus* (Enderlein, 1926)(图 213)

Cephenius limbatus Enderlein, 1926. Wien. Entomol. Ztg. 43：77. Type locality：India (Sikkim)；China (Guangdong).

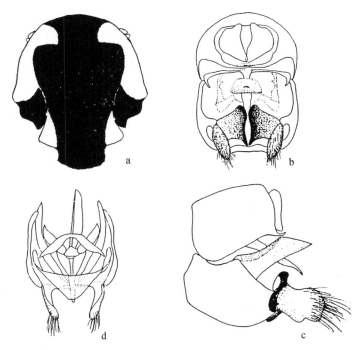

图 213 棕腿姬蜂虻 *Systropus limbatus* (Enderlein, 1926)

a. 胸部,背视(thorax, dorsal view);b. 雄性外生殖器,后视(male genitalia, posterior view);c. 雄性外生殖,侧视(male genitalai, lateral view);d. 生殖体,背视 (genital capusle, dorsal veiw)。据杜进平,重绘

体长 19 mm。

雄 头部棕色;下额、颜及颊黄色,有浓密银白短毛。触角柄节基半部棕色,向端部渐变为深褐色,有较浓密的黑刺毛;梗节黑色,有浓密黑刺毛;鞭节扁平,无毛。触角三节长度比 2.75：1：2.75。喙黑色,基部 2/3 的下面棕色。

胸部黑色。前胸侧板黄色。中胸背板暗黑色,两侧各有 2 个黄色斑,前面的斑镰刀形,后面的斑近三角形。小盾片暗黑色,后缘有较密的银白长毛。上前侧片、下前侧片及下后侧片黑色,上后侧片蓝黑色,中间有一卵圆形的棕色斑;后胸腹板蓝黑色。平衡棒柄棕色,棒端黄色。

足:前足基节黄色,腿节棕色,胫节及第 1、2 跗节黄色,第 3～5 跗节棕色。中足基节基半部深棕色,其余黄色。后足基节黑色,转节褐色,腿节棕色,近端部 0.33 到中间有一黑色的斑,胫节上有三纵排粗大的黑刺,跗节全黑色。

翅淡棕色,透明;近前缘及基部色略深,呈棕色,翅脉深棕色;r-m 横脉位于盘室端部 3/7 处。

腹部侧扁。第1背板黑色，前缘宽于小盾片，向后收缩呈倒三角形，第5、6背板的背面及前缘带黑色，其余棕色。腹柄由第2~4及第5节基半部构成。

雄性外生殖器：第九背板侧面观四边形，后下方的钩状突起细长，末端尖削，但无黑色骨化；后面观肛尾叶近半圆形，无黑色骨化，侧面观抱刺基宽大，中间约与第九背板等宽，抱刺基后面观斧状，端部较宽，边缘弯曲且骨化呈黑色，抱刺端上生有一个与之垂直的、等宽的耳状侧突，有许多长毛。阳基背片片状，不骨化呈黑色，阳基背片无侧突；阳茎呈较长的棒状，略呈深棕色。

雌 一般特征同雄。体长17.0 mm。腹部全为棕色，仅第7节深棕色；亚生殖板末端变尖突出，侧面观呈30°，但无黑色骨化。

观察标本 1♂,1♀,湖南南岳磨镜台,1963.Ⅵ.21,杨集昆(CAU)。

分布 湖南(南岳)、广东。

(209)钝平姬蜂虻 *Systropus liuae* **Nagatomi，Tamaki *et* Evenhuis，2000**(图214)

Systropus liui Nagatomi，Tamaki *et* Evenhuis，2000. South Pacif. Stud. 21(1)：16. Type locality：China (Taiwan)；Japan (Honshu)。

体长25.3~26.7 mm,翅长11.7~12.6 mm。

雄 头部黑色。触角柄节黑色，末端有短黑毛；梗节暗黑色，有短黑毛；鞭节黑色，扁平且光滑。触角三节长度比2.5：1：2。喙黑色，基部黄褐色，光滑；下颚须褐色，有淡黄毛。

胸部黑色，有黄色斑。毛淡黄色和暗褐色，但黄色区有淡黄毛。肩胛浅黄色。前胸侧板浅黄色。中胸背板有两个黄色侧斑。前斑横向，呈指状；中斑缺少，后斑不规则楔形。小盾片黑色。后胸腹板黑色。

足：前足基节黄色。中足转节黑色，腿节基部黄色，其余黑色。后足基节黑色，转节褐色，腿节棕色，近端部0.33到中间有一黑色的斑；胫节有三纵排粗大的黑刺；第1跗节基半黄色，其余黑色。

翅淡棕色，透明，近前缘及基部色略深，呈棕色；翅脉深棕色，r-m横脉位于盘室端部3/7处。平衡棒黄色，端棒部上面深褐色。

腹部黄色，端部黄棕色；第1背板黑色，第2~5背板正中央有狭长的黑斑，第6~8背板较宽的中部浅黄色。

雄性外生殖器：第九背板背面观近半圆形，有稀疏的短刺毛；尾须不规则卵形，其上的黑色骨化突出成棒状。生殖基节腹面观基部有一梯型凹陷，长略大于宽；生殖刺突基部宽大，端部钝圆，骨化成黑色。阳茎基背片中间突起尖锐，骨化成黑色；阳茎基中叶与阳茎基侧叶等长，不骨化。阳茎基侧叶端部尖削，向外弯曲，骨化呈黑色。

雌 一般特征同雄。亚生殖板末端钝平，骨化呈黑色。

分布 中国台湾；日本。

(210)黄缘姬蜂虻 *Systropus luridus* **Zaitzev，1977**(图215)

Systropus luridus Zaitzev，1977. Trudy Zool. Inst. Akad. Nauk SSSR. 70：136. Type locality：Russia (Far East)。

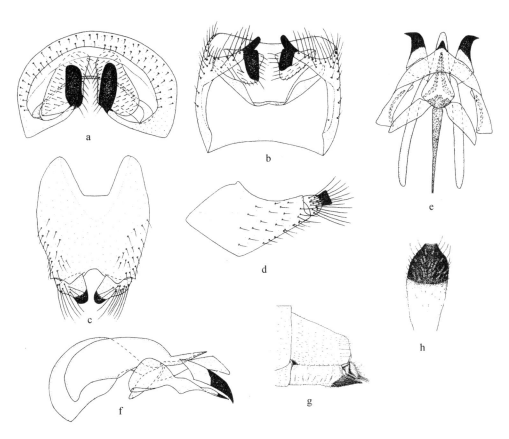

图 214　钝平姬蜂虻 *Systropus liuae* Nagatomi, Tamaki *et* Evenhuis, 2000

a. 雄性外生殖器,后视(male genitalia, posterior view);b. 第 9 背板,尾须,第 10 腹板,腹视(epandrium, cercus and sternite 10, ventral view);c. 生殖基节和生殖刺突,侧视(gonocoxite and gonostylus, lateral view);d. 生殖基节和生殖刺突,腹视(gonocoxite and gonostylus, ventral view);e. 阳茎复合体,背视(aedeagal complex, dorsal view);f. 阳茎复合体,侧视(aedeagal complex, lateral view);g. 亚生殖板末端,侧视(apex of abdomen, lateral view);h. 亚生殖板末端,腹视(apical portion of sternum 8, ventral view)。a—f 据 Nagatomi, Liu, Tamaki *et* Evenhuis, 1991 重绘;g—h 据 Nagatomi, Tamaki *et* Evenhuis, 2000 重绘

体长 14.5 mm,翅长 6 mm。

雄　头部红黑色;下额、颜和颊浅黄色。单眼瘤深褐色。头部有浅黄毛,下额、颜和颊有密的银白色短毛。上后头沿眼缘有黑毛。触角柄节黄色,末端褐色,末端有短黑毛;梗节暗褐色,有短黑毛;鞭节黑色,扁平且光滑。触角三节长度比 3∶1∶?。喙黑色,基部黄褐色,光滑;下颚须褐色,有淡黄毛。

胸部黑色,有黄色斑。毛淡黄色和暗褐色,但黄色区有淡黄毛。肩胛浅黄色。前胸侧板浅黄色。中胸背板有三个黄色侧斑,前斑与中斑以一条宽度为前斑宽度 1/2 的黄带相连。前斑横向,呈四方状;中斑葱头状,后斑不规则楔形。小盾片黑色,后缘 1/3 黄色。中胸上前侧片黑色,上后侧片黑色,后部边缘黄褐色。下前侧片黑色,下后侧片黄色。气门附近黄色,气门前方有一黑色圆斑。后胸腹板黄色,两侧各有 2 个浅褐色斑,前斑长条形,呈八字状,后斑椭圆形。

足:前足黄色,仅第 2～5 跗节褐色。中足基节基半部黑色,腿节、胫节及第 1 跗节黄色,余

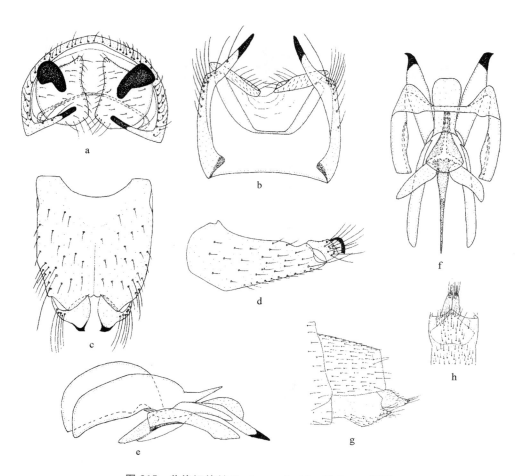

图 215 黄缘姬蜂虻 *Systropus luridus* Zaitzev, 1977

a. 雄性外生殖器，后视（male genitalia, posterior view）；b. 第 9 背板，尾须，第 10 腹板，腹视（epandrium, cercus and sternite 10, ventral view）；c. 生殖基节和生殖刺突，侧视（gonocoxite and gonostylus, lateral view）；d. 生殖基节和生殖刺突，腹视（gonocoxite and gonostylus, ventral view）；e. 阳茎复合体，背视（aedeagal complex, dorsal view）；f. 阳茎复合体，侧视（aedeagal complex, lateral view）；g. 亚生殖板末端，侧视（apex of abdomen, lateral view）；h. 亚生殖板末端，腹视（apical portion of sternum 8, ventral view）。据 Nagatomi, Liu, Tamaki *et* Evenhuis, 1991 重绘

皆褐色。后足基节及转节黑色，腿节棕色；胫节基部黄色，向端部渐深，至近端部 1/9 处为黑色；胫节端部 1/9 及第 1 跗节基部 1/3 黄色，其余跗节黑色。胫节有 3 排刺状黑鬃（背列 6 根，侧列 5 根，腹列 4 根）。爪亮黑色，爪垫黄色。足的毛多呈倒伏状，黑色。

翅浅烟色；透明，翅脉褐色，r-m 横脉位于盘室端部 2/5 处。平衡棒棒端宽大，背面褐色，腹面黄色，棒柄细。

腹部褐色；第 1 背板前缘黄色，宽于小盾片，其余黑色；第 2~5 节腹板中间有黑色长条带；第 6 背板外侧暗褐色（包括生殖器）。腹柄由第 2~4 腹节及第 5 腹节的前半部组成；第 5~8 腹节膨胀成卵形。毛很短，伏倒状，黑色，第 2~5 腹节黄色区有淡黄毛。

雄性外生殖器：第九背板背面观近半圆形，有稀疏的短刺毛；尾须不规则梨形，其上的黑色骨化突出成逗号状，超出尾须边缘。生殖基节腹面观基部有一宽大的凹陷，宽大于长；生殖刺突宽大,端部尖钩状且骨化成黑色。阳茎基背片两端突起,不骨化;阳茎基中叶宽大,短于阳茎基侧叶。阳茎基侧叶向末端变细,端部变尖骨化呈黑色。

分布　吉林(长白山);俄罗斯。

讨论　该种与长白姬蜂虻 *Systropus changbaishanus* Du,Yang,Yao *et* Yang,2008 最为近似,但前者触角柄节基部黄色,小盾片后缘黄色区域为三角形,故与之容易区别。

(211) 茅氏姬蜂虻 *Systropus maoi* Du,Yang,Yao *et* Yang,2008(图 216,图版 Ⅵ b)

Systropu maoi Du,Yang,Yao *et* Yang in Shen X. C.,Zhang R. Z.,& Ren Y. D. (Ed.) 2008. Classification and Distribution of Insects in China. p. 11. Type locality：China (Jiangxi).

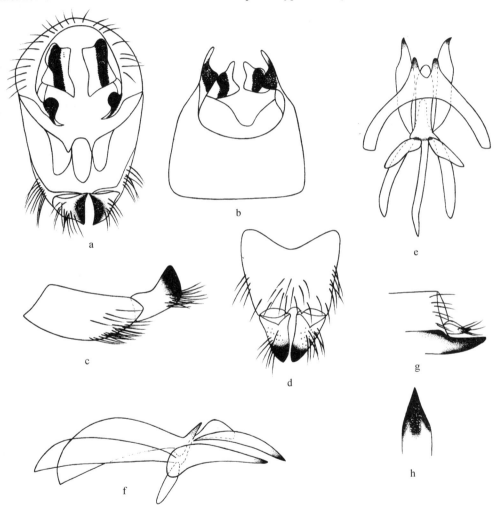

图 216　茅氏姬蜂虻 *Systropus maoi* Du,Yang,Yao *et* Yang,2008

a. 雄性外生殖器,后视(male genitalia, posterior view);b. 第 9 背板,尾须,第 10 腹板,腹视(epandrium, cercus and sternite 10, ventral view);c. 生殖基节和生殖刺突,侧视(gonocoxite and gonostylus, lateral view);d. 生殖基节和生殖刺突,腹视(gonocoxite and gonostylus, ventral view);e. 阳茎复合体,背视(aedeagal complex, dorsal view);f. 阳茎复合体,侧视 (aedeagal complex, lateral view);g. 亚生殖板末端,侧视(apex of abdomen, lateral view);h. 亚生殖板末端,腹视(apical portion of sternum 8, ventral view)

体长 21~24 mm,翅长 12~14 mm。

雄 头部红黑色;下额、颜和颊浅黄色。单眼瘤深褐色。头部有浅黄毛,下额、颜和颊有密的银白色短毛。上后头沿眼缘有黑毛。触角柄节黄色,末端黄褐色,有短黑毛;梗节暗褐色,有短黑毛;鞭节黑色,扁平且光滑。触角三节长度比 3 : 1 : 2.5。喙黑色,基部黄褐色,光滑;下颚须褐色,有淡黄毛。

胸部黑色,有黄色斑。毛淡黄色和暗褐色,但黄色区有淡黄毛。肩胛浅黄色。前胸侧板浅黄色。中胸背板有三个黄色侧斑。前斑横向,呈指状;中斑葱头状,后斑不规则楔形。小盾片黑色,仅后缘黄色,有浅黄色长毛。中胸上前侧片黑色,上后侧片黑色,有长白毛。下前侧片黑色,下后侧片黄色,下部有一狭窄的黑色区域。气门附近黄色,气门前方有一黑色圆斑。后胸腹板黑色,有长白毛,后缘有一 V 形黄色区域,V 形黄色区域长度约为后胸腹部 1/2。后胸腹板与第一腹节边缘黄色,区域较小。

足:前足腿节近基部 2/3 淡褐色,跗节第 3 节端半部及第 4、5 节褐色,余皆黄色。中足基节、转节及腿节黑色,胫节及第 1 跗节黄色,第 2~5 跗节褐色。后足基节及转节黑色,腿节的上面褐色,胫节基部 2/3 黑色,其余黄色;胫节有 3 排刺状黑鬃(背列 6 根,侧列 5 根,腹列 4 根),端部有同样的刺丛;跗节均为黑色,有许多粗壮的黑刺及浓密的黄刺毛。

翅淡灰色,透明,前缘室色略深,浅棕色;翅脉棕色;r‐m 横脉位于盘室端部 2/5 处。平衡棒黄色,棒端背面黑色。

腹部侧扁,黄褐色;第 1 背板黑色,前缘宽于小盾片;第 2~5 节腹板中间有黑色长条带;第 6 背板外侧暗褐色(包括生殖器)。腹柄由第 2~4 腹节及第 5 腹节的前半部组成;第 5~8 腹节膨胀成卵形。毛很短,伏倒状,黑色,第 2~5 腹节黄色区有淡黄毛。

雄性外生殖器:第九背板背面观近半圆形,有稀疏的短刺毛;尾须不规则三角形,其上的黑色骨化突出成哑铃状,后侧突端部尖削,骨化成黑色,内侧有一卵圆形的黑色瘤突。生殖基节腹面观基部有一宽的 V 形凹陷,宽大于长;生殖刺突宽大,呈等边三角形,端部骨化成黑色。阳茎基背片有两个黑色骨化突起,中间有一深 V 形凹陷;阳茎中突短,不骨化。阳茎基侧叶尖削,端部骨化呈黑色。

雌 一般特征同雄。亚生殖板末端带有一个细长的锥状刺,黑色。

观察标本 1♂,3♀♀,河南内乡葛条爬,2003.Ⅷ.15(CAU);3♂♂,1♀,四川峨眉山护国寺,1957.Ⅷ.2,朱复兴(CAU);1♀,贵州大庸猪石头,1988.Ⅷ.19,王书永(CAU);1♂,湖北神农架,1982.Ⅷ.10,980 m,寄主红花,茅晓渊(CAU);1♂,湖南水顺杉木河林场,李鸿兴(CAU);1♂,四川峨眉山,1957.Ⅸ.23,虞佑才(CAU);1♀,浙江天目山,1947.Ⅸ.2(CAU)。

分布 河南(内乡)、四川(峨眉山)、贵州(大庸)、湖北(神农架)、湖南(水顺杉)、浙江(天目山)。

讨论 该种与苏门答腊的 *Systropus riolacescens* (Enderlein, 1926)最相似,但该种前足跗节黄色,中足基节棕黄色,雄性触角比为 2.15 : 1 : 2.15,且该种为纤小型,体长仅 14.5 mm;故与之容易区分。

(212) 黑角姬蜂虻 *Systropus melanocerus* Du, Yang, Yao *et* Yang, 2008(图 217, 图版Ⅵc)

Systropus melanocerus Du, Yang, Yao *et* Yang in Shen X. C. , Zhang R. Z. , & Ren Y.

D.（Ed.）2008. Classification and Distribution of Insects in China. p. 6. Type locality：China（Hubei）.

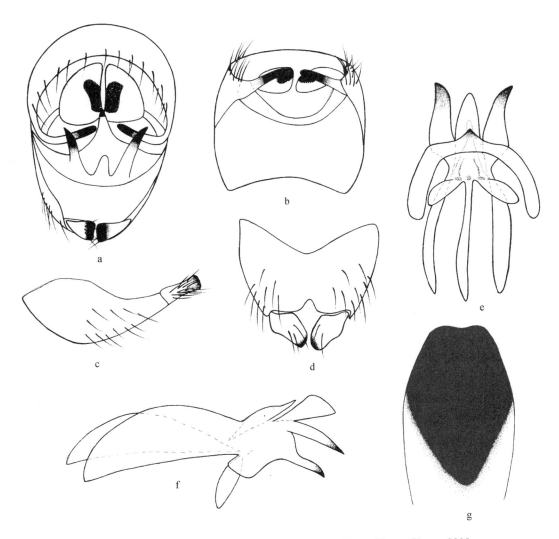

图 217　黑角姬蜂虻 *Systropus melanocerus* Du，Yang，Yao *et* Yang，2008

a.雄性外生殖器，后视（male genitalia, posterior view）；b.第 9 背板，尾须，第 10 腹板，腹视（epandrium, cercus and sternite 10, ventral view）；c.生殖基节和生殖刺突，侧视（gonocoxite and gonostylus, lateral view）；d.生殖基节和生殖刺突，腹视（gonocoxite and gonostylus, ventral view）；e.阳茎复合体，背视（aedeagal complex, dorsal view）；f.阳茎复合体，侧视（aedeagal complex, lateral view）；g.亚生殖板末端，腹视（apical portion of sternum 8, ventral view）

体长 14～17 mm，翅长 8～10 mm。

雄　头部红黑色；下额、颜和颊浅黄色。单眼瘤深褐色。头部有浅黄毛，下额、颜和颊有密的银白色短毛。上后头沿眼缘有黑毛。触角柄节、梗节暗褐色，有短黑毛；鞭节黑色，扁平且光滑。三节长度比 3.7：1：3。喙黑色，基部黄褐色，光滑；下颚须褐色，有淡黄毛。

胸部黑色，有黄色斑。毛淡黄色和暗褐色，但黄色区有淡黄毛。肩胛浅黄色。前胸侧板黑色。中胸背板有两个黄色侧斑;前斑较大,弯月形;后斑较小,不规则楔形。小盾片黑色。中胸上前侧片黑色,上后侧片黑色,有稀疏长白毛。下前侧片和下后侧片黑色。气门附近黄色,气门前方有一黑色圆斑。后胸腹板黑色,有长白毛,后缘有一狭窄面积很小的 V 形黄褐色区域,V 形黄色区域长度约为后胸腹部 1/2。后胸腹板与第一腹节边缘黄褐色,区域很小。

足:前足黄色;基节黑色,第 3～5 跗节深黄色;第 5 跗节末端有褐色毛。中足黄色;基节黑色,转节端部黑色,腿节黄褐色,有浓密的短黑毛,跗节 3～5 节褐色至暗褐色。后足黄褐色;基节黑色;转节黄褐色,腿节黄褐色;胫节黄褐色,2/3 处至端部黄色;胫节有 3 排刺状黑鬃(背列 6 根,侧列 5 根,腹列 4 根),跗节褐色。爪亮黑色,爪垫黄色。足的毛多呈倒伏状,黑色。

翅:淡棕色,透明;r-m 横脉位于盘室正中间。

腹部黄色;第 1 背板黑色,前缘宽于小盾片;第 2～5 节腹板中间有黑色长条带;第 6 背板外侧暗褐色(包括生殖器)。腹柄由第 2～4 腹节及第 5 腹节的前半部组成;第 5～8 腹节膨胀成卵形。毛很短,伏倒状,黑色,第 2～5 腹节黄色区有淡黄毛。

雄性外生殖器:第九背板背面观近半圆形,有稀疏的短刺毛;尾须椭圆,其上的黑色骨化区域较小,椭圆形。生殖基节腹面观基部有一宽大的 V 形凹陷,宽大于长;生殖刺突宽大,呈不规则矩形,端部骨化成黑色。阳茎基背片中间有一个黑色尖锐突起;阳茎中突长,略短于阳茎基侧叶,不骨化。阳茎基侧叶宽大,端部尖削,骨化呈黑色。

雌 一般特征同雄。体长 16.0 mm;触角三节长度比 3.5∶1∶3;亚生殖板末端 1/3 骨化成黑色,黑色的部分近圆形,端部略呈圆形凹陷。

观察标本 1♂,云南昭通小草坝,2009.Ⅸ.13,张婷婷(CAU);3♂♂,1♀,云南昭通小草坝,2009.Ⅸ.15,张婷婷(CAU);3♂♂,云南昭通小草坝,2009.Ⅸ.15,崔维娜(CAU);1♂1♀,湖北神农架松柏,1985.Ⅷ.29,茅晓渊(CAU)。

分布 云南(昭通)、湖北(神农架)。

讨论 该种与黑柄姬蜂虻 Systropus acuminatus Enderlein, 1926 最接近,但后者雌虫具有末端尖削的亚生殖板;触角比雄虫为 3.5∶1∶1.5,雌虫为 3.5∶1∶1.75;且中胸背板两侧各有 3 个黄色斑。故该种与之容易区分。

(213) 麦氏姬蜂虻 Systropus melli (Enderlein, 1926)(图 218,图版Ⅵd)

Cephenius melli Enderlein, 1926. Wien. Entomol. Ztg. 43:80. Type locality:China (Guangdong).

体长 21～23 mm,翅长 13～15 mm。

雄 头部红黑色;合眼式;下额、颜和颊浅黄色。单眼瘤深褐色。头部有浅黄毛,下额、颜和颊有密的银白色短毛。上后头沿眼缘有黑毛。触角柄节、梗节黄色,有短黄褐色毛;鞭节黑色,扁平且光滑。触角三节长度比 2.5∶1∶2。喙黑色,基部黄褐色,光滑;下颚须褐色,有淡黄毛。

胸部黑色,有黄色斑。毛淡黄色和暗褐色,但黄色区有淡黄毛。肩胛浅黄色。前胸侧板浅黄色。中胸背板有三个黄色侧斑;前斑与中斑以一条宽度为前斑宽度 1/4～1/3 的暗褐色带相连。前斑横向,呈稍不规则的矩形;中斑葱头状;后斑不规则楔形,并横向延伸,左右两个后斑几近相接;中斑与后斑以一条宽度为中斑宽度 1/6 的黄褐色带相连。小盾片前半部黑色,后缘

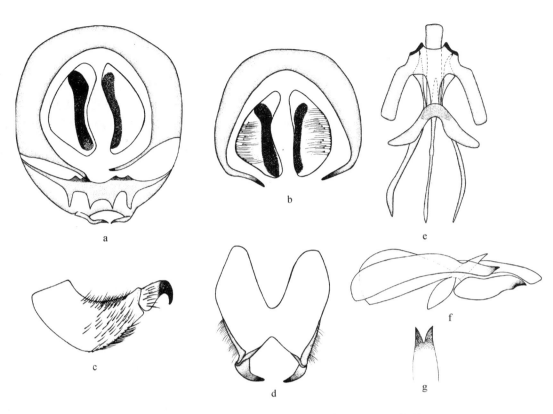

图 218　麦氏姬蜂虻 *Systropus melli*（Enderlein，1926）

a. 雄性外生殖器，后视（male genitalia，posterior view）；b. 第九背板，尾须，第 10 腹板，腹视（epandrium，cercus and sternite 10，ventral view）；c. 生殖基节和生殖刺突，侧视（gonocoxite and gonostylus，lateral view）；d. 生殖基节和生殖刺突，腹视（gonocoxite and gonostylus，ventral view）；e. 阳茎复合体，背视（aedeagal complex，dorsal view）；f. 阳茎复合体，侧视（aedeagal complex，lateral view）；g. 亚生殖板末端，腹视（apical portion of sternum 8，ventral view）

浅黄色。中胸上前侧片黑色，上后侧片黑色，后半部黄色，有长白毛。下前侧片黑色，下后侧片黑色，下部有两个大小不一的黄褐色斑。气门附近黄色。后胸腹板黑色，褶皱较少，有长白毛，自中间到后缘有一黄色 V 形区域，长度为后胸腹板长度的 1/2。后胸腹板与第一腹板边缘处黄色。

　　足：前足浅黄色至黄色；中足黄色，基节暗褐；后足基节暗黑色，转节褐色，腿节黄褐色，胫节 1/5 至 4/5 黑色，其余黄色，端部有 5 根长短不一的黄刺；第 1 跗节黄色，末端有一极小的黑色区域，其他跗节黑色；后足胫节上有三排刺状黑鬃（背列 7 根，腹列 7 根，侧列 4 根）；爪亮黑色，爪垫黄色。足的毛多呈倒伏状，黑色。

　　翅烟褐色，翅脉棕色，r - m 横脉位于盘室端部 2/5 处。平衡棒黄色。

　　腹部黄色；第 1 背板黑色，前缘宽于小盾片，向后收缩呈倒三角形；其余各背板皆有暗褐色中斑；第 2～4 及第 5 腹节前半部构成腹柄，第 5～8 腹节膨大呈棒状。

　　雄性外生殖器：第九背板背面观近半圆形，有稀疏的短刺毛；尾须不规则三角形，其上的黑色骨化突出成哑铃状。生殖基节腹面观基部有一深的 V 形凹陷，长大于宽；生殖刺突细长，1/2 处至端部骨化成黑色。阳茎基背片有两个黑色骨化突起，中间有一凹陷；阳茎基中叶长且宽大,不骨化。阳茎基侧叶尖细,端部骨化成黑色。

雌 一般特征同雄。亚生殖板端部强烈骨化,变尖,呈剪刀状。

观察标本 1♂,陕西秦岭翠华山,1951.Ⅶ.28(CAU);1♂,陕西嵩平寺,1981.Ⅷ.12,赵德金(CAU);1♂,贵州绥阳宽阔水中心站,2010.Ⅷ.17,王国全(CAU);5♂♂,浙江天目山,1947.Ⅸ.13(CAU);1♀,福建连城马字坡,1988.Ⅹ.5,江涛(CAU);1♂,福建武夷山三港挂墩,2009.Ⅶ.8,杨秀帅(CAU);4♂♂,福建武夷山桐木村,2009.Ⅸ.26,崔维娜(CAU);2♂♂,福建武夷山庙湾,2009.Ⅸ.26,张婷婷(CAU);2♂♂,福建武夷山庙湾,2009.Ⅹ.2,张婷婷(CAU);3♂♂,1♀,福建武夷山庙湾,2009.Ⅹ.2,曹亮明(CAU)。

分布 陕西(秦岭、嵩平寺)、贵州(绥阳)、浙江(天目山)、福建(连城、武夷山)。

讨论 该种与佛顶姬蜂虻 *Systropus fudingensis* Yang 十分相似,但后者中胸背板的前斑和中斑之间的黄带较该种宽些,且腹端特征有明显区别。

(214) 小型姬蜂虻 *Systropus microsystropus* Evenhuis,1982 (图 219)

Systropus microsystropus Evenhuis,1982. Pac. Ins. 24:35. Type locality:China (Fujian).

体长 12.5~13.5 mm。

雄 头部红黑色;下额、颜和颊浅黄色。单眼瘤深褐色。头部有浅黄毛,下额、颜和颊有密的银白色短毛。上后头沿眼缘有黑毛。触角柄节黄色,末端有短黑毛;梗节暗褐色,有短黑毛;鞭节黑色,扁平且光滑。触角三节长度比 3:1:2。喙黑色,基部黄褐色,光滑;下颚须褐色,有淡黄毛。

胸部黑色。中胸背板有 3 个单独的黄斑。小盾片全黑色。前胸侧片黄色。后胸腹板黑色,后缘有一 V 形黄色区域。前中足黄色;后足基节褐色,腿节橘黄色,胫节橘黄色且中部 1/3 黑色,跗节褐色且基跗节基半部黄色。

翅浅灰色,r-m 稍偏向盘室端部。平衡棒黄色。

腹部橘黄色;第 1 背板黑色。

雄性外生殖器:第九背板背面观近半圆形,有稀疏的短刺毛;尾须不规则四边形,其上的黑色骨化为丁字状。生殖基节腹面观基部有一宽大的 V 形凹陷;生殖刺突宽大,端部细成钩状,骨化成黑色。阳茎基背片有两个黑色骨化突起,中间有一小型 U 型凹陷;阳茎中突长,不骨化。阳茎基侧叶粗大,端部圆钝,骨化呈黑色。

雌虫未知。

分布 福建(建阳)。

(215) 黑带姬蜂虻 *Systropus montivagus* (Séguy,1963)

Cephenius montivagus Séguy,1963. Bull. Mus. Natl. Hist. Nat. Paris 35:153. Type locality:China (Shanxi).

体长 21 mm,翅长 13 mm。

雄 头部红黑色;下额、颜和颊浅黄色。单眼瘤深褐色。头部有浅黄毛,下额、颜和颊有密

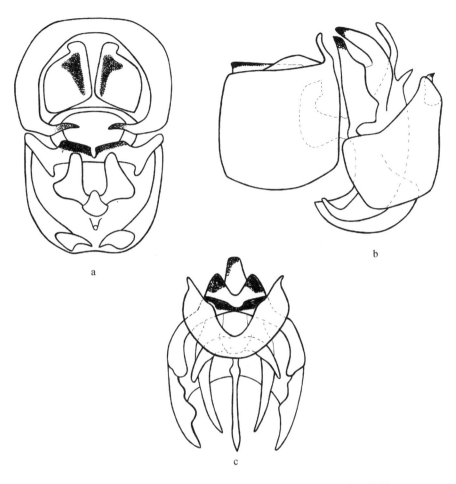

图 219　小型姬蜂虻 *Systropus microsystropus* Evenhuis, 1982

a. 雄性外生殖器,后视(male genitalia, posterior view); b. 雄性外生殖器,侧视(male genitalia, lateral view); c. 阳茎复合体和第 10 腹板,背视(aedeagal complex and sternite 10, dorsal view)。据 Evenhuis, 1982 重绘

的银白色短毛。上后头沿眼缘有黑毛。触角柄节、梗节黄色,有短黄毛;鞭节黑色,扁平且光滑。触角三节长度比 3.5∶1∶2.2。喙黑色,基部黄褐色,光滑;下颚须褐色,有淡黄毛。

胸部黑色,有黄色斑。毛淡黄色和暗褐色,但黄色区有淡黄毛。肩胛浅黄色。前胸侧板浅黄色。中胸背板有三个黄色相互独立。小盾片黑色,后缘黄色。中胸上前侧片黑色。后胸腹板黑色,有长白毛,后缘有一极狭窄的 V 形黄褐色区域,褶皱。

足:前足全为黄色。中足基节基半部黑色,余皆黄色。后足胫节棕色,向端部渐变为黑色,端部 1/10 黄色;第 1 跗节基部黄色而其余黑色,其余跗节黑色。爪亮黑色,爪垫黄色。足的毛多呈倒伏状,黑色。

翅淡棕色,透明;近前缘及基部色略深。平衡棒黄色。

腹部棕褐色,侧扁;第 1 背板黑色,前缘宽于小盾片;第 2～5 节腹板中间有黑色长条带;第 6 背板外侧暗褐色(包括生殖器)。腹柄由第 2～4 腹节及第 5 腹节的前半部组成;第 5～8 腹节膨胀成卵形。毛很短,伏倒状,黑色,第 2～5 腹节黄色区有淡黄毛。

未见雌虫。

分布 山西。

(216)黄腹姬蜂虻 *Systropus nigritarsis* (**Enderlein,1926**)

Cephenius nigritarsis Enderlein, 1926. Wien. Entomol. Ztg. 43：79. Type locality：China (Guangxi).

体长 20 mm,翅长 11 mm。

雄 头部黑色。触角柄节基半黄色,其余黑色;梗节暗黑色,有短黑毛;鞭节黑色,扁平且光滑。触角三节长度比 2.5：1：2。喙黑色,基部黄褐色,光滑;下颚须褐色,有淡黄毛。

胸部黑色,有黄色斑。毛淡黄色和暗褐色,但黄色区有淡黄毛。肩胛浅黄色。前胸侧板浅黄色。中胸背板有三个黄色侧斑。小盾片黑色,后缘有长白毛。后胸腹板黑色。

翅烟黄色,翅脉褐色。平衡棒黄色。

足黄色;前足基节黄色。后足黄色,跗节全黑色。

腹部黄色。

分布 广西。

(217)亚洲姬蜂虻 *Systropus nitobei* **Matsumura,1916**(中国新纪录种)(图 220,图版 Ⅵe)

Systropus nitobei Matsumura,1916. Thousand insects of Japan. Additamenta II. p. 287. Type locality：Japan.

体长 11～15 mm,翅长 6～9 mm。

雄 头部红黑色;下额、颜和颊浅黄色。单眼瘤黄褐色。头部有浅黄毛,下额、颜和颊有密的银白色短毛。上后头沿眼缘有黑毛。触角柄节黄色,梗节黑色,有短黑毛;鞭节黑色,扁平且光滑。触角三节长度比 2.6：1：1.9。喙黑色,基部黄褐色,光滑;下颚须褐色,有淡黄毛。

胸部黑色,有黄色斑。毛淡黄色和暗褐色,黄色区有淡黄毛。肩胛浅黄色。前胸侧板浅黄色。中胸背板有三个黄色侧斑;前斑横向,四方状,以一条为前斑宽度的 1/2 的黄色条带与中斑相连;中斑葱头状,后斑不规则楔形。小盾片黑色,端部有少量长白毛。中胸上前侧片黑色,上后侧片黑色,有长白毛。下前侧片和后侧片黑色。气门附近黄色,气门前方有一褐色圆斑。后胸腹板黑色,有长黑毛,后缘有一狭小的 V 形黄色区域,后胸腹板与第一腹节边缘黄色,区域很小。

足:前足黄色。中足黄色,基节基部褐色,腿节黄褐色。后足黄褐色,基节黑色;转节暗褐色,腿节黄褐色;胫节黄色,1/3～2/3 处黑色,胫节端部有 5 根刺状黑鬃;胫节有 3 排刺状黑鬃(背列 6 根,侧列 6 根,腹列 3 根);第 1 跗节基部黄色,其余黑色,有短黑毛;第 2～5 跗节黑色,有浓密的短黑毛。爪亮黑色,爪垫黄色。足的毛多呈倒伏状,黑色。

翅浅烟色;透明;翅脉褐色,r - m 横脉位于盘室端部 2/5 处。平衡棒柄背面黄色,腹面黄色;棒捶黑色,腹面黄色。

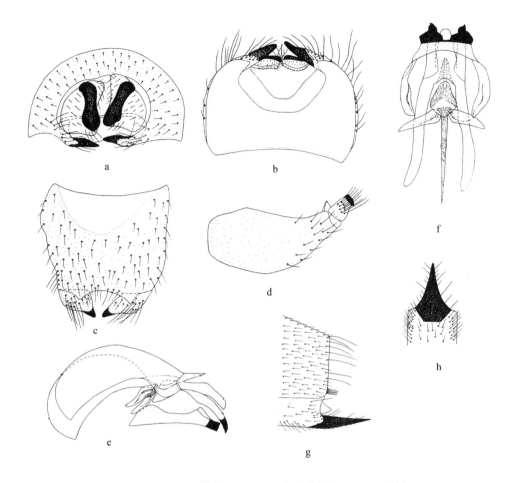

图 220 亚洲姬蜂虻 *Systropus nitobei* Matsumura，1916

a. 雄性外生殖器，后视（male genitalia，posterior view）；b. 第 9 背板，尾须，第 10 腹板，腹视（epandrium，cercus and sternite 10，ventral view）；c. 生殖基节和生殖刺突，侧视（gonocoxite and gonostylus，lateral view）；d. 生殖基节和生殖刺突，腹视（gonocoxite and gonostylus，ventral view）；e. 阳茎复合体，背视（aedeagal complex，dorsal view）；f. 阳茎复合体，侧视（aedeagal complex，lateral view）；g. 亚生殖板末端，腹视（apical portion of sternum 8，ventral view）；g. 亚生殖板末端，侧视（apex of abdomen，lateral view）；h. 亚生殖板末端，腹视（apical portion of sternum 8，ventral view）。据 Nagatomi，Liu，Tamaki *et* Evenhuis，1991 重绘

　　腹部黄褐色；第 1 背板前半部黄色，后半部黑色，前缘宽于小盾片；第 2～5 节褐色，腹板中间有深褐色长条带；第 6 背板外侧暗褐色（包括生殖器）。腹柄由第 2～4 腹节及第 5 腹节的前半部组成；第 5～8 腹节黄褐色，膨胀成卵形。毛很短，伏倒状，黑色。

　　雄性外生殖器：第九背板背面观近半圆形，有稀疏的短刺毛；尾须不规则三角形，其上的黑色骨化区域呈哑铃状。腹面观生殖基节基部有一宽大的凹陷，宽大于长；生殖刺突宽大，端部尖细骨化成黑色。阳茎基背片有两个黑色骨化突起，中间有一小型 U 形凹陷；阳茎中突短，不骨化。阳茎基侧叶长，末端尖削而弯曲，骨化呈黑色。

　　雌　一般特征同雄。亚生殖板末端尖削，骨化呈黑色。

观察标本 5♂♂1♀,云南昭通小草坝,2009.Ⅸ.15,张婷婷(CAU);2♂♂,云南昭通小草坝,2009.Ⅸ.15,崔维娜(CAU);2♂♂,云南昭通小草坝,2009.Ⅹ.2,张婷婷(CAU)。

分布 云南(昭通);日本,韩国。

讨论 该种与锥状姬蜂虻 *Systropus cylindratus* Du, Yang, Yao *et* Yang, 2008 最为相似,但后者触角三节长度比 3:1:2.5,阳茎基背片有两个黑色骨化突起,中间有一小型 V 形凹陷;而前者阳茎基背片中间的凹陷呈"凹"形,故与之容易区分。

(218) 棕腹姬蜂虻 *Systropus sauteri* (Enderlein,1926)

Cephenius sauteri Enderlein, 1926, Wien. Entomol. Ztg. 43:82. Type locality:Taiwan.

Cephenius sauteri Bezzi in Hennig, 1942:68 [in Rohlfien & Ewald, 1980:224]. *Nomen nudum*.[Preoccupied by Enderlein, 1926.]

体长 20～25 mm,翅长 12.5～15 mm。

雄 头部黑色。触角柄节黑色,末端有短黑毛;梗节暗黑色,有短黑毛;鞭节黑色,扁平且光滑。触角三节长度比 2.5:1:1.3。喙黑色,基部黄褐色,光滑;下颚须褐色,有淡黄毛。

胸部黑色,有黄色斑。毛淡黄色和暗褐色,但黄色区有淡黄毛。肩胛浅黄色。前胸侧板浅黄色。中胸背板两侧各有三个黄色侧斑,相互独立。小盾片黑色,后缘黄色。后胸腹板黄色,两侧各有一条黑色长斑,端部不愈合。

翅烟色。平衡棒黄色,端部黑色。

足黄色;前足 1～3 跗节黄褐色,其余跗节黑色;中足第 1 跗节基半黄色,其余黄褐色;后足黄色,跗节全黑色。

腹部暗褐色。

雌 亚生殖板有弱的凸起。

分布 中国台湾。

(219) 齿突姬蜂虻 *Systropus serratus* Yang *et* Yang, 1995(图 221,图版Ⅵf)

Systropus serratus Yang *et* Yang, 1995. Insects of Baishanzu Mountain, eastern China, p.496. Type locality:China (Zhejiang).

体长 21～25 mm,翅长 13～16 mm。

雄 头部红黑色;下额、颜和颊浅黄色。单眼瘤深褐色。头部有浅黄毛,下额、颜和颊有密的银白色短毛。上后头沿眼缘有黑毛。触角柄节、梗节黄色,有短黄毛;鞭节黑色,扁平且光滑。触角三节长度比 2.5:1:2。喙黑色,基部黄褐色,光滑;下颚须褐色,有淡黄毛。

胸部黑色,有黄色斑。毛淡黄色和暗褐色,但黄色区有淡黄毛。肩胛浅黄色。前胸侧板浅黄色。中胸背板有三个黄色侧斑,前斑与中斑以一条宽度为前斑宽度 1/4 的黄带相连。前斑横向,呈四方状;中斑葱头状,后斑不规则楔形,中斑与后斑以一条很细的黄褐色条带相连。小盾片黑色,后缘 1/4 黄色,有浅黄色长毛。中胸上前侧片黑色,上后侧片灰白色,有长白毛。下前侧片黑色,下后侧片黑色,后下部有一狭窄的黑色区域。气门附近黄色,气门前方有一黑色圆斑。后胸腹板黑色,有短白毛,后缘有一 V 形黄色区域,V 形黄色区域长度约为后胸腹部

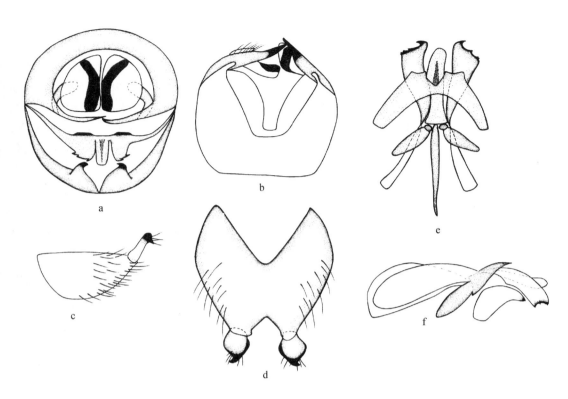

图 221　齿突姬蜂虻 *Systropus serratus* Yang *et* Yang, 1995

a. 雄性外生殖器,后视(male genitalia, posterior view);b. 第 9 背板,尾须,第 10 腹板,腹视(epandrium, cercus and sternite 10, ventral view);c. 生殖基节和生殖刺突,侧视(gonocoxite and gonostylus, lateral view);d. 生殖基节和生殖刺突,腹视(gonocoxite and gonostylus, ventral view);e. 阳茎复合体,背视(aedeagal complex, dorsal view);f. 阳茎复合体,侧视(aedeagal complex, lateral view)

1/2。后胸腹板与第一腹节边缘黄色,区域较大。

　　足:前足黄色,有黄色短毛。中足黄色;基节黄褐色,转节端部黑色,腿节黄褐色,有浓密的短黑毛。后足黄色;基节基部黑色,转节黄褐色,腿节黄褐色;胫节黄褐色,1/2~5/6 处黑色;胫节有 3 排刺状黑鬃(背列 6 根,侧列 5 根,腹列 4 根);第 1 跗节黄色(中间存在差异,有些个体第 1 跗节 3/5 至端部黑色),其余跗节黑色。爪亮黑色,爪垫黄色。足的毛多呈倒伏状,黑色。

　　翅浅灰色,透明;前缘带有暗黄色;脉暗褐色,前横脉 r-m 盘室端部 3/7 处。平衡棒浅黄褐色。

　　腹部黄色;第 1 背板黑色,前缘宽于小盾片;第 2~5 节腹板中间有黑色长条带;第 6 背板外侧暗褐色(包括生殖器)。腹柄由第 2~4 腹节及第 5 腹节的前半部组成;第 5~8 腹节膨胀成卵形。毛很短,伏倒状,黑色,第 2~5 腹节黄色区有淡黄毛。

　　雄性外生殖器:第九背板背面观近半圆形,有稀疏的短刺毛;尾须不规则三角形,其上的黑色骨化突出成哑铃状。腹面观生殖基节基部有一宽大的 V 形凹陷,宽大于长;生殖刺突宽大,呈等边三角形,端部骨化呈黑色。阳茎基背片有两个黑色骨化突起,中间有一小型 V 形凹陷;阳茎中突短,不骨化。阳茎基侧叶端部宽大,有齿状突起,骨化呈黑色。

雌 一般特征同雄。亚生殖板末端变尖削,骨化呈黑色。

观察标本 1♀,北京怀柔百泉山,2009.Ⅷ.26,崔维娜(CAU);1♂,北京怀柔百泉山,2009.Ⅸ.11,周丹(CAU);1♀,陕西秦岭植物园白羊叉,2006.Ⅶ.17,朱雅君(CAU);3♂♂,1♀,河南栾川龙峪湾,1997.Ⅷ.18(CAU);1♂,河南灵宝亚武山,1998.Ⅷ.21,申效诚(CAU);1♂,河南内乡葛条爬,2003.Ⅷ.15(CAU);3♂♂,河南内乡葛条爬,2003.Ⅷ.15(CAU);1♂,河南宜阳花果山,2006.Ⅷ.3,张俊华(CAU);1♂,云南版纳易武孟仑,1958.Ⅹ.28,蒲富基(CAU);1♂,云南蒙自,2009.Ⅶ.12,杨巧(CAU);1♀,云南昭通小草坝,2009.Ⅸ.13,张婷婷(CAU);1♂,浙江百山祖,1 500 m,1993.Ⅸ.30,吴鸿(CAU)。

分布 北京(怀柔)、陕西(秦岭)、河南(栾川、内乡、灵宝、宜阳)、云南(西双版纳、昭通)、浙江(天目山)。

讨论 该种与锯齿姬蜂虻 Systropus denticulatus Du,Yang,Yao et Yang,2008 相似,但该种阳茎基背板中间有凹陷,而后者阳茎基背板平滑,而与之区分。

(220) 神农姬蜂虻 *Systropus shennonganus* **Du,Yang,Yao et Yang,2008**(图 222)

Systropus shennonganus Du,Yang,Yao et Yang in Shen X. C.,Zhang R. Z.,& Ren Y. D. (Ed.) 2008. Classification and Distribution of Insects in China. p. 12. Type locality:China (Hubei).

体长 12~13 mm,翅长 8~9 mm。

雄 头部黑色;下额、颜及颊黑色;单眼瘤枣红色。触角全为黑色;柄节较长,有稀疏的短黑毛;梗节短,短黑毛浓密;鞭节扁平,无毛。触角三节长度比 2.6∶1∶1.3。喙黑色,基部 1/3 下面褐色。

胸部黑色,有黄色斑。毛淡黄色和暗褐色,但黄色区有淡黄毛。肩胛浅黄色。前胸侧板浅黄色。中胸背板有三个黄色侧斑,前斑与中斑以一条宽度为前斑宽度 1/2 的黄带相连。前斑横向,呈指状,末端变尖;中斑葱头状,后斑不规则楔形。小盾片黑色,光滑,无长毛。中胸上前侧片黑色,上后侧片黑色。下前侧片黑色,下后侧片黄色,下部有一狭窄的黑色区域。气门附近黄色,气门前方有一黑色圆斑。后胸腹板黄色,两侧各有 2 个褐色斑,前斑长条形,呈八字状,前端愈合,后斑椭圆形。

足:前足黄色,腿节深黄色,有黄色短毛,第 3~5 跗节深黄色;第 5 跗节末端有褐色毛。中足黄色;基节褐色,端部有少许黄色,腿节黄褐色,有浓密的短黑毛,跗节 3~5 节深黄色。后足黄褐色;基节黑色,转节黑色,腿节黄褐色;胫节黑色,端部 1/3 黄色;胫节有 3 排刺状黑鬃(背列 6 根,侧列 5 根,腹列 4 根);第 1 跗节黄色,仅端部有一点黑色,其余跗节黑色。爪亮黑色,爪垫黄色。足的毛多呈倒伏状,黑色。

翅浅烟色;翅脉褐色,r-m 横脉位于盘室端部 2/5 处。平衡棒黄色。

腹部黄褐色,侧扁;第 1 背板前半部分黄色,后半部黑色,前缘宽于小盾片;第 2~5 节腹板中间有不明显的黑色长条带;第 6 背板外侧暗褐色(包括生殖器)。腹柄由第 2~4 腹节及第 5 腹节的前半部组成;第 5~8 腹节膨胀成卵形。毛很短,伏倒状,黑色,第 2~5 腹节黄色区有淡黄毛。

雄性外生殖器:第九背板背面观近半圆形,有稀疏的短刺毛;尾须不规则梨形,其上的黑色

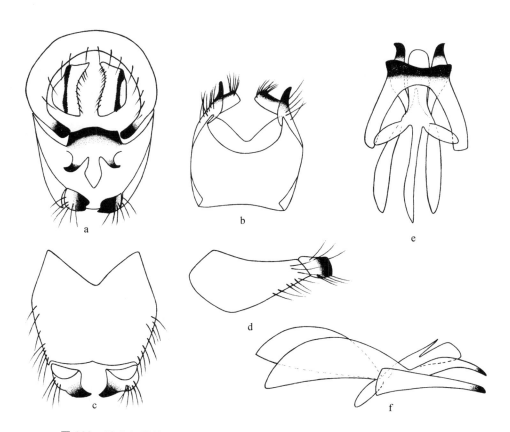

图 222 神农姬蜂虻 *Systropus shennonganus* Du, Yang, Yao *et* Yang, 2008

a. 雄性外生殖器,后视(male genitalia, posterior view);b. 第 9 背板,尾须,第 10 腹板,腹视(epandrium, cercus and sternite 10, ventral view);c. 生殖基节和生殖刺突,腹视(gonocoxite and gonostylus, ventral view);d. 生殖基节和生殖刺突,侧视(gonocoxite and gonostylus, lateral view);e. 阳茎复合体,背视(aedeagal complex, dorsal view);f. 阳茎复合体,侧视 (aedeagal complex, lateral view)

骨化突出成细长条。腹面观生殖基节基部有一长略等于宽的 V 形凹陷;生殖刺突宽大,呈等边三角形,端部尖削而弯曲,骨化成黑色。阳茎基背片有两个黑色骨化突起,中间有一幅度很小的 V 形凹陷;阳茎中突短,端部宽圆,不骨化。阳茎基侧端部尖削,骨化成黑色。

观察标本 1♂,云南昭通小草坝,2009.Ⅸ.15,崔维娜(CAU);1♂,湖北神农架,1985.Ⅷ.22,1 170 m,茅晓渊(CAU)。

分布 云南(昭通)、湖北(神农架)。

讨论 该种与广东的种 *Systropus exisus* Enderlein, 1926 最相似,但后者后足第 1 跗节黑色,且中胸背板两侧各有相互独立的 3 个黄斑。

(221)司徒姬蜂虻 *Systropus studyi* Enderlein, 1926

Systropus studyi Enderlein *in* Study, 1926. Wien. Entomol. Ztg. 43:426. Type locality: China (Guangdong).

体长 24~25 mm,翅长 12~13 mm。

雌 头部黑色。触角柄节黑色,末端有短黑毛;梗节暗黑色,有短黑毛;鞭节黑色,扁平且光滑。触角三节长度比 1.75:1:1.5。喙黑色,基部黄褐色,光滑;下颚须褐色,有淡黄毛。

胸部黑色,有黄色斑。毛淡黄色和暗褐色,但黄色区有淡黄毛。肩胛浅黄色。前胸侧板浅黄色。中胸背板有两个黄色侧斑。前斑横向,呈指状;中斑缺少,后斑不规则楔形。小盾片黑色,后缘有长白毛。后胸腹板黑色。

翅烟黄色,翅脉褐色;r-m 横脉位于盘室端部 2/5 处。平衡棒黄色,端棒部上面黑色。

足黄色;前足基节黑色,转节黄色。后足褐色。

腹部有黑色背线。

雌 亚生殖板端部钝圆,骨化呈黑色。

分布 广东;越南。

(222)三突姬蜂虻 *Systropus submixtus*(Séguy,1963)（图 223,图版Ⅶa）

Cephenius submixus Séguy,1963. Bull. Mus. Natl. Hist. Nat. Paris 35:80. Type locality:China（Shandong）.

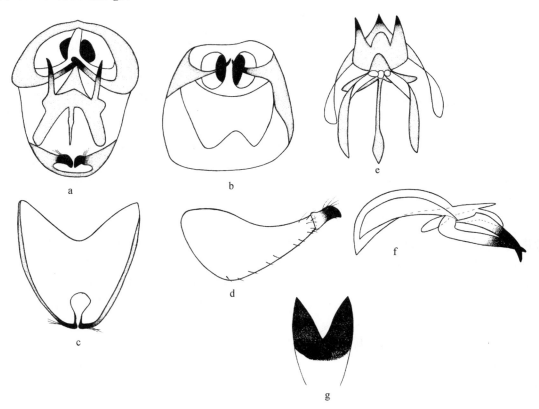

图 223 三突姬蜂虻 *Systropus submixtus*（Séguy,1963）

a.雄性外生殖器,后视(male genitalia, posterior view);b.第 9 背板,尾须,第 10 腹板,腹视(epandrium, cercus and sternite 10, ventral view);c.生殖基节和生殖刺突,背视(gonocoxite and gonostylus, dorsal view);d.生殖基节和生殖刺突,侧视(gonocoxite and gonostylus, lateral view);e.阳茎复合体,背视(aedeagal complex, dorsal view);f.阳茎复合体,侧视（aedeagal complex, lateral view）;g.亚生殖板末端,腹视（apical portion of sternum 8, ventral view）

体长 20～23 mm，翅长 11.5～14 mm。

雄 头部红黑色；下额、颜和颊浅黄色。单眼瘤深褐色。头部有浅黄毛，下额、颜和颊有密的银白色短毛。上后头沿眼缘有黑毛。触角柄节、梗节暗褐色，有短黑毛；鞭节黑色，扁平且光滑。触角三节长度比 2.5：1：2。喙黑色，基部黄褐色，光滑；下颚须褐色，有淡黄毛。

胸部黑色，有黄色斑。毛淡黄色和暗褐色，但黄色区有淡黄毛。肩胛浅黄色。前胸侧板浅黄色。中胸背板有三个黄色侧斑，前斑与中斑以一条宽度为前斑宽度 1/2 的黄带相连。前斑横向，呈指状；中斑黄褐色，不规则三角形，后缘向后延伸伸达后斑，与后斑相连；后斑不规则楔形。小盾片黑色，后缘有浅白色长毛。中胸上前侧片黑色，上后侧片黑色，后半部黄色，有长白毛。下前侧片和下后侧片黑色。气门附近黄色，气门前方有一黑色圆斑。后胸腹板黑色，褶皱，有白色长毛，仅后缘有一狭小的 V 形黄褐色区域。后胸腹板与第一腹节边缘黄色，区域较小。

足：前足黄色；基节黄褐色，有一大型黑斑，有黄色短毛；第 3～5 跗节深黄色，第 5 跗节末端有褐色毛。中足黄色至深黄色。后足黄褐色；基节基部黑色，转节黄褐色，腿节黄褐色；胫节黄褐色，2/3 处至端部黄色，胫节有 3 排刺状黑鬃（背列 6 根，侧列 5 根，腹列 4 根）；第 1～3 跗节黄色至深黄色，仅第 3 跗节端部有一极小的黑色区域，4～5 跗节黑色。跗节上也有短黑刺。爪亮黑色，爪垫黄色。足的毛多呈倒伏状，黑色。

翅浅烟色；翅脉褐色，r - m 横脉位于盘室端部 2/5 处。平衡棒黄色。

腹部深棕色；第 1 背板黑色，前缘宽于小盾片；第 2～5 节腹板中间有黑色长条带；第 6 背板外侧暗褐色（包括生殖器）。腹柄由第 2～4 腹节及第 5 腹节的前半部组成；第 5～8 腹节膨胀成卵形。毛很短，伏倒状，黑色，第 2～5 腹节黄色区有黄毛。

雄性外生殖器：第九背板背面观近扇形，有稀疏的短刺毛；尾须不规则三角形，其上的黑色骨化突出成椭圆状。腹面观生殖基节基部有一宽大的 V 形凹陷，宽大于长；生殖刺突宽大，末端钝圆，端部骨化成黑色。阳茎基背片有一个尖状中突，末端骨化成黑色；阳茎中突短且钝圆，不骨化。阳茎基侧叶尖，末端骨化呈黑色。

观察标本 1♀，河北杨家坪，2007.Ⅷ.13，姚刚（CAU）；1♀，北京怀柔百泉山 2009.Ⅷ.29，崔维娜（CAU）；1♂，北京怀柔云蒙山，2009.Ⅸ.10，王俊潮（CAU）；1♂，河南灵宝亚武山，1996 - Ⅷ.21，申效诚（CAU）；1♂，河南宜阳花果山，2006.Ⅷ.5，霍姗（CAU）；2♀♀，河南内乡葛条爬，2003.Ⅷ.15（CAU）；3♂♂，河南内乡葛条爬，2003.Ⅷ.15（CAU）；1♂，4♀♀，河南罗山白云山，2007.Ⅸ.10，王俊潮（CAU）；1♂，河南内乡宝天曼，2008.Ⅷ.11，杨定（CAU）；2♂♂，1♀，浙江天目山，1947.Ⅷ.29（CAU）；2♂♂，浙江天目山，1947.Ⅸ.3（CAU）；2♀♀，浙江天目山，1947.Ⅸ.6（CAU）；1♀，浙江天目山，1947.Ⅸ.7（CAU）；1♂，1♀，浙江天目山，1947.Ⅸ.11（CAU）；1♂，1♀，福建武夷山桐木村，2009.Ⅸ.26，崔维娜（CAU）。

分布 河北（杨家坪）、北京（怀柔）、河南（灵宝、罗山、宜阳、内乡）、浙江（天目山）、福建（武夷山）。

讨论 该种与湖北姬蜂虻 *Systropus hubeianus* Du，Yang，Yao *et* Yang，2008 近似，但前者后足跗节 1～3 跗节为黄色，且触角三节长度比为 2.5：1：2，故与后者容易区别。

(223) 窗翅姬蜂虻 *Systropus thyriptilotus* Yang，1995（图 224 至图 225，图版 Ⅶ b）

Systropus thyriptilotus Yang，1995. Insects and macrofungi of Gutianshan，Zheijian.

232. Type locality：China（Zhejiang）.

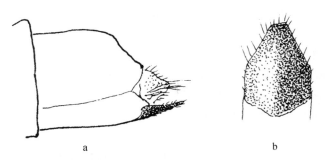

图 224　窗翅姬蜂虻 *Systropus thyriptilotus* Yang，1995

a.亚生殖板末端，侧视（apex of abdomen，lateral view）；b.亚生殖板末端，腹视（apical portion of sternum 8，ventral view）。据 Yang，1995 重绘

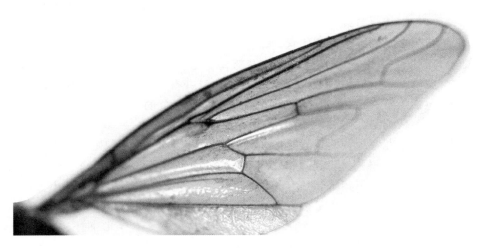

图 225　窗翅姬蜂虻 *Systropus thyriptilotus* Yang，1995 翅（wing）

体长 22 mm，翅长 13 mm。

雌　头部红黑色；下额、颜和颊浅黄色。单眼瘤深褐色。头部有浅黄毛，下额、颜和颊有密的银白色短毛。上后头沿眼缘有黑毛。触角柄节黑色，末端有短黑毛；梗节暗褐色，有短黑毛；鞭节黑色，扁平且光滑。触角三节长度比 2.4：1：2.2。喙黑色，基部黄褐色，光滑；下颚须褐色，有淡黄毛。

胸部黑色，有黄色斑。毛淡黄色和暗褐色，但黄色区有淡黄毛。肩胛浅黄色。前胸侧板浅黄色。中胸背板有两个黄色侧斑。前斑横向，呈指状，后斑不规则楔形。小盾片黑色。中胸上前侧片黑色，上后侧片黑色，后半部黄色，有长白毛。下前侧片黑色，下后侧片黑色。气门附近黄色，气门前方有一黑色圆斑。后胸腹板黑色，无长白毛，后缘有一 V 形黄色区域，V 形黄色区域长度约为后胸腹部 1/3。后胸腹板与第一腹节边缘黑色。

足：前足有黄色短毛，基节、转节黑色，其余黄褐色。中足黄色，基节、转节和腿节黑色，其余黄褐色。后足黄褐色，基节基部黑色，转节黑色，腿节黑褐色；胫节黑褐色，4/5 处至端部黄色,胫节有 3 排刺状黑鬃(背列 6 根,侧列 5 根,腹列 4 根);第 1 跗节基半黄色,其余黑色。爪亮黑色,爪垫黄色。足的毛多呈倒伏状,黑色。

翅较宽,烟褐色,基半的翅室中具透明的窗斑,前横脉 r-m 位于盘室的中部偏外。平衡棒褐色,棒部黄而背面具黑斑。

腹部黄色;第 1 背板黑色,前缘宽于小盾片;第 2～5 节腹板中间有黑色长条带;第 6 背板外侧暗褐色(包括生殖器)。腹柄由第 2～4 腹节及第 5 腹节的前半部组成;第 5～8 腹节膨胀成卵形。毛很短,伏倒状,黑色,第 2～5 腹节黄色区有淡黄毛。第 8 腹板侧视狭长,端部黑色骨化部分长而突伸,腹视则端部平截。

未见雄虫。

观察标本 1♀,浙江开化古田山,1992.Ⅶ,马云(CAU)。

分布 浙江(古田山)。

讨论 该种与中华姬蜂虻 *Systropus chinensis* Bezzi,1905 十分相似,但翅宽大,烟褐色,有窗斑,故与之区分。

(224)三峰姬蜂虻 *Systropus tricuspidatus* Yang,1995(图 226,图版Ⅶ c)

Systropus tricuspidatus Yang,1995. Insects and macrofungi of Gutianshan,Zhejiang, p:230. Type locality:China (Zhejiang).

体长 13～18 mm,翅长 7～9 mm。

雌 头部红黑色;下额、颜和颊浅黄色。单眼瘤深褐色。头部有浅黄毛,下额、颜和颊有密的银白色短毛。上后头沿眼缘有黑毛。触角柄节黄褐色,有长黑毛;梗节暗褐色,有短黑毛;鞭节黑色,扁平且光滑。触角三节长度比 2.25：1：2。喙黑色,基部黄褐色,光滑;下颚须褐色,有淡黄毛。

胸部黑色,有黄色斑。毛淡黄色和暗褐色,但黄色区有淡黄毛。肩胛浅黄色。前胸侧板浅黄色。中胸背板有三个黄色侧斑。前斑横向,呈指状,端部变尖;中斑葱头状,前斑与中斑以一条宽度为前斑宽度的 1/6～1/2 的黄色条带相连(偶尔前斑与中斑不相连);后斑不规则的楔形。小盾片黑色,仅后缘 1/2 黄色,有浅黄色长毛。中胸上前侧片黑色,上后侧片黑色,后部黄褐色,有长白毛。下前侧片黑色,下后侧片黄色,下部有一狭窄的黑色区域。气门附近黄色,气门前方有一黑色圆斑。后胸腹板黄色,两侧各有一宽大的黑色条带,基部不愈合。

足:前足黄色,仅跗节末 3 节黑色,基跗节腹面具黄刺列。中足基节的基半黑,而端半黄色;转节仅外侧端半为黑色,腿节黑色,胫节褐色,跗节黄色而末 3 节黑褐色。后足基节及转节黑色,腿节红褐而背面较暗;胫节黑色,但基部腹面及端部 1/3 处为黄色,端部有一圈黑色区域,胫节有 3 排刺状黑鬃(背列 6 根,侧列 5 根,腹列 4 根),跗节全黑色。爪亮黑色,爪垫黄色。足的毛多呈倒伏状,黑色。

翅浅烟褐色,透明;翅脉褐色,r-m 横脉位于盘室端部 2/5 处。平衡棒黄色。

腹部黄褐色;第 1 背板黑色,前缘宽于小盾片;第 2～5 节腹板中间有黑色长条带;第 6 背板外侧暗褐色(包括生殖器)。腹柄由第 2～4 腹节及第 5 腹节的前半部组成;第 5～8 腹节膨胀成卵形。毛很短,伏倒状,黑色,第 2～5 腹节黄色区有淡黄毛。亚生殖板末端向上扩展而使尾须被掩盖,呈三峰状,侧面观端部尖端向上弯曲。

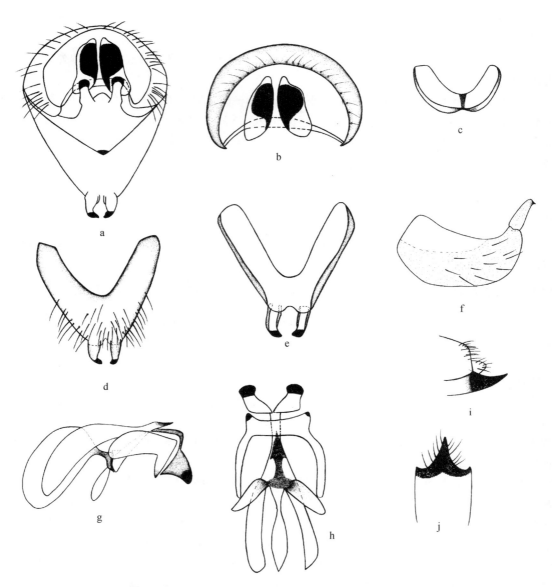

图 226　三峰姬蜂虻 *Systropus tricuspidatus* Yang, 1995

a. 雄性外生殖器,后视(male genitalia, posterior view);b 第9背板,尾须,第10腹板,腹视 (epandrium, cercus and sternite 10, posterior view);c. 第10腹板,腹视(sternite 10, posterior view);d. 生殖基节和生殖刺突,腹视 (gonocoxite and gonostylus, ventral view);e. 生殖基节和生殖刺突,背视 (gonocoxite and gonostylus, dorsal view);f. 生殖基节和生殖刺突,侧视 (gonocoxite and gonostylus, lateral view);g. 阳茎复合体,侧视 (aedeagal complex, lateral view);h. 阳茎复合体,背视 (aedeagal complex, dorsal view);i. 亚生殖板末端,侧视 (apex of abdomen, lateral view);j. 亚生殖板末端,腹视 (apical portion of sternum 8, ventral view)

　　雄　体长 14～19 mm,翅长 6～9 mm。第九背板背面观近半圆形,有稀疏的短刺毛;尾须不规则三角形,其上的黑色骨化突出宽大。腹面观生殖基节基部有一宽大的 V 形凹陷,宽大于长;生殖刺突细长弯曲,端部黑色向内钩突。阳茎基背片两端微微突起,中间平坦;阳茎基中消失。阳茎基侧叶宽大,端部圆滑,骨化程度很强。

观察标本 1♀,天津蓟县,1986.Ⅸ.4,张芹惠(CAU);11♂♂,河南内乡宝天曼葛条爬,2003.Ⅷ.15 (CAU);31♂♂,7♀♀,河南罗山白云,2007.Ⅸ.10,王俊潮(CAU);16♂♂,河南内乡宝天曼,2008.Ⅷ.11,杨定(CAU);2♂♂,湖北松柏,1989.Ⅷ.26,陈彤(CAU);1♂,浙江天目山,1947.Ⅸ.16 (CAU);1♂,浙江莫干山,1991.Ⅶ.13,刘子强(CAU);1♀,浙江开化古田山,1992.Ⅶ,马云(CAU);11♂♂,福建建阳,1985.Ⅹ,刘福明(CAU);1♀,广西田林河坝,2002.Ⅷ.16,杨定(CAU)。

分布 天津(蓟县)、河南(内乡、罗山)、湖北(松柏)、浙江(天目山、古田山、莫干山)、福建(建阳)、广西(田林)。

讨论 该种与双斑姬蜂虻 *S. joni* Nagatomi, Liu, Tamaki *et* Evenhuis,1991 较近缘,特别是雄外生殖器的结构,但后者的一对阳基背片侧突呈方顶状;雌虫第8腹板端部黑色骨化部分明显不同,其底部不像该种那样凸伸;从腹部2~4节背板的黑带亦可区分,在各节基部有横带相连,而该种则背中纵带与侧条分离无横带相连。

(225) 寡突姬蜂虻 *Systropus tripunctatus* Zaitzev,1977 (图 227)

Systropus tripunctatus Zaitzev,1977. Trudy Zool. Inst. Akad. Nauk SSSR 70:133. Type locality:Russia (Far East).

Systropus bifurcus Evenhuis,1982. Pac. Ins. 24:37. Type locality:China (Jilin).

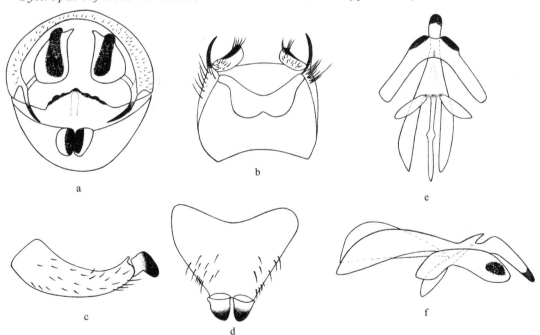

图 227 寡突姬蜂虻 *Systropus tripunctatus* Zaitzev, 1977

a.雄性外生殖器,后视 (male genitalia, posterior view);b.第9背板,尾须,第10腹板,腹视 (epandrium, cercus and sternite 10,ventral view);c.生殖基节和生殖刺突,侧视 (gonocoxite and gonostylus, lateral view);d.生殖基节和生殖刺突,腹视 (gonocoxite and gonostylus, ventral view);e.阳茎复合体,背视 (aedeagal complex, dorsal view);f.阳茎复合体,侧视 (aedeagal complex, lateral view)

雄 头部红黑色;离眼式;下额、颜和颊浅黄色。单眼瘤黄褐色。头部有浅黄毛,下额、颜和颊有密的银白色短毛。上后头沿眼缘有黑毛。触角柄节黄褐色,有黄褐色短毛;梗节暗褐色,有短黑毛;鞭节黑色,扁平且光滑。触角三节长度比 2.5∶1∶1.5。喙黑色,基部黄褐色,光滑;下颚须褐色,有淡黄毛。

胸部黑色,有黄色斑。毛淡黄色和暗褐色,黄色区有淡黄毛。肩胛浅黄色。前胸侧板浅黄色。中胸背板有三个相互独立的黄色侧斑;前斑横向,呈指状;中斑葱头状,后斑不规则楔形。小盾片黑色,端部有少量长白毛。中胸上前侧片黑色,上后侧片黑色,有长白毛。下前侧片和下后侧片黑色。气门附近黄色,气门前方有一黄褐色圆斑。后胸腹板黑色,后缘有一狭长的黄色 V 形区域,长度为后胸腹板长度的 1/2。后胸腹板与第一腹板边界处为黄色。

足:前足黄色,有黄色短毛,第 3~5 跗节深黄色;第 5 跗节末端有褐色毛。中足黄色;基节基部黄褐色,转节黄色,腿节基部至端部 1/4 黄褐色,有浓密的黄褐色短毛,跗节 3~5 节褐色至暗褐色。后足黄褐色;基节黑色,转节暗褐色,腿节黄褐色;胫节黑色,2/3 处至端部黄色,胫节端部有 5 根刺状黑鬃,胫节有 3 排刺状黑鬃(背列 6 根,侧列 5 根,腹列 6 根);跗节褐色至黄色,第 1 跗节褐色,有短黑毛,第 2~3 跗节黄褐色,有浓密的黄褐色毛,4~5 跗节褐色,有浓密的褐色短毛。爪亮黑色,爪垫黄色。足的毛多呈倒伏状,黑色。

翅浅烟色;翅脉褐色,r-m 横脉位于盘室端部 2/5 处(左翅有两条 r-m 横脉)。平衡棒柄黄色,棒捶背面黑褐色,腹面黄色。

腹部黄褐色;第 1 背板黑色,前缘宽于小盾片;第 2~5 节腹板中间有深褐色长条带;第 6 背板外侧暗褐色(包括生殖器)。腹柄由第 2~4 腹板及第 5 腹节的前半部组成;第 5~8 腹节膨胀成卵形。毛很短,伏倒状,黑色,第 2~5 腹节黄色区有淡黄毛。

雄性外生殖器:第九背板背面观近半圆形,有浓密的短刺毛;尾须不规则梨形,其上的黑色骨化突出成圆柱状。腹面观生殖基节基部有一宽大的浅 V 形凹陷,宽大于长;生殖刺突宽大,呈椭圆形,端部骨化成黑色。阳茎基背片有两个黑色骨化凸起,中间有一凹陷;阳茎中突长,骨化。阳茎基侧叶消失。

雌 一般特征同雄。亚生殖板燕尾状,骨化成黑色。

观察标本 1♂1♀,辽宁沈阳北陵,2000.Ⅷ.19,盛茂领(CAU);2♂♂,辽宁沈阳北陵,2001.Ⅷ,孙素平(CAU);1♂,2♀♀,辽宁沈阳东陵,2004.Ⅷ.13,张春田(CAU);3♂♂,1♀,四川峨眉山清音阁,1957.Ⅸ.14,朱复兴(CAU);1♂,贵州延河麻阳河黄土乡,2007.Ⅸ.28,崔育思(CAU);1♂,广西龙胜花坪,2004.Ⅹ.2,张春田(CAU)。

分布 吉林、辽宁(沈阳)、四川(峨眉山)、贵州(延河)、广西(龙胜花);俄罗斯;韩国。

讨论 该种与黄端姬蜂虻 Systropus apiciflavus Yang,2003 近似,但后者阳茎基背板有中突,而前者没有,故容易区别。

(226)兴山姬蜂虻 Systropus xingshanus Yang et Yang, 1997(图 228,图版Ⅶd)

Systropus xingshanus Yang et Yang,1997. Insects of the Three Gorge Reservoir Area of Yangtze River. p. 1467. Type locality:China (Hubei).

体长 16 mm,翅长 9.5 mm。

雄 头部红黑色;下额、颜和颊浅黄色。单眼瘤深褐色。头部有浅黄毛,下额、颜和颊有密的银白色短毛。上后头沿眼缘有黑毛。触角柄节黄色;梗节暗褐色,有短黑毛;鞭节黑色,扁平

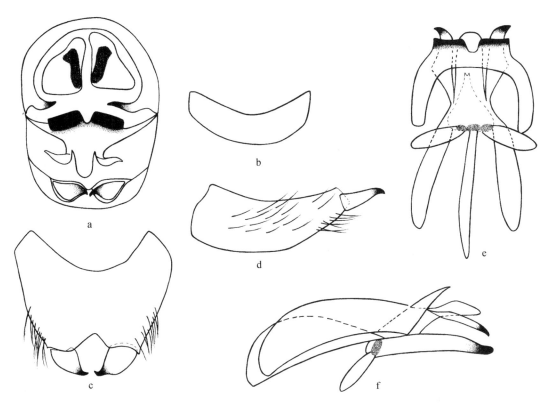

图 228　兴山姬蜂虻 *Systropus xingshanus* Yang *et* Yang, 1997

a. 雄性外生殖器, 后视（male genitalia, posterior view）; b. 第 10 腹板, 腹视（sternite 10, ventral view）; c. 生殖基节和生殖刺突, 腹视（gonocoxite and gonostylus, ventral view）; d. 生殖基节和生殖刺突, 侧视（gonocoxite and gonostylus, lateral view）; e. 阳茎复合体, 背视（aedeagal complex, dorsal view）; f. 阳茎复合体, 侧视（aedeagal complex, lateral view）

且光滑。触角三节长度比 2.5：1：1.5。喙黑色, 基部黄褐色, 光滑; 下颚须褐色, 有淡黄毛。

胸部黑色, 有黄色斑。毛淡黄色和暗褐色, 但黄色区有淡黄毛。肩胛浅黄色。前胸侧板浅黄色。中胸背板有三个黄色侧斑, 前斑与中斑以一条宽度为前斑宽度 1/2 的黄带相连。前斑横向, 呈指状; 中斑黄褐色, 不规则三角形, 后缘向后延伸伸达后斑, 与后斑相连; 后斑不规则楔形。小盾片黑色, 后缘有浅白色长毛。中胸上前侧片黑色, 上后侧片黑色, 后半部黄色, 有长白毛。下前侧片和下后侧片黑色。气门附近黄色, 气门前方有一黑色圆斑。后胸腹板黑色, 褶皱, 有白色长毛, 仅后缘有一狭小的 V 形黄褐色区域。后胸腹板与第一腹节边缘黄色, 区域较小。

足: 前足黄色; 基节黄褐色, 有一大型黑斑, 有黄色短毛; 第 3～5 跗节深黄色; 第 5 跗节末端有褐色毛。中足黄色至深黄色。后足黄褐色; 基节基部黑色, 转节黄褐色, 腿节黄褐色; 胫节黄褐色, 2/3 处至端部黄色, 胫节有 3 排刺状黑鬃（背列 6 根, 侧列 5 根, 腹列 4 根）; 第 1 跗节基半黄色, 其余黑色。跗节也有短黑刺。爪亮黑色, 爪垫黄色。足的毛多呈倒伏状, 黑色。

翅浅烟色; 翅脉褐色, r-m 横脉位于盘室端部正中。平衡棒黄色。

腹部深棕色; 第 1 背板黑色, 前缘宽于小盾片; 第 2～5 节腹板中间有黑色长条带; 第 6 背板外侧暗褐色（包括生殖器）。腹柄由第 2～4 腹节及第 5 腹节的前半部组成; 第 5～8 腹节膨胀成卵形。毛很短,伏倒状,黑色,第2~5腹节黄色区有黄毛。

雄性外生殖器:第九背板背面观近扇形,有稀疏的短刺毛;尾须不规则三角形,其上的黑色骨化突出成椭圆状。生殖基节长略等于宽,基缘近U形凹缺;生殖刺突基部宽且渐缩尖而末端稍等;阳茎后腹板侧叶狭长,端侧角略尖。

未见雌虫。

观察标本 1♂,湖北兴山龙门河,1 300 m,1994.Ⅸ.8,姚建采。

分布 湖北(兴山)。

讨论 该种与分布于我国的金刺姬蜂虻 *Systropus aurantispinus* Evenhuis 近似,但触角柄节全黄色,后足基跗节基半黄色,雄腹端肛尾叶与生殖刺突形状也不同。而后者触角柄节端部黑色,后足基跗节仅基部黄色,与之容易区分。

(227)燕尾姬蜂虻 *Systropus yspilus* Du, Yang, Yao *et* Yang, 2008(图 229,图版Ⅶe)

Systropus yspilus Du, Yang, Yao *et* Yang in Shen X. C., Zhang R. Z., & Ren Y. D. (Ed.) 2008. Classification and Distribution of Insects in China. p. 13. Type locality:China (Zhejiang).

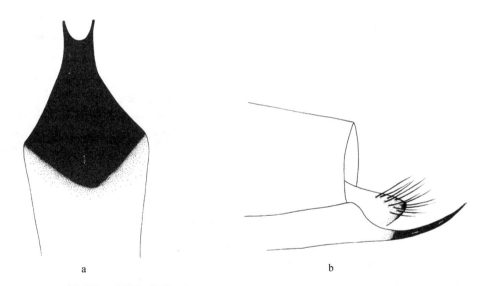

a   b

图 229 燕尾姬蜂虻 *Systropus yspilus* Du, Yang, Yao *et* Yang, 2008

a.亚生殖板末端,腹视(apical portion of sternum 8, ventral view);b.亚生殖板末端,侧视(apex of abdomen, lateral view)

体长 20~27 mm,翅长 11~15 mm。

雌 头部红黑色;下额、颜和颊浅黄色。单眼瘤深褐色。头部有浅黄毛,下额、颜和颊有密的银白色短毛。上后头沿眼缘有黑毛。触角柄节黄褐色,有密集的短黑毛;梗节暗褐色,有短黑毛;鞭节黑色,扁平且光滑。触角三节长度比 2.5:1:2.3。喙黑色,基部黄褐色,光滑;下颚须褐色,有淡黄毛。

胸部黑色,有黄色斑。毛淡黄色和暗褐色,但黄色区有淡黄毛。肩胛浅黄色。前胸侧板浅

黄色。中胸背板有 2～3 个黄色侧斑。前斑横向,呈四方状;中斑横向较小,黄褐色。有的个体没有中斑。后斑不规则楔形。小盾片黑色。中胸上前侧片黑色,上后侧片黑色,后半部黄褐色,有长白毛。下前侧片和下后侧片黑色。气门附近黄色,气门前方有一黑色圆斑。后胸腹板黑色,有长黑毛,后缘有一狭小的 V 形黄色区域,后胸腹板与第一腹节边缘黄色,区域很小。

足:前足基节黑色,腿节深棕色,外侧有一棕红色长椭圆形斑,胫节及跗节棕黄色。中足转节黑色,腿节深棕色,端部略浅,其余浅棕色。后足基节、转节黑色,腿节棕色,胫节基部棕色,向端部渐深,至近端部 1/7 处为黑色,端部 1/7 及第 1 跗节基半部黄色,余皆黑色,胫节有 3 排刺状黑鬃(背列 6 根,侧列 5 根,腹列 4 根),端部有黑刺丛;跗节各节上亦有较多的粗短的黑刺,内侧尤多。爪亮黑色,爪垫黄色。足的毛多呈倒伏状,黑色。

翅烟色,前缘及基部色略深,呈深棕色;翅面宽大,r‑m 横脉近盘室端部 2/5 处。平衡棒黄褐色。

腹部侧扁;第 1 背板黑色,前缘宽于小盾片,向后收缩呈倒三角形;第 2～5 节棕黄色,背面及腹面两侧棕黑色;第 6～8 节深棕色。腹柄由第 2～4 节及第 5 节基半部构成。亚生殖板燕尾状。

未见雄虫。

观察标本 1♀,河南内乡葛条爬,2003.Ⅷ.15(CAU);1♀,浙江西天目山,1987.Ⅷ.11,李强;3♀♀,浙江西天目山,1987.Ⅷ.13,李强(CAU);1♀,广东连县自安,1965.Ⅶ.28,章有为(CAU)。

分布 河南(内乡)、浙江(天目山)、广东(自安)。

讨论 该种与苏门答腊的 *Systropus furcatus* (Enderlein, 1926)最相似,但后者中胸背板两侧有三个相互独立的斑,且小盾片后缘黄色,故与之容易区分。

(228)云南姬蜂虻 *Systropus yunnanus* Du, Yang, Yao *et* Yang, 2008(图 230)

Systropus yunnanus Du, Yang, Yao *et* Yang in Shen X. C., Zhang R. Z., & Ren Y. D. (Ed.) 2008. Classification and Distribution of Insects in China. p. 14. Type locality:China (Yunnan).

体长 18～21 mm,翅长 13～15 mm。

雌 头部红黑色;下额、颜和颊浅黄色。单眼瘤深褐色。头部有浅黄毛,下额、颜和颊有密的银白色短毛。上后头沿眼缘有黑毛。触角柄节仅基部黄色,至末端黑色,有短黑毛;梗节暗褐色,有短黑毛;鞭节黑色,扁平且光滑。触角三节长度比 2:1:1.8。喙黑色,基部黄褐色,光滑;下颚须褐色,有淡黄毛。

胸部黑色,有黄色斑。毛淡黄色和暗褐色,但黄区有淡黄毛。肩胛浅黄色。前胸侧板浅黄色。中胸背板有两个黄色侧斑;前斑横向,呈指状;后斑不规则楔形。中胸上前侧片黑色,上后侧片黑色,后半部黄色,有长白毛。下前侧片黑色,下后侧片黑色。气门附近黄色,气门前方有一褐色圆斑。小盾片黑色。后胸腹板黑色,有长白毛,后缘有一 V 形黄褐色区域,后胸腹板与第一腹节边缘黄色,黄色区域较大。

足:前足黄色,基节较长,黄褐色,腿节深黄色,第 3～5 跗节深黄色;第 5 跗节末端有褐色毛。中足黄色,基节黑褐色,转节端部黑色,腿节深黄色,有浓密的短黑毛,跗节 3～5 节褐色至

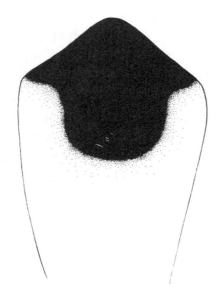

图 230 云南姬蜂虻 *Systropus yunnanus* Du, Yang, Yao *et* Yang, 2008

亚生殖板末端,腹视（apical portion of sternum 8，ventral view）

暗褐色。后足黄褐色,基节基部黑色;转节黄褐色,腿节黄褐色;胫节黄褐色,2/3 处至端部黄色,胫节有 3 排刺状黑鬃(背列 6 根,侧列 5 根,腹列 4 根),第 1 跗节黄色,仅端部极少黑色,其余跗节褐色。爪亮黑色,爪垫黄色。足的毛多呈倒伏状,黑色。

翅浅烟色;透明,翅脉褐色,r-m 横脉位于盘室端部 2/5 处。平衡棒黄色。

腹部黄色;第 1 背板黑色,前缘宽于小盾片;第 2～5 节腹板中间有黑色长条带;第 6 背板外侧暗褐色(包括生殖器)。腹柄由第 2～4 腹节及第 5 腹节的前半部组成;第 5～8 腹节膨胀成卵形。毛很短,伏倒状,黑色,第 2～5 腹节黄色区有淡黄毛。亚生殖板末端向外突出,但不变成尖突,而是呈大于 90° 的钝角。

未见雄性。

观察标本 1♀,云南昆明,1939.Ⅷ.20(CAU)。

分布 云南(昆明)。

讨论 该种与司徒姬蜂虻 *Systropus studyi* Enderlein 1926 最相似,但可以通过中胸背板两侧仅各有两个黄斑及全为黑色的小盾片与之区分。

(229)昭通姬蜂虻 *Systropus zhaotonganus* sp. nov.（图 231）

体长 9～11 mm,翅长 6～7 mm。

雄 头部红黑色;下额、颜和颊浅黄色。单眼瘤黄褐色。头部有浅黄毛,下额、颜和颊有密的银白色短毛。上后头沿眼缘有黑毛。触角柄节、梗节黑色,有短黑毛;鞭节黑色,扁平且光滑。触角三节长度比 2.5∶1∶1.5。喙黑色,基部黄褐色,光滑;下颚须褐色,有淡黄毛。

胸部黑色,有黄色斑。毛淡黄色和暗褐色,黄色区有淡黄毛。肩胛浅黄色。前胸侧板浅黄色。中胸背板有三个黄色侧斑;前斑横向,四方状,以一条为前斑宽度的 1/2 的黄色条带与中斑相连;中斑葱头状,后斑不规则楔形。小盾片黑色,端部有少量长白毛。中胸上前侧片黑色,上后侧片黑色,有长白毛。下前侧片黑色,下后侧片黄色。气门附近黄色,气门前方有一褐色

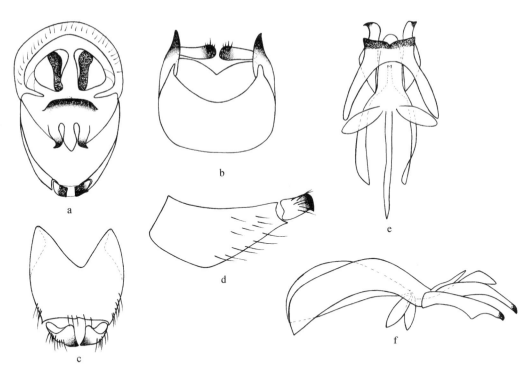

图 231　昭通姬蜂虻 *Systropus zhaotonganus* sp. nov.

a. 雄性外生殖器,后视（male genitalia, posterior view）；第 9 背板,尾须,第 10 腹板,腹视（epandrium, cercus and sternite 10, ventral view）；c. 生殖基节和生殖刺突,腹视（gonocoxite and gonostylus, ventral view）；d. 生殖基节和 生殖刺突,侧视（gonocoxite and gonostylus, lateral view）；e. 阳茎复合体,背视（ aedeagal complex, dorsal view）； f. 阳茎复合体,侧视（aedeagal complex, lateral view）

圆斑。后胸腹板黄色,两侧各有两个黑斑,前斑长条形,呈"八"字,在端部愈合,后斑椭圆形；后胸腹板与第一腹板边界处为黄色。

足：前足黄色,腿节浅黄色,有黄色短毛,第 3～5 跗节深黄色；第 5 跗节末端有褐色毛。中足黄色,基节基部褐色,腿节黄褐色。后足黄褐色,基节黑色；转节暗褐色,腿节黄褐色；胫节黄色,1/3～2/3 处黑色,胫节端部有 5 根刺状黑鬃,胫节有 3 排刺状黑鬃（背列 6 根,侧列 6 根,腹列 3 根）,第 1 跗节黄色,末端有极少部分黑色,有短黑毛,第 2～5 跗节黑色,有浓密的短黑毛。爪亮黑色,爪垫黄色。足的毛多呈倒伏状,黑色。

翅浅烟色；透明；翅脉褐色,r - m 横脉位于盘室端部 2/5 处。平衡棒柄背面黄色,腹面黄色,端部黑色,腹面黄色。

腹部黄褐色；第 1 背板前半部黄色,后半部黑色,前缘宽于小盾片；第 2～5 节褐色,腹板中间有深褐色长条带；第 6 背板外侧暗褐色（包括生殖器）。腹柄由第 2～4 腹节及第 5 腹节的前半部组成；第 5～8 腹节黄褐色,膨胀成卵形。毛很短,伏倒状,黑色。

雄性外生殖器：第 9 背板背面观近半圆形,有稀疏的短刺毛；尾须不规则三角形,其上的黑色骨化区域一端膨大,一端较小。生殖基节腹面观基部有一宽大的 V 形凹陷,宽大于长；生殖刺突宽大,端部尖细骨化呈黑色。阳茎基背片有两个黑色骨化突起,中间有一小型 V 形凹陷；阳茎中突短,不骨化；阳茎基侧叶长,末端弯曲尖削,骨化呈黑色。

雌 一般特征同雄。亚生殖板末端钝平,骨化成黑色。

观察标本 正模♂,云南昭通小草坝,2009.Ⅸ.13,张婷婷(CAU)。副模1♂1♀,云南昭通小草坝,2009.Ⅸ.13,张婷婷(CAU);1♂,云南昭通小草坝,2009.Ⅸ.15,崔维娜(CAU);2♂♂,云南昭通小草坝,2009.Ⅸ.15,张婷婷(CAU)。

分布 云南(昭通)。

讨论 新种与 *Systropus nitobei* Matsumura,1916 相似,但新种触角全黑色,且后足第1跗节黄色,故与之容易区分。

26. 弧蜂虻属 *Toxophora* Meigen,1803

Toxophora Meigen,1803. Mag. Insektenkd. 2:270. Type species:*Toxophora maculata* Meigen,1804,by subsequent monotypy.

Eniconevra Macquart,1840. Diptères exotiques nouveaux ou peu connus. p. 110. Type species:*Eniconevra fuscipennis* Macquart,1840,by monotypy.

Heniconevra Agassiz,1846. Nomenclatoris zoologici index universalis, continens nomina systematica classium, ordinum, familiarum et generum animalium omnium, tam viventium quam fossilium, secundum ordinem alphabeticum unicum disposita, adjectis homonymiis plantarum, nec non variis adnotationibus et emendationibus. p. 138,178, 1840. Type species:*Eniconevra fuscipennis* Macquart,1840,automatic.

Heniconeura Bezzi,1903. Z. Syst. Hymen. Dipt. 2:189. Type species:*Eniconevra fuscipennis* Macquart,1840,automatic.

Toxomyia Hull,1973. Bull. U. S. Natl. Mus. 286:232 (as subgenus of *Toxophora* Meigen). Type species:*Toxophora maxima* Coquillett,1886,by original designation.

属征 体粗壮,小至中型。整个身体弯曲成弧形,胸部背部隆凸,胸部背部前部被许多鬃。体黑色,腹部被带状或点状的淡色绒毛,部分种类为金属绿或紫罗兰色。触角鞭节端部略膨大,梗节长度约为鞭节的1/3。翅有2或3个亚缘室,后室仅3个,臀室闭合。腋瓣窄,翅瓣与腋瓣宽度几乎相等。

讨论 弧蜂虻属 *Toxophora* 世界性分布,但东洋界和澳洲界各仅分布1种。该属全世界已知47种,我国已知1种。

(230)炫弧蜂虻 *Toxophora iavana* Wiedemann,1821(图232,图版ⅩⅧf)

Toxophora iavana Wiedemann,1821. Diptera exotica. p. 179. Type locality:Indonesia (Java).

Toxophora zilpa Walker,1849. List of the specimens of dipterous insects in the collection of the British Museum. p. 268. Type locality:China.

雌 体长 11 mm,翅长 6 mm。

头部黑色,被白色粉。头部的鳞片为黑色,黄色和白色;额小,仅触角边缘被白色鳞片,颜小被褐色粉,触角边缘被白色鳞片,后头顶部被浓密的黑色鳞片,侧缘被黄色鳞片。触角黑色;

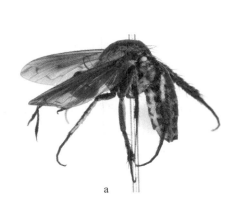

图 232 炫弧蜂虻 *Toxophora iavana* Wiedemann, 1821

a. 雌虫,侧视 (female body, lateral view);b. 雌虫,背视 (female body, dorsal view)

柄节极细长,长度约为头的 2 倍,被稀疏的白色鳞片;梗节极细长,略小于柄节的 1/2,被浓密的黑色毛;鞭节细长,与梗节几乎相等,被浓密的黑色毛和鳞片。触角各节长的比例为 8∶3∶3。喙深褐色,被黄色短毛;须褐色,被褐色短毛。

胸部黑色,被黑色鳞片。胸部的毛黄色,鬃为黑色;前胸背板被浓密的黄色毛,侧面各被 2 根黑色长鬃,前缘被 4 根黑色长鬃。中胸背板侧缘被浓密的黄色毛,仅背板前部被黑色鳞片,背板中部光裸,前侧缘各被 8 根黑色鬃。小盾片被黑色和黄色鳞片,后缘被黄色长鳞片。足黑色。足的毛黑色,鳞片黑色和白色,鬃黑色。前、中足腿节前缘被浓密的黑色鳞片,后缘被浓密的白色鳞片,后足腿节前缘被浓密的白色鳞片,后缘被浓密的黑色鳞片;前足胫节被浓密的黑色和白色鳞片,中后足胫节被浓密的白色鳞片和羽状鳞片,跗节被浓密的黑色短毛。前足胫节的鬃(7 ad,7 pd,7 av 和 7 pv),中足胫节的鬃(7 ad,6 pd,5 av 和 5 pv),后足胫节的鬃(7 ad,6 pd,6 av 和 5 pv)。翅由前缘往后缘从深褐色到透明,仅横脉附近为深褐色,翅脉 r-m 靠近盘室端部 1/3 处,横脉 M-Cu 略弯曲。平衡棒白色。

腹部黑色。腹部背板被浓密的黄色和褐色的鳞片,侧缘和中部被黄色鳞片,边缘被褐色鳞片,由第 1 腹节往第 8 腹节黄色鳞片逐渐增加。腹板黑色,两侧和后缘被白色鳞片,中部被黑色鳞片。

雄 未知。

观察标本 1♀,江西全南,2008.Ⅴ.14,李石昌(CAU)。

分布 江西(全南)、福建、香港;印度,印度尼西亚,老挝,马来西亚,菲律宾。

讨论 该种触角柄节极细长,长度约为头 2 倍,被白色鳞片,腹部背板的鳞片为黄色和褐色,侧缘和中部被黄色鳞片,边缘被褐色鳞片,由第 1 腹节往第 8 腹节黄色鳞片逐渐增加。

五、乌蜂虻亚科 Usiinae Becker,1913

Usiinae Becker,1913. Ezheg. Zool. Muz. 17∶483. Type genus: *Usia* Latreille,1802.

Phthiriinae Becker,1913. Ezheg. Zool. Muz. 17：483. Type genus：*Phthiria* Meigen,1803.

颜和额膨大。颅后区域平,1个后头孔,后头腔存在且发达。触角位于颜膨大的端部;鞭节顶部凹缺中有一细小针状附节。唇基伸达触角的基部,须一节,食腔简单。胸翅上有3个后室,翅脉 Rs 有 3 条支脉,翅无 M₂ 脉,臀室关闭。前足基节基部紧挨。雄性腹部第 8 节窄,生殖背板后缘凹或凸。

讨论　乌蜂虻亚科昆虫仅澳洲界无分布,古北界、新北界和非洲界种类较多,东洋界和新热带界种类很少。该亚科目前已知 3 属 181 种。本文系统记述我国 2 属 3 种。

属　检　索　表

1.	触角鞭节端部附节附近,有另一刺状的附节;翅上盘室开放或被交叉脉 m - m 关闭;体窄,体长在 3 mm 以下 ·················· 蜕蜂虻属 *Apolysis*
	触角鞭节仅一附节;盘室被交叉脉 m - m 关闭;体形似小蜂,体长在 3 mm 以上 ··· 拟驼蜂虻属 *Parageron*

27. 蜕蜂虻属 *Apolysis* Loew,1860

Apolysis Loew,1860. Öfvers K. Vetenskapsakad. Förh. 17：86. Type species：*Apolysis humilis* Loew,1860,by monotypy.

Rhabdopselaphus Bigot,1886. Bull. Bimens. Soc. Entomol. Fr. 1886(12)：ciii［1886c：ciii］. Type species：*Rhabdopselaphus mus* Bigot,1886,by monotypy.

Pseudogeron Cresson,1915. Entomol. News 26：201. Type species：*Pseudogeron mitis* Cresson,1915,by original designation.

Dagestania Paramonov,1929. Trudy Fiz. - Mat. Vidd. Ukr. Akad. Nauk 11(1)：133 (195). Type species：*Dagestania pusilla* Paramonov,1929,by original designation.

属征　体微小型(0.75～3 mm),以黑色为主,少部分黄色。触角鞭节端部有 2 个端刺突,其中一个长在端部的凹缺内。翅盘室开放或者被翅脉 m - m 关闭,翅脉 M₂ 缺如,R₄₊₅ 脉分叉。腹部通常短且宽。

讨论　蜕蜂虻属 *Apolysis* 主要分布于新北界、非洲界和古北界,其中新北界最多,为 70 种,新热带界和东洋界各分布 2 种,澳洲界无分布。该属全世界已知 118 种,我国已知 2 种。

种　检　索　表

1.	颜被白色粉和直立的白色长毛;胸前半部被白色粉,后半部被褐色粉;足上的毛以淡黄色为主 ········· ·················· 北京蜕蜂虻 *A. beijingensis*
	颜被稀疏直立的黑色毛;胸部中前部被白色粉,其余被褐色粉;足上的毛为白色和褐色 ················· ·················· 黄缘蜕蜂虻 *A. galba*

(231)北京蜕蜂虻 *Apolysis beijingensis*(**Yang** *et* **Yang,1994**)(图 233,图版 XVIII a)

Parageron beijingensis Yang *et* Yang,1994. Entomotaxon. 14：273. Type Locality：China（Beijing）.

Apolysis beijingensis（Yang *et* Yang，1994）：Yao，Yang *et* Evenhuis，2010. Zootaxa 2441：21. Type Locality：China（Beijing）.

雄 体长 2.5 mm,翅长 2.7 mm。

头部黑色,被白色粉。头部的毛为白色,额近三角形被白色粉,颜被白色粉和直立的白色长毛。复眼接眼式。后头被浓密的白色毛。触角褐色;柄节短,长和宽几乎相等,被稀疏的淡黄色毛;梗节圆柱形,长与宽几乎相等,被稀疏的淡黄色短毛;鞭节近矩形,长约为宽的 3 倍,基部被淡黄色短毛,顶部凹缺中有一细小针状附节。喙褐色,光裸,长度约为头的 2 倍;须黑色,被褐色短毛。

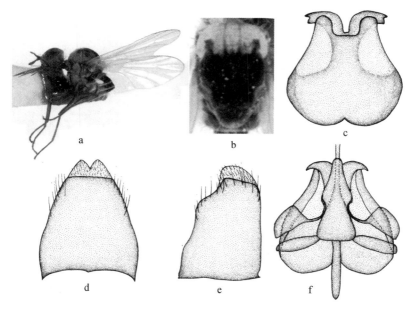

图 233 北京蜕蜂虻 *Apolysis beijingensis*（**Yang *et* Yang,1994**）

a. 雄虫,侧视（male body,lateral view）;b. 胸部,背视（thorax,dorsal view）;c. 生殖基节和生殖刺突,腹视（gonocoxite and gonostyli, ventral view）;d. 生殖背板,背视（epandrium,dorsal view）;e. 生殖背板,侧视（epandrium,lateral view）;f. 阳茎复合体和生殖基节,背视（aedeagal complex and gonocoxite,dorsal view）

胸部黑色,前半部被白色粉,后半部被褐色粉。胸部侧面被稀疏的淡黄色毛。肩胛被稀疏的淡黄色毛,胸部背面几乎光裸,上前侧片和下前侧片被白色粉。小盾片黄褐色,后缘被白色粉,背面被黄色毛。足腿节黑色,胫节和跗节褐色。足的毛以淡黄色为主,无鬃。腿节被稀疏的淡黄色长毛,胫节被浓密鬃状的淡黄色毛,跗节被浓密的淡黄色短毛。翅透明,有金属光泽,翅脉 r-m 靠近盘室的基部,翅脉 C 基部被淡黄色毛。平衡棒基部褐色,顶部白色。

腹部黑色,被褐色粉;仅腹节后缘 1/3 黄色,被白色粉。腹部背板被稀疏的淡黄色毛。腹板黑色,被白色粉;仅后缘 1/3 黄色,被白色粉。

雄性外生殖器:生殖背板侧视梯形,长显著大于高;尾须明显外露。生殖背板背视近三角形。生殖基节腹视近端部部分显著变窄;生殖刺突侧视近矩形,腹视端部叉状。阳茎基背片背视 V 形,顶部圆。

雌 未知。

观察标本 正模♂,北京海淀西苑,1955.Ⅴ.4,杨集昆(CAU)。

分布 北京(海淀)。

讨论 该种胸部前半部的粉白色,后半部的粉褐色,小盾片黄褐色,腹部黑色,腹节后缘1/3黄色。

(232)黄缘蜕蜂虻 *Apolysis galba* Yao,Yang *et* Evenhuis,2010(图 234 至图 235,图版 ⅩⅧ b)

Apolysis galba Yao,Yang *et* Evenhuis,2010. Zootaxa 2441:22. Type Locality:China (Ningxia)。

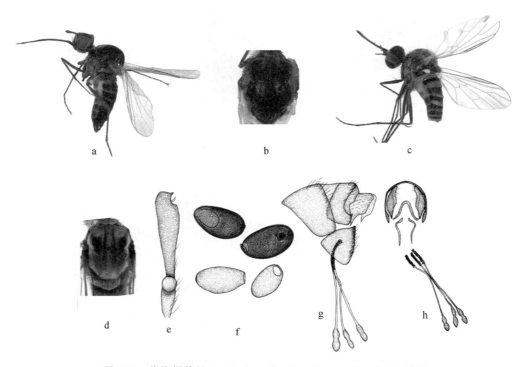

图 234 黄缘蜕蜂虻 *Apolysis galba* Yao Yang *et* Evenhuis,2010

a. 雄虫,侧视(male,lateral view);b. 雄性胸部,背视(male thorax,dorsal view);c. 雌虫,侧视(male,lateral view);d. 雌性胸部,背视(male thorax,dorsal view);e. 触角,侧视(antenna,lateral view);f. 卵(eggs);g. 雌性外生殖器,侧视(female genitalia,lateral view);h. 雌性外生殖器,后视(female genitalia,back view)

雄 体长 5～6 mm,翅长 4～5 mm。

头部黑色。额被稀疏的黑色短毛和褐色粉,颜被稀疏直立的黑色毛和白色粉。复眼接眼式。后头顶部被浓密的褐色长毛,底部被浓密的白色长毛。触角黑色;柄节长略大于宽,被稀疏的褐色短毛;梗节圆柱形,长与宽几乎相等,被稀疏的淡黄色短毛;鞭节棒状,长约为宽的 4 倍,被稀疏的褐色短毛,顶部凹缺中有一细小针状附节。喙黑色,光裸,长度约为头的 4 倍;须黑色,被淡黄色短毛。

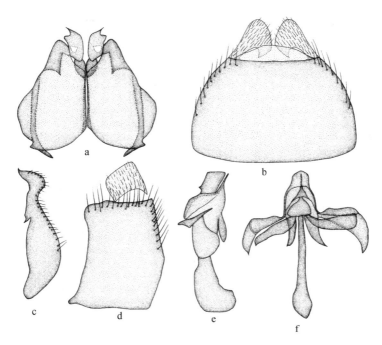

图235　黄缘蛻蜂虻 *Apolysis galba* Yao，Yang *et* Evenhuis，2010

a. 生殖背板，背视（epandrium，dorsal view）；b. 生殖背板，侧视（epandrium，lateral view）；c. 生殖基节和生殖刺突，侧视（gonocoxite and gonostylus，lateral view）；d. 阳茎复合体，背视（aedeagal complex，dorsal view）；e. 阳茎复合体，侧视（aedeagal complex，lateral view）；f. 生殖基节和生殖刺突，腹视（gonocoxite and gonostyli，ventral view）

胸部黑色，被褐色粉，仅中前部被白色粉。胸部侧面被稀疏的淡黄色毛，胸部背面几乎光裸，上前侧片和下前侧片被白色粉，上前侧片被浓密的淡黄色的毛。小盾片黑色，光裸。足黑色。足的毛为白色和褐色，无鬃。腿节被稀疏的白色长毛，胫节和跗节被浓密褐色短毛。翅透明，有金属光泽，翅脉 r－m 靠近盘室的基部，翅脉 C 基部被鬃状的淡黄色毛。平衡棒基部褐色，顶部淡黄色。

腹部黑色，被褐色粉；仅腹节后缘 1/5 黄色，被白色粉。腹部背板被稀疏的淡黄色毛。腹板黑色，被白色粉；仅后缘 1/5 黄色，被白色粉。

雄性外生殖器：生殖背板侧视近矩形，长显著大于高；尾须明显外露。生殖背板背视近半圆形。生殖基节腹视近端部部分显著变窄；生殖刺突腹视近矩形，端部尖。生殖刺突侧视近三角形，端部尖。阳茎基背片背视半圆形，顶部近圆形；端阳茎侧视长且端部尖。

雌　体长 5～6 mm，翅长 4～5 mm。

与雄性近似，但复眼离眼式，胸背板被白色粉，两侧各有黑色纵带和褐色斑。

观察标本　正模♂，宁夏隆德峰台，2008.Ⅵ.27，姚刚（CAU）。副模 2♂♂，2♀♀，宁夏泾源东山坡，2008.Ⅵ.21，姚刚（CAU）；1♀，宁夏泾源东山坡，2008.Ⅵ.21，张婷婷（CAU）；1♂，2♀♀，宁夏泾源东山坡，2008.Ⅵ.22，姚刚（CAU）；1♀，宁夏泾源红峡，2008.Ⅶ.1，张婷婷（CAU）；1♂，1♀，宁夏隆德峰台，2008.Ⅵ.27，姚刚（CAU）；1♂，1♀，宁夏隆德峰台，2008.Ⅵ.27，张婷婷（CAU）；1♂，宁夏隆德苏台，2008.Ⅵ.23，张婷婷（CAU）。

分布 宁夏(泾源、隆德)。

讨论 该种触角鞭节长约为宽的 4 倍,平衡棒基部褐色,端部淡黄色,阳茎基背片背视半圆形,顶部近圆形。

28. 拟驼蜂虻属 *Parageron* Paramonov,1929

Parageron Paramonov,1929. Trudy Fiz. - Mat. Vidd. Ukr. Akad. Nauk 11(1): 189 (127). Type species: *Parageron orientalis* Paramonov,1929,by monotypy.

属征 雄性复眼为接眼式。口器比较宽,颊在复眼与口器之间成杯状。触角鞭节近端部仅有一个刺突。翅盘室开放或者被翅脉 m - m 关闭,翅脉 M_2 缺如,R_{4+5} 脉分叉。

讨论 拟驼蜂虻 *Parageron* 主要分布于古北界,非洲界和东洋界各分布 1 种,新北界、新热带界和澳洲界无分布。该属全世界已知 18 种,我国已知 1 种。

(233) 西藏拟驼蜂虻,新组合 *Parageron xizangensis* (Yang *et* Yang,1994),comb. nov.

Usia xizangensis Yang *et* Yang,1994. Entomotaxon. 16: 272. Type locality: China(Xizang).

雌 体长 3 mm,翅长 3.5 mm。

头部黑色,被灰褐色粉。后头发达,两侧有明显的狭长隆突。后头被浓密的黄色毛。触角黑色。喙黑色,狭长,呈刺突状,长约为头的 2 倍;须黑色。

胸部黑色,被灰褐色粉。中胸背板中部有 2 对不明显的褐色纵斑。中胸背板和小盾片被黄色毛。足黑色,被灰色粉和浓密的黄色短毛,仅腿节末端黄色。翅白色透明,翅脉浅黑色,仅翅基部的脉为黄色,亚前缘脉全黄色。平衡棒仅基部浅褐色,其余黄色,仅末端外侧有 1 褐色斑。

腹部略侧扁,黑色,被灰褐色粉和浓密的黄色毛,腹部背板各节后缘黄色。

雄 未知。

观察标本 正模♀,西藏浪卡子,1978.Ⅷ.30,李法圣(CAU)。

分布 西藏(浪卡子)。

讨论 该种可从以下特征鉴定:中胸背板有 2 对不明显的斑,足黑色,腿节末端黄色,腹部黑色,腹部背板各节后缘黄色。

参 考 文 献

Abbassian-Lintzen R. 1965. Bombyliidae(Diptera)of Iran. Ⅰ. Species of the genus *Bombylius* Loew. *The Annals and Magazine of Natural History*, (13)8: 533 - 547.

Abbassian-Lintzen R. 1966a. Bombyliidae(Diptera)of Iran. Ⅱ. *Pteraulax oldroydi* new species. *The Annals and Magazine of Natural History*, (13)9: 321 - 324.

Abbassian-Lintzen R. 1966b. Bombyliidae(Diptera) of Iran. Ⅲ. Some species of the genera *Dischistus* Lw. , *Systoechus* Lw. and *Anastoechus* Ost. S. *The Annals and Magazine of Natural History*, (13)9: 325 - 332.

Abbassian-Lintzen R. 1968. Bombyliidae(Diptera)of Iran. Ⅳ. Species of the subfamily Cythereinae. *Journal of Natural History*, 2: 231 - 238.

Adams C F. 1905. Diptera Africana, Ⅰ. *Kansas University Science Bulletin*, 3: 149 - 208.

Alayo P and A I Garcia. 1983. *Lista anotada de los dipteros de Cuba*. Editorial Científica-Technica, La Habana[＝Havana]. 203 p.

Aldrich J M. 1928. Three new species of two-winged Diptera of the family Bombyliidae from India. *Proceedings of the United States National Museum*, 74(2): 1 - 3.

D'andretta M V and M Carrera. 1950. Sobre as espécies Brasileiras de Toxophorinae(Diptera, Bombyliidae). *Dusenia*, 1: 351 - 374.

D'andretta M V and M Carrera. 1952. Resultados de uma expedição científica ao Território do Acre. —Diptera. *Papéis Avulsos do Departamento de Zoologia*, 10: 293 - 306.

Andréu R J M. 1959. Bombílidos marroquíes del Instituto Español de Entomología(Diptera). *Eos*, 35: 7 - 19.

Andréu R J M. 1961. *Los dipteros bombilidos españoles y su distribución geografica*. Instituto de Orientación y Asistencia Tecnica del Sureste, Murcia. P. 13 - 65.

Arnaud P H. 1979. A catalog of the types of Diptera in the collection of the California Academy of Sciences. *Myia*, 1: v＋505 p.

Austen E E. 1913. On Diptera collected in the western Sahara by Dr. Ernst Hartert, with descriptions of new species. Part Ⅰ. Bombyliidae. *Novitates Zoologicae*, 20: 460 - 465.

Austen E E. 1914. A dipterous parasite of *Glossina morsitans*. *Bulletin of Entomological Research*, 5: 91 - 93.

Austen E E. 1929. The tsetse-fly parasites belonging to the genus *Thyridanthrax*(Diptera. — Family Bombyliidae), with descriptions of new species. *Bulletin of Entomological Research*, 20: 151 - 164.

Austen E E. 1936. New Palaearctic Bombyliidae(Diptera). *The Annals and Magazine of Natural History*, (10)18: 181 - 204.

Austen E E. 1937. *The Bombyliidae of Palestine*. British Museum(Natural History), London. ix＋188 p.

Baba K. 1953. [*Biology of the ant lion.*] Essa Entomological Society, Niigata. Ⅷ+107 p.

Báez M. 1982. Dos nuevas especies del genero *Usia* en las Islas Canarias (Diptera, Bombyliidae). *Redia*, 65: 253 - 258.

Báez M. 1983a. El genero *Bombylius* en las Islas Canarias, con la descripción de *B. aaroni* n. sp. y *B. pintuarius* n. sp. (Dipt., Bombyliidae). *Vieraea*, 12: 249 - 257.

Báez M. 1983b. *Anthrax bowdeni* n. sp. en las Islas Canarias (Dip., Bombyliidae). *Boletin de la Asociación Espanola de Entomologia*, 7: 207 - 210.

Báez M. 1990a. El género *Exhyalanthrax* en las Islas Canarias (Diptera, Bombyliidae). *Bollettino del Museo regionale di scienze naturali*, 8: 441 - 444.

Báez M and A Sánchez-Terrón. 1990. Nuevos datos sobre Bombyliidae de las Islas Canarias (Insecta, Diptera). *Eos*, 66: 37 - 41.

Bailey J W. 1947. Report on the status of the entomological collections in certain European Museums, 1945. *Annals of the Entomological Society of America*, 40: 203 - 212.

Baker D B. 1997. C G Ehrenberg and W F Hemprich's travels, 1820—1825, and the Insecta of the *Symbolae Physicae*. *Deutsche Entomologische Zeitschrift*, 44: 165 - 202.

Bath J L. 1974. A revision of the genus *Bombylius* Linnaeus (Diptera: Bombyliidae) in North America. Ph. D. dissertation, University of California, Riverside. 302 p.

Becker T. 1891. Neues aus der Schweiz. Ein dipterologischer Beitrag. *Wiener Entomologische Zeitung*, 10: 289 - 296.

Becker T. 1902. Aegyptische Dipteren. *Mitteilungen der Zoologische Museum*, 2(2): 1 - 66.

Becker T. 1903a. Die paläarktischen Formen der Gattung *Mulio* Latreille (Dipt.) [part]. *Zeitschrift für Systematische Hymentopterologie und Dipterologie*, 3: 17 - 32.

Becker T. 1903b. Die paläarktischen Formen der Gattung *Mulio* Latreille (Dipt.) [part]. *Zeitschrift für Systematische Hymentopterologie und Dipterologie*, 3: 89 - 96.

Becker T. 1903c. Die paläarktischen Formen der Gattung *Mulio* Latreille (Dipt.) [part]. *Zeitschrift für Systematische Hymentopterologie und Dipterologie*, 3: 193 - 198.

Becker T. 1906a. Die Ergebnisse meiner dipterologischen Frühjahrsreise nach Algier und Tunis 1906 [part]. *Zeitschrift für Systematische Hymentopterologie und Dipterologie*, 6: 1 - 16.

Becker T. 1906b. Die Ergebnisse meiner dipterologischen Frühjahrsreise nach Algier und Tunis 1906 [part]. *Zeitschrift für Systematische Hymentopterologie und Dipterologie*, 6: 97 - 114.

Becker T. 1906c. Die Ergebnisse meiner dipterologischen Frühjahrsreise nach Algier und Tunis 1906 [part]. *Zeitschrift für Systematische Hymentopterologie und Dipterologie*, 6: 145 - 158.

Becker T. 1906d. *Usia* Latr. *Berliner Entomologische Zeitschrift*, 50 [1905]: 193 - 228.

Becker T. 1906e. Die Ergebnisse meiner dipterologischen Frühjahrsreise nach Algier und Tunis [part]. *Zeitschrift für Systematische Hymentopterologie und Dipterologie*, 6: 273 -287.

Becker T. 1907a. Die Ergebnisse meiner dipterologischen Frühjahrsreise nach Algier und Tunis. 1906[part]. *Zeitschrift für Systematische Hymentopterologie und Dipterologie*,7: 97 - 128.

Becker T. 1907b. Zur Kenntniss der Dipteren von Central-Asien. Ⅰ. Cyclorrhapha Schizophora Holometopa und Orthorrhapha Brachycera. *Ezhegodnik Zoologicheskago Muzeya Imperatorskoi Akademiia Nauk. St. Petersburg*,12:253 - 317.

Becker T. 1908. Dipteren der Kanarischen Inseln und der Insel Madeira. *Mitteilungen der Zoologische Museum*,4:1 - 180.

Becker T. 1909. Collections recueillies par M. Maurice Rothschild dans l'Afrique orientale anglaise. Insectes: diptères nouveaux. *Bulletin de la Muséum National d'Histoire Naturell*,15:113 - 121.

Becker T. 1910a. Dipteren aus Südarabien und von der Insel Sokotra. *Denkschriften der Kaiserlichen Akademie der Wissenschaften*, *Wien*. *Mathematisch-Naturwissenschaft Klasse*,71(2):131 - 160.

Becker T. 1910b. Voyage de M. Maurice de Rothschild en Éthiopie et dans l'Afrique orientale [1904—1906]. Diptères nouveaux. *Annales de la Société Entomologique de France*,79: 22 - 30.

Becker T. 1912. Genera Bombyliidarum(Bombyliidae). *Bulletin de I'Académie Imperiale des Sciences de St. Pétersbourg*,12:422.

Becker T. 1913. Genera Bombyliidarum. *Ezhegodnik Zoologicheskago Muzeya Imperatorskoi Akademiia Nauk. St. Petersburg*,17:421 - 502.

Becker T. 1915a. Dipteren aus Tunis in der Sammlung des Ungarischen National-Museums. *Termeszettudomanyi Muzeum Evkonyve*,13:301 - 330.

Becker T. 1915b. *Edmundiella*, novum genus Lomatiinarum. *Wiener Entomologische Zeitung*,34:347 - 348.

Becker T. 1916. Beiträge zur Kenntnis einiger Gattungen der Bombyliiden. *Termeszettudomanyi Muzeum Evkonyve*,14:17 - 67.

Becker T. 1920. *Conophorina*, novum genus Bombyliidarum(Dipt.). *Entomologische Mitteilungen*,9:181 - 184.

Becker T. 1922. Wissenschaftliche Ergebnisse der mit Unterstützung der Akademie der Wissenschaften in Wien aus der Erbschaft Treitl von F. Werner unternommen zoologischen Expedition nach den anglo-aegyptischen Sudan(Kordofan)1914. Ⅵ. Diptera. *Denkschriften der Kaiserlichen Akademie der Wissenschaften*,*Wien*. *Mathematisch-Naturwissenschaft Klasse*,98:57 - 82.

Becker T B M,J K K Bischof and P Stein. 1903. *Katalog der paläarktischen Dipteren*. Band Ⅱ. Orthorrhapha Brachycera. [No publisher given],Budapest. 396 p.

Becker T and J A Schnabl. 1926. Dipteren von W. W. Sowinsky an den Ufern des Baikal-Sees im Jahre 1902 gesammelt. *Entomologische Mitteilungen*,15:33 - 46.

Becker T and P Stein. 1912. Persische Dipteren von den Expeditionen des Herrn N. Zarudnyj

1898 und 1901. *Bulletin de I'Académie Imperiale des Sciences de St. Pétersbourg*, 12: 604 - 605.

Becker T and P Stein. 1913a. Persische Dipteren von den Expeditionen des Herrn N. Zarudny 1898 und 1901. *Ezhegodnik Zoologicheskago Muzeya Imperatorskoi Akademiia Nauk. St. Petersburg*, 17: 503 - 654.

Becker T and P Stein. 1913b. Dipteren aus Marokko. *Ezhegodnik Zoologicheskago Muzeya Imperatorskoi Akademiia Nauk. St. Petersburg*, 18: 62 - 95.

Belanovsky I D. 1950. On the fauna of Diptera of southwest Pamir. *Naukovi Zapysky. Akademiia Nauk URSR*, 9(6): 133 - 143.

Berhold A A. 1827. *Natürliche Familien des Thierreichs. Aus dem Französischen. Mit Anmerkungen und Zusätzen*. Landes-Industrie, Weimar. x+606 p.

Bezzi M. 1901. Materiali per la conoscenza fauna Eritrea raccolti dal Dott. Paolo Magretti. Ditteri. *Bulletino della Societá Entomologica Italiana*, 33: 5 - 25.

Bezzi M. 1902. Neue Namen für einige Dipteren-Gattungen. *Zeitschrift für Systematische Hymentopterologie und Dipterologie*, 2: 190 - 192.

Bezzi M. 1905. *Il genere* Systropus *Wied. nella fauna palearctica*. M. Ricci, Firenze[=Florence]. P. 262 - 279.

Bezzi M. 1906. Ditteri Eritrei raccolti dal Dott. Andreini e dal Prof. Tellini. Parte prima. Diptera orthorrhapha. *Bulletino della Societá Entomologica Italiana*, 37: 195 - 304.

Bezzi M. 1908a. Eine neue *Aphoebantus*-Art aus den palaearktischen Faunengebiete. (Dipt.). *Zeitschrift für Systematische Hymentopterologie und Dipterologie*, 8: 26 - 36.

Bezzi M. 1908b. Diagnoses d'espèces nouvelles de diptères d'Afrique. *Annales de la Société Entomologique de Belgique*, 52: 374 - 388.

Bezzi M. 1909. Diptera syriaca et aegyptia a cl. P. Beraud collecta. *Brotéria*, 8: 37 - 65.

Bezzi M. 1912. Report on a collection of Bombyliidae(Diptera) from central Africa, with description of new species. *Transactions of the Entomological Society of London*, 1911: 605 - 656.

Bezzi M. 1914. Ditteri raccolti dal Prof. Silvestri durante il suo viaggio in Africa del 1912 - 1913. *Bollettino del Laboratorio di zoologia generale e agrarian del R. Istituto superiore d'agricoltura in Portici*, 8: 279 - 308.

Bezzi M. 1915. Contributo allo studio della fauna Libica. *Heterotropus trotteri*. Nuova specie di ditteri della Libia. *Annali del Museo Civico di Storia Naturale Giacomo Doria*, 47: 17 -25.

Bezzi M. 1917. Studies in Philippine Diptera, Ⅱ. *Philippine Journal of Science* (D), 12: 107 -161.

Bezzi M. 1920. Ditteri raccolti de Leonardo Fea durante il suo viaggio nell'Africa occidentale. Parte Ⅱ: Bombyliidae. *Annali del Museo Civico di Storia Naturale Giacomo Doria*, 49: 98 - 114.

Bezzi M. 1921a. On the bombyliid fauna of South Africa(Diptera) as represented in the South

African Museum. *Annals of the South African Museum*, 18: 1 - 180.

Bezzi M. 1921b. Additions to the bombyliid fauna of South Africa(Diptera), as represented in the South African Museum. *Annals of the South African Museum*, 18: 469 - 478.

Bezzi M. 1922a. Enumeratio Bombyliidarum(Dipt.)quas ex Africâ meridionali Dr. H. Brauns misit. *Brotéria*, 20: 64 - 86.

Bezzi M. 1922b. Materiali per lo studio della fauna Tunisina raccolti da G. e L. Doria. *Annali del Museo Civico di Storia Naturale Giacomo Doria*, 50: 97 - 139.

Bezzi M. 1922c. Contributo allo studio della fauna Libica. Ditteri di Cirenaica. Raccolti dal Rev. Miss. Don Vito Zanon. *Memorie della Società Entomologica Italiana*, 1: 140 - 157.

Bezzi M. 1923a. Diptera, Bombyliidae and Myiodaria (Coenosiinae, Muscinae, Calliphorinae, Sarcophaginae, Dexiinae, Tachininae), from the Seychelles and neighbouring islands. *Parasitology*, 15: 75 - 102.

Bezzi M. 1923b. Insectes diptères. Bombyliidae et Syrphidae. *Résultats Scientifiques. Voyage de Ch. Alluaud et R. Jeannel en Afrique Orientale*(1911—1912), 6: 315 - 351.

Bezzi M. 1924a. *The Bombyliidae of the Ethiopian Region*. British Museum(Natural History), London. 390 p.

Bezzi M. 1924b. Missione del Dr. E. Festa in Cirenaica. XI. Ditteri di Cirenaica. *Bollettino dei Musei di Zoologia ed Anatomia Comparata della Reale Università di Torino*, 39(18): 1 -26.

Bezzi M. 1925. Quelques notes sur les bombyliides(Dipt.)d'Egypte, avec description d'espéces nouvelles. *Bulletin de la Société Fouad ler d'Entomologie*, 8: 159 - 242.

Bezzi M. 1926a. Nuove specie di ditteri della Cirenaica. *Bolletino della Societá Entomologica Italiano* 58: 81 - 90.

Bezzi M. 1926b. Notes additionelles sur les Bombyliidae (Dipt.) d'Égypte. *Bulletin de la Société Fouad ler d'Entomologie*, 9: 244 - 273.

Bezzi M and C G Lamb. 1926. Diptera(excluding Nematocera)from the island of Rodriguez. *Transactions of the Entomological Society of London*, 1925: 537 - 573.

Bigot J M F. 1857a. Diptères nouveaux provenant du Chili. *Annales de la Société Entomologique de France*(3), 5: 277 - 308.

Bigot J M F. 1857b. Dipteros, p. 328 - 349. *In*: Sagra, R. de la, *Historia fisica politica y natural de la Isla de Cuba*. Segunda parte. Historia natural. Tomo VII. Crustaceos, aragnides é insectos. A. Bertrand, Paris. xxxii + 371 p.

Bigot J M F. 1857c. Ordre des Diptères, Latr., p. 783 - 829. *In*: Guérin-Méneville, F. E., *Histoire physique, politique et naturelle de l'Ile de Cuba*. Animaux articulés à pieds articulés. A. Bertrand, Paris. 868 p.

Bigot J M F. 1858. Essai d'une classification générale et synoptique de l'ordre des insectes diptères. (VIe mémoire.). Tribu des Bombylidi(mihi). *Annales de la Société Entomologique de France*, (3)6: 569 - 595.

Bigot J M F. 1860. [Dix espèces remarquables de diptères nouveaux récoltés par M. Bellier de la Chavignerie durant son voyage entomologique en Sicile(1859)]. *Bulletin de la Société Entomologique de France*,(3)8:Ⅷ.

Bigot J M F. 1861. Diptères de Sicile recueillis par M. E. Bellier de la Chavignerie et description de onze espèces nouvelles. *Annales de la Société Entomologique de France*,(3)8:765 - 784.

Bigot J M F. 1862. Diptères nouveaux de la Corse découverts dans la partie montagneuse de cette Île par M. E. Bellier de la Chavignerie,pendant l'été de 1861. *Annales de la Société Entomologique de France*,(4)2:109 - 114.

Bigot J M F. 1875a. Description d'une nouvelle espèce de diptère. *Bulletin des Séances[Bimensuel]de la Société Entomologique de France et Bulletin Bibliographique*,1875(18):195 - 197.

Bigot J M F. 1875b. Description d'une nouvelle espèce de diptère. *Bulletin de la Société Entomologique de France*,(5)5:clxxiv-clxxvi.

Bigot J M F. 1876a. Diagnose d'un nouveau genre de diptères. *Bulletin des Séances[Bimensuel]de la Société Entomologique de France et Bulletin Bibliographique*,1876(7):71.

Bigot J. M. F. 1876b. Diagnose d'un nouveau genre de diptères. *Bulletin de la Société Entomologique de France*(5)6:lxvi.

Bigot J M F. 1881. Diptères nouveaux ou peu connus. 16e partie. ⅩⅩⅣ. Tribus Bombylidorum (J. Bigot et auctorum). Genres *Lygira*(Newman)et *Comptosia*(Macq.). *Annales de la Société Entomologique de France*,(6)1:22 - 23.

Bigot J M F. 1886a. Diagnoses nouvelles d'un genre et d'une espèce de l'ordre des diptères. *Bulletin des Séances[Bimensuel]de la Société Entomologique de France et Bulletin Bibliographique*,1886(12):ciii - civ.

Bigot J M F. 1886b. Diagnoses d'un genre et d'une espèce de diptères. *Bulletin des Séances [Bimensuel]de la Société Entomologique de France et Bulletin Bibliographique*,1886 (13):cx - cxi.

Bigot J M F. 1886c. [Diagnoses nouvelles d'un genre et d'une espèce de l'ordre des diptères]. *Bulletin de la Société Entomologique de France*,(6)6:ciii - civ.

Bigot J M F. 1886d. Diagnoses d'un genre et d'une espèce de diptères. *Bulletin de la Société Entomologique de France*,(6)6:cx - cxi.

Bigot J M F. 1887a. Diagnoses d'un genre nouveau et d'un espèce nouvelle de l'ordre de diptères. *Bulletin des Séances[Bimensuel]de la Société Entomologique de France et Bulletin Bibliographique*,1887(3):xxxi.

Bigot J M F. 1887b. Diagnoses d'un genre nouveau et d'une espèce nouvelle de l'ordre des diptères. *Bulletin de la Société Entomologique de France*,(6)7:xxxi.

Bigot J M F. 1888a. Description d'un nouveau genre de diptère. *Bulletin des Séances[Bimensuel]de la Société Entomologique de France et Bulletin Bibliographique*,1888(18):cxl.

Bigot J M F. 1888b. Erreurs typographiques. *Bulletin des Séances[Bimensuel]de la Société Entomologique de France et Bulletin Bibliographique*,1888(19):cxlvii.

Bigot J M F. 1888c. Énumération des diptères recueillis en Tunisie dans la mission de 1884 par M. Valéry Mayet,membre de la Mission de l'Exploration Scientifique de la Tunisie, et description des espèces nouvelles,p. 1 - 11. In:*Exploration Scientifique de la Tunisie*. Zoologie. Imprimerie National,Paris.

Bigot J M F. 1889. Description d'un nouveau genre de diptère. *Bulletin de la Société Entomologique de France*,(6)8:cxl.

Bigot J M F. 1892. Diptères nouveaux ou peu connus. 37e partie. XLVI Bombylidi(mihi)1re partie. *Annales de la Société Entomologique de France*,61:321 - 376.

Bischof J. 1903. Neue Dipteren aus Afrika. *Wiener Entomologische Zeitung*,22:41 - 42.

Blanchard C É. 1845. *Histoire des insectes,traitant de leurs moeurs et leurs métamorphoses en général et comprenant une nouvelle classification fondée sur leurs rapports naturels*. Coléoptères, orthoptères, thysanoptères, névroptères, lépidoptères, hémiptères, aphaniptères,strepsiptères, diptères, anoplures et thysanures. 2 vols. F. Didot frères, Paris. v+398 p; 524 p.

Blanchard C É. 1852. Aphaniptera,Diptera,p. 321 - 421. In:Gay,C. ,*Historia fisica y politica de Chile,según documentos adquiridos en esta república durante doce años de residencia en ellay publicada bajo los auspicios del supremo gobierno. Zoologia*. Tomo sétimo. 471 p. Published by the author,Paris & Museo de Historia Natural,Santiago.

Boeroe-Expeditie. 1921—1936. *Résultats zoologiques de l'Expedition Scientifique Néerlandaise à l'Île de Buru en 1921 et 1922*. Archipel Drukkerij,Buitenzorg[=Bogor].

Boisduval J B A D D. 1835. Faune entomologique de l'Océan pacifique,avec l'illustration des insectes nouveaux recueillis pendant le voyage. Deuxième partie. Coléoptères et autres ordres. In:*Voyage de découverts de l'Astrolabe exécuté par ordre du Roi,pendant les années 1826—1827—1828—1829,sous le commandement de M. J. Dumont d'Urville*. J. Tastu,Paris. Ⅶ+716 p.

Bowden J. 1959a. Studies in African Bombyliidae. Ⅰ. Two new species of Antonia Loew. *Journal of the Entomological Society of Southern Africa*,22:13 - 17.

Bowden J. 1959b. Studies in African Bombyliidae. Ⅱ. New East African species of *Systoechus* Loew. *Journal of the Entomological Society of Southern Africa*,22:298 - 307.

Bowden J. 1960. Studies in African Bombyliidae. Ⅳ. A new genus of the *Corsomyza* group from East Africa. *Journal of the Entomological Society of Southern Africa*,23:211 -217.

Bowden J. 1962a. Studies in African Bombyliidae. Ⅴ. A new genus of Exoprosopinae from East Africa. *Journal of the Entomological Society of Southern Africa*,25:116 - 120.

Bowden J. 1962b. Bombyliidae(Diptera Brachycera). *Exploration du Parc National de Garamba,Mission H. de Saeger*,32(3):47 - 60.

Bowden J. 1964a. The Bombyliidae of Ghana. *Memoirs of the Entomological Society of Southern Africa*,8:1 - 159.

Bowden J. 1964b. A new species of *Eurycarenus* Loew (Dipt. , Bombyliidae) from India. *Entomologist's Monthly Magazine* ,99:165 - 166.

Bowden J. 1965. Diptera from Nepal(Bombyliidae). *Bulletin of the British Museum (Natural History)*. *Entomology* ,17:203 - 208.

Bowden J. 1967a. Species of the genus *Conophorus* Meigen(Dipt. ,Bombyliidae)from Turkey. *Entomologist's Monthly Magazine* ,102:131 - 134.

Bowden J. 1967b. Two new species of *Heterotropus* Loew (Diptera:Bombyliidae)from Turkey. *Entomologist's Monthly Magazine* ,103:36 - 39.

Bowden J. 1967c. Studies in African Bombyliidae. VI. A provisional classification of the Ethiopian Systropinae with descriptions of new and little known species. *Journal of the Entomological Society of Southern Africa* ,30:126 - 173.

Bowden J. 1971a. Notes on the genus *Ligyra* Newman (Diptera:Bombyliidae) with descriptions of three new species from the New Guinea Subregion. *Journal of the Australian Entomological Society* ,10:5 - 12.

Bowden J. 1971b. A note on the name *Exoprosopa dimidiata* (Diptera:Bombyliidae). *Journal of the Australian Entomological Society* ,10:64.

Bowden J. 1971c. Notes on some Australian Bombyliidae in the Zoological Museum,Copenhagen(Insecta,Diptera). *Steenstrupia* ,1:295 - 307.

Bowden J. 1971d. The Bombyliidae collected by the Noona Dan Expedition in the Philippines and Bismarck Islands(Insecta,Diptera). *Steenstrupia* ,1:309 - 322.

Bowden J. 1973. Studies in African Bombyliidae. VII. On *Dischistus* Loew and related genera, and *Bombylisoma* Rondani, with some zoogeographical considerations. *Journal of the Entomological Society of Southern Africa* ,36:139 - 158.

Bowden J. 1974. Studies in African Bombyliidae. VIII. On the Geroninae. *Journal of the Entomological Society of Southern Africa* ,37:87 - 108.

Bowden J. 1975a. Studies in African Bombyliidae. IX. On *Hyperusia* Bezzi and the tribe Corsomyzini. *Journal of the Entomological Society of Southern Africa* ,38:99 - 107.

Bowden J. 1975b. Family Bombyliidae. *In*:Delfinado,M. D. & D. E. Hardy,eds. ,*A catalog of the Diptera of the Oriental Region* ,p. 165 - 184. Vol. 11. Suborder Brachycera through Division Aschiza,Suborder Cyclorrhapha. Univsity Press of Hawaii,Honolulu. [ix]+ 459 p.

Bowden J. 1975c. Studies in African Bombyliidae. X. Taxonomic problems relevant to a catalogue of Ethiopian Bombyliidae with descriptions of new genera and species. *Journal of the Entomological Society of Southern Africa* ,38:305 - 320.

Bowden J. 1980. Family Bombyliidae,p. 381 - 430. *In*:Crosskey,R. W. ,ed. ,*A catalogue of the Diptera of the Afrotropical Region*. British Museum(Natural History),London. 1, 437 p.

Bowden J. 1984. Two North African species of *Bombylius* L. (Dipt. Bombyliidae),one new to science. *Entomologist's Monthly Magazine* ,120:203 - 206.

Bowden J. 1985. The tribal classification of the Bombyliinae with particular reference to the Bombyliini and Dischistini, and the description of a new genus from South America (Dipt., Bombyliidae). *Entomologist's Monthly Magazine*, 121:99 - 107.

Bowden J. 1986. A new species of *Sericosoma* Macquart(Dipt., Bombyliidae)from Argentina. *Entomologist's Monthly Magazine*, 122:5 - 7.

Brèthes J. 1909. Dípteros e himenópteros de Mendoza. *Anales del Museo Publico de Buenos Aires*, (3)12:85 - 105.

Brèthes J. 1925. Sur quelques diptères chiliens. *Revista Chileña de Historia Natural pura y aplicada, dedicada al fomento y cultivo de las ciencias naturales en Chile*, 28[1924]: 104 - 111.

Brullé G A. 1833. Ⅳe classe. Insectes. *In: Expédition scientifique de Morée. Section des sciences physiques[sous les direction de M. Bory de Saint - Vincent]*. Tome Ⅲ. Partie 1. Zoologie. Sect. 2. Des animales articulés. Livraison 7. Levrault, Paris & Strasbourg. p. 289 - 336.

Brunetti E. 1909a. Revised and annotated catalogue of Oriental Bombyliidae with descriptions of new species. *Records of the Indian Museum*, 2:437 - 492.

Brunetti E. 1909b New Indian Leptidae and Bombyliidae with a note on *Comastes* Osten Sacken, v. *Heterostylum* Macquart. *Records of the Indian Museum*, 3:211 - 230.

Brunetti E. 1912. New Oriental Diptera. I. *Records of the Indian Museum*, 7:445 - 513.

Brunetti E. 1917. Diptera from the Simla District. *Records of the Indian Museum*, 13: 59 -101.

Brunetti E. 1920. Diptera Brachycera. Vol. 1. *In: Shipley, A. E., ed., The fauna of British India, including Ceylon and Burma*. Taylor & Francis, London. ix+401 p.

Burgess E. 1878. Two interesting American Diptera. *Proceedings of the Boston Society of Natural History*, 19:320 - 324.

Buschbeck E K. 2000. Neurobiological constraints and fly systematics: How different types of neural characters can contribute to a higher level dipteran phylogeny. *Evolution* 54, no. 3:888 - 898.

Cole F R. 1917. Notes on Osten Sacken's group "*Poecilanthrax*", with descriptions of new species. *Journal of the New York Entomological Society*, 25:67 - 80.

Cole F R. 1922. Notes on California Bombyliidae with descriptions of new species. *Journal of Entomology and Zoology*, 15[1923]:21 - 26.

Cole F R. 1923. Expedition of the California Academy of Sciences to the Gulf of California in 1921. The Bombyliidae(bee flies). *Proceedings of the California Academy of Sciences*, (4)12:289 - 314.

Cole F R. 1952. New bombyliid flies reared from anthophorid bees (Diptera: Brachycera). *Pan-Pacific Entomologist*, 28:126 - 130.

Cole F R. 1957. New bombyliid flies from Chiapas, Mexico(Diptera). *Pan-Pacific Entomologist*, 33:200 - 202.

Cole F R. 1960. New names in Therevidae and Bombyliidae(Diptera). *Pan-Pacific Entomologist*,36:118.

Cole F R and A L Lovett. 1919. New Oregon Diptera. Ⅶ. *Proceedings of the California Academy of Sciences*,(4)9:221 - 255.

Cole F R and A L Lovett. 1921. An annotated list of the Diptera(flies)of Oregon. *Proceedings of the California Academy of Sciences*,(4)11:197 - 344.

Cooper B E and J M Cumming. 1993. *Diptera types in the Canadian National Collection of Insects. Part 2. Brachycera(exclusive of Schizophora)*. Biological Resources Division, Centre for Land and Biological Resources Research, Agriculture Canada, Ottawa. Research Branch Publication 1896B. iii＋105 p.

Coquillett D W. 1886a. The North American species of *Toxophora*. *Entomologica Americana*,1:221 - 222.

Coquillett D W. 1886b. Monograph of the Lomatina of North America. *The Canadian Entomologist*,18:81 - 87.

Coquillett D W. 1886c. The North American genera of Anthracinae. *The Canadian Entomologist*,18:157 - 159.

Coquillett D W. 1887a. Notes on the genus *Exoprosopa*. *The Canadian Entomologist*,19:12 - 14.

Coquillett D W. 1887b. Synopsis of the North American species of *Lordotus*. *Entomologica Americana*,3:115 - 116.

Coquillett D W. 1887c. Monograph of the species belonging to the genus *Anthrax* from America north of Mexico. *Transactions of the American Entomological Society*,14:159 -182.

Coquillett D W. 1891a. Revision of the bombyliid genus *Aphoebantus*. Orcutt,[San Diego]. p. 6 - 16.

Coquillett D W. 1891b. New Bombyliidae from California. *West American Scientist*,7:197 -200.

Coquillett D W. 1891c. New Bombyliidae of the group *Paracosmus*.*West American Scientist*, 7:219 - 222.

Coquillett D W. 1892a. Revision of the bombyliid genus *Epacmus(Leptochilus)*. *The Canadian Entomologist*,24:9 - 11.

Coquillett D W. 1892b. Notes and descriptions of Bombyliidae. *The Canadian Entomologist*, 24:123 - 126.

Coquillett D W. 1892c. Revision of the species of *Anthrax* from America north of Mexico. *Transactions of the American Entomological Society*,19:168 - 187.

Coquillett D W. 1894a. Notes and descriptions of North American Bombyliidae. *Transactions of the American Entomological Society*,21:89 - 112.

Coquillett D W. 1894b. A new *Anthrax* from California. *Journal of the New York Entomological Society*,2:101 - 102.

Coquillett D W. 1895. The bombyliid genus *Acreotrichus* in America. *Psyche*, 7:273.

Coquillett D W. 1898. Report on a collection of Japanese Diptera, presented to the U. S. National Museum by the Imperial University of Tokyo. *Proceedings of the United States National Museum*, 21[=No. 1146]:301 - 340.

Coquillett D W. 1902a. New Diptera from North America. *Proceedings of the United States National Museum*, 25:83 - 126.

Coquillett D W. 1902b. New orthorrhaphous Diptera from Mexico and Texas. *Journal of the New York Entomological Society*, 10:136 - 141.

Coquillett D W. 1904a. Diptera from southern Texas with descriptions of new species. *Journal of the New York Entomological Society*, 12:31 - 35.

Coquillett D W. 1904b. New North American Diptera. *Proceedings of the Entomological Society of Washington*, 6:166 - 192.

Coquillett D W. 1910a. New species of North American Diptera. *The Canadian Entomologist*, 42:41 - 47.

Coquillett D W. 1910b. The type species of the North American genera of Diptera. *Proceedings of the United States National Museum*, 37:499 - 647.

Costa A. 1863. Nuovi studie sulla entomologia della Calabria Ulteriore. *Atti delle Accademia delle Scienze Fisiche Matematiche di Napoli*, 1(2):1 - 80.

Costa A. 1864a. Acquisti fatti durante l'anno 1862. *Annuario della Museo Zoologico. Università di Napoli*, 2:8 - 125.

Costa A. 1864b. Generi e specie d'insetti fauna Italiana. *Annuario della Museo Zoologico. Università di Napoli*, 2:128 - 157.

Costa A. 1866. Acquisti fatti durante l'anno 1863. *Annuario della Museo Zoologico. Università di Napoli*, 3:13 - 48.

Costa A. 1883. Notizie ed osservazioni sulla Geo-Fauna Sarda. Memoria seconda. Risultamento di ricerche fatte in Sardegna nella primavera del 1882. *Atti delle Accademia delle Scienze Fisiche Matematiche di Napoli*, 1(2):1 - 109.

Costa A. 1884. Notizie ed osservazioni sulla Geo-Fauna Sarda. Memoria terzia. *Atti delle Accademia delle Scienze Fisiche Matematiche di Napoli*, 1(9):1 - 64.

Costa A. 1885. Diagnosi di nuovi artropodi della Sardegna(1). *Bulletino della Societá Entomologica Italiana*, 17:240 - 255.

Costa A. 1893. Miscellanea entomologica. Mem. quarta. *Atti delle Accademia delle Scienze Fisiche Matematiche di Napoli*, 5(14):1 - 30.

Couri M S and C J E Lamas. 1994. A new species of *Hyperalonia* Rondani, 1863 (Insecta: Diptera: Bombyliidae: Exoprosopinae). *Proceedings of the Biological Society of Washington*, 107:119 - 121.

Colvin J and H Johnson. 1996. Model to investigate the effects of rainfall, predation and egg quiescence on the population dynamics of the senegalese grasshoppers Oedaleus senegalensis. *Secheresse*. 7(2):145 - 150.

Cranston P S and P D Armitage. 1988. The Canary Islands Chironomidae described by T. Becker and by Santos Abreu (Diptera，Chironomidae). *Deutsche Entomologische Zeitschrift*，35：341 - 354.

Cresson E T JR. 1915. A new genus and some new species belonging to the dipterous family Bombyliidae. *Entomological News*，26：200 - 207.

Cresson E T JR. 1916. Dipterological notes. Ⅱ. Astudy of the *lateralis*-group of the bombyliid genus *Villa*(*Anthrax* of authors，in part). *Entomological News*，27：439 - 444.

Cresson E T JR. 1919. Dipterological notes and descriptions. *Proceedings of the Academy of Natural Sciences of Philadelphia*，71：171 - 194.

Cresson E T JR. 1924. Records of some western Diptera，with descriptions of two new species of the family Bombyliidae. *Proceedings of the Academy of Natural Sciences of Philadelphia*，75[1923]：365 - 367.

Crosskey R W. 1980. *Catalogue of the Diptera of the Afrotropical Region*. British Museum (Natural History)，London. 1，437 p.

Cunha A M，C J E Lamas and M S Couri. 2007. Revision of the New World bee fly genus *Heterostylum* Macquart(Diptera，Bombyliidae，Bombyliinae). *Revista Brasileira de Entomologia*，51：12 - 22.

Curran C H. 1927a. Descriptions of Nearctic Diptera. *The Canadian Entomologist*，59：79 - 92.

Curran C H. 1927b. Diptera of the American Museum Congo Expedition. Part I.—Bibionidae，Bombyliidae，Dolichopodidae，Syrphidae，Trypanaeidae. *Bulletin of the American Museum of Natural History*，57：33 - 89.

Curran C H. 1929. New Diptera in the American Museum of Natural History. *American Museum Novitates*，339，713 p.

Curran C H. 1930a. New species of *Lepidanthrax* and *Parabombylius*(Bombyliidae，Diptera). *American Museum Novitates*，404，407 p.

Curran C H. 1930b. New Diptera from North and Central America. *American Museum Novitates*，415，16 p.

Curran C H. 1931. First supplement to the'Diptera of Porto Rico and the Virgin Islands'. *American Museum Novitates*，456，623 p.

Curran C H. 1933. New North American Diptera. *American Museum Novitates*，673，11 p.

Curran C H. 1934a. The Diptera of Kartabo，Bartica District，British Guiana，with descriptions of new species from other British Guiana localities. *Bulletin of the American Museum of Natural History*，66：287 - 532.

Curran C H. 1934b. *The families and genera of North American Diptera*. Ballou Press，New York. 512 p.

Curran C H. 1935. New American Diptera. *American Museum Novitates*，812，824 p.

Curran C H. 1942. American Diptera. *Bulletin of the American Museum of Natural History*，80：51 - 84.

Curran C H，C P Alexander，C R Twinn and E P Van Duzee. 1928. Scientific survey of Porto

Rico and the Virgin Islands. Diptera. *Annals of the New York Academy of Science*, 11 (1):1 - 118.

Curtis J. 1824. *British entomology; being illustrations and descriptions of the genera of insects found in Great Britain and Ireland; containing coloured figures from nature of the most rare and beautiful species, and in many instances of the plants upon which they are found*. Part 2[plates 6 - 10]. Published by the author, London.

Curtis J. 1831. *A guide to an arrangement of British insects; being a catalogue of all the named species hitherto discovered in Great Britain and Ireland*[part]. [First edition.] R. & J. E. Taylor, London. 193 - 224.

Czerny L and G Strobl. 1909. Spanische Dipteren. Ⅲ. Beitrag. *Verhandlungen der Zoologische-Botanische Gesellschaft. In Wien*, 59:121 - 301.

Dallas W S. 1866. Insecta, p. 381 - 710. In: Günther, A. C. L. G. , ed. , *The record of zoological literature*. 1865. Volume second. Zoological Society, London. 798 p.

Deeming J C. 1973. *The insect collection of the Institute for Agricultural Research*, Samaru. Privately printed, Samaru. 106 p.

De Geer C. 1776. *Mémoires pour servir à l'histoire des insectes. Tome sixième*. P. Hesselberg, Stockholm. viii + 523 p.

Deyrup M and S M Eric. 1997. Pollination ecology of the rare scrub mint *Dicerandra frutescens*(Lamiaceae). *Florida Scientist*, 60(3):143 - 157.

Dils J A and G T V Weyer. 1995. A new species of *Anthrax* Scopoli, 1763 from northwestern Greece(Diptera: Bombyliidae). *Phegea*, 23:85 - 89.

Dils J A and G T V Weyer. 1997. A new species of *Thyridanthrax* from Greece. *Phegea*, 25: 25 - 30.

Dils J and H Ozbek. 2006a. A new species for the genus *Callostoma*(Diptera: Bombyliidae) from Turkey. *Phegea*, 34(4):157 - 159.

Dils J and H Ozbek. 2006b. A new species of the genus *Conophorus*(Diptera: Bombyliidae) from Turkey. *Phegea*, 34(3):107 - 110.

Dils J and H Ozbek. 2006c. Contribution to the knowledge of the Bombyliidae of Turkey(Diptera). *Linzer Biologische Beitraege*, 38(1):455 - 604.

Dils J and H Ozbek. 2007. A new species of the genus *Exoprosopa*(Diptera: Bombyliidae) from Turkey. *Phegea*, 35(3):81 - 84.

Dodson G and D Yeates. 1990. The mating system of a bee fly(Diptera: Bombyliidae). 2. Factors affecting male territorial and mating success. *Journal of Insect Behavior*, 3(5): 619 -636.

Doleschall C L. 1857. Tweede bijdrage tot de kennis der dipterologische fauna van Nederlandsch Indië. *Natuurkundig Tijdschrift voor Nederlandsch Indië*, 14:377 - 418.

Doleschall C L. 1859. Derde bijdrage tot de kennis der dipteren fauna van Nederlandsch Indië. *Natuurkundig Tijdschrift voor Nederlandsch Indië*, 17[1858]:73 - 128.

Drury D. 1773. *Illustrations of natural history. Wherein are exhibited upwards of two hun-*

dred and forty figures of exotic insects, according to their different genera; very few of which have hitherto been figured by any author, being engraved and coloured from nature, with the greatest accuracy, and under the author's own inspection, on fifty copperplates. With a particular description of each insect; interspersed with remarks and reflections on the nature and properties of many of them. To which is added, a translation into French. Volume Ⅱ. B. White, London. vii+90 p., 50 pls. +[4]p.

Du J P and C K Yang. 1990. Three new species of Bombyliidae(Diptera)from Nei Mongol and a new record species of China. *Entomotaxonomica*, 12:283 - 288. [杜进平, 杨集昆. 1990. 内蒙古蜂虻三新种及一中国新记录种. 昆虫分类学报, 12:283 - 288.]

Du J P, C K Yang, G Yao and D Yang. 2008. Seventeen new species of Bombyliidae from China(Diptera). 3 - 19. In: Shen X. C., Zhang R. Z., & Ren Y. D. (Ed.), *Classification and Distribution of Insects in China*. China Agriculture Technology Press, Beijing, 1 - 583. [杜进平, 杨集昆, 姚刚, 杨定. 2008. 中国蜂虻科十七个新种. 3 - 19. 见: 申效诚, 张润志, 任应党主编. 2008. 昆虫分类与分布. 北京: 中国农业科学技术出版社. 1 - 583.]

Dufour L. 1833. Description de quelques insectes diptères des genres *Astomella, Xestomyza, Ploas, Anthrax, Bombilius, Dasypogon, Laphria, Sepedon* et *Myrmecophora*, obervés en Espagne. *Annales des Sciences Naturelles*, 30:209 - 221.

Dufour L. 1836. Beschreibung einiger zweiflügliger Insecten der Sippen *Astomella, Xestomyza, Ploas, Anthrax, Bombylius, Dasypogon, Laphria, Sepedon*, und *Myremorpha*—in Egypten beobachtet von Leon Dufour. *Isis von Oken*, 1836:468 - 472.

Dufour L. 1850. Description et iconographie de quelques diptères de Espagne. *Annales de la Société Entomologique de France*, (2)8:131 - 155.

Dufour L. 1852. Description et iconographie de quelques diptères de l'Espagne. *Annales de la Société Entomologique de France*, (2)10:5 - 10.

Dupuis C. 1958. Dates de publication des diptères du Turkestan de Loew; cas particulier du genre *Apostrophus* Loew 1871. Contributions à l'etude des Phasiinae cimicophages, ⅩⅫ. *Beiträge zur Entomologie*, 8:692 - 696.

Dupuis C. 1986. Dates de publication de l' "Histoire naturelle générale et particulière des crustacés et des insectes"(1802—1805) par Latreille dans le "Buffon de Sonnini". *Annales de la Société Entomologique de France*, (n. s.)22:205 - 210.

Dusa L. 1966. Noi contributii la cunoasterea bombiliidelor(Diptere Brachicere)din România (Ⅵ). *Studia Universitatis Babes-Bolyai*, Ser. Ⅱ. *Biologia*, 1:67 - 71.

Ebejer M J. 1988. Bee flies(Dipt., Bombyliidae)from Malta. *Entomologist's Monthly Magazine*, 124:233 - 241.

Edwards F W. 1919. Results of an expedition to Korinchi Peak, Sumatra. Part Ⅲ. Invertebrates. Ⅱ. Diptera. Collected in Korinchi, West Sumatra by Messrs. H. C. Robinson and C. Boden Kloss. *Journal of the Federated Malay States Museum*, 8:7 - 59.

Edwards F W. 1930. Bombyliidae, Nemestrinidae and Cyrtidae. In: *Diptera of Patagonia and south Chile based mainly on material in the British Museum(Natural History)*, p. 62 -

197. Part Ⅴ. Fasc. 2. British Museum(Natural History),London.

Edwards F W. 1934. On the genus *Comptosia* and its allies(Bombyliidae). *Encyclopédie Entomologique. Series B*. Ⅱ. *Diptera*,7:81 - 112.

Edwards F W. 1937. The Bombyliidae of Chile and western Argentina. *Revista Chileña de Historia Natural pura y aplicada,dedicada al fomento y cultivo de las ciencias naturales en Chile*,40[1936]:31 - 46.

Efelatoun H C. 1945. A monograph of Egyptian Diptera. Part Ⅵ. Family Bombyliidae. Section 1: Subfamily Bombyliidae Homeophthalmae. *Bulletin de la Société Fouad ler d'Entomologie*,29:1483.

Egger J G. 1859. Dipterologische Beiträge. *Verhandlungen der Zoologische-Botanische Gesellschaft. In Wien*,9:387 - 407.

Einicker L,J Carlos and S N Silvio. 2007. Biogeographic analysis of Crocidiinae(Diptera,Bombyliidae): finding congruence among morphological, molecular, fossil and paleogeographical data. *Revista Brasileira de Entomologia*,51(3):267 - 274.

El-Hawagry M S A. 1998. Two new species of genus *Anthrax* Scopoli(Bombyliidae-Diptera) from Egypt. *Bulletin of the Entomological Society of Egypt*,76:107 - 114.

El-Hawagry M S A. 2001. Revision of the genus Xeramoeba Hesse(Bombyliidae, Diptera) from Egypt,with description of a new species. *Studia Dipterologica*,8(1):153 - 159.

El-Hawagry M S A. 2002a. Distribution, activity periods, and an annotated list of bee flies (Diptera:Bombyliidae)from Egypt. *Efflatounia*,2:21 - 40.

El-Hawagry M S A. 2002b. Three new species of anthracine bee flies(Diptera:Bombyliidae) from Egypt. *Zootaxa*,111:1 - 8.

El-Hawagry M S A. 2007. Review of the tribe Aphoebantini Becker(Bombyliidae,Diptera) from Egypt,with description of a new species. *Zootaxa*,1630:47 - 54.

El-Hawagry M S A,A El-Moursy,G Francis and Z Samy. 2000. The tribe Anthracini Latreille(Bombyliidae,Diptera)from Egypt. *Egyptian Journal of Biology*,2:97 - 117.

El-Hawagry M S A and D J Greathead. 2006. Review of the genus *Villa* Lioy(Bombyliidae, Diptera)from Egypt,with descriptions of two new species. *Zootaxa*,1113:21 - 32.

El-Moursy A,G Francis,Z Samy and M S A El-Hawagry. 1999. Foraging behaviour of anthracine flies(Diptera:Bombyliidae)in southern Sinai,Egypt. *Egyptian Journal of Biology*,1:87 - 95.

Enderlein G. 1926. Zur Kenntnis der Bombyliiden-Subfamilie Systropodinae(Dipt.). *Wiener Entomologische Zeitung*,43:69 - 92.

Enderlein G. 1930. Dipterologische Studien. ⅩⅩ. *Deutsche Entomologische Zeitschrift*,1930: 65 - 71.

Enderlein G. 1934. Entomologische Ergebnisse der Deutsch Russischen Alai-Pamir Expedition,1928. Ⅲ. 1. Diptera. *Deutsche Entomologische Zeitschrift*,1933:129 - 146.

Engel E O. 1885. Über von Herrn M. Quedenfeldt in Algier gesammelte Dipteren. *Entomologische Nachrichten*,11:177 - 179.

Engel E O. 1932a. Bombyliidae. *In*: Lindner, E., ed., *Die Fliegen der palaearktischen Region*, p. 1 - 48. Vol. 4, pt. 3. E. Schweizerbart, Stuttgart.

Engel E O. 1932b. Bombyliidae. *In*: Lindner, E., ed., *Die Fliegen der palaearktischen Region*, p. 49 - 96. Vol. 4, pt. 3. E. Schweizerbart, Stuttgart.

Engel E O. 1933a. Bombyliidae. *In*: Lindner, E., ed., *Die Fliegen der palaearktischen Region*, p. 97 - 144. Vol. 4, pt. 3. E. Schweizerbart, Stuttgart.

Engel E O. 1933b. Bombyliidae. *In*: Lindner, E., ed., *Die Fliegen der palaearktischen Region*, p. 145 - 192. Vol. 4, pt. 3. E. Schweizerbart, Stuttgart.

Engel E O. 1935. Bombyliidae. *In*: Lindner, E., ed., *Die Fliegen der palaearktischen Region*, p. 257 - 304. Vol. 4, pt. 3. E. Schweizerbart, Stuttgart.

Engel E O. 1936a. Bombyliidae. *In*: Lindner, E., ed., *Die Fliegen der palaearktischen Region*, p. 401 - 448. Vol. 4, pt. 3. E. Schweizerbart, Stuttgart.

Engel E O. 1936b. A new genus and a new species of Bombyliidae(Dipt.)from southern Africa(with 2 figures). *Occasional Papers of the Rhodesian Museum*, 5:39 - 41.

Engel E O. 1936c. Bombyliidae. *In*: Lindner, E., ed., *Die Fliegen der palaearktischen Region*, p. 449 - 512. Vol. 4, pt. 3. E. Schweizerbart, Stuttgart.

Engel E O. 1936d. Bombyliidae. *In*: Lindner, E., ed., *Die Fliegen der palaearktischen Region*, p. 513 - 560. Vol. 4, pt. 3. E. Schweizerbart, Stuttgart.

Engel E O. 1937. Bombyliidae. *In*: Lindner, E., ed., *Die Fliegen der palaearktischen Region*, p. 561 - 619. Vol. 4, pt. 3. E. Schweizerbart, Stuttgart.

Evenhuis N L. 1975. A new species of *Bombylius*(Diptera:Bombyliidae)from the Mojave Desert of California. *Journal of the Kansas Entomological Society*, 48:472 - 446.

Evenhuis N L. 1977. New North American Bombyliidae(Diptera)with notes on described species. *Entomological News*, 88:121 - 126.

Evenhuis N L. 1978a. New species and a new subgenus of *Bombylius*(Diptera:Bombyliidae). *Entomological News*, 89:33 - 38.

Evenhuis N L. 1978b. Homonymy notes in the Bombyliidae (Diptera) Ⅰ. *Entomological News*, 89:101 - 102.

Evenhuis N L. 1978c. Homonymy notes in the Bombyliidae (Diptera) Ⅱ. *Entomological News*, 89:103 - 104.

Evenhuis N L. 1978d. Homonymy notes in the Bombyliidae (Diptera) Ⅲ. *Entomological News*, 89:247 - 248.

Evenhuis N L. 1979a. Studies in Pacific Bombyliidae(Diptera). Ⅰ. A new species of *Zaclava* from the Loyalty Islands and New Caledonia, with a key species in the genus. *Pacific Insects*, 20:87 - 89.

Evenhuis N L. 1979b. A new genus of Anthracinae(Diptera:Bombyliidae)from India. *Pacific Insects*, 20:362 - 364.

Evenhuis N L. 1979c. Studies in Pacific Bombyliidae (Diptera). Ⅱ. Revision of the genus *Geron* of Australia and the Pacific. *Pacific Insects*, 21:1 - 35.

Evenhuis N L. 1979d. Studies in Pacific Bombyliidae(Diptera). Ⅲ. On the genus *Heteralonia* (*Acrodisca*) from Southeast Asia. *Pacific Insects*,21:253 - 260.

Evenhuis N L. 1980a. Studies in Pacific Bombyliidae(Diptera). Ⅴ. Notes on the *Comptosia* group of the Australian Region,with a key to genera and descriptions of a new genus and three new species. *Pacific Insects*,21:328 - 334.

Evenhuis N L. 1980b. New Neotropical *Parabombylius*(Diptera:Bombyliidae). *Pacific Insects*,21:355 - 358.

Evenhuis N L. 1981. Studies in Pacific Bombyliidae(Diptera). Ⅵ. Description of a new anthracine genus from the Western Pacific,with notes on some of Matsumura's *Anthrax* types. *Pacific Insects*,23:189 - 200.

Evenhuis N L. 1982a. New East Asian *Systropus*(Diptera:Systropodidae). *Pacific Insects*, 24:31 - 38.

Evenhuis N L. 1982b. Catalog of the primary types of Bombyliidae(Diptera)in the entomological collections of the Museum of Comparative Zoology,with designations of lectotypes. *Breviora*,469:1 - 23.

Evenhuis N L. 1982c. Studies in Pacific Bombyliidae(Diptera). Ⅷ. A new species of *Desmatoneura* from Borneo. *Pacific Insects*,24:250 - 251.

Evenhuis N L. 1983a. Studies in Pacific Bombyliidae(Diptera). Ⅸ. Systematic remarks on Australian Bombyliinae,with descriptions of new genera. *Pacific Insects*,25:206 - 214.

Evenhuis N L. 1983b. Studies in New World Bombyliidae(Diptera). Ⅰ. Notes on some Nearctic *Bombylius* with descriptions of new species. *Pacific Insects*,25:215 - 220.

Evenhuis N L. 1983c. Studies in New World Bombyliidae(Diptera). Ⅱ. Notes on the genus *Apolysis* with descriptions of two new species. *Pacific Insects*,25:310 - 315.

Evenhuis N L. 1984. Revision of the *Bombylius comanche* group of North America(Diptera: Bombyliidae). *International Journal of Entomology*,26:291 - 321.

Evenhuis N L. 1985a. The status of the genera of the tribe Anthracini(Diptera:Bombyliidae). *International Journal of Entomology*,27:162 - 169.

Evenhuis N L. 1985b. Replacement name for *Syrphoides* Evenhuis(Diptera:Bombyliidae). *International Journal of Entomology*,27:289.

Evenhuis N L. 1985c. New western North American homoeophthalmine Bombyliidae(Diptera). *Polskie Pismo Entomol*,55:505 - 512.

Evenhuis N L. 1986. *The genera of the Phthiriinae of Australia and the New World*. Published by the author,Honolulu. 57 p.

Evenhuis N L. 1987. Notes and exhibitions:*Comptosia moretonii* Macquart(Diptera:Bombyliidae). *Proceedings of the Hawaian Entomological Society*,27[1986]:18.

Evenhuis N L. 1988a. Review of the genus *Brachyanax*(Diptera:Bombyliidae),with a revised key to species. *Bishop Museum Occasional Papers*,28:65 - 70.

Evenhuis N L. 1988b. Localities of Fabrician types collected by Labillardière on the voyage of the *Recherche* and *Espérance*,with special reference to the Diptera. *Archives of Natural*

History,15:185 - 196.

Evenhuis N L. 1989a. Dating of Encyclopédie Entomologique, Série B. Ⅱ. Diptera. *Archives of Natural History*,16:209 - 211.

Evenhuis N L. 1989b. Family Bombyliidae, p. 359 - 374. *In*:Evenhuis, N. L. , ed. ,*Catalog of the Diptera of the Australasian and Oceanian Regions*. Bishop Museum Press,Honolulu & E. J. Brill,Leiden.

Evenhuis N L. 1990a. Systematics and evolution of the genera of the subfamilies Usiinae and Phthiriinae of the world(Diptera:Bombyliidae). *Entomonograph*,11[1989]:1 - 72.

Evenhuis N L. 1990b. Dating of livraisons and volumes of d'Orbigny's "Dictionnaire Universel d'Histoire Naturelle. " *Bishop Museum Occasional Papers*,30:219 - 225.

Evenhuis N L. 1991a. Studies in Pacific Bombyliidae. 10. Bombyliidae of New Caledonia. *Mémoires. Museum National d'Histoire Naturelle*,145:279 - 288.

Evenhuis N L. 1991b. World catalog of genus - group names of bee flies(Diptera:Bombyliidae). *Bishop Museum Bulletins in Entomology*,5,vii+105 p.

Evenhuis N L. 1992a. Cladistic analysis of the species of the genus *Xenoprosopa* Hesse(Diptera:Bombyliidae). *BOGUS*, 0:10 - 11.

Evenhuis N L. 1992b. The publication and dating of Hermann Loew's school-program Diptera articles. *Archives of Natural History*,19:375 - 378.

Evenhuis N L. 1993. Review and phylogenetics of the Antoniinae of Australasia(Diptera:Bombyliidae). *Bishop Museum Occasional Papers*,33,21 p.

Evenhuis N L. 1994. A new species of *Villa* Lioy(Diptera:Bombyliidae)parasitic on *Leptotes trigemmatus*(Butler)(Lepidoptera:Lycaenidae)from Chile. *Idesia*,12[1993]:19 - 23.

Evenhuis N L. 1995. Dating of the "Proceedings of the Hawaiian Entomological Society" (1906—1993). *Proceedings of the Hawaian Entomological Society*,32:39 - 44.

Evenhuis N L. 1997. *Litteratura Taxonomica Dipterorum*(1758—1930). *Being a selected list of the books and prints of Diptera taxonomy from the beginning of Linnaean zoological nomenclature to the end of the year* 1930; *containing information on the biographies,bibliographies,types,collections,and patronymic genera of the authors listed in this work; including detailed information on publication dates, original and subsequent editions, and other ancillary data concerning the publications listed herein.* 2 vols. Backhuys Publishers,Leiden. x+871 p.

Evenhuis N L. 2000. A revision of the 'microbombyliid' genus *Doliopteryx* Hesse(Diptera:Mythicomyiidae). *Cimbebasia*,16:117 - 135.

Evenhuis N L. 2001. A new 'microbombyliid' genus from the Brandberg Massif,Namibia (Diptera:Mythicomyiidae). *Cimbebasia*,17:137 - 141.

Evenhuis N L. 2002a. Review of the genus *Onchopelma* Hesse,with descriptions of new species(Diptera:Mythicomyiidae). *Zootaxa*,64:1 - 12.

Evenhuis N L. 2002b. Catalog of the Mythicomyiidae of the world(Insecta:Diptera). *Bishop Museum Bulletins in Entomology*,10:1 - 85.

Evenhuis N L. 2002c. *Pieza*, a new genus of microbombyliids from the New World(Diptera: Mythicomyiidae). *Zootaxa*, 36: 1 - 28.

Evenhuis N L. 2002d. Review of the Tertiary microbombyliids (Diptera: Mythicomyiidae) in Baltic, Bitterfeld, and Dominican amber. *Zootaxa*, 100: 1 - 15.

Evenhuis N L. 2003. World revision of the microbombyliid genus *Mythenteles* Hall & Evenhuis(Diptera: Mythicomyiidae). *Zootaxa*, 346: 1 - 28.

Evenhuis N L. 2007. A remarkable new species of *Empidideicus*(Diptera: Mythicomyiidae) from Madagascar. *Zootaxa*, 1474: 55 - 62.

Evenhuis N L and K T Arakaki. 1980. Studies in Pacific Bombyliidae(Diptera). Ⅵ. On some Philippine Bombyliidae in the collection of the Bishop Museum, with descriptions of new species. *Pacific Insects*, 21: 308 - 320.

Evenhuis N L and D J Greathead. 1999. World catalog of bee flies (diptera: Bombyliidae). Backhuys Publishers, Leiden. 532 p.

Evenhuis N L and D J Greathead. 2003. World catalog of bee flies(Diptera: Bombyliidae): corrigenda and addenda. *Zootaxa*, 300: 1 - 64.

Evenhuis N L and C David. 2004. Status of *Cyrtosia marginata* Perris(Diptera: Mythicomyiidae) with remarks on the type and new distribution records. *Zootaxa*, 731: 1 - 10.

Evenhuis N L and A B Tabet. 1981a. The *Bombylius albicapillus* group (Diptera: Bombyliidae) of the Nearctic Region, with descriptions of new species. *Annals of the Entomological Society of America*, 74: 200 - 203.

Evenhuis N L and A B Tabet. 1981b. Erratum. *Annals of the Entomological Society of America*, 74: 626.

Evenhuis N L, F C Thompson, A C Pont and B L Pyle. 1989. Literature Cited, p. 809 - 991. *In*: Evenhuis, N. L., ed., *Catalog of the Diptera of the Australasian and Oceanian Regions*. Bishop Museum Press, Honolulu & E. J. Brill, Leiden.

Evenhuis N L and J Yukawa. 1986. Bombyliidae (Diptera) of Panaitan and the Krakatau Islands, Indonesia. *Kontyû*, 54: 450 - 459.

Eversmann E A. 1834. Diptera Wolgam fluvium inter et montes Uralenses observata. *Bulletin de la Société Impériale des Naturalistes de Moscou*, 7: 420 - 432.

Eversmann E A. 1855. Beiträge zur Lepidopterologie Russlands, und Beschreibung einiger anderen Insecten aus den südlichen Kirgisensteppen, den nördlichen Ufern des Aral Sees und des Sir-Darja's. *Bulletin de la Société Imperiale des Naturalistes de Moscou*, 27: 174 - 205.

Fabricius J C. 1775. *Systema entomologiae, sistens insectorvm classes, ordines, genera, species, adiectis synonymis, locis, descriptionibvs, observationibvs*. Kortii, Flensbvrgi et Lipsiae[=Flensburg & Leipzig]. [32]+832 p.

Fabricius J C. 1781. *Species insectorvm exhibentes eorvm differentias specificas, synonyma, avctorvm, loca natalia, metamorphosin adiectis observationibvs, descriptionibvs*. Tome Ⅱ. C. E. Bohnii, Hambvrgi et Kilonii[=Hamburg & Cologne]. 517 p.

Fabricius J C. 1787. *Mantissa insectorvm sistens species nvper detectas adiectis characteribvs genericis,differentiis specificis,emendationibvs,observationibvs*. Tome Ⅱ. Hafniae[＝Copenhagen]. 382 p.

Fabricius J C. 1794. *Entomologia systematica emendata et aucta. Secundum classes,ordines, genera,species adjectis synonimis,locis,observationibus,descriptionibus*. Tome Ⅳ. C. G. Proft,Hafniae[＝Copenhagen]. [6]＋472＋[5]p.

Fabricius J C. 1798. *Supplementum entomologiae systematicae*. C. G. Proft et Storch,Hafniae [＝Copenhagen]. [4]＋572 p.

Fabricius J C. 1805. *Systema antliatorum secundum ordines,genera,species adiecta synonymis,locis,observationibus,descriptionibus*. C. Reichard,Brunsvigae[＝Brunswick]. xiv＋[15]～372＋[1]＋30 p.

Fallén C F. 1814. *Anthracides Sveciae. Quorum descriptionem Cons. Ampl. Fac. Phil. Lund. In Lyceo Carolino d. XⅪ Maji MDCCC ⅫV*. Berlingianis,Lundae[＝Lund]. p. 1 - 8.

Fallén C F. 1815. *Platypezinae et Bombyliarii Sveciae. Quorum descriptionem Venia Ampl. Fac. Philos. Lund. In Lyceo Carolino die XXⅣ Maji MDCCCXV*. Berlingianis,Lundae [＝Lund]. 12 p.

Fourcroy A F. 1785. *Entomologia parisiensis；sive catalogus insectorum quae in agro parisiensi reperiuntur；secundum methodum Geoffroeanam in sectiones,genera & species distributus：cui addita sunt nomina trivialia & fere trecentae novae species*. Via et Aedibus Serpentineis,Parisiis[＝Paris]. viii＋[1]＋544 p.

François F J. 1954. Contribution à l'étude des diptères de l'Urundi Ⅴ.—Description d'un *Systropus* nouveau(Bombyliidae). *Bulletin de l'Institut Royal des Sciences Naturelles de Belgique*,30(18)：1 - 4.

François F J. 1955. Contribution à l'étude des diptères de l'Urundi. Ⅶ.—Bombyliidae du genre *Bombylius*(espèces du groupe *analis*). *Bulletin de l'Institut Royal des Sciences Naturelles de Belgique*,31(7)：1 - 7.

François F J. 1960. Contribution à l'étude des diptères de l'Urundi. Ⅷ. Bombyliidae du Bugesera-Busoni. *Bulletin et Annales de la Société Société Royale d'Entomologique de Belgique* 96：284 - 290.

François F J. 1961a. Le genre *Villa* Lioy(Diptera,Bombyliidae). *Bulletin et Annales de la Société Société Royale d'Entomologique de Belgique*,97：36.

François F J. 1961b. Contribution a l'étude des dipteres de l'Urundi. Ⅸ. Bombyliidae du genre *Villa*. *Bulletin et Annales de la Société Société Royale d'Entomologique de Belgique*,97：118 - 126.

François F J. 1961c. *Acanthogeron efflatounbeyi* nom. nov. (Diptera,Bombyliidae). *Bulletin et Annales de la Société Société Royale d'Entomologique de Belgique*,97：312.

François F J. 1962a. Mission A. Collart en Espagne(1960). Diptera Bombyliidae. *Bulletin de l'Institut Royal des Sciences Naturelles de Belgique*,38(9)：1 - 8.

François F J. 1962b. Contribution a l'étude des dipteres de l'Urundi. X.—Trois *Exoproso-*

pa(Bombyliidae)nouveaux de l'est du Burundi. *Bulletin et Annales de la Société Société Royale d'Entomologique de Belgique*,98:419 - 433.

François F J J. 1964a. Un *Exoprosopa* nouveau de Madagascar: E. *flammicoma* (Diptera: Bombyliidae). *Bulletin et Annales de la Société Société Royale d' Entomologique de Belgique*,100:309 - 313.

François F J J. 1964b. Bombyliidae(Diptera)du Musée Royal de l'Afrique centrale 1. *Palintonus*,un genre nouveau des Toxophorinae. *Bulletin et Annales de la Société Société Royale d'Entomologique de Belgique*,100:323 - 329.

François F J J. 1964c. Récoltes de M. A. Villiers dans les dunes côtières du Sénégal(1961). Diptères Bombyliidae. *Bulletin de l'Institut Français d'Afrique Noire. Serie A. Sciences Naturelles*,26:924 - 943.

François F J J. 1966a. Materiaux nouveaux pour une faune des Bombyliidae (Diptera) de Grece. *Bulletin et Annales de la Société Société Royale d'Entomologique de Belgique*, 102:155 - 189.

François F J J. 1966b. A propos de《*Anthrax collaris*》Wied. 1828,de《*Bibio lar*》F. 1781 et du genre *Litorhynchus* Macq. 1840(Bombyliidae,Diptera). *Bulletin de l'Institut Royal des Sciences Naturelles de Belgique*,42(29):1 - 19.

François F J J. 1967a. Contribution à l'étude de la faune de la basse Casamance(Sénégal) XIX. Diptera Bombyliidae. *Bulletin de l'Institut Fondamental d'Afrique Noire. Serie A. Sciences Naturelles* 29:150 - 158.

François F J J. 1967b. Quelques Bombyliidae (Diptera) d'Israel. *Bulletin et Annales de la Société Société Royale d'Entomologique de Belgique*,103:276 - 282.

François F J J. 1967c. Bombyliidae(Diptera)meconnus:1. *Thyridanthrax fimbriatus* (Meig.) et *Th. indianus* n. sp. *Bulletin et Annales de la Société Société Royale d'Entomologique de Belgique*,103:289 - 293.

François F J J. 1968a. Contribution à la faune du Congo(Brazzaville). Mission A. Villiers et A. Descarpentries. LXXVI. Diptères Bombyliidae. *Bulletin de l'Institut Fondamental d'Afrique Noire. Serie A. Sciences Naturelles*,30:787 - 789.

François F J J. 1968b. *Anthrax* nouveaux du Sahara (Diptera Bombyliidae). *Bulletin et Annales de la Société Société Royale d'Entomologique de Belgique*,104:91 - 96.

François F J J. 1968c. Bombyliidae(Diptera)meconnus 2. Autres espèces du groupe *Thyridanthrax afer*. *Bulletin et Annales de la Société Société Royale d'Entomologique de Belgique*,104:205 - 211.

François F J J. 1969a. Le Parc National du Niokolo-Koba(Sénégal). Fascicule III. XXV. Diptera Bombyliidae. *Mémoires de l'Institut Fondamental Afrique Noire*,84:393 - 396.

François F J J. 1969b. Contribution à l'étude de la faune de la basse Casamance (Sénégal) XXI. Diptera Bombyliidae(note complémentaire). *Bulletin de l'Institut Fondamental d'Afrique Noire. Serie A. Sciences Naturelles*,30:1477 - 1479.

François F J J. 1969c. Bombyliidae(Diptera)from southern Spain,with descriptions of twelve new species. *Entomologiske Meddelelser*,37:107 - 160.

François F J J. 1969d. Bombyliidae(Diptera)meconnus - Ⅲ 1. Essai de révision des *Villa* paléarctiques du groupe *cingulata-paniscus*. *Bulletin et Annales de la Société Société Royale d'Entomologique de Belgique*,105:146 - 171.

François F J J. 1969e. Bombyliidae(Diptera)nouveaux d'Afghanistan. *Bulletin et Annales de la Société Société Royale d'Entomologique de Belgique*,105:175 - 179.

François F J J. 1969f. Notices sur des Bombyliidae palearctiques(Insecta,Diptera). *Bulletin de l'Institut Royal des Sciences Naturelles de Belgique*,45(28):1 - 8.

François F J J. 1970a. Bombyliidae(Diptera)meconnus. Ⅳ. Remarques sur quelques espèces endémiques des îles Canaries. *Bulletin et Annales de la Société Société Royale d'Entomologique de Belgique*,106:68 - 76.

François F J J. 1970b. Bombyliidae(Diptera)palearctiques du Musée Zoologique de Munich. *Bulletin et Annales de la Société Société Royale d'Entomologique de Belgique*,106: 189 -202.

François F J J. 1970c. Bombyliidae(Diptera)meconnus. Ⅴ. Un *Hemipenthes* orophile nouveau:*H. villeneuvei*. *Bulletin et Annales de la Société Société Royale d'Entomologique de Belgique*,106:203 - 205.

François F J J. 1972a. Revision taxonomique des Bombyliidae du Senegal(Diptera:Brachycera). Deuxieme partie. *Bulletin de l'Institut Royal des Sciences Naturelles de Belgique*, 48(3):1 - 39.

François F J J. 1972b. Revision taxonomique des Bombyliidae du Senegal(Diptera:Brachycera). Troisieme partie. *Bulletin de l'Institut Royal des Sciences Naturelles de Belgique*,48(4):1 - 39.

Frey R K H. 1934. Diptera Brachycera von den Sunda Inseln und Nord-Australien. *Revue Suisse de Zoologie*,41:299 - 339.

Frey R K H. 1936. Die Dipterenfauna der Kanarischen Inseln und ihre Probleme. *Commentationes Biologicae*,6:1 - 237.

Gadeau K R K H. 1926. *Voyage zoologique d'Henri Gadeau de Kerville en Syrie(avril-juin* 1908. Tome premier. Récit du voyage et liste méthodique récoltés en Syrie. J.- B. Baillière et fils,Paris. xxvi+365 p.

Gaedike R. 1995. Collectiones entomologicae(1961—1994). *Nova Supplementa Entomologica*,6:3 - 83.

Gagné R J,F C Thompson and L V Knutson. 1984. International Code of Zoological Nomenclature:amendement proposed to third edition:proposal concerning Article 51c. Z. N. (S.)2474. *Bulletin of Zoological Nomenclature*,41:149 - 150.

Germar E F. 1837. *Fauna insectorum europae*. Heft 19. Kümmel,Halae[=Halle].

Germar E F. 1849. Ueber einige Insekten aus Tertiärgebildungen. *Zeitschrift der Deutschen Geologischen Gesellschaft*,1:52 - 66.

Gibbs D. 2002. Scarcer Diptera found in the Bristol Region in 1999,2000 and 2001. *Dipterists*

Digest Second Series, 9(1):1 - 13.

Gibbs D. 2004. The dotted bee-fly(*Bombylius discolor* Mikan 1796) A report on the survey and research work undertaken between 1999 and 2003. *English Nature Research Reports*, 583:1 - 29.

Gibbs D. 2007. *Mythenteles andalusica* sp. n. (Diptera, Mythicomyiidae) from southern Spain and the first description of the male of *M. infrequens* Evenhuis & Blasco-Zumeta, 2003. *Zootaxa*, 1533:63 - 68.

Giebel C G A. 1862. Wirbelthier-und Insektenreste im Bernstein. *Zeitschrift für die Gesammten Naturwissenschaften*, 20:311 - 321.

Gistel J N F X. 1848. *Naturgeschichte des Thierreichs, für höhere Schulen*. R. Hoffman, Stuttgart. xvi+216+[4]p.

Gmelin J F. 1790. *Caroli a Linné, systema naturae per regna tria naturae secundum classes, ordines, genera, species, cum caracteribus, differentiis, synonymis, locis. Editio decima tertia, aucta, reformata*. Pars Ⅴ. P. 2225 - 3020. G. E. Beer, Lipsiae[=Leipzig].

Gobert É. 1887. Catalog des diptères de France[part]. *Revue d'Entomologie*, Caen, 6:17 - 32.

Graenicher S. 1910. Some new and rare Diptera from Wisconsin. *The Canadian Entomologist*, 42:26 - 29.

Greathead D J. 1958. A new species of *Systoechus*(Dipt., Bombyliidae), a predator on eggpods of the desert locust, *Schistocerca gregaria* (Forskål). *Entomologist's Monthly Magazine*, 94:22 - 23.

Greathead D J. 1966. The subfamily Phthiriinae(Bombyliidae: Diptera) in tropical Africa. *The Annals and Magazine of Natural History*, (13)9:199 - 205.

Greathead D J. 1967. The Bombyliidae (Diptera) of northern Ethiopia. *Journal of Natural History*, 1:195 - 284.

Greathead D J. 1969. Bombyliidae, and a first record of Nemestrinidae from Sokotra(Diptera). *Bulletin of the British Museum (Natural History). Entomology*, 24:65 - 82.

Greathead D J. 1970. Notes on Bombyliidae(Diptera) from the southern borderlands of the Sahara with descriptions of new species. *Journal of Natural History*, 4:89 - 118.

Greathead D J. 1972. A new species of *Callostoma* Macquart from the Ethiopian Region and a re-examination of the systematic position of the genus *Oniromyia* Bezzi(Diptera: Bombyliidae). *Journal of Entomology*, Series B, 41:23 - 29.

Greathead D J. 1976. The Bombyliidae of Aldabra Islands with notes on the species of the *Villa hottentota* (L.) group from Africa and the islands of the western Indian Ocean. *Journal of Natural History*, 10:247 - 256.

Greathead D J. 1980a. Bee flies(Bombyliidae: Diptera) from Oman. *Journal of Oman Sudies*, 2:233 - 250.

Greathead D J. 1980b. Insects of Saudi Arabia. Diptera: Fam. Bombyliidae. *In*: Wittmer, W. & W. Büttiker, eds., *Fauna of Saudi Arabia*, p. 291 ～ 337. Vol. 2. Pro Entomologica, Basle, Switzerland. 443+5 p.

Greathead D J. 1981. The *Villa* group of genera in Africa and Eurasia with a review of the genera comprising *Thyridanthrax* sensu Bezzi 1924(Diptera:Bombyliidae). *Journal of Natural History*,15:309 - 326.

Greathead D J. 1983. Bombyliidae (Diptera) from the granitic Seychelles Islands. *Entomologist's Monthly Magazine*,119:63 - 66.

Greathead D J. 1988. Diptera:Fam. Bombyliidae of Saudi Arabia(part 2),p. 90 - 113. *In*: Büttiker,W. & F. Krupp, eds. , *Fauna of Saudi Arabia*. Vol. 9. Pro Entomologica, Basle,Switzerland. [4]+477+[3]p.

Greathead D J. 1989. A new species of *Anthrax*(Diptera:Bombyliidae)from *Megachile* spp. (Hymenoptera:Megachilidae)in the United Arab Emirates. *Entomologist's Gazette*,40: 67 - 70.

Greathead D J. 1991a. The genus *Thyridanthrax* Osten Sacken (Diptera:Bombyliidae) in tropical Africa. *Entomologica Scandinavica*,22:45 - 54.

Greathead D J. 1991b. African species of *Bombylius* Linnaeus allied to *B. neithokris* Jaennicke (Diptera:Bombyliidae). *Journal of African Zoology*,105:243 - 248.

Greathead D J. 1993. Review of *Dicranoclista* Bezzi 1924 (Diptera:Bombyliidae): a zoogeographical enigma. *Journal of African Zoology*,107:467 - 473.

Greathead D J. 1995. A review of the genus *Bombylius* Linnaeus s. lat. (Diptera:Bombyliidae) from Africa and Eurasia. *Entomologica Scandinavica*,26:47 - 66.

Greathead D J. 1996a. The genus *Bombylisoma* Rondani(Diptera:Bombyliidae):phylogenetics and review of species from the Afrotropical Region. *Entomologica Scandinavica*,27:11 - 24.

Greathead D J. 1996b. The genera *Systoechus* and *Anastoechus* in eastern Africa(Diptera: Bombyliidae). *Journal of African Zoology*,110:203 - 220.

Greathead D J. 1997. A review of the genus *Sisyrophanus* Karsch 1886 (Diptera:Bombyliidae). *Journal of Natural History*,31:1143 - 1151.

Greathead D J. 1998. A review of the Afrotropical and Palaearctic genera of Lomatiinae(Diptera:Bombyliidae). *Entomologica Scandinavica*,29:211 - 222.

Greathead D J. 1999a. A review of the Afrotropical species of *Bombylella* Greathead(1995) (Diptera:Bombyliidae). *Journal of Natural History*,33(7):999 - 1020.

Greathead D J. 1999b. *Apolysis* sp. (Diptera:Bombyliidae)reared from *Quartinia* sp. (Hymenoptera:Vespidae:Masarinae). *Journal of Arid Environments*,43(2):155 - 157.

Greathead D J. 1999c. *Apolysis* sp. (Diptera:Bombyliidae)reared from *Quartinia* sp. (Hymenoptera:Vespidae:Masarinae). *Journal of Arid Environments*,42(3):223 - 225.

Greathead D J. 2000a. Bombyliidae(Diptera:Asiloidea). Cimbebasia Memoir,9:217 - 221.

Greathead D J. 2000b. The family Bombyliidae(Diptera)in Namibia,with descriptions of six new species and an annotated checklist. *Cimbebasia*,16:55 - 93.

Greathead D J. 2001a. Notes on the *Geron gibbosus* Olivier,1789 and *G. halteralis* Wiedemann,1820 species groups(Diptera:Bombyliidae)Ⅱ-additional species and records from

Europe and Asia. *Studia Dipterologica*, 8(1):161 - 173.

Greathead D J. 2001b. A study of the *Exoprosopa busiris*(Jaennicke)group of Bezzi(1924)in tropical Africa(Diptera:Bombyliidae). *Journal of Natural History*, 35(1):127 - 147.

Greathead D J. 2001c. *Exoprosopa pandora*(Fabricius, 1805)(Diptera:Bombyliidae)and related species in Europe and the Mediterranean Basin. *Insect Systematics & Evolution*, 32 (3):279 - 284.

Greathead D J. 2003a. A sympatric species pair:*Spogostylum ocyale*(Wiedemann, 1828)and *S. griseipenne* Macquart, 1850(Diptera:Bombyliidae). *Zootaxa*, 274:1 - 6.

Greathead D J. 2003b. Notes on *Anthrax dentata*(Becker, 1906), *A. trifasciatus* Meigen, 1804, and related species of Bombyliidae(Diptera)in Africa and Eurasia. *Mitteilungen aus dem Museum fuer Naturkunde in Berlin Deutsche Entomologische Zeitschrift*, 50 (1):89 - 94.

Greathead D J. 2004. Bombylioidea(Diptera)from the Socotra Archipelago:a new species of *Phthiria* Meigen, 1803 and a checklist of species. *Fauna of Arabia*, 20:497 - 504.

Greathead D J. 2006. New records of Namibian Bombyliidae(Diptera), with notes on some genera and descriptions of new species. *Zootaxa*, 1149:3 - 88.

Greathead D J and N L Evenhuis. 2001a. Annotated keys to the genera of African Bombylioidea(Diptera:Bombyliidae; Mythicomyiidae). *African Invertebrates*, 42:105 - 224.

Greathead D J and N L Evenhuis. 2001b. Bombylioidea(Diptera:Bombyliidae; Mythicomyiidae)from the island of Sokotra. *Zootaxa*, 14:1 - 11.

Greathead D J and N L Evenhuis. 2004. New species of Bombylioidea in Mario Bezzi's unpublished Hungarian Museum manuscript. *Zootaxa*, 773:1 - 56.

Greathead D J and P Grandcolas. 1995. A new host association for the Bombyliidae(Diptera): an *Exhyalanthrax* sp. reared from cockroach oothecae, *Heterogamisca chopardi*(Dictyoptera:Polyphagidae)in Saudi Arabia. *Entomologist*, 114:91 - 98.

Greathead D J and K Younes. 2006. A new species of *Villa* Lioy, 1864(Diptera:Bombyliidae) parasitic on Sesiidae(Lepidoptera). *Zootaxa*, 1156:65 - 68.

Greathead D, S Lovell, D Barraclough, R Slotow, M Hamer and D Herbert. 2006. An ecological and conservation assessment of the fauna of Bombyliidae(Diptera)occurring in the Mkhuze, Phinda and False Bay reserves, KwaZulu-Natal, South Africa. *African Invertebrates*, 47:185 - 206.

Greene C T. 1921. A new genus of Bombyliidae(Diptera). *Proceedings of the Entomological Society of Washington*, 23:23 - 24.

Griffini A. 1896. Antracidi del Piemonte. Studio monografico. *Annali dell' Accademia di Agricoltura di Torino*, 39:1 - 50.

Griffith E and E Pidgeon. 1832. The class Insecta arranged by the Baron Cuvier, with supplementary additions to each order by Edward Griffith, F. L. S., A. S. &c. and Edward Pidgeon, Esq. and notices of new genera and species by George Gray, Esq. Volume the second. *In*:Griffith, E., *et al.*, *The animal kingdom arranged in conformity with its or-*

ganisation by the Baron Cuvier with supplementary additions to each order. Volume the fifteenth. Whittaker, Treacher & Co., London. 793 p.

Guérin-Méneville F É. 1830. [*Toxophora carcelii*]. *Magasin de Zoologie*, 1: pl. 16+[1]p.

Guérin-Méneville F É. 1831. Insectes[plates 20 and 21]. *In*: Duperrey, L. I., *Voyage autour du monde, exécuté par ordre du Roi, sur la corvette de sa Majesté, La Coquille, pendant les années 1822, 1823, 1824 et 1825 sous le ministère de S. E. M. Le Marquis de Clermont-Tonnerre, et publié sous les auspices de son Excellence M. Le Cte De Chabrol, Ministre de la Marine et des colonies*. Histoire naturelle, zoologie. Atlas. A. Bertrand, Paris. 21 pls.

Guérin-Méneville F É. 1835. [Insectes; pls. 95 - 98]*In his: Iconographie du règne animal de G. Cuvier, ou représentation d'après nature de l'une des espèces les plus remarquables et souvent non encore figurées, de chaque genre d'animaux. Avec un texte descriptif mis au courant de la science. Ouvrage pouvant servir d'atlas a tous les traités de zoologie.* "1829—1844". [Livraison 41]. Published by the author, Paris. 450 pls.

Guérin-Méneville F É. 1838. Histoire naturelle des crustacés, arachnides et insectes, recueillis dans le voyage autour de monde de la corvette de sa Majesté, *La Coquille*, exécuté pendant les années *1822, 1823, 1824* et *1825*, sous le commandement du Capitaine Duperrey. Première division. Crustacés, arachnides et insectes. *In*: Duperrey, L. I., *Voyage autour du monde, exécuté par ordre du Roi sur la corvette de sa Majesté*, La Coquille, *pendant les années* 1822, 1823, 1824 *et* 1825. Zoologie. Tome deuxième. Part 2. A. Bertrand, Paris. xii+319 p.

Guérin-Méneville F É. 1844. [Insectes; text p. 1 - 576]. *In his: Iconographie du règne animal de G. Cuvier, ou représentation d'après nature de l'une des espèces les plus remarquables et souvent non encore figurées, de chaque genre d'animaux. Avec un texte descriptif mis au courant de la science. Ouvrage pouvant servir d'atlas a tous les traités de zoologie.* "1829—1844". [Livraisons 46 - 50]. Published by the author, Paris. 450 pls.

Hahn D E. 1962. *A list of the designated type specimens in the Macleay Museum. Insecta.* University of Sydney, Sydney. vii+184 p.

Hall J C. 1952. A new species of *Lordotus* from southern California(Bombyliidae: Diptera). *Pan-Pacific Entomologist*, 28: 49 - 50.

Hall J C. 1954a. A revision of the genus *Lordotus* Loew in North America(Diptera: Bombyliidae). *University of California Publications in Entomology*, 10, 33 p.

Hall J C. 1954b. Notes on the biologies of three species of Bombyliidae, with a description of one new species. *Entomological News*, 65: 145 - 149.

Hall J C. 1956. A new species of *Anastoechus* Osten Sacken with notes on the congeners. *Entomological News*, 67: 199 - 203.

Hall J C. 1957. Notes and descriptions of new California Bombyliidae(Diptera). *Pan-Pacific Entomologist*, 33: 141 - 148.

Hall J C. 1958. A change of name in the bombyliid genus *Anastoechus*(Diptera). *Entomologi-*

cal News,69:195.

Hall J. C. 1969. A review of the subfamily Cylleniinae with a world revision of the genus *Thevenemyia* Bigot(*Eclimus* auct.)(Diptera:Bombyliidae). *University of California Publications in Entomology*,56,85 p.

Hall J C. 1970. The North American species of *Villa*(*Thyridanthrax*)(Osten Sacken)(Diptera:Bombyliidae). *Transactions of the American Entomological Society*,96:519 - 542.

Hall J C. 1973. New Argentine *Lyophlaeba*(Diptera:Bombyliidae). *Entomological News*,84: 149 - 156.

Hall J C. 1975a. The North American species of *Triploechus* Edwards(Diptera:Bombyliidae). *Pan-Pacific Entomologist*,51:49 - 56.

Hall J C. 1975b. New southwestern Bombyliidae(Diptera). *Entomological News*,86: 107 -113.

Hall J C. 1975c. Erratum. *Entomological News*,86:211.(15 December)1976a The Bombyliidae of Chile.*University of California Publications in Entomology*,76:1 - 278.

Hall J C. 1976a. The Bombyliidae of Chile. *University of California Publications in Entomology*,76:1 - 278.

Hall J C. 1976b. A revision of the North and Central American species of *Lepidanthrax* Osten Sacken(Diptera:Bombyliidae). *Transactions of the American Entomological Society*,102:289 - 371.

Hall J C. 1981a. A review of the North and Central American species of *Paravilla Painter* (Diptera:Bombyliidae). *University of California Publications in Entomology*,92:i- x, 1 - 190,[191 - 199].

Hall J C. 1981b. Anew species of *Lepidophora*Westwood(Diptera:Bombyliidae)from Costa Rica reared from *Trypoxylon* Latreille(Hymenoptera:Sphecidae). *Entomological News*,92:161 - 164.

Hall J C and N L Evenhuis. 1980. Family Bombyliidae,p. 1 - 96. *In*:Griffiths,G. C. D. ,ed. , *Flies of the Nearctic Region*. Vol. V,Part 13,Number 1. E. Schweizerbart,Stuttgart.

Hall J C and N L Evenhuis. 1981. Family Bombyliidae,p. 97 - 184. *In*:Griffiths,G. C. D. ,ed. , *Flies of the Nearctic Region*. Vol. V,Part 13,Number 2. E. Schweizerbart,Stuttgart.

Hall J C and N L Evenhuis. 1982. Family Bombyliidae,p. 185 - 280. *In*:Griffiths,G. C. D. , ed. ,*Flies of the Nearctic Region*. Vol. V,Part 13,Number 3. E. Schweizerbart,Stuttgart.

Hall J C and N L Evenhuis. 1984. Family Bombyliidae,p. 281 - 320. *In*:Griffiths,G. C. D. , ed. ,*Flies of the Nearctic Region*. Vol. V,Part 13,Number 4. E. Schweizerbart,Stuttgart.

Hall J C and N L Evenhuis. 1987. Family Bombyliidae,p. 593 - 656. *In*:Griffiths,G. C. D. , ed. ,*Flies of the Nearctic Region*. Vol. V,Part 13,Number 6. E. Schweizerbart,Stuttgart.

Hardy G H H. 1921. Australian Bombyliidae and Cyrtidae(Dipt). *Papers & Proceedings of the Royal Tasmanian Society* ,1921:41 - 83.

Hardy G H H. 1924. Notes on Australian Bombyliidae,mostly from the manuscript papers of the late Arthur White. *Papers & Proceedings of the Royal Tasmanian Society* ,1923: 72 - 86.

Hardy G H H. 1929. On the type locality of certain flies described by Macquart in his "Diptères exotiques", supplement four. *Proceedings of the Linnaean Society of New South Wales* ,54:61 - 64.

Hardy G H H. 1933. Miscellaneous notes on Australian Diptera. Ⅰ. *Proceedings of the Linnaean Society of New South Wales* ,58:408 - 420.

Hardy G H H. 1941. Miscellaneous notes on Australian Diptera. Ⅷ. Subfamily Lomatiinae. *Proceedings of the Linnaean Society of New South Wales* ,66:223 - 233.

Hardy G H H. 1942. Miscellaneous notes on Australian Diptera. Ⅸ. Superfamily Asiloidea. *Proceedings of the Linnaean Society of New South Wales* ,67:197 - 204.

Hasbenli A,H Koç and V F Zaitzev. 1998. *Conophorus aktashi* sp. n. —a new species of the family Bombyliidae(Diptera)from Turkey. *Entomologicheskoi Obozrenie* 77:509 - 511.

Hennig W. 1941. Verzeichnis der Dipteren von Formosa. *Entomologische Beihefte aus Berlin-Dahlem* ,8:1 - 239.

Hennig W. 1966. Bombyliidae im Kopal und im baltischen Bernstein(Diptera:Brachycera). *Stuttgarter Beiträge zur Naturkunde* ,166,20 p.

Hermann F. 1907. Einige neue Bombyliiden der palaearktischen Fauna. (Dipt.). *Zeitschrift für Systematische Hymentopterologie und Dipterologie* ,7:193 - 202.

Hermann F. 1909. Diptera aus der Sinaihalbinsel. *In*:Kneucker, A. , Zoologische Ergebnisse zweier in den Jahren 1902 und 1904 durch die Sinaihalbinsel unternommener botanischer Studienreisen,nebst zoologischen Beobachtungen aus Äegypten, Palästine und Syrien. *Verhandlungen der Naturwissenschaft Verein* ,Karlsruhe,21:147 - 160.

Hesse A J. 1936. Scientific results of the Vernay-Lang Kalahari Expedition,March to September,1930. Bombyliidae(Diptera). *Annals of the Transvaal Museum* ,17:161 - 184.

Hesse A J. 1938. A revision of the Bombyliidae(Diptera)of southern Africa. [I.]*Annals of the South African Museum* ,34,1053 p.

Hesse A J. 1950. Some Bombyliidae in the Museu Dr. Álvaro de Castro,collected by Dr. a Maria Corinta Ferreira in Mozambique. *Memorias do Museu Dr. Álvaro de Castro* ,1: 20 -34.

Hesse A J. 1952. Contributions a l'étude des diptères del'Urundi. Ⅱ. —Anew genus of Bombyliidae from the Belgian Congo. *Bulletin de l'Institut Royal des Sciences Naturelles de Belgique* ,28(42):1 - 7.

Hesse A J. 1956a. A revision of the Bombyliidae(Diptera)of Southern Africa. Ⅱ [part]. *Annals of the South African Museum* ,35:1 - 464.

Hesse A J. 1956b. A revision of the Bombyliidae(Diptera)of Southern Africa. Ⅱ [concl.]. *Annals of the South African Museum* ,35:465 - 972.

Hesse A J. 1958. Bombyliidae(Diptera Brachycera). *Exploration du Parc National de l'Upemba. Mission G. F. de Witte*,50(7):69 - 79.

Hesse A J. 1960. A new eastern province representative of the monotypic genus *Oniromyia* Bezzi(Diptera:Bombyliidae). *Journal of the Entomological Society of Southern Africa*,23:284 - 285.

Hesse A J. 1961. Supplementary contributions to the revision of the Bombyliidae(Diptera)of Southern Africa. Synonymical notes and comments on some species and descriptions of new forms in the pale-legged,pale-spined and pale-haired group(group 2),and the shaggy-haired *micans*-group(group 3)of *Bombylius. Rev. Fac. Ciênc. Univ. Lisboa*,(2)(C)8:51 - 95.

Hesse A J. 1962. *Apolysis lindneri* sp. nov. ,eine neue Bombyliide aus Südafrika(Dipt.). (Ergebnisse der Forschungsreise Lindner 1958/59—Nr. 9). *Stuttgarter Beiträge zur Naturkunde*,80 - 82.

Hesse A J. 1963a. New species of *Crocidium* and *Toxophora*(Bombyliidae). *Annals of the Natal Museum*,15:273 - 295.

Hesse A J. 1963b. Supplementary contributions to the revision of the Bombyliidae(Diptera)of Southern Africa:the genus *Systropus. Annals of the South African Museum*, 46:393 -405.

Hesse A J. 1975a. Additions to the South African species of Phthiriinae and Usiinae(Diptera:Bombyliidae)with keys to all the known species. *Annals of the South African Museum*, 66:257 - 308.

Hesse A J. 1975b. New specific names for the mis-identified type-species of two South African genera of the dipterous families Bombyliidae and Nemestrinidae. *Journal of the Entomological Society of Southern Africa*,38:123 - 124.

Higgins L G. 1963. Dates of publication of the Novara Reise. *Journal of the Society of Bibliography of Natural History*,4:153 - 159.

Hine J S. 1904. The Diptera of British Columbia. (First part.). *The Canadian Entomologist*, 36:85 - 92.

Horn W H R,I Kahle,G Friese and R Gaedike. 1965. *Collectiones entomologicae. Eine Kompendium über den Verbleib entomologischer Sammlungen der Welt bis* 1960. *Teil I:A bis K; Teil Ⅱ:L bis Z*. Akademie der Landwirtschaftswissenschaften der Deutschen Demokratischen Republik,Berlin. 573 p.

Hull F M. 1965. Notes and descriptions of Bombyliidae(Diptera). *Entomological News*,76:95 -97.

Hull F M. 1966. Notes on the genus *Neodiplocampta* Curran and certain other Bombyliidae. Part Ⅰ. *Entomological News* 77:225 - 227.

Hull F M. 1970. Some new genera and species of bee flies from South America(Diptera:Bombyliidae). *Journal of the Georgia Entomological Society*,5:163 - 166.

Hull F M. 1971a. Some new genera and species of bee flies(Diptera:Bombyliidae)from South

America and Australia. *Journal of the Georgia Entomological Society*, 6：1 - 7.

Hull F M. 1971b. A new genus and new species of bee flies(Diptera：Bombyliidae). *Proceedings of the Entomological Society of Washington*, 73：181 - 183.

Hull F M. 1973. Bee flies of the world. The genera of the family Bombyliidae. *Bulletin of the United States National Museum*, 286：1 - 687.

Hull F M and W Martin. 1974. The genus *Neodiplocampta* Curran and related bee flies(Diptera：Bombyliidae). *Proceedings of the Entomological Society of Washington*, 76：322 -346.

Hutton F W. 1901. Synopsis of the Diptera Brachycera of New Zealand. *Transactions and Proceedings of the New Zealand Institute*, 34：1 - 95.

Irwin M E and D K Yeates. 1995. An Australian stiletto fly(Diptera：Therevidae)parasitised by a bee fly(Diptera：Bombyliidae). *Journal of Natural History*, 29：1309 - 1327.

Jaennicke F. 1867a. Beiträge zur Kenntniss der europäischen Bombyliiden, Acroceriden, Scenopiniden, Thereviden und Asiliden. *Berliner Entomologische Zeitschrift*, 11：63 -94.

Jaennicke F. 1867b. Neue exotische Dipteren. *Abhandlungen herausgeben von der Senckenbergischen Naturforschenden Gesellschaft*, 6：311 - 407.

Jensen H. 1832. Nova Dipterorum genera offert illustratque. *Bulletin de la Société Imperiale des Naturalistes de Moscou*, 4：313 - 342.

Johnson C W. 1902. New North American Diptera. *The Canadian Entomologist*, 34：240 -242.

Johnson C W. 1904. Descriptions of three new Diptera of the genus *Phthiria*. *Psyche*, 10[1903]：184 - 185.

Johnson C W. 1907. A review of the species of the genus *Bombylius* of the eastern United States. *Psyche*, 14：95 - 100.

Johnson C W. 1908. Notes on New England Bombyliidae, with a description of a new species of *Anthrax*. *Psyche*, 15：14 - 15.

Johnson C W. 1911. Some additions to the dipteran fauna of New England. *Psyche*, 17[1910]：228 - 235.

Johnson C W. 1913. Insects of Florida. I. Diptera. *Bulletin of the American Museum of Natural History*, 32：37 - 90.

Johnson C W. 1919a. New species of the genus *Villa*(*Anthrax*). *Psyche*, 26：11 - 13.

Johnson C W. 1919b. A revised list of the Diptera of Jamaica. *Bulletin of the American Museum of Natural History*, 41：421 - 449.

Johnson C W. 1921. New species of Diptera. *Occasional Papers of the Boston Society of Natural History*, 5：11 - 17.

Johnson C W. 1925. Diptera of the Harris Collection. *Proceedings of the Boston Society of Natural History*, 38：57 - 99.

Johnson D E and L M Johnson. 1957. New *Poecilanthrax*, with notes on described species (Diptera：Bombyliidae). *Great Basin Naturalist*, 17：1 - 26.

Johnson D E and L M Johnson. 1958. New and insufficiently known *Exoprosopa* from the far west(Diptera:Bombyliidae). *Great Basin Naturalist*,18:69 - 84.

Johnson D E and L M Johnson. 1959a. Notes on the genus *Lordotus* Loew,with descriptions of new species(Diptera:Bombyliidae). *Great Basin Naturalist*,19:10 - 26.

Johnson D E and L M Johnson. 1959b. Taxonomic notes on North American beeflies,with descriptions of new species(Diptera:Bombyliidae). *Great Basin Naturalist*,19:67 - 74.

Johnson D E and L M Johnson. 1975. Notes on the genus *Bombylius* Linnaeus in Utah,with key and descriptions of new species. *Great Basin Naturalist*,35:407 - 418.

Johnson D E and Maughan L. 1953. Studies in Great Basin Bombyliidae. *Great Basin Naturalist* 13:17 - 27.

Johnson S D and A Dafni. 1998. Response of bee-flies to the shape and pattern of model flowers:implications for floral evolution in a Mediterranean herb. *Functional Ecology*,12 (2):289 - 297.

Johnson S D and J J Midgley. 1997. Fly pollination of *Gorteria diffusa*(Asteraceae),and a possible mimetic function for dark spots on the capitulum. *American Journal of Botany*,84(4):429 - 436.

Kapoor V C,M Agarwal and J S Grewel. 1979. On a collection of bombyliids(Diptera:Bombyliidae)from India. *Oriental Insects*,12:403 - 418.

Karsch F A. 1880. Die Spaltung der Dipterengattung *Systropus* Wiedemann. *Zeitschrift für die Gesammten Naturwissenschaften*,(B)53:654 - 658.

Karsch F A. 1886. Dipteren von Pungo-Adongo,gesammelt von Herrn Major Alexander von Homeyer[part]. *Entomologische Nachrichten*,12:49 - 58.

Karsch F A. 1887. Dipterologisches von der Delagoabai. *Entomologische Nachrichten*,13:22 -26.

Karsch F A. 1888. Bericht über die durch Herrn Lieutenant Dr. Carl Wilhelm Schmidt in Ost-Afrika gesammelten und von der zoologischen Abtheilung des Königlichen Museums für Naturkunde in Berlin erworbenen Dipteren. *Berliner Entomologische Zeitschrift*,31:367 - 382.

Kertész K. 1901. Neue und bekannte Dipteren in der Sammlung des Ungarischen National-Museums. *Természetrajzi Füzetek*,24:403 - 432.

Kertész K. 1909. *Catalogus dipterorum hucusque descriptorum*. Volumen Ⅴ. Bombyliidae,Therevidae,Omphralidae. [Publisher not given],Budapest. 199 p.

Kerzhner I M. 1994. "Nasekomye Mongolii":dates of publication. *Zoosystematica Rossica* 2:246.

Klug J C F. 1832. *Symbolae physicae,seu icones et descriptiones insectorum,quae ex itinere per Africam borealem et Asiam occidentalem F. G. Hemprich et C. G. Ehrenberg studio novae aut illustratae redierunt*. Vol. Ⅲ. Insecta. Decas tertia. C. Mittler,Berolini[=Berlin]. [183]p. ,pls. 21 - 30.

Knab F. 1915. Some West Indian Diptera. *Insecutor Inscitiae Menstruus*,3:46 - 50.

Kowarz F. 1868. Beschreibung sechs neuer Dipteren-Arten. *Verhandlungen der Zoologische-Botanische Gesellschaft. In Wien*, 17:319 - 324.

Kowarz F. 1883. Beiträge zu einem Verzeichnisse der Dipteren Böhmens. Ⅱ. *Wiener Entomologische Zeitung*, 2:168 - 170.

Künckel D J P A. 1904. Les lépidoptères limacodides et leurs diptères parasites, bombylides du genre *Systropus*. Adaptation parallèle de l'hôte et du parasite aux mêmes conditions d'existence. *Compte Rendus Hebdomadaires des Séances*, *Académie des Sciences*, *Paris*, 138:1623 - 1625.

Künckel D J P A. 1905. Les lépidoptères limacodides et leurs diptères parasites, bombylides du genre *Systropus*. Adaptation parallèle de l'hôte et du parasite aux mêmes conditions d'existence. *Bulletin des Sciences de la France et de la Belgique*, 39:141 - 151.

Lachaise D and J Bowden. 1976. Les diptères des savanes tropicales préforestières de Lamto (Coted'Ivoire). Ⅱ. —Peuplement de Bombyliidae et description de quatre espèces nouvelles. *Annales de la Société Entomologique de France* (n. s.), 12:319 - 345.

Lamarck J B A P C. 1816. *Histoire naturelle des animaux sans vertèbres*, *présentant les caractères généraux et particuliers de ces animaux*, *leur distribution*, *leurs classes*, *leurs familles*, *leurs genres*, *et la citation des principales espèces qui s'y rapportent*; *précédée d'une introduction offrant la détermination des caractères essentiels de l'animal*, *sa distinction du végétal et des autres corps naturels*; *enfin*, *l'exposition des principes fondamentaux de la zoologie*. Tome troisième. Verdière, Paris. 586 p.

Lamas C J E and M S Couri. 1995. A new species of *Ligyra* Newman from Roraima, Brazil (Diptera, Bombyliidae, Anthracinae). *Revista Brasileira de Zoologia*, 12:123 - 125.

Lamas C J E and M S Couri. 1998. A new species of *Euprepina* Hull from Bahia, Brazil (Diptera, Bombyliidae). *Revista Brasileira de Entomologia*, 41:447 - 449.

Lamas C J E and N L Evenhuis. 2005. Two new southern African *Apatomyza* Wiedemann (Diptera, Bombyliidae, Crocidiinae) with discussion on their phylogenetic position. *Papeis Avulsos de Zoologia*, 45(23):285 - 293.

Lamas C J E, N L Evenhuis and S C Marcia. 2001. Review of the Southern African genus *Apatomyza* Wiedemann (Diptera, Bombyliidae), with descriptions of new species. *Studia Dipterologica*, 8(1):175 - 186.

Lamas C J E, N L Evenhuis and S C Marcia. 2002. Descriptions of the spermathecae and male genitalia of the species of *Crocidium* Loew described by Hesse (Diptera, Bombyliidae, Crocidiinae). *Zootaxa*, 45:1 - 12.

Lamas C J E, N L Evenhuis and S C Marcia. 2003. New species and identifications keys of southern Africa Crocidiinae (Diptera, Bombyliidae). *Mitteilungen aus dem Museum fuer Naturkunde in Berlin Deutsche Entomologische Zeitschrift*, 50(1):95 - 109.

Lamas C J E and S C Marcia. 1999a. Revision of *Euprepina* Hull (Diptera, Bombyliidae, Bombyliinae). *Revista Brasileira de Zoologia*, 16(2):461 - 482.

Lamas C J E and S C Marcia. 1999b. Cladistic analysis of *Euprepina* Hull, (Diptera, Bombyliidae,Bombyliinae). *Revista Brasileira de Zoologia*,16(Supl 2):11 - 17.

Lamas C J E and S C Marcia. 1999c. Description of the pupae of *Anthrax oedipus* Fabricius and *Anthrax aquilus* Marston(Diptera,Bombyliidae,Anthracinae). *Revista Brasileira de Zoologia*,16(4):977 - 980.

Lamas C J E and S C Marcia. 2005. Cladistic analysis of the Crocidiinae(Diptera,Bombyliidae). *Studia Dipterologica*,11(2):513 - 523.

Lambkin C L. 2004. Partitioned Bremer support localises significant conflict in bee flies(Diptera:Bombyliidae:Anthracinae). *Invertebrate Systematics*,18(4):351 - 360.

Lambkin C L and D K Yeates. 1998. Characters,congruence,and bee flies:cryptic species diversity in Australian Anthracini(Diptera:Bombyliidae). *Proceedings of the Royal Society of Queensland*,107:123 - 126.

Lambkin C L and D K Yeates. 2003. Genes,morphology and agreement:Congruence in Australian anthracine bee flies(Diptera:Bombyliidae:Anthracinae). *Invertebrate Systematics*,17(2):161 - 184.

Lambkin C L and D K Yeates. 2006. Kapu(Diptera:Bombyliidae:Anthracinae:Exoprosopini),a replacement name for the Australian genus Kapua Lambkin & Yeates. *Invertebrate Systematics*,20(1):161.

Lambkin C L,D K Yeates and D J Greathead. 2003. An evolutionary radiation of beeflies in semi-arid Australia:Systematics of the Exoprosopini(Diptera:Bombyliidae). *Invertebrate Systematics*,17(6):735 - 891.

Latreille P A. 1797. *Précis des caractères génériques des insectes,disposés dans un ordre naturel.* Prévôt,Paris; Bourdeaux,Brive. xiv+201+[7]p.

Latreille P A. 1802. *Histoire naturelle,générale et particulière,des crustacés et des insectes. Tome troisième. Familles naturelles des genres. Ouvrage faisant suite à l'histoire naturelle générale et particulière,composée par Leclerc de Buffon,et rédigée par C. S. Sonnini,membre de plusieurs sociétés savantes.* Dufart,Paris. xii+13 - 467+1 p.

Latreille P A. 1804. Tableau méthodique des insectes,p. 129 - 200. *In:Nouveau dictionnaire d'histoire naturelle,appliqué aux arts,principalement à l'agriculture et à l'économie rurale et domestique.* Tome XXIV.[Section 3:]tableaux méthodiques d'histoire naturelle. Déterville,Paris. 84+4+85+238+18+34 p.

Latreille P A. 1805. *Histoire naturelle,générale et particulière,des crustacés et des insectes. Tome quatorzième. Familles naturelles des genres. Ouvrage faisant suite à l'histoire naturelle générale et particulière,composée par Leclerc de Buffon,et rédigée par C. S. Sonnini,membre de plusieurs Sociétés savantes.* Dufart,Paris. 432 p.

Latreille P A. 1810 *Considérations générales sur l'ordre naturel des animaux composant les classes des crustacés,des arachnides,et des insectes; avec un tableau méthodique de leurs genres,disposés en familles.* F. Schoell,Paris. 444 p.

Latreille P A. 1825 *Familles naturelles du règne animal,exposées succinctement et dans un ordre analytique,avec l'indication de leurs genres.* J. -B. Baillière,Paris. 570 p.

Latreille P A. 1829 Suite et fin des insectes. *In*:Cuvier,[G. L. C. F. D.],*Le règne animal distribu. d'après son organisation, pour servir de base à l'histoire naturelle des animaux et d'introduction à l'anatomie comparée. Avec figures dessinées d'àprès nature. Nouvelle édition, revue et augmentée.* Tome Ⅴ. Déterville et Crochard,Paris. xxiv+556 p.

Lepekhin I I. 1774. *Tagebuch der Reise durch verschiedene Provinzen des russischen Reiches in den Jahren 1768 und 1769. Aus dem russischen Übersetzt von M. Christian Heinrich Hase.* Vol. Ⅰ. ix+332 p. ,23 pls. Richter,Altenburg.

Lepekhin I I. 1775. *Tagebuch der Reise durch verschiedene Provinzen des russischen Reiches in den Jahren 1770. Aus dem russischen Übersetzt von M. Christian Heinrich Hase.* Vol. Ⅱ. ii+211 p. ,11 pls. Richter,Altenburg.

Lichtenstein A A H. 1796. *Catalogus musei zoologici ditissimi Hamburgi, d Ⅲ. februar 1796. Auctionis lege distrahendi. Sectio tertia continens Insecta. Verzeichniss von höchstseltenen, aus allen Weltheilen mit vieler Mühe und Kosten zusammen gebrachten, auch aus unterschiedlichen Cabinettern, Sammlungen und Auctionen ausgehobenen Naturalien welche von einem Liebhaber, als Mitglied der batavischen und verschiedener anderer naturforschenden Gesellschaften gesammelt worden. Dritter Abschnitt, bestehend in wohlerhaltenen, mehrentheils ausländischen und höchstseltenen Insecten, die Theils einzeln, Theils mehrere zusammen in Schachteln festgesteckt sind, und welche am Mittewochen, den* 3ten Februar 1796 *und den folgenden Tagen auf dem Eimbeckschen Hause öffentlich verkauft werden sollen durch dem Mackler Peter Heinrich Packischefsky.* G. F. Schniebes,Hamburg. xii+222+[2]p.

Lindner E. 1972. Zur Kentnis der Dipteren-Fauna Südwestafrikas. *Journal of the South West African Scientific Society*,26:85 - 93.

Lindner E. 1975. Bombyliidae aus dem Iran(Diptera). *Stuttgarter Beiträge zur Naturkunde, Serie A, Biologie,*275:1 - 19.

Linnaeus C. 1758. *Systema naturae per regna tria naturae, secundum classes, ordines, genera, species, cum caracteribus, differentiis, synonymis, locis.* Tomus I. Editio decima, reformata. L. Salvii,Holmiae[=Stockholm]. 824 p.

Linnaeus C. 1764. *Museum S:ae R:ae M:tis Ludovicae Ulricae Reginae. Svecorum,Gothorum,Vandalorumque* &c. &c. *In quo Animalia rariora, exotica, imprimis Insecta* & *conchilia describuntur* & *determinantur.* Prodromus instar editum. L. Salvii, Holmiae [=Stockholm]. vi+720 p.

Linnaeus C. 1767. *Systema naturae per regna tria naturae, secundum classes, ordines, genera, species, cum caracteribus, differentiis, synonymis, locis.* Tomus I. Pars 2. Editio duodecima,reformata. L. Salvii,Holmiae[=Stockholm]. P. 533 - 1327.

Lioy P. 1864. I ditteri distribuiti secondo un nuovo metodo di classificazione naturale[part]. *Atti del Reale Istituto Veneto di Scienze,Lettere ed Arti*,(3)9:719 - 771.

Liu N and A Nagatomi. 1992. The female genitalia of eight *Systropus* species(Diptera,Bombyliidae). *Japanese Journal of Entomology,*60(4):731 - 748.

Liu N and A Nagatomi. 1994. The genitalia of two Bombylius-species(Diptera,Bombyliidae). *Japanese Journal of Entomology*,62(1):13 - 21.

Liu N and A Nagatomi. 1995. The mouthpart structure of Scenopinidae(Diptera). *Japanese Journal of Entomology*,63(1):181 - 202.

Liu N,A Nagatomi and N L Evenhuis. 1995a. Genitalia of the Japanese species of *Anthrax* and *Brachyanax*(Diptera,Bombyliidae). *Zoological Science*,12(5):633 - 647.

Liu N,A Nagatomi and N L Evenhuis. 1995b. Genitalia of thirty four genera of Bombyliidae (Diptera). *South Pacific Study*,16(1):1 - 116.

Loew H. 1844 Beschreibung einiger neuen Gattungen der europäischen Dipternfauna[part]. *Stettiner Entomologische Zeitung*,5:114 - 130.

Loew H. 1846. Fragmente der Kenntniss der europäischen Arten einiger Dipteren-Gattungen. *Linnaea Entomologica*,1:319 - 530.

Loew H. 1850. Ueber den Bernstein und die Bernsteinfauna. *Programm der Kaiserliche Realschule zu Meseritz*,1850:1 - 44.

Loew H. 1852. Hr. Peters legte Diagnosen und Abbildungen der von ihm in Mossambique neu entdeckten Dipteren vor,welche von Hrn. Professor Loew bearbeitet worden sind. *Bericht über die zur Bekanntmachung geeigneten Verhandlungen der Konigl. Preuss. Akademie der Wissenschaften zu Berlin*,1852:658 - 661.

Loew H. 1854. Neue Beiträge zur Kenntniss der Dipteren. Zweiter Beitrag. *Programm der Kaiserliche Realschule zu Meseritz*,1854:1 - 24.

Loew H. 1855. Neue Beiträge zur Kenntniss der Dipteren. Dritter Beitrag. *Programm der Kaiserliche Realschule zu Meseritz*,1855:1 - 52.

Loew H. 1856. Neue Beiträge zur Kenntniss der Dipteren. Vierter Beitrag. *Programm der Kaiserliche Realschule zu Meseritz*,1856:1 - 57.

Loew H. 1857a. *Dischistus multisetosus und Saropogon aberrans*,zwei neue europäische Diptern. *Stettiner Entomologische Zeitung*,18:17 - 20.

Loew H. 1857b. Nachricht über syrische Dipteren. *Verhandlungen der Zoologische-Botanische Gesellschaft. In Wien*,7:79 - 86.

Loew H. 1860a. Bidrag till kännedomen om Afrikas Diptera[part]. *Öfversigt af Kongl. Vetenskapsakademiens Förhandlingar*,17:81 - 97.

Loew H. 1860b. Die Dipteren-Fauna Südafrika's. Erste Abtheilung. *Abhandlungen des Naturwissenschaftlichen Vereins für Sachsen und Thüringen in Halle*,2:57 - 402.

Loew H. 1860c. *Die Dipteren-Fauna Südafrika's. Erste Abtheilung*. Mittler & Sohn,Berlin. xi+330 p.

Loew H. 1861a. Diptera aliquot in insula Cuba collecta. *Wiener Entomologische Monatschrift*,5:33 - 43.

Loew H. 1861b. Ueber die Dipterenfauna des Bernsteins. *Amtlicher Bericht über die Versammlung der Gesellschaft Deutscher Naturforscher und Ärzte*,35:88 - 98.

Loew H. 1862a. Ueber griechesche Dipteren. *Berliner Entomologische Zeitschrift*,6:69 - 89.

Loew H. 1862b. Ueber einige bei Varna gefangene Dipt. *Wiener Entomologische Monatschrift*, 6:161 - 175.

Loew H. 1863a. Enumeratio dipterorum, quae C. Tollin ex Africâ meridionali (Orangestaat, Bloemfontein) misit. *Wiener Entomologische Monatschrift*, 7:9 - 16.

Loew H. 1863b. Ueber bei Sliwno im Balkan gefangene Dipt. *Wiener Entomologische Monatschrift*, 7:33 - 35.

Loew H. 1863c. Diptera Americae septentrionalis indigena. Centuria tertia. *Berliner Entomologische Zeitschrift*, 7:1 - 55.

Loew H. 1863d. Diptera Americae septentrionalis indigena. Centuria quarta. *Berliner Entomologische Zeitschrift*, 7:275 - 326.

Loew H. 1864. *Diptera Americae septentrionalis indigena*. I. [Centuria 1 - 5.] A. W. Schadii, Berolini [=Berlin]. 266 p.

Loew H. 1869a. Cilische Dipteren und einige mit ihren concurrlrende Arten. *Berliner Entomologische Zeitschrift*, 12[1868]:369 - 386.

Loew H. 1869b. *Beschreibungen europäischer Dipteren. Von Johann Wilhelm Meigen. Erster Band. Systematische Beschreibung der bekannten europaischen zweifliigeligen Insecten. Achter Theil oder zweiter Supplementband.* H. W. Schmidt, Halle. xvi+310+[1] p.

Loew H. 1869c. Diptera Americae septentrionalis indigena. Centuria octava. *Berliner Entomologische Zeitschrift*, 13:1 - 52.

Loew H. 1870a. Diptera Americae septentrionalis indigena. Centuria nona. *Berliner Entomologische Zeitschrift*, 13[1869]:128 - 186.

Loew H. 1870b. Ueber von Herrn Dr. G. Seidlitz in Spanien gesammelte Dipteren. *Berliner Entomologische Zeitschrift*, 14:137 - 144.

Loew H. 1871. *Systematische Beschreibung der bekannten europäischen zweiflügeligen Insecten. Von Johann Wilhelm Meigen. Neunter Theil oder dritter Supplementband. Beschreibungen europäischer Dipteren. Zweiter Band.* H. W. Schmidt, Halle. viii+319+[1] p.

Loew H. 1872a. Diptera Americae septentrionalis indigena. Centuria decima. *Berliner Entomologische Zeitschrift*, 16:49 - 124.

Loew H. 1872b. Turkestan flies. *Izvestyia Imperatorskago Obshchestva Lyubetelei Estestvoznaniya, Antropologii i Etnografii pri Imperatorskom Moskovskom*, 9:52 - 59.

Loew H. 1872c. *Diptera Americae septentrionalis indigena*. II. [Centuria 6 - 10.] A. W. Schadii, Berolini [=Berlin]. 300 p.

Loew H. 1873. *Systematische Beschreibung der bekannten europäischen zweiflügeligen Insecten. Von Johann Wilhelm Meigen. Zehnter Theil oder vierter Supplementband. Beschreibungen europäischer Dipteren. Dritter Band.* H. W. Schmidt, Halle. viii+320 p.

Loew H. 1874. Diptera nova a Hug. Theod. Christopho collecta. *Zeitschrift für die Gesammten Naturwissenschaften*, 43:413 - 420.

Loew H. 1876. *Eclimus hirtus* und *Haplothrix lugubris*, zwei neue europäische Dipteren.

Deutsche Entomologische Zeitschrift,20:209 - 214.

Lucas P H. 1849. *Exploration scientifique de l'Algérie pendant les années* 1840,1841,1842 *publiée par ordre du Gouvernement et avec le concours d'une Commission Academique*. Sciences Physiques. Zoologie. Histoire naturelle des animaux articulés. Part Ⅲ. Insectes. "1849". A. Bertrand,Paris. 527 p.

Lucas P H. 1852. Note sur les transformations du *Bombylius boghariensis*,nouvelle espèce de diptère qui habite les possessions françaises du Nord de l'Afrique. *Annales de la Société Entomologique de France*,(2)10:11 - 18.

Lynch A F. 1878. Notes dipterológicas sobre los anthrácidos y bombiliarios del Partido del Baradere(Provincia de Buenos Aires). Parte primera. Anthrácidos[part]. *El Naturalista Argentino*,1:263 - 275.

Lyneborg L. 1965. A revised list of Danish Bombyliidae(Diptera),with a subspecific division of *Villa circumdata* Meig. *Entomologiske Meddelelser*,34:155 - 166.

Macleay W S. 1826. Annulosa. Catalogue of insects,collected by Captain King,R. N. ,p. 438 - 469. *In*:Appendix B. Containing a list and description of the subjects of natural history collected during Captain King's survey of the intertropical and western coasts of Australia,p. 408 - 565. *In*:King,P. P. ,*Narrative of a survey of the intertropical and western coasts of Australia. Performed between the years* 1818 *and* 1822. *With an appendix,containing various subjects relating to hydrography and natural history*. Vol. Ⅱ. J. Murray,London. viii+637 p.

Macquart P J M. 1826. *Insectes diptères du nord de la France*. [Tome Ⅱ]. *Asiliques,bombyliers,xylotomes,leptides,stratiomydes,xylophagites et tabaniens*. De Leleux,Lille. 128 p.

Macquart P J M. 1834. *Histoire naturelle des insectes. Diptères. Ouvrage accompagné de planches*. Tome premier. N. E. Roret,Paris. 578 p.

Macquart P. J. M. 1835. *Histoire naturelle des insectes. Diptères. Ouvrage accompagné de planches*. Tome deuxième. N. E. Roret,Paris. 703 or 710 p.

Macquart P J M. 1838a. *Insectes diptères nouveaux ou peu connus. Tome premier. —1re partie*. N. E. Roret,Paris. P. 5 - 221,25 pls.

Macquart P J M. 1838b. Diptères exotiques nouveaux ou peu connus. Tome premier. —1re partie. *Mémoires de la Société Royal des Sciences,de l'Agriculture et des Arts,Lille*, 1838(2):9 - 225.

Macquart P J M. 1840. *Diptères exotiques nouveaux ou peu connus*. Tome deuxième. —1re partie. N. E. Roret,Paris. P. 5 - 135.

Macquart P J M. 1846. *Diptères exotiques nouveaux ou peu connus*. Supplément. N. E. Roret, Paris. P. 5 - 238.

Macquart P J M. 1847a. *Diptères exotiques nouveaux ou peu connus*. 2me supplément. N. E. Roret,Paris. P. 5 - 104.

Macquart P J M. 1847b. Diptères exotiques nouveaux ou peu connus. 2me supplément.

Mémoires de la Société Royal des Sciences,de l'Agriculture et des Arts,Lille,1846:21 - 120.

Macquart P J M. 1848. Diptères exotiques nouveaux ou peu connus. Suite du 2me supplément. *Mémoires de la Société Royal des Sciences,de l'Agriculture et des Arts, Lille*,1847(2):161 - 237.

Macquart P J M. 1850. Diptères exotiques nouveaux ou peu connus. 4me supplément. *Mémoires de la Société Royal des Sciences,de l'Agriculture et des Arts,Lille*,1849: 309 -479.

Macquart P J M. 1855. Diptères exotiques nouveaux ou peu connus. 5me supplément. *Mémoires de la Société Royal des Sciences,de l'Agriculture et des Arts,Lille*,(2)1:25 - 156.

Marston N. 1963. A revision of the Nearctic species of the *albofasciatus* group of the genus *Anthrax* Scopoli(Diptera:Bombyliidae). *Technical Bulletin. Kansas Agricultural Experimental Station*,127,79 p.

Marston N. 1966. A revision of the North and South American species of the *cephus* group of the genus *Anthrax* Scopoli(Diptera:Bombyliidae). Ph. D. Dissertation:Kansas State University,Manhattan,Kansas. iii+211 p.

Marston N. 1970. Revision of New World species of *Anthrax* (Diptera:Bombyliidae),other than the *Anthrax albofasciatus* group. *Smithsonian Contributions to Zoology*,43, 148 p.

Matsumura S. 1905. *Thousand insects of Japan*. Vol. 2. Keisei-sha,Tokyo. 163 p.

Matsumura S. 1916. *Thousand insects of Japan. Additamenta* Ⅱ. Keisei-sha, Tokyo. P. 185 -474.

Maughan L. 1935. A systematical and morphological study of Utah Bombyliidae,with notes on species from intermountain states. *Journal of the Kansas Entomological Society*,8: 27 - 80.

Meigen J W. 1803. Versuch einer neuen GattungsEintheilung der europäischen zweiflügligen Insekten. *Magazin für Insektenkunde*,2:259 - 281.

Meigen J W. 1804. *Klassifikazion und Beschreibung der europäischen zweiflügligen Insekten(Diptera Linn.)*. Erster Band. Abt. I. xxvii+152 p. Abt. Ⅱ. vi+p. 153 - 314. Reichard,Braunschweig[=Brunswick].

Meigen J W. 1818. *Systematische Beschreibung der bekannten europäischen zweiflügeligen Insekten*. Erster Theil. F. W. Forstmann,Aachen. xxxvi+332+[1]p.

Meigen J W. 1820. *Systematische Beschreibung der bekannten europäischen zweiflügeligen Insekten*. Zweiter Theil. F. W. Forstmann,Aachen. x+363 p.

Meigen J W. 1822. *Systematische Beschreibung der bekannten europäischen zweiflügeligen Insekten*. Dritter Theil. Schultz-Wundermann,Hamm. x+416 p.

Meigen J W. 1830. *Systematische Beschreibung der bekannten europäischen zweiflügeligen Insekten*. Sechster Theil. Schulz,Hamm. xi+401+[3]p.

Meigen J W. 1835. Neue Arten von Diptern aus der Umgegend von München, bennant und beschrieben von Meigen, aufgefunded von Dr. J. Waltl, Professor der Naturgeschichte in Passau. *Faunus*, 2:66 - 128.

Meigen J W. 1838. *Systematische Beschreibung der bekannten europäischen zweiflügeligen Insekten*. Siebenter Theil oder Supplementband. Schulz, Hamm. xii+434+[1]p.

Meijere J C H. 1907. Studien über südostasiatische Dipteren. Ⅰ. *Tijdschrift voor Entomologie*, 50:196 - 264.

Meijere J C H. 1911. Studien über südostasiatische Dipteren. Ⅵ. *Tijdschrift voor Entomologie*, 54:258 - 432.

Meijere J C H. 1913. Résultats l'expedition scientifique Néerlandaise à Nouvelle-Guinée en 1907 et 1909 sous les auspices du Dr. H. A. Lorenz. Dipteren. Ⅰ. *Nova Guinea* 9: 305 -386.

Meijere J C H. 1914a. Studien über südostasiatische Dipteren. Ⅷ. *Tijdschrift voor Entomologie*, 56(Suppl.):1 - 99.

Meijere J C H. 1914b. Studien über südostasiatische Dipteren. Ⅸ. *Tijdschrift voor Entomologie*, 57:137 - 275.

Meijere J C H. 1915. Note: On *Systropus roepkei* and *S. numeratus*. *Tijdschrift voor Entomologie*, 58:vii~viii.

Meijere J C H. 1916. Studien über südostasiatische Dipteren. X. Dipteren von Sumatra. *Tijdschrift voor Entomologie*, 58(Suppl.):64 - 97.

Meijere J C H. 1924. Studien über Südasiatische Dipteren. ⅩⅥ. *Tijdschrift voor Entomologie*, 67:197 - 224.

Meijere J C H. 1929. Fauna Buruana. Syrphiden nebst einigen Brachyceren Orthorrhaphen. *Treubia*, 7:378 - 387.

Melander A L. 1932. The entomological publications of C. W. Johnson. *Psyche*, 39:87 - 99.

Melander A L. 1946. *Apolysis*, *Oligodranes* and *Empidideicus* in America(Diptera, Bombyliidae). *Annals of the Entomological Society of America*, 39:451 - 495.

Melander A L. 1949. A report on some Miocene Diptera from Florissant, Colorado. *American Museum Novitates*, 1407:1 - 63.

Melander A L. 1950a. *Aphoebantus* and its relatives *Epacmus* and *Eucessia*(Diptera: Bombyliidae). *Annals of the Entomological Society of America*, 43:1 - 45.

Melander A L. 1950b. Taxonomic notes on some smaller Bombyliidae(Diptera)[part]. *Pan-Pacific Entomologist*, 26:145 - 156.

Meuner F A. 1910. Un Bombylidae de l'ambre de la Baltique(Dipt.). *Bulletin de la Société Entomologique de France*, 1910:349 - 350.

Meuner F A. 1915a. Nouvelles recherches sur quelques insectes du Sannoisien d'Aix-en-Provence. *Bulletin de la Société de Geologique de France*, (4)14:176 - 198.

Meuner F A. 1915b. Nouvelles recherches sur quelques insectes des plâtrières d'Aix en Provence. *Verslagen en Mededelingen der Koninklijke Akademie van Wetenschappen*

(*Afdeling Natuurkunde*),*Amsterdam*,(Ⅱ)18(5):1-17.

Meuner F A. 1916. Sur quelques diptères(Bombylidae, Leptidae, Dolichopodidae et Chirono-midae)de l'ambre de la Baltique. *Tijdschrift voor Entomologie*,59:274-286.

Meuner F A. 1917. Sur quelques insectes de l'Aquitanien de Rott,Sept Montagnes(Preuss rhénane). *Verslagen en Mededelingen der Koninklijke Akademie van Wetenschappen (Afdeling Natuurkunde)*,*Amsterdam*,(Ⅱ)20(1):3-17.

Meuschen F C. 1787. *Museum Geversianum*,*sive index rerum naturalium continens instructissimam copiam pretiosissimorum omnis generis ex tribus regnis naturae objectorum quam dum in vivis erat magna diligentia multaquae cura comparavit vir amplissimus Abrahamus Gevers olim consiliarius primusque urbis Rotterodamensis consul praefectus sylvarum Hollandiae & Westrisiae Societatis Indiae orientalis director academiae caesareae naturae curiosum socius etc. etc.* P. & L. Hosteyn,Rotterodami[=Rotterdam]. iv+659 p.

Mik J. 1888. Literatur. Diptera. Bigot,J. M. F. Description d'un nouveau genre de diptères. (*Bullet. Soc. Ent. France.* 1888,pag. cxl.).*Wiener Entomologische Zeitung*,7:331.

Mikan J C. 1796. *Monographia Bombyliorum Bohemiae iconibus illustrata*. J. Herrl,Pragae [=Prague]. 59+[1]p.

Miksch G. 1991. Eine neue *Oestranthrax*-Art (Diptera:Bombyliidae)aus Nordost-Griechen-land. *Stuttgarter Beiträge zur Naturkunde*,*Serie A*,*Biologie*(A),460,5 p.

Miksch G. 1993. *Oestranthrax myrmecaeluri* n. sp. (Diptera:Bombyliidae)aus Griechenland mit Angabe des Wirtes. *Stuttgarter Beiträge zur Naturkunde*,*Serie A*,*Biologie*(A), 493,7 p.

Milne E H. 1828. Iconographie des insectes,ou collection de figures représentant les insectes qui peuvent servir de types pour chaque famille,avec des détailes anatomiques,dessinées sur pierre. *In*:Bailly de Merlieux,C. , ed. ,*Encylopédie portative*,*ou résumé universel des sciences*,*des lettres et des arts*,*en une collection de traités separés*. Bachelier,Paris. 32 p.

Modéer A. 1786. Beskrifning på slägtet pumpsnut,*Bombylius*. *Physiographiska Sällskapets Handlingar*,1:287-301.

Morge G. 1960. Die "Amtliche" Dipteren-Sammlung von Prof. Camillo Rondani. eine Grundl-age für systematische Bearbeitung von Dipteren-material im allgemeinen und insbeson-dere für die Linzer Sammlungen. *Naturkundliches Jahrbuch der Stadt Linz*,1959: 81-92.

Morge G. 1976. Diptera collectionis P. Gabriel Strobl—Ⅷ. (Verzeichniss der Dipteren-Arten der Kollektion Strobl.). *Beiträge zur Entomologie*,26:339-439.

Mühlenberg M. 1971. Phylogenetisch-systematische Studien an Bombyliiden (Diptera). *Zeitschrift für Morphologie und Ökologie der Tiere*,70:73-102.

Mulsant É. 1852a Note pour servir à l'histoire des *Antbrax*(insectes diptéres),suivie de la de-scription de trois espèces de ce genre,nouvelles ou peu connues. *Mémoires de l'Academie des Sciences* , *Belles-Lettres et Arts de Lyon* (n. s.) , 2 : 18 - 24.

Musgrave A. 1932. *Bibliography of Australian entomology* 1775—1930 *with biographical notes on authors and collectors*. Royal Zoological Society of New South Wales , Sydney. viii＋380 p.

Nagatomi A , N T N Liu and N L Evenhuis. 1991. The genus *Systropus* from Japan , Korea , Taiwan and Thailand (Diptera , Bombyliidae). *South Pacific Study* , 12 : 23 - 112.

Nagatomi A , T Saigusa , H Nagatomi and L Lyneborg. 1991. The systematic position of the Apsilocephalidae , Rhagionempididae , Protempididae , Hilarimorphidae , Vermileonidae and some genera of Bombyliidae (Insecta , Diptera). *Zoological Science* , 8(3) : 593 - 607.

Nagatomi A , N Tamaki and N L Evenhuis. 2000. A new *Systropus* from Taiwan and Japan (Diptera , Bombyliidae). *South Pacific Study* , 21(1) : 15 - 18.

Newman E. 1841. Entomological notes[part]. *Entomologist* , 1 : 220 - 223.

Nowicki M S. 1868. Beschreibung neuer Dipteren. *Verhandlungen der Zoologische-Botanische Gesellschaft. In Wien* , 17 : 337 - 354.

Nurse C G. 1922a. New and little known Indian Bombyliidae[part]. *Journal of the Bombay Natural History Society* , 28 : 630 - 641.

Nurse C G. 1922b. New and little known Indian Bombyliidae[concl.]. *Journal of the Bombay Natural History Society* , 28 : 883 - 888.

Oldroyd H. 1938. Bombyliidae from Chile and western Argentina. *Revista Chilena de Historia Natural pura y aplicada , dedicada al fomento y cultivo de las ciencias naturales en Chile* , 41 : 83 - 93.

Oldroyd H. 1947. A new species of *Systoechus* (Diptera : Bombyliidae) , bred from eggs of the desert locust. *Proceedings of the Royal Entomological Society. London. Series B , Taxonomy* , 16 : 105 - 107.

Oldroyd H. 1951. A giant bombyliid (Diptera) bred from the pupa of a cossid moth. *Proceedings of the Royal Entomological Society. London. Series B , Taxonomy* , 20 : 49 - 50.

Oldroyd H. 1961. Ergebnisse der Deutscher Afghanistan-Expedition 1956 der Landsammlung für Naturkunde Karlsruhe : Bombyliidae , Therevidae (Diptera). *Beiträge zur Naturkundlichen Forschung in Südwestdeutschland herausgegeben von den Badischen Landessammlungen für Naturkunde und der Landesstelle für Naturschutz und Landschaftspflege* , 19 : 301 - 303.

Olivier G A. 1789. Insectes[part] , p. 45 - 331. *In : Encyclopédie methodique. Histoire naturelle*. Tome quatrieme. Pancoucke , Paris. 331 p.

Olivier G A. 1811. Insectes[part] , p. 46 - 360. *In : Encyclopédie methodique. Histoire naturelle*. Tome huitieme. Pancoucke , Paris. 722 p.

Orbigny C V D. 1845. *Dictionnaire universel d'histoire naturelle résumant et complétant tous les faits présentés par les encyclopédies les anciens dictionnaires scientifiques les oeuvres complètes de Buffon , et les meilleurs traités spéciaux sur les diverses branches des sciences naturelles ; donnant la description des êtres et des divers phénomènes de la na-*

ture l'étymologie et la définition des noms scientifiques, les principales applications des corps organiques et inorganiques, à l'agriculture, à la médecine, aux arts industriels, etc. ; dirigé par M. Charles d'Orbigny, et enrichi d'un magnifique atlas de 288 planches gravées sur acier. Tome sixième. [Livraison 65.]C. Renard, Paris.

Osten Sacken C R. 1858. Catalogue of the described Diptera of North America. *Smithsonian Miscellaneous Collections*, 3(1): xvi+87 p.

Osten Sacken C R. 1864. On the Diptera or two-winged insects of the amber-fauna. (Ueber die Diptern-fauna des Bernsteins): a lecture by Director Loew, at the meeting of the German Naturalists in Koenigsberg, in 1861. *American Journal of Science and Art*, (2) 37: 305 - 324.

Osten Sacken C R. 1877. Western Diptera: descriptions of new genera and species of Diptera from the region west of the Mississippi, and especially from California. *Bulletin of the United States Geological Survey of the Territories*, 3: 189 - 354.

Osten Sacken C R. 1886a. Diptera[part]. *In*: Godman, F. D. & O. Salvin, eds., *Biologia Centrali-Americana*, p. 73 - 104. Zoologia. Insecta. Diptera. Vol. 1. Taylor & Francis, London.

Osten Sacken C R. 1886b. Diptera[part]. *In*: Godman, F. D. & O. Salvin, eds., *Biologia Centrali-Americana*, p. 105 - 128. Zoologia. Insecta. Diptera. Vol. 1. Taylor & Francis, London.

Osten Sacken C R. 1887a. Diptera[part]. *In*: Godman, F. D. & O. Salvin, eds., *Biologia Centrali-Americana*, p. 129 - 160. Zoologia. Insecta. Diptera. Vol. 1. Taylor Francis, London.

Osten Sacken C R. 1887b. Diptera[part]. *In*: Godman, F. D. & O. Salvin, eds., *Biologia Centrali - Americana*, p. 161 - 176. Zoologia. Insecta. Diptera. Vol. 1. Taylor Francis, London.

Painter R H. 1926a. Notes on the genus *Parabombylius*(Diptera). *Entomological* News, 37: 73 - 78.

Painter R H. 1926b. The *lateralis* group of the bombyliid genus *Villa*. *Ohio Journal of Science*, 26: 205 - 212.

Painter R H. 1930a. Review of the bombyliid genus *Heterostylum*(Diptera). *Journal of the Kansas Entomological Society*, 3: 1 - 7.

Painter R H. 1930b. Notes on some Bombyliidae(Diptera) from the Republic of Honduras. *Annals of the Entomological Society of America*, 23: 793 - 806.

Painter R H. 1932. A monographic study of the genus *Geron* Meigen as it occurs in the United States(Diptera: Bombyliidae). *Transactions of the American Entomological Society*, 58: 139 - 167.

Painter R H. 1933a. New subgenera and species of Bombyliidae(Diptera). *Journal of the Kansas Entomological Society*, 6: 5 - 18.

Painter R H. 1933b. Notes on some Bombyliidae from Panama. *American Museum Novitates*, 642: 1 - 10.

Painter R H. 1934. Two new species of North American *Exoprosopa*(Bombyliidae,Diptera). *Journal of the Kansas Entomological Society*,7:68 - 70.

Painter R H. 1939. Two new species of South American Bombyliidae. *Arbeiten über Morphologische und Taxonomische Entomologie*,Berlin- Dahlem,6:42 - 45.

Painter R H. 1940. Notes on type specimens and descriptions of new North American Bombyliidae. *Transactions of the Kansas Academy of Science*,42[1939]:267 - 301.

Painter R H. 1959. A new genus of Bombyliidae(Diptera). *Journal of the Kansas Entomological Society*,32:73 - 75.

Painter R H and J C Hall. 1960. A monograph of the genus *Poecilanthrax*(Diptera:Bombyliidae). *Technical Bulletin. Kansas Agricultural Experimental Station*,106:1 - 132.

Painter R H and E M Painter. 1962. Notes on and redescriptions of types of North American Bombyliidae(Diptera)in European Museums. *Journal of the Kansas Entomological Society*,35:1 - 164.

Painter R H and E M Painter. 1963. A review of the subfamily Systropinae(Diptera:Bombyliidae)in North America. *Journal of the Kansas Entomological Society*,36:278 - 348.

Painter R H and E M Painter. 1965. Family Bombyliidae. *In*:Stone, A. ,Sabrosky, C. W, Wirth,W. W. ,Foote,R. H. & J. R. Coulson,eds. ,A catalog of the Diptera of America north of Mexico, p. 406 - 446. *United States Department of Agriculture*,*Agriculture Handbook*,276,iv＋1696 p.

Painter R H and E M Painter. 1968a. Review of the genus *Desmatomyia* Williston(Diptera:Bombyliidae). *Journal of the Kansas Entomological Society*,41:408 - 412.

Painter R H and E M Painter. 1968b. A review of the genus *Hyperalonia* Rondani(Bombyliidae,Diptera)from South America. *Papéis Avulsos de Zoologia*,22:107 - 121.

Painter R H and E M Painter. 1969. New Exoprosopinae from Mexico and Central America (Diptera:Bombyliidae). *Journal of the Kansas Entomological Society*,42:5 - 34.

Painter R H and E M Painter. 1974. Notes on,and redescriptions of,types of South American Bombyliidae(Diptera)in European and United States Museums. *Kansas State University*,*Agricultural Experimental Station*,*Research Publications*,168:1 - 322.

Painter R H,E M Painter and J C Hall. 1978. Family Bombyliidae. *In*:A catalog of the Diptera of the Americas south of the United States,38:1 - 92.

Pal T K. 1991 On a collection of Bombyliidae(Diptera)from India and Pakistan. *Records of the Zoological Survey of India*,89:277 - 292.

Palm J. 1876. Beitrag zur Dipteren-Fauna Oesterreichs. *Verhandlungen der Zoologische-Botanische Gesellschaft. In Wien*,25:411 - 422.

Panzer G W F. 1794. *Favnae insectorvm germanicae initia oder Devtschlands Insecten*. Heft 24. Felsecker,Nürnberg[＝Nuremberg].

Panzer G W F. 1797. *Favnae insectorvm germanicae initia oder Devtschlands Insecten*. Hefte 43 - 49. Felsecker,Nürnberg[＝Nuremberg].

Panzer G W F. 1798. *Favnae insectorvm germanicae initia oder Devtschlands Insecten*. Hefte

50 - 59. Felsecker,Nürnberg[=Nuremberg].

Panzer G W F. 1804. *D. Jacobi Christiani Schaefferi iconum insectorum circa Ratisbonam indigenorum enumeratio systematica*. J. Palmii,Erlangae[=Erlangen]. xvi+260 p.

Papavero N. 1971. *The history of Neotropical dipterology,with special reference to collectors* (1750—1905). Vol. I. Museu de Zoologia,Universidade de São Paulo,Sõ Paulo. vii+216 p.

Paramonov S J. 1924a. Zwei neue Bombyliiden-Arten(Diptera)aus Transkaspien. *Konowia*,3: 136 - 139.

Paramonov S J. 1924b. Zwei neue Bombyliiden-Arten aus dem paläarktischen Gebiet. *Trudy Fizychno-Matematychnogo Viddil Ukrains'ka Akademiya Nauk*,1(2):59 - 62.

Paramonov S J. 1924c. Zur Kenntnis der Gattung *Lomatia*(Bombyliidae,Diptera). (Mit einer Bestimmungstabelle für die ♂♂ der paläarktischen Arten)[part]. *Zeitschrift für Wissenschaftliche Insektenbiologie*,*Beilag*,3:41 - 46.

Paramonov S J. 1925a. Zwei neue *Exoprosopa*-Arten (Bombyliidae, Diptera) aus dem paläarktischen Gebiet. *Konowia*,4:43 - 47.

Paramonov S J. 1925b. Zur Kenntnis der Gattung *Lomatia*(Bombyliidae,Diptera). (Mit einer Bestimmungstabelle für die ♂♂ der paläarktischen Arten)[part]. *Zeitschrift für Wissenschaftliche Insektenbiologie*,*Beilag*,3:78 - 84.

Paramonov S J. 1925c. Zur Kenntnis der Gattung *Heterotropus* (Diptera, Bombyliidae). *Konowia*,4:110 - 114.

Paramonov S J. 1925d. Zur Kenntnis der Gattung *Lomatia*(Bombyliidae,Diptera). (Mit einer Bestimmungstabelle für die ♂♂ der paläarktischen Arten)[concl.]. *Zeitschrift für Wissenschaftliche Insektenbiologie*,*Beilag*,3:95 - 100.

Paramonov S J. 1925e. Zwei neue *Bombylius*-Arten (Bombyliidae, Diptera) aus dem paläarktischen Gebiet. *Societas Entomologica*,40:33 - 34.

Paramonov S J. 1925f. Zur Kenntnis der Gattung *Aphoebantus*(Bombyliidae,Diptera). *Trudy Fizychno-Matematychnogo Viddil Ukrains'ka Akademiya Nauk*,1(3):26 - 29.

Paramonov S J. 1925g. Drei neue Bombyliiden-Arten aus dem paläarktischen Gebiet(Bombyliidae,Diptera). *Zoologischer Anzeiger*,64:91 - 94.

Paramonov S J. 1925h. Zwei neue *Villa*-Arten(Bombyliidae,Diptera)aus Turkestan(nebst einigen Bemerkungen über andere turkestanische Bombyliiden). *Zoologischer Anzeiger*,64:144 - 148.

Paramonov S J. 1925i. Zur Kenntnis der Gattung *Lomatia* (Bombyliidae,Diptera). II. Teil. *Zeitschrift für Wissenschaftliche Insektenbiologie*,*Beilag*,3:112 - 116.

Paramonov S J. 1925j. Zur Kenntnis der Gattung *Toxophora*[Bomhyliidae,Diptera]. Nebst einer Bestimmungstabelle. *Trudy Fizychno-Matematychnogo Viddil Ukrains'ka Akademiya Nauk*,1(3):43 - 48.

Paramonov S J. 1926a. Zur Kenntnis der Gattung *Anastoechus* O. S. (Bombyliidae,Diptera). *Archiv für Naturgeschichte*,*Abteilung A*,91(1):46 - 55.

Paramonov S J. 1926b. Zur Kenntnis der Gattung *Anastoechus* (Bombyliidae, Diptera). (Beschreibung neuer Arten und eine Bestimmungstabelle). Ⅱ. Theil. *Zeitschrift für Wissenschaftliche Insektenbiologie*, *Beilag*, 3:127 - 137.

Paramonov S J. 1926c. Zur Kenntnis der Gattung *Dischistus* Lw. (Dipt., Bombyl.) nebst einer Bestimmungstabelle. *Zeitschrift für Wissenschaftliche Insektenbiologie*, *Beilag*, 3: 155 -161.

Paramonov S J. 1926d. Zur Kenntnis der Gattung *Lomatia* (Bombyliidae, Diptera). Ⅲ. Teil (Nachträge) [part]. *Zeitschrift für Wissenschaftliche Insektenbiologie*, *Beilag*, 3: 176 -180.

Paramonov S J. 1926e. Beiträge zur Monographie der Gattung *Bombylius* L. (Fam. Bombyliidae, Diptera). *Trudy Fizychno-Matematychnogo Viddil Ukrains'ka Akademiya Nauk*, 3(5):77 - 184.

Paramonov S J. 1926f. Zur Kenntnis der Gattung *Lomatia* (Bombyliidae, Diptera). Ⅲ. Teil (Nachträge) [concl.]. *Zeitschrift für Wissenschaftliche Insektenbiologie*, *Beilag*, 3: 181 - 183.

Paramonov S J. 1927a. Dipterologische Fragmente. [Ⅰ — Ⅳ]. *Trudy Fizychno-Matematychnogo Viddil Ukrains'ka Akademiya Nauk*, 4(2)[1926]:95 - 104.

Paramonov S J. 1927b. Generis *Prorachthes* Lw. (Diptera, Bombyliidae) species quattuor novae palaearcticae. (Cum tab. V). *Ezhegodnik Zoologicheskago Muzeya Imperatorskoi Akademiia Nauk*. St. Petersburg, 27(1)[1926]:76 - 87.

Paramonov S J. 1927c. Dipterologische Fragmente. [Ⅷ - Ⅻ]. *Trudy Fizychno-Matematychnogo Viddil Ukrains'ka Akademiya Nauk*, 7(1):167 - 171.

Paramonov S J. 1927d. Zur Kenntnis der Gattung *Hemipenthes* Lw. *Encyclopédie Entomologique. Series B*. Ⅱ. *Diptera*, 3:150 - 190.

Paramonov S J. 1928a. Beitrage zur Monographie der Gattung *Exoprosopa*. *Trudy Fizychno-Matematychnogo Viddil Ukrains'ka Akademiya Nauk*, 6(2):181 - 303.

Paramonov S J. 1928b. Dipterologische Fragmente. [ⅩⅢ — ⅩⅤ]. *Trudy Fizychno-Matematychnogo Viddil Ukrains'ka Akademiya Nauk*, 6(3):507 - 511.

Paramonov S J. 1929a. Beiträge zur Monographie einiger Bombyliiden-Gattungen. (Diptera). *Trudy Fizychno-Matematychnogo Viddil Ukrains'ka Akademiya Nauk*, 11 (1): 65 -225.

Paramonov S J. 1929b. Dipterologische Fragmente. [ⅩⅥ — ⅩⅩⅢ]. *Trudy Fizychno-Matematychnogo Viddil Ukrains' ka Akademiya Nauk*, 13(1):179 - 193.

Paramonov S J. 1930. Beiträge zur Monographie der Bombyliiden-Gattungen *Cytherea*, *Anastoechus*, etc. (Diptera). *Trudy Fizychno - Matematychnogo Viddil Ukrains' ka Akademiya Nauk*, 15(3):355 - 481.

Paramonov S J. 1931a. Dipterologische Fragmente. [ⅩⅩⅤ - ⅩⅩⅦ]. *Trudy Prirodicho-Teknichnogo Viddilu Ukrains'ka Akaemiya Nauk*, 9:221 - 239.

Paramonov S J. 1931b. Beiträge zur Monographie der Bombyliiden Gattungen *Amictus*, *Lyo-*

phlaeba etc.（Diptera）. *Trudy Prirodicho-Teknichnogo Viddilu Ukrains'ka Akaemiya Nauk*,10：1 - 218.

Paramonov S J. 1933a. Über einige interessante Dipterenfunde in Armenien. *Zhurnal Bio-Zoologichnogo Tsiklu*,*Ukrains'ka Akademiia Nauk*,8：31 - 39.

Paramonov S J. 1933b. Schwedisch-chinesische wissenschaftliche Expedition nach den norwestlichen Provinzen Chinas, unter Leitung von Dr. Sven Hedin und Prof. Sü Pingchang. Insekten gesammelt von schwedischen Arzt der Expedition Dr. David Hummel 1927～1930. 9. Diptera. 1. Bombyliidae. *Arkiv för Zoologi*,26A(4)：1 - 7.

Paramonov S J. 1933c. Beiträge zur Monographie der paläarktischen Arten der Gattung *Toxophora*（Bombyliidae,Diptera）. *Zbirnik Prats Zoologichnogo Muzeyu*,12：33 - 46.

Paramonov S J. 1933d. Dipterologische Fragmente. ［ⅩⅩⅧ - ⅩⅩⅩ］. *Zbirnik Prats Zoologichnogo Muzeyu*,12：47 - 56.

Paramonov S J. 1934a. Ueber einige exotische（hauptsachlich siidamerikanische）Bombyliiden（Dipteren）. *Konowia*,13：22 - 34.

Paramonov S J. 1934b. Neue und alte Bombyliiden（Dipteren）. *Stylops*,3：107 - 111.

Paramonov S J. 1934c. Schwedisch-chinesische wissenschaftliche Expedition nach den norwestlichen Provinzen Chinas, unter Leitung von Dr. Sven Hedin und Prof. Sü Pingchang. Insekten gesammelt von schwedischen Arzt der Expedition Dr. David Hummel 1927～1930. 45. Diptera. 13. Bombyliidae（bis）. *Arkiv för Zoologi*,27A(26)：1 - 7.

Paramonov S J. 1935. Beiträge zur Monographie der Gattung *Anthrax*（Bombyliidae）［Ⅰ］. *Zbirnik Prats Zoologichnogo Muzeyu*,16：3 - 31.

Paramonov S J. 1936a. Über neue und alte *Antonia*-Arten（Bombyl. Dipt）. *Mitteilungen der Deutsche Entomologische Gesellschaft*,7：27 - 31.

Paramonov S J. 1936b. Beiträge zur Monographie der Gattung *Anthrax*（Bombyliidae）. Pt. Ⅱ. *Zbirnik Prats Zoologichnogo Muzeyu*,18：69 - 159.

Paramonov S J. 1939a. Kritische Übersicht der gegenwartigen und fossilen Bombyliiden-Gattungen（Diptera）der ganzen Welt. *Trudy Instytutu Zoologii ta Biologii*,*Kiev*,23：23 -50.

Paramonov S J. 1940a. Eine neue Anthracinen-Gattung（Bombyliidae,Diptera）. *Dopovidi Akademiia Nauk URSR*,6：43 - 48.

Paramonov S J. 1940b. Ueber einige aussereuropäische（hauptsächlich amerikanische）Bombyliiden-Gattungen. *Eos*,13：13 - 43.

Paramonov S J. 1940c. Dipterous insects. Fam. Bombyliidae（subfam. Bombyliinae）. *Fauna SSSR*,9(2)：i-ix,1 - 414.

Paramonov S J. 1947a. Unentberliche kritische Bemerkungen zu der Arbeit von Dr. E. O. Engel wuber die Bombyliiden in Lindner's《Die Fliegen der paläarktischen Region》.（Nebst einigen Zusätzen, Berichtigungen und Neubeschreibungen）. *Encyclopédie Entomologique. Series B*. Ⅱ. *Diptera*,10［1946］：15 - 22.

Paramonov S J. 1947b. Dipterologische Fragmente. ⅩⅩⅩⅧ. Bombyliiden-Notizen. *Eos*,33：79 - 101.

Paramonov S J. 1947c. Uebersicht der mit der Gattung *Usia* Latr. (Bombyliidae, Diptera) naechstverwandten Gattungen. *Eos*, 23:207 - 220.

Paramonov S J. 1947d. Kurze Uebersicht der *Sericosoma*-Arten(Bombyliidae, Diptera). *Revista de Entomologia*, 18:361 - 369.

Paramonov S J. 1948. Uebersicht der Bombyliiden-Gattung *Lyophlaeba* Rond. (Diptera), nebst einer Bestimmungstabelle. *Revista de Entomologia*, 19:115 - 148.

Paramonov S J. 1949. Revision of the species of *Lepidophora* Westw. (Bombyliidae, Diptera). *Revista de Entomologia*, 20:631 - 643.

Paramonov S J. 1950a. Notes on Australian Diptera(I — V). *The Annals and Magazine of Natural History*, (12)3:515 - 534.

Paramonov S J. 1950b. Bestimmungstabelle der *Usia*-Arten der Welt(Bombyliidae, Diptera). *Eos*, 26:341 - 378.

Paramonov S J. 1950c. A review of the Australian Mydidae(Diptera). *Bulletin of the Commonwealth Scientific and Industrial Research Organization*, 255, 32 p.

Paramonov S J. 1951. Notes on Australian Diptera(VI — VIII). *The Annals and Magazine of Natural History*, (12)4:745 - 779.

Paramonov S J. 1953a. Notes on Australian Diptera(IX — XII). *The Annals and Magazine of Natural History*, (12)6:195 - 208.

Paramonov S J. 1953b. Uebersicht der palaearktischen *Toxophora*-Arten (Bombyliidae). *Encyclopédie Entomologique. Series B. II. Diptera*, 11:93 - 117.

Paramonov S J. 1953c. A note on the group *Ligyra*(*Hyperalonia* olim)*venus* Karsch(Diptera: Bombyliidae). *Proceedings of the Royal Entomological Society. London. Series B, Taxonomy*, 22:220 - 222.

Paramonov S J. 1954a. Two new genera of Bombyliidae(Diptera)from the Belgian Congo. *Proceedings of the Royal Entomological Society. London. Series B, Taxonomy*, 23:26 -28.

Paramonov S J. 1954b. Anote on some African species of *Toxophora* Meigen(Diptera: Bombyliidae). *Proceedings of the Royal Entomological Society. London. Series B, Taxonomy*, 23:213 - 214.

Paramonov S J. 1955a. Notes on some African species of *Ligyra* and *Exoprosopa*(Diptera: Bombyliidae). *Proceedings of the Royal Entomological Society. London. Series B, Taxonomy*, 24:58 - 61.

Paramonov S J. 1955b. African species of the *Bombylius discoideus* Fabricius - group(Diptera: Bombyliidae). *Proceedings of the Royal Entomological Society. London. Series B, Taxonomy*, 24:159 - 164.

Paramonov S J. 1957. Zur Kenntnis der Gattung *Spongostylum*(Bombyliidae, Diptera). *Eos*, 33:123 - 155.

Paramonov S J. 1960. Notes on African species of *Eurycarenus* Loew and *Sisyrophanus* Karsch(Diptera: Bombyliidae). *Proceedings of the Royal Entomological Society. London.*

Series B , Taxonomy , 29 : 75 - 76.

Paramonov S J. 1967. A review of the Australian species of *Ligyra* Newman (*Hyperalonia* olim) (Bombyliidae : Diptera). *Australian Journal of Zoology* , 15 : 123 - 144.

Peters W C H. 1862. *Naturwissenschaftliche Reise nach Mossambique auf Befehl seiner Majestät des Königs Friedrich Wilhelm Ⅳ in den Jahren 1842 bis 1848 ausgeführt von Wilhelm C. H. Peters.* Vol. Ⅴ. G. Reimer , Berlin. xxii + 566 p.

Philip C B. 1968. The types of Chilean species of Tabanidae (Diptera) described by Dr. R. A. Philippi. *Revista de Entomologia* , 6 : 7 - 16.

Philippi R A. 1865. *Aufzählung der chilenischen Dipteren.* Gerold's Sohn , Wien [= Vienna]. P. 595 - 782.

Philippi R A. 1873. Chilenische Insekten. *Stettiner Entomologische Zeitung* , 34 : 296 - 316.

Poggi R. 1996. Use of archives for nomenclatural purposes : clarifications and corrections of the dates of issue for volumes 1 - 8 (1870—1876) of the *Annali del Museo civico di Storia naturale di Genova. Archives of Natural History* , 23 : 99 - 105.

Pont A C. 1986. A revision of the Fanniidae and Muscidae described by J. W. Meigen (Insecta : Diptera). *Annalen des Naturhistorisches Museums in Wien. Serie B , Für Botanik und Zoologie* , 87 : 197 - 253.

Pont A C. 1995. The dipterist C. R. W. Wiedemann (1770—1840). His life , work and collections. *Steenstrupia* , 21 : 125 - 154.

Portschinsky J A. 1881. Diptera europaea et asiatica nova aut minus cognita. Pars Ima [part]. *Horae Societas Entomologica Ross* , 16 : 136 - 145.

Portschinsky J A. 1887. Diptera europaea et asiatica nova aut minus cognita. Pars Ⅵ. *Horae Societas Entomologica Ross* , 21 : 176 - 200.

Portschinsky J A. 1892. Diptera europaea et asiatica nova aut minus cognita. Pars Ⅶ. *Horae Societas Entomologica Ross* , 26 : 201 - 227.

Portschinsky J A. 1895. *The parasites of injurious locusts in Russia.* Department of Agriculture , St. Petersburg. 32 p.

Priddy R B. 1954. Three new species of Nearctic *Conophorus. Journal of the Kansas Entomological Society* , 27 : 53 - 56.

Priddy R B. 1958. The genus *Conophorus* in North America. *Journal of the Kansas Entomological Society* , 31 : 1 - 33.

Rafinesque C S. 1815. *Analyse de la nature ou tableau de l'univers et des corps organisés.* Le nature est mon guide , et Linnéus mon maître. [Privately published] , Palermo. 224 p.

Ricardo G. 1901. Notes on Diptera from South Africa [concl.]. *The Annals and Magazine of Natural History* , (7) 7 : 89 - 110.

Ricardo G. 1903. Insecta : Diptera , p. 357 - 378. *In* : Forbes , H. O. , ed. , The natural history of Sokotra and Abd-el-Kuri. Being the report upon the results of the conjoint expedition to these islands in 1898 — 9 , by Mr. W. R. Ogilvie-Grant , of the British Museum , and Dr.

H. O. Forbes, of the Liverpool Museum, together with information from other available sources forming a monograph of the islands. *Bulletin of the Liverpool Museum*, (Special): xlvii + 598 p.

Rigato F. 1995. Sezione di Entomologia, p. 148 - 247. *In*: Leonardi, M., Quaroni, A., Rigato, F. &. S. Scali, La collezione del Museo Civico Storia Naturale di Milano. *Atti della Società Italiana di Scienze Naturali di Milano*, 135: 3 - 296.

Roback S S. 1969. The genera, subgenera, and species described by E. T. Cresson, Jr. 1906—1949. *Transactions of the American Entomological Society*, 95: 517 - 569.

Roberts F H S. 1928a. A revision of the Australian Bombyliidae (Diptera). Part i. *Proceedings of the Linnaean Society of New South Wales*, 53: 90 - 144.

Roberts F H S. 1928b. A revision of the Australian Bombyliidae (Diptera). Part ii. *Proceedings of the Linnaean Society of New South Wales*, 53: 413 - 455.

Roberts F H S. 1929. A revision of the Australian Bombyliidae (Diptera). Ⅲ. *Proceedings of the Linnaean Society of New South Wales*, 54: 553 - 583.

Röder V V. 1887. Eine neue *Exoprosopa* aus Syrien. *Berliner Entomologische Zeitschrift*, 31: 75 - 76.

Röder V V. 1896. *Spongostylum flavipes* nov. spec. Dipt. *Wiener Entomologische Zeitung*, 15: 273.

Rohlfien K and B Ewald. 1980 Katalog der in den Sammlungen der Abteilung Taxonomie der Insekten des Instituts für Pflanzenschutzforschung, Bereich Eberswalde (ehemals Deutsches Entomologisches Institut), aufbewahrten Typen— XⅧ. (Diptera: Brachycera). *Beiträge zur Entomologie*, 29: 201 - 247.

Rondani C. 1848. Esame di varie specie d'insetti ditteri brasiliani. *Studi Entomologici*, 1: 63 - 112.

Rondani C. 1856. *Dipterologiae Italicae prodromus*. Vol: I. *Genera Italica ordinis Dipterorum ordinatim disposita et distincta et in familias et stirpes aggregata*. A. Stoschi, Parmae [= Parma]. 226 + [2] p.

Rondani C. 1863. *Diptera exotica revisa et annotata novis nonnullis descriptis*. E. Soliani, Modena. 99 p.

Rondani C. 1864. Dipterorum species et genera aliqua exotica revisa et annotata novis nonnullis descriptis. *Archivio per la Zoologia, l'Anatomia e la Fisiologia*, 3(1): 1 - 99.

Rondani C. 1868. Diptera aliqua in America meridionali lecta a Prof. A. Strobl annis 1866 et 1867. *Annuario della Società dei Naturalisti e Matematici di Modena*, 3: 24 - 40.

Rondani C. 1873. Muscaria exotica Musei Civici Januensis observata et distincta. Fragmentum Ⅱ. Species aliquae in Oriente lectae a March J. Doria, anno 1862—1863. *Annali del Museo Civico di Storia Naturale di Genova*, 4: 295 - 300.

Rondani C. 1875. Muscaria exotica Musei Civici Januensis observata et distincta. Fragmentum Ⅲ. Species in Insula Bonae fortunae (Borneo), Provincia Sarawak, annis 1865—1868, lectae a March J. Doria et Doct. O Beccari. *Annali del Museo Civico di Storia Naturale di*

Genova, 7:421 - 464.

Rondani C. 1877. Repertorio degli insetti parassiti e delle loro Vittime. Supplemento alla parte prima parassiti muscarii - Diptera. *Bulletino della Societá Entomologica Italiana*, 9:55 - 66.

Rosenhauer W G. 1856. *Die Thiere Andalusiens nach dem Resultate einer Reise zusam-mengestellt, nebst den Beschreibungen von 249 neuen oder bis jetzt noch unbeschriebenen Gattungen und Arten*. T. Blaesing, Erlangen. viii+429 p.

Rossi P. 1790. *Fauna etrusca, sistens Insecta quae in provinciis Florentinâ et Pisanâ praeser-tim collegit. Tome secundus*. T. Masi, Liburni[=Livorno]. 328 p.

Rossi P. 1794. *Mantissa insectorum exhibens species nuper in Etruria collectas a Petro Rossio adiectis faunae etruscae illustrationibus ac emendationibus*. Tomus secundus. Polloni [& Prosperi], Pisis[=Pisa]. 154 p.

Ruthe J F. 1831. Einige Bemerkungen und Nachträge zu Meigen's "Systematischer Beschrei-bung der europäischen zweiflugeligen Insecten". *Isis von Oken*, 1831:1203 - 1212.

Sabrosky C W. 1961. Rondani's "Dipterologiae Italicae Prodromus". *Annals of the Entomo-logical Society of America*, 54:827 - 831.

Sack P. 1906. Diptera, p. 468 - 471. *In*: Graeffe, E., Beiträge zur Insectenfauna von Tunis. *Ver-handlungen der Zoologische-Botanische Gesellschaft. In Wien*, 56:446 - 471.

Sack P. 1909. Die palaearktischen Spongostylinen. *Abh. Senckenb. Naturforsch. Ges*, 30: 501 -548.

Sánchez-Terrón A. 1990. Descripción de una nueva especie de Bombyliidae, *Exoprosopa bow-deni* n. sp., de las Islas Baleares. *Eos*, 65[1989]:265 - 271.

Santos A E. 1926. Monografía de los bombylidos de las Islas Canarias. *Mem. R. Acad. Cienc. Artes, Barcelona*, (3)20:43 - 107.

Saunders W W. 1842. Descriptions of four new dipterous insects from central and northern India. *Transactions of the Entomological Society of London*, 3[1841]:59 - 61.

Say T. 1823 *American entomology, or descriptions of the insects of North America*; illustra-ted by coloured figures from original drawings executed from nature. [Vol. I]. S. A. Mitchell, Philadelphia. [101]p., pls. 1 - 18.

Say T. 1824. Appendix. Part I. —Natural history. § 1. Zoology, p. 253 - 378. In: Keating, W. H., *Narrative of an expedition to the source of St. Peter's River, Lake Winnepeek, Lake of the Woods, &c. &c. performed in the year 1823, by order of the Hon. J. C. Calhoun, Secretary of War, under the command of Stephen H. Long, Major U. S. T. E. Compiled from the notes of Major Long, Messrs. Say, Keating, and Calhoun*. Vol. 2. H. C. Carey & I. Lea, Philadelphia. vi+459 p.

Say T. 1829. Descriptions of North American dipterous insects. *Journal of the Academy of Natural Sciences of Philadelphia*, 6:149 - 178.

Scarbrough A G and D A Davidson. 1985. Review of the Caribbean *Geron* Meigen(Diptera: Bombyliidae). *Journal of the New York Entomological Society*, 93:1240 - 1260.

Schaeffer J C. 1766. *Icones insectorvm circa Ratisbonam indigenorvm coloribvs natvram referentibvs expressae. Natürlich ausgemahlte Abbildungen regensburgischer Insecten.* Volvm. Ⅰ. Pars Ⅰ. Ersten Bandes erster Theil. H. G. Zunkel, Ratisbonae [= Regensburg]. v+50 p. , pls. 1 - 50.

Schaeffer J C. 1768. *Icones insectorvm circa Ratisbonam indigenorvm coloribvs natvram referentibvs expressae. Natürlich ausgemahlte Abbildungen regensburgischer Insecten.* Volvm. Ⅰ. Pars Ⅱ. Ersten Bandes 2. Theil. H. G. Zunkel, Ratisbonae [= Regensburg]. vi+50+[12]p. , pls. 51 - 100.

Schaeffer J C. 1769. *Icones insectorvm circa Ratisbonam indigenorvm coloribvs natvram referentibvs expressae. Natürlich ausgemahlte Abbildungen regensburgischer Insecten.* Volvm. Ⅱ. Pars Ⅰ. Zweiten Bandes 1. Theil. iv+50p. , pls. 101 - 150. H. G. Zunkel, Ratisbonae [= Regensburg]. vi+50+[12]p. , pls. 51 - 100.

Schaeffer J C. 1779. *Icones insectorvm circa Ratisbonam indigenorvm coloribvs natvram referentibvs expressae. Natürlich ausgemahlte Abbildungen regensburgischer Insecten.* Volvm. Ⅲ. & ultimum. Dritter und letzter Band. Weiss, Ratisbonae [= Regensberg]. iv+80+[6]p. , pls. 201 - 280.

Schiner I R. 1860a. Vorläufiger Commentar zum dipterologischen Theile der "Fauna austriaca," mit einer näheren Begründung der in derselben aufgenommenen neuen Dipteren Gattungen. 1. *Wiener Entomologische Monatschrift*, 4:47 - 55.

Schiner I R. 1860b. *Fauna Austriaca. Die Fliegen. (Diptera). Nach der analytischen Methode bearbeitet von J. Rudolf Schiner. Mit der Charakteristik sämmtlicher europäischer Gattungen, der Beschreibung aller in Deutschland vorkommenden Arten und dem Verzeichnisse der beschriebenen europäischen Arten.* Theil I, Heft 1. C. Gerold's Sohn, Wien [= Vienna]. P. 1 - 72.

Schiner I R. 1868a. Zweiter Bericht über die von der Weltumseglungsreise der k. Fregatte *Novara* mitgebrachten Dipteren. Section: 1. Diptera. orthorhapha. *Verhandlungen der Zoologische-Botanische Gesellschaft. In Wien*, 17:303 - 314.

Schiner I R. 1868b. Diptera. *In: Reise der österreichischen Fregatte Novara um die Erde in den Jahren 1857, 1858, 1859, unter den Befehlen des Commodore B. von Wüllerstof-Urbair.* Zoologischer Theil. Zweiter Band. 1. Abtheilung. B. K. Gerold's Sohn, Wien [= Vienna]. vi+388 p.

Schomburgk R. 1849. *Reisen in Britisch-Guiana in den Jahren 1840—1844. Im Auftrag S. r Majestät des Königs von Preussen ausgeführt von Richard Schomburgk. Nebst einer Fauna und Flora Guianas nach Vorlagen von Johannes Müller, Ehrenberg, Erichson, Klotzsch, Troschel, Cabanis und Andern. Mit Abbildungen und einer Karte von Britisch-Guiana aufgenommen von Sir Robert Schomburgk.* Theil 3. "1848." J. J. Weber, Leipzig. viii+[i]+531~1260+[2]p.

Schrank F V P. 1781. *Envmeratio insectorvm Avstriae indigenorvm.* V. E. Klett & Franck, Avgvstiae Vindelicorvm [= Augsburg]. xxiv+548+[4]p.

Schrank F V P. 1803. *Favna Boica. Durchgedachte Geschichte der in Baiern einheimischen und zahmen Thiere.* Dritten und lezten Bandes. Erste Abtheilung. viii+272 p. P. Krüll, Landshut.

Scopoli J A. 1763. *Entomologia carniolica exhibens insecta carnioliae, indigena et distributa in ordines, genera, species, varietates, methodo Linnaeana.* I. T. Trattner, Vindobonae [=Vienna]. [30]+420 p.

Scopoli J A. 1771. *Annus historico-naturalis.* Annus V. "1772". C. G. Hilscher, Lipsiae [= Leipzig]. 128 p.

Séguy E. 1926. *Faune de France.* Vol. 13. Diptères(brachycères)(Stratiomyiidae, Erinnidae, Coenomylidae, Rhagionidae, Tabanidae, Codidae, Nemestrinidae, Mydaidae, Bombyliidae, Therevidae, Omphralidae). Lechevalier, Paris. 308 p.

Séguy E. 1929. Description d'un *Heterotropus* africain. *Encyclopédie Entomologique. Series B.* Ⅱ. *Diptera*, 5:62.

Séguy E. 1930a. Note sur quatre toxophorines de l'Amérique centrale et meridionale. *Revista Chileña de Historia Natural pura y aplicada, dedicada al fomento y cultivo de las ciencias naturales en Chile*, 33:532 - 536.

Séguy E. 1930b. Contribution à l'étude des diptères du Maroc. *Mémoires de la Société des Sciences Naturelles de Maroc*, 24:1 - 206.

Séguy E. 1931a. Contribution à l'étude de fauna de Mozambique. Voyage de M. P. Lesne 1928— 1929. 3e note. —Diptères (Ire partie). *Bulletin de la Muséum National d'Histoire Naturell*, (2)3:113 - 124.

Séguy E. 1931b. Un nouvel *Heterotropus* de Tunisie. *Annales de la Société Entomologique de France*, 100:106.

Séguy E. 1932. Diptères nouveaux ou peu connus. *Encyclopédie Entomologique. Series B.* Ⅱ. *Diptera*, 6:125 - 132.

Séguy E. 1933. Contributions à l'étude de fauna de Mozambique. Voyage de M. P. Lesne 1928—1929. 13e note. —Diptères(2e partie). *Memorias e Estudios do Museo Zoologico da Universidade de Coimbra*, 67:5 - 80.

Séguy E. 1934a. Une nouvelle spèce de *Toxophora* de Madagascar. *Terre Vie*, 4:366 - 367.

Séguy E. 1934b. Diptères d'Espagne. Étude systematique basée principalement sur les collections formée par le R. P. Longin Navas, S. J. *Mem. Acad. Cienc. Exactas Fis. -Quim. Nat. Zaragoza*, 3:1 - 54.

Séguy E. 1934c. Diptères d'Afrique. *Encyclopédie Entomologique. Series B.* Ⅱ. *Diptera*, 7:63 -80.

Séguy E. 1934d. Une nouvelle espèce d'*Exoprosopa* (Bombyliidae) hyperparasite d'un *Hoplochelus* de Nossi-Bé. *Encyclopédie Entomologique. Series B.* Ⅱ. *Diptera*, 7:166.

Séguy E. 1935. Étude sur quelques diptères nouveaux de la Chine orientale. *Notes d'Entomologie Chinoise Musée Huede*, 2:175 - 184.

Séguy E. 1938a. Diptera I. Nematocera et Brachycera. Mission scientifique de l'Omo. *Mémoires. Museum National d'Histoire Naturelle Paris*, 8: 319 - 380.

Séguy E. 1938b. Étude sur les diptères recueillis par M. H. Lhote dans le Tassili des Ajjer(Sahara Touareg). *Encyclopédie Entomologique. Series B.* Ⅱ. *Diptera*, 9: 37 - 45.

Séguy E. 1941a. Diptères recueillis par M. L. Chopard d'Alger a la Côte d'Ivoire. *Annales de la Société Entomologique de France*, 109[1940]: 109 - 130.

Séguy E. 1941b. Diptères recueillis par M. L. Berland dans le Sud-Marocain. *Annales de la Société Entomologique de France*, 110: 1 - 23.

Séguy E. 1949. Diptères du Sud-Marocain(Vallée du Draa) recueillis par M. L. Berland en 1947. *Revue Française Entomologique*, 16: 152 - 161.

Séguy E. 1963a. *Cephenius* nouveaux de la Chine centrale(Ins. Dipt. bombyliides). *Bulletin de la Muséum National d'Histoire Naturell*, 35: 78 - 81.

Séguy E. 1963b. Note sur les diptères bombyliides d'Asie orientale. *Bulletin de la Muséum National d'Histoire Naturell*, 35: 151 - 157.

Séguy E. 1963c. Microbombyliides de la Chine paléarctique(insectes diptères). *Bulletin de la Muséum National d'Histoire Naturell*, 35: 253 - 256.

Senior-White R. 1922. New Ceylon Diptera. (Part Ⅱ.). *Spolia Zeylanica*, 12: 195 - 206.

Senior-White R. 1923. *Catalogue of Indian insects*. Part 3—Bombyliidae. Government Printing, Calcutta. 31 p.

Senior-White R. 1924. New Ceylon Diptera. (Part Ⅲ.). *Spolia Zeylanica*, 12: 375 - 406.

Shannon R C. 1916. Two new North American Diptera. *Insecutor Inscitiae Menstruus*, 4: 69 - 72.

Sherborn C D. 1932. *Index animalium sive index nominum quae ab A. D. MDCCL Ⅷ generibus et speciebus animallum imposita sunt. Sectio secunda. A kalendid lanuarlis, MDCCCI usque ad finem decembris, MDCCCL. Epilogue, additions to bibliography, additions and corrections, and index to trivialia. Index to trivialia under genera(Atherina-Dia)*, p. 209 - 416. British Museum, London. cxlviii+1,098 p.

Shiraki T. 1932. Bombyliidae. p. 122 - 126. *In*: Esaki, T., H. Hori, S. Hozawa, T. Ishii, S. Issiki, A. Kawada, T. Kawamura, S. Kinoshita, K. Kishida, M. Koidzumi, T. Kojima, I. Kuwana, S. Kuwayama, N. Marumo, Y. Niijima, K. Oguma, K. Okamoto, O. Shinji, T. Shiraki, R. Takahashi, S. Uchida, M. Ueno, S. Yamada, M. Yano, K. Yokoyama & H. Yuasa, eds., *Iconografia Insectorum Japonicorum*. Edito prima. Hokuryukan, Tokyo. 2, 241 p.

Snellen von Vollenhoven S C. 1863. Beschrijving van eenige nieuwe soorten van Diptera. *Verslagen en Mededelingen der Koninklijke Akademie van Wetenschappen (Afdeling Natuurkunde)*, Amsterdam, 15: 8 - 18.

Speiser P G E. 1910. Orthorhapha. Orthorrhapha Brachycera, p. 65 - 112. *In*: Sjöstedt, B. Y., ed., *Wissenschaftliche Ergebnisse der Schwedischen Zoologischen Expedition nach dem Kilimandjaro, dem Meru und den umgebenden Massaisteppen Deutsch-Ostafrikas 1905—1906 unter Leitung von Prof. Dr. Yngve Sjöstedt. 2. Band. [Abteilung]10(Dip-*

tera). Palmquist,Stockholm. 206 p.

Speiser P G E. 1914. Beiträge zur Dipterenfauna von Kamerun. Ⅱ. *Deutsche Entomologische Zeitschrift*,1914:1-16.

Speiser P G E. 1920. Zur Kenntnis der Dipteren Orthorrhapha Brachycera. *Zoologische Jahrbücher. Abteilung für Systematik*,43:195-220.

Speiser P G E. 1924. Eine Übersicht über die Dipterenfauna Deutsch-Ostafrikas,p. 90-156. *In*:Braun,M. C. G. C. ,*Beiträge aus der Tierkunde. Herrn Geh. Regierungsrat Prof. Dr. med. et phil. M. Braun aus Anlass seines goldenen medizinischen Doktor-Jubiläums als Festgabe dargebracht von Schülern und Freunden.* Gräfe & Unzer,Königsberg[= Kaliningrad]. iii+156 p.

Stafleu F A and R S Cowan. 1976. *Taxonomic literature. A selective guide to botanical publications and collections,with dates,commentaries and types.* Vol. 1:A—G. Second edition. Regnum vegetable 94. Bohn,Scheltema & Holkema,Utrecht. xl+1,136 p.

Stafleu F A and R S Cowan. 1983. *Taxonomic literature. A selective guide to botanical publications and collections,with dates,commentaries and types.* Vol. Ⅳ:P-Sak. Second edition. Regnum vegetable 110. Bohn,Scheltema & Holkema,Utrecht; W. Junk,The Hague,Boston. ix+1,214 p.

Statz G. 1940. Neue Dipteren(Brachycera et Cyclorhapha)aus dem Oberoligocän von Rott. *Palaeontographica*(A),91:120-174.

Statz G. 1967. List of Egyptian Diptera with a bibliography and key to families. *United Arab Republic Ministry of Agriculture,Technical Bulletin*,3,87 p.

Strand E. 1928. Miscellanea nomenclatoria zoologica et paleontologica. 1-11. *Archiv für Naturgeschichte,Abteilung A*,92(8):30-75.

Strobl G. 1898. Die Dipteren von Steiermark. Ⅳ. Theil. Nachträge. *Mitt. Naturwiss. Ver. Steiermark*,34:192-298.

Strobl G. 1902. [New contributions on the Diptera fauna of the Balkan Peninsula]. *Glasnik Zemaljskog Museja u Bosni i Hercegovini*,14(3-4):461-517.

Strobl G. 1906. Spanische Dipteren. Ⅱ. Beitrag. *Memorias de Real Sociedad Español de Historia Natural*,3(5)[1905]:271-422.

Stuardo O C. 1946. *Catalogo de los dipteros de Chile.* Ministério de Agricutura,Santiago. 250+[3]p.

Study E. 1926. Ueber einige mimetische Fliegen. *Zoologische Jahrbücher. Abteilung für Allgemeine Zoolgie und Physiologie der Tiere*,42:421-427.

Sturm J. 1818. Verzeichnis einiger zum Austausch oder Verlauf vorrathiger Insecten. *Isis von Oken*,1818:923-998.

Sulzer J H. 1761. *Die Kennzeichen der Insekten,nach Anleitung des Königl. Schwed. Ritters und Leibarzts Karl Linnaeus,durch* ⅩⅩⅣ. *Kupfertafeln erläutert und mit derselben natürlichen Geschichte begleitet von J. H. Sulzer....Mit einer Vorrede des Herrn Johannes Geßners.* Heidegger und Comp. ,Zürich. xxviii+203+68 p. ,24 pls.

450

Sulzer J H. 1776. *Abgekürzte Geschichte der Insecten nach dem Linnaeischen System*. Vol. I. H. Steiner & Comp. , Winterthur. xxviii+274 p.

Szilády Z. 1942. Ostafrikanische Syrphiden und Bombyliiden(Dipt.)im ungarischen National-museum. *Termeszettudomanyi Muzeum Evkonyve* ,1903－1964/*Annales Historico-Naturales Musei Nationalis Hungarici* ,(Zool.)35:91 - 101.

Tabet A B. 1979. The bee flies of Idaho. Ph. D. dissertation, University of Idaho, Moscow. xxii+595 p.

Tabet A B and J C Hall. 1987. *The Bombyliidae of Deep Canyon*. Part Ⅱ. Al-Fateh University Publications, Tripoli, Libya. 176 p.

Theodor O. 1983. *The genitalia of Bombyliidae (Diptera)*. Israel Academy of Sceinces and Humanities, Jerusalem. 275 p.

Thompson F C. 1988. Syrphidae(Diptera)described from unknown localities. *Journal of the New York Entomological Society* ,96:200 - 226.

Thompson F C and A C Pont. 1994. *Systematic database of Musca names(Diptera). A catalog of names associated with the genus-group name Musca Linnaeus ,with information on their classification ,distribution ,and documentation.* "1993". Theses Zoologicae 20. Koeltz Scientific, Koeningstein. 219+[2]p.

Thomson C G. 1869. Diptera. Species nova descripsit, p. 443 - 614. *In: Kongliga svenska fregatten Eugenies resa omkring jordan under befäl af C. A. Virgin ,åren 1851—1853.* Vol. 2(Zoologi) ,[section]1,(Insecta). P. A. Norstedt & Söner, Stockholm. 617 p.

Thunberg C P. 1789. *D. Museum Naturalium Academiae Upsaliensis. Cujus partem septimam.* Resp. J. Branzell. J. Edman, Upsaliae[＝Uppsala]. [ii]+p. 85 - 94.

Thunberg C P. 1827. Tanyglossae septendecim novae species descriptae. *Nova Acta Regia Societatis Scientiarum Upsaliensis* ,9:63 - 75.

Timon-David J. 1952. Contribution à la connaissance de las fauna entomologique du Maroc. Diptera: Asilidae, Bombyliidae, Nemestrinidae et Syrphidae. *Bulletin de la Société des Sciences Naturelles de Maroc* ,31:131 - 148.

Tonnoir A L. 1927. Descriptions of new and remarkable New Zealand Diptera. *Records of the Canterbury Museum* ,3:101 - 112.

Townsend C H T. 1901. New and little known Diptera from the Organ Mountains and vicinity in New Mexico. *Transactions of the American Entomological Society* ,27:159 - 164.

Tsacas L. 1962. Contribution à la connaissance des diptères de Grèce. Ⅲ. —Bombyliidae de Macédonie. *Revue Française Entomologique* ,29:287 - 305.

Tucker E S. 1907. Some results of desultory collecting of insects in Kansas and Colorado. *Kansas University Science Bulletin* ,4:51 - 112.

Venturi F. 1948. Notulae Dipterologicae. Ⅱ. Sulla distribuzione geografica e cronologica delle *Usia* (Dipt. Bombyliidae)in Italia. *Redia* ,33:127 - 142.

Verrall G H. 1909a. *British flies*. Vol. Ⅴ. Stratiomyidae and succeeding families of the Diptera Brachycera of Great Britain. Gurney & Jackson, London. [vii]+780 p.

Verrall G H. 1909b. *Systematic list of the Palaearctic Diptera Brachycera. Stratiomyidae, Leptidae, Tabanidae, Nemestrinidae, Cyrtidae, Bombylidae, Therevidae, Scenopinidae, Mydaidae, Asilidae.* Gurney & Jackson, London. 34 p.

Villeneuve J. 1904. Contribution au catalogue des diptères de France[part]. *Feuille des Jeunes Naturalistes*, 34:69 - 73.

Villeneuve J. 1910. Diptères nouveaux du nord de l'Afrique. *Wiener Entomologische Zeitung*, 29:301 - 304.

Villeneuve J. 1911. *Description d'un espèce nouvelle de diptère du genre* Lomatia *Meig. recueillie par M. Henri Gadeau de Kerville en Syrie.* Lecerf fils, Rouen. 4 p.

Villeneuve J. 1912. Diptères nouveaux recueillis en Syrie par M. Henri Gadeau de Kerville et descrits. *Bulletin de la Société Amis des Sciences Naturelles de Rouen*, 47:40 - 55.

Villeneuve J. 1913. Description d'un espèce nouvelle de diptère du genre *Lomatia* Meig. recueillie par M. Henri Gadeau de Kerville en Syrie. *Bulletin de la Société Amis des Sciences Naturelles de Rouen*, 47:73 - 77.

Villeneuve J. 1920. Diptères palaearctiques nouveaux ou peu connus. *Annales de la Société Entomologique de Belgique*, 60:114 - 120.

Villeneuve J. 1930. Diptères inedits. *Bulletin et Annales de la Société Société Royale d'Entomologique de Belgique*, 70:98 - 104.

Villeneuve J. 1932. Descriptions des diptères nouveaux du Nord Africain. *Bulletin de la Société Entomologique de France*, 37:32 - 34.

Villers C J. 1789. *Caroli Linnaei entomologia, faunae Suecicae descriptionibus aucta; DD. Scopoli, Geoffroy, de Geer, Fabricii, Schrank, &c. speciebus vel in systemate non enumeratis, vel nuperrime detectis, vel speciebus Galliae australis locupletata, generum specierumque rariorum iconibus ornata; curante & augente Carolo de Villers, Acad. Lugd. Massil. Villa-Fr. Rhotom. necnon Geometriae Regio Professore.* Tomus tertius. Piestre et Delamolliere, Lugduni[= Lyon]. xxiv+657 p., pls. 7 - 10.

Walker F. 1835. Characters of some undescribed New Holland Diptera. *The Entomological Magazine*, London, 2:468 - 473.

Walker F. 1849. *List of the specimens of dipterous insects in the collection of the British Museum.* Parts Ⅱ — Ⅳ. British Museum, London. P. 231 - 1172.

Walker F. 1850. Characters of undescribed Diptera in the British Museum[part]. *Zoologist*, 8 (Appendix):xcv-xcix.

Walker F. 1851. *Insecta Britannica, Diptera.* Vol. 1. Reeve & Benham, London. vi+313+[1] p., pls. 1 - 10.

Walker F. 1852. Vol. 1. Diptera[Part 3], p. 157 - 252. *In: Insecta Saundersiana: or characters of undescribed insects in the collection of William Wilson Saunders, Esq., F. R. S., F. L. S., & c.* Van Voorst, London.

Walker F. 1856a. Catalogue of the dipterous insects collected in Singapore and Malacca by Mr. A. R. Wallace, with descriptions of new species. *Proceedings of the Linnaean Socie-*

ty,London(Series Zoology),1:4 - 39.

Walker F. 1856b. Catalogue of the dipterous insects collected at Sarawak,Borneo,by Mr. A. R. Wallace,with descriptions of new species. *Proceedings of the Linnaean Society*,London(Series Zoology),1:105 - 136.

Walker F. 1857. Characters of undescribed Diptera in the collection of W. W. Saunders,Esq. , F. R. S. ,&c. [part]. *Transactions of the Entomological Society of London*(n. s.),4: 119 - 158.

Walker F. 1858. Catalogue of the dipterous insects collected in the Aru Islands by Mr. A. R. Wallace,with descriptions of new species[part]. *Proceedings of the Linnaean Society*, London(Series Zoology),3:77 - 110.

Walker F. 1859. Catalogue of the dipterous insects collected at Makessar in Celebes,by Mr. A. R. Wallace,with descriptions of new species[part]. *Proceedings of the Linnaean Society*,London(Series Zoology),4:97 - 144.

Walker F. 1860a. Catalogue of the dipterous insects collected in Amboyna by Mr. A. R. Wallace,with descriptions of new species. *Proceedings of the Linnaean Society*, London (Series Zoology),5:144 - 168.

Walker F. 1860b. Characters of undescribed Diptera in the collection of W. W. Saunders, Esq. ,F. R. S. ,&c. [part]. *Transactions of the Entomological Society of London*(2), 5:268 - 296.

Walker F. 1864. Catalogue of the dipterous insects collected at Waigiou,Mysol,and North Ceram,by Mr. A. R. Wallace,with descriptions of new species. *Proceedings of the Linnaean Society*,London(Series Zoology),7:202 - 238.

Walker F. 1865. Descriptions of new species of the dipterous insects of New Guinea. *Proceedings of the Linnaean Society*,London(Series Zoology),8:109 - 130.

Walker F. 1871a. List of Diptera collected in Egypt and Arabia,by J. K. Lord,Esq. ,with descriptions of the species new to science[part]. *Entomologist*,5:255 - 263.

Walker F. 1871b. List of Diptera collected in Egypt and Arabia,by J. K. Lord,Esq. ,with descriptions of the species new to science[part]. *Entomologist*,5:271 - 275.

Waltl J. 1835. *Reise durch Tyrol，Oberitalien und Piemont nach dem südlichen Spanien.* Zweiter Theil. Ueber die Thiere Andalusiens. Pustet,Passau. 247+120 p.

Waterhouse C O. 1906. Alphabetical list of the previous owners of collections of insects which contained types when acquired by the museum:with which are incorporated the names of the chief authors of types preserved in the museum,p. 579 - 601. *In*:Gunther,A. C. L. G. ,*The history of the collections contained in the natural history departments of the British Museum*. Volume Ⅱ. Separate historical accounts of the several collections included in the Department of Zoology from 1856 to 1895. British Museum(Natural History),London.

Webb P B and S Berthelot. 1839. *Histoire naturelle des Iles Canaries. Tome deuxième. Deuxième partie. Contenant la Zoologie.* [Entomologie.][Livraison 42:pl. 4; Livraison

44:p. 89 - 119.]Béthune,Paris. 119 p.

Weber F. 1795. *Nomenclator entomologicus secundum entomologiam systematicam ill. Fabricii adjectis speciebus recens detectis et varietatibus*. C. E. Bohnii,Chilonii et Hamburgii [=Kiel & Hamburg]. 171 p. (31 December+)1801 *Observationes entomologicae,continentes novorvm qvae condidit genervm characteres,et nvper detectarvm speciervm descriptiones*. Bibliopolii Academici Novi,Kiliae[=Kiel]. xii+116+[1]p.

Westwood J O. 1835. Insectorum nonnullorum exoticorum(ex ordines Dipterorum)descriptiones. *London and Edinburgh Philosophical Magazine*,(3)6:447 - 449.

Westwood J O. 1840. Order Ⅷ. Diptera Aristotle. (Antliata Fabricius. Halteriptera Clairv.), p. 125 - 154. *In his:An introduction to the modern classification of insects;founded on the natural habits and corresponding organisation of the different families*. Synopsis of the genera of British insects. Longman,Orme,Brown,Green and Longmans,London. 158 p.

Westwood J O. 1842. Generis Dipterorum monographia Systropi. *Magasin de Zoologie*,(2)29:pl. 90,p. 1 - 4.

Westwood J O. 1850. Diptera nonulla exotica descripta. *Transactions of the Entomological Society of London*,5[1849]:231 - 236.

Westwood J O. 1876. Notae Dipterologicae. No. 4. —Monograph of the genus *Systropus*,with notes on the economy of a new species of that genus. *Transactions of the Entomological Society of London*,1876:571 - 579.

Wheeler G D C. 1912. On the dates of publication of the Entomological Society of London. *Transactions of the Entomological Society of London*,1911:750 - 767.

White A. 1916. The Diptera-Brachycera of Tasmania. Part Ⅲ. Families Asilidae,Bombylidae,Empidae,Dolichopodidae,& Phoridae. *Papers & Proceedings of the Royal Tasmanian Society*,1916:148 - 266.

Wiedemann C R W. 1817. Ueber einige neue Fliegen-Gattungen. *Zoologisches Magazin*,1(1):57 - 61.

Wiedemann C R W. 1818a. Aus Pallas dipterologischen Nachlasse. *Zoologisches Magazin*,1(2):1 - 40.

Wiedemann C R W. 1818b. Neue Insecten vom Vorgebirge der guten Hoffnung. *Zoologisches Magazin*,1(2):40 - 48.

Wiedemann C R W. 1819a. Beschreibung neuer Zweiflügler aus Ostindien und Afrika. *Zoologisches Magazin*,1(3):1 - 39.

Wiedemann C R W. 1819b. Brasilianische Zweiflügler. *Zoologisches Magazin*,1(3):40 - 56.

Wiedemann C R W. 1820. *Munus rectoris in Academia Christiano-Albertina interum aditurus nova dipterorum genera*. Holsatorum,Kiliae[=Kiel]. viii+23 p.

Wiedemann C R W. 1821a. *Diptera exotica*. [Ed. 1]. Sectio Ⅱ. Antennis parumarticulatis. Kiliae[=Kiel]. iv+101 p.

Wiedemann C R W. 1821b. *Diptera exotica*. [Ed. 2]. Pars I. Tabulis aeneis duabus. Kiliae[=

454

Kiel]. xix+244 p.

Wiedemann C R W. 1824. *Munus rectoris in Academia Christiana Albertina aditurus analecta entomologica ex Museo Regio Havniensi maxime congesta profert iconibusque illustrat.* Kiliae[＝Kiel]. 60 p.

Wiedemann C R W. 1828. *Aussereuropäische zweiflügelige Insekten. Als Fortsetzung des Meigenschen Werkes.* Erster Theil. Schulz, Hamm. xxxii+608 p.

Wiedemann C R W. 1830. *Aussereuropäische zweiflügelige Insekten. Als Fortsetzung des Meigenschen Werkes.* Zweiter Theil. Schulz, Hamm. xii+684 p.

Williston S W. 1893a. New or little known Diptera. *Kansas University Quarterly*, 2: 59 - 78.

Williston S W. 1893b. List of Diptera of the Death Valley Expedition. *North Am. Fauna*, 7: 235 - 259.

Williston S W. 1894a. Errata. *Kansas University Quarterly*, 2: [unpaginated tip in sheet].

Williston S W. 1894b. On the genus *Dolichomyia*, with the description of a new species from Colorado. *Kansas University Quarterly*, 3: 41 - 43.

Williston S W. 1895. New Bombyliidae. *Kansas University Quarterly*, 3: 267 - 269.

Williston S W. 1896. *Manual of the families and genera of North American Diptera.* Second ed. Rewritten and enlarged. J. T. Hathaway, New Haven, Connecticut. liv+167 p.

Williston S W. 1899. On the genus *Thlipsogaster* Rond. *Psyche*, 8: 331 - 332.

Williston S W. 1901a. Supplement, p. 265 - 272. *In*: Godman, F. D. & O. Salvin, eds., *Biologia Centrali-Americana. Zoologia.* Insecta. Diptera. Vol. 1. Taylor & Francis, London.

Williston S W. 1901b. Supplement, p. 273 - 296. *In*: Godman, F. D. & O. Salvin, eds., *Biologia Centrali-Americana. Zoologia.* Insecta. Diptera. Vol. 1. Taylor & Francis, London.

Williston S W. 1907. Dipterological notes. *Journal of the New York Entomological Society*, 15: 1 - 2.

Williston S W. 1908. *Manual of North American Diptera.* Third edition. J. T. Hathaway, New Haven, Connecticut. 405 p.

Wulp F M V. 1867. Eenige Noord-Amerikaansche Diptera. *Tijdschrift voor Entomologie*, 10: 125 - 164.

Wulp F M V. 1869. Diptera uit den Oost-Indischen Archipel. *Tijdschrift voor Entomologie*, 11: 97 - 119.

Wulp F M V. 1880. Eenige Diptera van Nederlandsch Indië. *Tijdschrift voor Entomologie*, 23: 155 - 194.

Wulp F M V. 1881. Amerikaansche Diptera. *Tijdschrift voor Entomologie*, 24: 141 - 168.

Wulp F M V. 1882. Amerikaansche Diptera [No. 2.]. *Tijdschrift voor Entomologie*, 25: 77 -136.

Wulp F M V. 1885a. On exotic Diptera. Part 2[part]. *Notes from the Leyden Museum*, 7: 57 - 64.

Wulp F M V. 1885b. On exotic Diptera. Part 2[concl.]. *Notes from the Leyden Museum*, 7: 65 - 86.

Wulp F M V. 1888a. Nieuwe Argentijnsche Diptera. *Tijdschrift voor Entomologie*, 31:

359 -376.

Wulp F M V. 1898b. Dipteren aus Neu-Guinea in der Sammlung des Ungarischen National-Museums. *Természetrajzi Füzetek* ,21:409 - 426.

Yang C K. 1995. Diptera:Bombyliidae,p. 230 - 234. *In*:Zhu,T. ,ed. ,[*Insects and macrofungi of Gutianshan*,*Zhejiang*]. Technology Publishing House,Hangzhou. 1 - 474. [杨集昆. 1995. 双翅目:蜂虻科. 230～234. 见:朱廷安,1995. 浙江古田山昆虫和大型真菌. 杭州:浙江科学技术出版社. 1 - 474.]

Yang C K and J P Du. 1991. Notes on *Systropus* of Fujian Province,with descriptions of two new species(Diptera:Bombyliidae). *Wuyi Science Journal* ,8:67～70. [杨集昆,杜进平. 1991. 福建省姬蜂虻属记要及二新种描述(双翅目:蜂虻科). 武夷科学,8:67 - 70.]

Yang C K and D Yang. 1992. A study on Chinese *Geron* Meigen(Diptera:Bombyliidae). *Entomotaxonomica* 14:206 - 208. [杨集昆,杨定 1992. 中国驼蜂虻属研究(双翅目:蜂虻科). 昆虫分类学报,14:206 - 208.]

Yang C K and D Yang. 1994. Two new species of Usiinae(Diptera:Bombyliidae)from China. *Entomotaxonomica* 16:272 - 274. [杨集昆,杨定 1992. 中国乌蜂虻亚科二新种记述(双翅目:蜂虻科). 昆虫分类学报,16:272 - 274.]

Yang D and C K Yang. 1991. New and little-known species of *Systropus* from Guizhou Province(Diptera:Bombyliidae). *Guizhou Science*. 9:81 - 83. [杨定,杨集昆. 1991. 贵州姬蜂虻新种及新纪录(双翅目:蜂虻科). 贵州科学,9:81 - 83.]

Yang D and C K Yang. 1995. Diptera:Bombyliidae,p. 496 - 498. *In*: *Insects of Baishanzu Mountain* ,*eastern China*. China Forestry Publishing House,Beijing. 1 - 586. [杨定,杨集昆. 1995. 双翅目:蜂虻科. 496～498. 见:吴鸿,1995. 华东百山祖昆虫. 北京:中国林业出版社. 1 - 586.]

Yang D and C K Yang. 1997. Diptera:Bombyliidae:Systropodinae. 1466～1468. *In*:Yang X. -k. ,*Insects of the Three Gorge Reservoir Area of Yangtze River*. Part 2. Chongqing Publishing House,Chongqing. 975 - 1847. [杨定,杨集昆. 1997. 双翅目:蜂虻科:姬蜂虻亚科. 1466 - 1468. 见:杨星科主编,1997. 长江三峡库区昆虫,上册. 重庆:重庆出版社. 975 - 1847.]

Yang D and C K. Yang 1998a. The species of the genus *Systropus* from Guizhou. *Guizhou Science* ,16:36 - 39. [杨定,杨集昆. 1998. 贵州姬蜂虻研究(双翅目:蜂虻科). 贵州科学,16:36 - 39.]

Yang D and C K Yang. 1998. One new species of *Systropus* from Henan(Diptera:Bombyliidae). 90～91. In:Shen X. - c & Shi Z. - y. ,*The fauna and taxonomy of insects in Henan*. Vol. 2. Insects of the Funiu Mountains Region(1). China Agricultural Scientech Press,Beijing. 1 - 368. [杨定,杨集昆. 1998. 河南省姬蜂虻属一新种. 90 - 91. 见:申效城,时振亚主编,1998. 河南昆虫区系分类研究. 第二卷. 伏牛山区昆虫(一). 北京:中国农业科学技术出版社. 1 - 368.]

Yao G,J P Du,C K Yang,W N Cui and D Yang. 2009. Bombyliidae. 312～324. *In*:Yang D. Fauna of Hebei(Diptera). China Agricultural Science and Technology Press,Beijing. 1～

863.〔姚刚,杜进平,杨集昆,崔维娜,杨定.2009.蜂虻科.312～324.见:杨定,2009.河北动物志 双翅目.北京:中国农业科学技术出版社.1-863.〕

Yao G and D Yang. 2008. Two new species of *Hemipenthes* Loew,1869 from Oriental China (Diptera:Bombyliidae). *Zootaxa*,1689:63-68.

Yao G,D Yang and N L Evenhuis. 2008. Species of *Hemipenthes* Loew,1869 from Palaearctic China(Diptera:Bombyliidae). *Zootaxa*,1870:1-23.

Yao G,D Yang and N L Evenhuis. 2009a. First record of the genus *Euchariomyia* Bigot,1888 from China(Diptera:Bombyliidae). *Zootaxa*,2052:62-68.

Yao G,D Yang and N L Evenhuis. 2009b. Four new species and a new record of *Villa* Lioy, 1864 from China(Diptera:Bombyliidae). *Zootaxa*,2055:49-60.

Yao G,D Yang and N L Evenhuis. 2009c. Species of the genus *Heteralonia* Bezzi,1921 from China(Diptera:Bombyliidae). *Zootaxa*,2166:45-56.

Yao G,D Yang and N L Evenhuis. 2010. Genus *Anastoechus* Osten Sacken,1877(Diptera:Bombyliidae)from China,with descriptions of four new species. *Zootaxa*,2453:1-24.

Yao G,D Yang and N L Evenhuis. 2011. Two new species of *Tovlinius* Zaitzev from China, with a key to the genera of Bombyliinae from China and a second key to the world species C Diptera,Bombyliidae,Bombyliinae,Bombyliini). ZooKeys 153:73-80.

Yao G,D Yang,N L Evenhuis and G. Babak. 2010. A new species of *Apolysis* Loew,1860 from China(Diptera:Bombyliidae,Usiinae,Apolysini). *Zootaxa*,2441:20-26.

Yeates D K. 1988. Revision of the Australian genus *Oncodosia* Edwards(Diptera:Bombyliidae). *Systematic Entomology*,13:503-520.

Yeates D K. 1990. Revision of the bee fly genus *Doddosia* Edwards(Diptera:Bombyliidae). *Journal of Natural History*,24:69-80.

Yeates D K. 1991a. Revision of the Australian bee fly genus *Aleucosia* Edwards(Diptera:Bombyliidae). *Invertebrate Taxonomy*,5:133-209.

Yeates D K. 1991b. Revision of the Australian bee fly genus *Comptosia*(Diptera:Bombyliidae). *Invertebrate Taxonomy*,5:1023-1078.

Yeates D K. 1994. The cladistics and classification of the Bombyliidae(Diptera:Asiloidea). *Bulletin of the American Museum of Natural History*,219,191 p.

Yeates D K. 1996a. Revision of the Australian bee fly genus *Neosardus* Roberts(Diptera:Bombyliidae). *Invertebrate Taxonomy*,10:47-75.

Yeates D K. 1996b. Revision of the genus *Docidomyia* White(Diptera:Bombyliidae). *Invertebrate Taxonomy*,10:407-431.

Yeates D K,P L David and C Lambkin. 1999. Immature stages of the bee fly *Ligyra satyrus* (F.)(Diptera:Bombyliidae):a hyperparasitoid of canegrubs(Coleoptera:Scarabaeidae). *Australian Journal of Entomology*,38(4):300-304.

Yeates D K and D J Greathead. 1997. The evolutionary pattern of host use in the Bombyliidae (Diptera):a diverse family of parasitoid flies. *Biological Journal of the Linnean Society*,60:149-185.

Yeates D K and M E Irwin. 1992. Three new species of *Heterotropus* Loew(Diptera:Bombyliidae)from South Africa with descriptions of the immature stages and a discussion of the phylogenetic placement of the genus. *American Museum Novitates*,3036,25 p.

Yeates D K and C L Lambkin. 1998. Review of the tribe Anthracini(Diptera:Bombyliidae)in Australia:cryptic species diversity and the description of *Thraxan* gen. nov. *Invertebrate Taxonomy*,12:977 - 1078.

Zaitzev V F. 1960. Flies of the genus *Conophorus* Meig. (Diptera,Bombyliidae)in the fauna of Transcaucasus. *Entomologicheskoi Obozrenie*,39:713 - 724.

Zaitzev V F. 1961. New and rare Palearctic species of the genus *Spongostylum* Macq. (Diptera,Bombyliidae). *Entomologicheskoi Obozrenie*,40:413 - 428.

Zaitzev V F. 1962a. The fauna of bee flies(Diptera,Bombyliidae)of eastern Pamir. *Izv. Otdel. Biol. Nauk Akad. Nauk Tadzhikskoi SSR*,1(8):62 - 74.

Zaitzev V F. 1962b. Two new species of the genus *Petrorossia* Bezzi(Diptera,Bombyliidae) from Armenia. *Dokl. Akad. Nauk Armenskoi SSR*,34:123 - 127.

Zaitzev V F. 1962c. Three new species of the genus *Geron* Meig. (Diptera,Bombyliidae)from Transcaucasia. *Dokl. Akad. Nauk Armenskoi SSR*,34:175 - 180.

Zaitzev V F. 1962d. New species of the genus *Petrorossia* Bezzi(Diptera,Bombyliidae)from Georgia. *Soobshch. Akad. Nauk Gruzinskoi SSR*,28:705 - 708.

Zaitzev V F. 1964. New species of bee flies from Kazakhstan. *Trudy Zoologicheskogo Instituta*,*Akademiia Nauk SSSR*,34:283 - 285.

Zaitzev V F. 1966a. Revision of the parasitic flies of the genus *Hemipenthes* Lw. (Diptera,Bombyliidae)of the Palaearctic Region. *Trudy Vsesoyuznogo Entomologicheskogo Obshchestva*,51:157 - 205.

Zaitzev V F. 1966b. *Parasitic flies of the family Bombyliidae (Diptera) in the fauna of Transcaucasia*. Nauka,Moscow & Leningrad. 375 p.

Zaitzev V F. 1967. New species of the bee flies(Diptera,Bombyliidae)from Palaearctic Region. *Entomologicheskoi Obozrenie*,46:409 - 414.

Zaitzev V F. 1969. New species of the genus *Conophorus* Meigen(Diptera,Bombyliidae)from middle Asia and Mongolia. *Entomologicheskoi Obozrenie*,48:663 - 668.

Zaitzev V F. 1971. New species of Bombyliidae(Diptera)from middle Asia and Mongolia. *Entomologicheskoi Obozrenie*,50:893 - 895.

Zaitzev V F. 1972a. Some new species of bee flies(Diptera,Bombyliidae)from middle Asia and Kazakhstan. *Zoologicheskii Zhurnal*,51:455 - 458.

Zaitzev V F. 1972b. On the fauna of bee flies(Diptera,Bombyliidae)of Mongolia,I. *Insects Mongolia*,1:845 - 880.

Zaitzev V F. 1972c. Two new species of the genus *Exoprosopa* (Diptera,Bombyliidae)from central Asia and Mongolia. *Zoologicheskii Zhurnal*,51:1585 - 1588.

Zaitzev V F. 1972d. On types of beeflies(Diptera,Bombyliidae)described by Th. Becker from the collection of Zoological Institute of the Academy of Sciences,USSR. *Entomologi-*

cheskoi Obozrenie,51:900 - 908.

Zaitzev V F. 1973. New species of the genus *Thyridanthrax*(Diptera,Bombyliidae)from central Asia and Mongolia. *Zoologicheskii Zhurnal*,52:294 - 297.

Zaitzev V F. 1974a. On the fauna Bombyliidae(Diptera)of Mongolia, Ⅱ. *Insects of Mongolia*, 2:320 - 334.

Zaitzev V F. 1974b. New species of the genus *Petrorossia*(Diptera,Bombyliidae)from Middle Asia. *Zoologicheskii Zhurnal*,53:802 - 804.

Zaitzev V F. 1975. On the fauna of bee flies(Diptera,Bombyliidae) of Mongolia, Ⅲ. *Insects Mongolia*,3:545 - 556.

Zaitzev V F. 1976a. New species of the genus *Thyridanthrax*(Diptera,Bombyliidae)from the Palearctic. *Zoologicheskii Zhurnal*,55:619 - 620.

Zaitzev V F. 1976b. On the fauna of bee-flies(Diptera,Bombyliidae)of Mongolia, Ⅳ. *Insects Mongolia*,4:491 - 500.

Zaitzev V F. 1976c. On the fauna of bee flies(Diptera,Bombyliidae)of Iraq. *Entomologicheskoi Obozrenie*,55:691 - 697.

Zaitzev V F. 1976d. New species of the genus *Spongostylum* Macq. (Diptera,Bombyliidae)of the fauna of the Palearctic. *Trudy Zoologicheskogo Instituta , Akademiia Nauk SSSR*, 64:113 - 133.

Zaitzev V F. 1977a. New species of the genus *Spongostylum* Macq. (Diptera,Bombyliidae) from Middle Asia. *Zoologicheskii Zhurnal*,56:481 - 483.

Zaitzev V F. 1977b. Bee flies of the genus *Systropus* Wiedemann(Diptera,Bombyliidae)of the fauna of the Far East. *Trudy Zoologicheskogo Instituta , Akademiia Nauk SSSR*,70: 132 - 138.

Zaitzev V F. 1977c. New species of the genus *Exoprosopa* Macq. (Diptera:Bombyliidae)from Afghanistan. *Zoologicheskii Zhurnal*,56:958 - 961.

Zaitzev V F. 1978. New species of the genus *Geron* Mg. (Diptera,Bombyliidae)from Middle Asia. *Entomologicheskoi Obozrenie*,57:907 - 909.

Zaitzev V F. 1979. A new genus of bee flies(Diptera,Bombyliidae) from the Palaearctic. *Trudy Zoologicheskogo Instituta ,Akademiia Nauk SSSR*,88:116 - 119.

Zaitzev V F. 1980. On the fauna of bee flies(Diptera,Bombyliidae) of Mongolia, V. *Insects Mongolia*,7:413 - 420.

Zaitzev V F. 1981a. Results of the Czechoslovak-Iranian entiomological expeditions to Iran (together with results of collections made in Anatolia). Diptera:Bombyliidae. *Acta Entomologica Musei Nationalis Pragae*,40:75 - 82.

Zaitzev V F. 1981b. The species of the genus *Hemipenthes* Loew(Diptera,Bombyliidae)from the fauna of the Far East. *Trudy Zoologicheskogo Instituta , Akademiia Nauk SSSR*, 92:124 - 127.

Zaitzev V F. 1982. Microstructure of the labella of the fly proboscis,I. Structure of the pseudotracheal closing apparatus. *Entomologicheskoi Obozrenie*,61:517 - 522.

Zaitzev V F. 1987. New species of bee flies(Diptera,Bombyliidae)from India and Sri Lanka. *Entomologicheskoi Obozrenie*,66:644 - 652.

Zaitzev V F. 1988a. Two new species of bee flies of the genus *Exoprosopa* Macq. (Diptera, Bombyliidae)from Sri Lanka. *Trudy Vsesoyuznogo Entomologicheskogo Obshchestva*, 70:186 - 189.

Zaitzev V F. 1988b. On the fauna of bee-flies(Diptera,Bombyliidae)of India and Sri Lanka. *Entomologicheskoi Obozrenie*,67:861 - 870.

Zaitzev V F. 1989a. Family Bombyliidae,p. 43 - 169. *In*:Á. Soós & L. Papp,eds. ,*Catalogue of Palaearctic Diptera*. Vol. 6. Therevidae—Empididae. Akadémiai Kiadó, Budapest. 435 p.

Zaitzev V F. 1989b. New and little known species of bee-flies of the subfamily Bombyliinae (Diptera,Bombyliidae). *Entomologicheskoi Obozrenie*,68:831 - 838.

Zaitzev V F. 1991b. The phylogeny and system of dipterous insects of the superfamily Bombylioidea(Diptera). *Entomologicheskoi Obozrenie*,70:716 - 736.

Zaitzev V F. 1995. On the Bombyliidae(Diptera)of Israel. Ⅰ. *Entomologicheskoi Obozrenie*,74 (4):902 - 912.

Zaitzev V F. 1996b. On the Bombyliidae(Diptera)of Israel. Ⅱ. *Entomologicheskoi Obozrenie*, 75:686 - 697

Zaitzev V F. 1997. On the Bombyliidae(Diptera)of Israel. Ⅲ. *Entomologicheskoi Obozrenie*, 76:892 - 913.

Zaitzev V F. 1998. On the morphology of the pupae of flies of the family Bombyliidae(Diptera). 3. *Entomologicheskoe Obozrenie*,77(3):692 - 699.

Zaitzev V F. 1999a. On the fauna of flies of the family Bombyliidae(Diptera)of Israel. Ⅳ. *Entomologicheskoi Obozrenie*,77[1998]:888 - 903.

Zaitzev V F. 1999b. A new genus and new species of flies of the family Bombyliidae(Diptera) from Palaearctic. *Entomologicheskoe Obozrenie*,78(2):457 - 463.

Zaitzev V F. 1999c. On the fauna of flies of the family Bombyliidae(Diptera)of Israel. Ⅴ. *Entomologicheskoe Obozrenie*,78(3):703 - 718.

Zaitzev V F. 2000. New species of the genus *Petrorossia* Bezzi(Diptera,Bombyliidae)from Middle Asia. *Entomologicheskoe Obozrenie*,79(2):482 - 486.

Zaitzev V F. 2000. Revision of the genus *Pipunculopsis* Bezzi,1925(Diptera,Bombyliidae). *Entomologicheskoe Obozrenie*,79(4):911 - 919.

Zaitzev V F. 2001. Three new species of the family Bombyliidae(Diptera)from Israel. *Entomologicheskoe Obozrenie*,80(4):896 - 900.

Zaitzev V F. 2002. New species of the family Bombyliidae(Diptera)from Palaearctic. *Entomologicheskoe Obozrenie*,81(2):439 - 444.

Zaitzev V F. 2003. A new genus and new species of the family Bombyliidae(Diptera)from southwestern Palaearctic. *Entomologicheskoe Obozrenie*,82(4):909 - 916.

Zaitzev V F. 2004a. A new species of the genus *Geron* Meigen(Diptera,Bombyliidae)from Primorskii Territory. *Entomologicheskoe Obozrenie* ,83(4):902 - 904.

Zaitzev V F. 2004b. A revision of Palaearctic species of the subgenus *Triplasius* Loew, genus *Bombylius* L. (Diptera, Bombyliidae). *Entomologicheskoe Obozrenie* ,83(3):743 - 752.

Zaitzev V F. 2005. New species of flies of the family Bombyliidae(Diptera)from the Palaearctic. *Entomologicheskoe Obozrenie* ,84(3):663 - 668.

Zaitzev V F. 2006. New species of the genus *Chalcochiton* Loew(Diptera, Bombyliidae)from Spain and Morocco. *Entomologicheskoe Obozrenie* ,85(3):680 - 685.

Zaitzev V F. 2007. On the Palaearctic fauna of the dipteran families Bombyliidae and Mythicomyrdae(Diptera I). *Entomologicheskoe Obozrenie* ,86(1):83 - 99.

Zaitzev V F. 2008. On the fauna of the fly families Bombyliidae and Mythicomyiidae(Diptera) of the Palaearctic. Ⅱ. *Entomologicheskoe Obozrenie* ,87(1):74 - 88.

Zaitzev V F and D M Charykuliev. 1981. On the biology of bee-flies of the genus *Petrorossia* Bezzi(Diptera, Bombyliidae)with description of a new species from Turkmenia. *Entomologicheskoi Obozrenie* ,60:914 - 916.

Zaitzev V F and M N Kandybina. 1983. Fam. Bombyliidae. p. 12 - 44. *In*:Zaitzev, V F, Kandybina M N, Nartshuk E P & V A Rikhter, [*Catalog of the type specimens in the collection of the Zoological Institute of the Academy of Sciences of the USSR*. Insecta(Diptera). Part 1. Families Acroceridae, Nemestrinidae, Bombyliidae]. "Nauka", Leningrad [=St. Petersburg]. 44 p.

Zakhvatkin A A. 1931. Parasites and hyperparasites of the egg pods of injurious locusts(Acridoidea)of Turkestan. *Bulletin of Entomological Research* ,22:385 - 391.

Zakhvatkin A A. 1934. Flies—parasites of grasshoppers. p. 150 - 207. *In*: Lepeskin, S. N. ; Zimin, L. S. , Ivanov, E. N. & A. A. Zakhvatkin, [*Grasshoppers of Central Asia.*]Vsesouz. Akad. Nauk Inst. Zashch. Rast. , Moscow & Taskent.

Zakhvatkin A A. 1954. Parasites of Acrididae near the river Angara. *Trudy Vsesoyuznogo Entomologicheskogo Obshchestva* ,44:240 - 300.

Zeller P C. 1840. Beytrag zur Kentniss der Dipteren aus den Familien:Bombylier, Anthracier und Asiliden. *Isis von Oken* ,1840:10 - 78.

Zetterstedt J W. 1842. *Diptera Scandinaviae disposita et descripta*. Tomus primus. Officina Lundbergiana, Lundae[=Lund]. xvi+440 p.

Zetterstedt J W. 1849. *Diptera Scandinaviae disposita et descripta*. Tomus octavus seu supplementum, continens conspectum synopticum familiarum, genericum et specierum, addenda, corrigenda et emendata tomis septem prioribus. Officina Lundbergiana, Lundae [=Lund]. P. 2935 - 3366.

Zetterstedt J W. 1859. *Diptera Scandinaviae disposita et descripta*. Tomus tridecimus seu supplementum quartum, continens addenda, corrigenda & emendata tomis prioribus, una cum indice alphabetico novarum specierum hujus & praecedentis tomi, atque generico omnium tomorum. Officina Lundbergiana, Lundae[=Lund]. P. i-xvi, 4943 - 6190.

Zimsen E. 1964. *The type material of I. C. Fabricius*. Munksgaard, Copenhagen. 656 p.

英 文 摘 要

English Summary

The present work deals with the Bombyliidae fauna of China. It consists of two sections, general section and taxonomic section. In the general section, the historic review of classification, morphology, phylogeny, biogeography and biology of bee flies are introduced. In the taxonomic section, 5 subfamilies 28 genera 233 species from China are described or redescribed. Among them 32 species are described as new to science. Keys to subfamilies, genera and species of Bombyliidae from China are given. The new species are diagnosed as follows.

1. *Anthrax hyalinos* sp. nov. (Fig. 42, Pl. Ⅷc)

Holotype ♂, Tibet, Markam, Yanjing, 1972. IX. 11, Wu Zhanyi(SEMCAS).

This new species is similar to *Anthrax aygulus* Fabricius, 1805, but can be separated from the latter by the wing nearly entirely hyaline with brown spots near crossveins.

2. *Anthrax pervius* sp. nov. (Fig. 43, Pl. Ⅷd)

Holotype ♂, Zhejiang, Linan, Tianmushan, 1954. IX. 11, Huang Keren(SEMCAS). Paratype 1 ♂, Zhejiang, Qingyuan, Houguang, 1963. Ⅶ. 21, Jin Gentao(SEMCAS).

This new species is similar to *Anthrax distigma* Wiedemann, 1828, but can be separated from the latter by cell cup open at wing margin with half hyaline, abdomen black with white pollen and with white scales at lateral portions of tergites 2, 3 and 5.

3. *Cononedys trischidis* sp. nov. (Fig. 44, Pl. Ⅷe)

Holotype ♂, Shanghai, 1933. Ⅶ. 5, A. Savio(SEMCAS).

This new species is similar to *Cononedys armeniaca* Paramonov, 1925, but can be separated from the latter by the gonocoxite nearly as long as wide, apically strongly narrowed, epiphallus trifurcate in lateral view.

4. *Exoprosopa castaneus* sp. nov. (Fig. 46, Pl. Ⅸa)

Holotype ♂, Yunnan, Guangnan, Guozhe, 1958. Ⅹ. 6 (SEMCAS). Paratypes 1 ♀, Yunnan, Baoshan, Beimian Reservior, 1981. IX. 20, He Xiusong(SEMCAS); 1 ♂ 4 ♀ ♀, Yunnan, Guangnan, Guozhe, 1958. Ⅹ. 6 (SEMCAS); 1 ♂ 1 ♀, Yunnan, Yingjiang, Tongbiguan, Shibiezhai,2003. Ⅹ. 26,Ou Xiaohong(SWFC);1 ♂,Yunnan,Kunming,Xishan,2004. Ⅺ. 25,Ji Heiji(SWFC).

This new species is similar to *Exoprosopa rutila* Wiedemann,1818,but can be separated from the latter by the wing dark brown becoming pale brown gradually from the base to the apex.

5. *Exoprosopa citreum* sp. nov. (Fig. 47)

Holotype ♂,Shaanxi,Ganquan,Qingquangou,1971. Ⅸ. 12,Yang Chi-Kun(CAU). Paratype 1♀,Shaanxi,Ganquan,Qingquangou,1971. Ⅷ. 9,Yang Chi-Kun(CAU).

This new species is similar to *Exoprosopa vassiljevi* Paramonov,1928,but can be separated from the latter by cells cua and a nearly entirely black.

6. *Exoprosopa clavula* sp. nov. (Fig. 48)

Holotype ♂,Xinjiang,Manasi,Shihezi,1957. Ⅵ. 20,Lu Zhibang(IZCAS).

This new species is similar to *Exoprosopa aberrans* Paramonov,1928,but can be separated from the latter by cells r_1 and r_{2+3} brown but slightly pale only at tip.

7. *Exoprosopa globosa* sp. nov. (Fig. 50,Pl. Ⅸc)

Holotype ♂, Tibet,Shigatse,1981(SEMCAS). Paratypes 2♀♀, same data as holotype (SEMCAS).

This new species is unusual and similar to *Hemipenthes* species,but veins R_4 basally with a crossvein connected with R_{2+3}.

8. *Exoprosopa gutta* sp. nov. (Fig. 51,Pl, Ⅸd)

Holotype ♂,Inner Mongolia,Xilin Gol League,Erenhot,1972. Ⅶ. 18(IZCAS).

This new species is similar to *Exoprosopa dedecor* Loew,1871,but can be separated from the latter by the wing entirely hyaline and abdomen yellow but black at middle of abdominal segments 1—5.

9. *Exoprosopa sandaraca* sp. nov. (Fig. 55,Pl, Ⅸe)

Holotype ♂,Xinjang,Turpan,1985. Ⅵ. 1,Li Changqing(IZCAS).

This new species is similar to *Exoprosopa dedecor* Loew,1871,but can be separated from the latter by the wing uniformly pale brown and abdominal segments 1 - 5 dark yellow at middle but rest yellow.

10. *Hemipenthes xizangensis* sp. nov. (Fig. 80, Pl. Ⅹ a)

Holotype ♂, Tibet, Nyingchi, 1987. Ⅶ. 9, Wu Zhanyi(SEMCAS). Paratypes 1 ♂ 2 ♀ ♀, same data as holotype(CAU); 1 ♂, Tibet, Xigaze, 1986. Ⅵ (SEMCAS); 1 ♀, Tibet, Dongga, 1987. Ⅶ. 1, Wu Zhanyi(SEMCAS).

This new species is similar to *Hemipenthes pamirensis* Zaitzev, 1962, but can be separated from the latter by the black area of the wing extending from cell r_5 to base of cell m_1.

11. *Ligyra galbinus* sp. nov. (Fig. 96)

Holotype ♂, Hainan, Baisha, Nankai, Mohao Village, 2008. Ⅴ. 1, Liu Qifei(CAU). Paratypes 1 ♀, Hainan, 1934. Ⅴ. 5(CAU); 1 ♂, Hainan, 1934. Ⅵ. 21(CAU); 3 ♂ ♂ 1 ♀, Yunnan, Dali, 1976. Ⅸ. 9, Hua Lizhong(SYSU); 3 ♂ ♂, Guangxi, Longan, Yangwan, 1984. Ⅵ, Lu Wen (GXU); 1 ♂, Hainan, 1934. Ⅵ. 23(CAU); 1 ♂, Hainan, 1934. Ⅵ. 26(CAU); 1 ♂, Hainan, Baisha, 1959. Ⅲ. 13, Jin Gentao(SEMCAS); 2 ♂ ♂, Hainan, Ledong, Jianfengling, 1983. Ⅶ. 14, Liang Shaoying(SYSU); 1 ♂ 1 ♀, Hainan, Sanya, 1959. Ⅱ. 28, Jin Gentao(SEMCAS).

This new species is similar to *Ligyra dammermani* Evenhuis et Yukawa, 1986, but can be separated from the latter by the abdomen black with long yellow hairs laterally, dorsally with erect short black hairs and recumbent yellow scales.

12. *Ligyra guangdonganus* sp. nov. (Fig. 97, Pl. Ⅺ b)

Holotype ♂, Guangdong, Haifeng, 2003. Ⅷ. 22 - 24, Zhang Chuntian(SYSU). Paratypes 1 ♀, same data as holotype(SYSU); 1 ♀, Guangdong, Longmen, Nankunshan, 1987. Ⅵ. 9—14, Lu Yongjun(SYSU); 1 ♀, Guangdong, Zhaoqing, Dinghushan, 1964. Ⅶ. 6, Mo Teng(SYSU); 1 ♂, Guangdong, Zhaoqing, Dinghushan, 1964. Ⅶ. 22, Zhou Changliu(SYSU).

This new species is similar to *Ligyra tristis* Wulp, 1869, but can be separated from the latter by the wing apically becoming hyaline gradually.

13. *Ligyra incondita* sp. nov. (Fig. 98)

Holotype ♂, Guangdong, Fengkai, Heishiding, 2000. Ⅶ. 13, Shen Qiong(SYSU). Paratypes 1 ♂, Guangdong, Fengkai, Heishiding, 2000. Ⅶ. 14, Xie Ning(SYSU); 1 ♂, Guangdong, Fengkai, Heishiding, 2000. Ⅶ. 14, Chen Bin(SYSU).

This new species is similar to *Ligyra tantalus*(Fabricius, 1794), but can be separated from the latter by cells r_{2+3}, r_4, r_5, m_1, m_2, middle of cell cua and wing apex pale brown, abdominal sternites 1 - 5 with white hairs at middle, gonostylus C-shaped.

14. *Ligyra leukon* sp. nov. (Fig. 99, Pl. XⅡ c)

Holotype ♂, Zhejiang, Jiangshan, 1986. Ⅷ. 6, Wu Hong(CAU).

This new species is similar to *Ligyra semifuscata* Brunetti, 1912, but can be separated from the latter by wing with about 2/3 hyaline and clear division between dark and hyaline portions, abdominal tergites 3 and 6 with white scales and tergites 4, 5 and 7 with sparse yellow scales.

15. *Ligyra orphnus* sp. nov. (Fig. 100, Pl. XⅡ d)

Holotype ♂, Guangdong, Yunnan, Tongle, 2000. Ⅴ. 31, Xie Weicai(SYSU). Paratypes 1 ♀, Fujian, 1990. Ⅶ. 30(CAU); 1♀, same data as holotype(SYSU).

This new species is similar to *Ligyra tantalus* (Fabricius, 1794), but can be separated from the latter by the wing darker, abdominal sternites 1—5 with white hairs at middle, and gonostylus C-shaped.

16. *Ligyra semialatus* sp. nov. (Fig. 101)

Holotype ♂, Guangdong, Lian Xian, Dadongshan, 1992. Ⅸ. 7, Wang Jing(SYSU). Paratypes 2♀♀, Guangdong, Fengkai, Heishiding, 2000. Ⅶ. 14, Xie Weicai(SYSU); 1 ♂, Hainan, 1932. Ⅳ. 1—14, F. K. To(SYSU).

This new species is similar to *Ligyra erato* Bowden, 1971, but can be separated from the latter by the wing with black hairs and brown scales at base and abdominal segments 1—2 with white hairs.

17. *Ligyra zibrinus* sp. nov. (Fig. 104, Pl. XⅡ e)

Holotype ♂, Beijing, 1936. Ⅷ. 25, Yin Zhenhua(CAU).

This new species is similar to *Ligyra sphinx* (Fabricius, 1787), but can be separated from the latter by the wing entirely brown, abdominal tergites 3, 6, 7 with white scales and sternites 3—5 with white hairs at middle.

18. *Ligyra zonatus* sp. nov. (Fig. 105)

Holotype ♂, Guangdong, Xinfeng, 1991. Ⅶ. 9, Zeng Xiao(CAU).

This new species is similar to *Ligyra erato* Bowden, 1971, but can be separated from the latter by the abdominal tergite 3 laterally with pale yellow scales, tergites 5—7 nearly entirely with white scales, sternites 1—2 entirely with white hairs, sternites 3—5 with white hairs at middle.

19. *Petrorossia pyrgos* sp. nov. (Fig. 106, Pl. XI f)

Holotype ♂, Xinjang, Turpan, 1967. VIII. 25, Chen Yonglin(IZCAS).

This new species is similar to *Petrorossia rufiventris* Zaitzev, 1966, but can be separated from the latter by the abdomen gray pollinose, sternites 1 - 2 black, sternites 3 - 4 black at middle, the rest yellow, gonostylus acute at tip, epiphallus quadrate at tip.

20. *Petrorossia salqamum* sp. nov. (Fig. 108, Pl. XII a)

Holotype ♂, Henan, Neixiang, Baotianman, 1998. VIII. 11, Hu Xueyou(CAU). Paratype 1 ♀, Guizhou, Danzhai, 1986. VIII. 11, Wen Xingwu(CAU).

This new species is similar to *Petrorossia rufiventris* Zaitzev, 1966, but can be separated from the latter by the abdomen black with white scales, gonostylus nearly elliptic in lateral view and with a deep incision at base, epiphallus tower-shaped in dorsal view and with acute spine-like lateral process at tip.

21. *Petrorossia ventilo* sp. nov. (Fig. 109, Pl. XII b)

Holotype ♂, Beijing, Haidian, Gongzhufen, 1951. IX. 20, Yang Chi-Kun(CAU). Paratypes 1 ♂, Beijing, Haidian, Gongzhufen, 1951. IX. 20, Yang Chi-Kun(CAU); 1 ♀, Beijing, Haidian, Gongzhufen, 1952. VI. 11, Yang Chi-Kun(CAU); 1 ♀, Beijing, Haidian, Xiangshan, 1980. VI. 20, Yang Chunhua(CAU). 1 ♂, Hebei, Xinglong, Wulingshan, 1973. VIII. 28, Chen Heming (CAU); 1 ♀, Hebei, Zhuo Xian, 1965. V. 9, Li Fasheng(CAU); 1 ♂, Beijing, Haidian, China Agricutural University, 1975. V. 29, Yang Chi-Kun(CAU); 1 ♂, Qinghai, Doulan, Xiligou, 1950. VIII. 31, Lu Baolin & Yang Chi-Kun(CAU); 1 ♂, Guangxi, Pingxiang, Xiashi, 1963. V. 6, Yang Chi-Kun(CAU).

This new species is similar to *Petrorossia rufiventris* Zaitzev, 1966, but can be separated from the latter by the abdomen black with black and white scales, gonostylus disitnclty curved in lateral view, and epiphallus strongly constricted at middle with umbrella-shaped tip.

22. *Villa bryht* sp. nov. (Fig. 117)

Holotype ♂, Taiwan, Nantou, Nan-San River Basin, 2001. IV. 30, B. Tanalca(OMNH).

This new species is similar to *Villa cingulata*(Meigen, 1804), but can be separated from the latter by the abdominal segments 1 - 3 with long yellow lateral hairs and dorsum with dense recumbent black scales.

23. *Villa cerussata* sp. nov. (Fig. 118)

Holotype ♂, Inner Mongolia, Alxa Zuoqi, Helanshan, 1981. Ⅵ. 21, Jin Gentao (SEM-CAS).

This new species is similar to *Villa fasciata* (Meigen, 1804), but can be separated from the latter by the abdomen laterally with dense white hairs and dorsum with dense white hairs and black scales.

24. *Villa rufula* sp. nov. (Fig. 127)

Holotype ♂, Inner Mongolia, Alxa Youqi, Xidadihe, 1981. Ⅷ. 4, Jin Gentao (SEMCAS).

This new species is similar to *Villa lepidopyga* Evenhuis *et* Araskaki, 1980, but can be separated from the latter by the abdomen black with yellow posterior margins, venter laterally with black and pale yellow hairs, dorsum with sparse pale yellow scales, venter yellow except sternites 1 - 2 black.

25. *Villa sulfurea* sp. nov. (Fig. 128)

Holotype ♂, Tibet, Shigatse, 1984 (SEMCAS). Paratype 1 ♂, same data as holotype (SEMCAS).

This new species is similar to *Villa aurepilosa* Du *et* Yang, 1990, but can be separated from the latter by the abdomen black with yellow scales, venter laterally with dense yellow hairs, dorsum with dense yellow scales.

26. *Anastoechus lacteus* sp. nov. (Fig. 139)

Holotype ♂, Xinjiang, Tacheng, Qiuerqiute, 1977. Ⅵ. 26, Ma Shijun (SEMCAS).

This new species is similar to *Anastoechus neimongolanus* Du *et* Yang, 1990, but can be separated from the latter by the occiput with white lower hairs except other hairs yellow, legs with white and pale yellow hairs and pale yellow bristles, and abdomen with dense long white hairs.

27. *Bombylella nubilosa* sp. nov. (Fig. 146, Pl. ⅩⅤ d)

Holotype ♂, Beijing, Mentougou, Xiaolongmen, 2008. Ⅵ. 7, Yao Gang (CAU). Paratypes 1♀, Beijing, Mentougou, Longmenjian, 2008. Ⅵ. 8, Yao Gang (CAU); 1♂, Liaoning, Anshan, Youyan, Yaoshan, 2007. Ⅴ. 19, Zhang Chuntian (CAU); 1♂, Liaoning, Anshan, Youyan, Sanjiazi, 2007. Ⅴ. 17, Hao Jing (CAU); 1♀, Liaoning, Benxi, Bingyugou, 1979. Ⅵ. 7 (CAU); 1

♀,Liaoning,Benxi,Yanghugou,1993. Ⅶ. 1,Cui Yongsheng(CAU); 1♀,Liaoning,Benxi,
Tieshashan,2006. Ⅴ. 28, Zhi Yan(CAU); 1♂, Liaoning, Benxi, Tieshashan, 2008. V. 30,
Zhang Chuntian(CAU);1♀,Liaoning,Benxi,Tieshashan,2006. Ⅴ. 28,Hao Jing(CAU); 1♂
1♀, Liaoning, Benxi, Dashihu, 2008. Ⅴ. 31, Zhang Chuntian(CAU);1♀, Liaoning, Benxi,
Dashihu,2008. V. 31,Ju Shengnan(CAU); 1♂,Liaoning,Fengcheng,1981. Ⅵ. 4,Sun Yumin
(SYAU); 1♂,Liaoning,Jianchang,Daheishan,2008. Ⅴ. 29,Wang Mingfu(CAU); 1♂,Lia-
oning,Jianchang,Daheishan,2008. Ⅴ. 29,Ao Hu(CAU);1♀,Liaoning,Jinzhou,Baishizhuzi,
1994. Ⅵ. 5, Zhang Chuntian(CAU); 1♀, Liaoning, Hengren, Binghugou, 2006. Ⅵ. 1, Hao
Jing(CAU); 1♀,Liaoning,Kuandian,Quanshan,2009. VII. 3,Li Yan(CAU); 1♂,Liaoning,
Shenyang,Dongling,1984. Ⅵ(SYAU); 2♀♀,Beijing,Haidian,Yuanmingyuan,1986. Ⅴ. 20,
Wang Yin (CAU); 1 ♀, Beijing, Haidian, Yuanmingyuan, 1986. Ⅴ. 20, Wang Xiangxian
(CAU); 1♀,Shaanxi,Ankang,1980. Ⅳ. 27(CAU); 1♂,Shaanxi,Baoji,Taibaishan,Zhongs-
hansi,1983. Ⅴ. 12,Chen Tong(CAU); 1♀,Shaanxi,Ganquan,Qingquan,1971. Ⅴ. 22,Yang
Chi-Kun(CAU); 1♂,Shaanxi,Ningshan,Huoditang,1984. Ⅷ(CAU); 1♂,Shaanxi,Yan-
gling,1998. Ⅴ,Fan Bing(NAFU); 1♂,Shaanxi,Yangling,1998. Ⅴ,Chen Jingchun(NA-
FU); 1♀,Shaanxi,Yangling,1998. Ⅵ,Wang Manying(NAFU); 1♀,Shaanxi,Yangling,
Northwest Agricultural College,1981. Ⅷ. 4,Shao Shengen(SYAU); 1♂,Shaanxi,Zhouzhi,
Louguantai,1952. V. 25(CAU); 2♂♂,Shandong,Taian,1987. Ⅳ. 1(SDU);1♀,Ningxia,
Jingyuan,Xixia,2008. Ⅵ. 29,Zhang Tingting(CAU).

This new species is similar to *Bombylella ater* Scopoli,1763,but can be separated from
the latter by cell cua nearly entirely brown,abdominal tergites 2 - 3 with a white scale spot at
middle,tergites 4 - 6 laterally with a white scale spot.

28. *Bombylius ferruginus* sp. nov. (Fig. 154)

Holotype ♂,Beijing,1937. Ⅵ. 30(CAU). Paratypes 1♂ 7♀♀,same data as holotype
(CAU).

This new species is similar to *Bombylius analis* Olivier,1789,but can be separated from
the latter by the frons with white scales,face with black hairs and white scales,abdominal
segments 2 - 4 with white hairs at posterior margin,tergites 2 - 3 laterally with white scales,
tergites 4 - 6 medially with white scales.

29. *Bombylius polimen* sp. nov. (Fig. 157,Pl. ⅩⅥc)

Holotype ♂,Zhejiang,Taishun,Wuyanling,1987. Ⅷ. 29(SEMCAS). Paratype 1♂,Zhe-
jiang,Taishun,Wuyanling,1987. Ⅷ. 31(SEMCAS).

This new species is similar to *Bombylius candidus* Loew,1855,but can be separated
from the latter by the frons with white hairs and scales,and wing nearly entirely hyaline with
only base brown.

30. *Bombylius stellatus* sp. nov. (Fig. 160,Pl. ⅩⅥ e)

Holotype ♂,Liaoning,Benxi,Caohezhang,2004. Ⅳ. 29,Hu Bao(CAU).

This new species is similar to *Bombylius discolor* Mikan,1796,but can be separated from the latter by the occiput wiht white hairs,vein R₄ with a brown spot at tip,abdominal segment 2 with black hairs at postero-lateral margin but rest of abdominal dorsum with yellow hairs.

31. *Bombylius vitellinus* sp. nov. (Fig. 161－162,Pl, ⅩⅥ f)

Holotype ♂,Hebei,Zhuolu,Yangjiaping,2007. Ⅶ. 12,Yao Gang(CAU). Paratypes 1♀, Hebei,Zhuolu,Yangjiaping, 2007. Ⅶ. 9,Yao Gang(CAU);8♀♀,same data as holotype, (CAU);1 ♂, Heilongjiang, Ningan, Jingbohu, 2003. Ⅷ. 12, Tian Ying(CAU); 1♀, Heilongjiang,Ningan,Jingbohu,2003. Ⅷ. 4,Bu Wenjun(CAU);1♂,Beijing, Mentougou, Miaofengshan,1955. Ⅵ. 18,Yang Chi‐Kun(CAU); 1♀,Henan,Jiyuan,Wangwushan,2007. Ⅶ. 27,Wang Junchao(CAU); 7♂♂9♀♀,Shandong,1937. Ⅷ.8(SEMCAS); 1♂3♀♀,Inner Mongolia, Hailar,1981. Ⅷ. 9(NKU); 1♂,Inner Mongolia,Hohhot,Xiaojinggou,2005. Ⅷ. 22,Zhang Lei(IMAU); 1♀,Inner Mongolia,Hohhot,Xiaojinggou,2005. Ⅷ. 22,Kang Xinyue(IMAU); 1♀,Inner Mongolia,Hulun Buir Meng,Chenqi,1999. Ⅷ. 2,Tang Guiming (IMNU); 1♂,Inner Mongolia,Wuchuan,Heiniugou,2005. Ⅷ. 23,Xing Xiulu(IMAU); 1♂, Inner Mongolia,Wuchuan,Heiniugou,2005. Ⅷ. 25,Yu Dahu(IMAU); 1♀,Inner Mongolia, Wuchuan,Heiniugou,2005. Ⅷ. 23,Pang Juan(IMAU); 1♀,Inner Mongolia,Wuchuan,Heiniugou,2005. Ⅷ. 23,Liu Na(IMAU);1♀,Inner Mongolia,Wuchuan,Heiniugou,2005. Ⅷ. 23, Yuan Xia(IMAU); 2♂♂4♀♀,Inner Mongolia,Xilin Gol League,Baiqi,1980. VII. 24,Guo Yuanchao(IMNU); 1♀, Inner Mongolia, Zhengxiangbaiqi, 1978. Ⅷ. 14,Yang Chi‐Kun (CAU);1♀,Yunnan,Kunming,1942. Ⅷ. 10(CAU); 1♀,Yunnan,Kunming,Xishan,1942. Ⅷ. 13(CAU).

This new species is similar to *Bombylius candidus* Loew,1855,but can be separated from the latter by the thorax with dense orange hairs at anterior half and black hairs at posterior half,suctellum with pale yellow hairs at posterior margin but other hairs black,wing nearly entirely hyaline except base pale brown,and abdomen with black hairs.

32. *Systropus zhaotonganus* sp. nov. (Fig. 231)

Holotype ♂,Yunnan,Zhaotong,Xiaocaoba,2009. Ⅸ. 13,Zhang Tingting(CAU). Paratypes 1♂1♀,same data as holotype(CAU);1♂,Yunnan,Zhaotong,Xiaocaoba,2009. Ⅸ. 15, Cui Weina(CAU);2♂♂,Yunnan,Zhaotong,Xiaocaoba,2009. Ⅸ. 15,Zhang Tingting(CAU).

The new species is similar to *Systropus nitobei* Matsumura,1916,but can be separated from the latter by the antenna entirely black and hind tarsomere 1 yellow.

附表一　蜂虻科昆虫在中国各行政区的分布

种名	海南	澳门	香港	广东	台湾	福建	浙江	上海	江苏	安徽	江西	湖南	湖北	广西	贵州	云南	四川	重庆	西藏	青海	新疆	陕西	甘肃	宁夏	内蒙古	山西	河南	山东	河北	天津	北京	辽宁	吉林	黑龙江
1. Anthrax anthrax																			+	+												+		
2. Anthrax appendiculata																																		
3. Anthrax aygulus	+										+	+		+		+	+		+															
4. Anthrax bimacula																																		
5. Anthrax distigma	+			+	+	+	+				+	+	+	+		+										+								
6. Anthrax hyalinos																			+															
7. Anthrax koshunensis					+																													
8. Anthrax latifascia																																		
9. Anthrax mongolicus																									+									
10. Anthrax pervius							+																											
11. Anthrax stepensis																									+									
12. Brachyanax acroleuca																																		
13. Conomedys trischidis								+																										
14. Exhyalanthrax afer																	+		+	+	+		+		+	+			+					
15. Exoprosopa castaneus															+		+		+	+														
16. Exoprosopa citreum																						+												
17. Exoprosopa clavula																					+													
18. Exoprosopa dedecor																					+													

续附表一

种名	海南	澳门	香港	广东	台湾	福建	浙江	上海	江苏	安徽	江西	湖南	湖北	广西	贵州	云南	重庆	四川	西藏	青海	新疆	陕西	甘肃	宁夏	内蒙古	山西	山东	河南	天津	河北	北京	辽宁	吉林	黑龙江
19. *Exoprosopa globosa*																		+																
20. *Exoprosopa gutta*																									+									
21. *Exoprosopa jacchus*																							+											
22. *Exoprosopa melaena*										+																								
23. *Exoprosopa mongolica*																		+	+	+			+		+	+					+			
24. *Exoprosopa sandaraca*																					+													
25. *Exoprosopa turkestanica*																		+	+			+									+	+		
26. *Exoprosopa vassiljevi*											+										+									+				
27. *Hemipenthes apiculata*																							+		+				+					
28. *Hemipenthes beijingensis*													+						+			+			+	+	+		+	+	+			
29. *Hemipenthes cheni*																							+		+									
30. *Hemipenthes exoprosopoides*																		+																
31. *Hemipenthes gaudanica*																					+													
32. *Hemipenthes hamifera*									+											+			+		+									
33. *Hemipenthes hebeiensis*																									+							+		
34. *Hemipenthes jezoensis*					+																+													
35. *Hemipenthes maura*																									+						+			
36. *Hemipenthes montanorum*																+		+	+	+														
37. *Hemipenthes morio*																					+		+											
38. *Hemipenthes neimengguensis*																									+									

续附表一

种名	海南	澳门	香港	广东	台湾	福建	浙江	上海	江苏	安徽	江西	湖南	湖北	广西	贵州	云南	重庆	四川	西藏	青海	新疆	陕西	甘肃	宁夏	内蒙古	山西	河南	天津	北京	河北	辽宁	吉林	黑龙江
39. *Hemipenthes ningxiaensis*																								+									
40. *Hemipenthes nitidofasciata*																									+				+				+
41. *Hemipenthes noscibilis*																																	
42. *Hemipenthes pamirensis*																					+												
43. *Hemipenthes praecisa*																									+				+	+			
44. *Hemipenthes robusta*																							+						+				
45. *Hemipenthes sichuanensis*																		+															
46. *Hemipenthes subvelutina*																										+							
47. *Hemipenthes tushetica*																				+	+				+								
48. *Hemipenthes velutina*																						+			+	+							
49. *Hemipenthes xizangensis*																			+														
50. *Hemipenthes yunnanensis*														+		+																	
51. *Heteralonia anemosyris*																+																	
52. *Heteralonia chinensis*																+																	
53. *Heteralonia cnecos*																+																	
54. *Heteralonia completa*																					+												
55. *Heteralonia gressitti*																+																	
56. *Heteralonia mucorea*																						+											
57. *Heteralonia nigripilosa*																+																	
58. *Heteralonia ochros*																+																	

续附表一

种名	海南	澳门	香港	广东	台湾	福建	浙江	上海	江苏	安徽	江西	湖南	广西	贵州	云南	重庆	四川	西藏	青海	新疆	甘肃	陕西	宁夏	内蒙古	山西	山东	河南	天津	北京	河北	辽宁	吉林	黑龙江
59. *Heteralonia polyphleba*		+																															
60. *Heteralonia sytshuana*														+			+																
61. *Ligyra audouinii*	+			+	+	+		+																									
62. *Ligyra combinata*																																	
63. *Ligyra dammermani*	+		+	+		+			+			+										+											
64. *Ligyra flavofasciata*											+																						
65. *Ligyra fuscipennis*	+													+																			
66. *Ligyra galbinus*	+												+		+																		
67. *Ligyra guangdonganus*				+																													
68. *Ligyra incondita*				+							+																						
69. *Ligyra latipennis*					+																												
70. *Ligyra leukon*							+																										
71. *Ligyra orphnus*				+		+																											
72. *Ligyra satyrus*				+			+	+																									
73. *Ligyra semialatus*	+			+						+																							
74. *Ligyra shirakii*				+					+																								
75. *Ligyra similis*							+			+																							
76. *Ligyra sphinx*																																	
77. *Ligyra tantalus*	+			+									+																				
78. *Ligyra zibrinus*	+				+	+																+							+				

续附表一

种名	海南	澳门	香港	广东	台湾	福建	浙江	上海	江苏	安徽	江西	湖南	广西	贵州	云南	重庆	四川	西藏	青海	新疆	甘肃	陕西	宁夏	内蒙古	山西	山东	河南	天津	河北	辽宁	吉林	黑龙江
79. *Ligyra zonatus*				+																												
80. *Oestranthrax zimini*																								+								
81. *Petrorossia pyrgos*																				+												
82. *Petrorossia rufiventris*																																
83. *Petrorossia salqamum*																										+						
84. *Petrorossia sceliphromina*										+																						
85. *Petrorossia ventilo*													+						+										+			
86. *Pterobates pennipes*		+	+	+		+							+																			
87. *Spongostylum alashanicum*																							+	+								
88. *Spongostylum kozlovi*																								+						+		
89. *Thyridanthrax fenestratus*																								+					+			
90. *Thyridanthrax kozlovi*																								+								
91. *Thyridanthrax svenhedini*																								+								
92. *Villa aquila*															+								+					+	+			
93. *Villa aspros*																											+	+				
94. *Villa aurepilosa*																								+								
95. *Villa bryht*					+																											
96. *Villa cerussata*																								+						+		
97. *Villa cingulata*																							+						+			
98. *Villa fasciata*																	+												+	+		

续附表一

种名	海南	澳门	香港	广东	台湾	福建	浙江	上海	江苏	安徽	江西	湖南	湖北	广西	贵州	云南	重庆	四川	西藏	青海	新疆	陕西	甘肃	宁夏	内蒙古	山西	山东	河南	天津	北京	河北	辽宁	吉林	黑龙江
99. *Villa flavida*																															+	+		
100. *Villa furcata*																														+				
101. *Villa hottentotta*																							+											
102. *Villa lepidopyga*						+																												
103. *Villa obtusa*																			+															
104. *Villa ovata*																																		
105. *Villa panisca*																					+													
106. *Villa rufula*																									+									
107. *Villa sulfurea*																			+															
108. *Villa xinjiangana*																					+													
109. *Anastoechus asiaticus*																				+		+	+		+					+	+	+		
110. *Anastoechus aurecrinitus*																				+					+					+				
111. *Anastoechus candidus*																				+														
112. *Anastoechus chakanus*																				+														
113. *Anastoechus chinensis*												+								+	+				+		+			+	+	+		
114. *Anastoechus doulananus*																				+														
115. *Anastoechus fulvus*																					+				+		+							
116. *Anastoechus lacteus*																																		
117. *Anastoechus neimongolanus*																									+									
118. *Anastoechus nitidulus*																																		

475

续附表一

种名	黑龙江	吉林	辽宁	北京	河北	天津	河南	山东	山西	内蒙古	宁夏	甘肃	陕西	新疆	青海	西藏	四川	重庆	云南	贵州	广西	湖北	湖南	江西	安徽	江苏	上海	浙江	福建	台湾	广东	香港	澳门	海南
119. *Anastoechus turriformis*				+																														
120. *Anastoechus xuthus*													+																					
121. *Bombomyia discoidea*														+																				
122. *Bombylella koreanus*				+													+									+								
123. *Bombylella nubilosa*			+	+				+			+	+																						
124. *Bombylius ambustus*				+						+		+																						
125. *Bombylius analis*																				+														
126. *Bombylius callopterus*										+																								
127. *Bombylius candidus*																											+	+						
128. *Bombylius chinensis*			+	+		+		+		+			+		+	+																		
129. *Bombylius cinerarius*				+	+												+																	
130. *Bombylius discolor*				+		+				+									+															
131. *Bombylius ferruginus*				+		+																												
132. *Bombylius kozlovi*										+																								
133. *Bombylius lejostomus*																																		
134. *Bombylius maculithorax*				+																														
135. *Bombylius major*			+		+			+					+										+					+	+					
136. *Bombylius polimen*																												+						
137. *Bombylius pygmaeus*																																		
138. *Bombylius quadrifarius*																																		

续附表一

种名	黑龙江	吉林	辽宁	河北	天津	北京	河南	山东	内蒙古	宁夏	甘肃	陕西	新疆	青海	西藏	四川	重庆	云南	贵州	广西	湖北	湖南	江西	安徽	上海	江苏	浙江	福建	台湾	广东	香港	澳门	海南
139. *Bombylius rossicus*																																	
140. *Bombylius semifuscus*																																	
141. *Bombylius stellatus*			+																														
142. *Bombylius sytshuanensis*																+																	
143. *Bombylius uzbekorum*															+																		
144. *Bombylius vitellinus*	+				+		+	+	+									+															
145. *Bombylius watanabei*																													+				
146. *Conophorus chinensis*					+								+																				
147. *Conophorus hindlei*																																	
148. *Conophorus kozlovi*									+																								
149. *Conophorus virescens*																																	
150. *Euchariomyia dives*					+			+												+													
151. *Systoechus ctenopterus*														+																			
152. *Systoechus gradatus*														+																			
153. *Tovlinius pyramidatus*																+																	
154. *Tovlinius turriformis*																+																	
155. *Phthiria rhomphaea*			+													+																	
156. *Geron intonsus*									+																								
157. *Geron kaszabi*									+																								
158. *Geron kozlovi*									+																								

续附表一

种名	黑龙江	吉林	辽宁	河北	北京	天津	河南	山东	山西	内蒙古	宁夏	甘肃	陕西	新疆	青海	西藏	四川	重庆	云南	贵州	广西	湖北	湖南	江西	安徽	江苏	上海	浙江	福建	台湾	广东	香港	澳门	海南
159. *Geron longiventris*																																		
160. *Geron pallipilosus*										+	+																							
161. *Geron sinensis*				+																														
162. *Systropus acuminatus*																														+				
163. *Systropus ancistrus*				+			+						+									+												
164. *Systropus apiciflavus*																													+					
165. *Systropus aokii*																																		
166. *Systropus aurantispinus*							+						+						+		+	+						+	+		+			
167. *Systropus barbiellinii*				+									+																	+	+			
168. *Systropus brochus*				+			+						+						+															
169. *Systropus cantonensis*																															+			
170. *Systropus changbaishanus*		+																																
171. *Systropus chinensis*				+			+										+		+	+			+					+	+					
172. *Systropus coalitus*				+		+																						+	+					
173. *Systropus concavus*																				+	+								+					
174. *Systropus crinalis*									+														+											
175. *Systropus curtipetiolus*				+																					+									
176. *Systropus curvittatus*				+		+	+										+																	
177. *Systropus cylindratus*																	+			+														
178. *Systropus daiyunshanus*							+													+	+							+	+					

续附表一

种名	海南	澳门	香港	广东	台湾	福建	浙江	上海	安徽	江西	湖南	湖北	广西	贵州	云南	重庆	四川	西藏	青海	新疆	陕西	甘肃	宁夏	内蒙古	山西	山东	河南	天津	河北	北京	辽宁	吉林	黑龙江
179. *Systropus dashahensis*														+																			
180. *Systropus denticulatus*						+							+		+		+										+			+			
181. *Systropus divulsus*																				+													
182. *Systropus excisus*						+	+				+	+			+		+										+			+			
183. *Systropus exsuccus*				+					+												+												
184. *Systropus eurypterus*										+		+															+						
185. *Systropus fadillus*																					+												
186. *Systropus flavalatus*							+																										
187. *Systropus flavicornis*													+				+																
188. *Systropus flavipectus*															+																		
189. *Systropus formosanus*					+																												
190. *Systropus fudingensis*						+						+		+																			
191. *Systropus fujianensis*				+			+								+																		
192. *Systropus ganquananus*						+									+						+												
193. *Systropus gansuanu*																						+											
194. *Systropus guiyangensis*						+	+							+	+																		
195. *Systropus guizhouensis*														+	+																		
196. *Systropus gutianshanus*						+					+			+	+																		
197. *Systropus henanus*							+																			+	+						
198. *Systropus hoppo*				+		+	+								+		+												+				

479

续附表一

种名	海南	澳门	香港	广东	台湾	福建	浙江	上海	江苏	安徽	江西	湖南	湖北	广西	贵州	云南	重庆	四川	西藏	青海	新疆	陕西	甘肃	宁夏	内蒙古	山西	河南	天津	北京	河北	辽宁	吉林	黑龙江
199. Systropus hubeianus							+						+														+						
200. Systropus indagatus																										+							
201. Systropus interlitus																																	
202. Systropus jianyanganus						+												+															
203. Systropus joni																											+						
204. Systropus kangxianus										+						+		+					+				+		+				
205. Systropus laqueatus				+																		+											
206. Systropus limbatus				+								+																					
207. Systropus liuae					+																												
208. Systropus luridus																																	
209. Systropus maccus																																+	
210. Systropus maoi							+					+	+		+			+									+						
211. Systropus melanocerus													+			+																	
212. Systropus melli							+								+							+											
213. Systropus microsystropus						+																											
214. Systropus montivagus																										+							
215. Systropus nigritarsis														+																			
216. Systropus nitobei																+																	
217. Systropus perniger						+																											
218. Systropus sauteri				+																													

续附表一

种名	黑龙江	吉林	辽宁	北京	河北	天津	河南	山东	山西	内蒙古	宁夏	甘肃	陕西	新疆	青海	西藏	四川	重庆	云南	贵州	广西	湖南	湖北	江西	安徽	上海	江苏	浙江	福建	台湾	广东	香港	澳门	海南
219. *Systropus serratus*				+			+					+							+									+						
220. *Systropus shennonganus*																			+															
221. *Systropus studyi*																							+								+			
222. *Systropus submixtus*			+	+			+																					+	+	+				
223. *Systropus thyriptilotus*																												+						
224. *Systropus tricuspidatus*						+	+														+		+					+		+				
225. *Systropus tripunctatus*																							+											
226. *Systropus xingshanus*					+		+																					+			+			
227. *Systropus yspilus*																			+															
228. *Systropus yunnanus*																			+				+											
229. *Systropus zhaotonganus*											+																							
230. *Toxophora iavana*																						+								+		+		
231. *Apolysis beijingensis*				+																														
232. *Apolysis galba*																																		
233. *Parageron xizangensis*																+																		

附表二 蜂虻科昆虫在中国各动物地理区的分布

种名	东北区			华北区		蒙新区			青藏区		西南区		华中区		华南区					东半球 古北界	东半球 东洋界	东半球 古北与东洋界	中国特有
	ⅠA	ⅠB	ⅠC	ⅡA	ⅡB	ⅢA	ⅢB	ⅢC	ⅣA	ⅣB	ⅤA	ⅤB	ⅥA	ⅥB	ⅦA	ⅦB	ⅦC	ⅦD	ⅦE				
1. Anthrax anthrax		+																		+			
2. Anthrax appendiculata								+												+			+
3. Anthrax aygulus										+												+	
4. Anthrax bimacula				+																			+
5. Anthrax distigma													+	+	+	+	+					+	
6. Anthrax hyalinos										+													+
7. Anthrax koshunensis																		+			+		
8. Anthrax latifascia																		+			+		+
9. Anthrax mongolicus						+														+			
10. Anthrax pervius													+								+		
11. Anthrax stepensis																				+			
12. Brachyanax acroleuca					+																		+
13. Cononedys trischidis								+			+										+		+
14. Exhyalanthrax afer				+						+										+			
15. Exoprosopa castaneus												+		+							+		+
16. Exoprosopa citreum							+													+			+
17. Exoprosopa clavula									+											+			+

482

续附表二

种名	中国																		东半球			中国特有
	东北区			华北区		蒙新区			青藏区		西南区		华中区		华南区					古北界	东洋界	古北与东洋界	
	ⅠA	ⅠB	ⅠC	ⅡA	ⅡB	ⅢA	ⅢB	ⅢC	ⅣA	ⅣB	ⅤA	ⅤB	ⅥA	ⅥB	ⅦA	ⅦB	ⅦC	ⅦD	ⅦE				
18. *Exoprosopa dedecor*								+												+			
19. *Exoprosopa globosa*												+									+		+
20. *Exoprosopa gutta*						+														+			+
21. *Exoprosopa jacchus*					+															+			
22. *Exoprosopa melaena*				+	+	+			+											+			
23. *Exoprosopa mongolica*									+	+										+			+
24. *Exoprosopa sandaraca*				+				+												+			+
25. *Exoprosopa turkestanica*				+	+	+			+			+		+								+	
26. *Exoprosopa vassiljevi*								+												+			+
27. *Hemipenthes apiculata*				+	+	+														+			+
28. *Hemipenthes beijingensis*				+										+								+	+
29. *Hemipenthes cheni*							+													+			
30. *Hemipenthes exoprosopoides*										+										+			
31. *Hemipenthes gaudanica*								+												+			
32. *Hemipenthes hamifera*				+	+	+				+										+			
33. *Hemipenthes hebeiensis*																					+		
34. *Hemipenthes jezoensis*																		+					
35. *Hemipenthes maura*				+			+		+	+										+			
36. *Hemipenthes montanorum*									+	+	+											+	+
37. *Hemipenthes morio*								+												+			

种名	IA	IB	IC	IIA	IIB	IIIA	IIIB	IIIC	IVA	IVB	VA	VB	VIA	VIB	VIIA	VIIB	VIIC	VIID	VIIE	古北界	东洋界	古北与东洋界	中国特有
																				东半球			
38. *Hemipenthes neimengguensis*					+	+														+			+
39. *Hemipenthes ningxiaensis*					+		+													+			+
40. *Hemipenthes nitidofasciata*	+																			+			
41. *Hemipenthes noscibilis*									+											+			+
42. *Hemipenthes pamirensis*										+										+			
43. *Hemipenthes praecisa*				+		+														+			
44. *Hemipenthes robusta*				+	+		+													+			
45. *Hemipenthes sichuanensis*											+										+		+
46. *Hemipenthes subvelutina*				+				+												+			
47. *Hemipenthes tushetica*						+				+										+			
48. *Hemipenthes velutina*				+			+													+			
49. *Hemipenthes xizangensis*									+			+										+	+
50. *Hemipenthes yunnanensis*											+					+					+		+
51. *Heteralonia anemosyris*											+					+					+		+
52. *Heteralonia chinensis*											+										+		+
53. *Heteralonia cnecos*											+										+		+
54. *Heteralonia completa*								+												+			
55. *Heteralonia gressitti*											+										+		+
56. *Heteralonia mucorea*											+										+		
57. *Heteralonia nigripilosa*											+										+		+

续附表二

种名	IA	IB	IC	IIA	IIB	IIIA	IIIB	IIIC	IVA	IVB	VA	VB	VIA	VIB	VIIA	VIIB	VIIC	VIID	VIIE	古北界	东洋界	古北与东洋界	中国特有
58. *Heteralonia ochros*											+					+					+		+
59. *Heteralonia polyphleba*															+						+		+
60. *Heteralonia sytshuana*											+					+						+	+
61. *Ligyra audouinii*													+		+						+		
62. *Ligyra combinata*											+												+
63. *Ligyra dammermani*					+								+									+	
64. *Ligyra flavofasciata*				+										+						+			
65. *Ligyra fuscipennis*													+			+					+		+
66. *Ligyra galbinus*													+		+	+					+		+
67. *Ligyra guangdonganus*															+	+					+		+
68. *Ligyra incondita*															+	+		+			+		+
69. *Ligyra latipennis*													+					+				+	
70. *Ligyra leukon*													+								+		+
71. *Ligyra orphnus*															+						+		+
72. *Ligyra satyrus*													+				+	+			+		+
73. *Ligyra semialatus*															+		+	+			+		+
74. *Ligyra shirakii*													+				+				+		
75. *Ligyra similis*													+		+						+		
76. *Ligyra sphinx*														+	+	+					+		
77. *Ligyra tantalus*														+	+		+	+			+		

续附表二

种名	中国																			东半球			中国特有
	东北区			华北区		蒙新区			青藏区		西南区		华中区		华南区					古北界	东洋界	古北与东洋界	
	ⅠA	ⅠB	ⅠC	ⅡA	ⅡB	ⅢA	ⅢB	ⅢC	ⅣA	ⅣB	ⅤA	ⅤB	ⅥA	ⅥB	ⅦA	ⅦB	ⅦC	ⅦD	ⅦE				
78. Ligyra zibrinus				+																+			+
79. Ligyra zonatus													+								+		+
80. Oestranthrax zimini							+													+			
81. Petrorossia pyrgos								+												+			+
82. Petrorossia rufiventris																				+			
83. Petrorossia salqamum					+									+								+	+
84. Petrorossia sceliphronina													+							+			+
85. Petrorossia ventilo										+					+							+	+
86. Pterobates pennipes													+		+						+		
87. Spongostylum alashanicum							+													+			+
88. Spongostylum kozlovi						+														+			
89. Thyridanthrax fenestratus				+			+													+			
90. Thyridanthrax kozlovi							+													+			
91. Thyridanthrax svenhedini							+													+			
92. Villa aquila				+						+	+									+			+
93. Villa aspros				+																		+	+
94. Villa aurepilosa				+			+													+			+
95. Villa bryht																		+			+		+
96. Villa cerussata				+			+													+			+
97. Villa cingulata			+	+			+													+			

续附表二

种名	IA	IB	IC	IIA	IIB	IIIA	IIIB	IIIC	IVA	IVB	VA	VB	VIA	VIB	VIIA	VIIB	VIIC	VIID	VIIE	古北界	东洋界	古北与东洋界	中国特有
东北区																				东半球			
98. Villa fasciata				+																		+	
99. Villa flavida				+																			+
100. Villa furcata				+	+															+			+
101. Villa hottentotta					+															+			
102. Villa lepidopyga															+						+		
103. Villa obtusa												+									+		+
104. Villa ovata																				+			
105. Villa panisca								+												+			+
106. Villa rufula							+													+			+
107. Villa sulfurea												+									+		+
108. Villa xinjiangana								+															
109. Anastoechus asiaticus				+		+	+			+										+			+
110. Anastoechus aurecrinitus				+		+				+										+			+
111. Anastoechus candidus										+										+			+
112. Anastoechus chakanus										+										+		+	
113. Anastoechus chinensis				+				+	+	+										+			+
114. Anastoechus doulananus									+				+							+			+
115. Anastoechus fulvus				+		+														+			+
116. Anastoechus lacteus								+												+			+
117. Anastoechus neimongolanus						+														+			+

续附表二

种名	IA	IB	IC	IIA	IIB	IIIA	IIIB	IIIC	IVA	IVB	VA	VB	VIA	VIB	VIIA	VIIB	VIIC	VIID	VIIE	古北界	东洋界	古北与东洋界	中国特有
118. *Anastoechus nitidulus*													+									+	
119. *Anastoechus turriformis*				+		+														+			+
120. *Anastoechus xuthus*					+															+			+
121. *Bombomyia discoidea*								+												+			
122. *Bombylella koreanus*				+									+									+	
123. *Bombylella nubilosa*			+	+	+		+			+										+			+
124. *Bombylius ambustus*				+	+	+														+			
125. *Bombylius analis*											+			+							+		
126. *Bombylius callopterus*						+														+			
127. *Bombylius candidus*											+										+		
128. *Bombylius chinensis*			+	+			+		+	+	+									+			+
129. *Bombylius cinerarius*				+							+			+						+			
130. *Bombylius discolor*				+		+					+											+	
131. *Bombylius ferruginus*				+																+			+
132. *Bombylius kozlovi*																				+			
133. *Bombylius lejostomus*									+											+			
134. *Bombylius maculithorax*										+										+			
135. *Bombylius major*			+						+													+	
136. *Bombylius polimen*				+																			+
137. *Bombylius pygmaeus*				+																+	+		

续附表二

种名	东北区 I A	I B	I C	华北区 II A	II B	蒙新区 III A	III B	III C	青藏区 IV A	IV B	西南区 V A	V B	华中区 VI A	VI B	华南区 VII A	VII B	VII C	VII D	VII E	东半球 古北界	东洋界	古北与东洋界	中国特有
138. *Bombylius quadrifarius*																				+			
139. *Bombylius rossicus*																				+			
140. *Bombylius semifuscus*																				+			
141. *Bombylius stellatus*			+																	+			+
142. *Bombylius sytshuanensis*									+											+			+
143. *Bombylius uzbekorum*										+										+			
144. *Bombylius vitellinus*	+			+		+														+			+
145. *Bombylius watanabei*											+						+				+	+	
146. *Conophorus chinensis*				+			+													+			
147. *Conophorus hindlei*						+														+			+
148. *Conophorus kozlovi*																				+			+
149. *Conophorus virescens*																				+			
150. *Euchariomyia dives*														+								+	
151. *Systoechus ctenopterus*								+												+			
152. *Systoechus gradatus*								+															
153. *Tovlinius pyramidatus*									+											+			+
154. *Tovlinius turriformis*									+											+			+
155. *Phthiria rhomphaea*		+																		+			+
156. *Geron intonsus*							+													+			
157. *Geron kaszabi*						+														+			

续附表二

种名	东北区 I A	东北区 I B	东北区 I C	华北区 II A	华北区 II B	蒙新区 III A	蒙新区 III B	蒙新区 III C	青藏区 IV A	青藏区 IV B	西南区 V A	西南区 V B	华中区 VI A	华中区 VI B	华南区 VII A	华南区 VII B	华南区 VII C	华南区 VII D	华南区 VII E	东半球 古北界	东半球 东洋界	东半球 古北与东洋界	中国特有
158. Geron kozlovi						+														+			
159. Geron longiventris						+														+			
160. Geron pallipilosus						+														+			+
161. Geron sinensis				+																+			+
162. Systropus acuminatus																		+			+		+
163. Systropus ancistrus				+	+									+								+	+
164. Systropus apiciflavus															+						+		+
165. Systropus aokii																		+			+		+
166. Systropus aurantispinus							+						+		+	+						+	+
167. Systropus barbiellinii					+								+	+				+				+	+
168. Systropus brochus							+						+	+								+	+
169. Systropus cantonensis															+						+		+
170. Systropus changbaishanus		+																		+			+
171. Systropus chinensis				+	+								+			+						+	+
172. Systropus coalitus				+									+		+							+	+
173. Systropus concavus													+								+		+
174. Systropus crinaliss														+							+		+
175. Systropus curtipetiolus					+								+									+	+
176. Systropus curvittatus					+									+								+	+
177. Systropus cylindratus																+					+		+

续附表二

中国各区代码：东北区（IA, IB, IC）、华北区（IIA, IIB）、蒙新区（IIIA, IIIB, IIIC）、青藏区（IVA, IVB）、西南区（VA, VB）、华中区（VIA, VIB）、华南区（VIIA, VIIB, VIIC, VIID, VIIE）；东半球：古北界、东洋界、古北与东洋界。

种名	IA	IB	IC	IIA	IIB	IIIA	IIIB	IIIC	IVA	IVB	VA	VB	VIA	VIB	VIIA	VIIB	VIIC	VIID	VIIE	古北界	东洋界	古北与东洋界	中国特有
178. Systropus daiyunshanus													+	+							+		+
179. Systropus dashahensis														+							+		
180. Systropus denticulatus				+	+						+		+	+	+							+	
181. Systropus divulsus														+							+		+
182. Systropus excisus				+									+	+		+						+	
183. Systropus exsuccus					+										+							+	+
184. Systropus eurypterus													+								+		+
185. Systropus fadillus														+							+		+
186. Systropus flavalatus														+							+		+
187. Systropus flavicornis													+	+							+		+
188. Systropus flavipectus																		+			+		
189. Systropus formosanus																	+				+		
190. Systropus fudingensis				+									+	+	+							+	+
191. Systropus fujianensis													+	+		+					+		+
192. Systropus ganquananus					+		+																+
193. Systropus gansuanu					+						+												+
194. Systropus guiyangensis													+	+								+	+
195. Systropus guizhouensis													+	+		+					+		+
196. Systropus gutianshanus													+	+							+		+
197. Systropus henanus														+							+		+

续附表二

种名	中国																			东半球			中国特有
	东北区			华北区		蒙新区			青藏区		西南区		华中区		华南区					古北界	东洋界	古北与东洋界	
	IA	IB	IC	IIA	IIB	IIIA	IIIB	IIIC	IVA	IVB	VA	VB	VIA	VIB	VIIA	VIIB	VIIC	VIID	VIIE				
198. Systropus hoppo													+	+	+	+						+	+
199. Systropus hubeianus					+								+	+							+		+
200. Systropus indagatus							+							+								+	+
201. Systropus interlitus														+							+		+
202. Systropus jianyanganus															+						+		+
203. Systropus joni													+								+		
204. Systropus kangxianus					+									+								+	+
205. Systropus laqueatus					+										+					+		+	
206. Systropus limbatus														+	+						+		
207. Systropus liuae															+						+		
208. Systropus luridus		+																		+			
209. Systropus maccus			+																	+			+
210. Systropus maoi													+		+						+		+
211. Systropus melanocerus													+	+	+						+		+
212. Systropus melli													+	+	+						+		+
213. Systropus microsystropus															+						+		+
214. Systropus montivagus													+		+						+		+
215. Systropus nigritarsis														+							+		+
216. Systropus nitobei															+						+		
217. Systropus perniger															+						+		+

续附表二

种名	东北区 IA	IB	IC	华北区 IIA	IIB	蒙新区 IIIA	IIIB	IIIC	青藏区 IVA	IVB	西南区 VA	VB	华中区 VIA	VIB	华南区 VIIA	VIIB	VIIC	VIID	VIIE	东半球 古北界	东洋界	古北与东洋界	中国特有
218. *Systropus sauteri*																		+			+		+
219. *Systropus serratus*				+									+	+								+	+
220. *Systropus shennonganus*														+		+					+		+
221. *Systropus studyi*															+						+		
222. *Systropus submixtus*				+									+	+								+	+
223. *Systropus thyriptilotus*													+								+		+
224. *Systropus tricuspidatus*													+	+	+							+	+
225. *Systropus tripunctatus*		+																		+			
226. *Systropus xingshanus*													+	+							+		+
227. *Systropus yspilus*															+						+		+
228. *Systropus yunnanus*														+							+		+
229. *Systropus zhaotonganus*													+					+			+		+
230. *Toxophora iavana*														+		+					+		+
231. *Apolysis beijingensis*				+									+	+						+		+	+
232. *Apolysis galba*															+						+		+
233. *Parageron xizangensis*																					+		

中名索引

学 名 索 引

a

b

图版 I
a. 中华驼蜂虻 *Geron sinensis* Yang *et* Yang；b. 黄缘开室蜂虻 *Cyrtosia seia* Séguy。

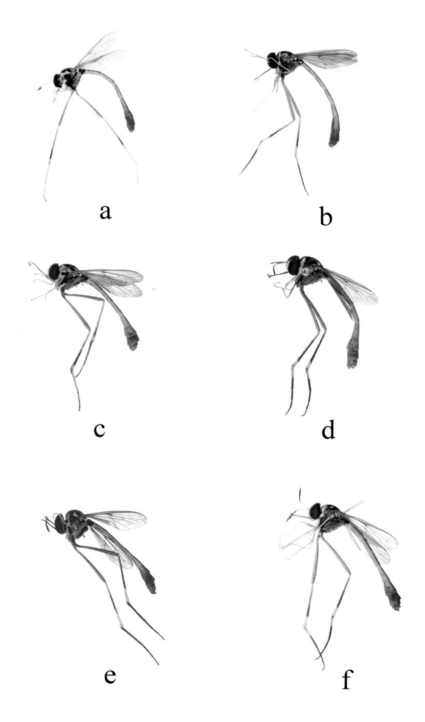

图版 Ⅱ

a. 钩突姬蜂虻 *Systropus ancistrus* Yang *et* Yang；b. 金刺姬蜂虻 *Systropus aurantispinus* Evenhuis；c. 双齿姬蜂虻 *Systropus brochus* Cui *et* Yang；d. 中华姬蜂虻 *Systropus chinensis* Bezzi；e. 合斑姬蜂虻 *Systropus coalitus* Cui *et* Yang；f. 中凹姬蜂虻 *Systropus concavus* Yang。

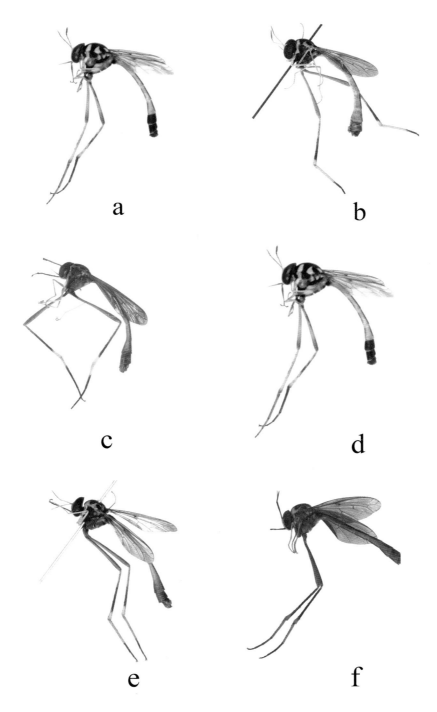

a   b

c   d

e   f

图版 Ⅲ

a. 短柄华姬蜂虻 *Systropus curtipetiolus* Du et Yang；b. 弯斑姬蜂虻 *Systropus curvittatus* Du et Yang；c. 锥状姬蜂虻 *Systropus cylindratus* Du et Yang；d. 戴云姬蜂虻 *Systropus daiyunshanus* Yang et Du；e. 锯齿姬蜂虻 *Systropus denticulatus* Du et Yang；f. 宽翅姬蜂虻 *Systropus eurypterus* Du et Yang。

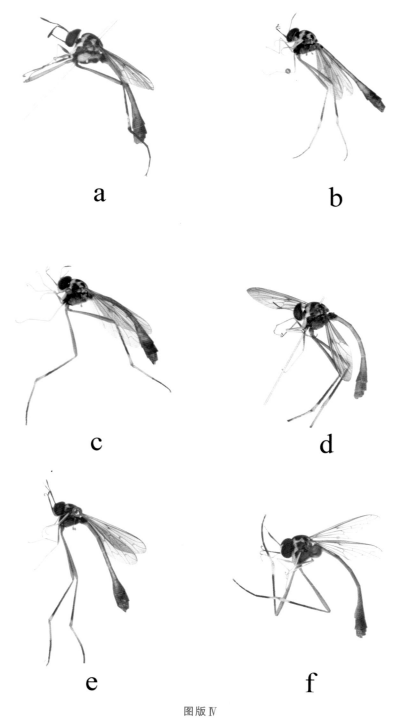

图版 Ⅳ

a. 长突姬蜂虻 *Systropus excisus*（Enderlein）；b. 黄角姬蜂虻 *Systropus flavicornis*（Enderlein）；c. 佛顶姬蜂虻 *Systropus fudingensis* Yang；d. 福建姬蜂虻 *Systropus fujianensis* Yang；e. 甘肃姬蜂虻 *Systropus gansuanus* Du *et* Yang；f. 贵阳姬蜂虻 *Systropus guiyangensis* Yang。

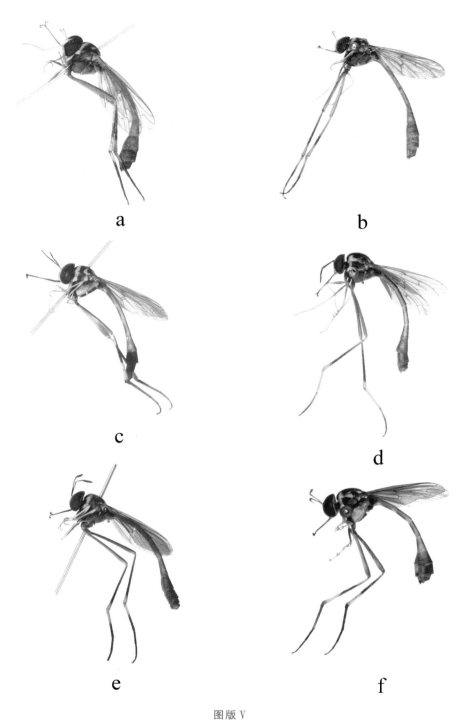

图版 V

a. 古田山姬蜂虻 *Systropus gutianshanus* Yang；b. 河南姬蜂虻 *Systropus henanus* Yang et Yang；
c. 黄边姬蜂虻 *Systropus hoppo* Matsumura；d. 湖北姬蜂虻 *Systropus hubeianus* Du et Yang；e.
建阳姬蜂虻 *Systropus jianyanganus* Yang et Du；f. 双斑姬蜂虻 *Systropus joni* Nagatomi，Liu，
Tamaki *et* Evenhuis。

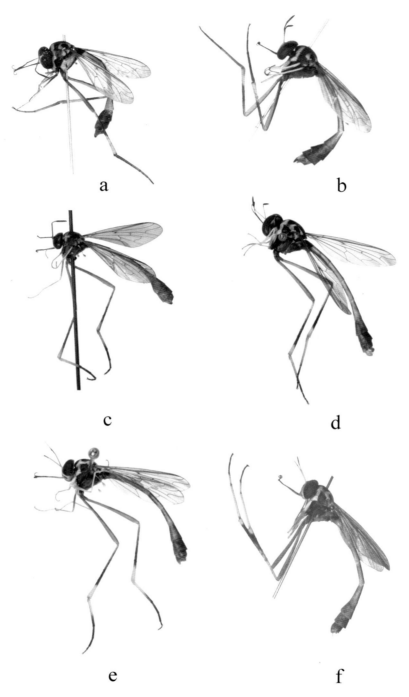

图版 Ⅵ

a. 康县姬蜂虻 *Systropus kangxianus* Du *et* Yang；b. 茅氏姬蜂虻 *Systropus maoi* Du *et* Yang；c. 黑角姬蜂虻 *Systropus melanocerus* Du *et* Yang；d. 麦氏姬蜂虻 *Systropus melli* (Enderlein)；e. 亚洲姬蜂虻 *Systropus nitobei* Matsumura；f. 齿突姬蜂虻 *Systropus serratus* Yang *et* Yang。

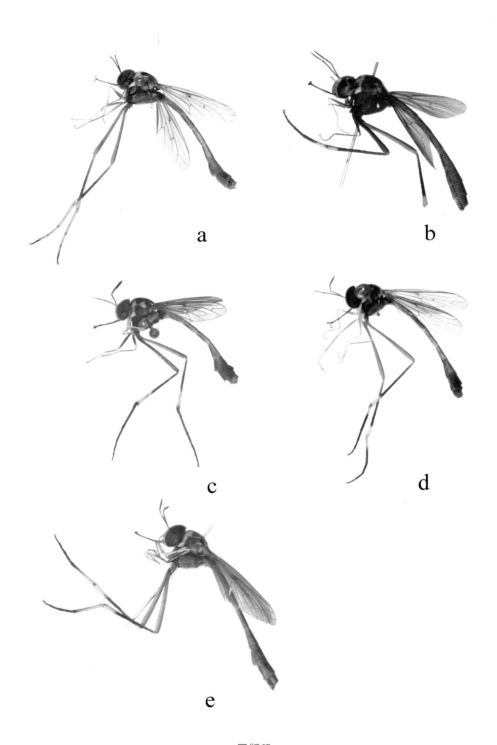

a

b

c

d

e

图版 Ⅶ

a. 三突姬蜂虻 *Systropus submixtus*（Séguy）；b. 窗翅姬蜂虻 *Systropus thyriptilotus* Yang；c. 三峰姬蜂虻 *Systropus tricuspidatus* Yang；d. 兴山姬蜂虻 *Systropus xingshanus* Yang *et* Yang；e. 燕尾姬蜂虻 *Systropus yspilus* Du *et* Yang。

图版 Ⅷ

a. 幽暗岩蜂虻 *Anthrax anthrax*（Schrank）；b. 多型岩蜂虻 *Anthrax distigma* Wiedemann；c. 透翅岩蜂虻，新种 *Anthrax hyalinos* sp. nov.；d. 开室岩蜂虻，新种 *Anthrax pervius* sp. nov.；e. 三叉秀蜂虻，新种 *Cononedys trischidis* sp. nov.；f. 凡芷蜂虻 *Exhyalanthrax afer*（Fabricius）。

8

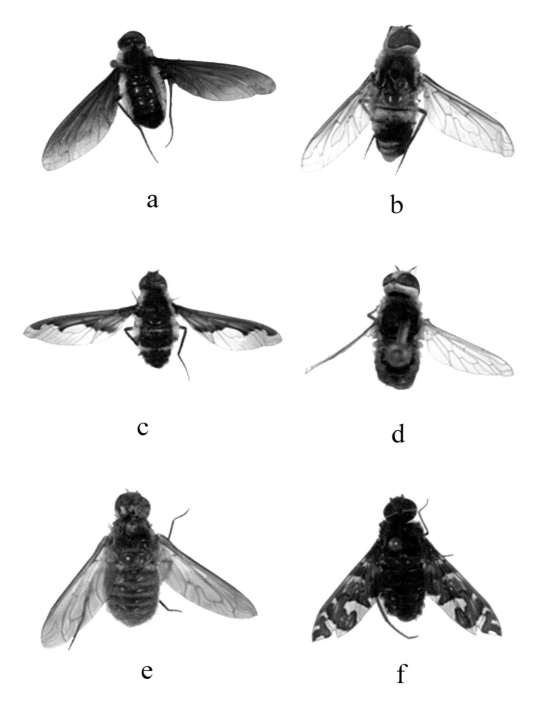

图版 Ⅸ

a. 褐翅庸蜂虻，新种 *Exoprosopa castaneus* sp. nov.；b. 羞庸蜂虻 *Exoprosopa dedecor* Loew；c. 球茎庸蜂虻，新种 *Exoprosopa globosa* sp. nov.；d. 瓶茎庸蜂虻，新种 *Exoprosopa gutta* sp. nov.；e. 黄腹庸蜂虻，新种 *Exoprosopa sandaraca* sp. nov.；f. 土耳其庸蜂虻 *Exoprosopa turkestanica* Paramonov。

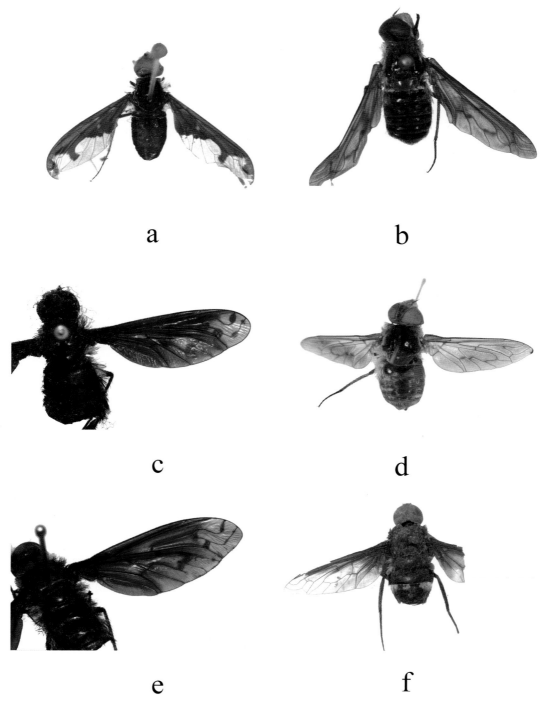

图版 X

a. 西藏斑翅蜂虻，新种 *Hemipenthes xizangensis* sp. nov. ；b. 整陇蜂虻 *Heteralonia completa*（Loew）；c. 橙脊陇蜂虻 *Heteralonia cnecos* Yao，Yang *et* Evenhuis；d. 牧陇蜂虻 *Heteralonia mucorea*（Klug）；e. 柱桓陇蜂虻 *Heteralonia sytshuana*（Paramonov）；f. 欧丽蜂虻 *Ligyra audouinii*（Macquart）。

图版 XI

a. 尖明丽蜂虻 *Ligyra dammermani* Evenhuis *et* Yukawa；b. 广东丽蜂虻，新种 *Ligyra guangdonganus* sp. nov.；
c. 白毛丽蜂虻，新种 *Ligyra leukon* sp. nov.；d. 暗翅丽蜂虻，新种 *Ligyra orphnus* sp. nov.；e. 带斑丽蜂虻，新种
Ligyra zibrinus sp. nov.；f. 巍越蜂虻，新种 *Petrorossia pyrgos* sp. nov.。

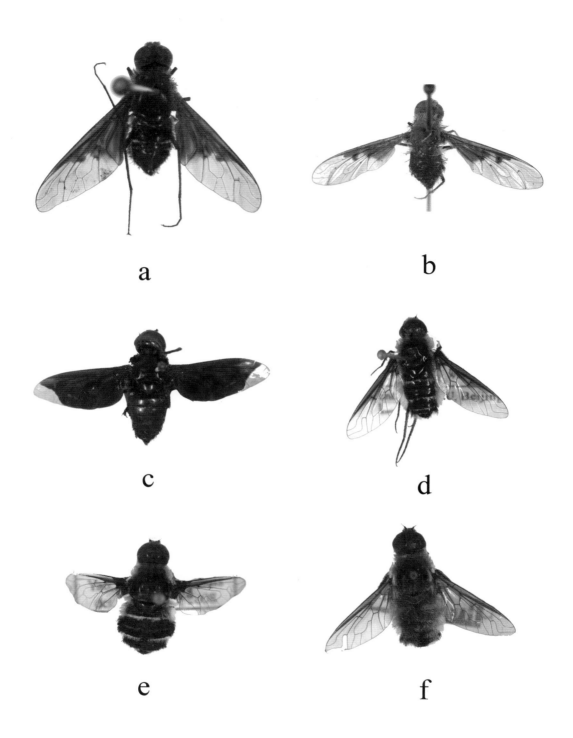

a

b

c

d

e

f

图版 XII

a. 锐越蜂虻，新种 *Petrorossia salqamum* sp. nov.；b. 伞越蜂虻，新种 *Petrorossia ventilo* sp. nov.；c. 幽麟蜂虻 *Pterobates pennipes* (Wiedemann)；d. 斑翅绒蜂虻 *Villa aquila* Yao，Yang *et* Evenhuis；e. 皎鳞绒蜂虻 *Villa aspros* Yao，Yang *et* Evenhuis；f. 金毛绒蜂虻 *Villa aurepilosa* Du *et* Yang。

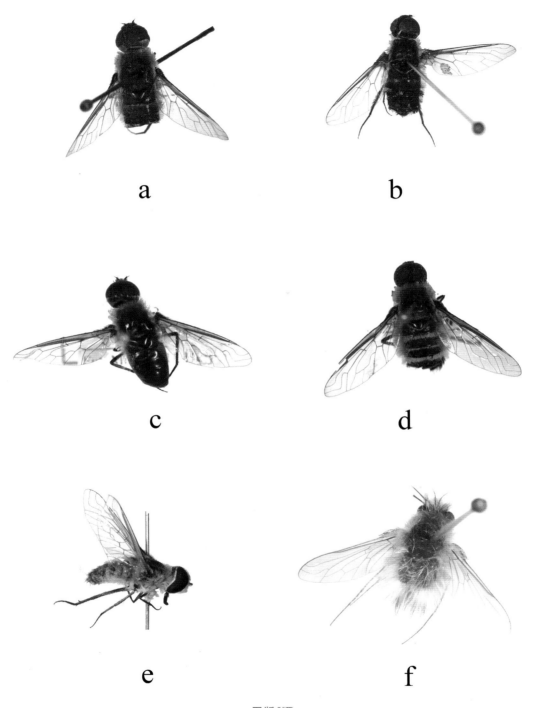

图版 XIII

a. 有带绒蜂虻 *Villa cingulata*（Meigen）；b. 蜂鸟绒蜂虻 *Villa lepidopyga* Evenhuis *et* Araskaki；c. 黄胸绒蜂虻 *Villa flavida* Yao，Yang *et* Evenhuis；e. 红卫绒蜂虻 *Villa obtusa* Yao，Yang *et* Evenhuis；e. 新疆绒蜂虻 *Villa xinjiangana* Du，Yang，Yao *et* Yang；f. 阔雏蜂虻 *Anastoechus asiaticus* Becker。

a   b

c   d

e   f

图版 XIV

a. 金毛雏蜂虻 Anastoechus aurecrinitus Du et Yang；b. 白缘雏蜂虻 Anastoechus candidus Yao，Yang et Evenhuis；
c. 茶长雏蜂虻 Anastoechus chakanus Du，Yang，Yao et Yang；d. 中华雏蜂虻 Anastoechus chinensis Paramonov；e.
都兰雏蜂虻 Anastoechus doulananus Du，Yang，Yao et Yang；f. 赤盾雏蜂虻 Anastoechus fulvus Yao，Yang et
Evenhuis。

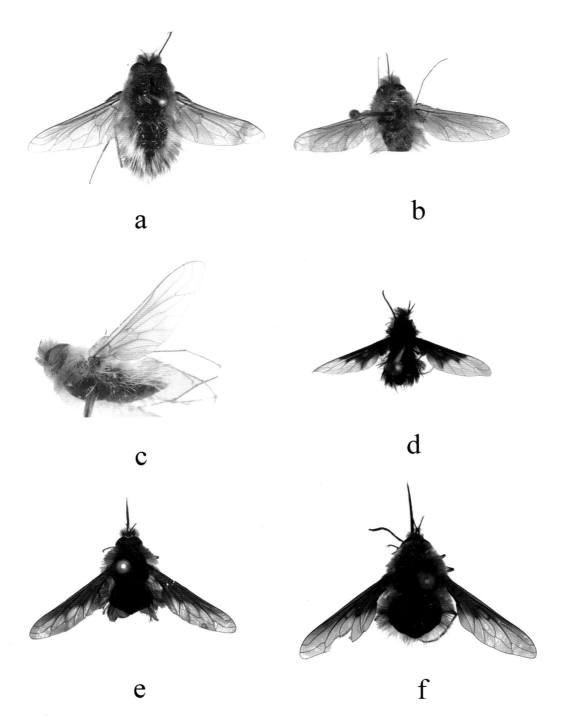

a

b

c

d

e

f

图版 XV

a. 塔茎雏蜂虻 *Anastoechus turriformis* Yao，Yang *et* Evenhuis；b. 黄鬃雏蜂虻 *Anastoechus xuthus* Yao，Yang *et* Even-huis；c. 内蒙雏蜂虻 *Anastoechus neimongolanus* Du *et* Yang；d. 黛白斑蜂虻，新种 *Bombylella nubilosa* sp. nov.；e. 岔蜂虻 *Bombylius analis* Olivier；f. 中华蜂虻 *Bombylius chinensis* Paramonov。

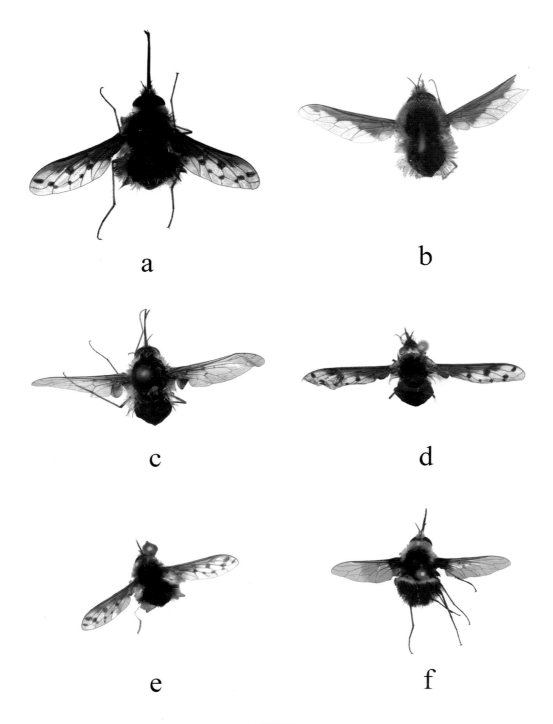

a

b

c

d

e

f

图版 XVI

a. 玷蜂虻 *Bombylius discolor* Mikan；b. 大蜂虻 *Bombylius major* Linnaeus；c. 白眉蜂虻，新种 *Bombylius polimen* sp. nov.；d. 宝塔蜂虻 *Bombylius pygmaeus* Fabricius；e. 斑翅蜂虻，新种 *Bombylius stellatus* sp. nov.；f. 黄领蜂虻，新种 *Bombylius vitellinus* sp. nov.。

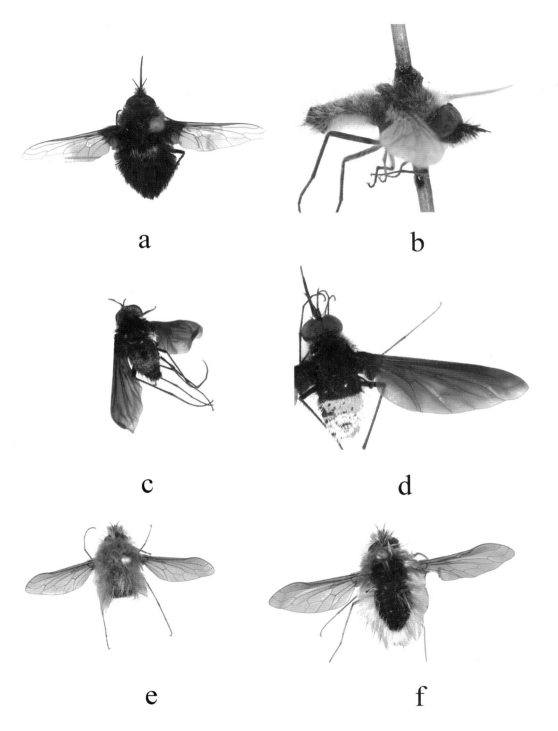

a

b

c

d

e

f

图版 XVII

a. 黄领蜂虻,新种 *Bombylius vitellinus* sp. nov.；b. 中华柱蜂虻 *Conophorus chinensis* Paramonov；c. 富饶方蜂虻 *Euchariomyia dives* Bigot；d. 富饶方蜂虻 *Euchariomyia dives* Bigot；e. 壮隆蜂虻 *Tovlinius pyramidatus* Yao，Yang *et* Evenhuis；f. 癞隆蜂虻 *Tovlinius turriformis* Yao，Yang *et* Evenhuis。

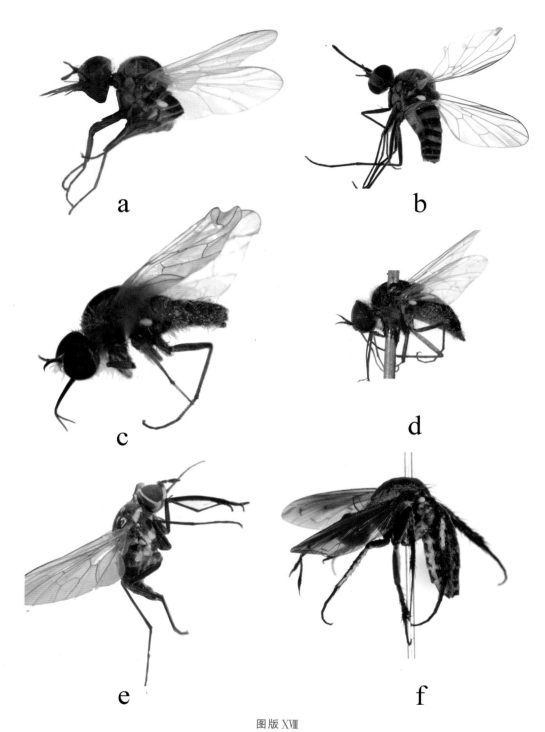

a

b

c

d

e

f

图版 XⅧ

a. 北京蜕蜂虻 *Apolysis beijingensis*（Yang *et* Yang）；b. 黄缘蜕蜂虻 *Apolysis galba* Yao，Yang *et* Evenhuis；c. 白毛驼蜂虻 *Geron pallipilosus* Yang *et* Yang；d. 中华驼蜂虻 *Geron sinensis* Yang *et* Yang；e. 朦坦蜂虻 *Phthiria rhomphaea* Séguy；f. 炫弧蜂虻 *Toxophora iavana* Wiedemann。

a

b

c

d

e

f

图版 XIX

a. 白斑蜂虻 *Bombylella* sp. ；b. 驼蜂虻 *Geron* sp. ；c. 北京斑翅蜂虻 *Hemipenthes beijingensis* Yao，Yang *et* Evenhuis；
d. 浅斑翅蜂虻 *Hemipenthes velutina* Wiedemann；e. 朦坦蜂虻 *Phthiria rhomphaea* Séguy；f. 斑翅绒蜂虻 *Villa aquila*
Yao，Yang *et* Evenhuis。

a b

c d

e f

a. 白斑蜂虻 *Bombylella* sp.；b. 驼蜂虻 *Geron* sp.；c—f. 北京斑翅蜂虻 *Hemipenthes beijingensis* Yao，Yang *et* Even-huis。

a

b

c

d

e

f

图版 XXI

a—f. 斑翅绒蜂虻 *Villa aquila* Yao，Yang *et* Evenhuis。

a

b

c

d

e

f

a—d. 锯齿姬蜂虻 *Systropus denticulatus* Du *et* Yang；e. 姬蜂虻 *Systropus* sp.；f. 姬蜂虻 *Systropus* sp. 。

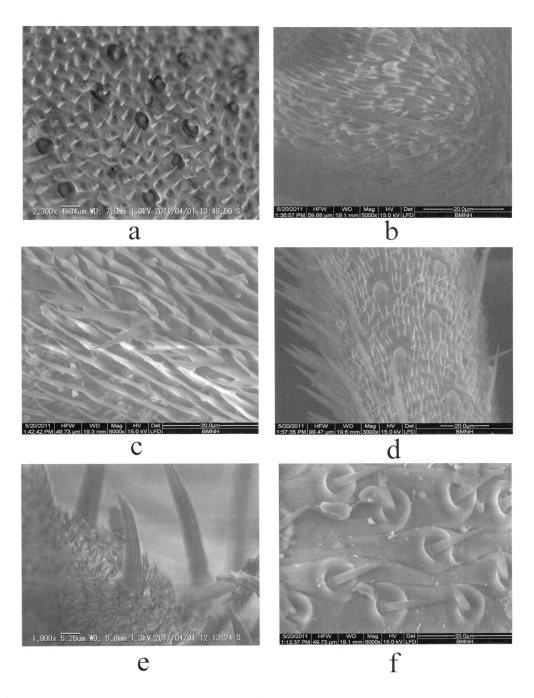

图版 XXⅢ

a—d. 黄缘蜕蜂虻 *Apolysis galba* Yao，Yang *et* Evenhuis；e—f. 尖明丽蜂虻 *Ligyra dammermani* Evenhuis *et* Yukawa。
a，b，e. 触角鞭节感受器类型；c. 下颚须感受器类型；d. 前足感受器类型；f. 喙感受器类型。

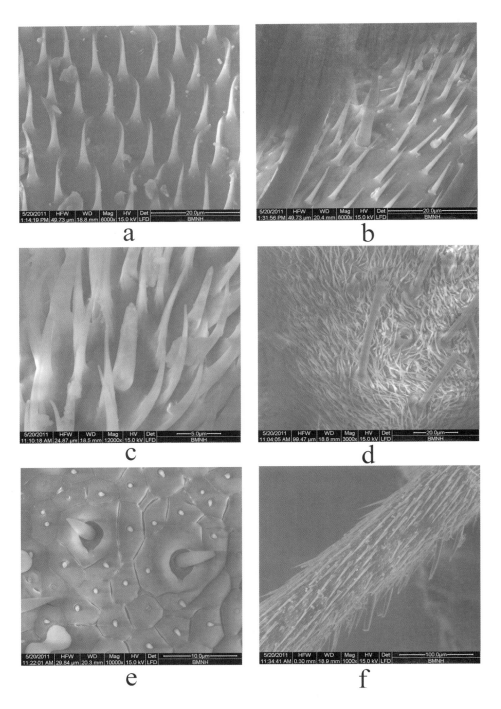

图版 XXIV

a—b. 尖明丽蜂虻 *Ligyra dammermani* Evenhuis *et* Yukawa；c—f. 中华蜂虻 *Bombylius chinensis* Paramonov。
a. 下颚须感受器类型；b, f. 前足感受器类型；c—d. 触角鞭节感受器类型；e. 喙感受器类型。

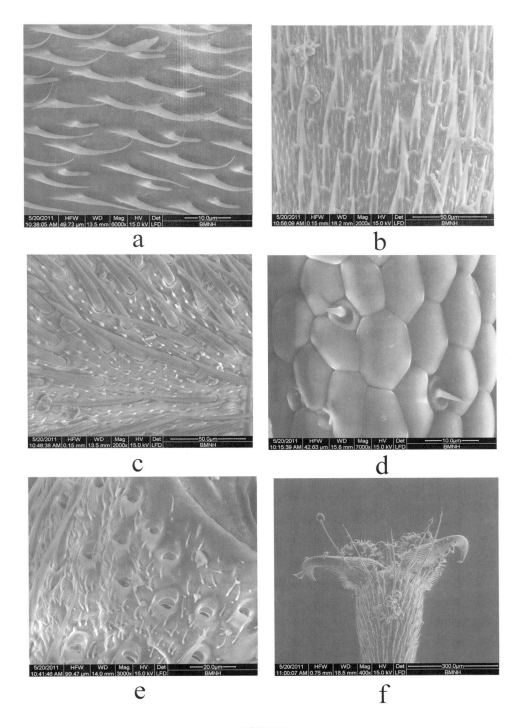

图版 XXV

a—f. 黄边姬蜂虻 *Systropus hoppo* Matsumura.

a—b. 触角鞭节感受器类型;c—d. 下颚须感受器类型;e—f. 后足跗节感受器类型。